建设工程 BIM 技术应用指南丛书

Revit 建筑设计基础教程

王跃强　施洪威　编著

中国建材工业出版社

图书在版编目（CIP）数据

Revit 建筑设计基础教程/王跃强，施洪威编著．--北京：中国建材工业出版社，2021.9（2025.1重印）
（建设工程 BIM 技术应用指南丛书）
ISBN 978-7-5160-3222-0

Ⅰ．①R…　Ⅱ．①王…　②施…　Ⅲ．①建筑设计一计算机辅助设计一应用软件一教材　Ⅳ．①TU201.4

中国版本图书馆 CIP 数据核字（2021）第 096602 号

内 容 简 介

本教材针对当前建筑类专业对 BIM 设计的应用要求，在简要讲述 Revit 2021 建模操作的基本原理和步骤的基础上，侧重于建筑施工图设计的实践需求，着力打造“精简、实用、速成”的 Revit 建筑设计基础教程，为学习者能够快速适应 BIM 设计的职业角色打下基础。本教材结合了“1+X”BIM 职业技能等级考试的要求，所有教学内容都配备了视频讲解和 PPT 课件，能够满足不同层次学习者对于 Revit 建模及施工图设计的使用要求。本书可作为应用型本科高校和高职高专院校建筑类相关专业 BIM 课程的配套教材，也可作为 BIM 技术人员和自学者的参考用书。

Revit 建筑设计基础教程
Revit Jianzhu Sheji Jichu Jiaocheng
王跃强　施洪威　编著

出版发行：中国建材工业出版社
地　　址：北京市西城区白纸坊东街 2 号院 6 号楼
邮　　编：100054
经　　销：全国各地新华书店
印　　刷：北京雁林吉兆印刷有限公司
开　　本：787mm×1092mm　1/16
印　　张：21.5
字　　数：500 千字
版　　次：2021 年 9 月第 1 版
印　　次：2025 年 1 月第 2 次
定　　价：76.00 元

本社网址：www.jskjcbs.com，微信公众号：zgjskjcbs
请选用正版图书，采购、销售盗版图书属违法行为

本书如有印装质量问题，由我社事业发展中心负责调换，联系电话：（010）63567692

作者简介

王跃强　博士、副教授、国家一级注册建筑师，2013 年开始从事 BIM 教学与科研工作。2017 年毕业于同济大学建筑与城市规划学院，获工学博士学位。博士论文《基于 BIM 的建筑防火性能化研究》将 BIM 技术与性能化防火设计相结合，制定了 BIM 防火平台的体系框架与工作流程，开发了基于 BIM 的建筑防火信息交互平台。近 5 年发表核心期刊论文 3 篇、EI 论文 3 篇、一般期刊论文 6 篇，主持完成了多项与 BIM 相关的研究课题。

施洪威　高级工艺美术师、讲师，上海市美术家协会会员。硕士毕业于上海大学美术学院，现就职于上海城建职业学院古建筑工程技术专业，主要研究方向为新材料艺术。美术作品多次被国内图书馆、美术馆、展览机构等收藏，在国内期刊公开发表论文十余篇。

前　言

BIM技术正在给建筑业带来一场从“二维”到“三维”，再到“4D/5D”的技术革命。BIM与大数据、云计算、智能建筑、数字城市、物联网等新技术的密切结合将彻底改变人们的生活方式，其代表了建筑业未来的发展趋势。为此，国家出台了一系列鼓励BIM技术推广应用的政策和举措。2019年，教育部开展了“1+X”建筑信息模型（BIM）职业技能等级考试工作，作为新时代应用型专业技术人才的评价指标，“1+X”（BIM）考试对于高职院校建筑类专业的人才培养提出了新的要求和目标。

本教材针对当前应用型本科高校和高职高专院校建筑类相关专业的BIM教学特点与就业需求，参照“1+X”（BIM）职业技能考试大纲的知识点进行编写。本教材将Revit的建模过程与实际项目相结合，在提高建筑专业学生设计能力的前提下，讲授Revit的建模方法与技巧，使学生了解BIM在整个建筑类专业学科体系中的定位，理解BIM在建筑各专业协同与整合中所起的关键性作用。本教材以某别墅项目建筑施工图作为设计导向，明确Revit建模目标，根据项目的实际要求，由浅入深、循序渐进地讲解了Revit建模的知识点与操作步骤，使学生在潜移默化中理解和掌握使用Revit软件绘制建筑施工图的方法与过程，了解实际项目的BIM设计流程，培养学生对建筑专业的学习兴趣与自信心，以满足当前社会对于创新型建筑人才的需求。

本教材主要以Revit 2021软件为基础，在讲解其新功能的同时，兼顾Revit其他版本的使用要求与特点，着重讲述Revit软件的设计思想与操作精要，能够帮助读者快速领会与掌握Revit软件在建筑设计及施工图设计中的应用。全书共分为17章，主要内容如下。

第1章主要介绍BIM的概念与相关BIM软件，详细讲解了Revit 2021软件的基本术语、操作界面和新增功能，为下一步Revit软件的学习打下基础。

第2章主要介绍Revit软件的基本操作，包括：项目文件、视图控制、图元操作、Revit二维图形的基本绘制与编辑方法、辅助操作等。

第3章主要介绍标高和轴网的创建与编辑方法，使读者能够了解参数化设计的基本思路，熟悉设置与修改图元属性的操作方法，初步了解族与项目之间的关系，建立对Revit软件的使用习惯。

第4章主要介绍Revit基本墙、幕墙和叠层墙的创建方法，加强读者对于Revit的基本绘制与编辑工具的使用训练。

第5章主要介绍结构柱与结构梁的载入方法、参数设置与材质设置、结构柱与结构梁的绘制方法等。

第6章主要介绍门和窗的载入方法、参数设置与编辑方法等。

第7章主要在熟悉别墅楼板构造知识的基础上，学习楼板材质设置、构造设置以及其他参数设置方法，学习使用“楼板边”工具创建装饰带的方法等。

第8章主要在熟悉别墅屋顶构造知识的基础上，学习Revit屋顶的参数设置，掌握迹线屋顶与拉伸屋顶的创建方法，了解创建屋顶附属构件的方法。

第 9 章首先讲解编辑轮廓的开洞方法，其次讲解 Revit“洞口”工具的使用方法与参数设置，最后针对别墅项目的老虎窗创建讲解定位、墙体与屋顶关系、老虎窗开洞等内容。

第 10 章主要介绍楼梯的创建与编辑方法，以及楼梯与建筑层高、楼板、扶手、细部构件等的协调关系。

第 11 章主要介绍栏杆扶手的创建与编辑方法、栏杆扶手的参数设置以及栏杆扶手之间的协调关系等。

第 12 章通过完善别墅模型的细节问题，讲解内建模型的使用方法和建模技巧，介绍建筑构件的载入和使用方法，场地设计中创建和编辑地形表面的方法以及创建建筑地坪的方法等。

第 13 章主要介绍与渲染相关的日照、相机和材质的设置方法，渲染设置与图片导出、漫游创建与动画导出等内容。

第 14 章主要介绍房间的创建与布置、尺寸标注、标高标注，立面和剖面的标注与注释，门窗明细表的创建与编辑等。

第 15 章通过创建别墅项目的楼梯详图、门廊详图与老虎窗详图，主要介绍详图设计的基本流程与详图工具的使用方法。

第 16 章主要介绍图纸的创建与布置，设置项目信息与视口属性，打印为 PDF 文件以及导出为 CAD 文件的方法等。

第 17 章通过介绍百叶窗嵌套族与“莫比乌斯环”体量族的创建方法与技巧，使读者对“族”的概念和应用形成较直观和全面的认知。

本教材由上海城建职业学院的王跃强和施洪威编著，施洪威负责编写教材第 3～9 章，王跃强负责编写其余各章与统稿工作。值此教材付诸出版之际，特别感谢广州大学曹伟教授和中国建材工业出版社时苏虹编辑给予的支持。本教材是作者近几年 BIM 教学实践的工作总结，在编写过程中虽经反复斟酌，但由于作者水平所限，书中难免存在疏漏与不妥之处，在此恳请广大读者不吝批评指正（lhqfly@163.com）。

王跃强　施洪威
2021 年 5 月

目　　录

1　BIM 与 Revit 概述 …… 1

1.1　BIM 概述 …… 1

1.2　Revit 概述 …… 4

2　Revit 基本操作 …… 15

2.1　项目文件 …… 15

2.2　视图控制 …… 19

2.3　图元操作 …… 26

2.4　基本绘制与编辑 …… 27

3　标高与轴网 …… 33

3.1　创建与编辑标高 …… 33

3.2　创建与编辑轴网 …… 42

4　墙体 …… 54

4.1　墙体概述 …… 54

4.2　绘制别墅墙体 …… 75

5　梁柱结构 …… 94

5.1　创建结构柱 …… 94

5.2　创建结构梁 …… 100

6　门窗 …… 105

6.1　创建 F1 层的门 …… 105

6.2　创建 F1 层的窗 …… 110

6.3　创建 F2 层门窗 …… 114

6.4　创建 F3 层门窗 …… 116

6.5　创建 F4 层门窗 …… 118

7　楼板 …… 120

7.1　创建 F1 层楼板 …… 120

7.2　创建其他层楼板 …… 122

7.3　编辑楼板 …… 124

7.4　创建主入口平台及台阶 …… 128

7.5　创建装饰带 …… 131

8　屋顶 …… 135

8.1　屋顶概述 …… 135

8.2　创建别墅屋顶 …… 148

8.3　创建主入口门廊 …… 159

9 洞口与老虎窗 …… 167
9.1 创建各类洞口 …… 167
9.2 创建别墅老虎窗 …… 171
10 楼梯 …… 179
10.1 楼梯概述 …… 179
10.2 别墅 F1 弧形楼梯 …… 187
10.3 别墅两跑楼梯 …… 198
11 栏杆扶手 …… 208
11.1 栏杆编辑与创建 …… 208
11.2 创建别墅平台栏杆 …… 217
12 构件与场地 …… 228
12.1 内建模型 …… 228
12.2 放置建筑构件 …… 235
12.3 创建场地 …… 236
12.4 创建建筑地坪 …… 239
12.5 布置场地构件 …… 241
13 渲染与漫游 …… 243
13.1 日光设置 …… 243
13.2 相机设置 …… 244
13.3 材质管理与设置 …… 245
13.4 渲染设置 …… 249
13.5 创建漫游 …… 250
13.6 导出动画 …… 252
14 标注与注释 …… 254
14.1 F1 平面布置 …… 254
14.2 F1 平面标注 …… 257
14.3 各层平面标注 …… 261
14.4 立面标注 …… 266
14.5 剖面标注 …… 270
14.6 门窗明细表 …… 273
15 详图设计 …… 277
15.1 F2 楼梯详图 …… 277
15.2 F3 楼梯详图 …… 281
15.3 F4 楼梯详图 …… 283
15.4 屋顶层楼梯详图 …… 284
15.5 主入口门廊详图 …… 285
15.6 老虎窗详图 …… 290
15.7 F1 楼梯详图 …… 292
15.8 阳台栏板详图 …… 294
15.9 檐沟剖面详图 …… 296

16　布图与打印 ………… 298
16.1　图纸图框 ………… 298
16.2　建筑设计说明 ………… 300
16.3　平立剖面布图 ………… 302
16.4　详图布图 ………… 305
16.5　图纸打印与导出 ………… 307
17　族与体量 ………… 310
17.1　百叶窗族 ………… 310
17.2　体量族 ………… 322
参考文献 ………… 333

1　BIM 与 Revit 概述

Revit 是由 Autodesk 公司开发的一款三维参数化建筑设计软件，是当前主流的 BIM（建筑信息模型）设计工具。Revit 以三维设计为基础理念，打破了传统的二维图纸设计模式，其在创建三维建筑模型的同时，可自动生成建筑的平立剖面图、详图和明细表等图纸内容。Revit 基于 BIM 协同理念，将各专业整合在同一 BIM 模型中进行协同设计，从而使设计人员将精力与工作重点能够集中于建筑设计而非建筑绘图上。

本章介绍了 BIM 的概念与相关 BIM 软件，详细讲解了 Revit 2021 软件的基本术语、操作界面和新增功能，为下一步 Revit 软件的学习打下基础。

手机扫码
观看教程

本章学习目的：

（1）熟悉 BIM 的内涵与设计理念；

（2）了解相关的 BIM 软件及其应用范围；

（3）熟悉 Revit2021 软件的术语和操作界面；

（4）了解 Revit 2021 软件的新增功能。

1.1　BIM 概述

自 20 世纪 90 年代初，随着计算机的普及，CAD 技术给建筑行业带来了一场所谓的“甩图板”革命，CAD 凭借计算机的复制和储存能力大大提高了绘图效率，但本质上 CAD 与传统的手工绘图模式是一致的，即 CAD 主要是通过彼此独立二维的平立剖面图来完成建筑的表达，其三维模型也是独立于二维图纸的几何模型。另外，CAD 技术主要采用非结构化信息形式，造成了其不能有效地直接表达除几何矢量信息外的其他建筑特性信息（如材料信息、节能信息、物理信息等），使 CAD 在信息交互时往往需要借助人工输入或转换，增加了额外成本。

近十几年兴起的 BIM 技术（Building Information Modeling）采用了计算机可以理解的结构化信息形式，除空间几何信息外，其能够完整描述建筑物的所有信息，如建筑材料、造价、物理、施工、安全等信息。基于此，BIM 技术正在带来一场从二维到三维，再到“4D 或 5D”的建筑业革命（图 1-1）。

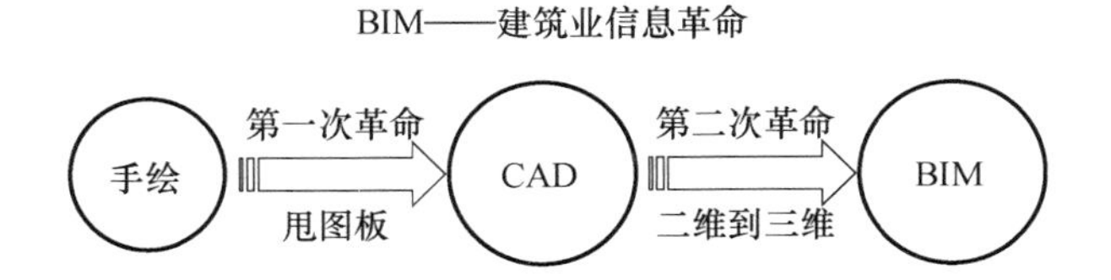

图 1-1　BIM 带来建筑业的二次革命

与 CAD 中各自独立的二维图形和三维模型不同，BIM 模型与其二维图形具有同一性，即 BIM 的二维图形是 BIM 模型的一种“映像”或“副产品”。在 BIM 模型中无论修改何处，与其相关联的二维图形都会自动更新，利用BIM模型可自动生成各类二维图形或数据统计。因此在某种意义上，我们可以将BIM模型理解为建筑物的真实表达，同时BIM模型还具有动态发展的特性，能够反映建筑物全生命周期的所有信息（图1-2）。

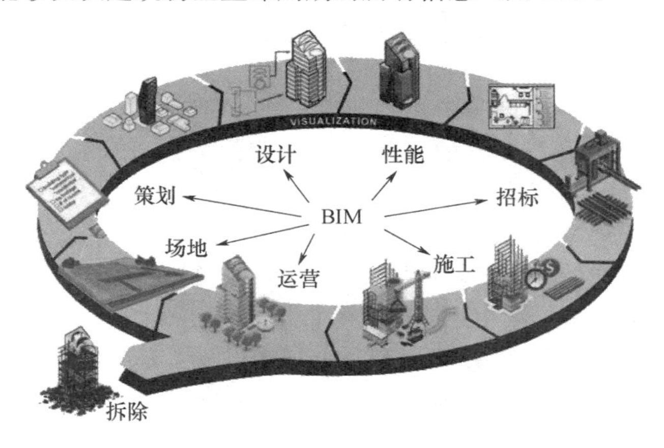

图1-2 BIM与建筑物全生命周期的信息交互

1.1.1 BIM简介

1. 定义

BIM是Building Information Modeling（建筑信息模型）的简称，是对建筑物在不同阶段各方面信息的一种数字化表达。BIM通过数字化技术在计算机中建立三维虚拟模型，此模型可提供建筑全生命周期的所有信息，这些信息能够在综合数字环境中保持不断更新并可为各阶段使用者提供访问。

2. 内涵

（1）BIM是建筑信息数据库。其可以与云计算、智能建筑、数字城市、物联网等新技术形成良好的技术互动。

（2）BIM是协同过程。BIM可记录一个建设项目从策划、设计到施工建设，再到使用、运营，直至拆除的全生命周期的所有信息，BIM是一个随着建筑物的生长变化而不断更新的协同过程。

（3）BIM是设计和管理平台。BIM可为包括开发商、业主、设计师、承包商、施工方、管理部门等在内的相关各方提供一个交互平台，在建设项目的不同阶段，各方根据自己的责任和权利来提供和获取相关的信息。

（4）BIM是新的设计思想和技术革命。正如CAD在过去30多年中对建筑领域产生了重大而深刻的影响一样，BIM也同样是未来建筑领域新变革的代表。

3. 特点

（1）可视化。建筑的施工图纸是通过线条来表达各种建筑信息，非专业人员通常无法识读。BIM提供了“所见即所得”的建筑可视化信息沟通方式，可以将建筑物及其构件从二维线条转为三维立体实物。

（2）协调性。建筑各专业之间时常会出现信息“不兼容”或矛盾之处，如管道间的碰撞冲突、预留洞口尺寸不符合设备净空要求等，BIM可在建筑物的设计阶段对各专业的“不兼容”问题进行协调（图1-3）。

图 1-3　各类管线的碰撞检查

（3）模拟性。在设计阶段，可以对 BIM 模型进行各种性能模拟，如节能模拟、日照模拟、紧急疏散模拟等。在施工阶段，可以对 BIM 模型进行 4D 模拟，组织施工流程等。

（4）优化性。BIM 为建筑物全生命周期中设计、施工、运营的不断优化提供了可能。BIM 不但提供了当前建筑物的实际信息，还可以提供建筑物变化的实时信息，特别是可以为超大规模建筑物的复杂管理提供信息优化。

（5）可出图性。BIM 对建筑物进行可视化展示、协调、模拟和优化后，可以根据要求输出各种图纸，如 Revit 的二维图纸即是其模型的“副产品”或“衍生物”（图 1-4）。

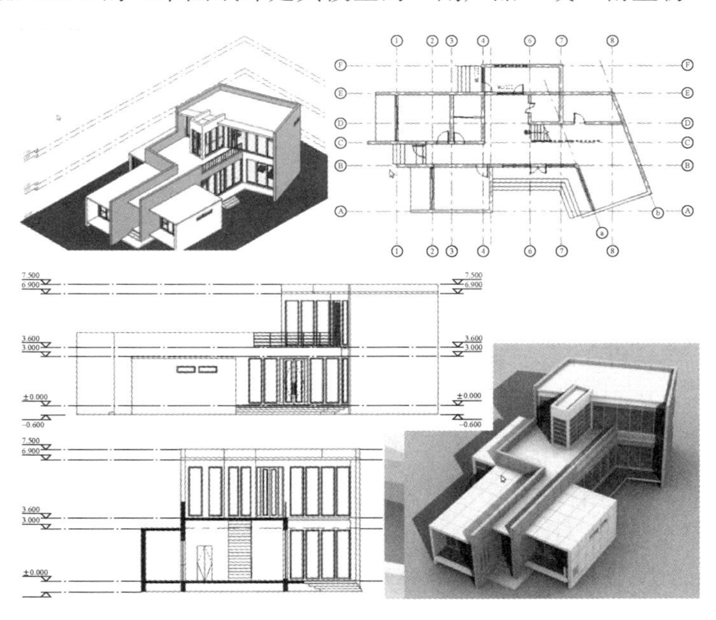

图 1-4　Revit 模型与图纸

1.1.2　BIM 软件

BIM 作为建筑模型、数据库或者工作平台，需要一系列的软件来共同实现其信息交互与协同。根据 BIM 软件的应用特性，可以分为如下几类：

（1）核心建模软件：Revit，Bentley，ArchiCAD，CATIA；

（2）辅助设计软件：Rhino（曲面设计），Tekla（结构设计），MagiCAD（机电设计），SketchUp（概念设计），Civil 3D（土木工程设计）；

（3）性能分析软件：PKPM，鸿业，Ecotect，IES，斯维尔；

（4）结构分析软件：PKPM，STAAD，ETABS；

（5）可视化软件：Navisworks，Lumion，Fuzor，3DS MAX；

（6）工程造价软件：广联达，鲁班，斯维尔；

（7）运营管理软件：ARCHIBUS，Autodesk FM Desktop，ArchiFM；

（8）二次开发软件：Extensions，橄榄山，族库大师，RevitBus。

作为核心建模软件的Revit由Autodesk公司开发，目前占据了民用建筑的主要市场，在我国拥有最广泛的用户群，该软件操作相对容易上手。Bently系列软件主要应用在工业建筑（石油、化工、电力、医药等）和基础设施领域（道路、桥梁、市政、水利等）。ArchiCAD是一款最早的具有市场影响力的BIM核心建模软件，由于该软件主要限于建筑专业，而缺少配套专业的设计功能，造成了其市场占有率不高。CATIA是达索公司开发的应用于高端机械设计与制造的软件，其在航空、航天和汽车等领域占据垄断地位，对于复杂形体和超大规模建筑建模具有良好的适应性。

1.2 Revit概述

1.2.1 Revit简介

1. 概述

Revit软件突破了传统的二维设计中平立剖面各自独立、互不关联的工作模式，其以建立三维模型为基本设计理念。Revit的“体量”工具可以为建筑师提供三维设计模式下方案推敲与快速表达的便利条件。Revit将建筑构件以“搭积木”的方式进行拼接而建立BIM模型，通过三维模型自动生成所需的二维图纸。Revit软件功能强大，可以涵盖从概念方案到施工图设计的全过程，同时还具有良好的操作界面和易学性，目前已经成为建筑界主流的BIM软件。

2. 特点

（1）对象化。Revit将所有的建筑构件和图形元素都抽象为图元对象，通过各类对象的不同属性实现建筑“搭建”中的有效管理。对象化的建模方式与BIM三维设计的基本理念是一致的，如创建窗图元时，Revit不仅表达窗的三维几何信息，还可以表达窗的材料、构造、物理、造价和时间等信息。

（2）参数化。参数是Revit图元属性的定量化表达，通过对图元类型参数、实例参数和共享参数的设置，可以对建筑构件的尺寸、材质、可见性、性能信息等属性进行控制，以满足BIM设计的建模要求。另外还可以通过对视图图元和注释图元的参数化设置，实现图纸的规范性表达等。

（3）关联性。BIM模型与平立剖面图、详图和明细表等具有同一性，呈现实时关联的状态，即修改模型的一处，其图纸和视图会同步修改。

（4）依附性。构件图元、注释图元等与主体图元具有依附关系，如门窗必须依附于墙体，尺寸标注必须依附于特定主体对象。将主体图元删除时，依附于其上的图元会被同时删除。

（5）约束性。Revit 通过设置限制性条件，实现图元对象之间的锁定关系，如设置构件与轴线、构件与参照平面之间的约束关系后，构件会跟随轴线和参照平面位置的变化而同步变化，此为实现构件设计参数化驱动的必要条件。

（6）协同性。Revit 软件既可通过工作集模式实现不同专业设计人员在同一个文件模型上的协同工作，也可通过链接文件管理模式实现各专业间在不同文件模型上的协同设计。

（7）阶段化。Revit 软件通过阶段化参数的设置，将时间概念引入 BIM 模型，可以实现建筑施工的“4D/5D”管理。

1.2.2 Revit 基本术语

1. 项目

Revit 的“项目”文件是指一个完整的建筑工程项目信息数据库，其包含了建筑项目的所有设计信息（空间、材料、构造、物理等信息）、三维模型、所有设计视图（平立剖面图、详图和明细表等）和施工图图纸等信息。同一项目中的所有信息都保持关联关系，即在某一个视图中修改设计时，Revit 自动在整个项目中实现同步修改。

2. 图元

图元是 Revit 项目的基本组成单位与对象管理方式，也是 BIM 模型的基本组成单位。Revit 根据建筑项目和设计表达的特点，将图元分为三种类型：模型图元、视图图元和基准图元（图 1-5）。

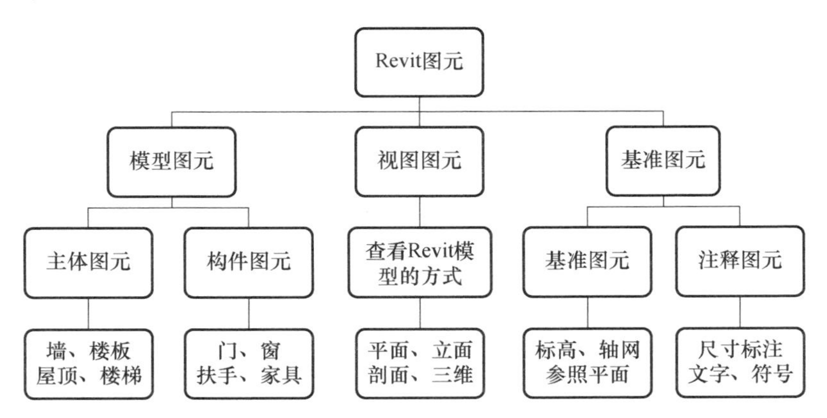

图 1-5 Revit 图元分类

（1）模型图元即建筑构件，是建筑物的实体组成部分，具有三维空间尺寸与材料物理属性等。按照模型图元的主体与从属关系又可以分为：①主体图元，包括墙、楼板、屋顶等；②构件图元，一般指与主体图元有从属关系的图元，如门、窗、家具和扶手等。

（2）视图图元是 Revit 模型的观察和表达方式，同一项目的同一模型即可以采用三维视角进行表达，也可以采用二维图形或者明细表进行表达，还可以采用施工图纸的方式进行表达，这些表达方式都是视图图元，可以通过设置视图图元的参数来规定模型的三维或二维表达方式。

（3）基准图元是 Revit 建模和表达的辅助性图元，可以对模型图元进行定位与标记，包括：①轴网、标高和参照平面，它们不同于CAD中的辅助“线”，而是建立三维模型的定位“面”；②注释图元是对模型图元和基准图元进行尺寸标注和文字标记的工具。

3. 族类别

类别是Revit对图元进行分类管理的“一级目录”，根据图元对象的功能或特性分为若干大类，如门、窗、家具、场地、环境、专用设备等（图1-6）。

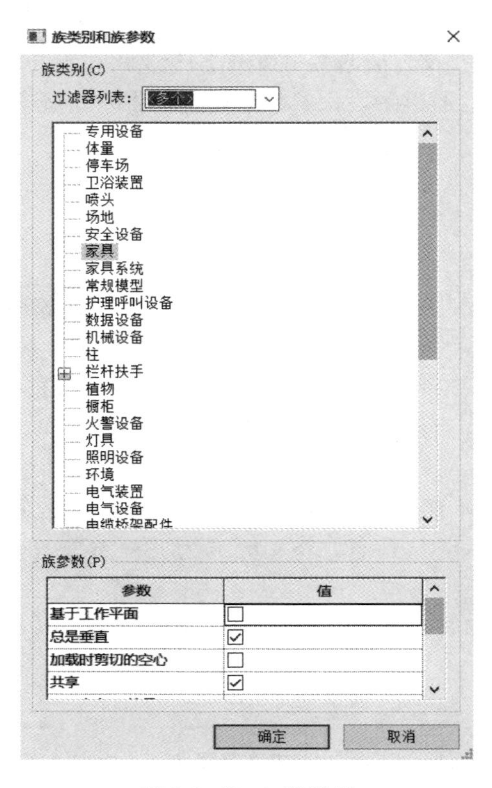

图1-6　Revit族类别

4. 族

族是某一类别中图元的分类方式，属于Revit图元分类管理的“二级目录”，其根据该类别中图元的某一特性进行分类，如窗类别下根据开窗的方式，可以进一步分为固定窗、平开窗和推拉窗等窗族（图1-7）。

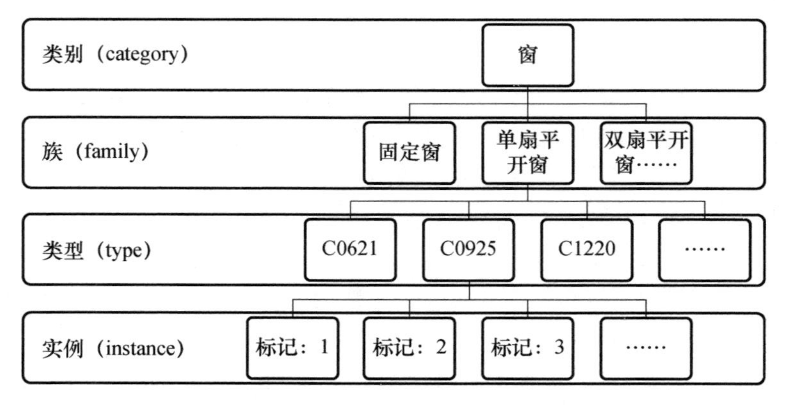

图1-7　Revit图元的层级化管理

5. 类型

每个族都可以进一步分为不同的类型，即类型属于 Revit 图元分类管理的“三级目录”。例如可以根据平开窗族的具体尺寸特性，进一步分为 C0621、C0925 等窗类型。可以通过图元对象属性面板中的“编辑类型”来新建、编辑族类型（图 1-8）。

图 1-8　图元的类型属性

6. 实例

实例是指项目中的单个具体图元，其具有唯一性，每个实例都属于某一族类型，具有该类型的共同属性，同时每个实例也具有自身的属性。图 1-9 所示的实例窗“Single Window Standard”，其具有唯一的 ID 或者标记，通过其属性面板的参数设置可以控制该窗的实例属性。

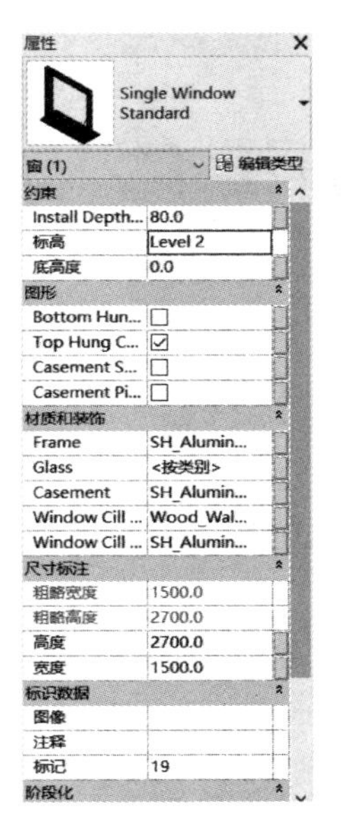

图 1-9　窗的实例属性

1.2.3 Revit2021 操作界面

双击桌面 Revit 2021 的软件快捷启动图标，系统将打开如图 1-10 所示的软件初始界面。单击界面中的“建筑样例项目”文件，进入 Revit2021 操作界面，操作界面主要包括：应用程序菜单、快速访问工具栏、功能区、绘图区、项目浏览器和属性面板等（图 1-11）。

图 1-10　Revit 2021 的初始界面

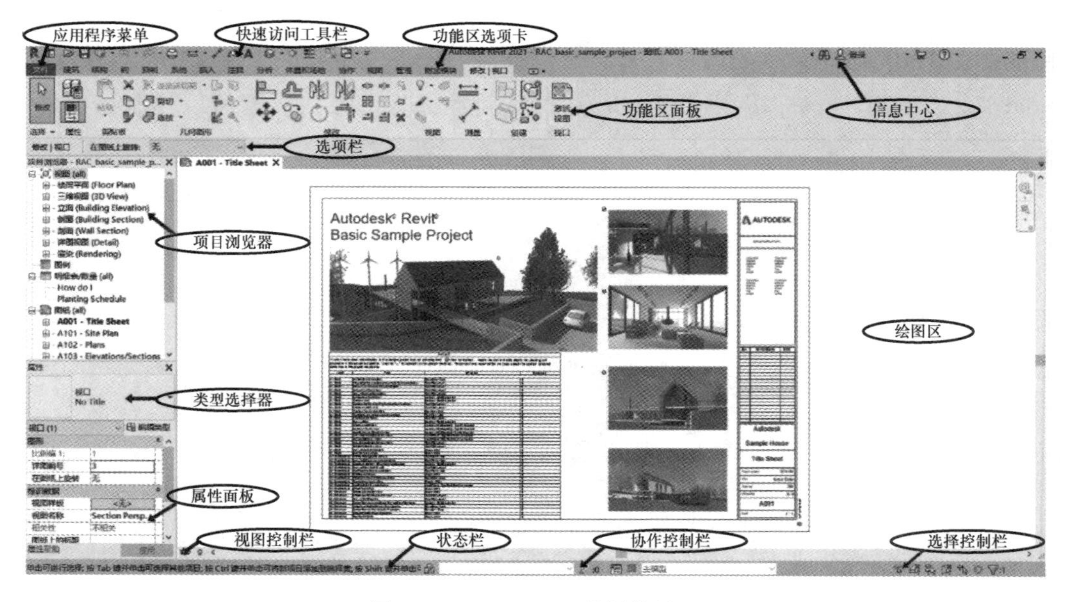

图 1-11　Revit 2021 的操作界面

1. 应用程序菜单

单击主界面左上角【文件】菜单，展开应用程序菜单，如图 1-12 所示。菜单中包括【新建】【打开】【保存】【另存为】和【导出】等常用文件操作命令。在菜单的右侧列出了最近使用的文档名称，用户可以快速打开近期使用的项目文件。单击菜单中的【选项】按钮，可以打开“选项”对话框（图1-13），进行系统参数的设置。

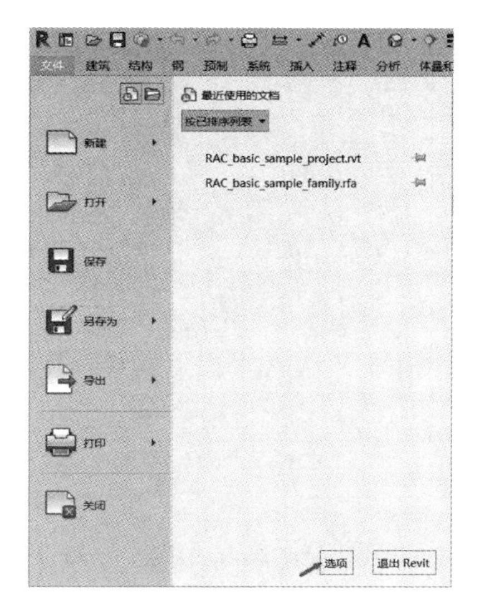

图1-12　应用程序菜单

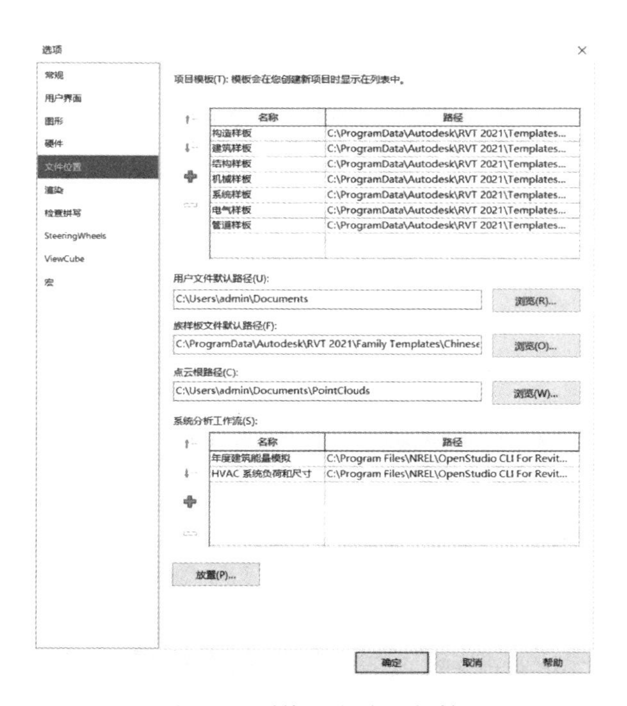

图1-13　系统“选项”对话框

2. 快速访问工具栏

快速访问工具栏位于主界面最上方，用户可以直接单击相应的按钮，快速进行命令操作。单击该工具栏末端的下拉三角箭头，可以展开工具列表（图1-14），进行勾选或取消勾选即可显示或隐藏快捷命令按钮。

单击【自定义快速访问工具栏】选项，打开“自定义快速访问工具栏”对话框

(图 1-15)，用户可以自定义快速访问工具栏中命令按钮的显示及顺序。

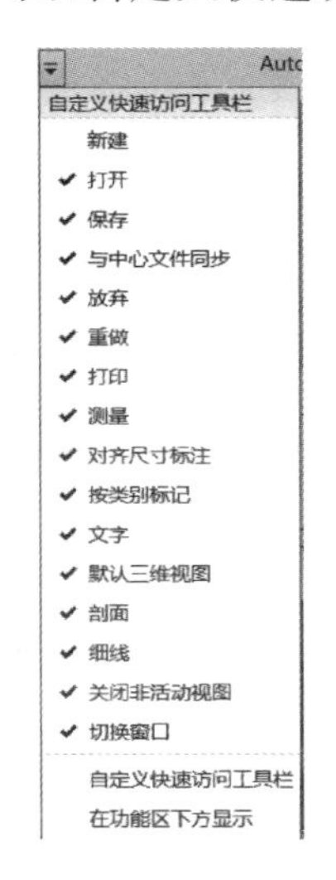

图 1-14　快速访问工具列表

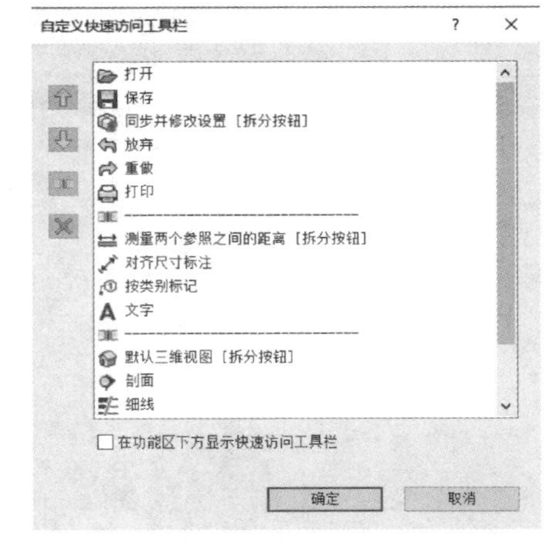

图 1-15　自定义快速访问工具栏

3. 功能区

功能区位于快速访问工具栏下方，包括了创建 Revit 项目的所有工具集合。Revit 2021 根据工具的功能类型，将它们分别置于不同的选项卡面板中（图 1-16）。

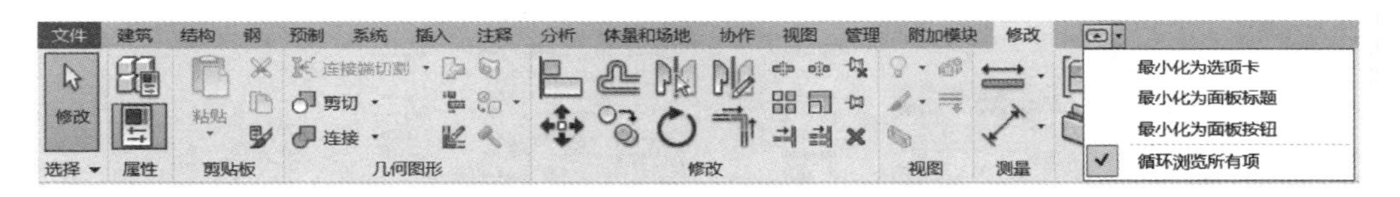

图 1-16　功能区选项卡与面板

功能区包括主选项卡、上下文选项卡（子选项卡）和面板等，每个主选项卡都将其命令工具细分为几个面板进行集中管理。当选择某图元或者激活某命令时，系统将在功能区主选项卡后添加相应的上下文选项卡，在该上下文选项卡中会列出相关的子命令工具。

单击主选项卡最右侧的下拉三角箭头，可以使功能区显示为“最小化为选项卡”“最小化为面板标题”“最小化为面板按钮”“循环浏览所有项”4 种状态（图 1-16）。

4. 选项栏

选项栏位于功能区下方，当用户选择不同的工具命令或图元时，在选项栏中将显示与该命令或图元相关的选项，可以对选项参数进行设置和编辑（图 1-17）。

图 1-17　选项栏

5. 项目浏览器

项目浏览器用于显示当前项目中所有视图、明细表、图纸、族、组和 Revit 链接等内容。单击各内容前的“+”号，可以展开显示其下一层目录内容。Revit 项目浏览器的管理和操作方式类似于 Windows 的资源管理器，双击视图名称即可打开该视图。选择视图名称单击右键即可弹出快捷工具菜单，进行打开、复制、重命名和删除等操作（图 1-18）。

> **提示：**将光标放在项目浏览器上部，按住鼠标左键并拖动，可以移动其位置，根据个人习惯可以将“项目浏览器”和“属性面板”置于绘图区的左右两侧。

6. 属性面板

当选择某图元时，属性面板中会显示该图元的类型、实例属性与类型属性（图 1-19）。

（1）类型选择器

图元类型选择器位于属性面板的上部，可以显示所选图元的类型预览和类型名称，用户单击右侧的下拉箭头，可以从列表中选择其他类型来替换所选图元的已有类型。

（2）实例属性

属性面板中的各参数显示了当前所选图元的约束条件、构造、材质和装饰、标识数据、阶段化和其他实例参数，用户可以通过修改实例参数值来控制所选图元的特性。

（3）类型属性

单击属性面板中的【编辑类型】，可以打开“类型属性”对话框进行参数设置（图 1-20）。用户可以使用【复制】创建新的对象类型，可以通过编辑类型参数值来改变与当前所选图元同类型的所有图元的特性。

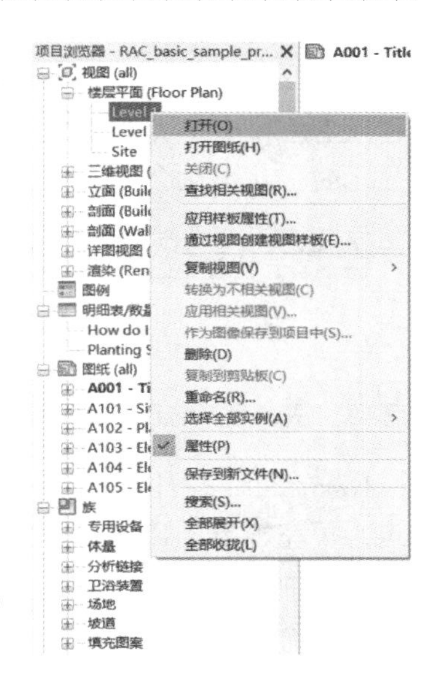

图 1-18　项目浏览器

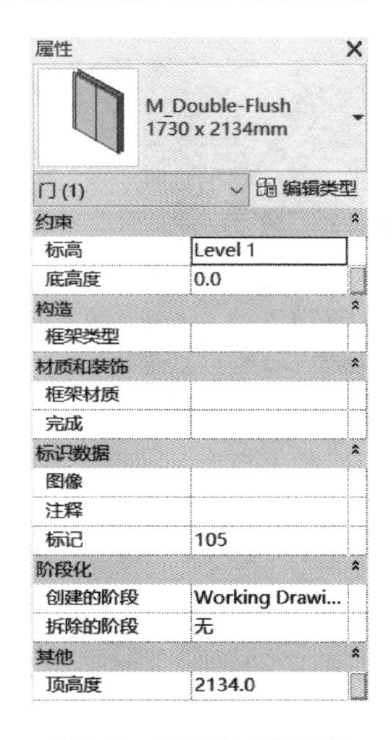

图 1-19　图元的属性面板

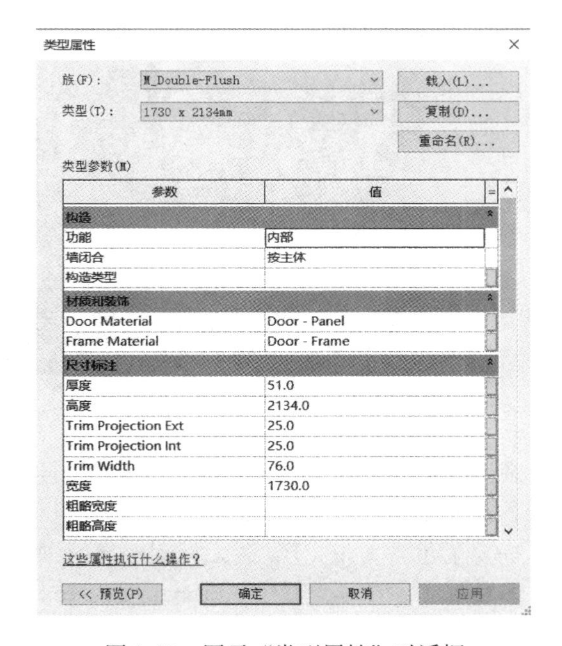

图 1-20　图元“类型属性”对话框

7. 视图控制栏

视图控制栏位于绘图区左下角，用户可以快速设置当前视图的比例、详细程度、视觉样式、日光路径、阴影、剪裁区域、显示/隐藏剪裁区域、临时隐藏/隔离和显示隐藏的图元等（图 1-21）。

1 : 100

图 1-21　视图控制栏

8. 状态栏

状态栏位于主界面左下角，其可以对图元操作进行提示。将光标置于图元上，图元呈高亮显示时，状态栏会显示该图元的族和类型名称（图 1-22）。

单击可进行选择; 按 Tab 键并单击可选择其他项目; 按 Ctrl 键并单击可将新项目添加到选择集;

图 1-22　状态栏

1.2.4　Revit2021 新增功能

Revit 2021 软件在原有版本的基础上添加了若干新功能，并对一些工具的功能和操作性能进行了完善与提升。

1. 性能提升

（1）借助更好、更方便、更快速的真实视图实时工作，此功能将替换以前版本所创建文件中的视图和图纸的“真实”视觉样式，使用改进后的真实材质和照明，同时视图导航变得更快、更平滑（图 1-23）。

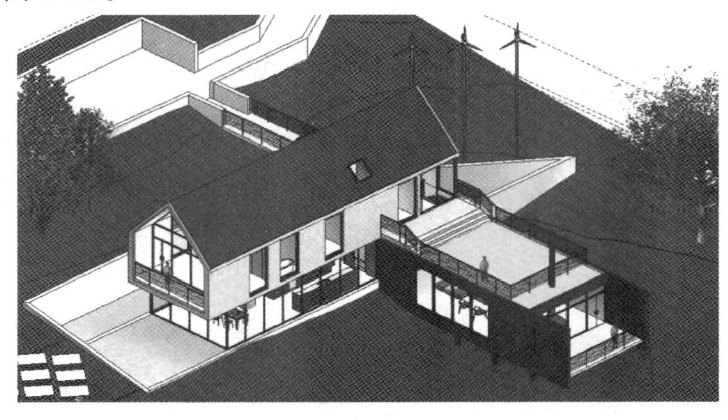

图 1-23　Revit 2021“真实”视觉样式

（2）在 Revit 2021 版本中打开项目或族时可以删除所有重复的填充图案，并可以阻止创建重复项，从而提高文件的性能和可用性。

（3）提高了包含大量 RPC 图元视图的导航浏览性能。

（4）显著提高了在导入使用 Autodesk Desktop Connector 存储的某些 DWG 文件时的性能。

（5）提高了在纹理放置于远程服务器上的情况下打开“材质”对话框时的性能。

（6）提高了计算“行进路径”图元的“从房间”和“到房间”参数时的性能。

2. 自定义工作区

首次打开已安装或已更新的 Revit 2021 时，系统将显示“询问配置”对话框，可以针对用户的工作规程和工作角色定位，为用户提供创建自定义界面的建议。

3. 共享坐标

重置共享坐标功能可重置链接模型之间的共享坐标关系，更轻松地在项目中重新定位模型。通过一次单击即可删除模型文件之间的共享坐标关系，并可以在整个项目中重建共享坐标。

4. 导出/导入性能提升

将模型从 Revit 导出为 STL 文件时无须附加模块，并可以直接使用 STL 文件对模型进行三维打印。导入 SAT 和 Rhino 文件更可靠，具有更好的保真度。另外添加了对导入 SketchUp2020 格式文件的支持。

5. 倾斜墙

创建普通墙或幕墙后，在其【属性】面板中，选择【横截面】为“倾斜”，并设置【与垂直方向的角度】值后，可以创建倾斜墙体（图 1-24）。斜墙中插入门或窗后，在门或窗的【属性】面板中，将【方向】设为“斜梯”，则该斜墙上插入的门窗会自动对齐到墙的倾斜角度（图 1-25、图 1-26）。斜墙的墙饰条和分隔缝也可以使用相同的设置进行调整。

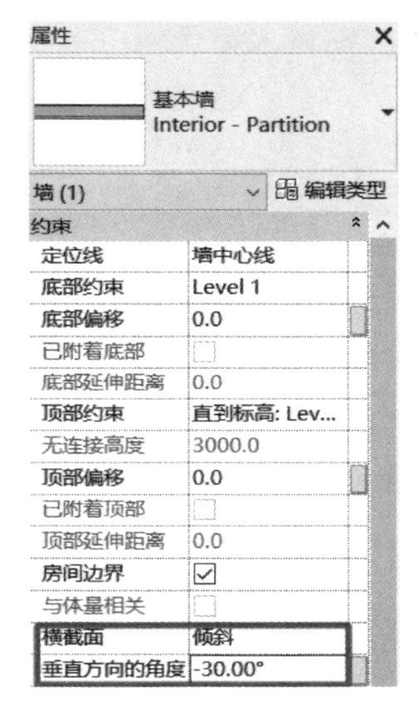

图 1-24　设置斜墙

图 1-25　设置斜墙上的窗

图 1-26　斜墙与窗

6. 链接 PDF 文件或图像

Revit 2021 可以通过链接的方式将 PDF 文件或光栅图像引入到项目文件的二维视图中，可以对链接的 PDF 文件或光栅图像进行移动、复制、缩放和旋转等操作，其与导入 PDF 文件或光栅图像的功能完全一致，而不增加模型大小或影响其性能。当打开模型时，系统会自动加载更新的 PDF 文件或光栅图像。当不再需要 PDF 文件或光栅图像链接时，可以将其直接删除。

2　Revit 基本操作

由于同为 Autodesk 公司的产品，Revit 软件的基本操作与 AutoCAD 相类似，但 Revit 的核心目标是建立三维 BIM 模型，所以在使用 Revit 软件时始终要建立三维设计的思路。本章主要介绍 Revit 软件的基本操作，包括：项目设置、视图控制、图元操作、Revit 二维图形的基本绘制与编辑方法、辅助操作等。

本章学习目的：

（1）掌握项目设置方法；

（2）熟悉图元的选择与过滤；

（3）掌握图元的基本绘制和编辑方法；

（4）掌握参照平面的创建方法；

（5）熟悉临时尺寸标注。

手机扫码
观看教程

2.1　项目文件

2.1.1　新建项目文件

1. 样板文件

当新建 Revit 项目时，系统会弹出对话框，提示选择“样板文件”作为项目的初始条件。Revit 样板文件是一个后缀名为“. rte”的文件，其功能与 AutoCAD 的“. dwt”样板文件基本类似，定义了新建项目中默认的初始参数与绘图环境，如项目默认的度量单位、标高、坐标、线型、显示和图元样式等。

Revit2021 默认的建筑样板文件为“DefaultCHSCHS. rte”，其符合中国的制图规范要求。另外用户可以在已有样板文件的基础上，按照自己的使用习惯，将样板文件另存为“. rte”格式的个人样板。

提示： Revit 为不同专业制定了各种样板文件，可以在【文件】——【选项】——【文件位置】中设置各专业所需的样板文件位置（图 2-1）。

名称	路径
构造样板	C:\ProgramData\Autodesk\RVT 2021\Templates...
建筑样板	C:\ProgramData\Autodesk\RVT 2021\Templates...
结构样板	C:\ProgramData\Autodesk\RVT 2021\Templates...
机械样板	C:\ProgramData\Autodesk\RVT 2021\Templates...
系统样板	C:\ProgramData\Autodesk\RVT 2021\Templates...
电气样板	C:\ProgramData\Autodesk\RVT 2021\Templates...
管道样板	C:\ProgramData\Autodesk\RVT 2021\Templates...

图 2-1　各专业“样板文件”路径

2. 新建项目

在 Revit 2021 中，可以通过 3 种方式新建项目文件。

（1）主界面

打开 Revit2021 软件后，在主界面的【模型】选项组中，单击【新建】按钮，系统将弹出“新建项目”对话框。在【样板文件】下拉框中，选择“建筑样板”（图 2-2）（图 2-3），或者单击【浏览】按钮，选择“DefaultCHSCHS. rte”样板文件（图 2-4）。在【新建】选项组中选择【项目】单选按钮，单击【确定】，即可新建项目文件。

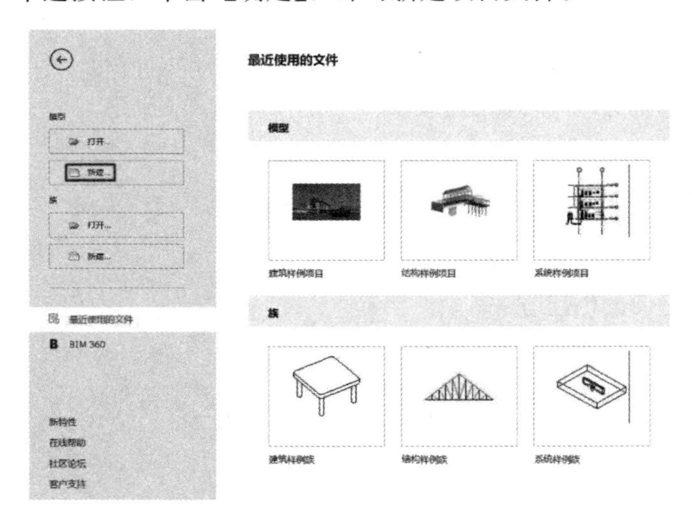

图 2-2　Revit 2021 启动主界面

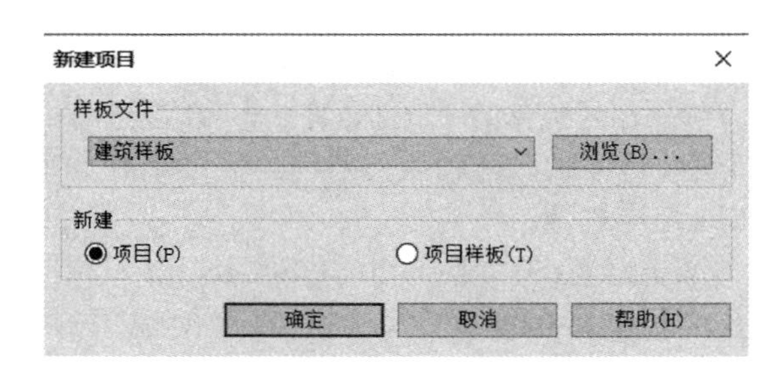

图 2-3　“新建项目”对话框

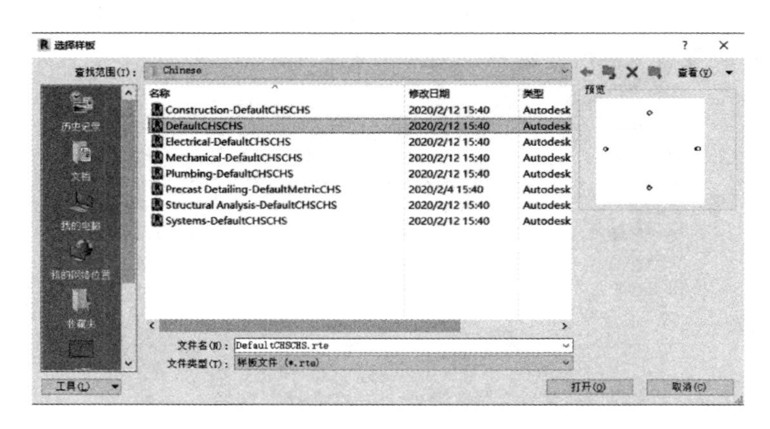

图 2-4　选择“DefaultCHSCHS. rte”样板文件

（2）快速访问工具栏

单击快速访问工具栏中的【新建】按钮（快捷键 Ctrl＋n），即可在打开的“新建项目”对话框中新建项目文件。

（3）应用程序菜单

单击【文件】——【新建】——【项目】选项，即可在打开的“新建项目”对话框中新建项目文件。

2.1.2　项目设置

1. 项目信息

单击【管理】选项卡——【项目信息】按钮，打开“项目信息”对话框（图 2-5），可以在【项目发布日期】【项目状态】【客户姓名】【项目地址】【项目名称】和【项目编号】等参数文本框中输入项目信息。另外，单击【能量设置】和【线路分析设置】参数后的【编辑】按钮，可以打开相应的对话框进行参数设置。

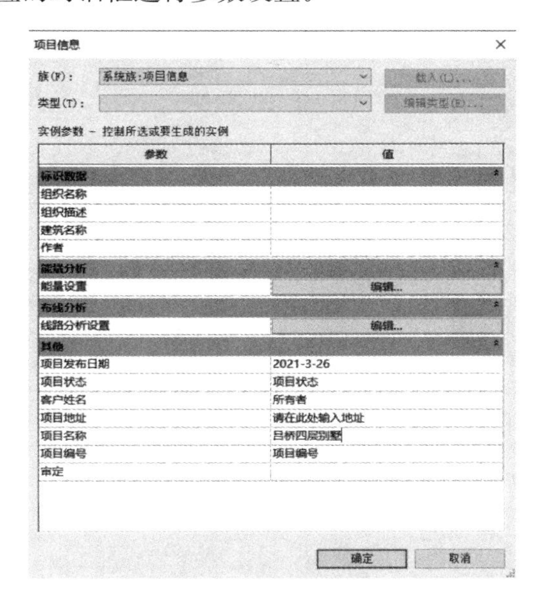

图 2-5　设置“项目信息”对话框

2. 项目地点

单击【管理】选项卡——【地点】按钮，打开“位置、气候和场地”对话框（图 2-6），在【位置】选项卡——【定义位置依据】列表框中选择【默认城市列表】选项，即可在【城市】列表框中选择项目所在的城市。另外还可以设置项目的【天气】和【场地】信息。

3. 项目单位

单击【管理】选项卡——【项目单位】按钮，打开“项目单位”对话框（图 2-7），单击各单位参数后的格式按钮，即可打开相应的“格式”对话框进行单位设置（图 2-8）。

4. 捕捉设置

单击【管理】选项卡——【捕捉】按钮，打开“捕捉”对话框（图 2-9），即可设置“尺寸标注捕捉”和“对象捕捉”的参数和方式。

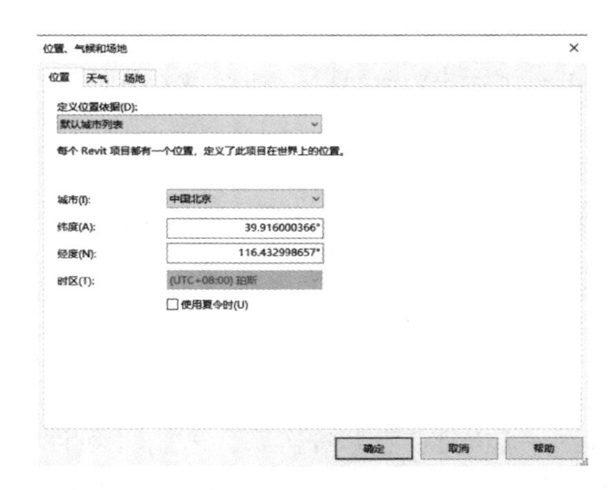

图 2-6　设置“位置、气候和场地”对话框

图 2-7　“项目单位”对话框

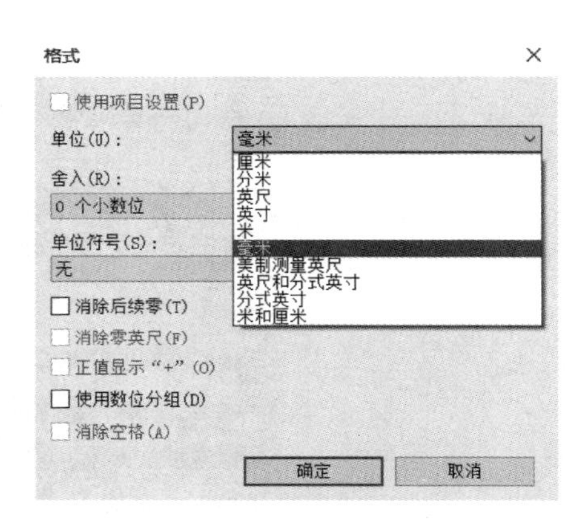

图 2-8　设置单位“格式”对话框

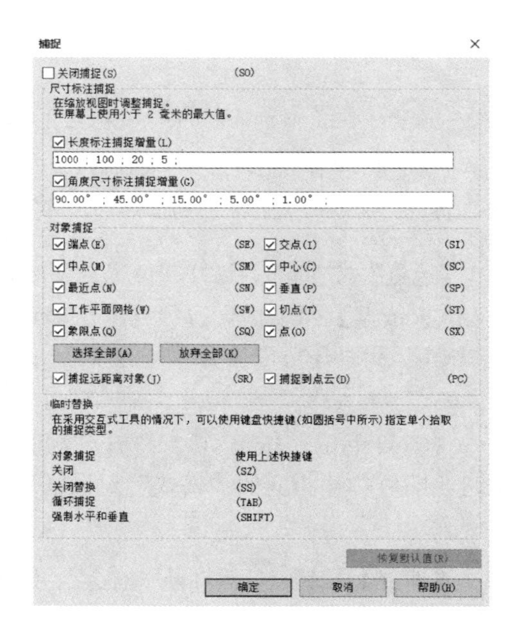

图 2-9　设置“捕捉”对话框

2.1.3　保存项目文件

在完成项目的创建和编辑后，用户可以将项目文件保存到指定的文件夹。在快速工具栏中单击【保存】按钮，打开“另存为”对话框（图 2-10），输入项目的“文件名”，并指定保存路径，单击【保存】。

> **提示：**单击【选项】按钮，可以弹出“文件保存选项”对话框，通常将【最大备份数】设置为“1”（图 2-11）。

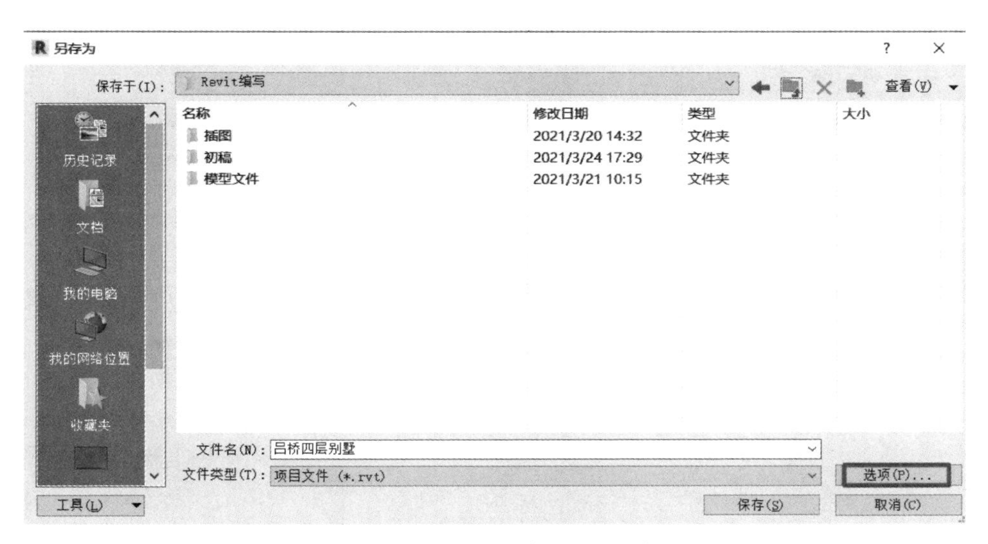

图 2-10　项目“另存为”对话框

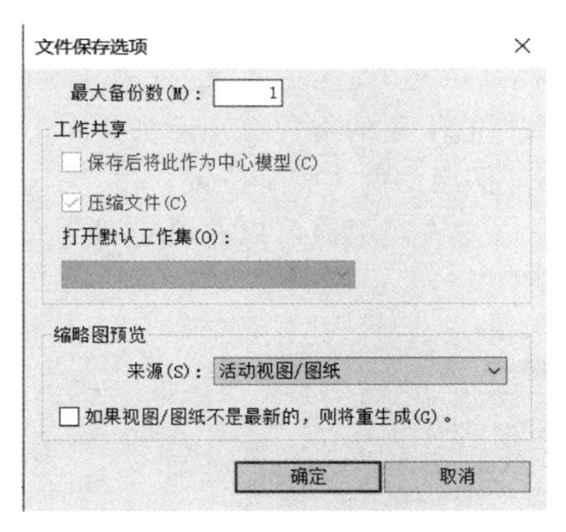

图 2-11　设置“文件保存选项”对话框

2.2　视图控制

不同于传统意义上的 CAD 图形与图纸，从本质上来说，Revit 的各视图及图纸是三维模型的“衍生物”和“副产品”。视图控制是 Revit 的基础操作，用户可根据设计要求和制图规范来设置视图控制方式及其参数，对 Revit 视图和图纸进行表达。

2.2.1 项目浏览器

项目浏览器包括了 Revit 项目中所有的视图、明细表、图纸、族、组和链接的 Revit 模型等。Revit 2021 按逻辑层次关系对所有的视图和图纸进行层级化的组织管理，在项目浏览器中可以方便地展开和折叠各层级视图，显示下一层级的内容，用户可以通过双击项目浏览器中相应的视图名称来实现视图间的切换。

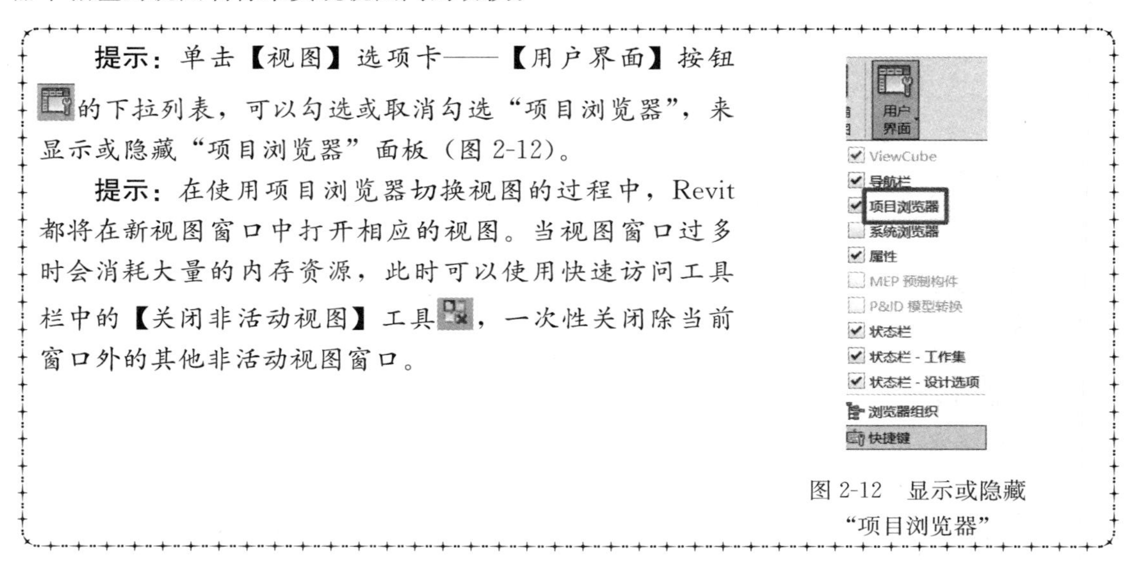

提示：单击【视图】选项卡——【用户界面】按钮的下拉列表，可以勾选或取消勾选“项目浏览器”，来显示或隐藏“项目浏览器”面板（图 2-12）。

提示：在使用项目浏览器切换视图的过程中，Revit 都将在新视图窗口中打开相应的视图。当视图窗口过多时会消耗大量的内存资源，此时可以使用快速访问工具栏中的【关闭非活动视图】工具，一次性关闭除当前窗口外的其他非活动视图窗口。

图 2-12　显示或隐藏“项目浏览器”

2.2.2 视图导航

Revit 提供了视图导航栏和 ViewCube 等视图导航工具，可以对视图进行平移、缩放和动态观察等操作，它们一般位于绘图区右侧并呈半透明状态。视图导航栏包括控制盘和缩放控制。

如图 2-13 所示，单击导航栏右下角的下拉三角箭头，用户可以在自定义菜单中设置导航栏中的模块内容、导航栏在绘图区中的“固定位置”和“不透明度”。如图 2-14 所示，单击 ViewCube 右下角的下拉三角箭头，用户可以在自定义菜单中设置三维的“观察方式”“主视图和前视图”“定向到视图”等。

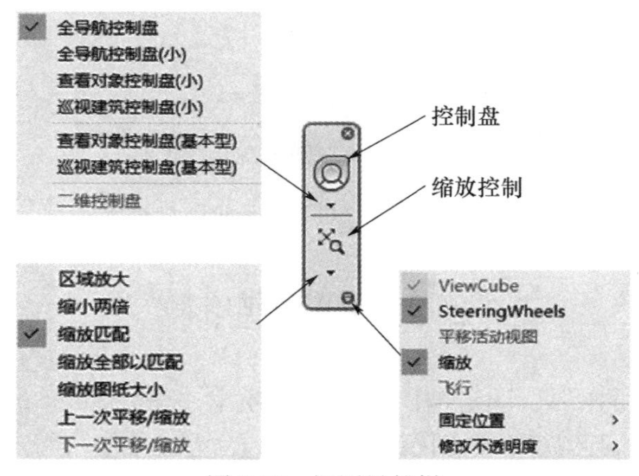

图 2-13　视图导航栏

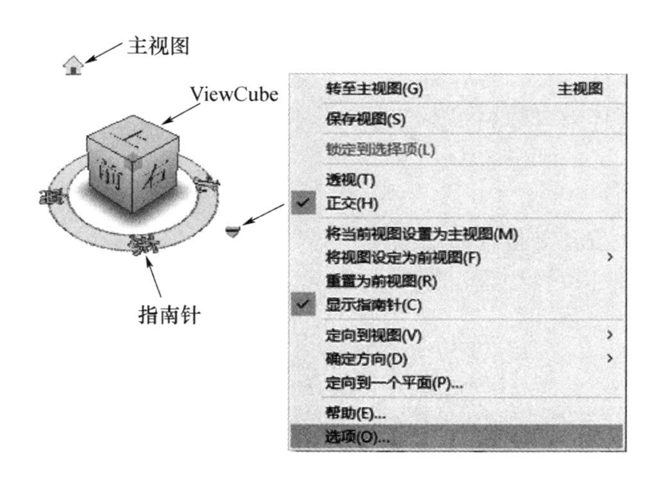

图 2-14 ViewCube

1. 控制盘

Revit 2021 控制盘将多个常用的导航工具结合在单一界面中，并可以跟随光标移动便于快速导航。在三维视图中，单击导航栏中的【全导航控制盘】按钮，系统将打开【控制盘】面板，单击该面板右下角的下拉三角箭头，可弹出“控制盘”快捷菜单（图 2-15）。

图 2-15 全导航控制盘及其快捷菜单

提示：在平立剖面视图中，只能使用“二维控制盘”。

（1）平移

将控制盘随光标移动到视图中的合适位置，然后单击【平移】按钮并按住鼠标左键不放，拖动鼠标即可对视图进行平移操作。

（2）缩放

将控制盘随光标移动到视图中的合适位置，然后单击【缩放】按钮并按住鼠标左键不放，光标位置出现绿色轴心球体，拖动鼠标可以该球体为轴心对视图进行缩放。

（3）中心

单击【中心】按钮并按住鼠标左键不放，光标将变为绿色轴心球体，拖动鼠标到某图元构件上松开鼠标放置球体，即可将该球体设为模型的中心位置。动态观察将以该中心对模型进行三维旋转观察。

（4）动态观察

单击【动态观察】按钮并按住鼠标左键不放，在模型的中心位置将显示绿色轴心球体，拖动鼠标即可围绕该轴心旋转模型（图 2-16）。

图 2-16 “动态观察”的“中心”位置

（5）回放

单击【回放】按钮并按住鼠标左键不放，向左侧移动鼠标即可浏览之前的导航历史记录，松开鼠标左键即可恢复到之前的某一视图。

（6）环视

单击【环视】按钮并按住鼠标左键不放，拖动鼠标，模型将围绕当前视图的位置旋转。

（7）向上/向下

单击【向上/向下】按钮并按住鼠标左键不放，上下拖动鼠标即可沿 Z 轴调整模型的视点高度。

提示：在任何视图中，按住鼠标中键滚轮移动鼠标即可平移视图；滚动鼠标中键滚轮即可缩放视图；按住 Shift 键和鼠标中键滚轮，移动鼠标即可动态观察视图。

2. 缩放控制

Revit 缩放控制工具集类似于 AutoCAD 的 zoom 命令，用户可以单击缩放控制的下拉三角箭头，在展开的菜单中选择相应的缩放工具（图 2-13）。

（1）区域放大

选择【区域放大】工具，然后用光标单击捕捉要放大区域的两个对角点，即可放大显示该区域。

（2）缩小一半

选择【缩小两倍】工具，即可以当前视图窗口的中心，自动将图形缩小至原来的1/2大小。

（3）缩放匹配

选择【缩放匹配】工具，即可在当前视图窗口中自动缩放以匹配显示所有图形。

（4）缩放全部以匹配

当同时打开多个视图窗口时，选择【缩放全部以匹配】工具，即可在所有打开的窗口中自动缩放以匹配显示所有图形。

（5）缩放图纸大小

选择【缩放图纸大小】工具，即可将视图自动缩放为实际打印大小。

3. ViewCube

ViewCube 导航工具用于在三维视图中快速定位模型的方向。ViewCube 立方体中各顶点、边、面和指南针的指示方向，代表了三维视图中不同的视点方向（图 2-14）。单击立方体或指南针的各部位，即可在各方向视图中进行快速切换。按住 ViewCube 或指南针上的任意位置并拖动鼠标可旋转视图。

单击 ViewCube 左上角的“主视图”按钮，可以将视图切换至主视图方向，而主视图是通过单击 ViewCube 右下角的下拉三角箭头，在弹出的自定义菜单中进行设置的（图 2-14）。

2.2.3 视图控制栏

位于绘图区下方的视图控制栏包括比例、详细程度、视觉样式、日光路径、阴影、渲染、裁剪区域、隐藏/隔离、显示等常用视图显示工具（图 2-17）。

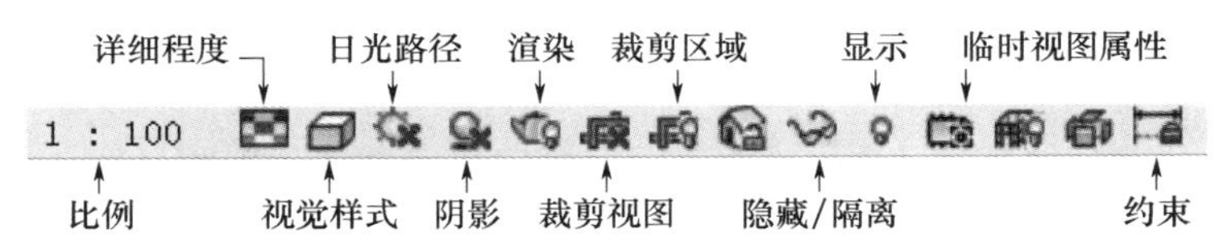

图 2-17 视图控制栏

1. 视觉样式

Revit2021 提供了 4 种视觉样式：线框、隐藏线、着色、一致的颜色和真实。它们的显示效果逐渐增强，同时占用的计算机资源愈多，显示刷新速度愈慢（图 2-18）。

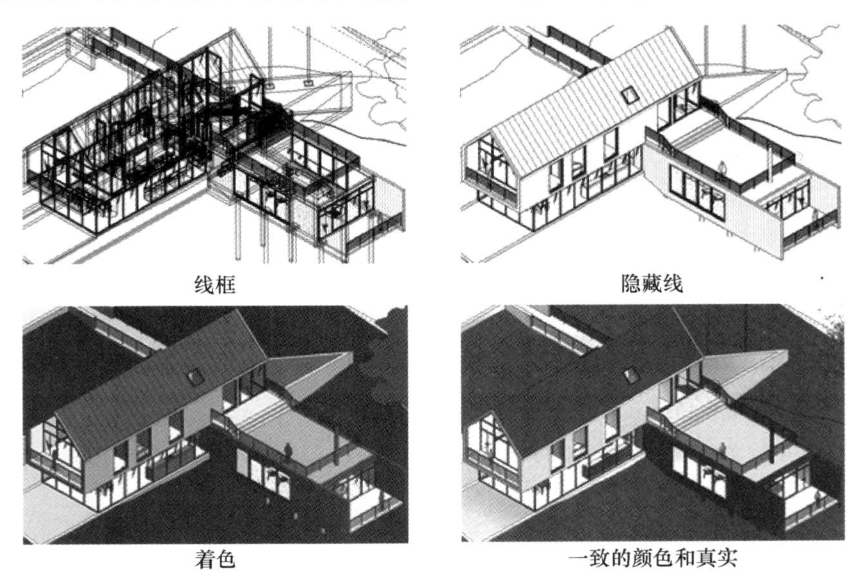

图 2-18 4 种“视觉样式”对比

2. 日光路径与阴影

单击【打开日光路径】按钮，可以显示某一天太阳在天空中的运行路径。打开阴影按钮，可以根据某时间太阳的高度角和方位角，自动生成建筑与环境的阴影（图 2-19）。

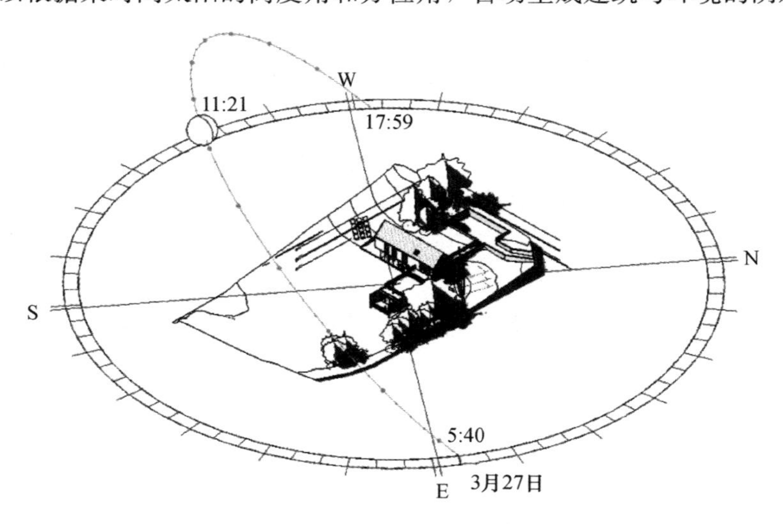

图 2-19　日光路径与阴影

3. 裁剪视图

单击【显示裁剪区域】按钮，在绘图区可以显示裁剪框，拖动夹点可以调整裁剪框的范围。单击【裁剪视图】按钮，可以对视图进行裁剪，即不显示裁剪框范围之外的图元（图 2-20）。

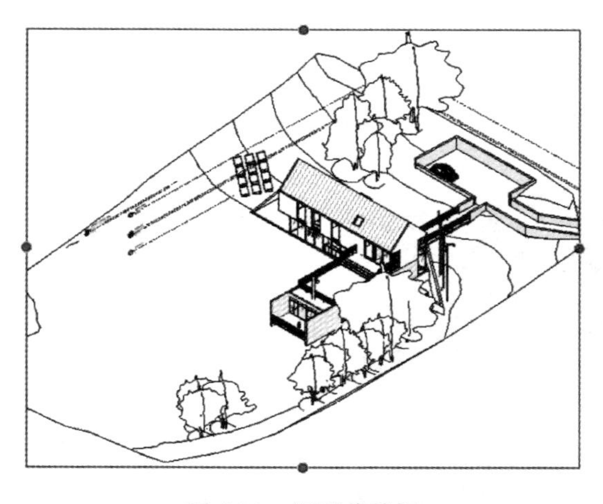

图 2-20　视图裁剪框

4. 临时隐藏/隔离

当 Revit 模型较为复杂时，对图元构件进行选择或编辑就会相互干扰，此时可以使用【临时隐藏/隔离】工具，将图元进行隐藏或者隔离操作。

例如在模型中选择某一“窗”构件后，在视图控制栏中单击【临时隐藏/隔离】按钮，若选择【隐藏图元】项，系统将在当前视图中隐藏所选择的“窗”构件图元；若选择

【隐藏类别】项，系统将在当前视图中隐藏与所选的“窗”构件属于同一类别的所有“窗”图元；若选择【隔离图元】项，系统将单独显示所选的“窗”构件图元，隐藏其他图元；若选择【隔离类别】项，系统将单独显示与所选的“窗”构件图元属于同一类别的所有图元，并隐藏其他类别的图元，如图 2-21 所示。

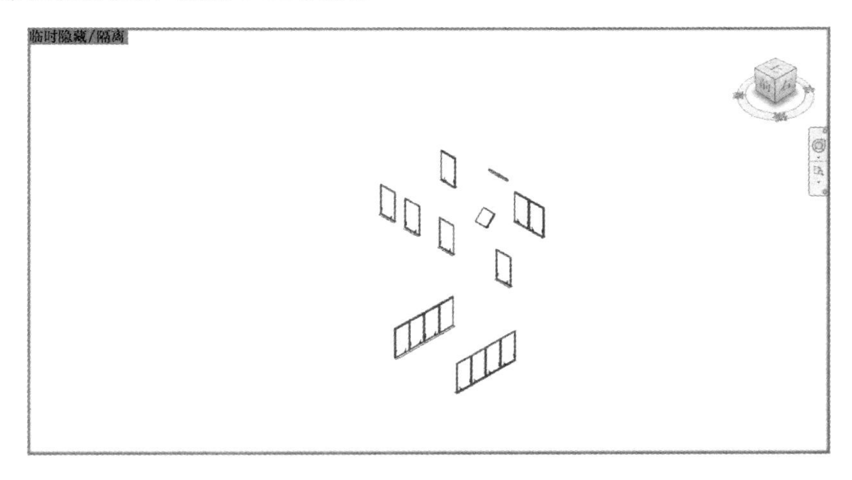

图 2-21　【隔离类别】后显示此类别的“窗”图元

将图元构件进行了“临时隐藏/隔离”操作后，绘图区出现蓝色边框，再次单击【临时隐藏/隔离】按钮，若选择【重设临时隐藏/隔离】项，则系统可重新显示所有被临时隐藏的图元；若选择【将隐藏/隔离应用到视图】项，则系统确认将图元进行隐藏，绘图区蓝色边框消失。

5. **显示隐藏的图元**

在视图控制栏中单击【显示隐藏的图元】按钮，绘图区出现紫色边框，并且将隐藏的图元以紫色进行显示，选择不需要隐藏的图元，单击【修改】上下文选项卡——【取消隐藏图元】或者【取消隐藏类别】，将图元重新显示，单击【关闭“显示隐藏的图元”】按钮，绘图区紫色边框消失（图 2-22）。

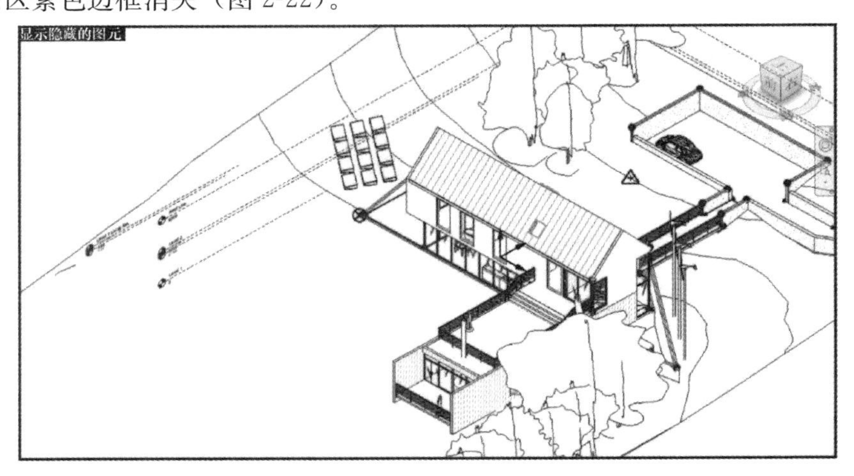

图 2-22　显示隐藏的图元

2.3 图元操作

图元是 Revit 的基本组成要素，Revit 的建模过程就是对各种图元的创建、编辑与“组合”的过程，图元操作包括图元的选择和过滤。

2.3.1 图元选择

Revit 的图元选择方式与 AutoCAD 基本一致，包括单击选择、窗选和交叉窗选等方式。

1. 单击选择

移动光标到某一图元上，当该图元高亮显示时，直接单击图元即可选择该图元。按住 Ctrl 键，当光标箭头右上角出现“+”号时，可以连续单击选择多个图元；当选择多个图元后，按住 Shift 键，光标箭头右上角出现“一”号时，可以单击不需要的图元进行减选。

提示：当单击选择某一图元后，可以单击右键打开快捷菜单，单击【选择全部实例】——【在视图中可见】选项，即可选择所有相同类型的图元。

2. 窗选

窗口选取是通过从左向右拖动鼠标，以对角线的方式形成矩形选择框，此时矩形框呈实线状态，被矩形框完全包含的图元会被选取，而只有部分进入矩形框的图元将不会被选取（图 2-23）。

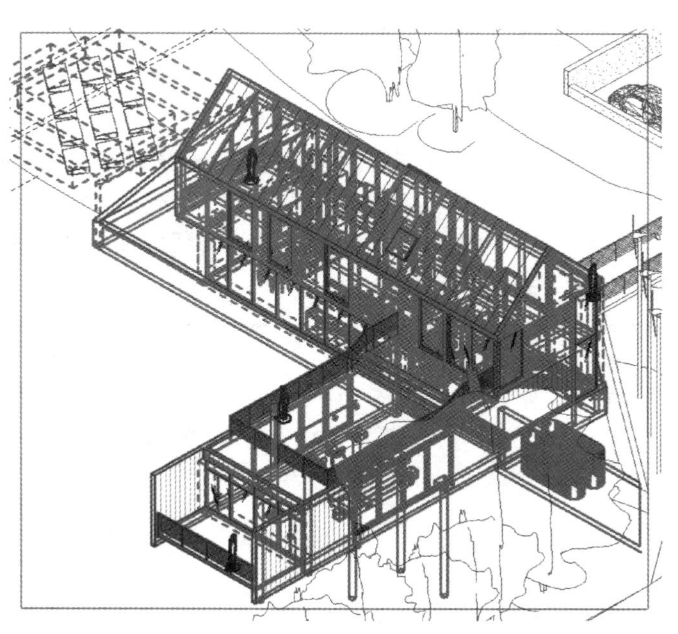

图 2-23 窗选图元

3. 交叉窗选

与窗选的方法类似，交叉窗选是通过从右向左拖动鼠标，以对角线的方式形成矩形选择框，此时矩形框呈虚线状态，只要是被矩形框触碰到的图元都会被选取。

提示：Ctrl 键与 Shift 键可以与窗选或交叉窗选的方式配合使用，增加图元选择的效率。另外，选择图元后，单击视图空白处或按 Esc 键即可取消选择。

4. Tab 键选择

当视图中出现重叠的图元需要切换选择时，用户可以结合 Tab 键进行选择。将光标移至重叠图元的边缘，连续按 Tab 键，系统即可在多个图元之间循环切换，选中的图元呈高亮显示以供单击选择。

2.3.2 图元过滤

当使用窗选或交叉窗选方式选择了多种不同类别的图元时，可以配合使用过滤器工具，对图元类别进行精确筛选。

选择多个图元后，单击【修改 | 选择多个】上下文选项卡——【过滤器】按钮，弹出“过滤器”对话框，可以根据图元的类别进行勾选选择，单击【确定】完成过滤（图 2-24）。

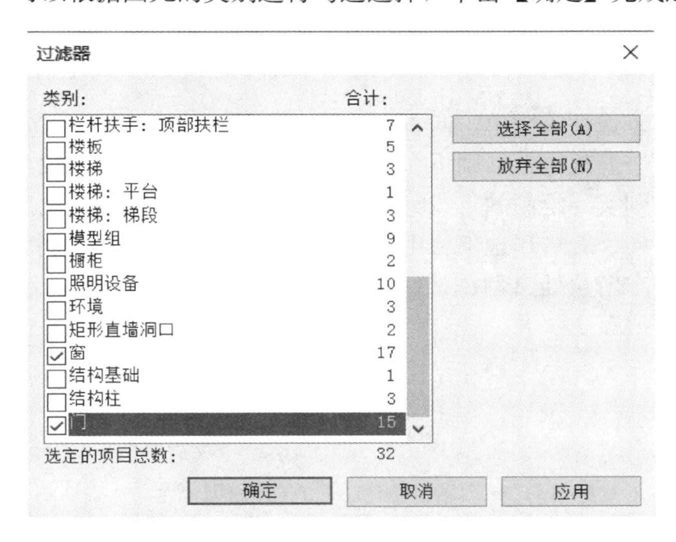

图 2-24 “过滤器”对话框

2.4 基本绘制与编辑

Revit 墙体、楼板、屋顶等图元构件的轮廓草图都是使用基本绘制与编辑工具完成的，其使用方法与 AutoCAD 的绘图与编辑命令基本一致。

2.4.1 绘制模型线

Revit 的线分为模型线和详图线两种。模型线是基于工作平面的图元，其在三维视图和其他所有视图中都可见。详图线专用于绘制二维详图，仅显示在所绘制的当前视图中。两种线的绘制和编辑方法完全相同。

单击【文件】——【新建】——【项目】选项，在打开的【新建项目】对话框中，选择“建筑样板”，单击【确定】，新建项目文件，系统默认打开“标高 1”楼层平面视图。

单击【建筑】选项卡——【模型线】按钮，系统将激活【修改｜放置线】上下文选项卡（图 2-25），可在【线样式】下拉列表框中选择所需的线样式（宽线、细线、中心线等），然后在【绘制】选项板中单击选择绘制工具，即可在视图中绘制模型线。完成线图元的绘制后，按 Esc 键即可退出绘制状态。

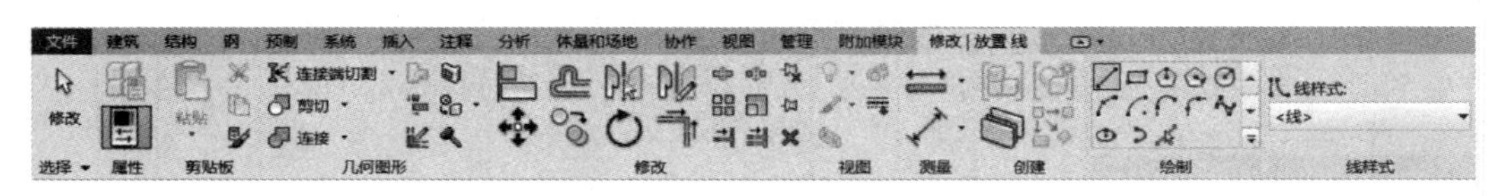

图 2-25　【模型线】上下文选项卡

1. 直线

在【绘制】选项板中单击【线】按钮，在功能区选项卡下方出现工具选项栏，如图 2-26所示。

图 2-26　【线】工具选项栏

若不勾选【链】复选框，则单击两点可绘制一单段线，再捕捉下一点时，其不与前一单段线连续。若勾选【链】复选框，则可在视图中绘制连续线。若在选项栏的【偏移】文本框中设置相应的参数，则实际绘制的直线将相对捕捉点的连线偏移指定的距离，绘制时按空格键可以改变偏移的方向。若启用选项栏中的【半径】复选框，并设置相应的参数，则在绘制连续直线时，系统将在转角处自动创建指定尺寸的圆角。如图 2-27 所示，可以通过输入距离和角度值来绘制“线”。

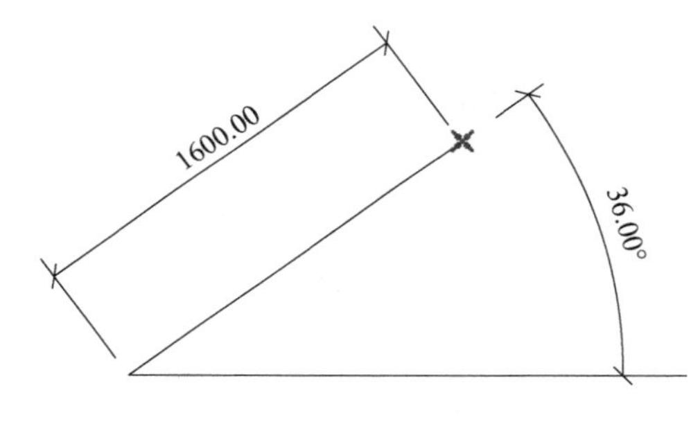

图 2-27　绘制“线”

2. 矩形

在【绘制】选项板中单击【矩形】按钮，在功能区选项卡下方出现工具选项栏，如图 2-28 所示。

图 2-28　【矩形】工具选项栏

若在选项栏的【偏移】文本框中设置指定的参数，则可以同心形式绘制矩形；若启用选项栏中的【半径】复选框，并设置相应的参数，则可以绘制倒圆角的矩形，如图 2-29 所示。

提示： 绘制矩形后，点选其一条边，出现临时尺寸标注，单击标注值可以进行修改，调整这条边的位置。

图 2-29 绘制“倒圆角”的矩形

3. **圆**

在【绘制】选项板中单击【圆形】按钮，在视图中单击捕捉一点作为圆心，并移动光标拉出一个半径值不断变化的圆，直接输入相应的半径参数值，即可完成圆的绘制。

若在【偏移】文本框中设置相应的参数值，则可以同心形式绘制圆；若启用【半径】复选框，并设置相应的参数值，即可绘制固定半径的圆。

4. **圆弧**

（1）起点—终点—半径弧

在【绘制】选项板中单击【起点—终点—半径弧】按钮，在视图中依次单击捕捉两点分别作为圆弧的起点和终点，然后移动光标确定弧形的方向，输入半径值或单击捕捉“第三点”，即可完成圆弧的绘制。

（2）圆心—端点弧

在【绘制】选项板中单击【圆心—端点弧】按钮，在视图中单击捕捉一点作为圆心，移动光标至合适的位置单击或输入半径值，确定圆弧的起点，再移动光标至合适的角度单击或输入角度值，确定圆弧的终点，即可完成圆弧的绘制。

（3）相切—端点弧

在【绘制】选项板中单击【相切—端点弧】按钮，在视图中单击捕捉与弧相切的已有线的端点作为圆弧的起点，移动光标并捕捉另一条线的端点作为圆弧的终点，即可绘制一段相切圆弧，如图 2-30 所示。

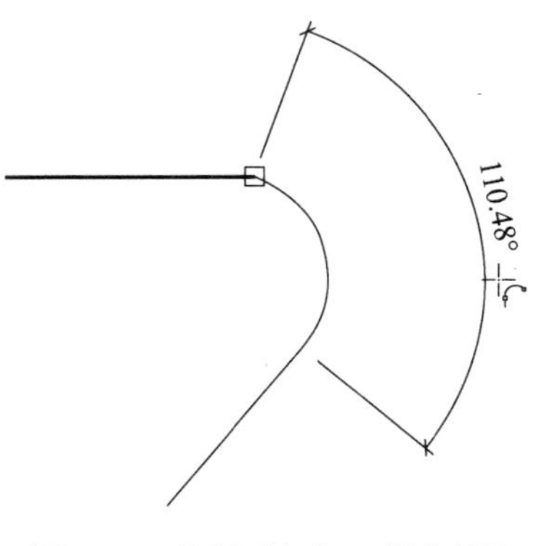

图 2-30 绘制“相切—端点弧”

（4）圆角弧

在【绘制】选项板中单击【圆角弧】按钮，在视图中依次单击要添加圆角弧的两条线，移动光标确定圆角的半径尺寸，即可完成圆角弧的绘制。若需直接进行圆角倒角，可以在选项栏中启用【半径】复选框，并设置相应的尺寸值，然后在视图中点选两条线即可进行倒圆角。

2.4.2 编辑操作

1. 移动

（1）单击拖曳

启用状态栏中的【选择时拖曳图元】功能，在视图中单击选择图元后按住鼠标左键，即可拖曳移动该图元。

（2）移动工具

选择图元后，单击【修改】选项卡——【移动】按钮，在视图中选择一点作为移动的起点，点击移动终点或输入移动距离和角度，即可完成该图元的移动。若启用【约束】复选框，即可在正交状态下移动图元。

2. 旋转

选择图元后，单击【修改】选项卡——【旋转】按钮，此时出现旋转中心，用户可以拖曳旋转中心到指定位置，然后依次单击旋转的起始和终止位置或输入旋转角度，对图元进行旋转，如图 2-31 所示。

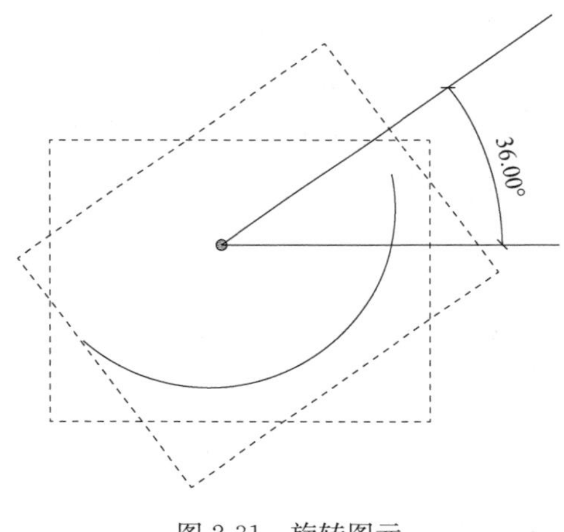

图 2-31　旋转图元

在【旋转】工具选项栏中单击【地点】，可以捕捉设置旋转中心；启用【复制】复选框，设置【角度】参数值后，按回车键，可将所选图元进行复制旋转。

3. 复制

选择图元后，单击【修改】选项卡——【复制】按钮，在视图中选择一点作为复制的起点，点击复制终点或输入复制距离和角度，即可完成该图元的复制。若启用【约束】复选框，即可在正交状态下复制图元。若启用【多个】复选框，则可进行连续复制。

4. 偏移

（1）数值方式

该方式先设置偏移距离，后再选取偏移对象。选择图元后，单击【修改】选项卡——【偏移】按钮，在选项栏中选择【数值方式】单选按钮，设置【偏移】的距离参数，启用【复制】复选框。将光标移动到要偏移的图元对象上，系统可以预显偏移的虚线，确认相应的方向后单击，即可完成偏移操作。

（2）图形方式

该方式先选取偏移对象和起点，后捕捉终点或输入偏移距离进行偏移。单击【修改】选项卡——【偏移】按钮，在选项栏中选择【图形方式】单选按钮，启用【复制】复选框。在视图中选择要偏移的图元，并指定一点作为偏移起点，然后移动光标捕捉目标点或直接输入距离值，即可完成偏移操作，如图 2-32 所示。

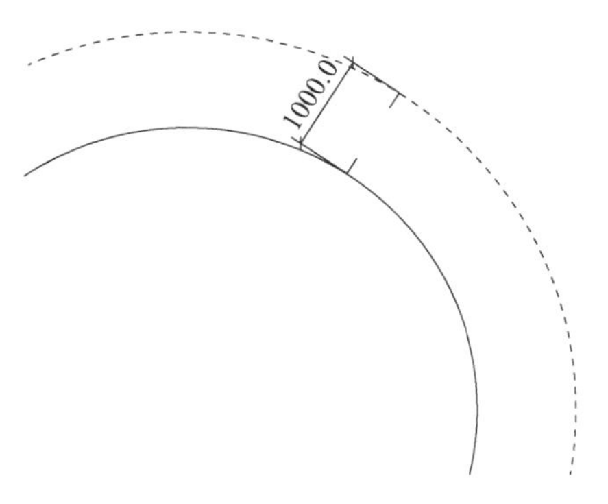

图 2-32 以“图形方式”偏移图元

5. 镜像

（1）镜像—拾取轴

选择图元后，单击【修改】选项卡——【镜像—拾取轴】按钮，启用【复制】复选框，然后在视图中选取线或参照平面作为镜像轴，即可完成镜像操作。

（2）镜像—绘制轴

选择图元后，单击【修改】选项卡——【镜像—绘制轴】按钮，启用【复制】复选框，然后在视图中的相应位置依次单击两点绘制一根轴线作为镜像轴，即可完成镜像操作。

6. 阵列

（1）线性阵列

选择图元后，单击【修改】选项卡——【阵列】按钮，在选项栏中单击【线性】按钮，启用【成组并关联】和【约束】复选框，设置【项目数】为“6”，在【移动到】选项组中选择【第二个】单选按钮。然后在视图中依次单击捕捉阵列的起点和终点，或者在指定阵列起点后直接输入移动距离，即可完成线性阵列操作，如图 2-33 所示。

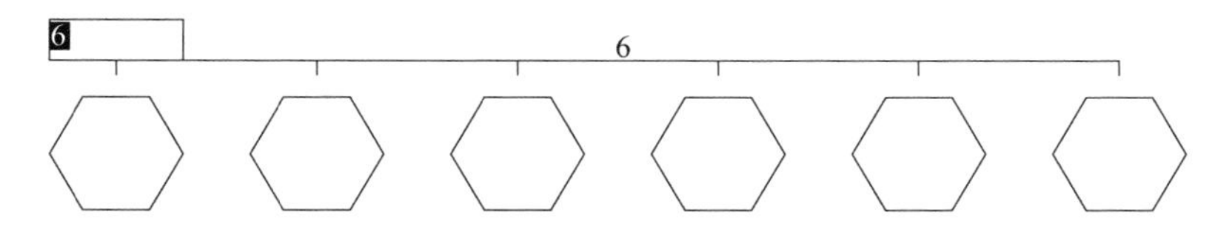

图 2-33 “线性阵列”图元

> **提示：** 启用【成组并关联】复选框意味着阵列的图元自动成组，单击选择阵列数目，可以直接进行修改，系统可实时更新阵列数量。在【移动到】选项组中，若选择【最后一个】单选按钮，则阵列总距离是指捕捉阵列的起点和终点之间的距离。

（2）径向阵列

选择图元后，单击【修改】选项卡——【阵列】按钮，在选项栏中单击【半径】按钮，启用【成组并关联】复选框，在视图中拖动旋转中心到指定位置作为阵列中心，捕捉起点作为起始位置，设置阵列【项目数】为“6”，在【移动到】选项组中选择【第二个】单选按钮，设置阵列【角度】为“60”，按回车键，单击空白处即可完成图元的径向阵列操作，如图 2-34 所示。

7. 修剪图元

（1）修剪/延伸为角

单击【修改】选项卡——【修剪/延伸为角】按钮，在视图中依次单击选择要修剪或延伸的两条线。

（2）修剪/延伸单个图元

利用该工具可以通过选择边界修剪或延伸单个图元。单击【修改】选项卡——【修剪/延伸单个图元】按钮，在视图中首先单击选择修剪边界，接着点击要修剪或延伸的图元一侧。

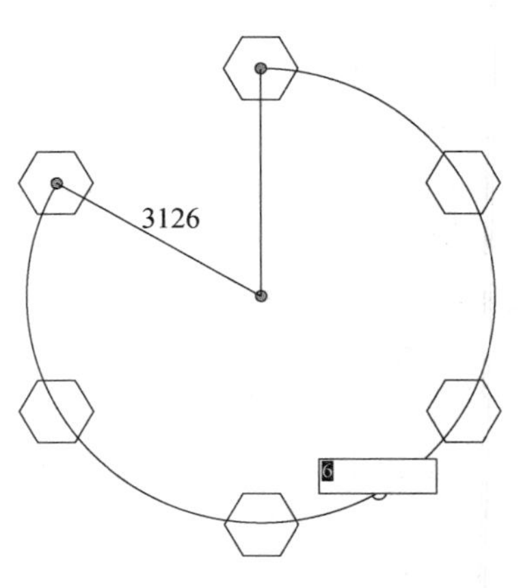

图 2-34　“径向阵列”图元

（3）修剪/延伸多个图元

利用该工具可以通过选择边界修剪或延伸多个图元。单击【修改】选项卡——【修剪/延伸多个图元】按钮，在视图中首先单击选择修剪边界，接着依次点击要修剪或延伸的多个图元的一侧。

（4）拆分图元

单击【修改】选项卡——【拆分图元】按钮，若不启用选项栏中的【删除内部线段】复选框，在视图中单击线图元，即可将其拆分为两部分。若启用【删除内部线段】复选框，在视图中要拆分去除的线位置依次单击两点，即可删除该线的内部一段。【用间隙拆分】工具是以固定的间隙值（1.6～304.8mm）对墙体进行拆分。

2.4.3　辅助操作

1. 参照平面

Revit 的参照平面是一个重要的辅助平面，其在正投影视图中显示为线。在建模过程中，参照平面除可以作为定位线外，还可以作为工作平面，用户可以基于参照平面进行三维建模。

单击【建筑】选项卡——【参照平面】按钮，用户可以“绘制线”或“拾取线”的方式创建参照平面。另外，用户可以选择重要的参照平面，在其【属性】面板中的【名称】文本框中输入该参照平面的名称。

2. 临时尺寸标注

当选择图元构件时，系统会自动捕捉该图元与周围参照图元的位置关系，并以蓝色尺寸标注的形式显示相应的距离和角度值，此为 Revit 的临时尺寸标注（图 2-35）。用户可以拖曳临时尺寸线夹点并修改尺寸值，从而对图元进行精确定位。另外单击“使此临时尺寸标注成为永久尺寸标注”符号，可以对图元进行快速尺寸标注。

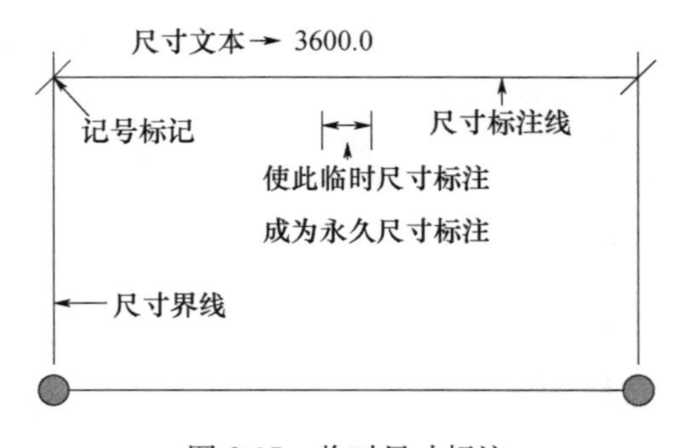

图 2-35　临时尺寸标注

3 标高与轴网

标高和轴网是建立 Revit 模型的定位工具，它们属于 Revit 的基准图元，可以通过参数设置来对其进行创建与显示。AutoCAD 中的标高和轴网是二维图形，仅由单纯的线与文字组成。Revit 中的标高和轴网是图元构件，其本质上是一个平面，能够真实反映模型的三维空间位置，而它们在正视图中显示为一根投影“线”。Revit 建模过程一般为先创建标高，再创建轴网，然后基于标高和轴网“放置”Revit 的模型图元，建立模型并生成平立剖面图。

本章主要介绍标高和轴网的创建与编辑方法，使读者能够了解参数化设计的基本思路，熟悉设置与修改图元属性的操作方法，初步了解族与项目之间的关系，建立对 Revit 软件的使用习惯。

本章学习目的：

（1）掌握标高的创建与编辑方法；

（2）掌握轴网的创建与编辑方法；

（3）熟悉参数设计修改图元属性的思路；

（4）了解族与项目的关系。

手机扫码
观看教程

3.1 创建与编辑标高

Revit 标高用于定义模型的垂直高度或楼层高度，是放置其他竖向构件的基准面。标高的创建与编辑必须在立面或剖面视图中才能够进行操作。

3.1.1 创建标高

启动 Revit 后，单击菜单栏的【文件】——【新建】——【项目】（图 3-1），或者在启动主界面中单击【新建】按钮，可以打开“新建项目”对话框，选择“建筑样板”，单击【确定】（图 3-2）。

新建项目后，可以单击菜单栏【文件】——【保存】（图 3-3），打开的“另存为”对话框（图 3-4），在【文件名】文本框中输入“吕桥四层别墅”，【文件类型】为“＊.rvt”格式，单击右下角的【选项】，打开“文件保存选项”对话框（图 3-5），通常将【最大备份数】设置为“1”，单击【确定】，返回“另存为”对话框后单击【保存】。

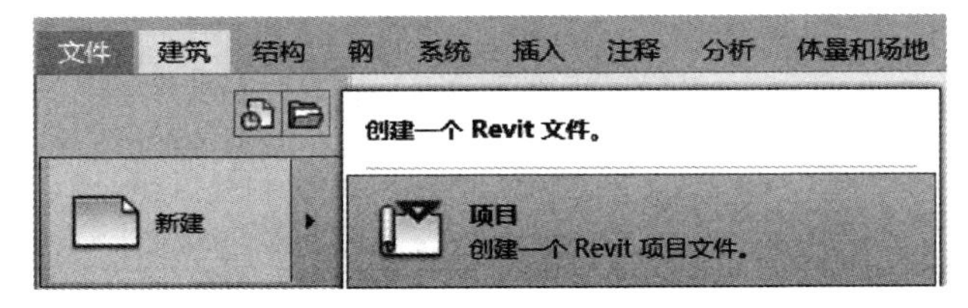

图 3-1　新建项目

图 3-2 “新建项目”对话框

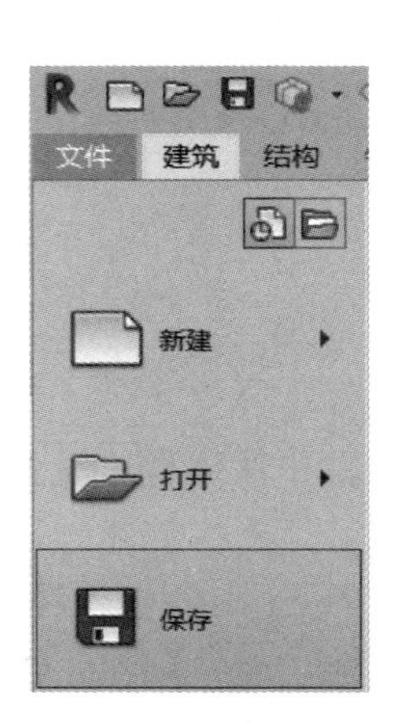

图 3-3 保存项目

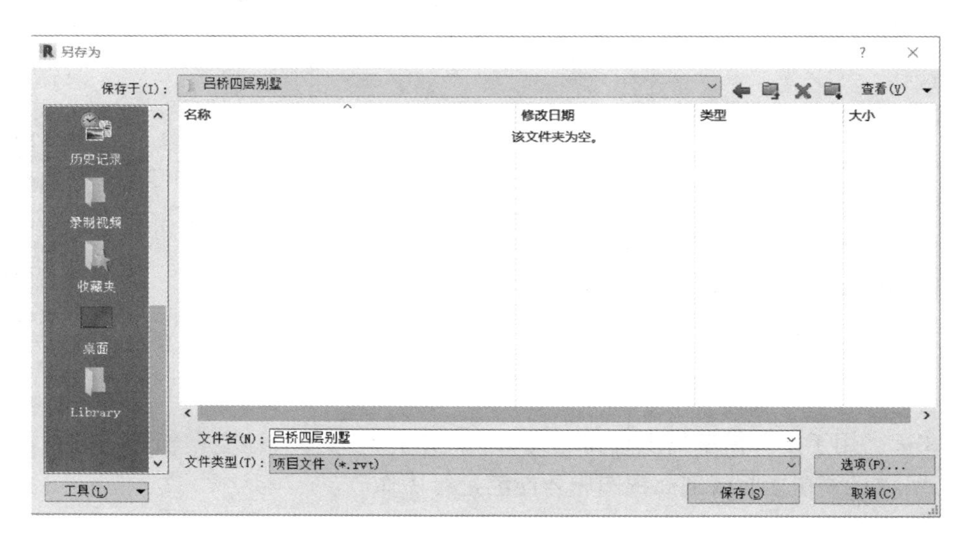

图 3-4 “另存为”对话框

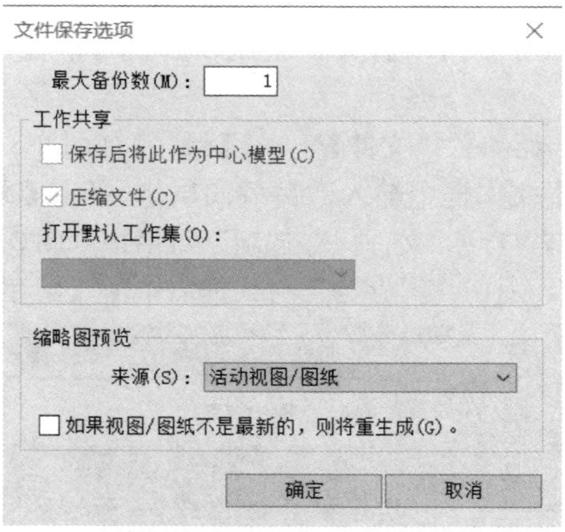

图 3-5 “文件保存选项”对话框

在“项目浏览器”中双击“南”立面（图 3-6），进入“南立面”视图（图 3-7）。

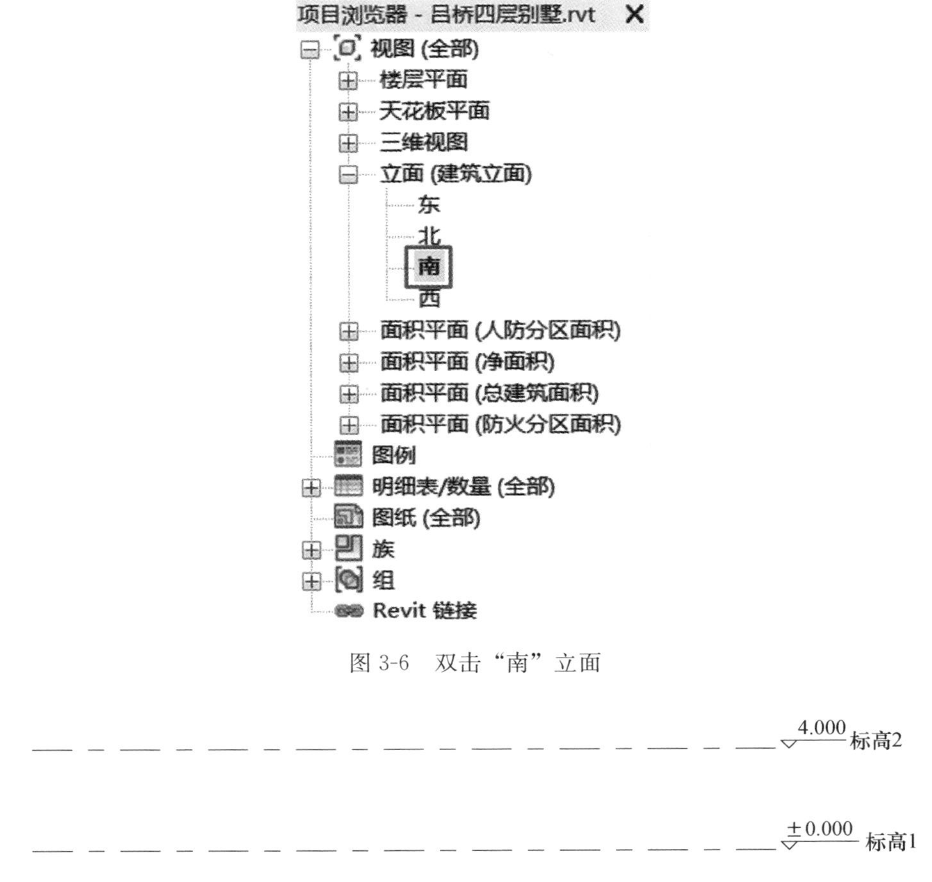

图 3-6 双击“南”立面

图 3-7 “南立面”视图

在“南立面”视图中，蓝色倒三角为标高图标，图标上方的数值为标高值，黑色虚线为标高线，右侧的文字为标高名称，如图 3-8 所示。

双击“标高名称”，将“标高 1”重命名为“F1”，按 Enter 键确认，如图 3-9 与图 3-10 所示，此时系统提示“是否希望重命名相应视图”，选择“是”。使用同样的操作，将“标高 2”重命名为“F2”。此时在“项目浏览器”中，相应的楼层平面视图也重命名为“F1”与“F2”（图 3-11）。

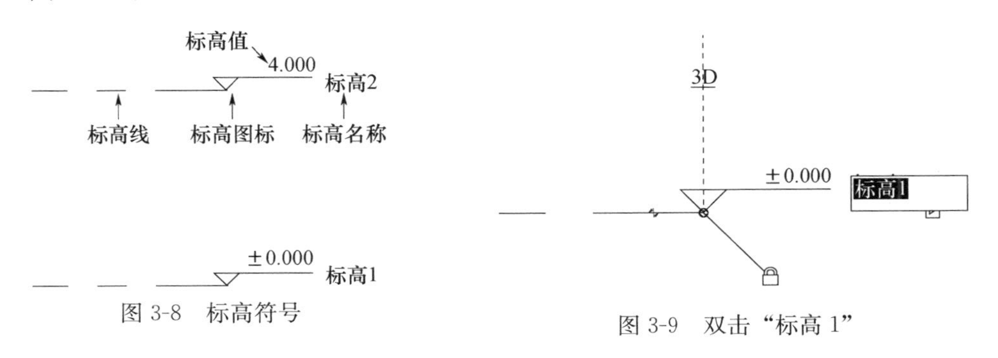

图 3-8 标高符号

图 3-9 双击“标高 1”

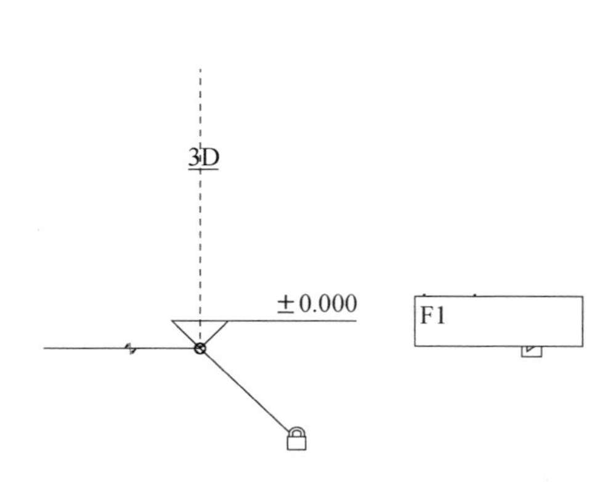

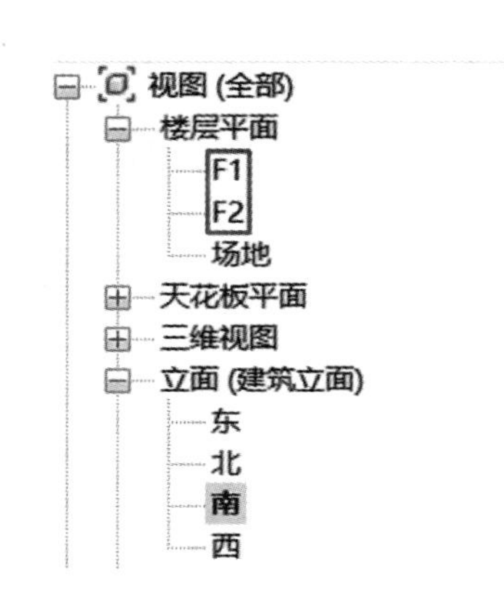

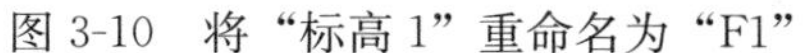

图 3-10　将“标高 1”重命名为“F1”　　　图 3-11　楼层平面视图“F1”与“F2”

双击 F2 的“标高值”，将高度由“4.0m”改为“2.8m”，按 Enter 键确认，如图 3-12 与图 3-13 所示。

提示： 该项目样板的标高值以“米”为单位，而其他尺寸一般以“毫米”为单位。

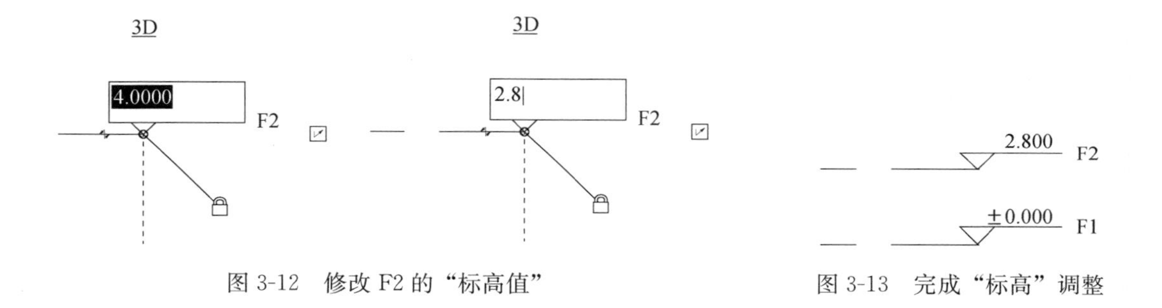

图 3-12　修改 F2 的“标高值”　　　图 3-13　完成“标高”调整

单击选择“F2 标高”，单击【修改 | 标高】上下文选项卡——【复制】按钮，在选项栏中勾选【约束】和【多个】选项（图 3-14），然后单击“F2 标高”的任意位置作为复制的基点，向上移动光标，此时会显示临时尺寸标注。当临时尺寸标注显示为“2800mm”时单击鼠标，即可复制得到“F3 标高”，继续向上复制距离“3000mm”两次，得到“F4 标高”和“F5 标高”，连续按两次 Esc 键，退出复制操作，将“F5”重命名为“屋顶层”。使用相同的操作将“F1 标高”向下复制“600mm”，可得到“F6 标高”，如图 3-15 所示。

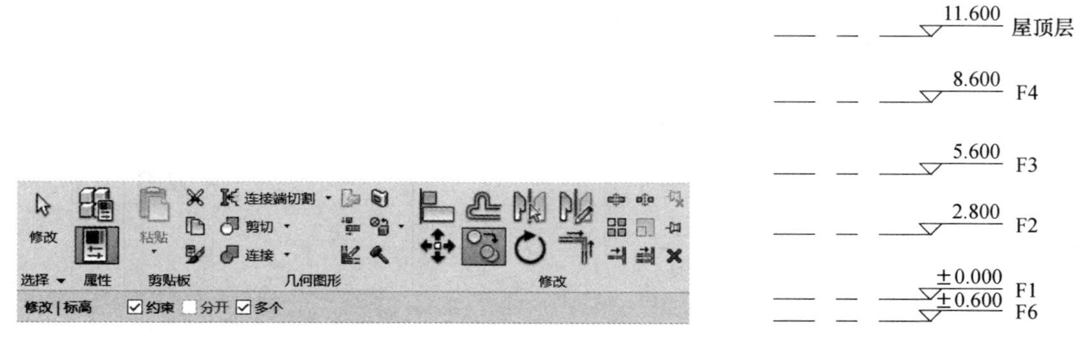

图 3-14　复制工具与选项栏　　　图 3-15　复制各层标高

提示： 启用【约束】选项，使光标只能垂直或水平移动；启用【多个】选项，可以连续复制多个对象。

单击选择“F6 标高”，在其【属性】面板中，单击类型选择器下拉框（图 3-16），选择“下标头”样式，将 F6 的标头改为“标高下标头”类型（图 3-17）。

提示： 默认样板文件中有 3 种标高类型：正负零标高、上标头、下标头。

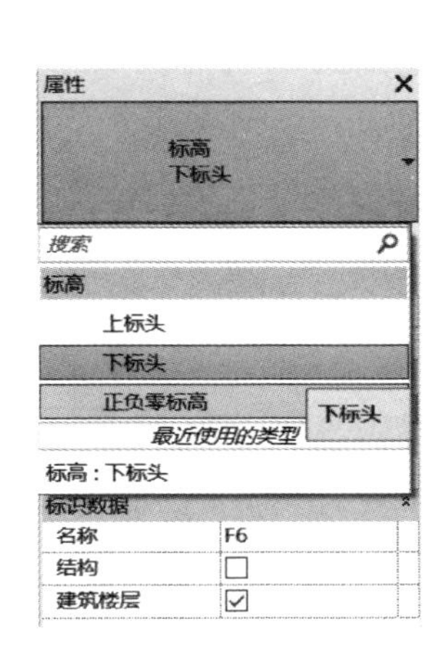

图 3-16 类型选择器下拉框

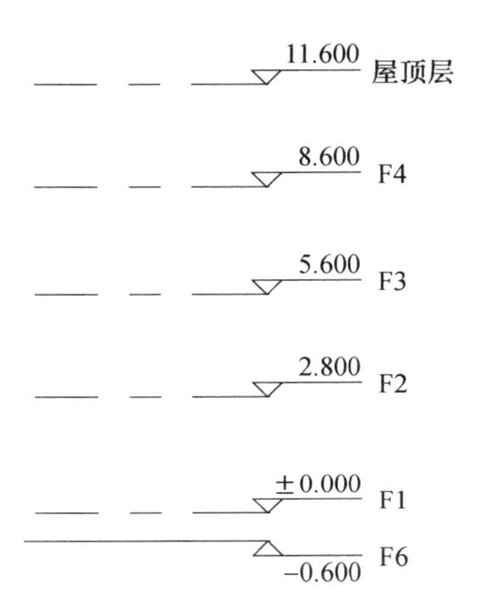

图 3-17 3 种“标高标头”类型

3.1.2 编辑标高

1. 修改标高样式

单击选择“F2 标高”，在其【属性】面板中，单击【编辑类型】（图 3-18），打开“类型属性”对话框（图 3-19，表 3-1），设置【颜色】为“红色”，【线型图案】为“实线”，勾选【端点 1 处的默认符号】（图 3-20），单击【确定】，如图 3-21 所示。

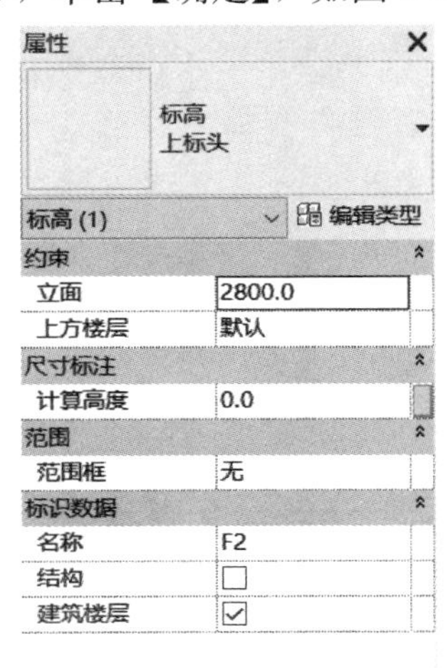

图 3-18 “F2 标高”属性面板

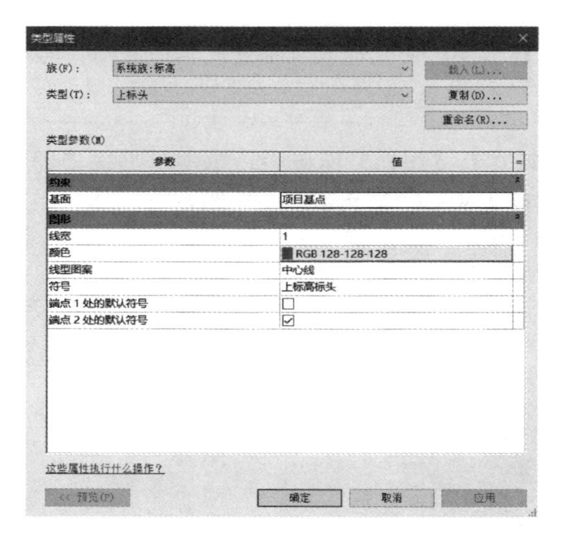

图 3-19　上标头“类型属性”对话框

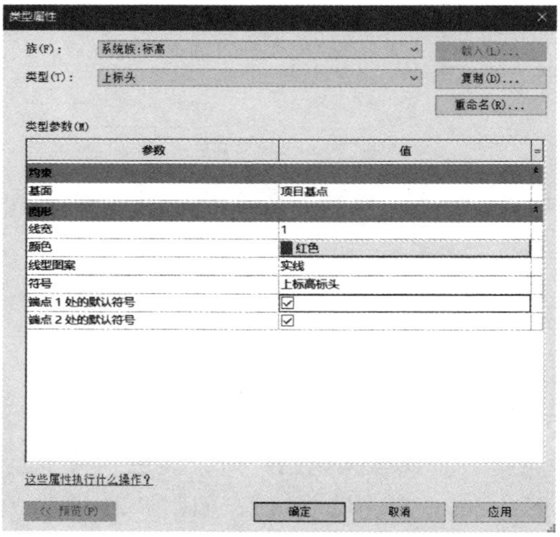

类型属性

族(F)： 系统族：标高　载入(L)...

类型(T)： 上标头　复制(D)...

重命名(R)...

类型参数(M)

参数	值
约束	
基面	项目基点
图形	
线宽	1
颜色	红色
线型图案	实线
符号	上标高标头
端点 1 处的默认符号	☑
端点 2 处的默认符号	☑

这些属性执行什么操作？

<< 预览(P)　确定　取消　应用

图 3-20　修改“上标头”类型样式

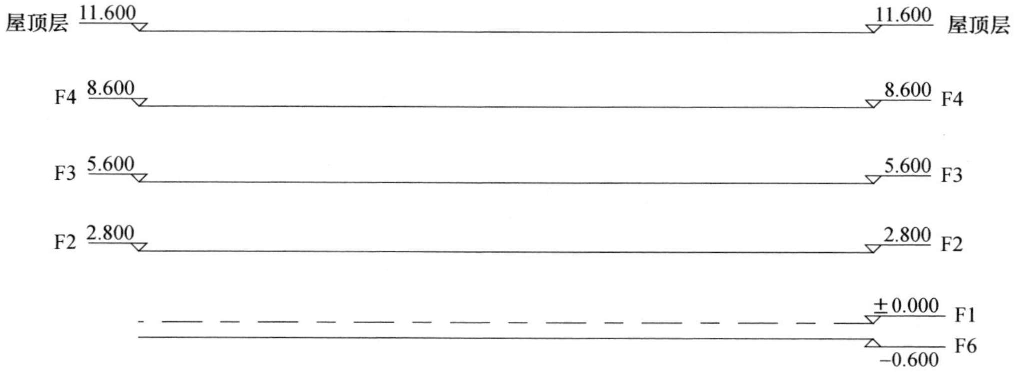

屋顶层 11.600　　11.600 屋顶层

F4 8.600　　8.600 F4

F3 5.600　　5.600 F3

F2 2.800　　2.800 F2

±0.000 F1

F6 −0.600

图 3-21　修改后的“上标头”标高样式

表 3-1 标高“类型属性”对话框中各参数的含义

参数	含　义
基面	设置为“项目基点”时，标高上的高程基于项目基点；设置为“测量点”时，标高上的高程基于固定测量点
线宽	通过线宽编号设置标高线的线宽
颜色	设置标高线的颜色
线型图案	设置标高线的线型图案
符号	选择标高标头的样式。标高标头为载入的族，可进行单独编辑
端点 1 处的默认符号	勾选复选框时，在标高线的左端点显示标高符号
端点 2 处的默认符号	勾选复选框时，在标高线的右端点显示标高符号

使用相同的操作，分别选中“F1 标高”和“F6 标高”后，对“正负零标高”和“下标头”类型样式的参数进行设置。另外将“F6 标高”重命名为“室外地坪”，如图 3-22 所示。

图 3-22　完成标高样式修改

2. 新建标高类型

单击选择“F2 标高”，在其【属性】面板中，单击【编辑类型】，打开“类型属性”对话框，单击【复制】，弹出“名称”对话框，命名为“上标头—蓝色”（图 3-23），单击【确定】，返回“类型属性”对话框，设置【颜色】为“蓝色”，【线型图案】为“中心线”（图 3-24），单击【确定】。修改“F2 标高”的类型后，继续框选选中 F3、F4 和屋顶层标高，单击【属性】面板中类型选择器下拉框，将它们的类型也改为“上标头—蓝色”（图 3-25与图 3-26）。

图 3-23　新建“上标头—蓝色”类型

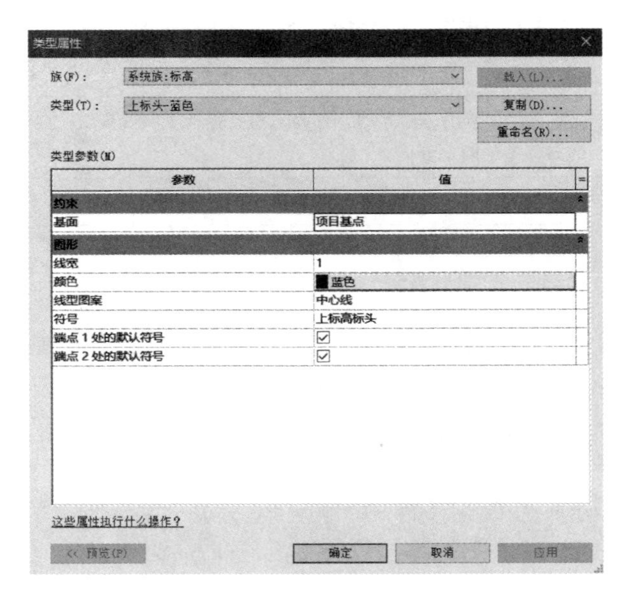

图 3-24　设置“上标头—蓝色”类型样式

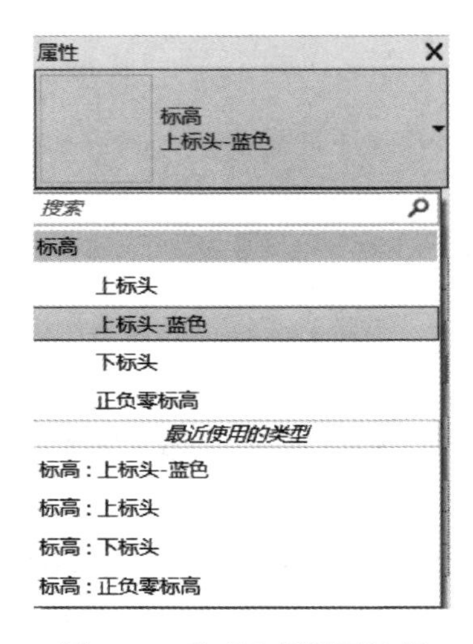

屋顶层 11.600　　　　11.600 屋顶层

F4 8.600　　　　8.600 F4

F3 5.600　　　　5.600 F3

F2 2.800　　　　2.800 F2

F1 ±0.000　　　　±0.000 F1

室外地坪 -0.600　　　　-0.600 室外地坪

图 3-26　修改后的“上标头—蓝色”标高样式

3. 创建楼层平面视图

在“项目浏览器”中已有楼层平面“F1”和“F2”，可以将新建的其他楼层平面也添加到“项目浏览器”中。单击【视图】选项卡——【平面视图】——【楼层平面】（图 3-27），弹出“新建楼层平面”对话框，按住 Ctrl 键或 Shift 键，选中“F3”“F4”“室外地坪”和“屋顶层”（图 3-28），单击【确定】后在项目浏览器中生成“F3”“F4”“室外地坪”和“屋顶层”楼层平面视图（图 3-29）。

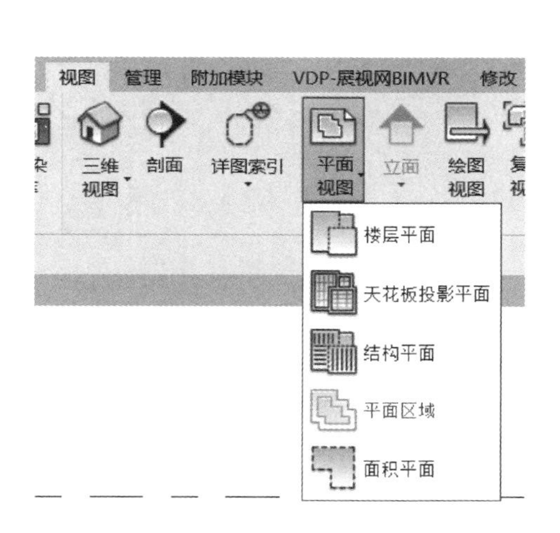

图 3-27 单击【楼层平面】工具

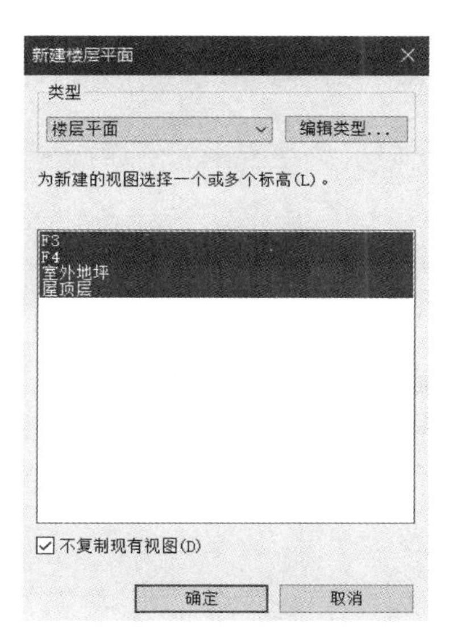

图 3-28 “新建楼层平面”对话框

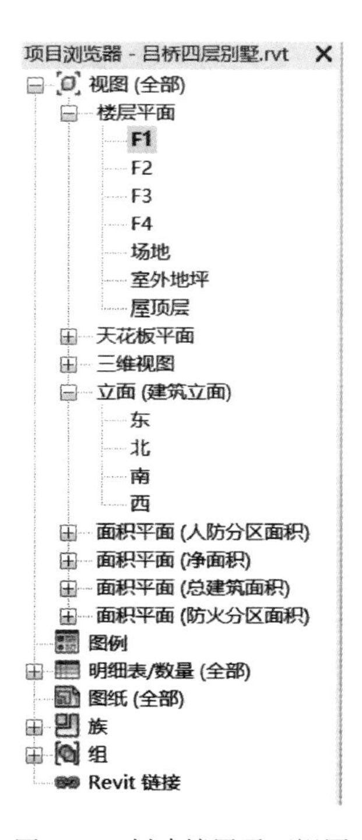

图 3-29 创建楼层平面视图

3.2 创建与编辑轴网

在建筑开间和进深方向，可以使用 Revit 轴网对模型图元进行定位。轴网是一个基准面，其在各平立剖面图中显示为投影“线”。

3.2.1 创建轴网

在“项目浏览器”中，双击切换到“F1”楼层平面视图（图 3-30）。

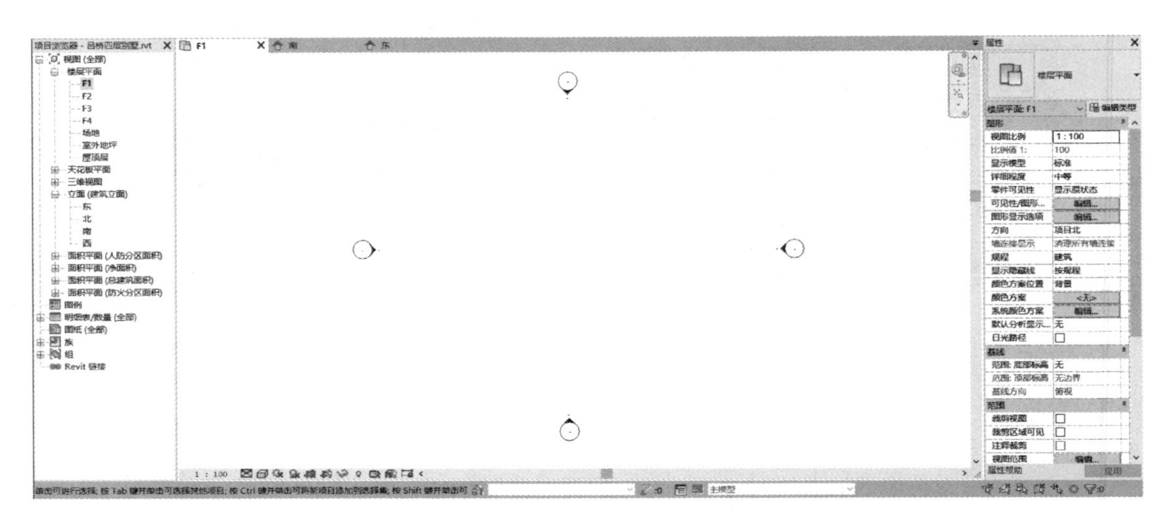

图 3-30 “F1”楼层平面视图

1. 开间轴网

单击【建筑】选项卡——【轴网】按钮（图 3-31），进入【修改｜放置轴网】上下文选项卡，单击【线】工具（图 3-32）。

图 3-31 单击“轴网”按钮

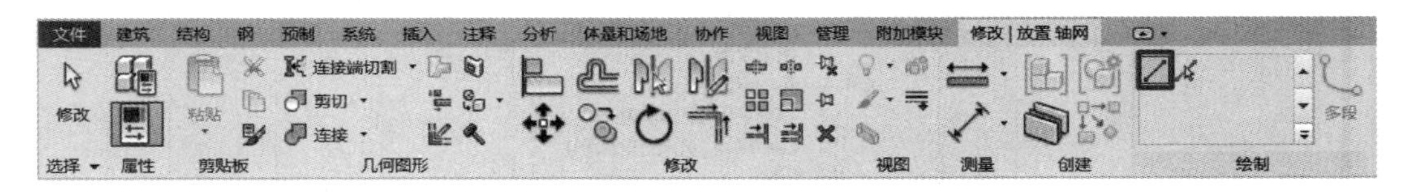

图 3-32 单击“线”工具

在【属性】面板中，单击类型选择器下拉框，选中“6.5mm 编号”轴网类型，单击【编辑类型】，打开“类型属性”对话框（表 3-2），设置【轴线末端颜色】为“红色”，勾选【平面视图轴号端点 1】，设置【非平面视图符号】为“底”（图 3-33），单击【确定】。

表 3-2 轴网"类型属性"对话框中各参数的含义

参　数	含　　义
符号	表示轴线编号，可对其轴网标头族进行单独编辑
轴线中段	控制轴线中段的显示类型，包括"无""连续"或"自定义"。当选择"自定义"时，会增加"轴线中段宽度""轴线中段颜色"和"轴线中段图案"编辑选项
轴线末段宽度	控制轴线或轴线末段的线宽
轴线末段颜色	控制轴线或轴线末段的颜色
轴线末段填充图案	控制轴线或轴线末段的线型样式
平面视图轴号端点 1（默认）	在平面视图中，控制轴线的起点处是否显示编号
平面视图轴号端点 2（默认）	在平面视图中，控制轴线的终点处是否显示编号
非平面视图符号（默认）	在非平面视图中，控制轴线编号的显示位置，包括："顶""底""两"（顶和底）或"无"

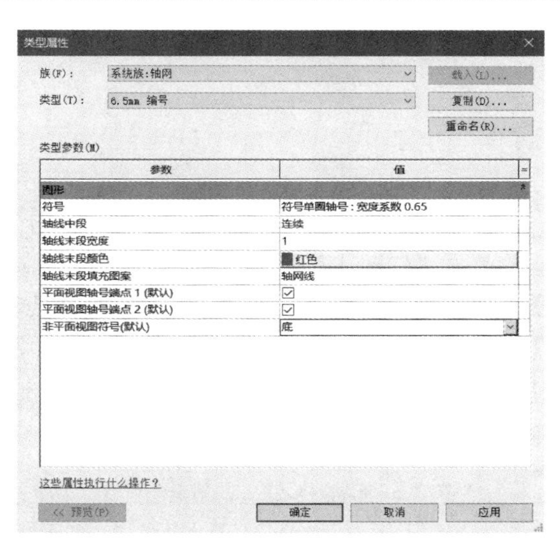

图 3-33　设置"轴网"类型样式

在绘图区域左下角适当位置单击，垂直向上移动光标，在适当位置再次单击，完成 1 号轴线的创建，如图 3-34 所示。

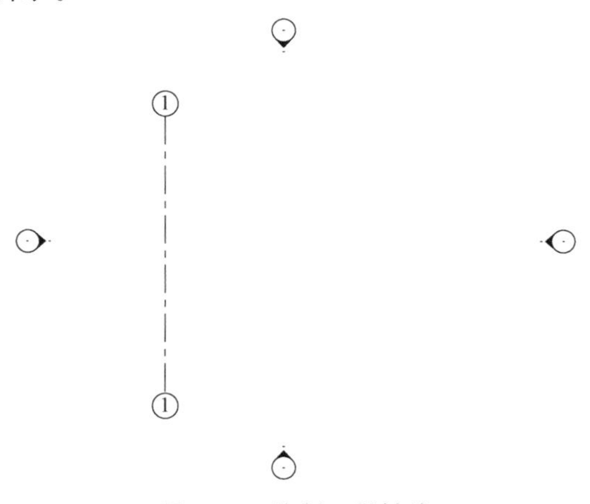

图 3-34　绘制 1 号轴线

继续绘制 2 号轴线，系统会自动对齐到 1 号轴线的起点，并且光标与 1 号轴线之间会显示临时尺寸，当尺寸值为“3600mm”时，单击鼠标确定 2 号轴线的起点，向上移动光标，当对齐到 1 号轴线的终点时再次单击鼠标，完成 2 号轴线的绘制，如图 3-35 所示。连续按两次 Esc 键可退出轴网绘制。

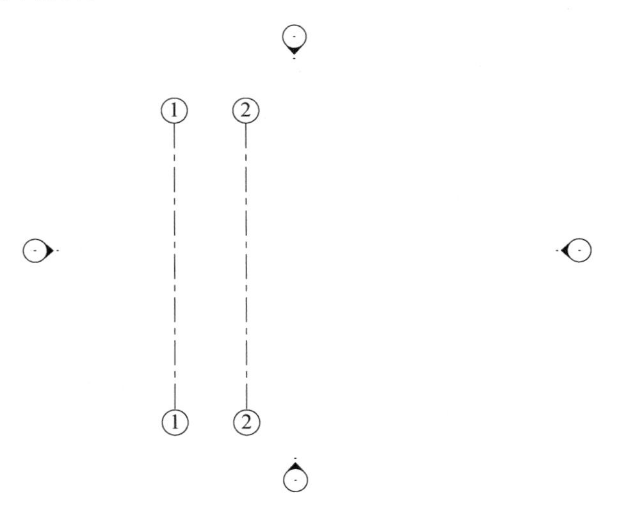

图 3-35　绘制 2 号轴线

单击选择“2 号轴线”，单击【修改 | 轴网】选项卡——【复制】按钮，在选项栏中勾选【多个】和【约束】，单击 2 号轴线的任意位置作为基点，向右移动光标，输入“600mm”后按 Enter 键生成 3 号轴线，输入“2400mm”后按 Enter 键生成 4 号轴线，继续分别输入“600mm”与“4000mm”，生成 5 号轴线与 6 号轴线，连续按两次 Esc 键退出命令，完成开间方向的轴网绘制（图 3-36）。

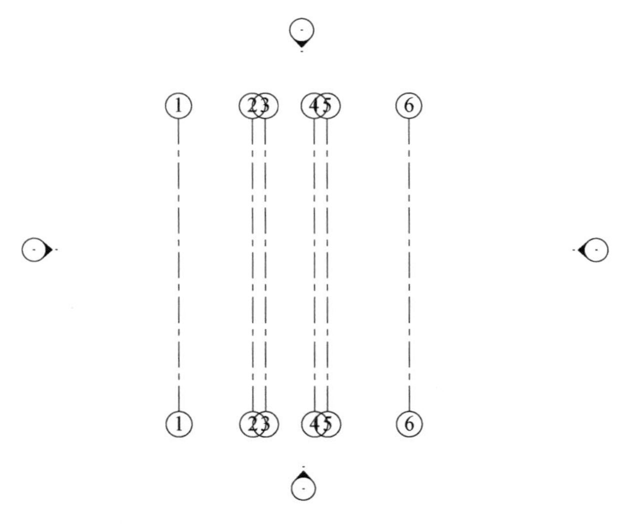

图 3-36　开间轴网

2. 进深轴网

单击【建筑】选项卡——【轴网】按钮，在绘图区域左下角适当位置单击，然后水平向右移动光标，在适当位置再次单击，完成 7 号轴线的创建，双击 7 号轴线的标头，将轴号“7”改为“A”，如图 3-37 所示。

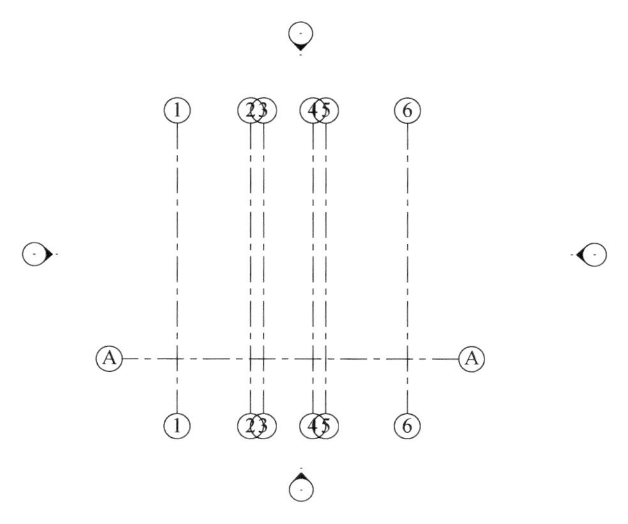

图 3-37　绘制 A 号轴线

单击选择“A 号轴线”，单击【修改｜轴网】选项卡——【复制】按钮，在选项栏中勾选【多个】和【约束】，单击 A 号轴线的任意位置作为基点，向上移动光标，输入“600mm”后按 Enter 键生成 B 号轴线，输入“1200mm”后按 Enter 键生成 C 号轴线，继续分别输入“4400mm”与“5600mm”，生成 D 号轴线与 E 号轴线，连续按两次 Esc 键退出命令，完成进深方向的轴网（图 3-38）。

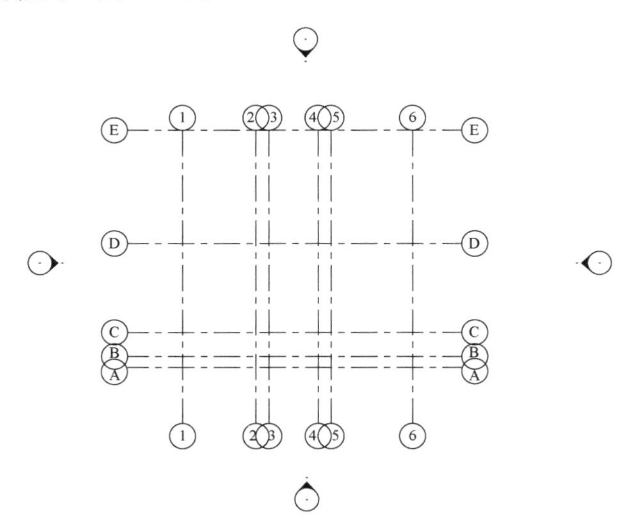

图 3-38　进深轴网

3.2.2　编辑轴网

1. 编辑 F1 平面轴网

单击选择“1 号轴”，此时轴号旁边出现蓝色“3D”符号，拖曳 1 号轴上部的蓝色夹点，将开间方向轴网标头的位置向上进行拖动（图 3-39）。

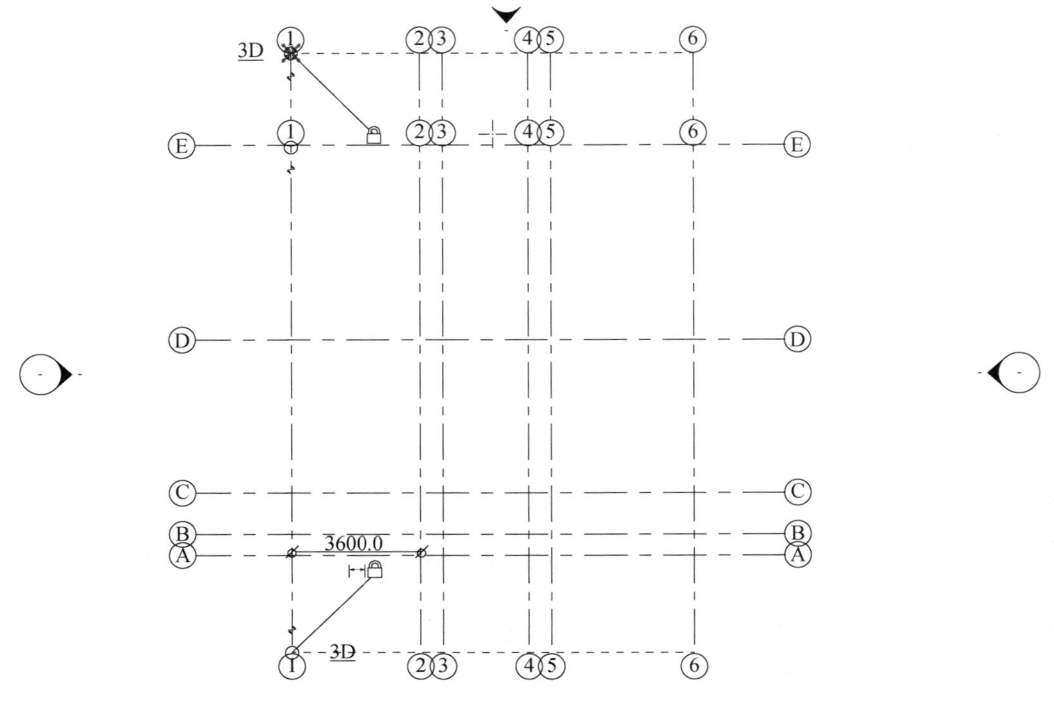

图 3-39　向上拖动轴网标头

单击选择“2 号轴”，单击其上方破折号，2 号轴的“标头”会偏向一侧，拖动夹点将 2 号轴标头移动到合适位置，如图 3-40 所示。

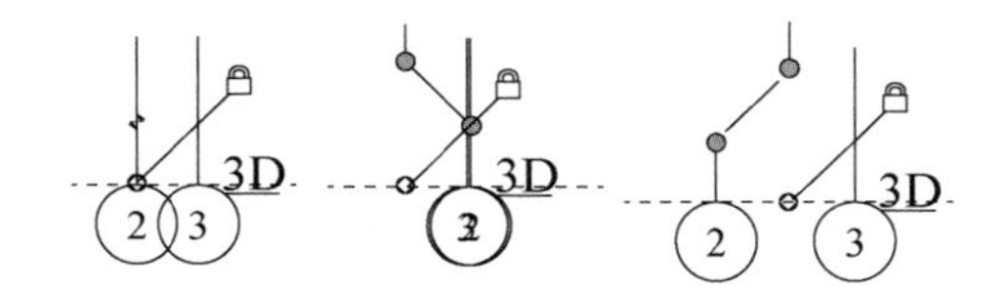

图 3-40　调整 2 号轴的“标头”位置

使用相同的操作对“5 号轴”与“A 号轴”进行调整，如图 3-41 所示。

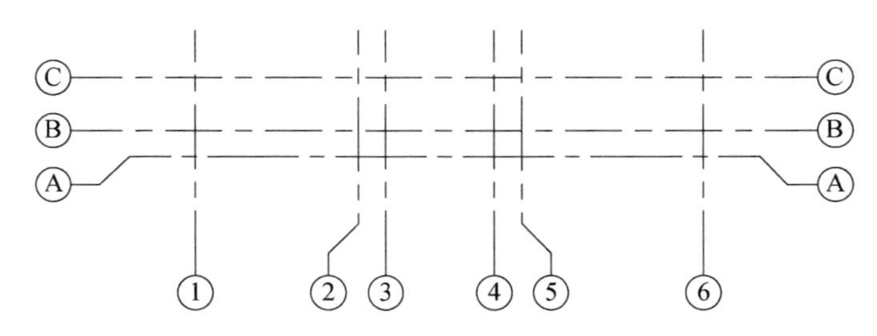

图 3-41　调整 5 号轴与 A 号轴的“标头”位置

选择“3 号轴”，将其标头上部的复选框勾掉，同时单击“锁”，将其打开（图 3-42），然后向下拖动蓝色夹点到合适位置（图 3-43）。

对“4 号轴”与“C 号轴”进行相同的调整，如图 3-44 所示。

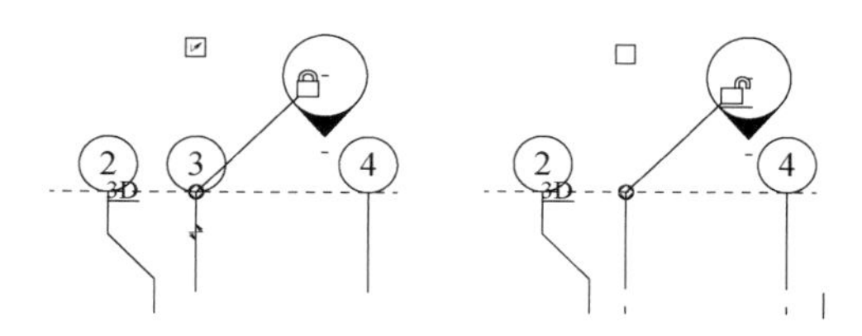

图 3-42 取消勾选并解锁

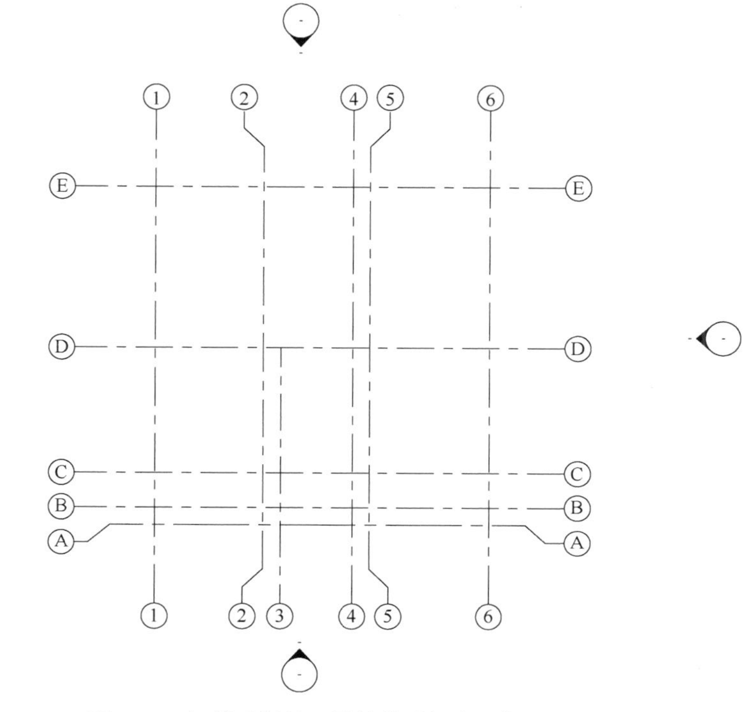

图 3-43 解锁后调整 3 号轴的"标头"位置

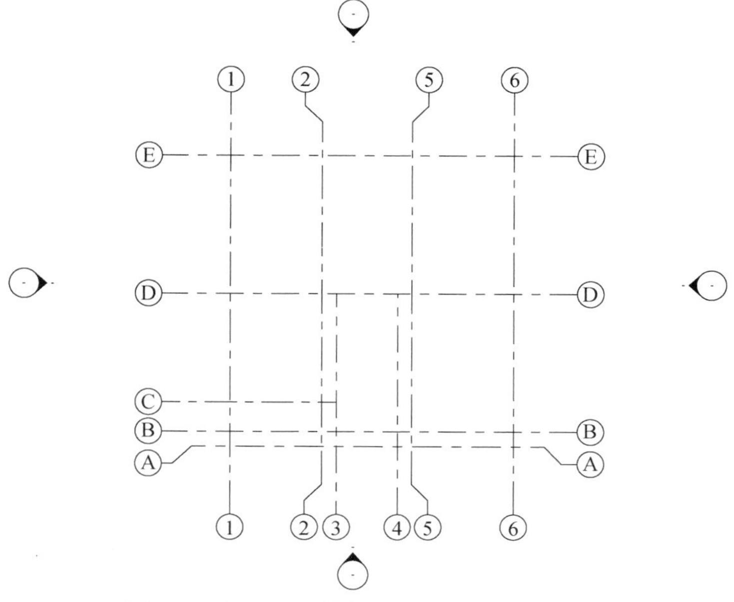

图 3-44 调整 4 号轴与 C 号轴的"标头"位置

2. 调整南立面轴网

由于 Revit 轴网是定位“面”，所以在 F1 平面中绘制好轴网后，切换到其他平面时，仍可以看到轴线。需注意的是，各“轴线面”一定要与各层的“标高面”相交时，才能够在该层平面上显示出轴线投影，即各层平面的轴线是“轴线面”与“标高面”的“交线”。

在“项目浏览器”中双击“南”立面，切换到“南立面”视图，可以看到开间方向的“轴线 1”—“轴线 6”，单击选择“1 号轴”，拖曳其上部夹点，将开间轴网都拖曳到 F4 标高以下（图 3-45），此时“轴网面”与 F4“标高面”、屋顶层“标高面”不会产生“交线”。当切换到 F4 平面视图后，就不能看到开间方向的轴网了（图 3-46）。

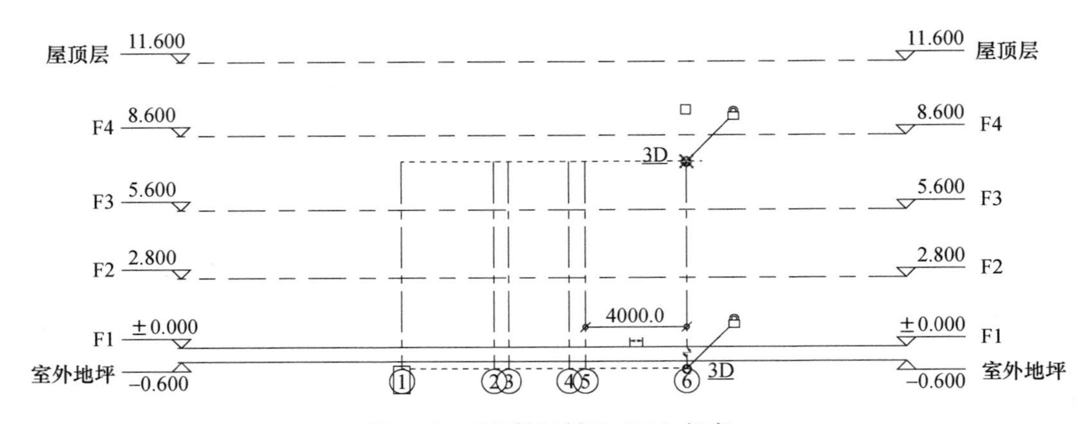

图 3-45　开间轴网低于“F4”标高

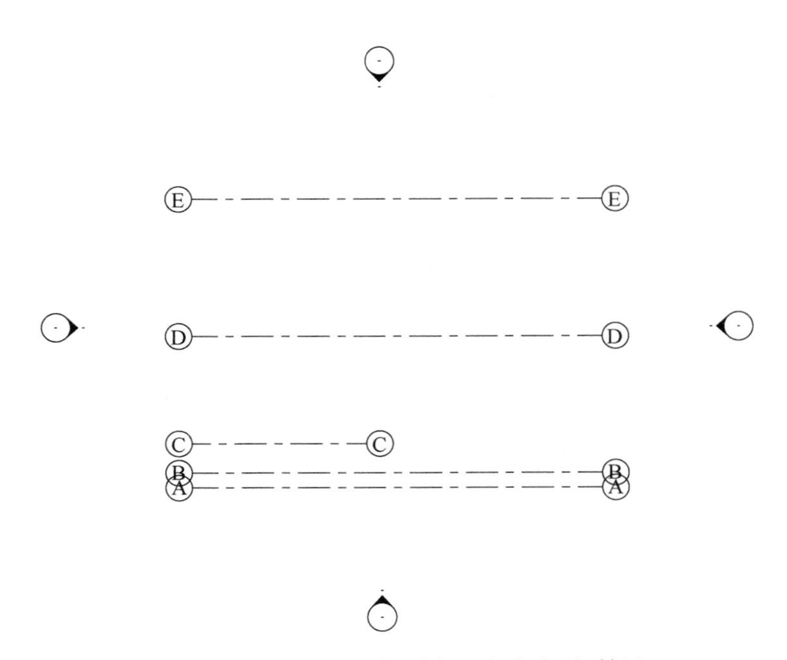

图 3-46　“F4 平面”视图中无法看到开间轴网

一般情况下，轴网需要显示在各层平面中，所以重新切换到南立面视图，单击选择“1 号轴”，分别拖曳其上部和下部夹点到合适位置，如图 3-47 所示。

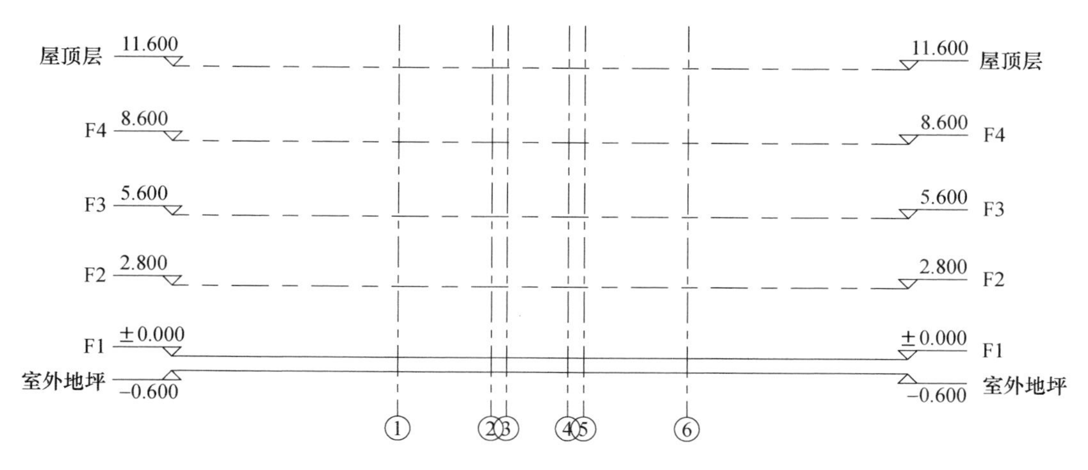

图 3-47 调整南立面轴网

3. 使用“影响范围”工具

切换到“F2 平面”轴网视图，如图 3-48 所示，轴网的显示样式与“F1 平面”视图不同，需要进行调整。重新切换到“F1 平面”视图，按住 Ctrl 键选择调整过样式的“2、3、4、5、A、C”号轴（图 3-49），单击【修改 | 轴网】选项卡——【影响范围】按钮（图 3-50），弹出“影响基准范围”对话框，勾选“F2、F3、F4、室外地坪和屋顶层”楼层平面（图 3-51），单击【确定】。此时再切换到其他各层平面视图，其轴网的显示样式就和“F1 平面”视图的轴网相同了。

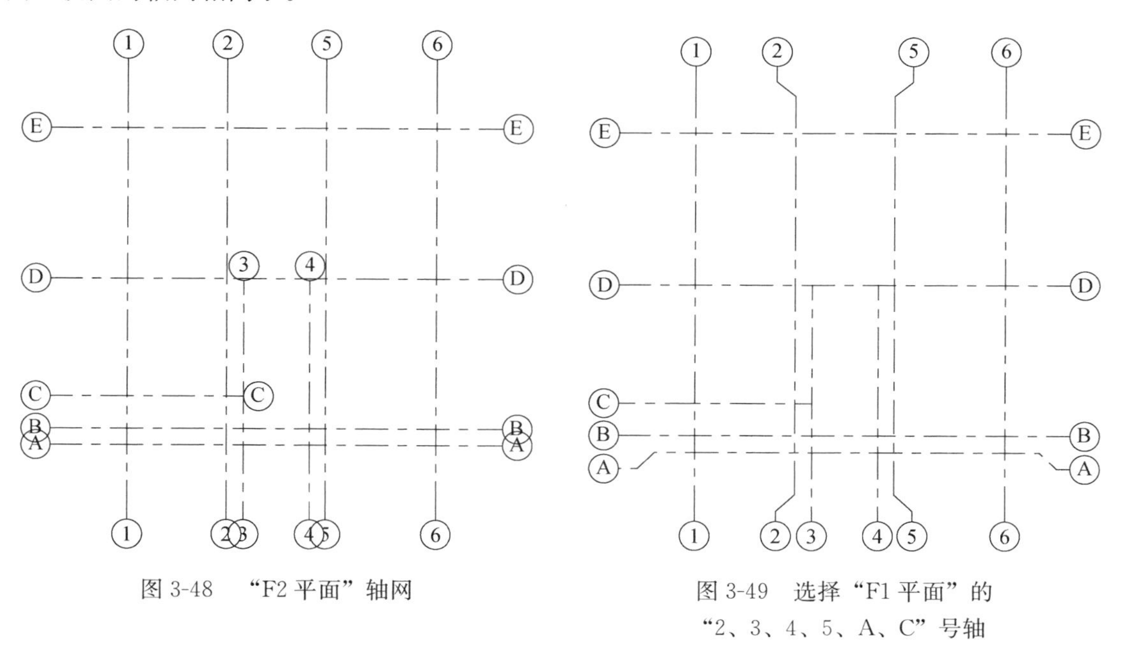

图 3-48 “F2 平面”轴网

图 3-49 选择“F1 平面”的“2、3、4、5、A、C”号轴

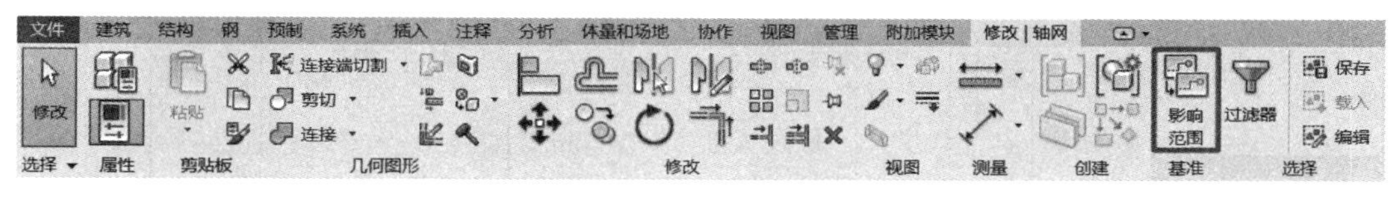

图 3-50 单击“影响范围”按钮

影响基准范围

对于选定的基准，将此视图的范围应用于以下视图：

- [ ] 天花板投影平面：F1
- [ ] 天花板投影平面：F2
- [x] 楼层平面：F2
- [x] 楼层平面：F3
- [x] 楼层平面：F4
- [ ] 楼层平面：场地
- [x] 楼层平面：室外地坪
- [x] 楼层平面：屋顶层
- [ ] 面积平面（人防分区面积）：F1
- [ ] 面积平面（人防分区面积）：F2
- [ ] 面积平面（净面积）：F1
- [ ] 面积平面（净面积）：F2
- [ ] 面积平面（总建筑面积）：F1

- [ ] 仅显示与当前视图具有相同比例的视图

确定　取消

图 3-51　设置“影响范围”

3.2.3　修改轴网标头样式

1. 轴网标头样式比较

单击选择“1号轴”，在其【属性】面板中，单击【编辑类型】，打开“类型属性”对话框（图 3-52），将【符号】分别设为“符号单圈轴号：宽度系数 0.5”和“符号单圈轴号：宽度系数 1.2”，分别单击【应用】进行比较（图 3-53），可以看到宽度系数决定了轴网标头中字体的宽高比，当宽度系数为 1.2 时，字体较宽（图 3-53 左），当宽度系数为 0.5 时，字体较窄（图 3-53 右）。

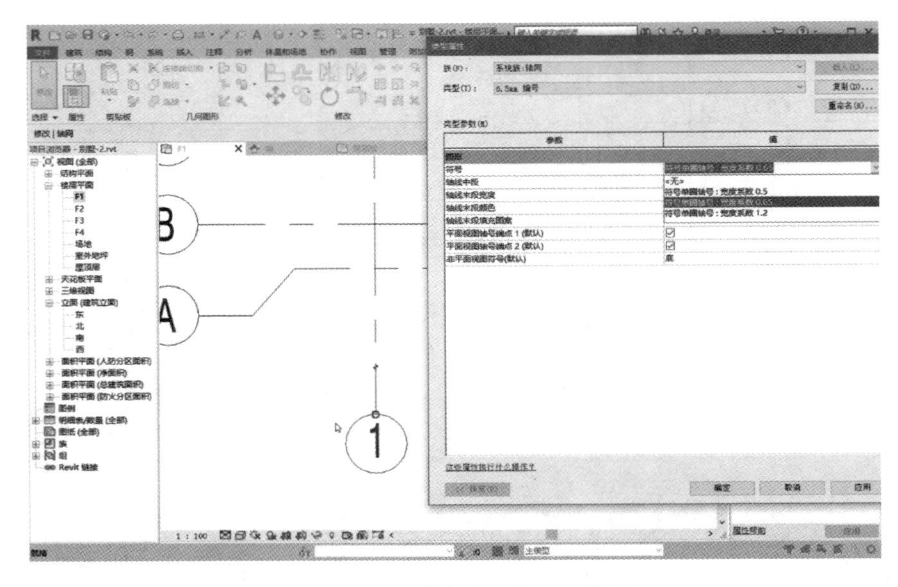

图 3-52　修改【符号】样式进行比较

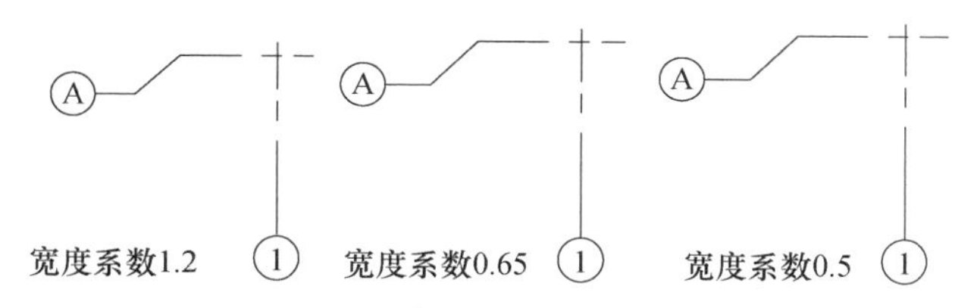

图 3-53 比较轴网的标头样式

2. 编辑轴网标头族

在项目浏览器面板中，单击展开【族】——【注释符号】——【符号单圈轴号】，右键单击【符号单圈轴号】，在弹出的快捷菜单中选择“编辑”（图 3-54），打开“符号单圈轴号”族编辑器。

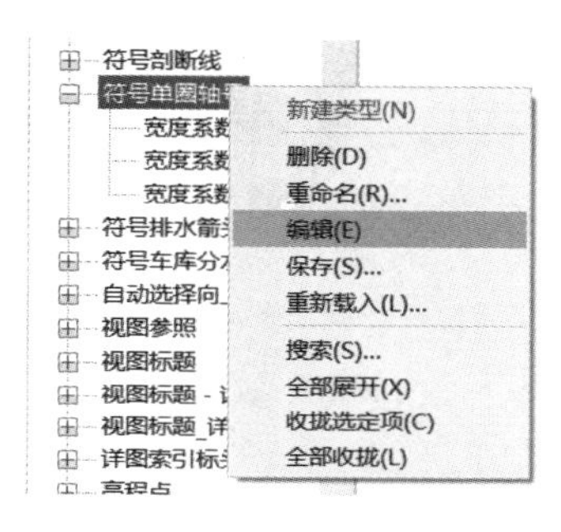

图 3-54 “打开”符号单圈轴号“族编辑器”

该标头族中有 3 个标签，分别对应宽度系数“0.5”“0.65”和“1.2”，按 Tab 键可依次选中标签。选中“0.65”标签，在其【属性】面板中，单击【编辑类型】，打开“类型属性”对话框（图 3-55），将【颜色】改为“红色”，单击【确定】。单击【创建】选项卡——【线】按钮，在【修改｜放置线】上下文选项卡中，单击【圆形】工具（图 3-56），捕捉到已有标头圆圈的圆心，绘制半径为 5mm 的圆，连续按两次 Esc 键退出绘制命令，生成双圈标头（图 3-57）。

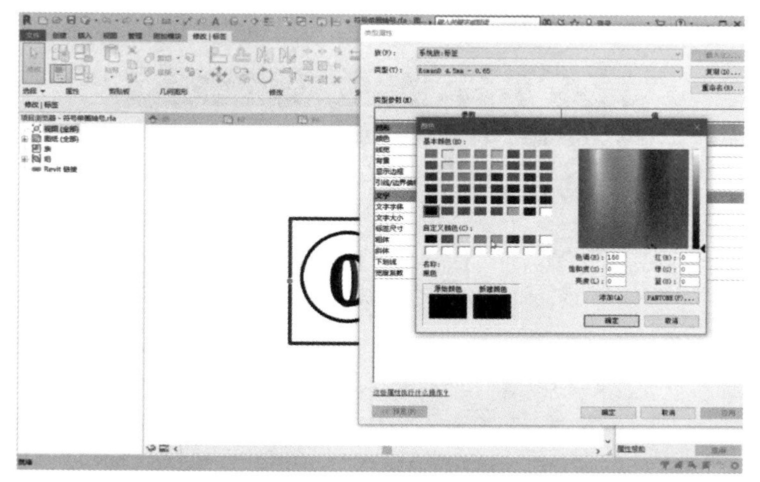

图 3-55 修改“0.65”标签的颜色

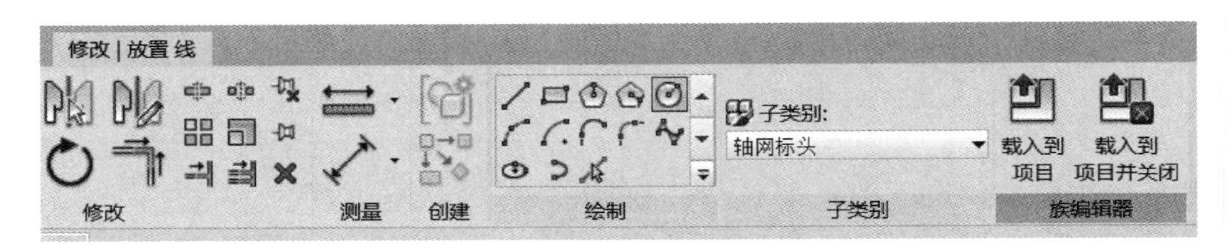

图 3-56 【圆形】工具

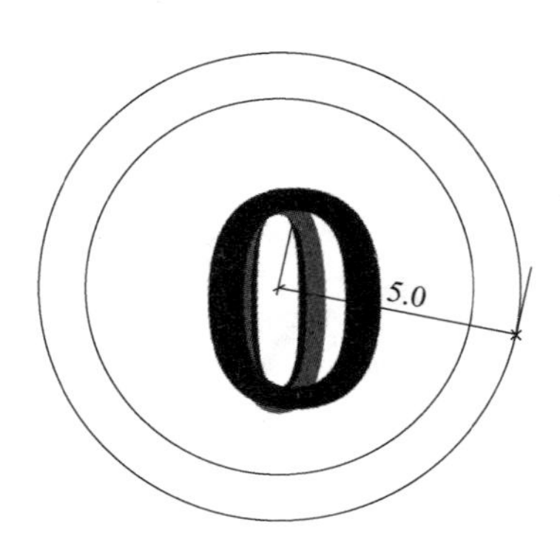

图 3-57 双圈标头

单击【修改】选项卡——【载入到项目】按钮（图 3-58），将修改后的轴网标头族重新载入到项目中，系统弹出“族已存在”提示框（图 3-59），选择“覆盖现有版本”。项目的轴网标头改为“双圈”样式（图 3-60）。

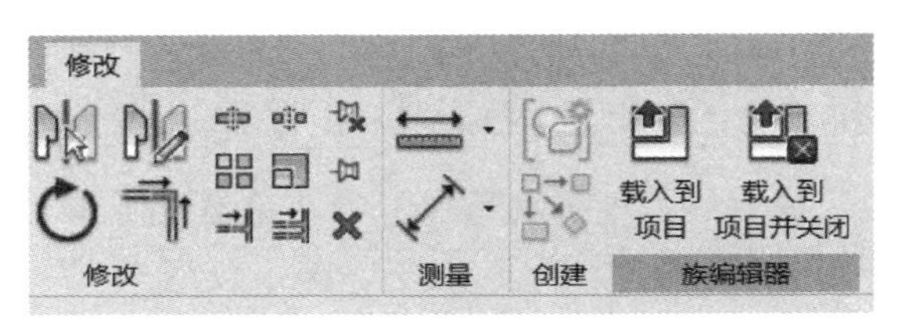

图 3-58 选择【载入到项目】按钮

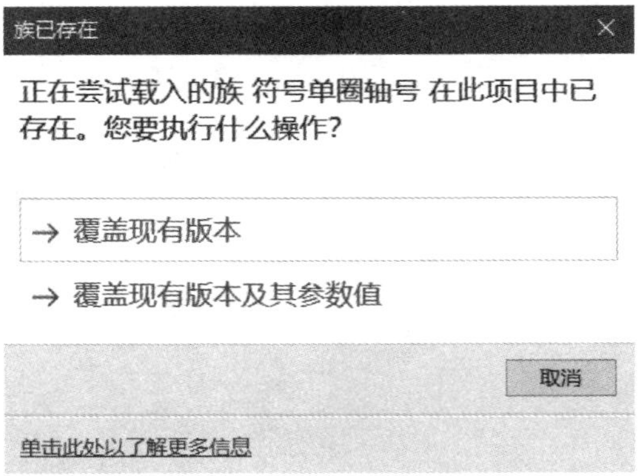

族已存在

正在尝试载入的族 符号单圈轴号 在此项目中已存在。您要执行什么操作?

→ 覆盖现有版本

→ 覆盖现有版本及其参数值

取消

单击此处以了解更多信息

图 3-59 “族已存在”提示框

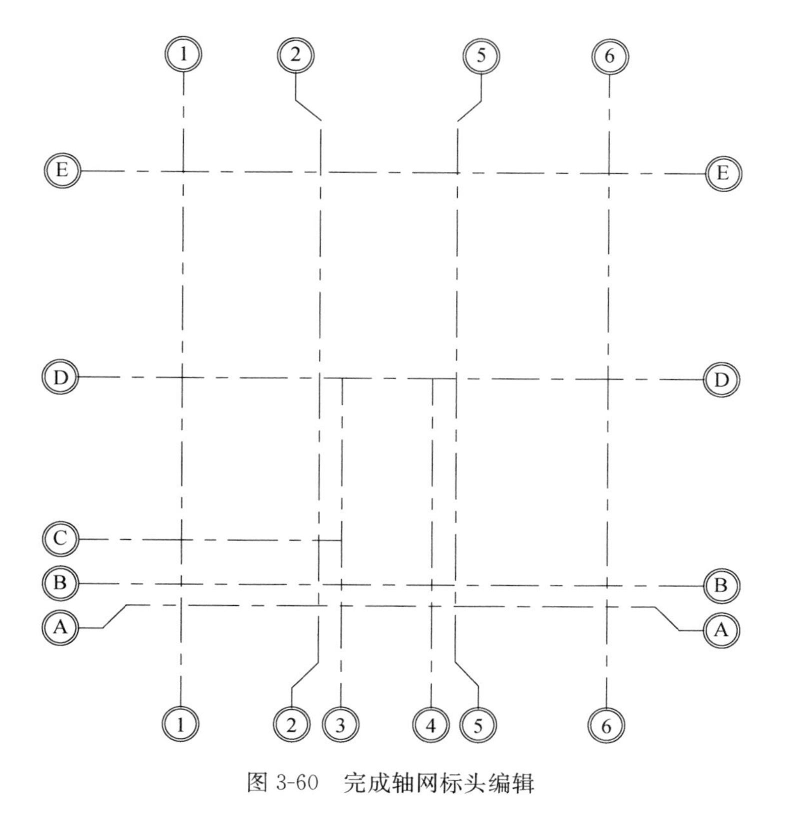

图 3-60 完成轴网标头编辑

4 墙　　体

Revit 墙体属于 BIM 模型的主体图元，它在起到承重与分隔建筑空间作用的同时，也是门窗、墙饰条、卫浴、灯具等设备模型所附着的主体。Revit 墙体构造及其材质设置对 BIM 模型的外观显示有着直接影响，也决定了施工图设计的墙身大样、节点详图等图纸内容的准确性与精细程度。

本章主要介绍 Revit 基本墙、幕墙和叠层墙的创建方法。它们都可以使用 Revit 的基本绘制与编辑工具进行创建。

本章学习目的：

（1）Revit 墙体概述；

（2）掌握基本墙的绘制与编辑方法；

（3）掌握幕墙的绘制与编辑方法；

（4）掌握叠层墙的绘制与编辑方法。

手机扫码
观看教程

4.1 墙体概述

墙体是一种竖向承重构件，其基本功能是承重与围合空间。此外，墙体还具有保温、隔热、隔声、防火、防水等性能。传统 CAD 绘制的墙体一般仅能描述墙体的几何信息（三维尺寸、面积、体积等），而无法描述墙体的其他信息。Revit 既可以描述墙体的几何信息，还能够描述墙体的材质、构造、力学、隔热、保温、防火与防水等性能。从某种意义上讲，我们可以将 Revit 创建的墙体理解为真实的墙体，Revit 模型可把墙体的所有实际信息都集成到 BIM 数据库中，并可以通过明细表工具进行数据统计与管理。

Revit 采用族的方式对墙体进行分类管理，Revit 墙体族包括 3 种基本类型：基本墙族、幕墙族和叠层墙族。基本墙是普通墙体，如普通 240mm 砖墙、90mm 砌块墙等，它是一个竖向承重与围合构件。幕墙是一种非承重墙，仅具有围合与装饰功能，Revit 幕墙的自承重结构称为竖梃，围合结构称为嵌板（玻璃嵌板、金属嵌板、石材嵌板等）。叠层墙是 Revit 独有的墙体构件，其由基本墙体组成，可以反映墙体竖向的组合关系，提高墙体绘制的效率。

4.1.1 基本墙的绘制

在 Revit 中创建墙体时，需要先设定墙体的类型参数，包括墙厚、做法、材质、功能等，再指定墙体的平面位置与高度等参数。

1. 新建墙体类型

单击【文件】菜单——【新建】——【项目】，选择“建筑样板”，单击【确定】。单击【建筑】选项卡——【墙】按钮，系统打开【修改 | 放置墙】上下文选项卡，如图 4-1 所示。

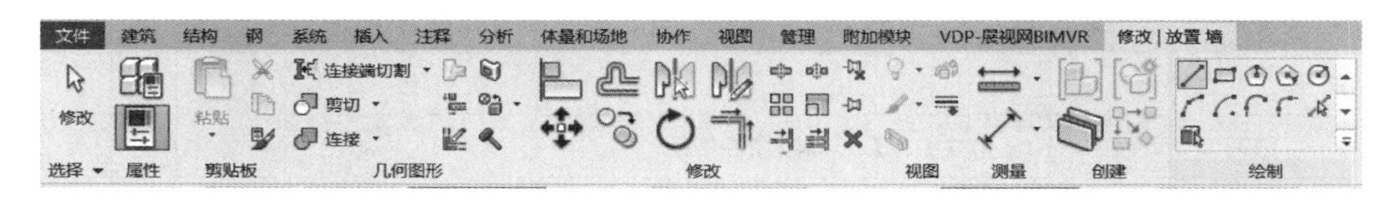

图 4-1　【修改 | 放置墙】上下文选项卡

单击【属性】面板的类型选择器下拉列表，选择“基本墙 常规-200mm”类型（图 4-2），以该类型为基础进行墙类型的编辑。

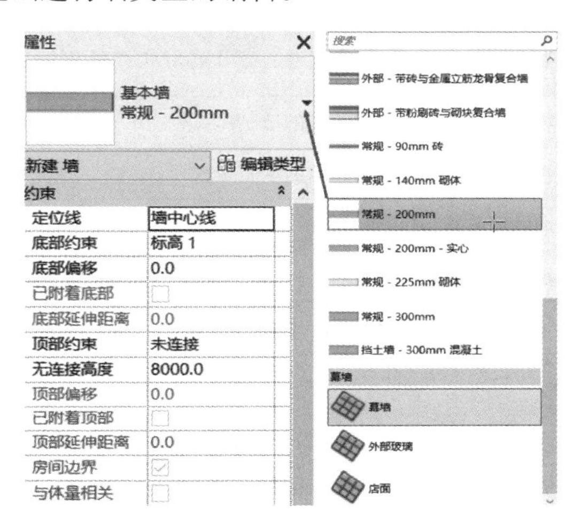

图 4-2　选择“基本墙 常规-200mm”类型

单击【属性】面板中的【编辑类型】按钮，打开“类型属性”对话框。单击该对话框中的【复制】按钮，在打开的【名称】对话框中输入“砖墙-240”，单击【确定】，完成基本墙新类型的创建（图 4-3，表 4-1）。

图 4-3　创建“砖墙-240”类型

表 4-1　墙体“类型属性”对话框中各参数的含义

参　　数	含　　义
结构	单击【编辑】可修改墙的构造
在插入点包络	设置墙插入点处（如门、窗）的层包络状态
在端点包络	设置墙端点处的层包络状态
厚度	墙体各构造层的总厚度
功能	可将墙设置为“外墙”“内墙”“挡土墙”“基础墙”“檐底板”或“核心竖井”类别，主要在创建明细表、模型过滤、导出 gbXML 等格式文件时使用
粗略比例填充样式	在粗略比例视图中显示墙的填充样式
粗略比例填充颜色	在粗略比例视图中显示墙的填充颜色
结构材质	显示墙体结构层材质
分析属性	墙体的热工指标
标识数据	对墙体的常规信息进行标定

2. 编辑墙体结构

单击【结构】右侧的【编辑】按钮，打开“编辑部件”对话框。单击【层】选项列表下方的【插入】按钮两次，插入新的构造层，如图 4-4 所示。

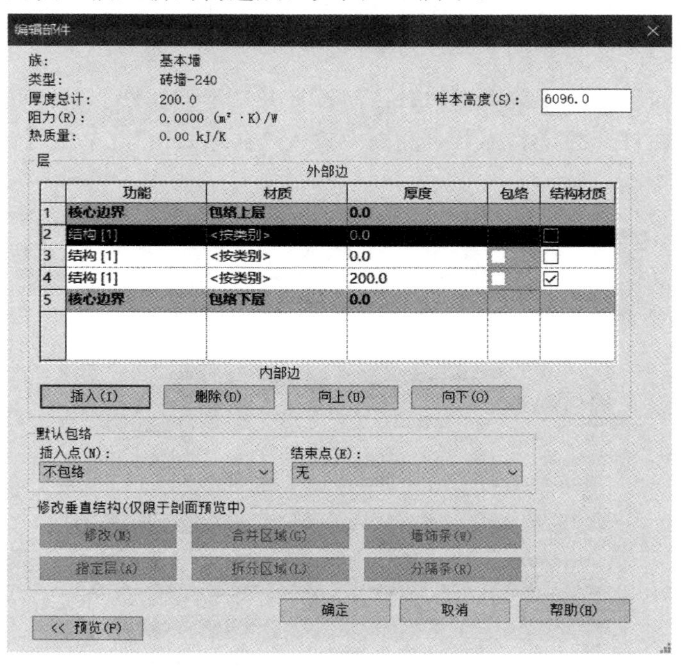

图 4-4　插入墙体的新构造层

选择新插入的构造层，单击【向上】按钮将其放置在“核心边界”的外部，设置其【功能】为“面层 1［4］”，【厚度】为“10mm”（图 4-5）。

提示： 在墙【编辑部件】对话框的【功能】列表中提供了 6 种墙体功能，包括结构 [1]、衬底 [2]、保温层/空气层 [3]、面层 1 [4]、面层 2 [5] 和涂膜层（通常用于防水涂层，厚度必须为 0）。可以定义墙结构中每一层在墙体中所起的作用。功能名称后面方括号中的数字（“结构 [1]”），表示当墙与墙连接时，墙各层之间连接的优先级别。方括号中的数字越大，该层的连接优先级越低。当墙互相连接时，Revit 会连接功能相同的层，优先级为“结构 [1]”的层将最先连接，而优先级最低的“面层 2 [5]”将最后相连。

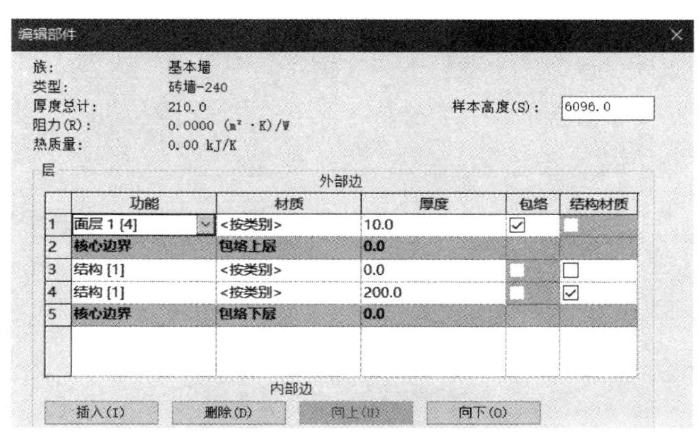

图 4-5　设置墙体“外表面”

在 Revit 墙结构中，墙部件包括两个特殊的功能层“核心结构”与“核心边界”，用于界定墙的核心结构与非核心结构。所谓“核心结构”是指墙存在的条件，“核心边界”之间的功能层属于墙的核心结构，“核心边界”之外的功能层为“非核心结构”。以砖墙为例，“砖”结构层是墙的核心部分，而“砖”结构层之外的如抹灰、防水、保温等部分功能层需依附于砖结构层，属于“非核心”部分。

单击【材质】——〈按类别〉后的浏览按钮，打开“材质浏览器”对话框（图 4-6）。在

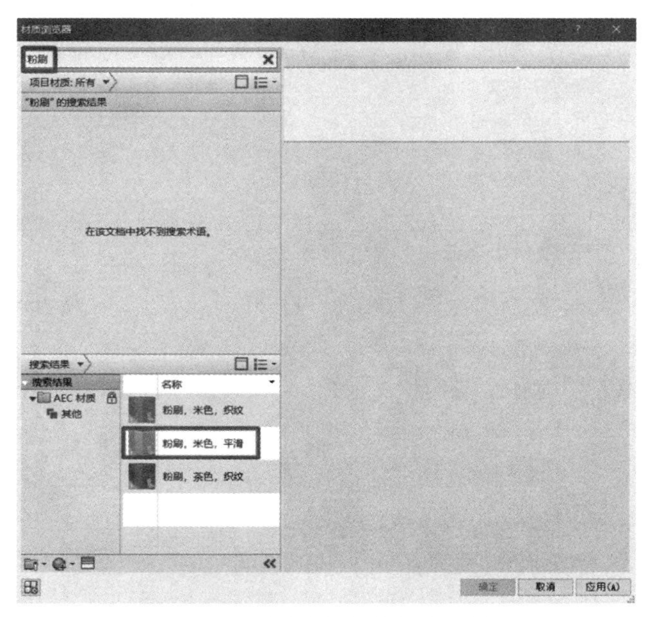

图 4-6　“材质浏览器”对话框

左侧搜索框中输入“粉刷”，项目材质中没有粉刷材质，而下方材质库中有3种粉刷材质，单击“粉刷，米色，平滑”材质右侧的按钮，将其加入项目材质中（图4-7），单击右键将其复制（图4-8），其默认名称为“粉刷，米色，平滑（1）”，在“材质浏览器”属性选项卡中，单击【标识】选项卡，在【名称】文本框中输入“外墙粉刷”为材质重命名（图4-9）。

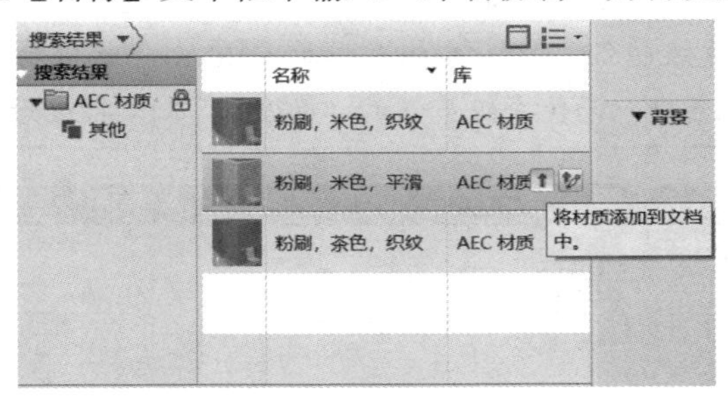

图4-7　将材质库中的“粉刷，米色，平滑”材质添加到项目中

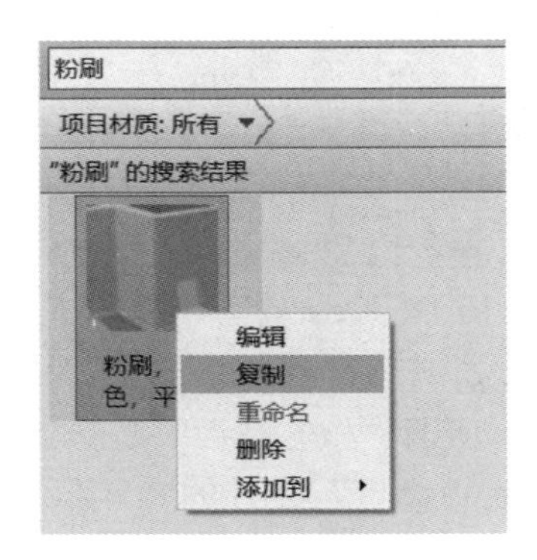

图4-8　复制“粉刷，米色，平滑”材质

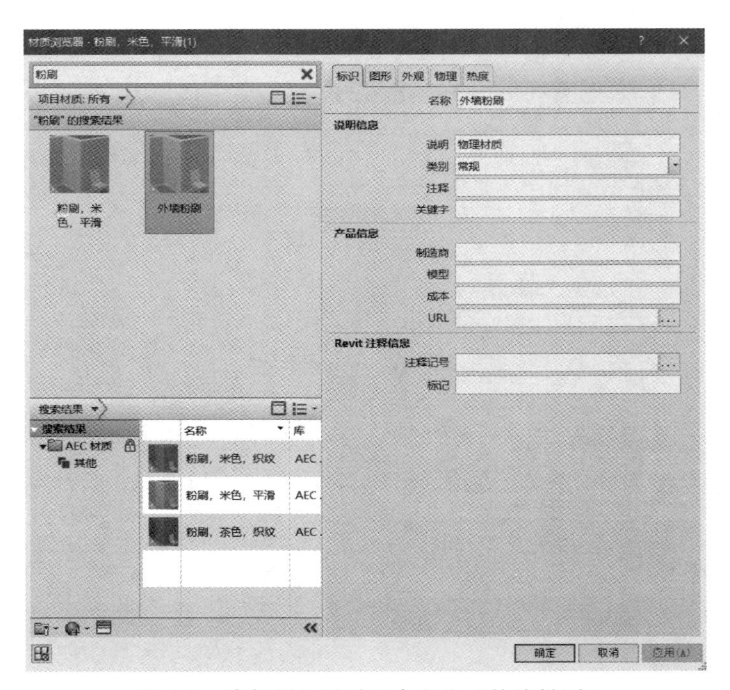

图4-9　将复制的材质重命名为“外墙粉刷”

切换到【图形】选项卡，在【着色】选项组中单击【颜色】色块，在打开的【颜色】对话框中选择“砖红色”（RGB 128，64，64），单击【确定】按钮完成颜色设置，如图 4-10 所示。

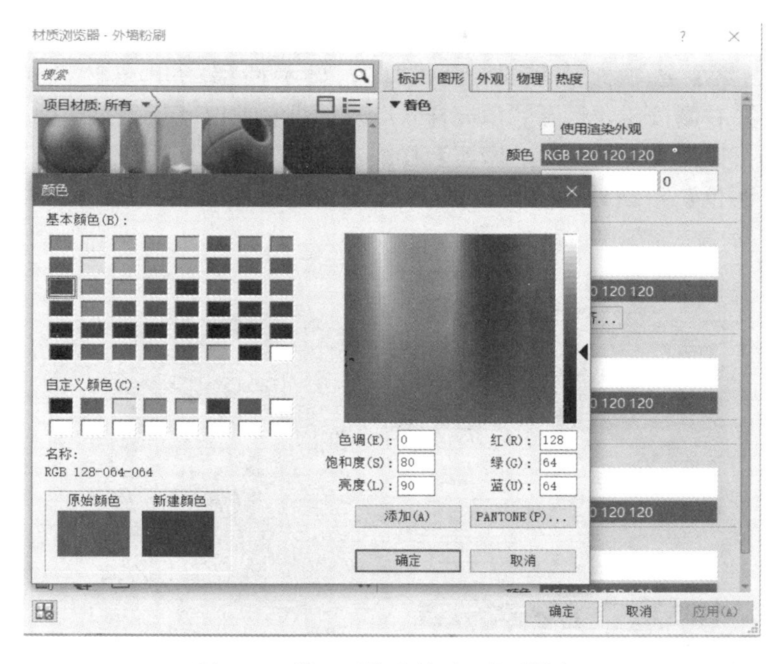

图 4-10　设置“外墙粉刷”的【着色】

【表面填充图案】选项组用于在立面视图或三维视图中显示墙表面样式，单击【前景】——【图案】右侧按钮，打开“填充样式”对话框。单击【填充图案类型】选项组中的【模型】选项，在下拉列表中单击“砌体-砖 80×240mm”样式，单击【确定】返回，单击【颜色】右侧按钮，在打开的【颜色】对话框中选择“黑色”，单击【确定】，完成“表面填充图案”的设置，如图 4-11 所示。

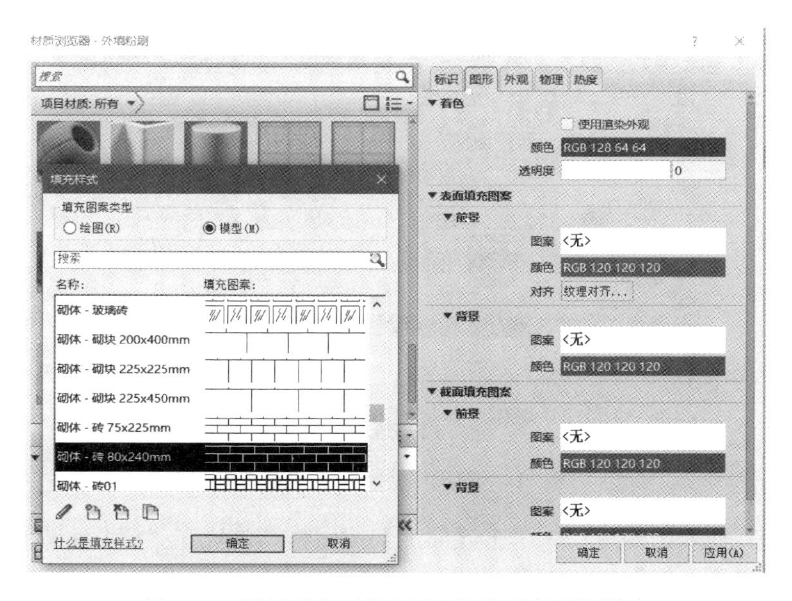

图 4-11　设置【表面填充图案】的【前景】样式

> **提示：** 提示：【填充图案类型】的【绘图】填充样式可随视图比例变化而变化，而【模型】填充样式则是一个固定值，不随视图比例变化。

【截面填充图案】选项组在墙体被剖切时，显示墙层的填充材料样式。单击【前景】——【图案】右侧按钮，打开“填充样式”对话框。此时【模型】选项不可用，【绘图】选项可用，选择下拉列表中的【沙—密实】样式，单击【确定】返回，单击【颜色】右侧按钮，在打开的【颜色】对话框中选择“黑色”，单击【确定】，完成“截面填充图案”的设置，如图 4-12 所示。

图 4-12　设置【截面填充图案】的【前景】样式

完成所有设置后，单击【确定】，“面层 1 [4]”的材质设为“外墙粉刷”，如图 4-13 所示。

编辑部件

族：基本墙
类型：砖墙-240
厚度总计：220.0　　样本高度(S)：6096.0
阻力(R)：0.0139 (m²·K)/W
热质量：1.45 kJ/K

层

外部边

	功能	材质	厚度	包络	结构材质
1	面层 1 [4]	外墙粉刷	10.0	☑	☐
2	核心边界	包络上层	0.0		
3	结构 [1]	<按类别>	0	☐	☐
4	结构 [1]	<按类别>	200.0	☐	☑
5	核心边界	包络下层	0.0		

内部边

插入(I)　删除(D)　向上(U)　向下(O)

图 4-13　完成墙体“外表面”设置

选择第 3 行新插入的构造层，单击【向上】按钮将其放置在“核心边界”的外部，设置其【功能】为“衬底 [2]”，【厚度】为“30mm”，如图 4-14 所示。

单击【材质】——〈按类别〉后的浏览按钮，打开“材质浏览器”对话框。右键单击

“外墙粉刷”，进行【复制】，并重命名“外墙衬底”，如图 4-15 所示。

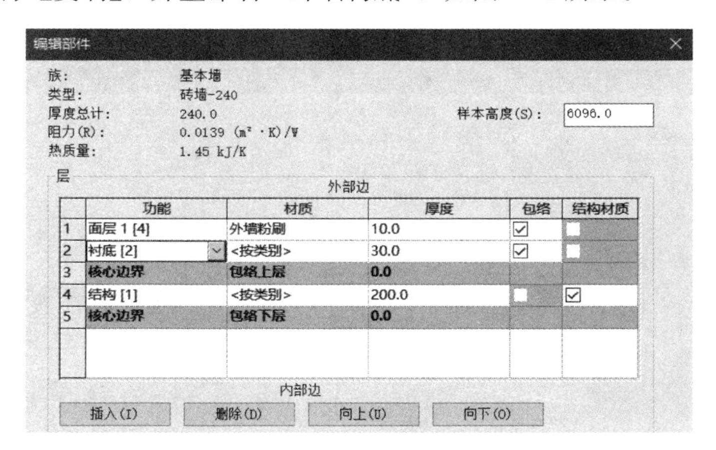

图 4-14　设置墙体“外表面”衬底

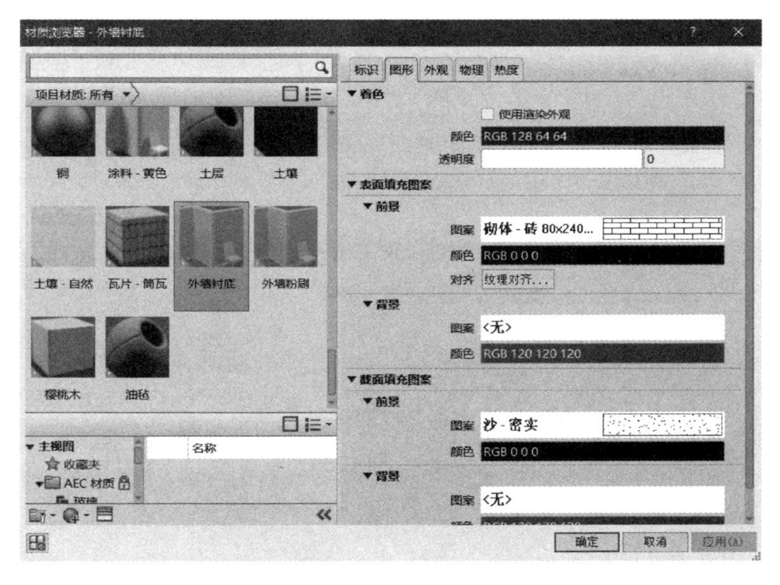

图 4-15　新建“外墙衬底”材质

在【图形】选项卡中，设置【着色】——【颜色】为“白色”；【表面填充图案】——【前景】—【图案】为“无”；【截面填充图案】——【前景】—【图案】为“对角线交叉填充 3mm”，单击【确定】，如图 4-16 所示。

返回到“编辑部件”对话框后，设置“结构［1］”功能层的【厚度】为“240mm”，【材质】为“砌体-普通砖 75×225mm”，如图 4-17 所示。

再次单击【插入】按钮，新建墙体内表面构造层，并将其向下移动至最底层。设置其【功能】为“面层 2［5］”，【厚度】为“20mm”，如图 4-18 所示。单击【材质】——〈按类别〉后的浏览元按钮，打开“材质浏览器”对话框。右键单击“外墙粉刷”材质，进行【复制】，并重命名“内墙粉刷”。在其【图形】选项卡中，设置【着色】——【颜色】为“白色”；【表面填充图案】——【前景】——【图案】为“无”，单击【确定】，如图 4-19 所示。

如图 4-20 所示，完成墙体构造与材质的设置后，单击【确定】。

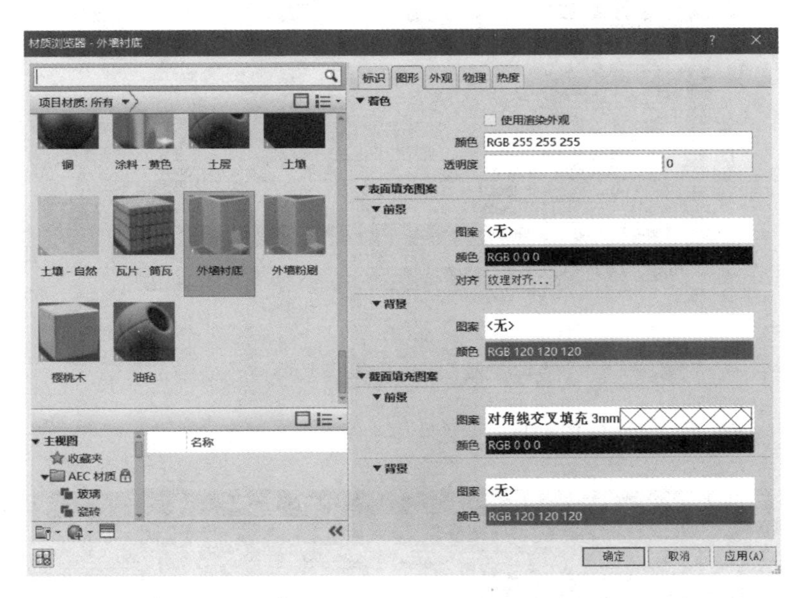

图 4-16 设置外表面“衬底”的材质样式

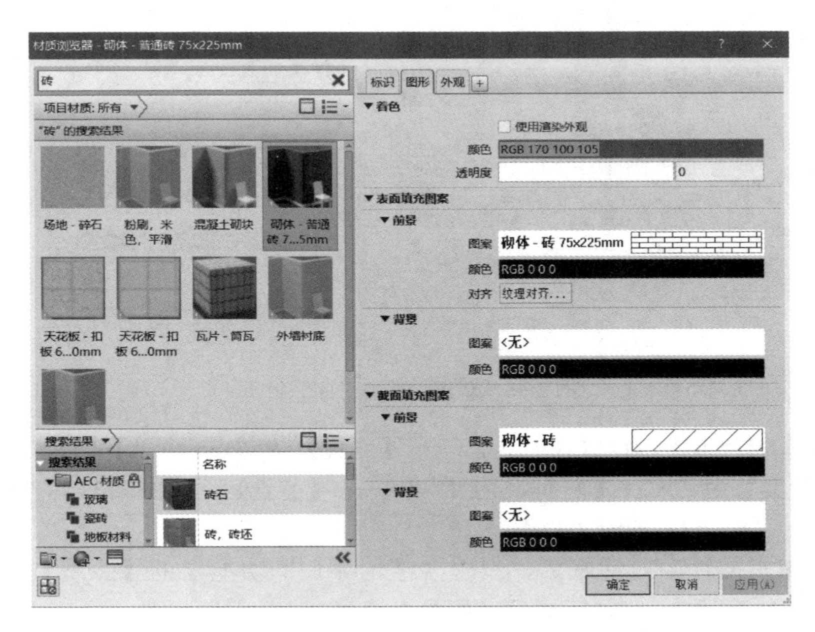

图 4-17 设置“结构 [1]”的材质与厚度

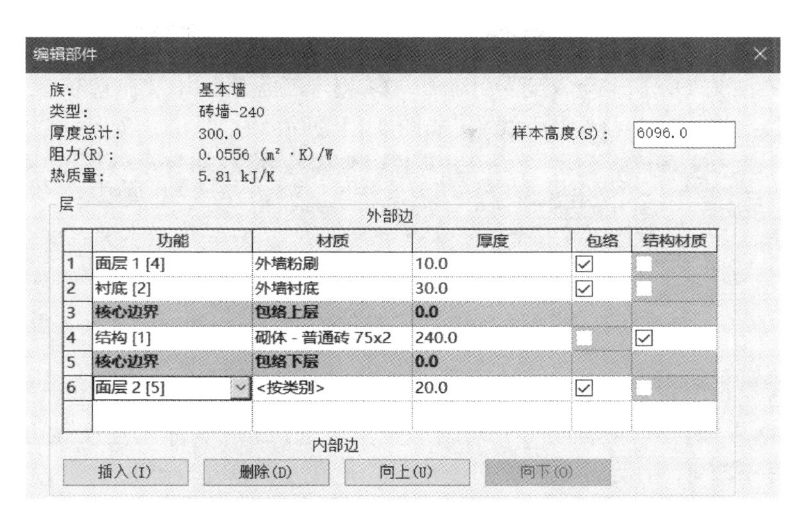

图 4-18　新建墙体内表面

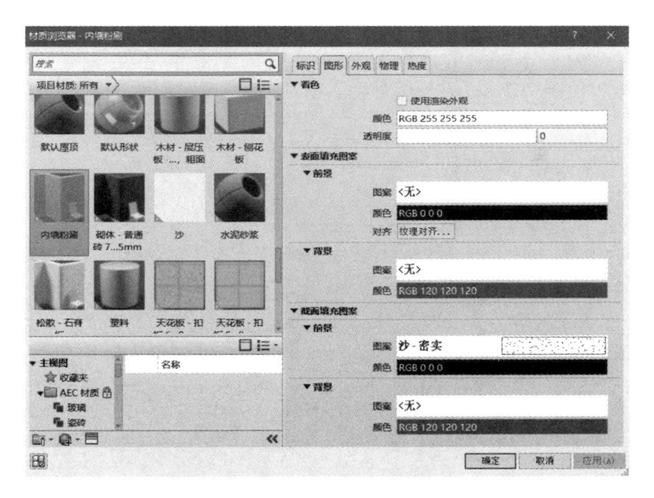

图 4-19　设置墙体内表面的材质样式

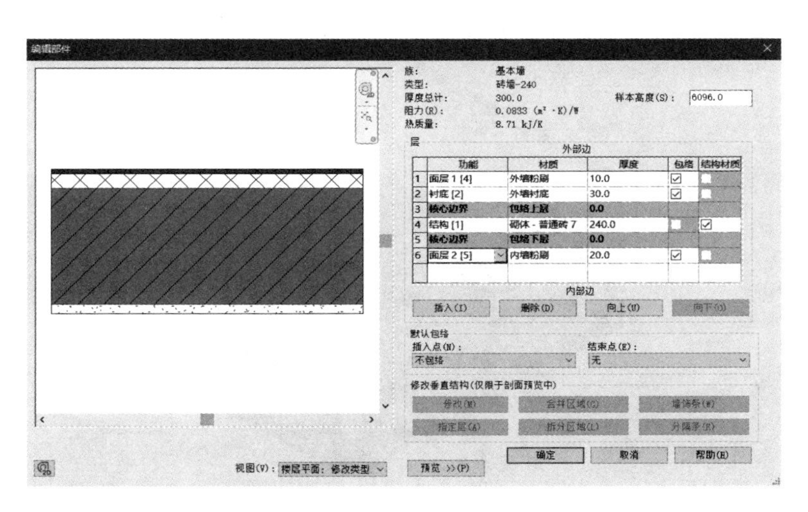

图 4-20　完成墙体“构造”与“材质”的设置

3. 绘制墙体

单击【修改｜放置墙】上下文选项卡——【线】按钮，并且在选项栏中设置【高度】为“标高 2”，【定位线】为“墙中心线”，如图 4-21 所示。

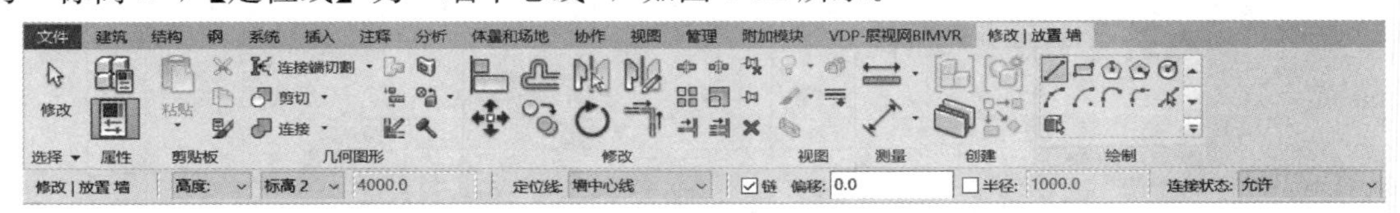

图 4-21　设置墙“选项栏”

单击绘图区中心位置，按照顺时针方向，垂直向下绘制一段“4000mm”墙体，水平绘制一段“8000mm”墙体，再垂直向上绘制一段“6000mm”墙体，连续按两次 Esc 键完成墙体绘制，如图 4-22 所示。

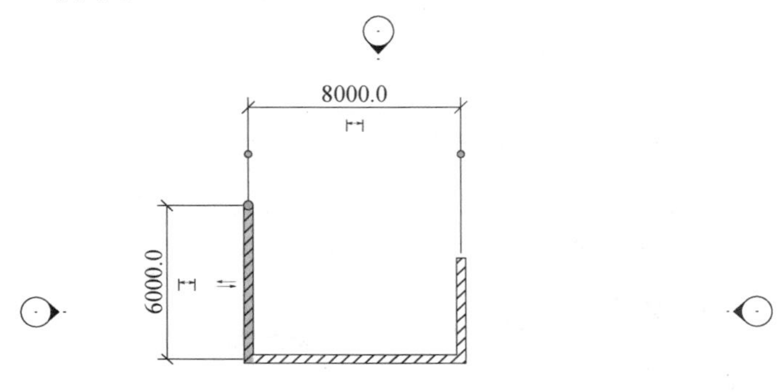

图 4-22　按顺时针方向绘制墙体

切换到三维视图，将【视觉样式】设为【一致的颜色】，如图 4-23 所示。

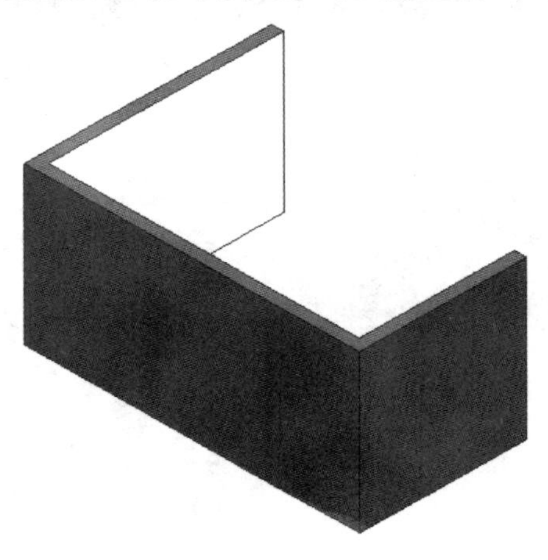

图 4-23　三维视图中观察墙体

> **提示：** 墙体的绘制方向决定了其内外关系，选中一段墙体后，按空格键可以翻转墙体的内外方向。

在三维视图中选中所有的墙体，在其【属性】面板中设置【底部偏移】为“－500mm”，【顶部偏移】为“500mm”，单击面板底部的【应用】按钮，观察墙体高度的变化，如图 4-24所示。

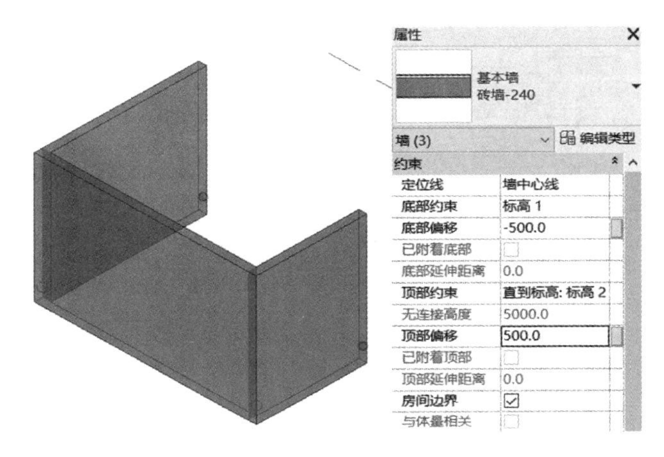

图 4-24　修改墙体的高度

4.1.2　幕墙的绘制

Revit 幕墙一般由网格、竖梃和嵌板所组成。幕墙网格用来定位竖梃位置，竖梃是幕墙系统的自承重构件，嵌板是起围合作用的构件，其材质可以是玻璃、金属或石材等。

1. 创建等分幕墙

单击【建筑】选项卡——【墙】，在【属性】面板的类型选择器中选择“幕墙”，如图 4-25所示。

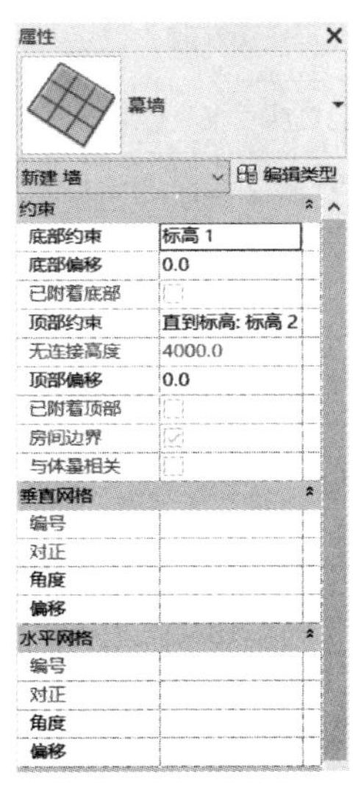

图 4-25　幕墙的【属性】面板

单击该面板中的【编辑类型】选项，打开“类型属性”对话框，单击【复制】按钮，重命名类型为“等分幕墙”，勾选【自动嵌入】。设置【垂直网格】——【布局】——【固定距离】，【间距】设为“1500mm”，设置【水平网格】——【布局】——【固定距离】，【间距】设为“1000mm”，单击【确定】(图 4-26，表 4-2)。

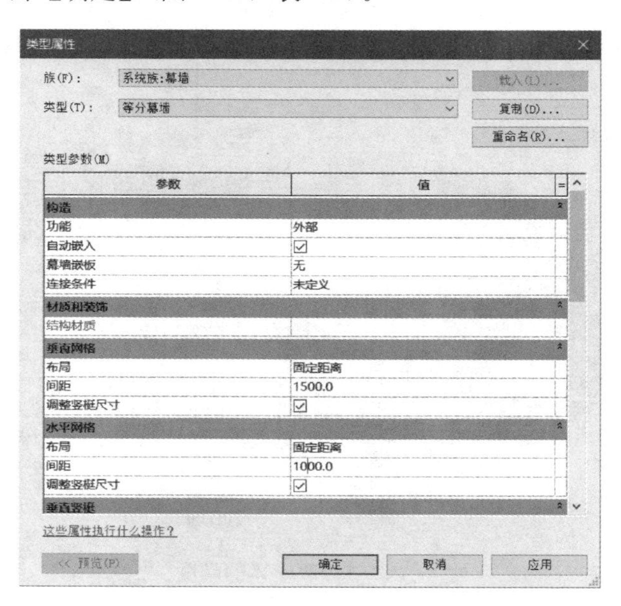

图 4-26　新建“等分幕墙”类型

表 4-2　幕墙“类型属性”对话框中各参数的含义

参数	含　　义
功能	包括：外墙、内墙、挡土墙、基础墙、檐底板或核心竖井，使用“过滤器”工具可以进行快速选择
自动嵌入	幕墙是否能够自动嵌入墙中，类似于门窗的自动插入
幕墙嵌板	设置幕墙嵌板的族类型
连接条件	控制水平竖梃或垂直竖梃的连续状态
垂直/水平网格布局	沿幕墙长度设置幕墙网格线的布局方式，包括：无、固定距离、固定数量、最大间距和最小间距
间距	当选择“固定距离”或“最大间距”时启用该值。如果设置为“固定距离”，则可使用确切的“间距”值划分网格。如果设置为“最大间距”，则使用不大于指定值的“间距”值划分网格
调整竖梃尺寸	可调整网格线的位置，保证幕墙嵌板的尺寸相等
垂直/水平竖梃——内部类型	指定幕墙内部垂直/水平竖梃的族类型
边界 1 类型	指定幕墙左边界/下边界竖梃的族类型
边界 2 类型	指定幕墙右边界/上边界竖梃的族类型
标识数据	幕墙的其他常规参数

提示： 提示：Revit 幕墙默认有 3 种类型，（1）幕墙，没有网格或竖梃，可以简单理解为一块玻璃，需使用网格对玻璃进行划分；（2）外部玻璃，具有预设的均分网格；（3）店面，具有预设的均分网格和竖梃。

在【属性】面板中设置幕墙高度，【底部约束】设为【标高 1】，【顶部约束】设为【标高 2】，在“标高 1”平面视图中的墙体上，以嵌入方式绘制幕墙，首先捕捉墙体中点，然后向右绘制一段“4000mm”幕墙，如图 4-27 所示。切换到三维视图进行观察（图 4-28）。

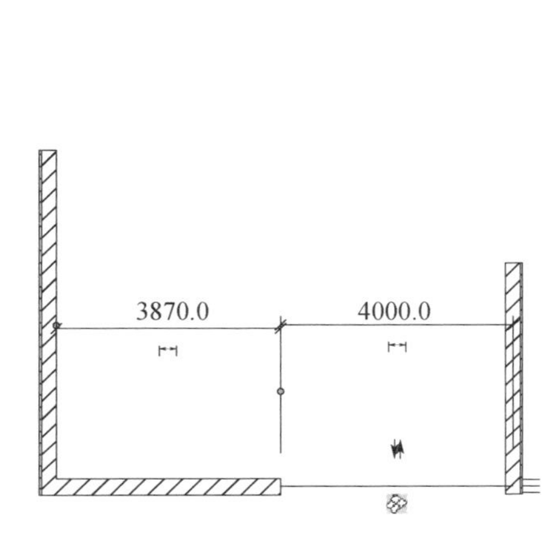

图 4-27　以嵌入方式绘制一段幕墙

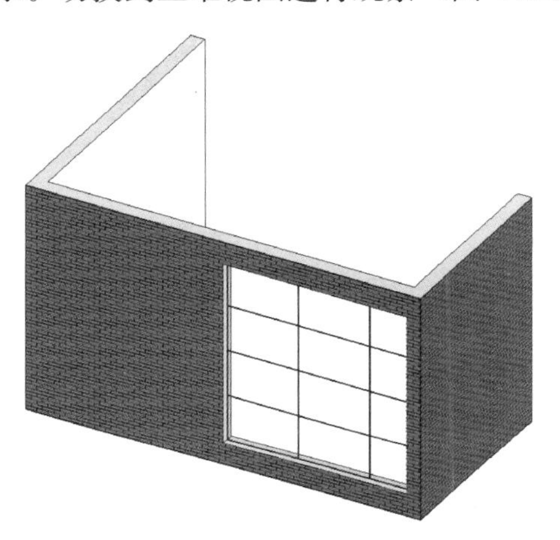

图 4-28　三维视图中观察幕墙

选中所绘制的幕墙，在其【属性】面板中，单击【编辑类型】，打开“类型属性”对话框，按图 4-29 所示设置参数，为等分幕墙添加垂直竖梃与水平竖梃，单击【确定】（图 4-30）。

类型属性

族(F)：系统族：幕墙　载入(L)...

类型(T)：等分幕墙　复制(D)...

重命名(R)...

类型参数(M)

参数	值
垂直网格	
布局	固定距离
间距	1500.0
调整竖梃尺寸	☑
水平网格	
布局	固定距离
间距	1000.0
调整竖梃尺寸	☑
垂直竖梃	
内部类型	圆形竖梃：25mm 半径
边界 1 类型	圆形竖梃：50mm 半径
边界 2 类型	圆形竖梃：50mm 半径
水平竖梃	
内部类型	圆形竖梃：25mm 半径
边界 1 类型	圆形竖梃：50mm 半径
边界 2 类型	圆形竖梃：50mm 半径

这些属性执行什么操作？

<< 预览(P)　确定　取消　应用

图 4-29　设置“等分幕墙”的竖梃

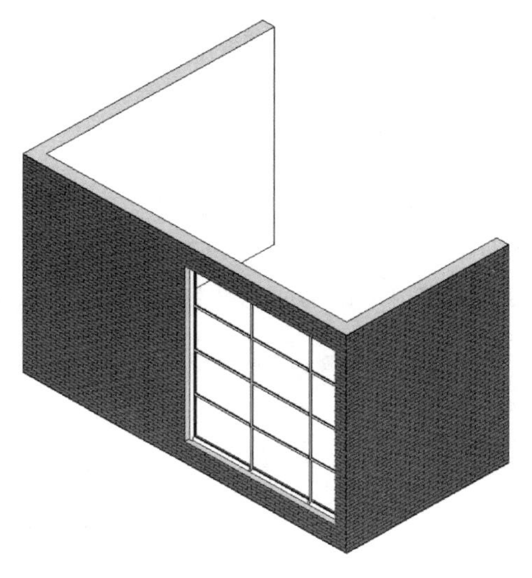

图 4-30　完成“等分幕墙”的创建

2. 创建不等分幕墙

单击【建筑】选项卡——【墙】，在其【属性】面板的类型选择器中选择“幕墙”类型（图 4-31），单击【编辑类型】选项，打开“类型属性”对话框，单击【复制】按钮，重命名为“不等分幕墙”，勾选【自动嵌入】，单击【确定】，如图 4-32 所示。

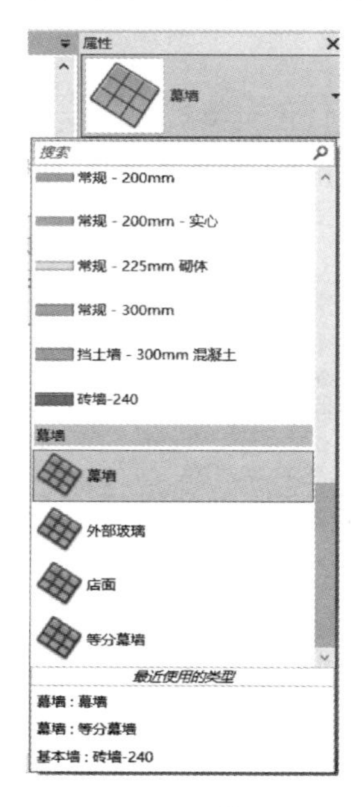

图 4-31　选择“幕墙”类型

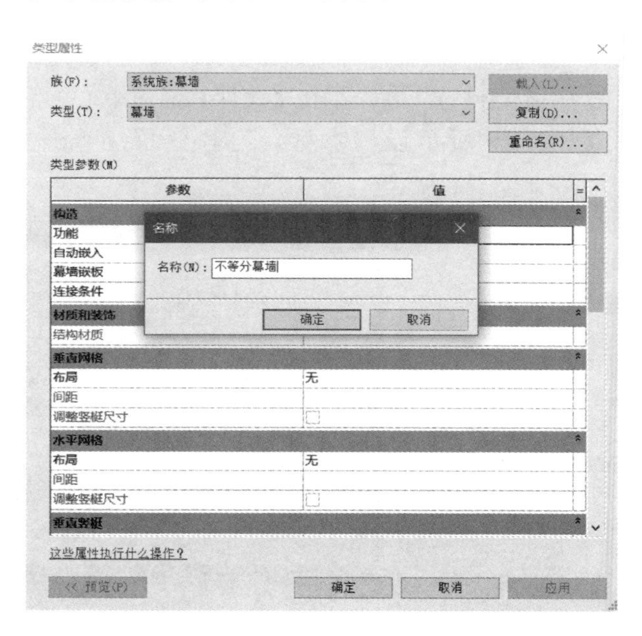

图 4-32　新建“不等分幕墙”

切换到“标高 1”平面视图，在【属性】面板中设置【底部约束】设为“标高 1”，【顶部约束】设为“标高 2”，在右侧墙体上以嵌入方式绘制一段垂直方向的幕墙，如图 4-33 所示。切换到三维视图进行观察（图 4-34）。

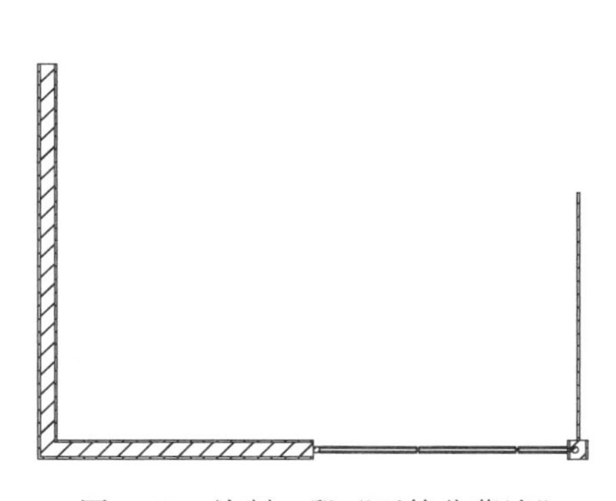
图 4-33　绘制一段“不等分幕墙”

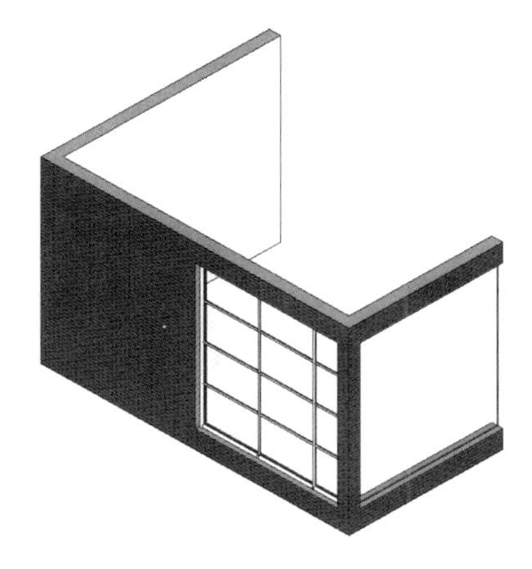
图 4-34　三维视图中观察幕墙

单击【建筑】选项卡——【幕墙网格】，给“不等分幕墙”添加网格，在【修改｜放置幕墙网格】上下文选项卡中，默认的网格添加方式为【全部分段】（图 4-35）。将光标放置在幕墙的下边缘，出现垂直网格后单击下边缘进行放置，再单击临时尺寸，输入准确的数值后回车，如图 4-36 所示。同样的操作，将光标放置在幕墙的左边缘，可以添加水平网格，如图 4-37 所示。

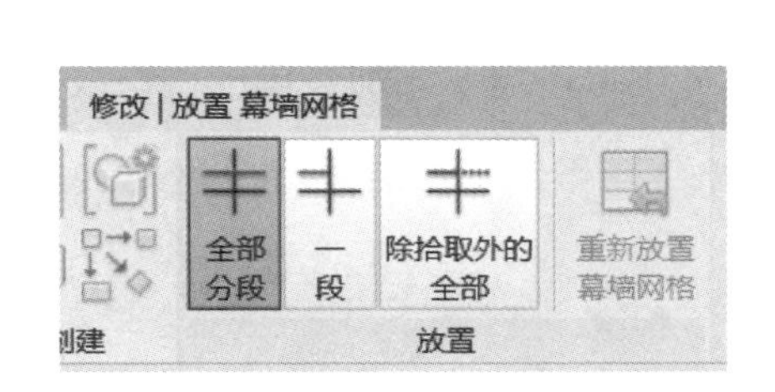

图 4-35　幕墙网格“全部分段”工具

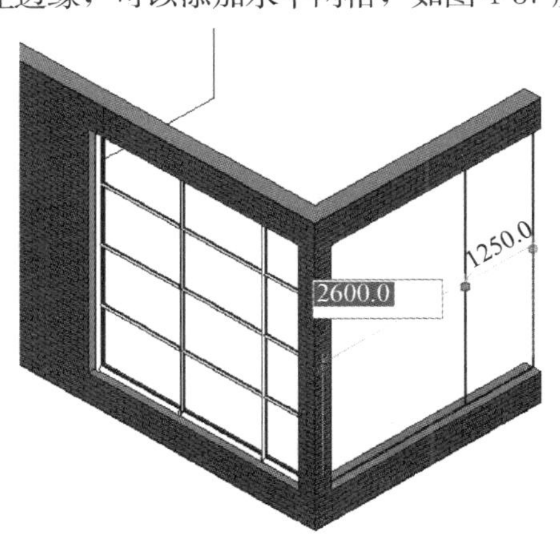

图 4-36　放置垂直网格

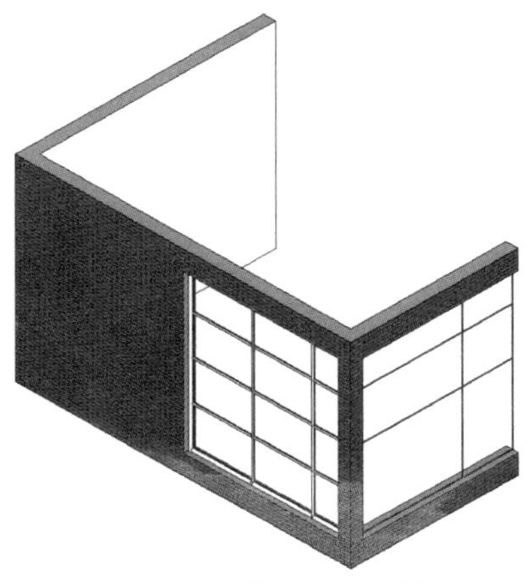
图 4-37　放置水平网格

在【修改｜放置幕墙网格三维】选项卡中，单击网格添加方式为【一段】，沿已有的垂直或水平网格可以放置“一段”网格（图 4-38），网格划分完成后，按两次 Esc 键退出命令。

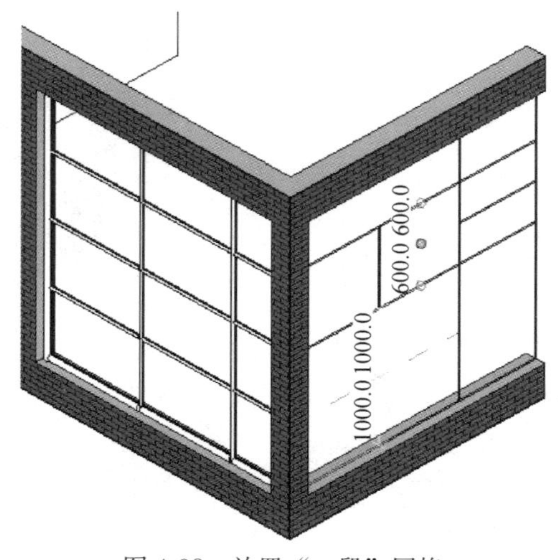

图 4-38　放置“一段”网格

提示：如果要编辑已有网格，可以选中网格线，单击【修改｜幕墙网格】选项卡——【添加删除段】按钮，单击要删除的部分，再单击空白处，即可删除一段网格线。

单击【建筑】选项卡——【竖梃】，在【属性】面板中，单击类型选择器下拉框，选择“矩形竖梃 30mm 正方形”类型（图 4-39），在【修改｜放置竖梃】上下文选项卡中，默认的放置方式为【网格线】（图 4-40），可以分别单击需要添加竖梃的网格线。或者单击【全部网格线】按钮后，再单击任意一条网格线，系统为所有不等分网格线自动添加竖梃，如图 4-41 所示。

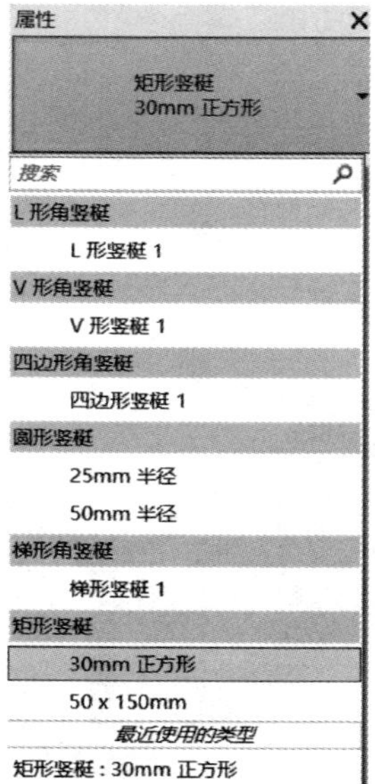

图 4-39　选择“矩形竖梃 30mm 正方形”类型

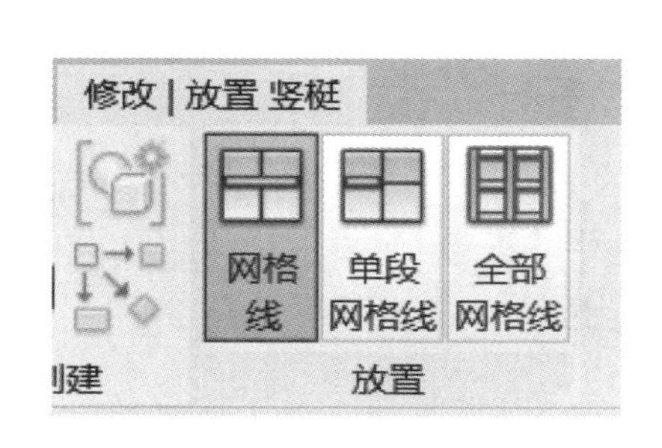

图 4-40 竖梃的放置方式

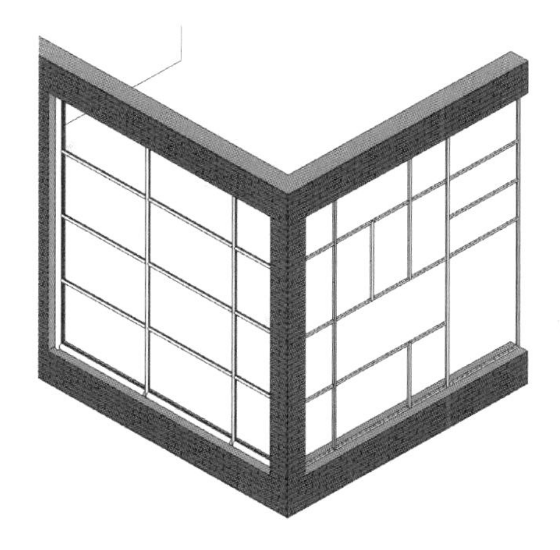

图 4-41 完成“不等分幕墙”的创建

3. 修改幕墙嵌板

系统默认的幕墙嵌板为“玻璃嵌板”，可以改为石材嵌板、金属嵌板、空洞或者幕墙构件（门窗）等。将光标置于要替换的嵌板边缘，按 Tab 键，当嵌板呈现蓝色时，单击鼠标选中对象（图 4-42），在其【属性】面板中单击类型选择器下拉框（图 4-43），将“系统嵌板玻璃”替换为“砖墙-240”，如图 4-44 所示。

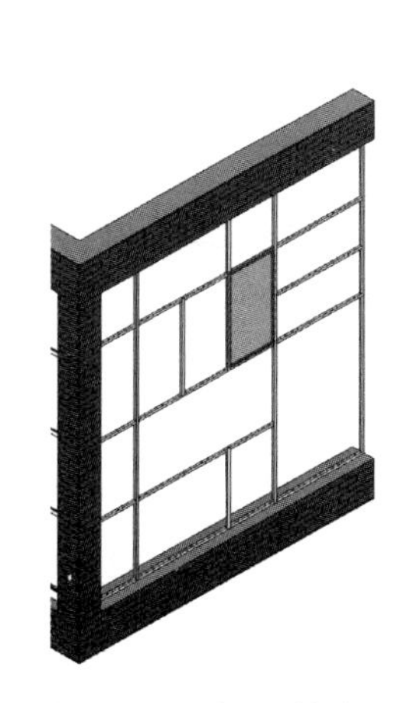

图 4-42 选择要替换的幕墙嵌板

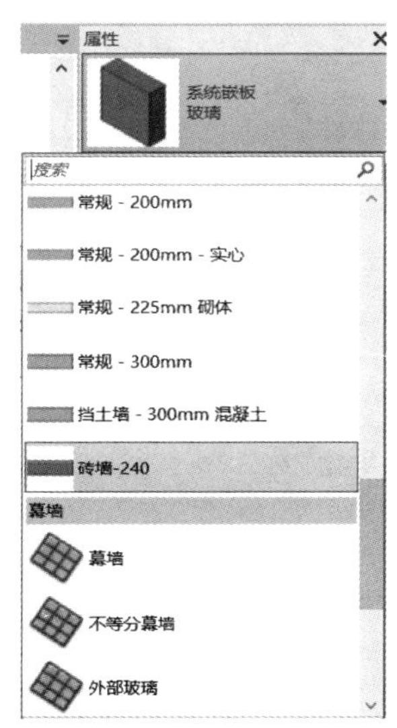

图 4-43 在“类型选择器”下拉框中更改嵌板类型

使用相同的操作，按住 Ctrl 键，可以选中多个幕墙嵌板进行替换。

提示：选中“砖墙-240”嵌板后，按空格键，可以将其内外翻转。

同理，可以将“玻璃嵌板”替换为“幕墙门窗”。单击【插入】选项卡——【载入族】，打开【建筑】——【幕墙】——【门窗嵌板】文件夹，选择“门嵌板 50-70 双嵌板铝门.rfa”文件，单击【确定】载入门嵌板族（图 4-45）。

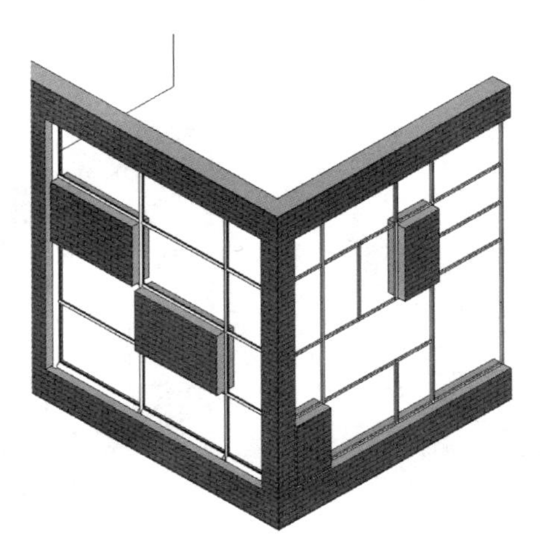

图 4-44　将“玻璃嵌板”替换为“砖墙-240”

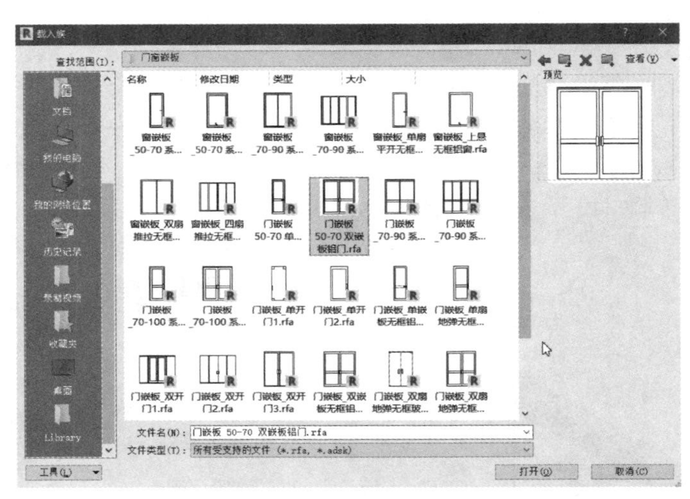

图 4-45　载入门嵌板族

选择右下角玻璃嵌板（图 4-46），在其【属性】面板中单击类型选择器下拉框，将“系统嵌板玻璃”替换为“门嵌板 50-70 双嵌板铝门 70 系列有横档”，如图 4-47 与图 4-48 所示。

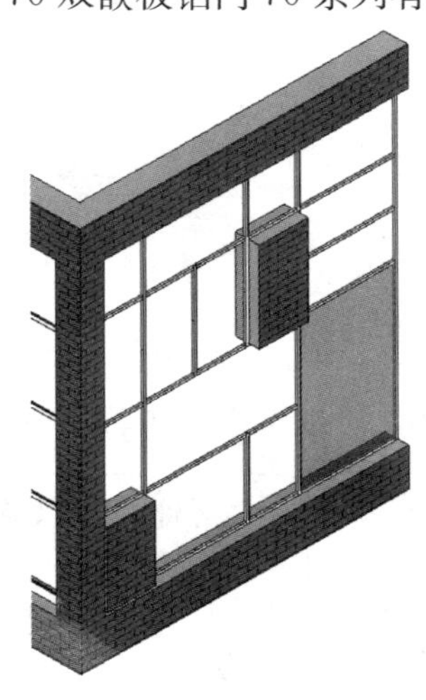

图 4-46　选择右下角玻璃嵌板

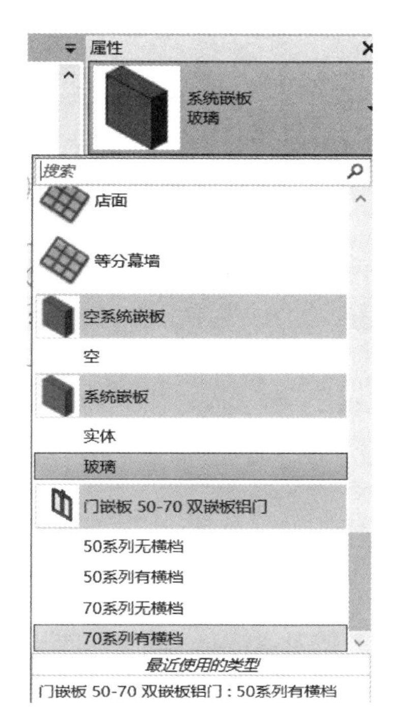

图 4-47 在“类型选择器”下拉框中更改嵌板类型

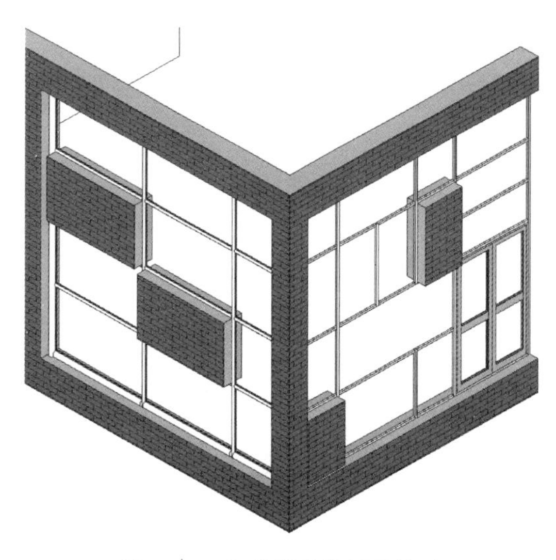

图 4-48 完成幕墙嵌板的修改

4.1.3 叠层墙的绘制

Revit 叠层墙可以在垂直方向上创建由不同厚度、不同材质“基本墙”组合构成的墙体，因此在绘制叠层墙之前，首先要定义多个基本墙。

单击【建筑】选项卡——【墙】，在【属性】面板的类型选择器下拉框中选择“叠层墙”（图 4-49），打开其“类型属性”对话框，单击【复制】按钮，命名为“3 层叠层墙”，如图 4-50 所示。

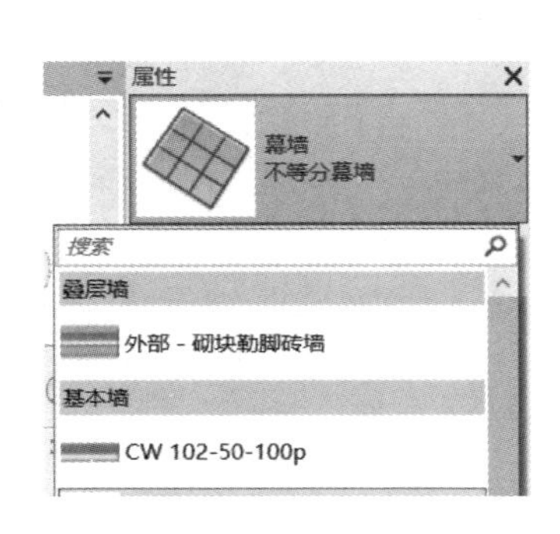

图 4-49　选择“叠层墙”类型

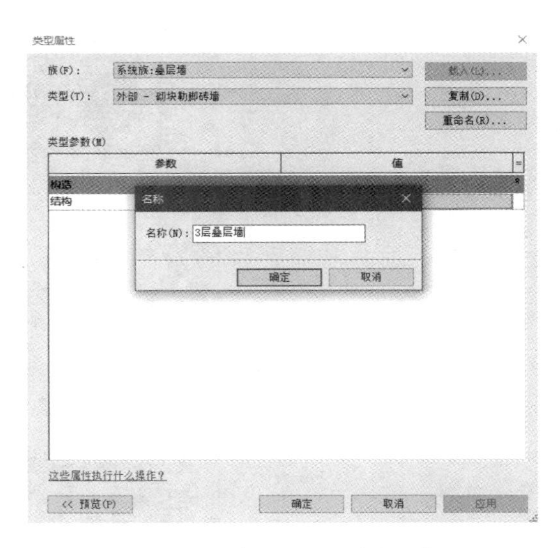

图 4-50　新建“3 层叠层墙”类型

单击【结构】右侧的【编辑】按钮，打开“编辑部件”对话框。单击【插入】按钮插入新的构造类型，由上往下设置 1 号基本墙为“常规-200mm”，【高度】为 500mm，设置 2 号基本墙为“常规-225mm 砌体”，【高度】为“可变”，设置 3 号基本墙为“砖墙-240mm”，【高度】为“900”，单击【确定】，如图 4-51 所示。叠层墙参数设置好后，就可以像基本墙一样进行绘制。

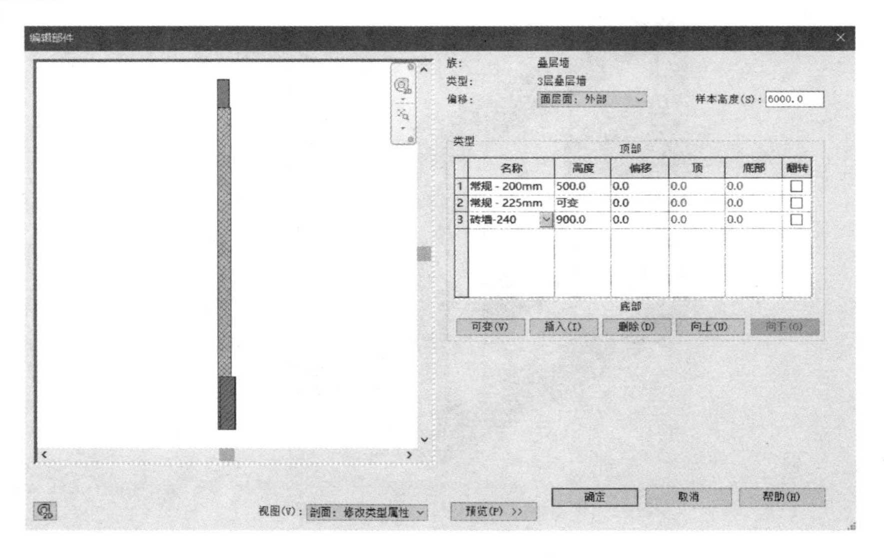

图 4-51　设置叠层墙的“垂直”构造

切换到三维视图，选择左侧墙体，单击其【属性】面板的类型选择器下拉框，将其类型改为“叠层墙族 3 层叠层墙”，如图 4-52 所示。

提示： 在叠层墙的结构设置中必须指定一段墙体的【高度】为“可变”，这样在绘制叠层墙时，该段“可变”墙体的高度等于叠层墙总高度减去其余各段墙体高度。

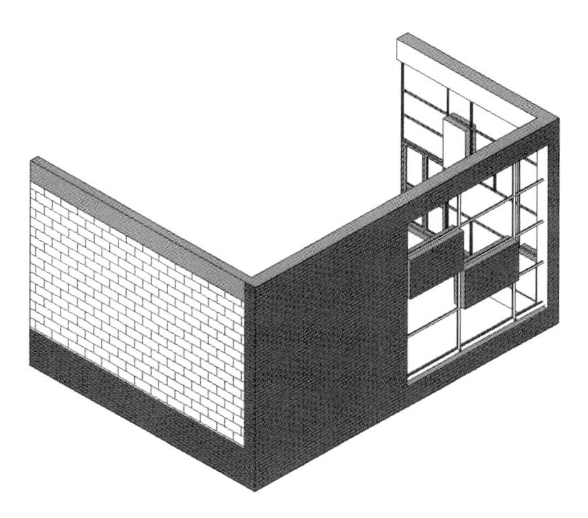

图 4-52 完成“叠层墙”的创建

4.2 绘制别墅墙体

4.2.1 绘制一层墙体

1. 绘制一层外墙

打开“吕桥四层别墅-4. rvt”项目文件，切换到 F1 楼层平面视图。单击【建筑】选项卡——【墙】按钮，在【属性】面板的类型选择器中，系统默认的墙类型为“基本墙常规-200mm”，以该类型为基础进行一层外墙的编辑，单击【编辑类型】，打开“类型属性”对话框，单击【复制】按钮，在打开的【名称】对话框中输入“别墅外墙-200mm”，单击【确定】，如图 4-53 所示。

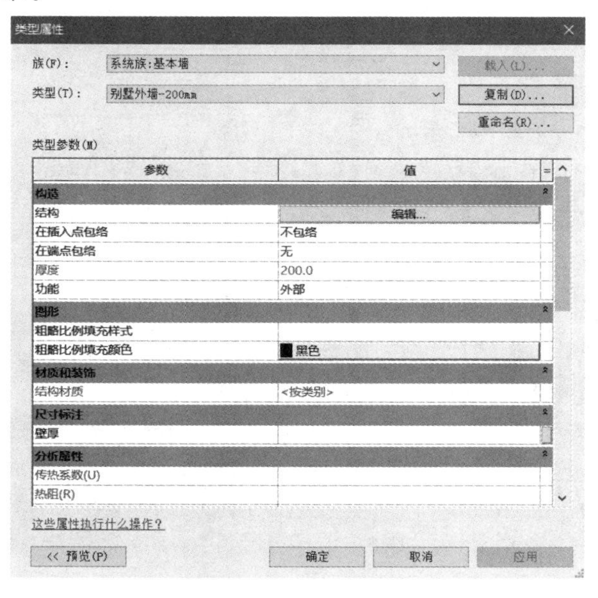

图 4-53 新建“别墅外墙-200mm”类型

单击【结构】右侧的【编辑】按钮，打开“编辑部件”对话框，单击【插入】按钮两次，插入新的构造层，由外到内依次定义各构造层的材质与厚度，如图 4-54 所示。

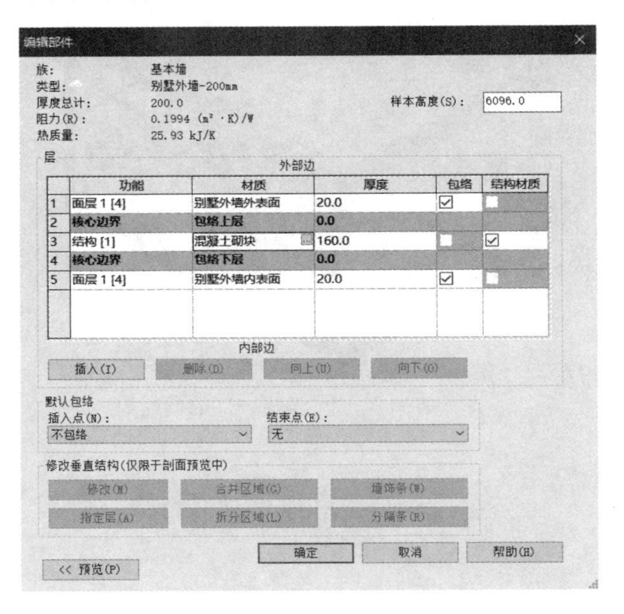

图 4-54　设置“别墅外墙-200mm”的构造层次

其中，外部“面层 1 [4]”厚度设为“20mm”，材质选择材质库中的“瓷砖，瓷器，6 英寸”，并将其重命名为“别墅外墙外表面”，【着色】——【颜色】改为淡黄色，【表面填充图案】——【前景】——【图案】设为黑色“分区 01”（黑色方格瓷砖图案）（图 4-55）。“结构 [1]”厚度设为“160mm”，材质设为“混凝土砌块”。内部“面层 1 [4]”厚度设为“20mm”，材质选择材质库中的“石膏墙板”，并将其重命名为“别墅外墙内表面”（图 4-56）。

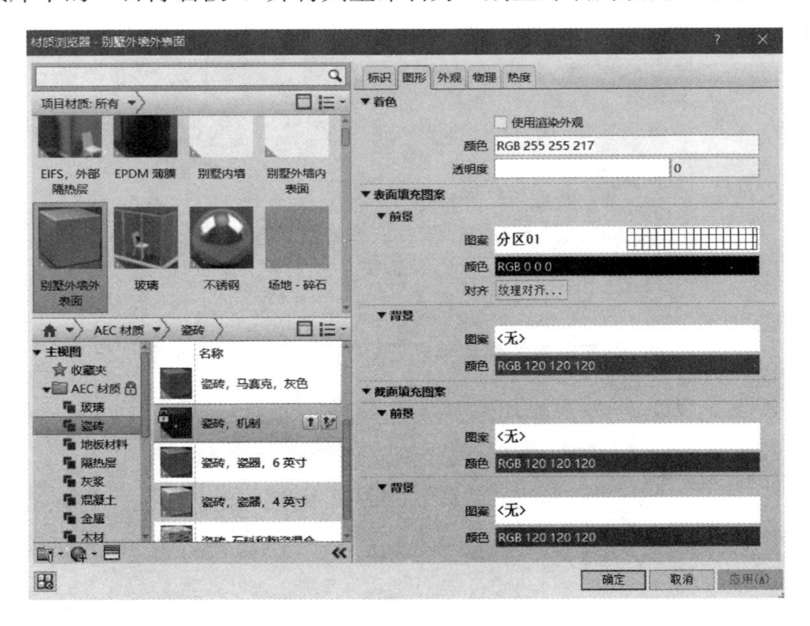

图 4-55　设置“别墅外墙外表面”材质

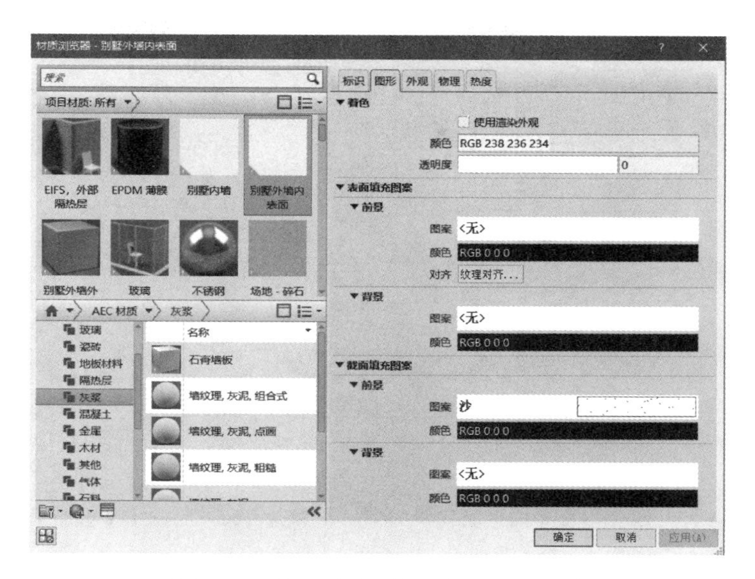

图 4-56　设置“别墅外墙内表面”材质

单击【修改 | 放置墙】上下文选项卡——【线】按钮，在选项栏中设置【高度】为“F2”，【定位线】为“面层面：外部”，勾选【链】，如图 4-57 所示。捕捉 1 号轴与 E 号轴的交点，沿顺时针方向绘制外墙，到 2 轴与 C 轴的交点，按两次 Esc 键，完成墙体绘制（图 4-58）。

接下来需添加参照平面，对弧形外墙进行定位，单击【建筑】选项卡——【参照平面】按钮，绘制垂直方向的参照平面，修改其距离 2 号轴的临时尺寸为“1125mm”（图 4-59），再绘制水平方向的参照平面，修改其距离 D 号轴临时尺寸为“1925mm”（图 4-60）。

图 4-57　设置选项栏

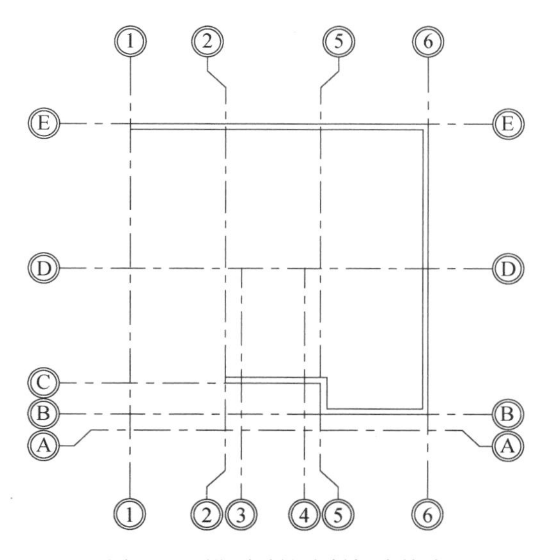

图 4-58　沿顺时针绘制部分外墙

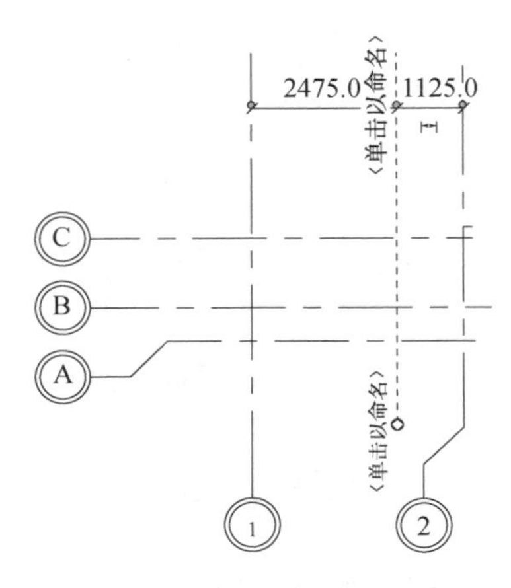

图 4-59　绘制垂直参照平面

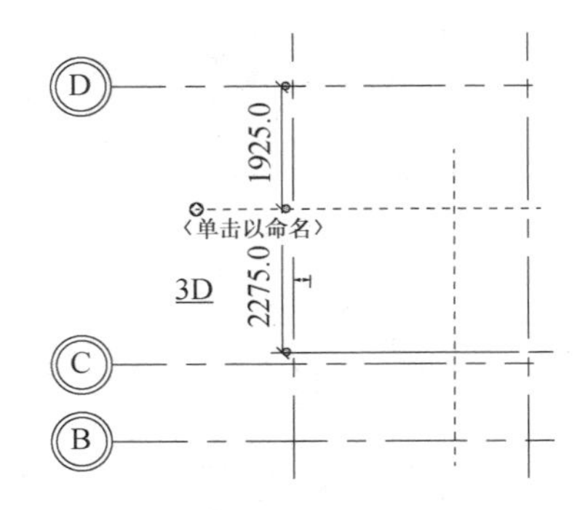

图 4-60　绘制水平参照平面

单击【建筑】选项卡——【墙】按钮，使用【线】工具，沿 2 轴与 C 轴的交点继续绘制一段水平墙体到垂直参照平面位置，然后单击【圆心—端点弧】按钮，捕捉到两个参照平面的交点作为圆心，绘制 1/4 圆弧外墙，如图 4-61 所示。再单击【线】按钮，完成剩余垂直方向的外墙绘制，如图 4-62 所示。切换到三维视图进行观察（图 4-63）。

> **提示：**外墙绘制完成后，在 F1 平面视图的精细模式下可以看到构造层次，在粗略模式下墙体仅显示为双线。

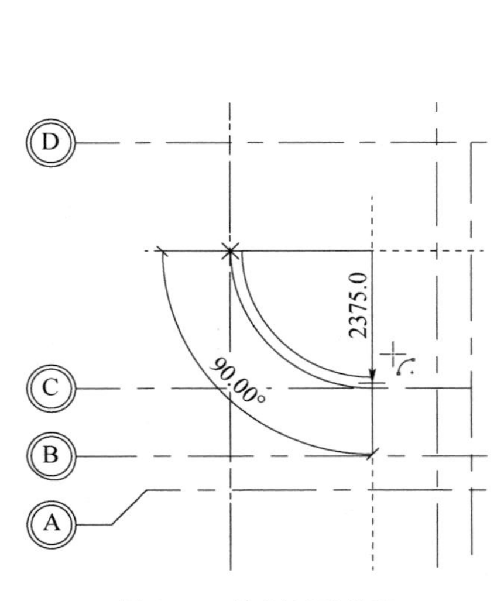

图 4-61　绘制弧形外墙

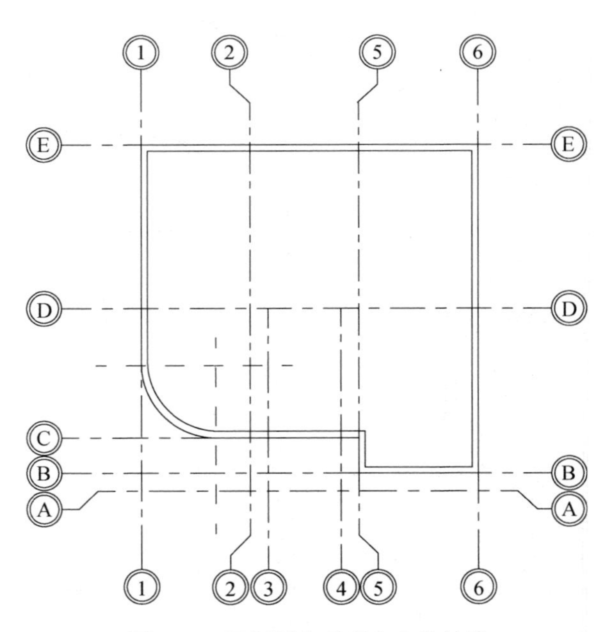

图 4-62　绘制剩余垂直方向的外墙

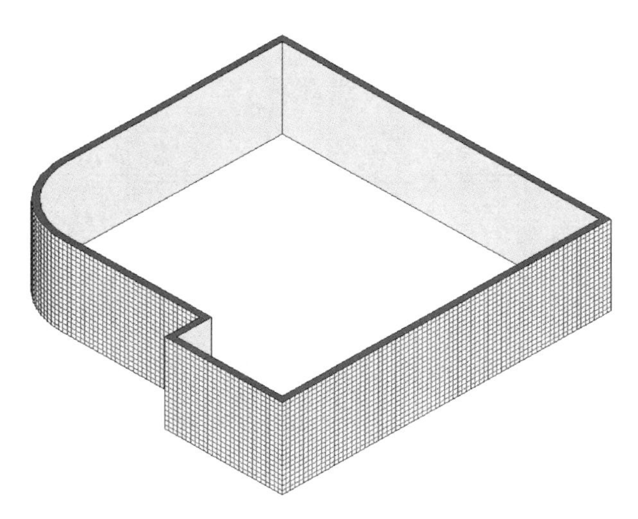

图 4-63　完成一层外墙绘制

2. 绘制一层内墙

单击【建筑】选项卡——【墙】工具，在【属性】面板类型选择器下拉框中选择“别墅外墙-200mm”，以该类型为基础进行一层内墙的编辑，单击【编辑类型】，打开“类型属性”对话框，单击【复制】按钮，在打开的【名称】对话框中输入“别墅内墙-120mm”，单击【确定】。设置该内墙的构造层次如图 4-64 所示，“结构［1］”厚度为“100mm”，材质为“混凝土砌块”，内墙两侧表面层厚度“10mm”，材质选择材质库中的“石膏墙板”，并将其重命名为“别墅内墙”（图 4-64）。

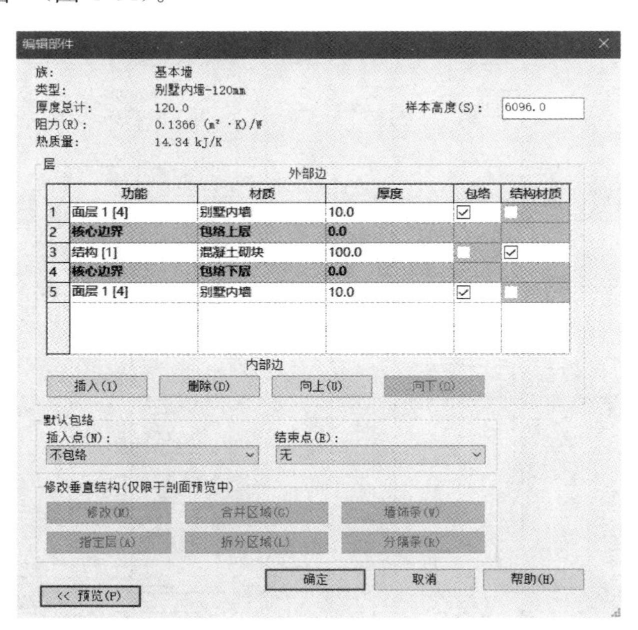

图 4-64　设置“别墅内墙-120mm”的构造层次

首先绘制参照平面对内墙位置进行定位，单击【建筑】选项卡——【参照平面】按钮，绘制各参照平面，如图 4-65 所示。

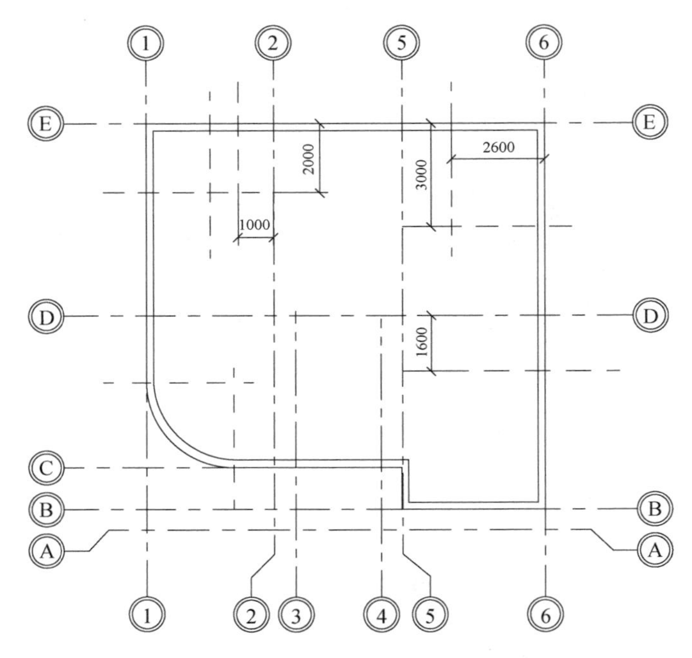

图 4-65　绘制参照平面作为内墙的定位线

单击【建筑】选项卡——【墙】按钮，使用【线】工具，在选项栏中设置【高度】为“F2”，【定位线】为“墙中心线”，沿参照平面绘制各内墙，如图 4-66 所示。切换到三维视图进行观察（图 4-67）。

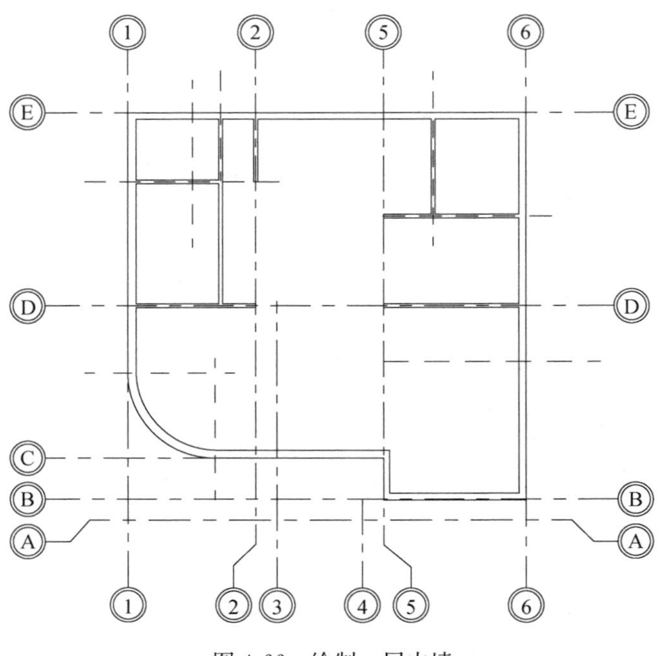

图 4-66　绘制一层内墙

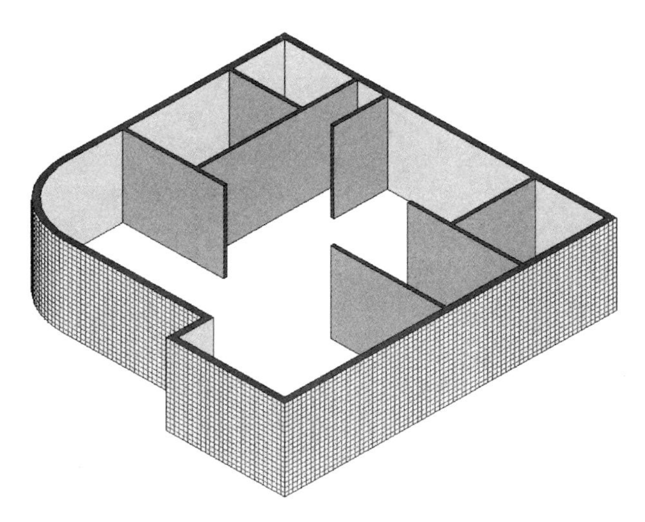

图 4-67　完成一层内墙绘制

4.2.2　绘制其他层墙体

1. 绘制其他层外墙

由于其他各层外墙与一层外墙基本相同，可以将一层外墙在垂直方向进行复制。在三维视图中，将光标置于一段外墙上，按 Tab 键，当所有与其相连的外墙呈蓝色状态时，单击鼠标，选中一层的全部外墙，单击【修改 | 墙】选项卡——【复制到剪贴板】按钮（快捷键 Ctrl+C），然后单击【粘贴】按钮的下拉菜单——【与选定的标高对齐】（图 4-68），弹出"选择标高"对话框，按住 Shift 键，选择"F2""F3"与"F4"标高（图 4-69），单击【确定】。

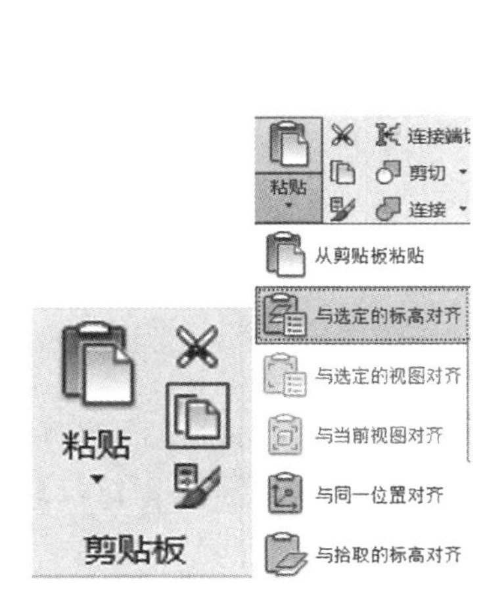

图 4-68　"复制"一层外墙并进行"粘贴"

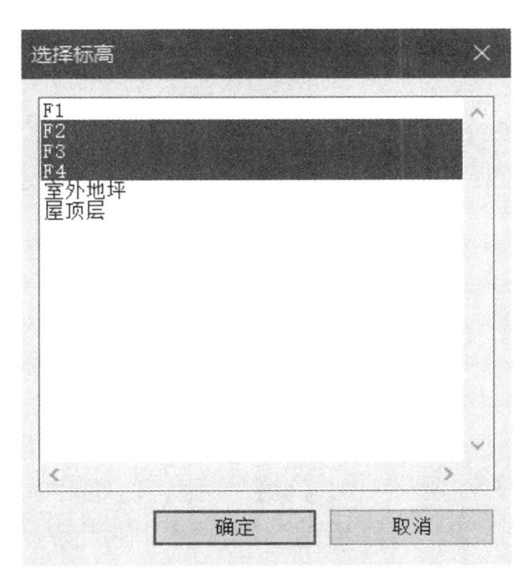

图 4-69　选择"F2""F3"与"F4"标高

外墙复制完成之后，如图 4-70 所示，可以发现 F3、F4 墙体间有缝隙，因为各层的层高不同，所复制的一层外墙高度为 2.8m，而 F3 与 F4 外墙高度应该为 3m，此时需要选中 F3

与 F4 的外墙，修改其实例属性，调整外墙高度。

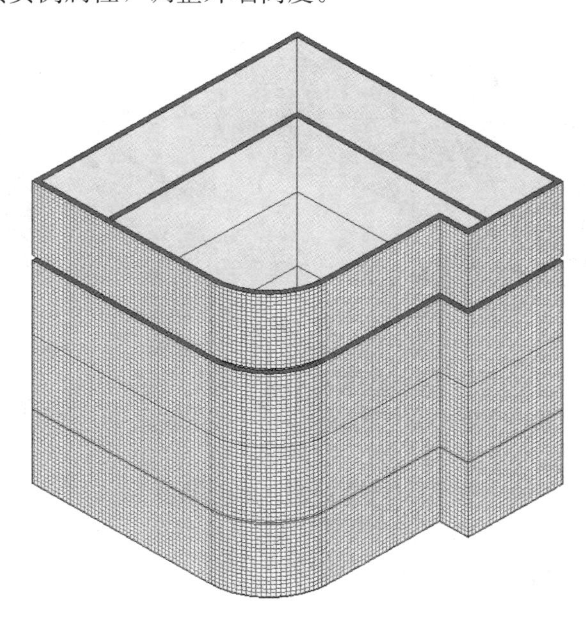

图 4-70　完成外墙复制

单击 Viewcube 的“前”视图，框选“F3”与“F4”外墙，在其【属性】面板中，将【顶部偏移】值由“－200mm”改为“0”，单击【应用】，如图 4-71 所示。

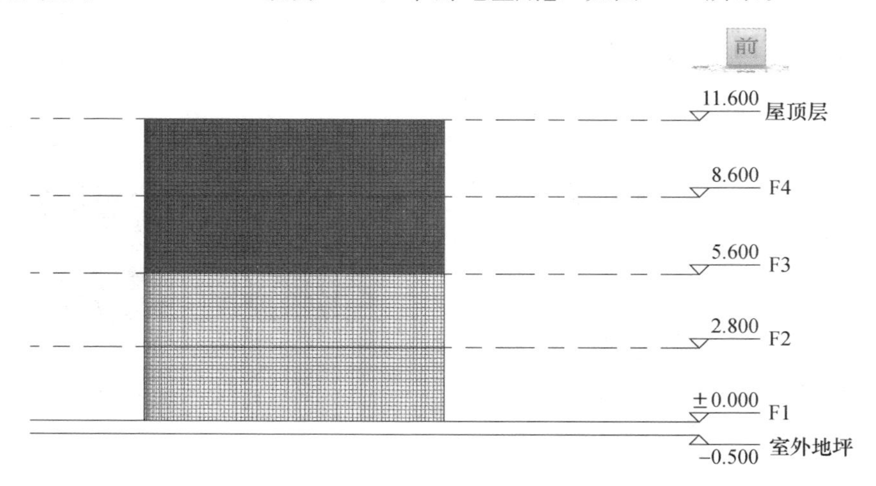

图 4-71　调整“F3”与“F4”外墙的高度

切换到 F4 楼层平面视图，由于四层有室外平台，需要对 F4 的外墙进行修改。单击【建筑】选项卡——【墙】按钮，选项栏中设置【高度】为“屋顶层”，【定位线】为“墙中心线”，沿 D 号轴绘制一段外墙，并删除多余的外墙（图 4-72 与图 4-73）。

2. **视图范围**

切换到 F2 楼层平面视图，可以看到 F1 的内墙呈淡显状态，单击楼层平面【属性】面板中【基线】——【范围：底部标高】下拉框，将“F1”改为”无”（图 4-74），单击【应用】，可以关闭 F1 内墙的显示，如图 4-75 所示。

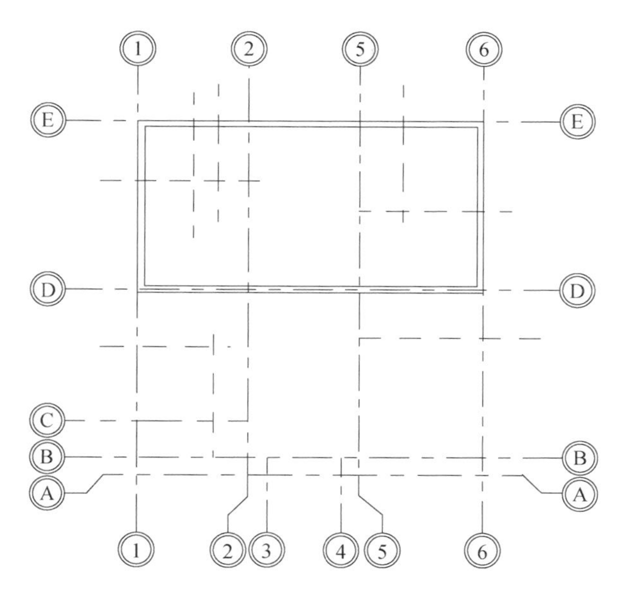

图 4-72　绘制一段外墙，并删除多余的外墙

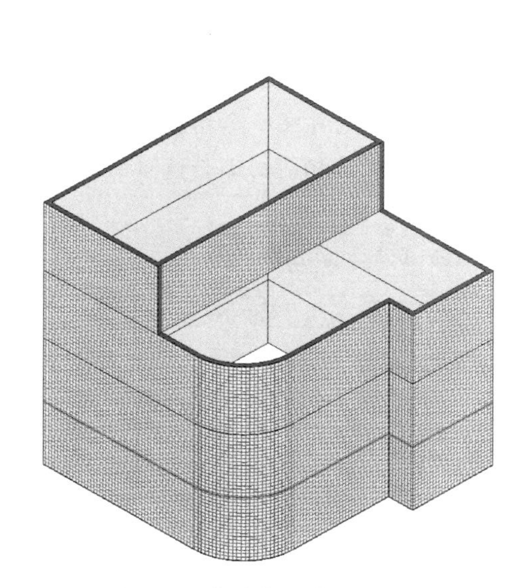

图 4-73　完成各层外墙的绘制

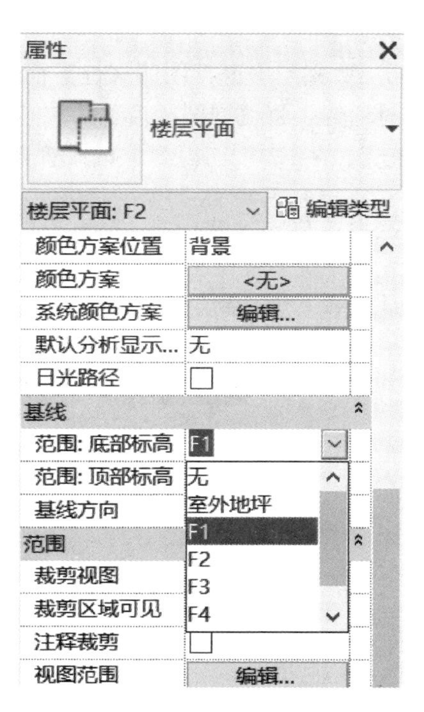

图 4-74　设置“F2 楼层平面”的基线

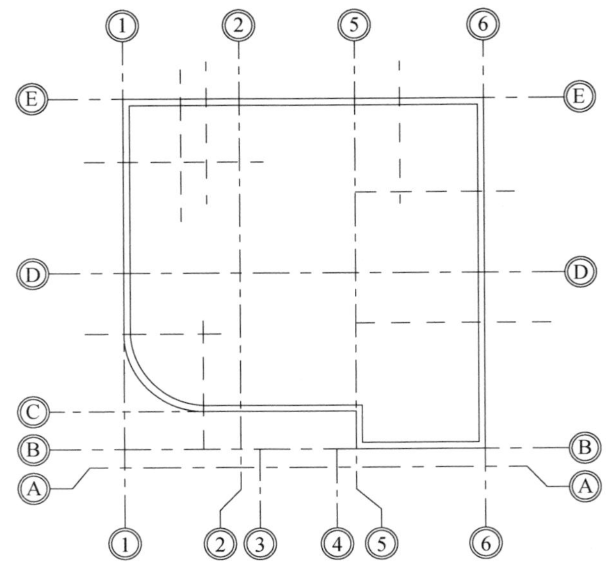

图 4-75　在 F2 楼层平面不显示 F1 的内墙

提示： 除了使用基线的方式外，Revit 主要通过调整视图范围，来显示平面视图中能够观察到的其他楼层构件。由于 Revit 模型是一个整体，所谓的各层平面图，都是通过水平剖切的方式，来显示模型的正投影状态，也就是说平面图是我们观察 Revit 模型的一种方式，这种方式通过“视图范围”工具来进行调整。

单击 F2 楼层平面视图【属性】面板中【视图范围】右侧的【编辑】按钮，弹出“视图范围”对话框，将【视图深度】——【标高】偏移值设为“−100mm”，如图 4-76 所示，单击【确定】。在 F2 平面视图中可以看到 F1 的内墙（图 4-77）。

提示： 按照制图习惯，视图范围一般将“剖切面”置于楼板之上 1.2m 处，“底部”一般就是楼板面位置，“顶部”一般位于天花板或吊顶处。视图深度是指在“底部”之下能够观察到的深度范围，通常将视图深度和底部位置都设置为相同的偏移值（图 4-78）。

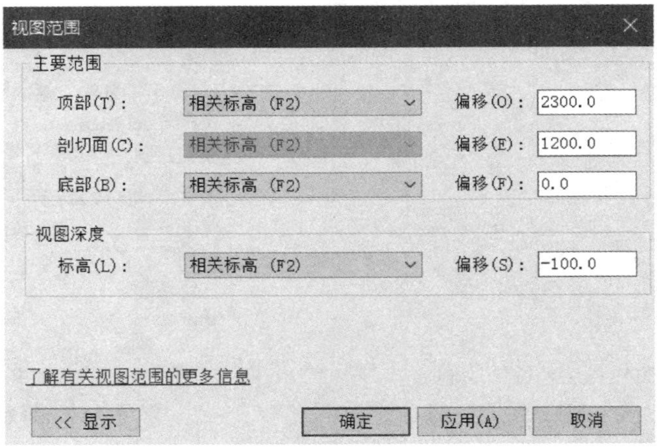

视图范围

主要范围

顶部(T)：相关标高 (F2)　偏移(O)：2300.0

剖切面(C)：相关标高 (F2)　偏移(E)：1200.0

底部(B)：相关标高 (F2)　偏移(F)：0.0

视图深度

标高(L)：相关标高 (F2)　偏移(S)：-100.0

了解有关视图范围的更多信息

<< 显示　确定　应用(A)　取消

图 4-76　调整 F2 楼层平面的“视图深度”

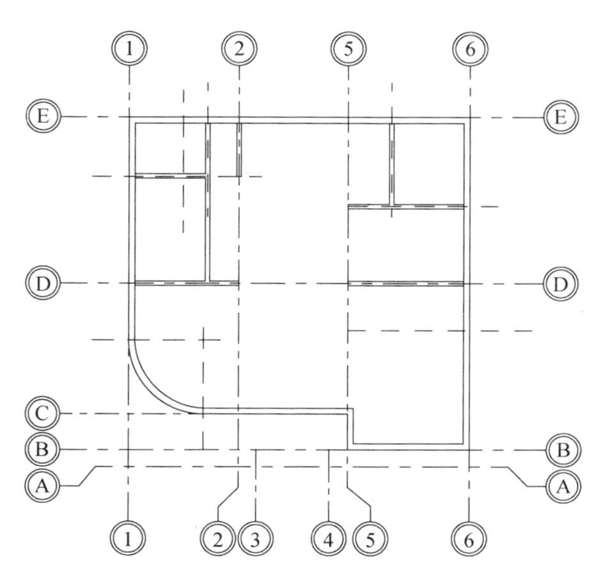

图 4-77　调整后“F2 平面视图”中可以看到 F1 的内墙

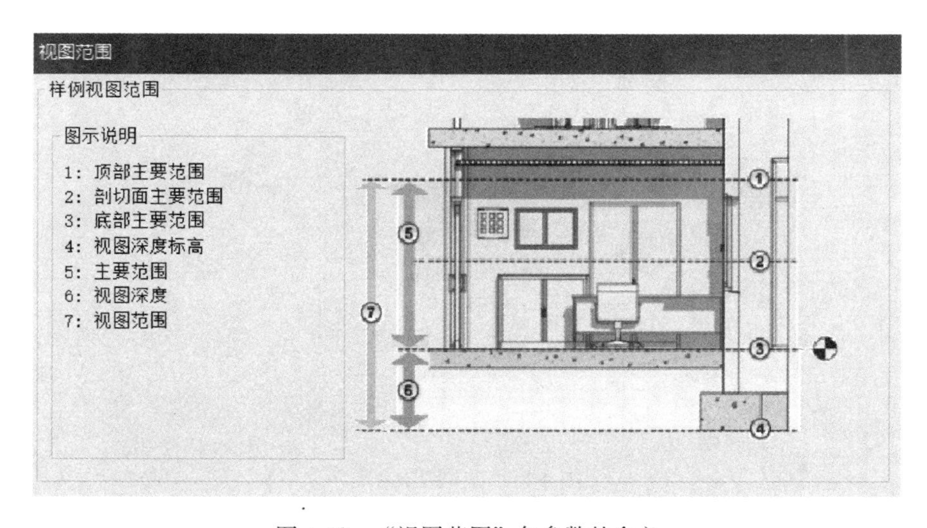

图 4-78　“视图范围”各参数的含义

3. 绘制其他层内墙

将 F2 楼层平面的【视图深度】——【标高】偏移值重设为“0”，单击【确定】。单击【建筑】选项卡——【墙】工具，在【属性】面板类型选择器下拉框中，选择“别墅内墙-120mm”类型，选项栏中设置【高度】为“F3”，【定位线】为“墙中心线”（图 4-79）。绘制 F2 的内墙，如图 4-80 所示。

图 4-79　设置选项栏

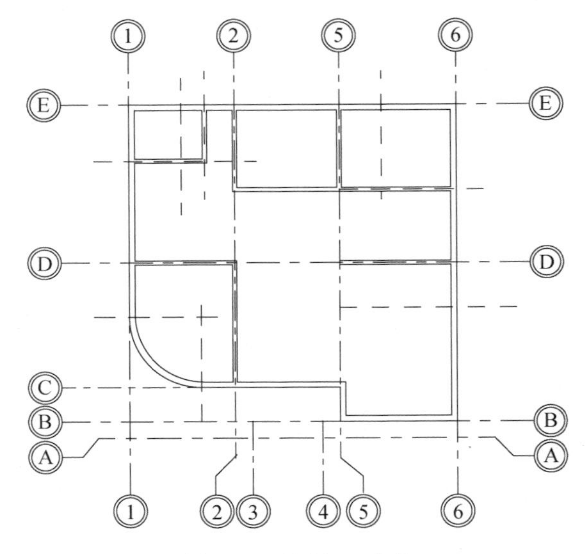

图 4-80　绘制 F2 内墙

使用相同的方法，分别绘制 F3 与 F4 楼层的内墙，如图 4-81～图 4-83 所示。

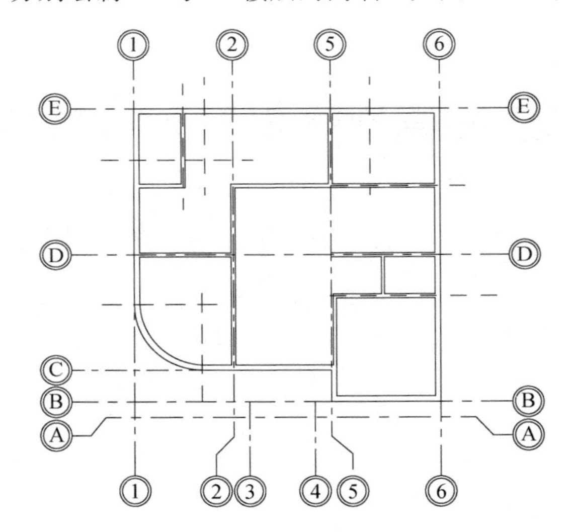

图 4-81　绘制 F3 内墙

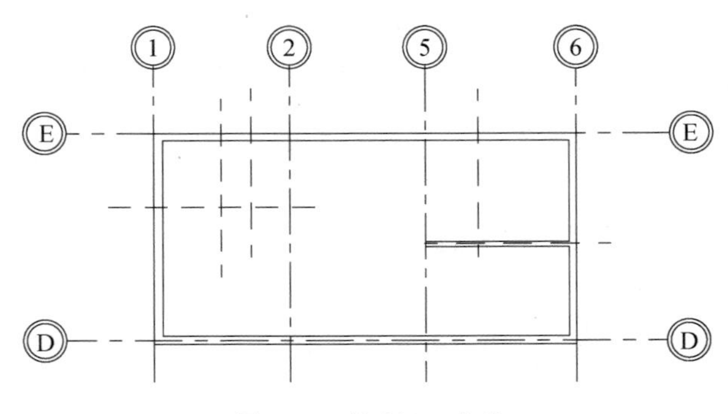

图 4-82　绘制 F4 内墙

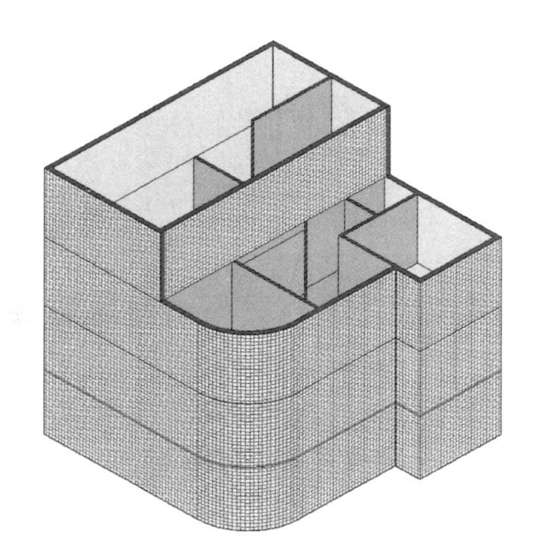

图 4-83　完成各层内墙的绘制

4. 绘制弧形幕墙窗

Revit 中没有弧形窗族，因此别墅弧形窗可以使用嵌入弧形幕墙的方法创建。

切换到 F1 楼层平面视图，单击【建筑】选项卡——【墙】工具，在【属性】面板类型选择器的下拉框中选择“幕墙”，单击【编辑类型】按钮，打开“类型属性”对话框，单击【复制】按钮，并重命名为“别墅幕墙窗”，【功能】为“外部”，勾选【自动嵌入】，其他参数设置如图 4-84 所示，单击【确定】。

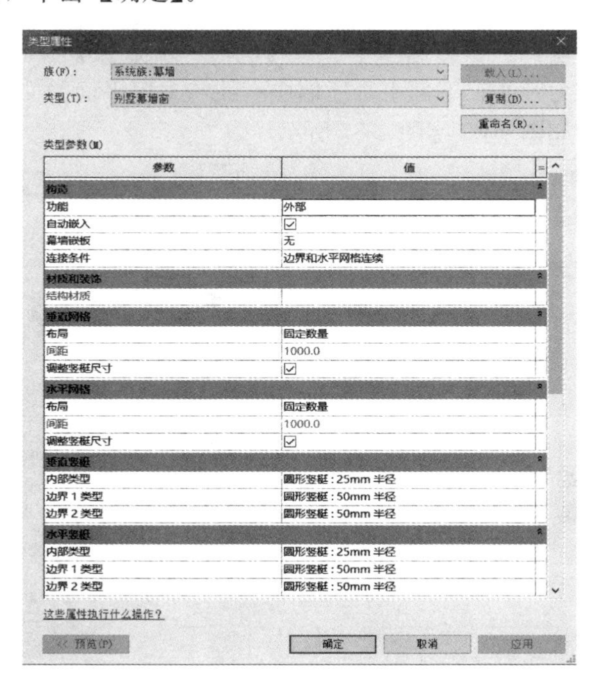

图 4-84　新建“别墅幕墙窗”类型

在【属性】面板中，设置“别墅幕墙窗”的【底部约束】为“F1”，【底部偏移】值“500mm”，【顶部约束】为“直到标高：F2”，【顶部偏移】值为“－400mm”，其他实例参数设置如图 4-85 所示。

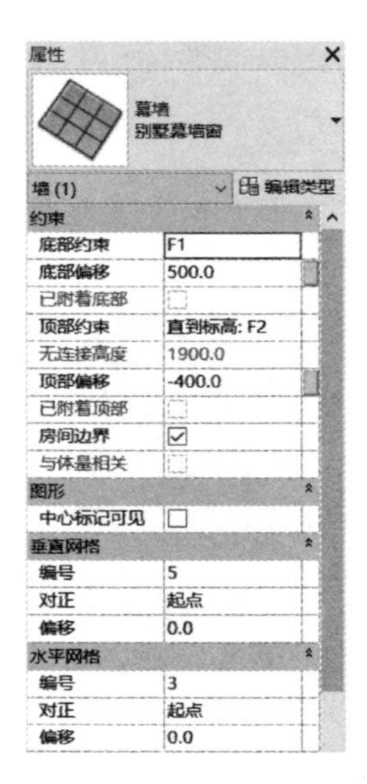

图 4-85　设置“别墅幕墙窗”的实例属性

提示：“别墅幕墙窗”类型属性的网格布局为“固定数量”，在其实例属性中通过网格“编号”对每个实例的“固定数量”进行控制，例如 F1“别墅幕墙窗”的“垂直网格编号”为“5”，表示将弧形幕墙窗在水平方向划分为 6 段。

单击【修改 | 放置墙】上下文选项卡——【圆心—端点弧】按钮，捕捉到弧形墙处两个参照平面的交点作为圆心，下部水平段墙中心线与参照平面的交点作为起点，顺时针绘制 1/4 圆弧形幕墙窗，如图 4-86 与图 4-87 所示。

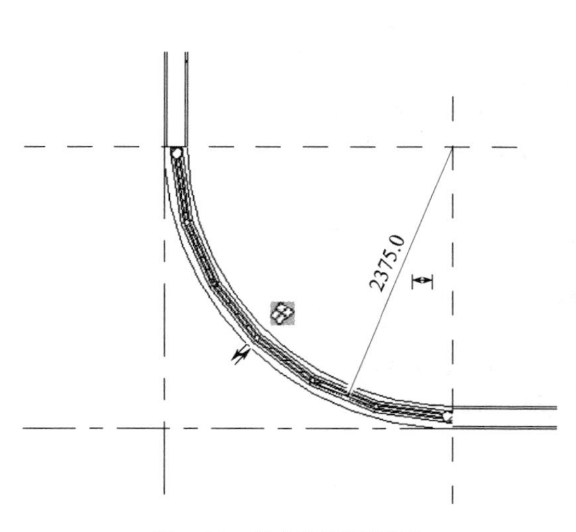

图 4-86　绘制弧形幕墙窗

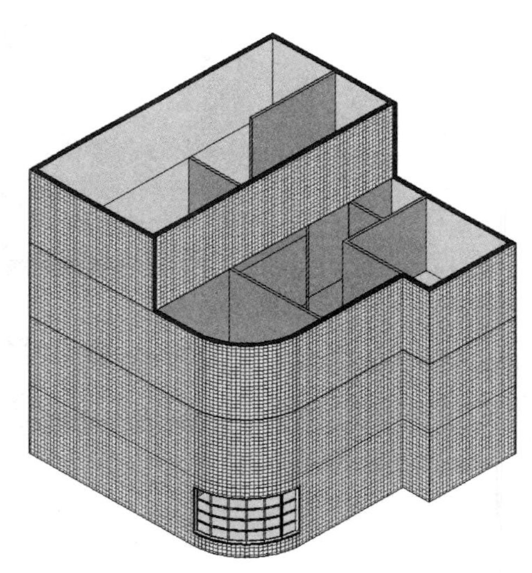

图 4-87　完成 F1 的弧形幕墙窗

切换到 F2 楼层平面视图，单击【建筑】选项卡——【墙】按钮，在【属性】面板类型选择器下拉框中，选择“别墅幕墙窗”，实例属性设置如图 4-88 所示，单击【应用】，绘制 F2 弧形幕墙窗。

切换到F3楼层平面视图，单击【建筑】选项卡——【墙】按钮，在【属性】面板类型选择器的下拉框中，选择“别墅幕墙窗”，实例属性设置如图4-89，单击【应用】，绘制F3弧形幕墙窗（图4-90）。

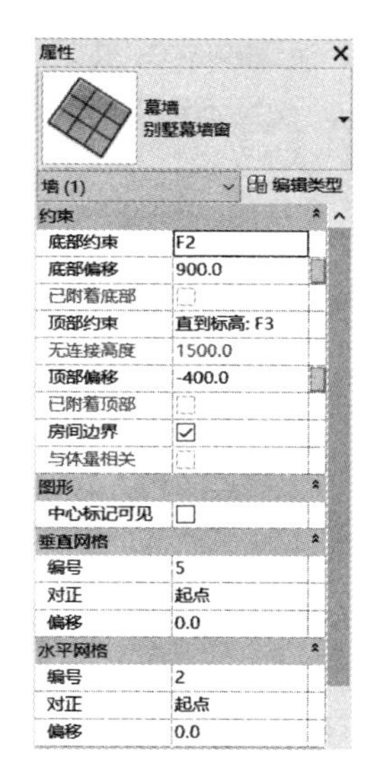

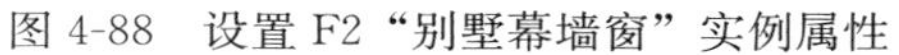
图4-88 设置F2“别墅幕墙窗”实例属性

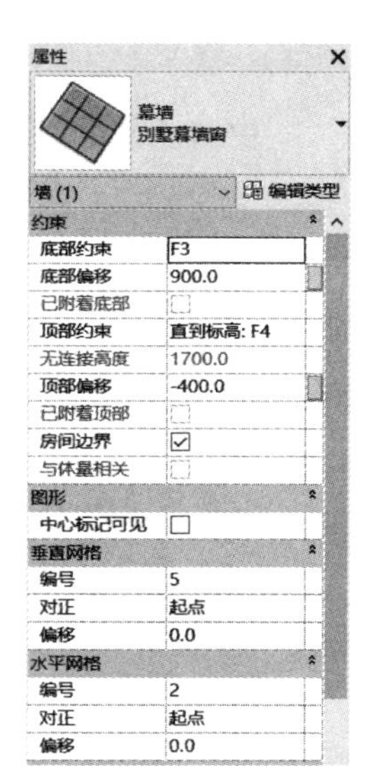

图4-89 设置F3“别墅幕墙窗”实例属性

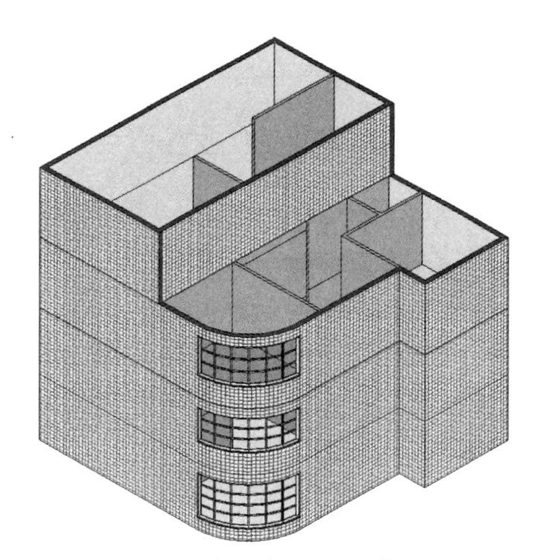

图4-90 完成各层弧形幕墙窗

4.2.3 创建散水与勒脚

可以使用叠层墙的方法为F1外墙添加散水与勒脚。散水为Revit的墙饰条构件，勒脚设置为叠层墙下部“500mm”高度的毛石墙。

1. 创建散水轮廓

墙饰条是由轮廓族沿墙的水平方向放样生成的构件，一般包括散水、踢脚、勒脚、线角等水平装饰带。

首先单击【文件】下拉菜单，选择【新建】——【族】，打开“新族——选择样板文件”对话框。选择“公制轮廓.rft”族样板文件（图4-91），单击【打开】，进入族编辑器。单击

【创建】选项卡——【线】按钮，在参照平面交点处单击，向右水平移动绘制“500mm”的直线，沿垂直方向向上绘制“15mm”直线，按一次Esc键退出，继续捕捉参照平面的交点单击，垂直向上绘制“30mm”的直线，连接右侧端点，形成闭合轮廓，按两次Esc键完成绘制，如图4-92所示。

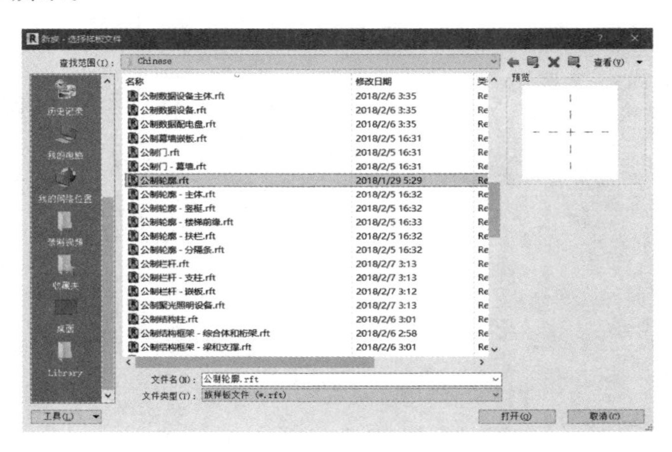

图4-91　选择“公制轮廓.rft”族样板文件

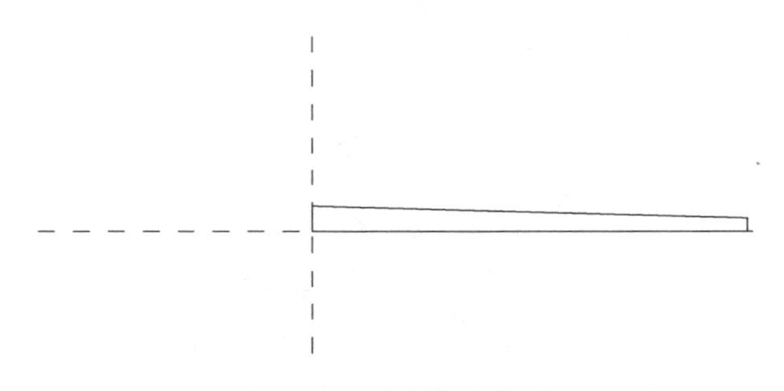

图4-92　绘制散水轮廓

单击快速访问工具栏中的【保存】按钮，保存为族文件“别墅散水.rfa”，然后单击【修改】选项卡中的【载入到项目中】按钮，直接载入到项目中。

2. 创建勒脚墙

切换到“吕桥四层别墅-4.rvt”项目文件，单击【建筑】选项卡——【墙】按钮，在【属性】面板类型选择器的下拉框中，选择“常规-225mm砌体”，单击【编辑类型】，打开“类型属性”对话框，单击【复制】按钮，重命名为“别墅勒脚墙”，单击【结构】右侧的【编辑】按钮，打开“编辑部件”对话框，单击下方的【预览】按钮，打开左侧的预览视图，单击【视图】下拉框，切换到“剖面：修改类型属性”（图4-93）。

单击【墙饰条】按钮，打开“墙饰条”设置对话框，单击【添加】按钮，在【轮廓】下拉框中选择载入的“别墅散水”轮廓族（图4-94），其他参数按默认值，单击【确定】，完成“别墅勒脚墙”类型的创建（图4-95）。

提示： 在“墙饰条”对话框中，可以通过调整【距离】和【偏移】的值，来设定散水与墙体的位置关系。

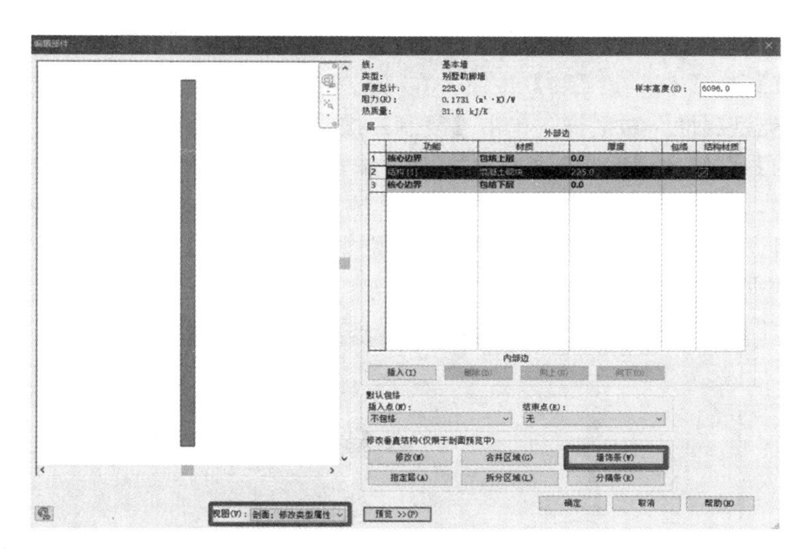

图 4-93　新建“别墅勒脚墙”类型

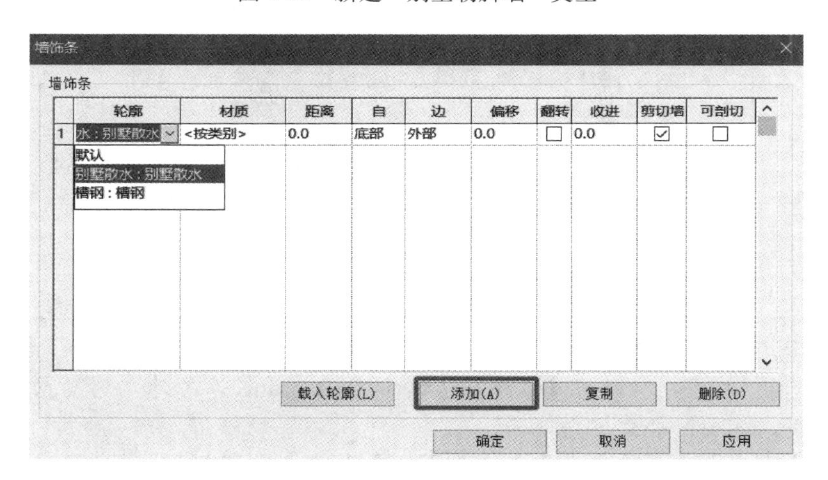

图 4-94　添加“别墅散水”墙饰条

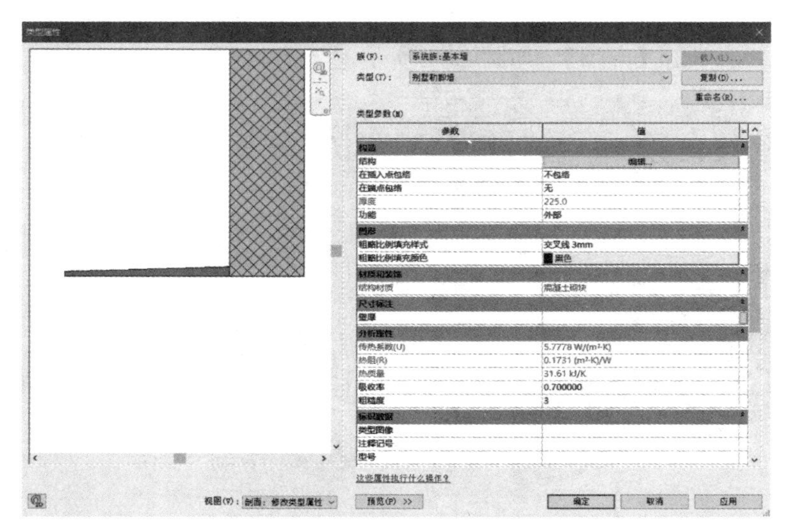

图 4-95　完成“别墅勒脚墙”类型创建

3. 创建F1叠层墙

单击【建筑】选项卡——【墙】按钮，在【属性】面板的类型选择器下拉框中选择“叠层墙”，打开“类型属性”对话框，单击【复制】按钮，并命名为“别墅一层外墙”。

单击【结构】右侧的【编辑】按钮，打开“编辑部件”对话框，单击【插入】按钮，插入新的构造类型，由上往下设置1号基本墙为“别墅外墙-200mm”，【高度】为“可变”，【偏移】值为“12.5mm”；设置2号基本墙为“别墅勒脚墙”，【高度】为“500mm”，单击确定，如图4-96所示。

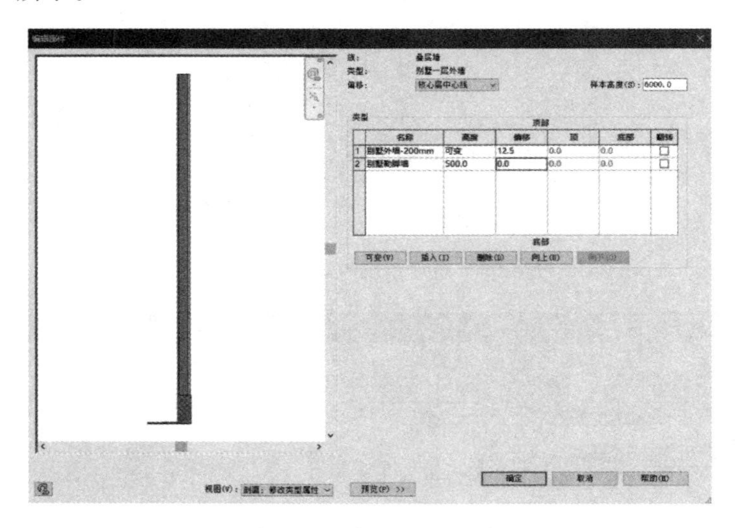

图4-96　设置F1叠层墙

提示： 由于“别墅勒脚墙”比“别墅外墙-200mm”厚25mm，为了保证绘制时“面层面：外部”对齐，所以将【偏移】值设为“12.5mm”，另外“别墅勒脚墙”位于室外地坪高度，不会影响到室内墙面。

将光标置于F1外墙上，按Tab键，选中F1所有直线段外墙，单击【属性】面板的类型选择器下拉框，将其类型替换为“别墅一层外墙”，同时修改其实例属性中【底部偏移】值为“－500mm”，单击【应用】，如图4-97所示。

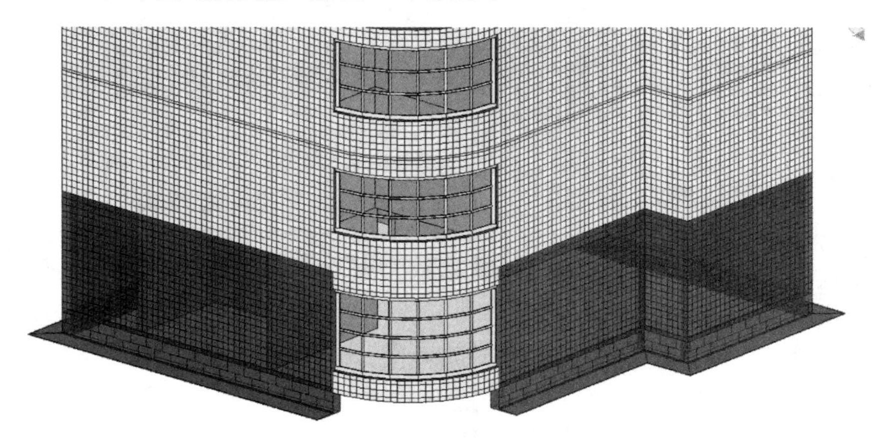

图4-97　更改F1外墙类型

单击【修改｜叠层墙】——【匹配类型属性】按钮，先单击 F1 叠层墙，再单击 F1 的弧形墙，完成外墙修改（图 4-98）。

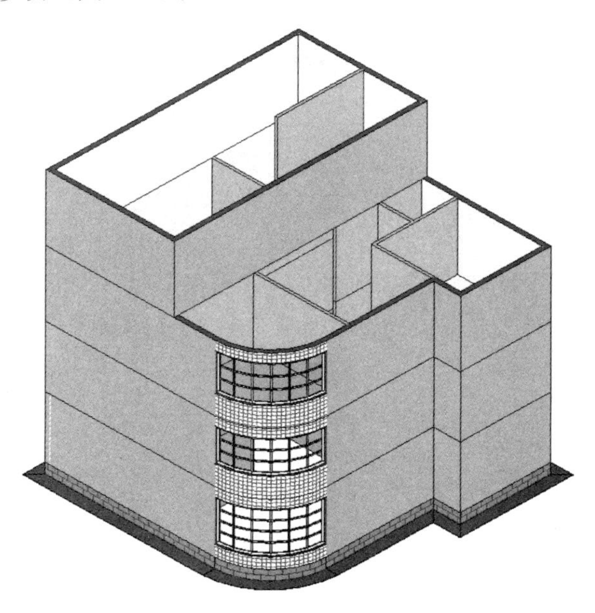

图 4-98　完成各层墙体的绘制

5 梁柱结构

建筑物的一般传力路径为：屋顶或楼板将荷载传递给梁，梁将荷载传递给柱，柱将荷载依次传递给基础和地基，将这些受力构件进行合理连接，就形成了建筑物的竖向承重体系。

Revit 的结构体系需要建筑师与结构工程师进行协同设计。在建筑方案设计阶段，建筑师根据设计意图和构件受力的逻辑关系对梁柱进行初步定位；在施工图设计阶段，结构工程师在前期 Revit 模型基础上，根据结构力学计算完成梁柱的尺寸、材料、配筋等设计工作，从而实现 BIM 的协同设计。

本章学习目的：

（1）熟悉建筑结构知识；

（2）掌握柱的创建与编辑；

（3）掌握梁的创建与编辑；

（4）理解 BIM 协同设计的意义。

手机扫码
观看教程

5.1 创建结构柱

Revit 的柱分为“建筑柱”与“结构柱”两种类型，两种柱的用途及特性有所不同。建筑柱类似于墙体，其具有墙的基本属性，可以与墙体相连接形成墙垛等构件，也可以自动继承所连接墙体的材质等。结构柱是具有结构计算特性的受力构件，其与墙体是各自独立的。结构柱是建筑物结构体系的组成部分，需要建筑专业与结构专业进行协同设计。

5.1.1 载入结构柱

打开“吕桥四层别墅-5. rvt”项目文件，并切换到 F1 平面视图。首先在当前项目中载入要使用的结构柱族，单击【插入】选项卡——【载入族】按钮，打开“China\结构\柱\混凝土”文件夹，选择“混凝土—正方形—柱 . rfa”族文件，如图 5-1 所示，单击【打开】，将其载入到项目文件中。

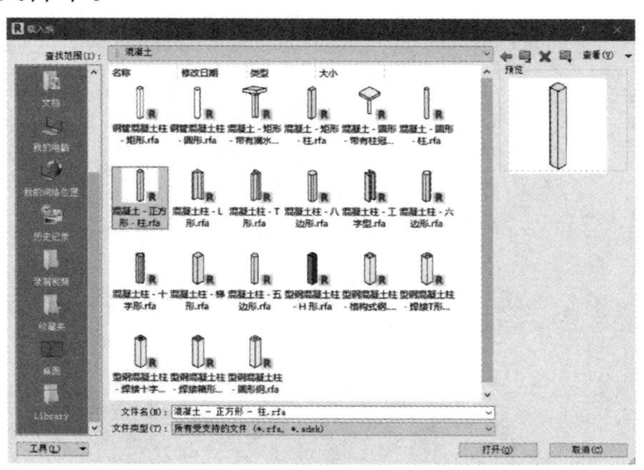

图 5-1　载入“混凝土—正方形—柱 . rfa”族文件

5.1.2　放置结构柱

单击【建筑】选项卡——【柱】下拉按钮，选择【结构柱】。单击其【属性】面板中的【编辑类型】按钮，弹出“类型属性”对话框，单击【复制】按钮，命名为“350×350mm”，设置【尺寸标注】中“b=350”和“h=350”，单击【确定】（图5-2）。在选项栏中设置【高度】为“F2”，放置方式为“垂直柱”，根据图纸在轴网的交点，依次单击插入结构柱（图5-3）。

> **提示：**放置方式为【高度】是指F1平面往F2平面方向，而【深度】是指F1平面往室外地坪方向。

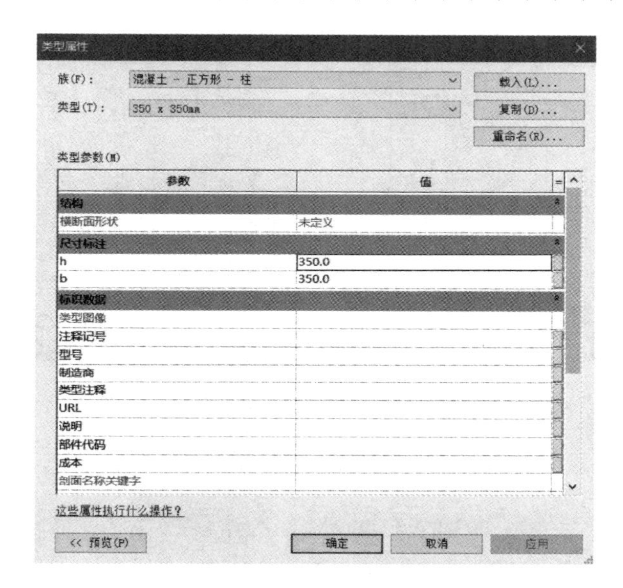

图5-2　设置“结构柱”参数

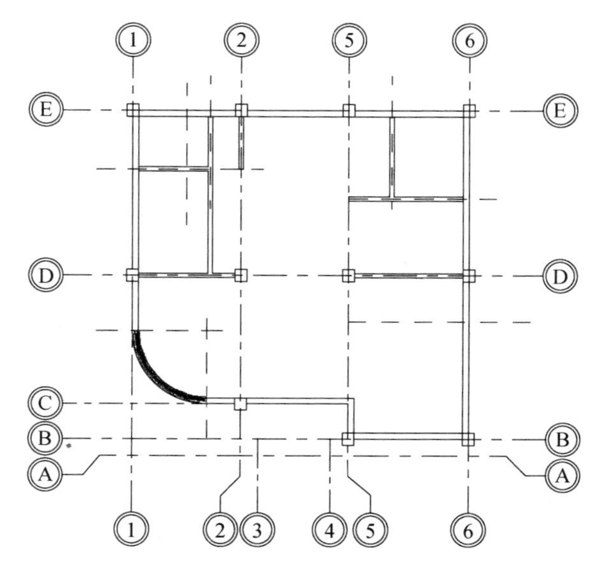

图5-3　放置一层结构柱

提示：如果柱的数量较多，可以使用批量插柱的方法，单击【修改｜放置结构柱】——【在轴网处】，进行框选或按Ctrl键选中需要插入柱的轴网，选中的轴网呈蓝色，单击上下文选项卡中的【完成】，则在选中轴线的交点处会批量插入柱。

切换到三维视图，右键单击任一结构柱，在弹出的快捷菜单中，单击【选择全部实例】——【在视图中可见】，选中所有的结构柱（图5-4），在【属性】面板中，修改结构柱的实例属性，【底部标高】设为“室外地坪”，单击【应用】，结构柱会向下延伸500mm，如图5-5所示。

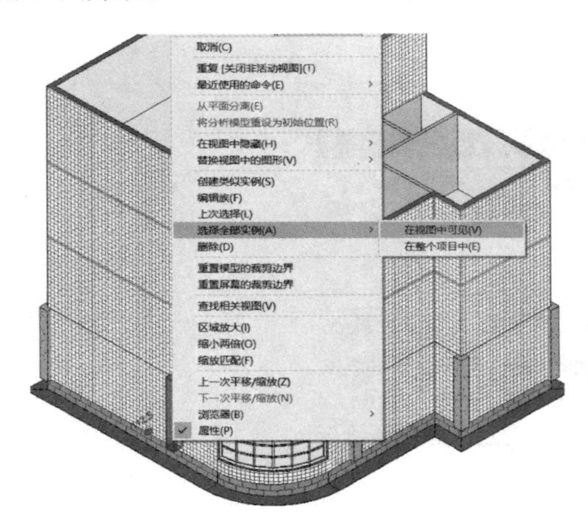

图5-4　选择视图中所有的结构柱

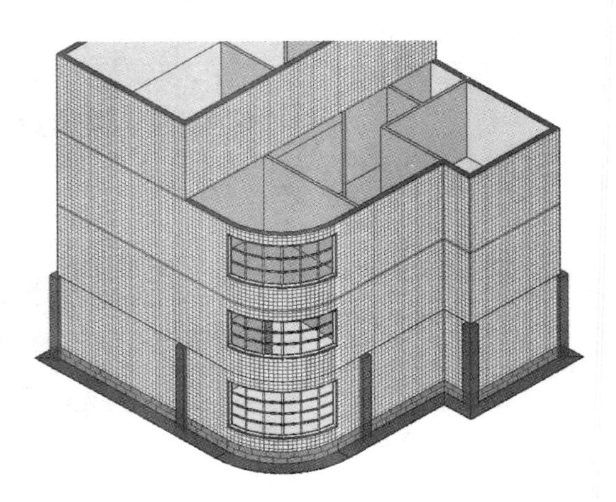

图5-5　将所有的结构柱向下延伸500mm

当创建结构体系时，墙体等构件会产生遮挡，需要进行临时隐藏。框选所有对象，单击【修改｜选择多个】上下文选项卡中的【过滤器】按钮，在弹出的“过滤器”对话框中，不勾选“结构柱”，单击【确定】，如图5-6所示。将所有墙体选中（图5-7），单击视图控制栏中的【临时隐藏/隔离】——【隐藏图元】（快捷键“hh”）（图5-8），将所有墙体进行临时隐藏，如图5-9所示，绘图区出现蓝色边框。

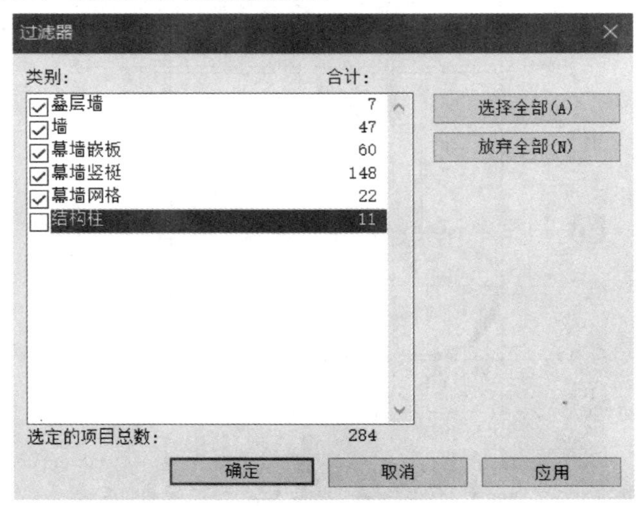

图5-6　设置过滤条件

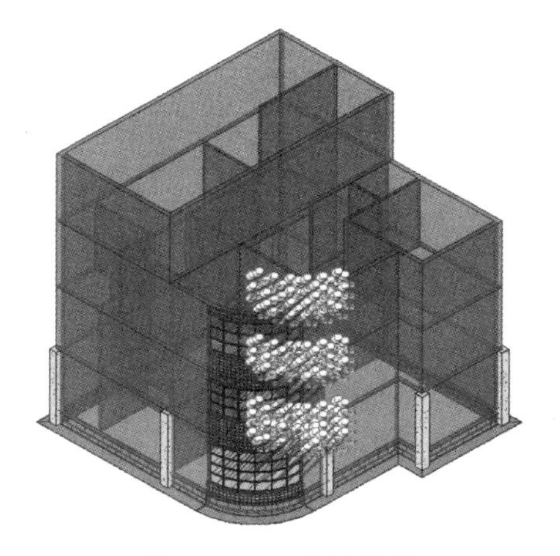

图 5-7 选中所有墙体

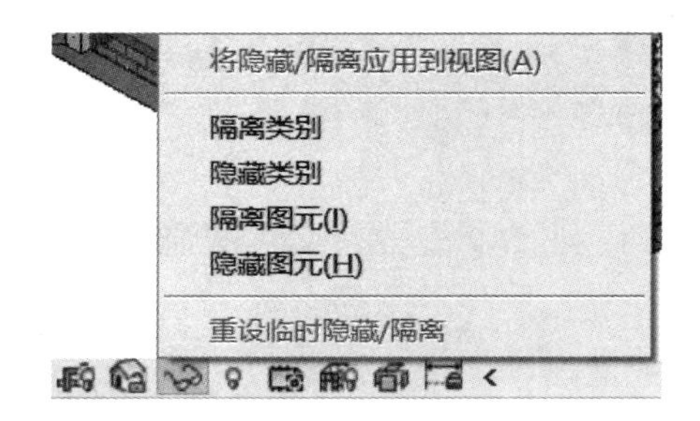

图 5-8 单击【隐藏图元】

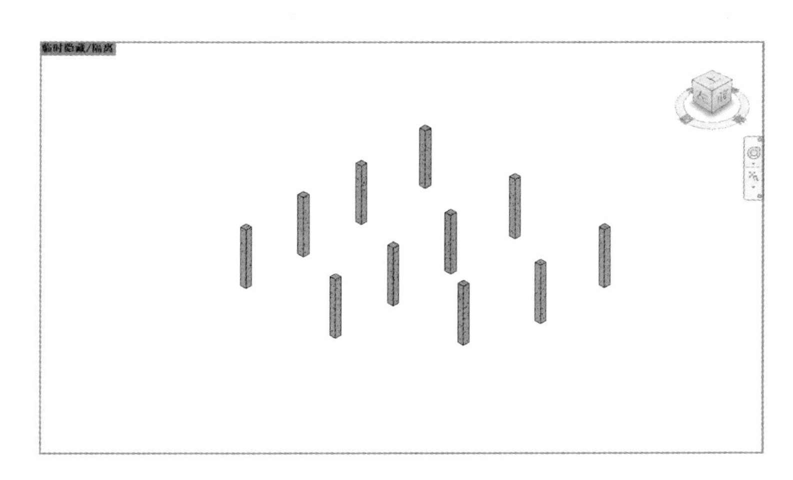

图 5-9 将所有墙体进行临时隐藏

选择前面 3 根柱，在其【属性】面板中，将结构柱的【顶部标高】设为“F4”，单击【应用】，如图 5-10 所示。再选择后面的 8 根柱，在其【属性】面板中，将结构柱的【顶部标高】设为“屋顶层”，单击【应用】，如图 5-11 所示。

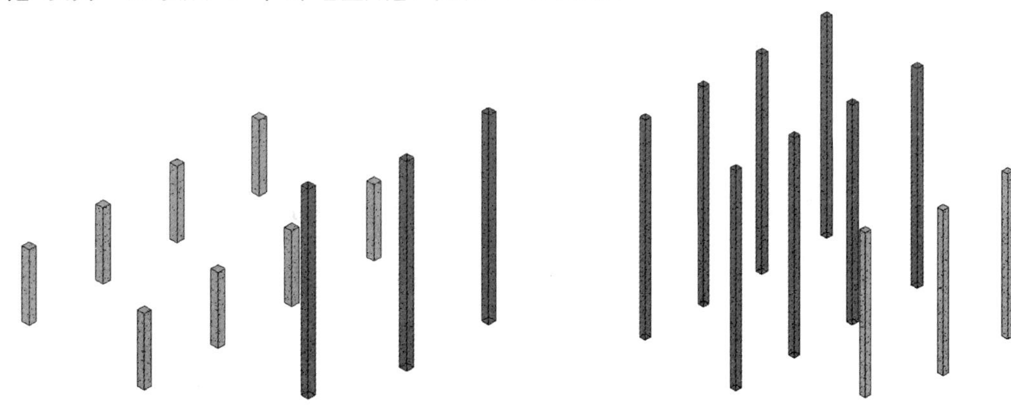

图 5-10 修改前面 3 根柱的高度

图 5-11 修改后面 8 根柱的高度

5.1.3 修改结构柱材质

选择所有结构柱，在【属性】面板中，单击【结构材质】右侧可选栏中的小方块⋯，弹出“材质浏览器”对话框，右键单击“混凝土—现场浇筑混凝土”材质，将其复制并命名为“别墅梁柱”（图 5-12），设置【着色】，将其亮度提高，设置【表面填充图案】——【前景】——【图案】为“无”，如图 5-13 所示，单击【确定】，完成结构柱的材质设置，如图 5-14所示。

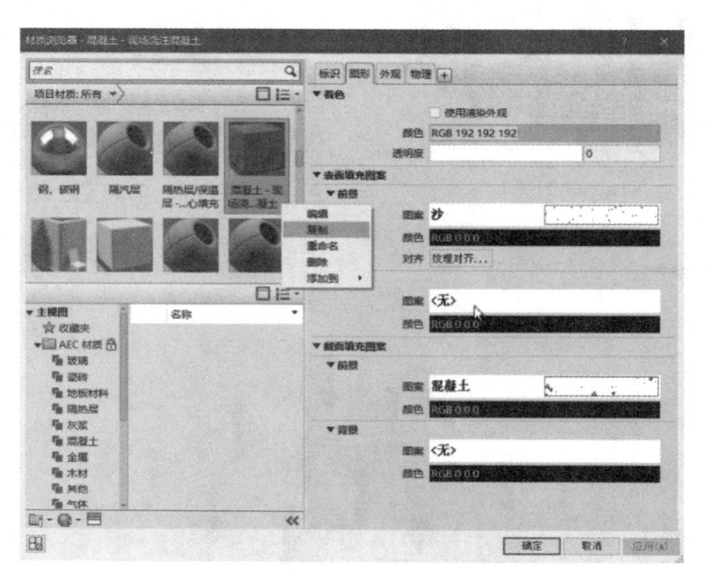

图 5-12　新建“别墅梁柱”材质

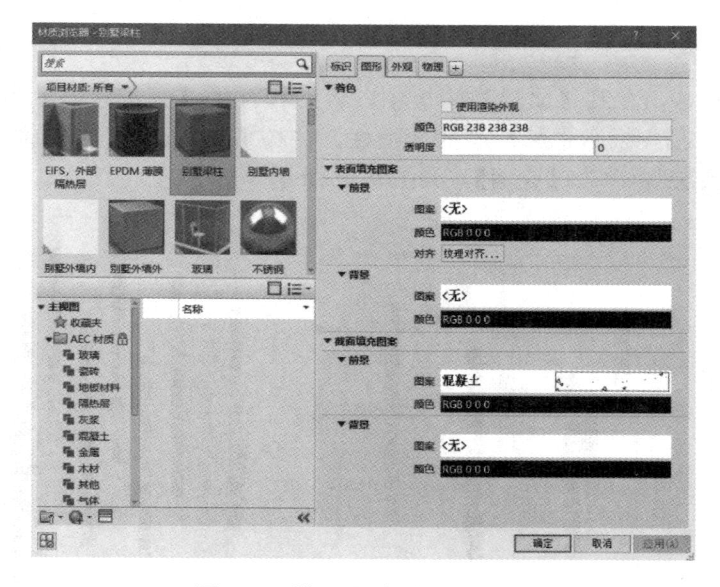

图 5-13　设置“别墅梁柱”材质

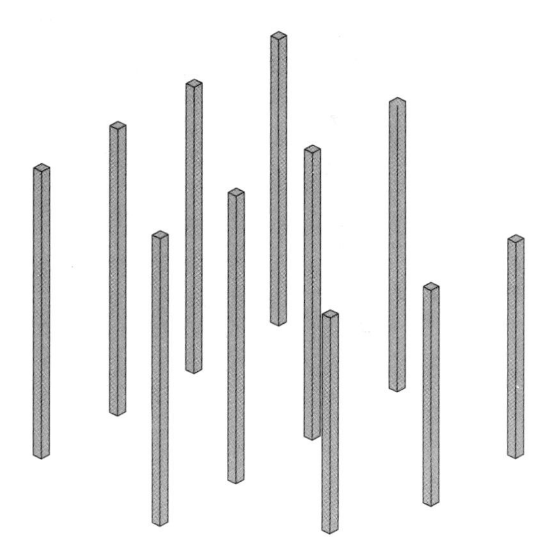

图 5-14　完成结构柱的材质设置

5.1.4　修改柱的平面显示样式

切换到 F1 楼层平面视图，按照常规的制图习惯，需要将结构柱的显示样式设为黑色实心填充。

单击【视图】选项卡——【可见性/图形】（快捷键“vv”），打开“楼层平面：F1 的可见性/图形替换”对话框，在【模型类别】选项卡中，单击【结构柱】最右侧替换按钮，替换“截面填充图案”（图 5-15），打开“填充样式图形”对话框，将【前景】——【填充图案】改为“实体填充”，【颜色】设为“黑色”，如图 5-16 所示，单击【确定】，如图 5-17 所示。对于其他各层平面，需要进行同样的操作来改变结构柱在该层的显示样式。

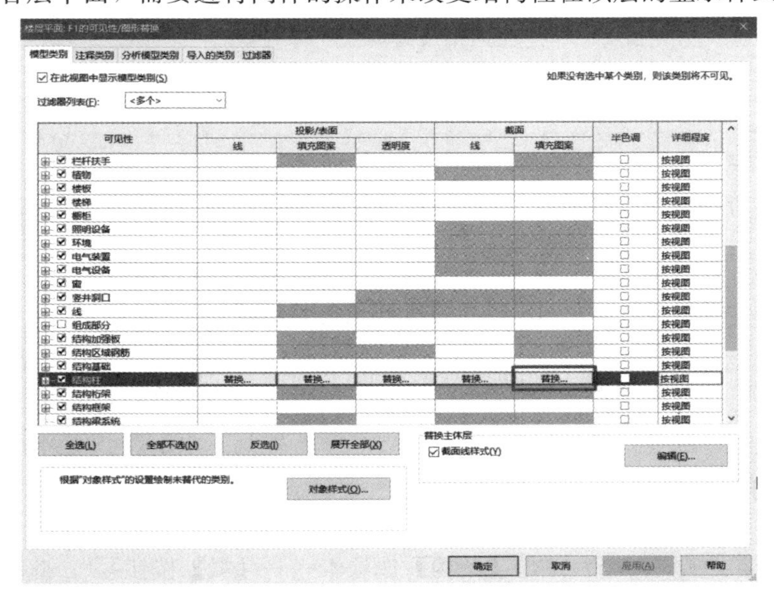

图 5-15　替换“截面填充图案”

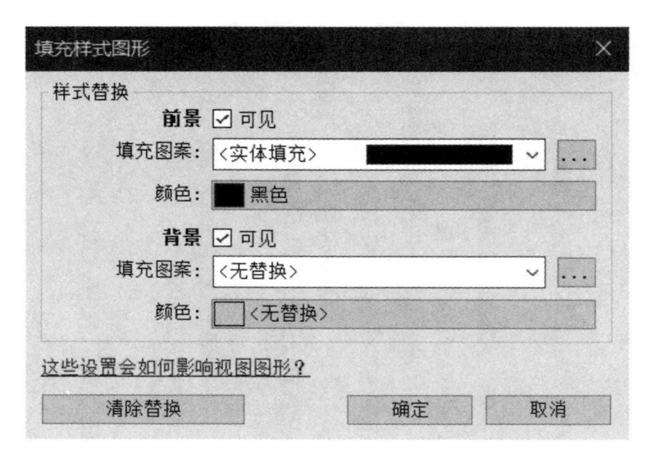

图 5-16　将【前景】设为“黑色”“实体填充”

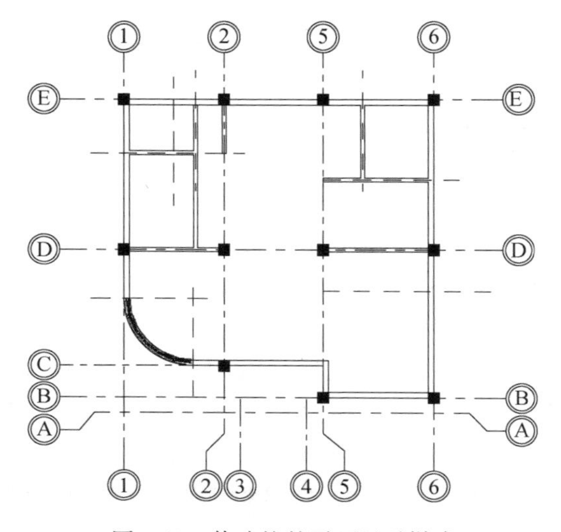

图 5-17　修改柱的平面显示样式

提示： 右键单击平面图中的参照平面，在快捷菜单中选择【在视图中隐藏】——【类别】，可以将参照平面隐藏。

5.2　创建结构梁

Revit 的梁属于结构构件，其绘制方法与墙体类似，主要沿轴线在水平方向进行绘制，同时梁在垂直方向上具有更加灵活的定位方法。

5.2.1　载入梁

切换到 F2 楼层平面视图，单击【结构】选项卡——【梁】按钮，此时【属性】面板类型选择器下拉框中只有“热轧 H 型钢”一种类型，单击【编辑类型】按钮，打开“类型属性”对话框，单击【载入】按钮，打开“China \ 结构 \ 框架 \ 混凝土”文件夹，选择

“混凝土—矩形梁 . rfa”族文件，单击【打开】，将其载入到项目文件中，如图 5-18 所示。返回到“类型属性”对话框，单击【复制】按钮，命名为“200×400mm”，设置【尺寸标注】中“b=200”和“h=400”，单击【确定】(图 5-19)。

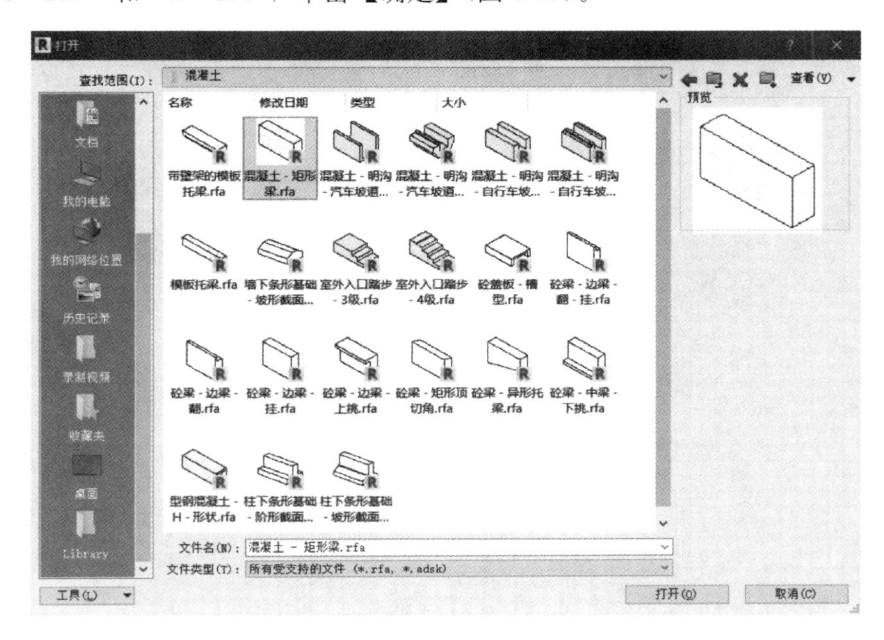

图 5-18　载入“混凝土—矩形梁 . rfa”族文件

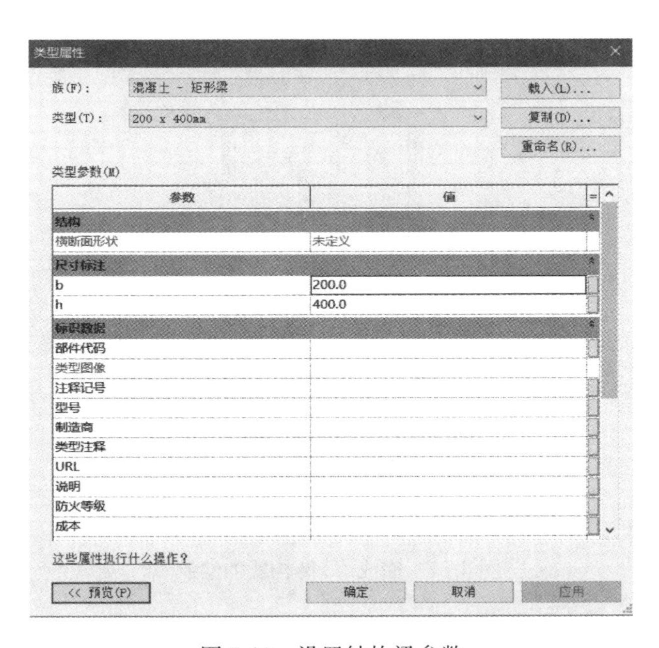

图 5-19　设置结构梁参数

5.2.2　绘制 F2 结构梁

单击【修改 | 放置梁】上下文选项卡——【线】工具，设置选项栏中的【放置平面】

为“标高：F2”，【结构用途】为“自动”，实例属性按默认值。单击1号轴与E号轴的交点，沿E号轴水平绘制，在6号轴与E号轴的交点处单击，然后沿6号轴垂直绘制到与B号轴的交点处，按一次Esc键，切换到三维视图进行观察，如图5-20所示梁的中心线与轴线重合。切换到F2楼层平面视图，继续沿轴线完成其他结构梁的绘制。其中，弧形结构梁可以使用【圆心—端点弧】工具，捕捉到参照平面与轴线的交点进行绘制。重新切换到三维视图（图5-21）。

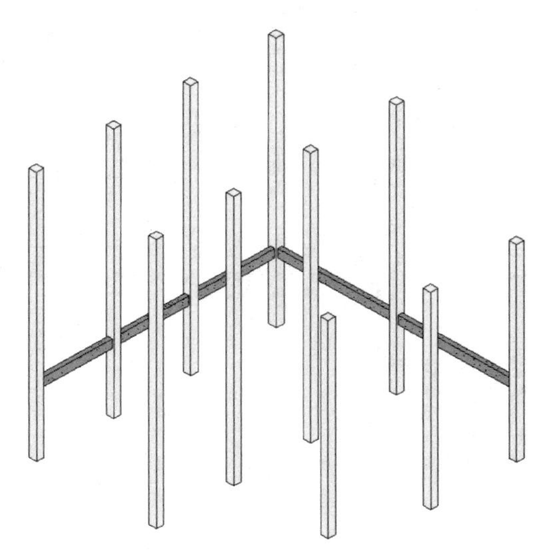

图5-20　绘制结构梁

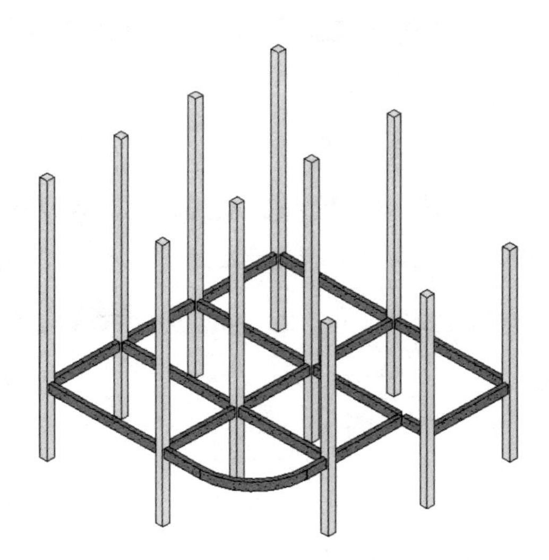

图5-21　完成F2结构梁的绘制

> **提示：** 在绘制完一段梁后，系统会弹出警告“所创建的图元在视图楼层平面：F2中不可见”，这是由于梁位于F2剖切面之上，无法在F2平面图中显示，可以忽略该信息。

选中所有的结构梁，在【属性】面板中，将其实例属性【结构材质】设为“别墅梁柱”，【结构用途】设为“大梁”，单击【应用】（图5-22）。

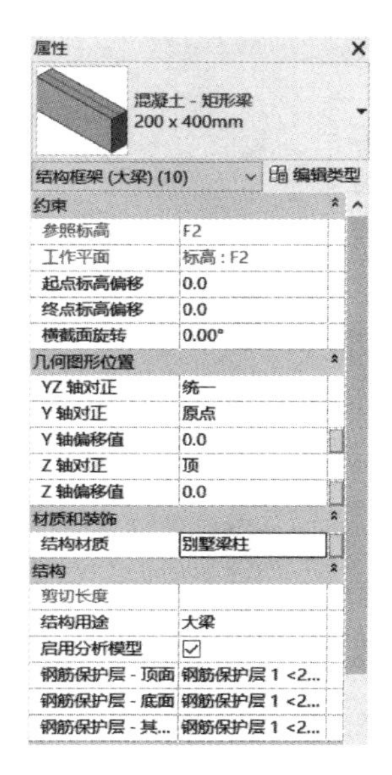

图 5-22　设置结构梁的实例属性

提示：结构梁的实例属性中，将【起点标高偏移】与【终点标高偏移】值设为不同值时，可以形成斜梁。通过修改【Y 轴对正】及其【Y 轴偏移值】，可以调整梁在水平方向的内外位置。【Z 轴对正】为“顶”表示结构梁顶部与 F2 标高对齐，可以修改【Z 轴偏移值】调整梁在垂直方向上的位置。

5.2.3　绘制其他层结构梁

F3 与 F4 楼层的结构梁与 F2 楼层相同，可以采用“复制—粘贴”的方法进行创建。在三维视图中右键单击任一结构梁，在弹出的快捷菜单中，单击【选择全部实例】——【在视图中可见】，选中所有的 F2 结构梁。单击【修改｜结构框架】选项卡——【复制到剪贴板】按钮（快捷键 Ctrl＋C），然后单击【粘贴】按钮的下拉菜单——【与选定的标高对齐】，弹出“选择标高”对话框，按住 Shift 键，选中“F3”与“F4”标高，单击【确定】，如图 5-23 所示。

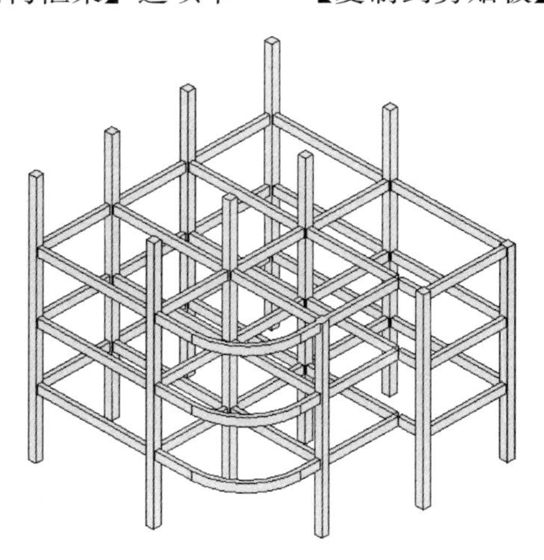

图 5-23　复制结构梁

切换到“屋顶层”平面视图，在其【属性】面板中，单击【视图范围】右侧的【编辑】按钮，弹出“视图范围”对话框，将【视图深度】偏移值设为“－100mm”，单击【确定】后可以看到下部的墙和结构柱。

单击【结构】选项卡——【梁】按钮，将【属性】面板中【结构材质】设为“别墅梁柱”，【结构用途】设为“大梁”，沿轴线绘制屋顶层的结构梁（图 5-24）。切换到三维视图进行观察，如图 5-25 所示。

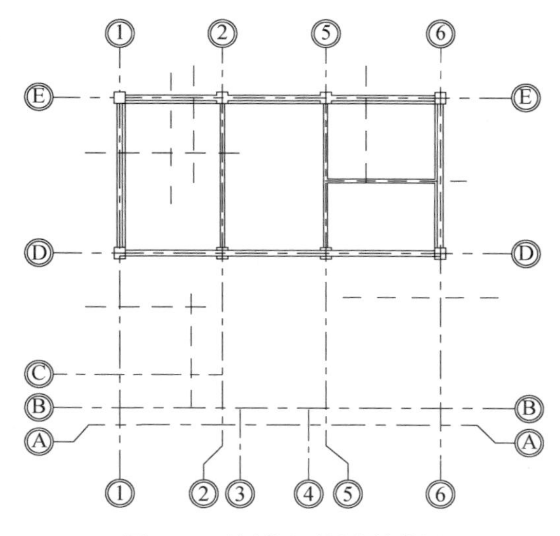

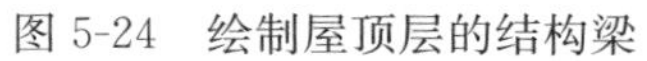
图 5-24　绘制屋顶层的结构梁

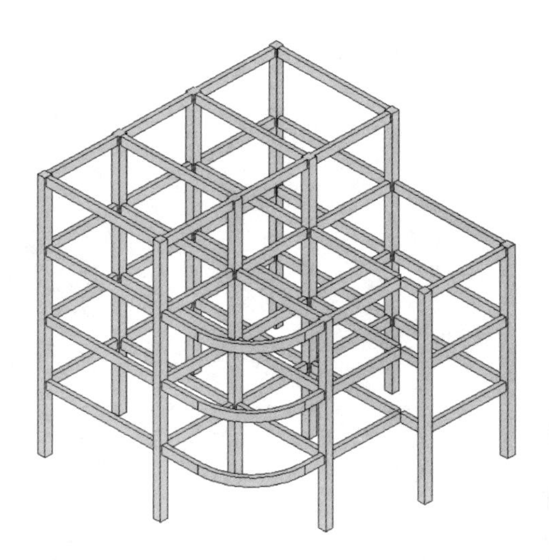

图 5-25　完成各层结构梁的绘制

梁柱结构完成后，可以将临时隐藏的墙体进行重新显示，单击视图控制栏中【临时隐藏/隔离】——【重设临时隐藏/隔离】（快捷键“hr”），如图 5-26 所示。

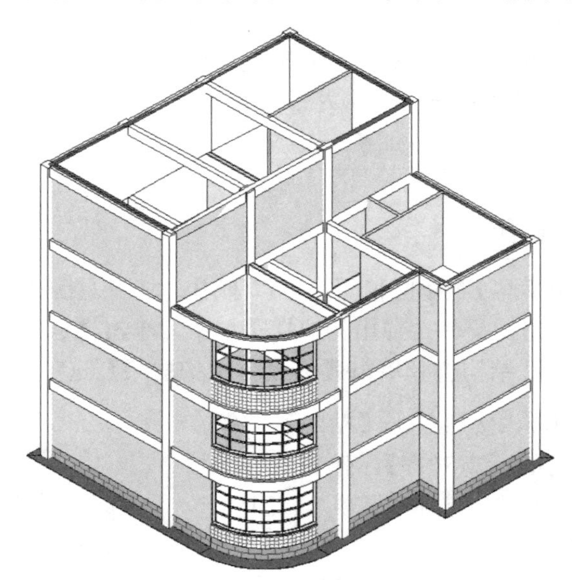

图 5-26　完成“别墅梁柱”的创建

6 门　　窗

门和窗是建筑物重要的围护构件。门的主要功能为交通联系，窗的主要功能为通风采光，另外它们对于建筑物的节能与艺术效果也起到至关重要的影响。Revit 门窗构件是以族的方式进行创建与管理，与 AutoCAD 的门窗不同，Revit 门窗在项目中是不能够直接“绘制”的，其需要以门窗整体的方式插入到墙、屋顶等主体图元上。Revit 门窗必须依附于主体图元，当删除主体图元时，Revit 门窗也会被同时删除。参数化设计是对 Revit 门窗进行创建与编辑的主要方式。

本章学习目的：

（1）熟悉门窗参数的设置；

（2）掌握门的创建与编辑方法；

（3）掌握窗的创建与编辑方法；

（4）了解门族和窗族的编辑方法。

手机扫码
观看教程

6.1　创建 F1 层的门

6.1.1　创建主入口门 M1

打开“吕桥四层别墅-6. rvt”文件，切换到 F1 楼层平面视图，首先创建主入口大门。单击【建筑】选项卡——【门】按钮，在【修改 | 放置门】上下文选项卡中单击【载入族】按钮，弹出“载入族”对话框，选择“China \ 建筑 \ 门 \ 普通门 \ 平开门 \ 双扇”文件夹中的“双面嵌板木门 3. rfa”族文件，单击【打开】（图 6-1）。

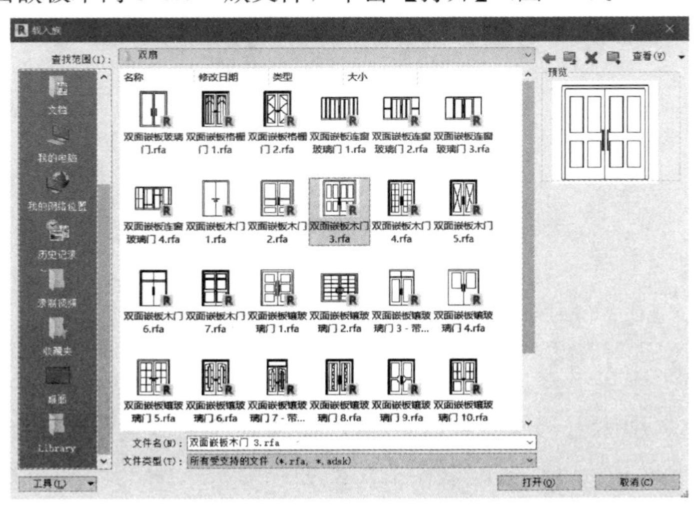

图 6-1　载入“双面嵌板木门 3. rfa”族文件

单击【属性】面板中的【编辑类型】，打开“类型属性”对话框，单击【复制】，命名为“M1-1524”，【功能】设为“外部”，【高度】值“2400mm”，【宽度】值“1500mm”，【类型标记】设为“M1”，其他参数按默认值，单击【确定】(图 6-2)。

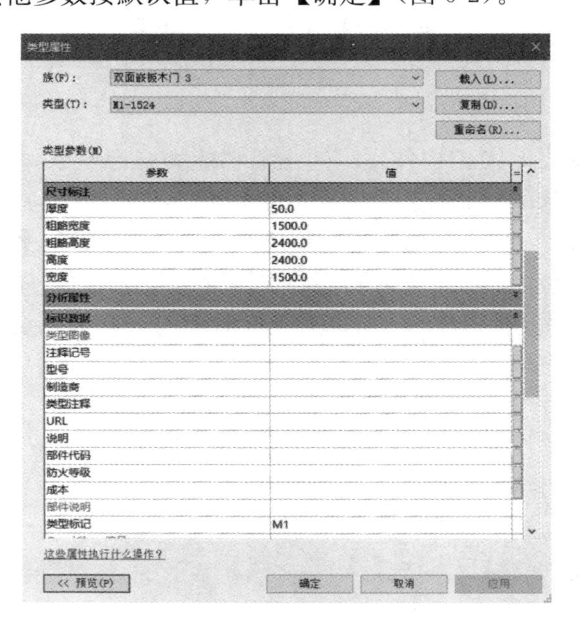

图 6-2 新建“M1-1524”类型

设置【修改 | 放置门】上下文选项卡中的【在放置时进行标记】呈开启状态，将光标置于 F1 平面主入口墙体处，此时会出现临时尺寸，在合适位置单击放置门 M1，拖动临时尺寸的左侧夹点到 2 号轴，设置 2 号轴到门边的临时尺寸为“1050mm”，按 Esc 键完成门 M1 的插入，系统可以自动对门进行标记（图 6-3)。

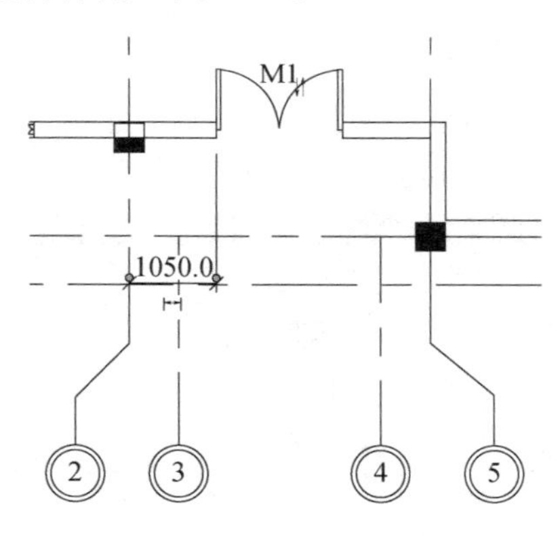

图 6-3 在 F1 主入口处插入门 M1

6.1.2 创建次入口门 M2

单击【建筑】选项卡——【门】按钮，在【修改 | 放置门】上下文选项卡中单击【载入族】按钮，弹出“载入族”对话框，载入“China \ 建筑 \ 门 \ 普通门 \ 平开门 \ 单扇”文件夹中的“单嵌板木门 4. rfa”族文件（图 6-4)。

单击【属性】面板中的【编辑类型】，打开“类型属性”对话框，此时“单嵌板木门 4”族下面包括“700×2100mm、800×2100mm、900×2100mm”3 种门类型，Revit将它们的自动命名为“M4、M3、M2”，当将新建类型门的“类型标记”命名为 M2 时，系统就会提示有冲突，所以应提前将“700×2100mm、800×2100mm、900×2100mm”这 3 种门的“类型标记”改为其他名称“M-4、M-3、M-2”，如图 6-5 所示。

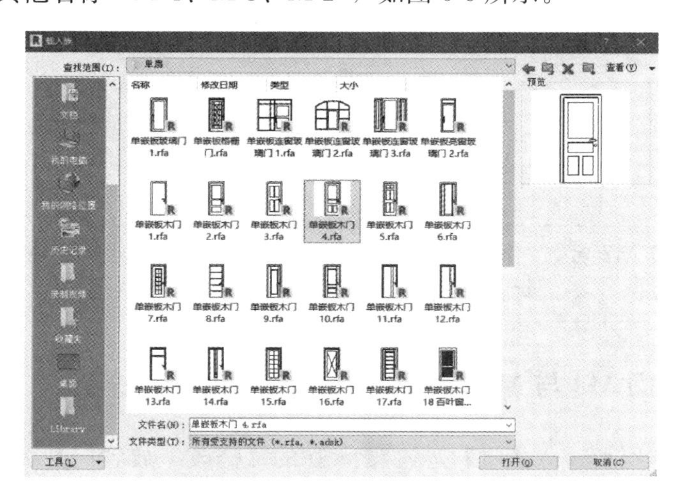

图 6-4　载入“单嵌板木门 4. rfa”族文件

图 6-5　调整门的“类型标记”

复制“900×2100mm”，命名为“M2-0923”，【功能】设为“外部”，【高度】值“2300mm”，【宽度】值“900mm”，【类型标记】设为“M2”，其他参数按默认值，单击【确定】。设置【修改 | 放置门】选项卡中的【在放置时进行标记】呈开启状态后，将光标置于 F1 平面次入口墙体处，此时出现临时尺寸，当 M2 距离上方隔墙 200mm 位置时，单击将

其放置，按 Esc 键完成门 M2 的插入，系统自动对门进行标记，如图 6-6 所示。

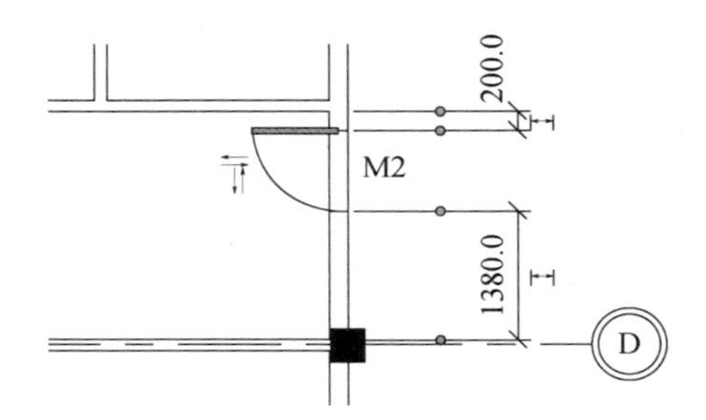

图 6-6　在 F1 次入口处插入门 M2

> **提示：**选中门 M2 时，可以单击“左右”或“上下”的双向箭头，实现门的翻转。另外选中 M2 的标记符号，可以将符号移动到合适位置。

6.1.3　创建室内门 M3 与 M4

单击【建筑】选项卡——【门】按钮，在的【修改｜放置门】上下文选项卡中单击【载入族】按钮，弹出“载入族”对话框，载入“China \ 建筑 \ 门 \ 普通门 \ 平开门 \ 单扇”文件夹中的“单嵌板木 1. rfa”族文件（图 6-7）。

单击【属性】面板中的【编辑类型】，打开“类型属性”对话框，在类型选择器下拉框中，选择“900×2100mm”类型，单击【重命名】，设置新名称为“M3-0921”，【功能】为“内部”，【高度】值“2100mm”，【宽度】值“900mm”，【类型标记】设为“M3”；继续单击类型选择器下拉框，选择“700×2100mm”类型，【重命名】为“M4-0721”，【功能】为“内部”，【高度】值“2100mm”，【宽度】值“700mm”，【类型标记】设为“M4”，单击【确定】。将门“M3”与“M4”进行放置如图 6-8 所示。

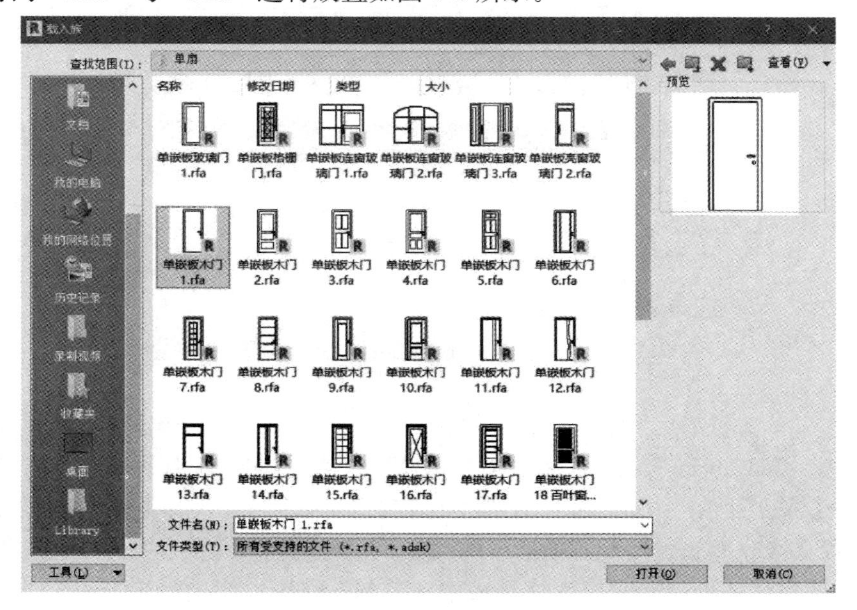

图 6-7　载入“单嵌板木 1. rfa”族文件

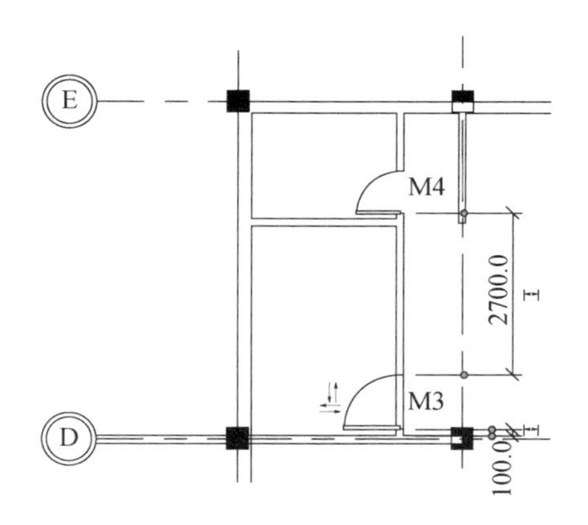

图 6-8　放置门“M3”与“M4”

6.1.4　创建推拉门

单击【建筑】选项卡——【门】按钮，在【修改｜放置门】上下文选项卡中单击【载入族】按钮，弹出“载入族”对话框，载入“China \ 建筑 \ 门 \ 普通门 \ 推拉门”文件夹中的“双扇推拉门 1. rfa”族文件（图 6-9）。

单击【属性】面板中的【编辑类型】，打开“类型属性”对话框，单击【复制】，并命名为“TM-1（1624）”，【功能】为“内部”，【高度】值“2400mm”，【宽度】值“1600mm”，【类型标记】设为“TM-1”，其他参数按默认值，单击【确定】。将“推拉门 TM-1”放置在如图 6-10 所示的位置，完成 F1 层门的创建，如图 6-11 所示。

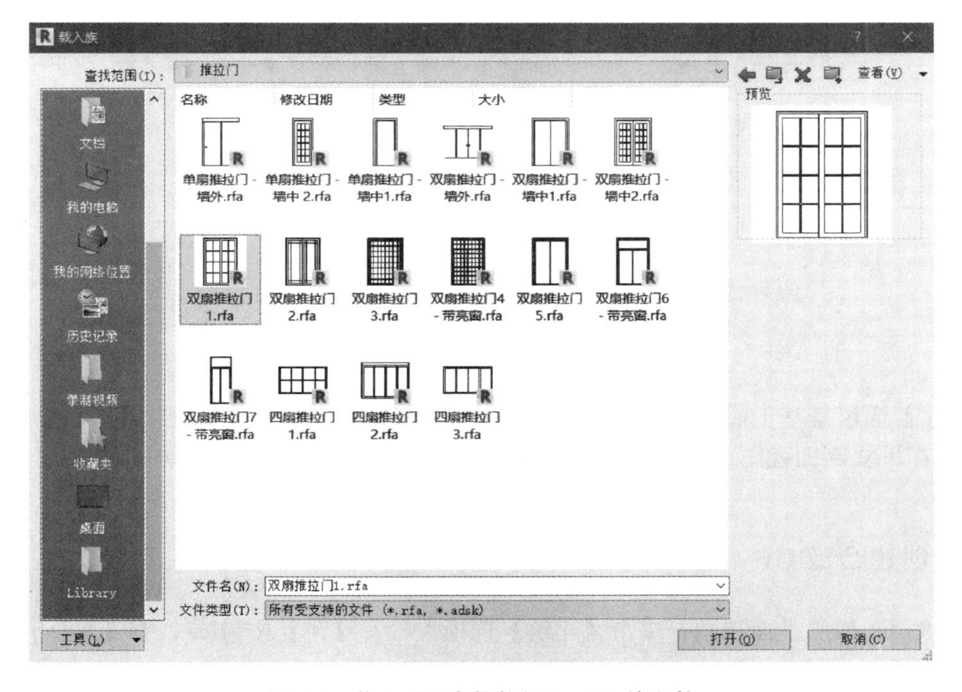

图 6-9　载入“双扇推拉门 1. rfa”族文件

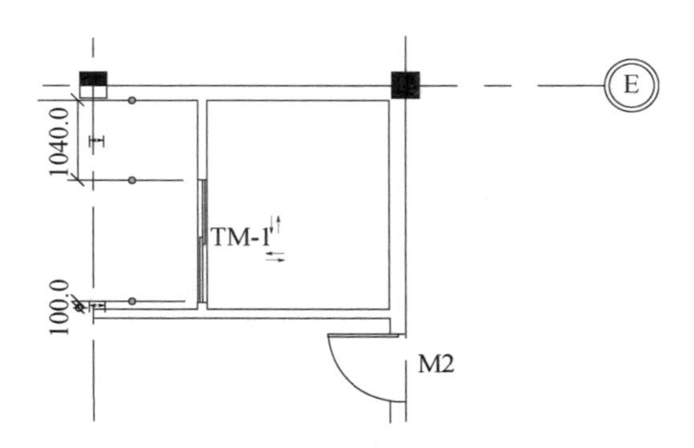

图 6-10　放置“推拉门 TM-1”

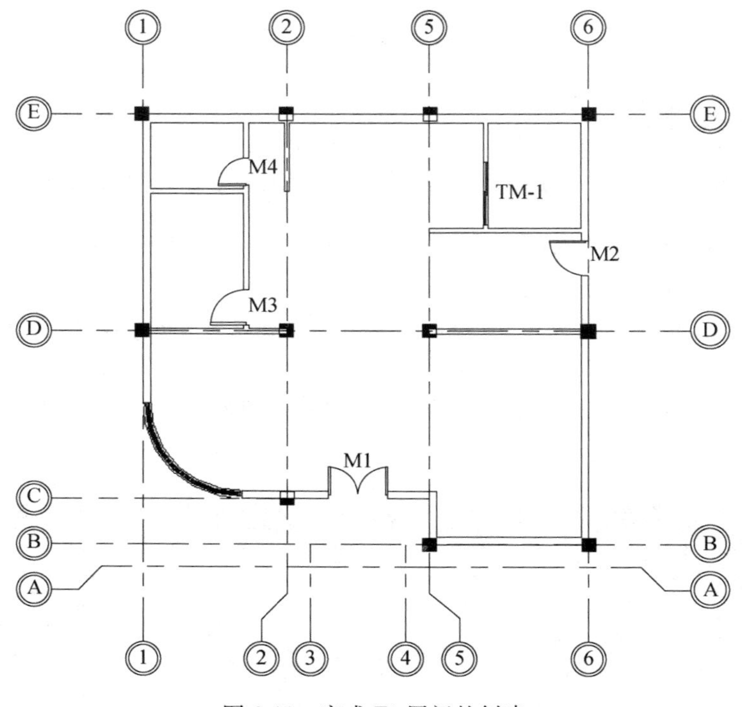

图 6-11　完成 F1 层门的创建

6.2　创建 F1 层的窗

Revit 普通窗是基于墙体主体的构件，Revit 天窗是基于屋顶主体的构件，选择窗类型后，可以在平立剖面视图或三维视图中为建筑物插入窗，Revit 可以自动对墙体或屋顶进行洞口剪切。

6.2.1　创建凸窗 C1

切换到 F1 楼层平面视图，单击【建筑】选项卡——【窗】按钮，在【修改｜放置窗】上下文选项卡中，单击【载入族】按钮，弹出“载入族”对话框，选择“China\建筑\窗\

普通窗\凸窗”文件夹中的“凸窗—双层两列 . rfa”族文件，单击【打开】(图 6-12)。

单击【属性】面板中的【编辑类型】，打开“类型属性”对话框，单击【复制】，并命名为“C1-2015”，【粗略高度】值“1500mm”，【粗略宽度】值“2000mm”，【类型标记】设为“C1”，其他参数按默认值，单击【确定】，如图 6-13 所示。

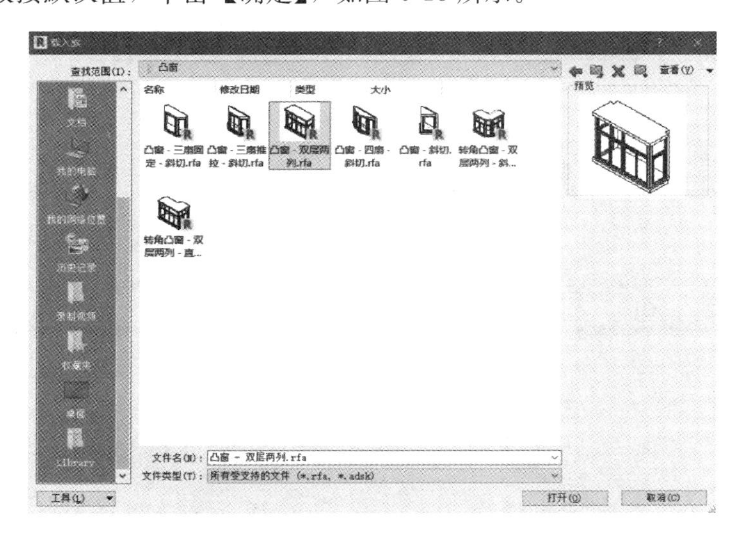

图 6-12　载入“凸窗—双层两列 . rfa”族文件

图 6-13　新建凸窗“C1-2015”类型

在【属性】面板中，修改 C1 窗的实例属性【底高度】值为“900mm”，单击【应用】。设置【修改｜放置窗】选项卡中的【在放置时进行标记】呈开启状态，将光标置于 F1 平面 5 号轴与 6 号轴墙体处，在墙中位置单击放置凸窗 C1（图 6-14）。

> **提示**：当插入凸窗时，如果没有出现临时尺寸标注，可以通过手工标注尺寸来调整 C1 窗的位置。单击【注释】选项卡——【对齐】按钮，标注凸窗 C1 到两侧墙中心的距离，然后选中 C1 窗，此时出现临时尺寸，单击左侧临时尺寸值并修改为“900mm”，再单击空白处完成 C1 窗的位置调整，如图 6-15 所示。

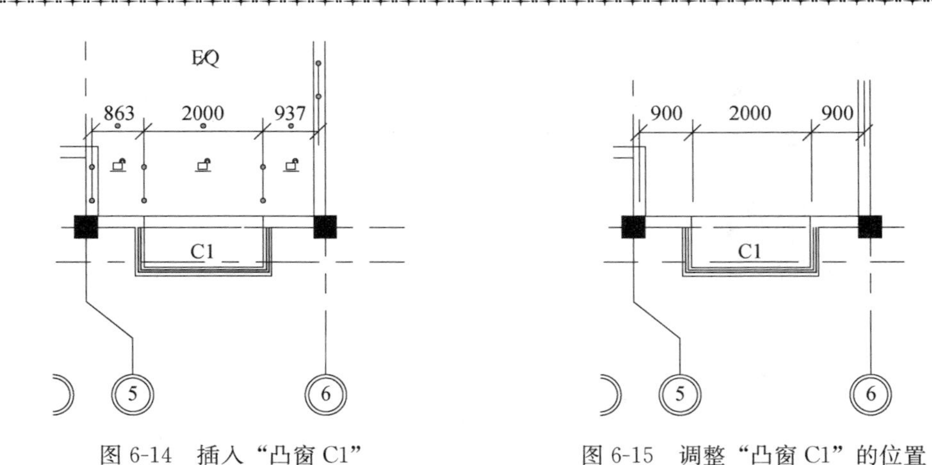

图 6-14　插入“凸窗 C1”　　　　图 6-15　调整“凸窗 C1”的位置

6.2.2　创建其他窗

单击【插入】选项卡——【载入族】按钮，弹出“载入族”对话框。选择“China\建筑\窗\普通窗\推拉窗”文件夹中的“推拉窗 6. rfa”族文件，单击【打开】(图 6-16)。

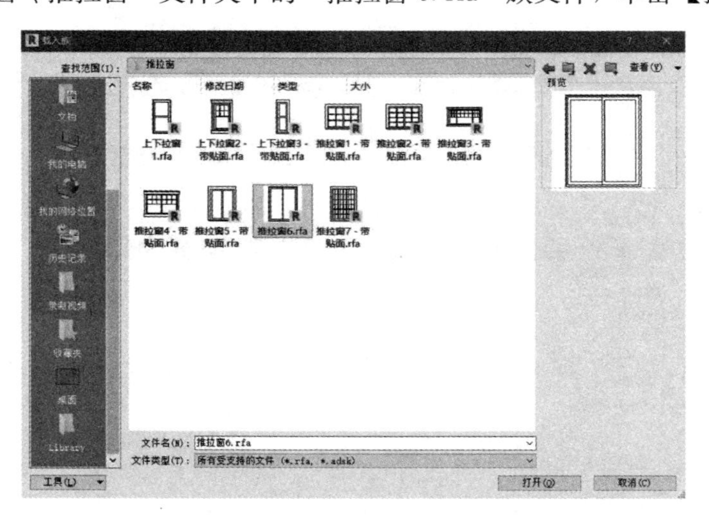

图 6-16　载入“推拉窗 6. rfa”族文件

单击【建筑】选项卡——【窗】按钮，在【属性】面板类型选择器下拉框中，选择“推拉窗 6 1200×1500mm”，单击【编辑类型】，打开“类型属性”对话框，单击【重命名】，设置新名称为“C2-1515”，【高度】值“1500mm”，【宽度】值“1500mm”，【类型标记】设为“C2”；继续单击【复制】，命名为“C3-1215”，【高度】值“1500mm”，【宽度】值“1200mm”，

【类型标记】设为“C3”；继续单击【复制】，命名为“C4-1014”，【高度】值“1400mm”，【宽度】值“1000mm”，【类型标记】设为“C4”；继续单击【复制】，命名为“C5-1214”，【高度】值“1400mm”，【宽度】值“1200mm”，【类型标记】设为“C5”；继续单击【复制】，命名为“C6-1015”，【高度】值“1500mm”，【宽度】值“1000mm”，【类型标记】设为“C6”；继续单击【复制】，命名为“C7-1212”，【高度】值“1200mm”，【宽度】值“1200mm”，【类型标记】设为“C7”，其他参数按默认值，单击【确定】，如图 6-17 所示。

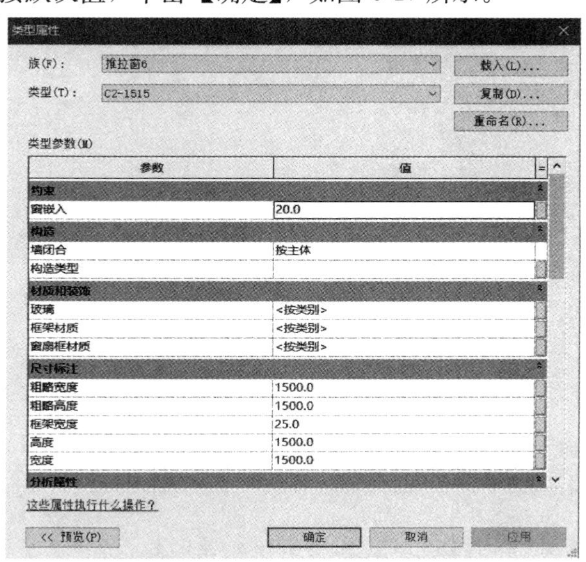

图 6-17　新建“C2”至“C7”窗类型

根据图纸插入窗，单击【属性】面板类型选择器下拉框，选择“C2-1515”，将【底高度】值设为“900mm”，单击【应用】。设置【修改 | 放置门】选项卡中的【在放置时进行标记】呈开启状态，将光标置于 F1 平面“2 号轴”与“5 号轴”间的墙体处单击，并修改 C2 窗左侧与 2 号轴临时尺寸为“1050mm”（图 6-18）。使用相同的方法依次插入窗“C3”至“C6”，放置过程中可以使用修改临时尺寸标注、移动、对齐等方法进行准确调整（图 6-19）。

> **提示：** C3 窗边距 6 号轴 250mm，C4 窗边距 D 号轴 260mm，C5 窗边距 D 号轴 750mm，C6 窗边距 1 号轴 250mm。

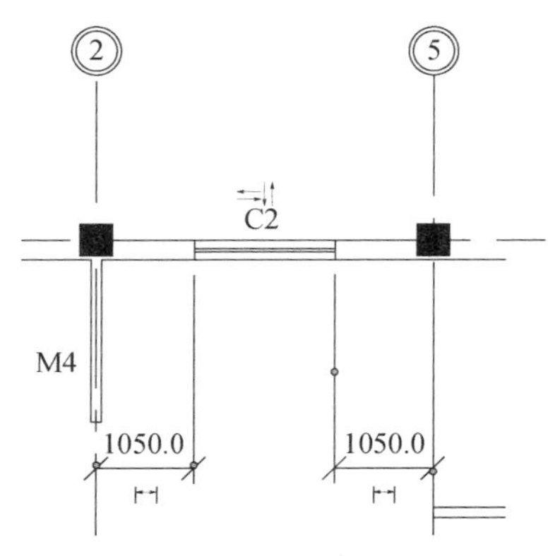

图 6-18　插入窗“C2”

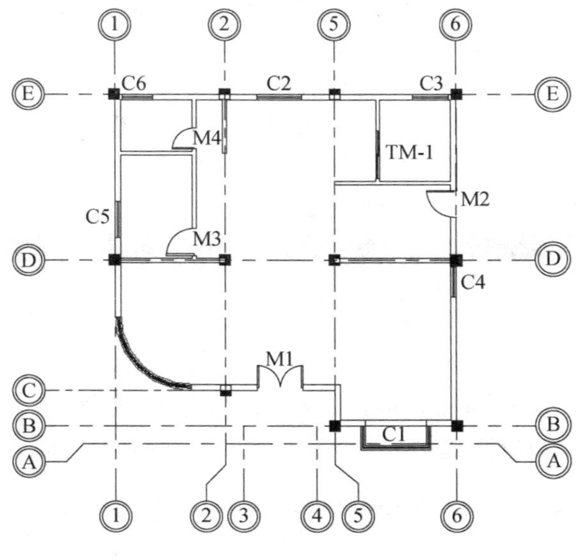

图 6-19　完成 F1 层窗的创建

6.3　创建 F2 层门窗

切换到 F2 平面视图，单击【建筑】选项卡——【门】按钮，单击【属性】面板类型选择器下拉框，分别选中“M3-0921”和“M4-0721”进行放置，如图 6-20 所示。

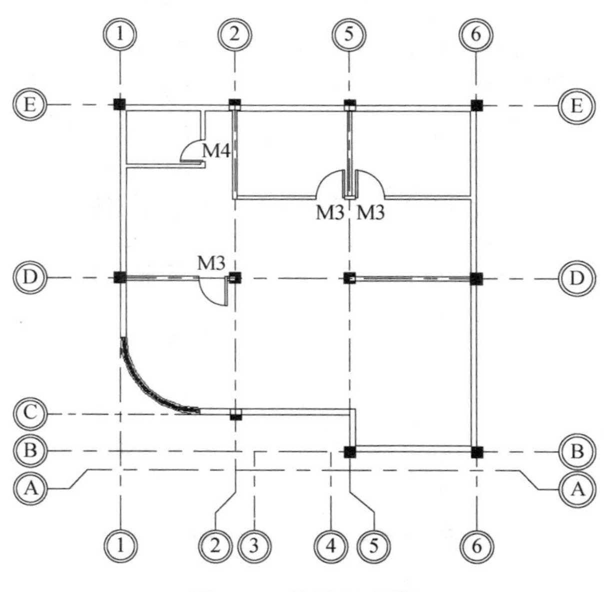

图 6-20　放置 F2 层门

F2 与 F1 有部分窗相同，可以采用“复制—粘贴”的方法进行创建。切换到 F1 平面视图，按住 Ctrl 键，依次选中窗 C1、C5、C6、C2、C4 及其类型标记（图 6-21），单击【修改｜窗】选项卡——【复制到剪贴板】按钮（快捷键 Ctrl+C），单击【粘贴】下拉菜单

——【与选定的视图对齐】（图 6-22），在弹出的“选择视图”对话框中，选中“楼层平面：F2”，单击确定（图 6-23），将窗复制到 F2 楼层平面。在 F2 平面继续绘制窗 C2 与 C7，如图 6-24 所示。

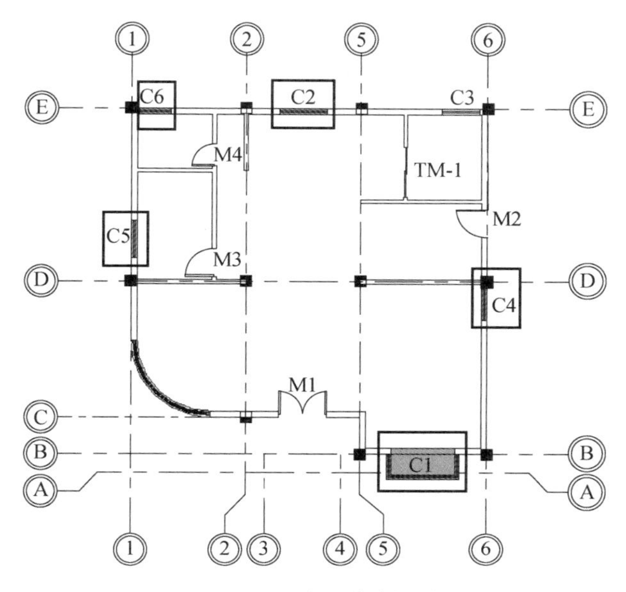

图 6-21　选择要复制的窗

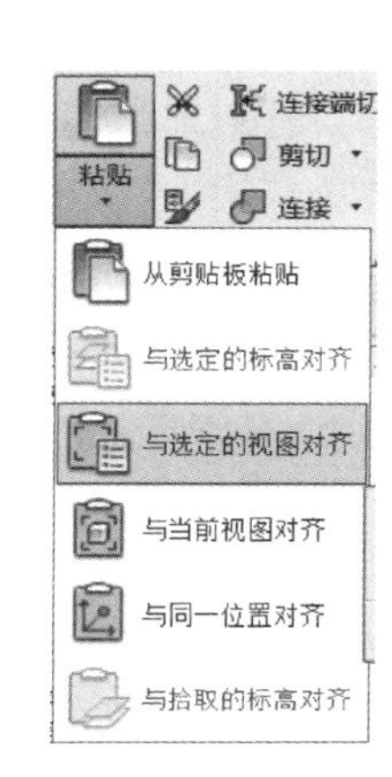

图 6-22　进行“复制—粘贴”

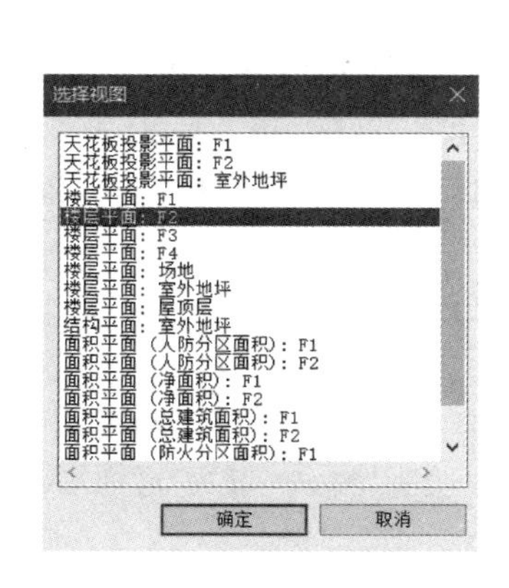

图 6-23　选择“楼层平面：F2”

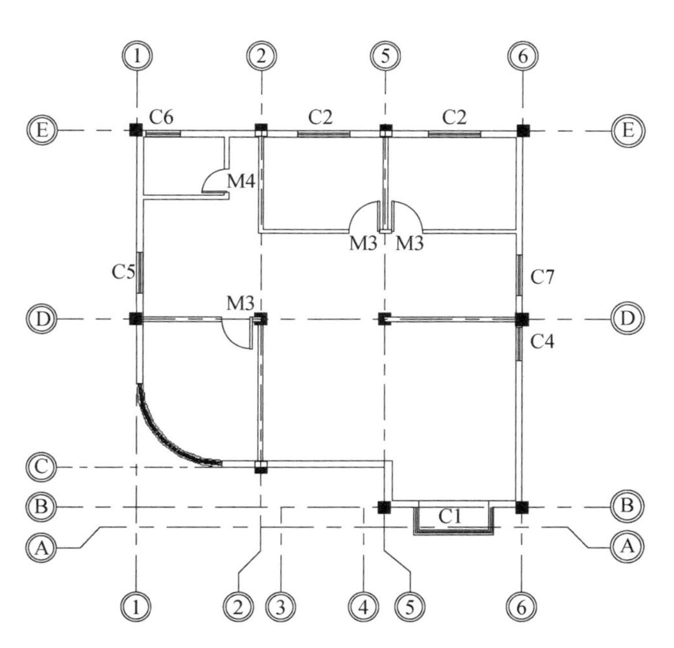

图 6-24　完成 F2 层门窗的创建

6.4 创建 F3 层门窗

切换到 F3 平面视图，单击【建筑】选项卡——【门】按钮，单击【属性】面板类型选择器下拉框，分别选中“M3－0921”和“M4－0721”进行放置，如图 6-25 所示。

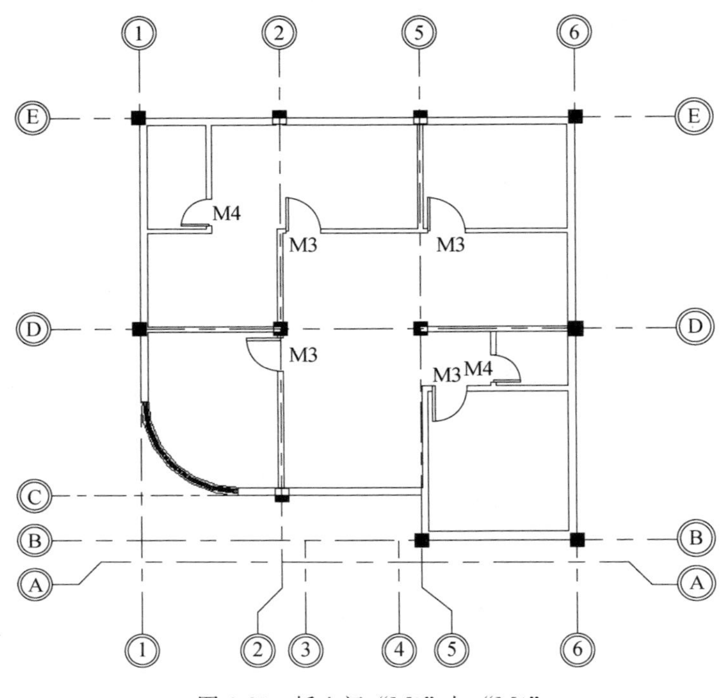

图 6-25　插入门“M3”与“M4”

在【修改｜放置门】上下文选项卡中单击【载入族】按钮，弹出“载入族”对话框，载入“China＼建筑＼门＼普通门＼推拉门”文件夹中的“四扇推拉门 1. rfa”族文件（图 6-26）。单击【属性】面板中的【编辑类型】，打开“类型属性”对话框，单击【复制】，命名为“TM-2（3426）”，【功能】为“外部”，【高度】值“2600mm”，【宽度】值“3400mm”，【类型标记】设为“TM-2”，其他参数按默认值，单击【确定】。将“推拉门 TM-2”放置在如图 6-27 所示的位置。

F3 与 F2 的窗完全相同，可以采用“复制—粘贴”的方法进行创建。切换到 F2 平面视图，框选所有构件图元（图 6-28），单击【修改｜选择多个】上下文选项卡——【过滤器】按钮，弹出“过滤器”对话框，仅勾选“窗”与“窗标记”（图 6-29），单击【确定】，选中 F2 所有的“窗”与“窗标记”（图 6-30），单击【修改｜窗】选项卡——【复制到剪贴板】按钮（快捷键 Ctrl＋C），单击【粘贴】下拉菜单——【与选定的视图对齐】，在弹出的“选择视图”对话框中，选择“楼层平面：F3”（图 6-31），单击【确定】，将所有“窗”与“窗标记”复制到 F3 楼层平面，如图 6-32 所示。

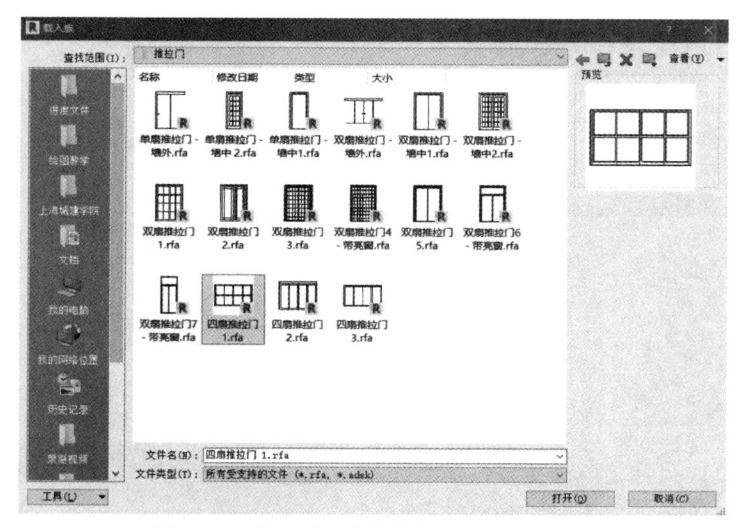

图 6-26　载入“四扇推拉门 1. rfa”族文件

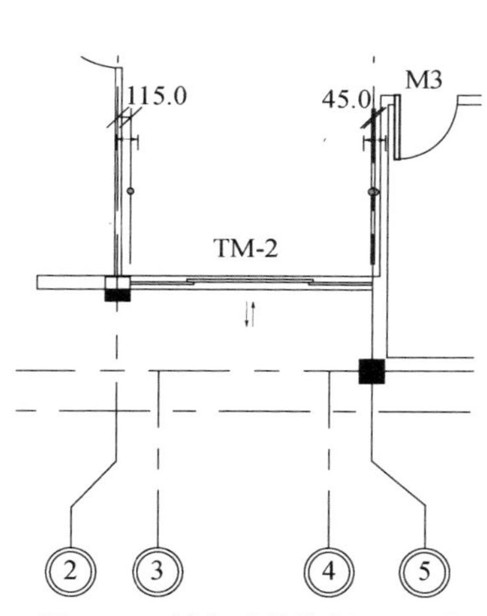

图 6-27　插入“推拉门 TM-2”

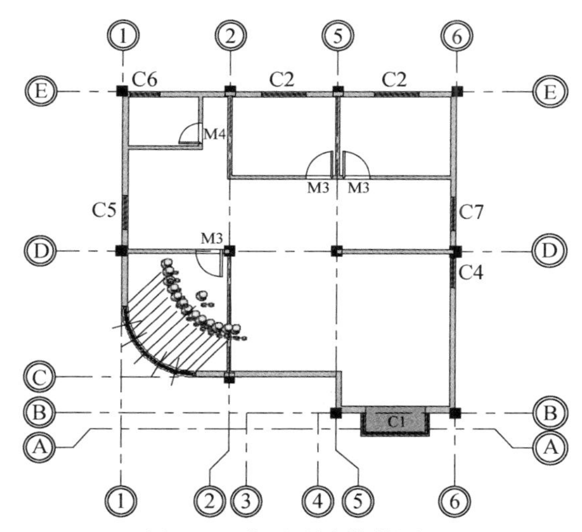

图 6-28　框选所有构件图元

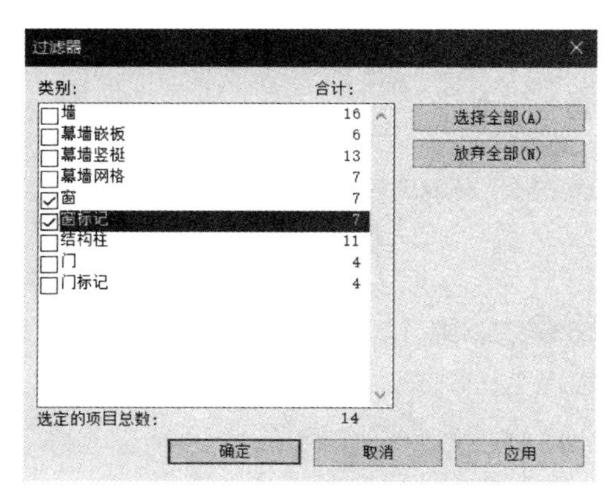

图 6-29　过滤选择“窗”与“窗标记”

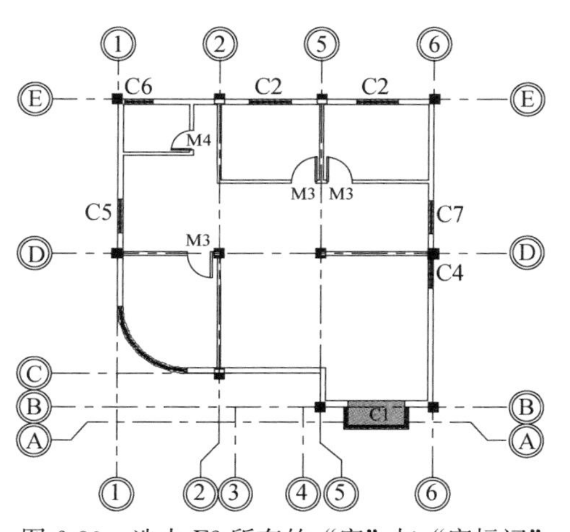

图 6-30　选中 F2 所有的“窗”与“窗标记”

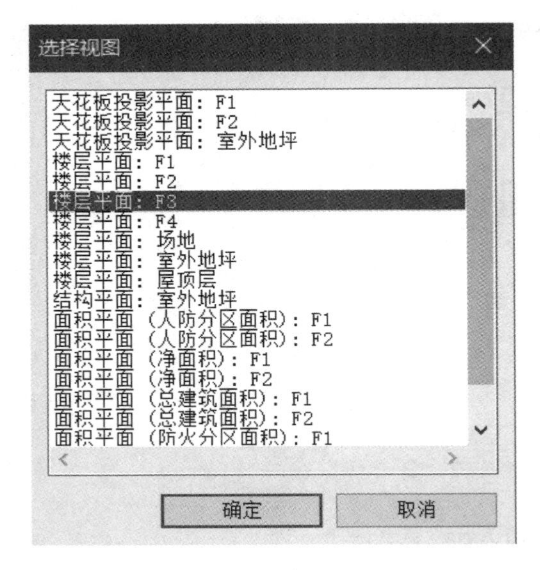

图 6-31　选择“楼层平面：F3”

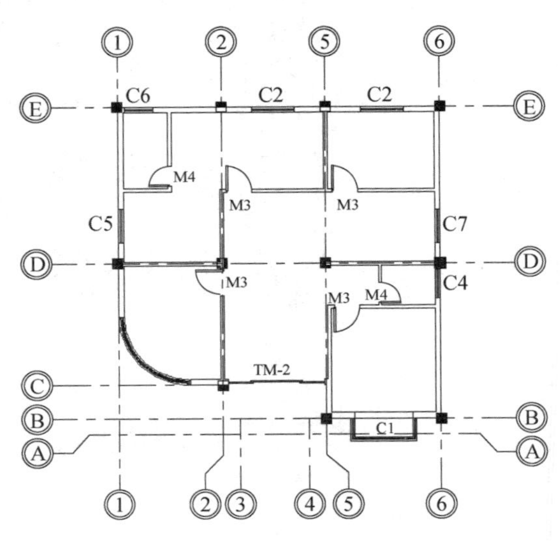

图 6-32　完成 F3 层门窗的创建

6.5　创建 F4 层门窗

切换到 F4 平面视图，单击【建筑】选项卡——【门】按钮，单击【属性】面板中的【编辑类型】，打开“类型属性”对话框，单击【族】下拉框，选中“双面嵌板木门 3”，单击【类型】下拉框，选中“M1-1524”，单击【复制】，命名为为“M5-1221”，【功能】为“外部”，【高度】值“2100mm”，【宽度】值“1200mm”，【类型标记】设为“M5”，其他参数按默认值，单击【确定】（图 6-33）。将门“M5”放置在如图 6-34 所示的位置。

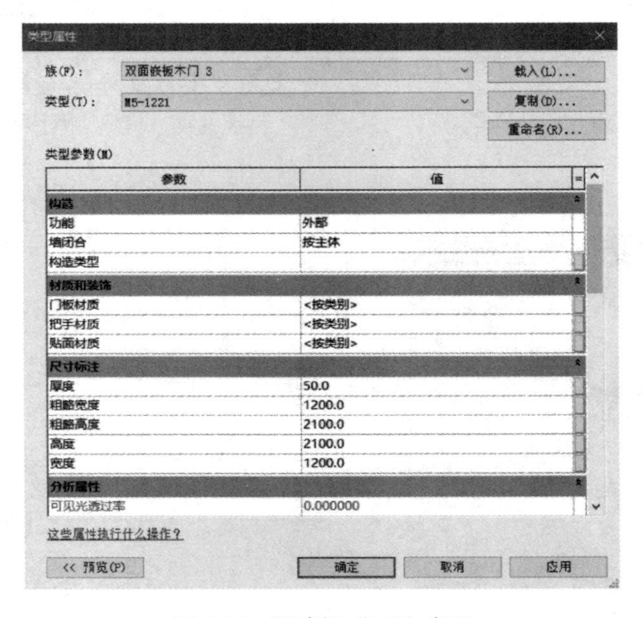

图 6-33　新建门“M5”类型

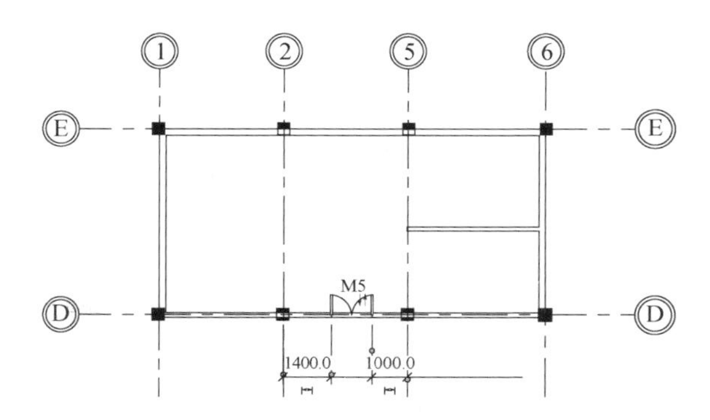

图 6-34　插入门“M5”

将 F3 楼层平面中的窗 C2、C5、C6、C7 复制到 F4，如图 6-35 所示。

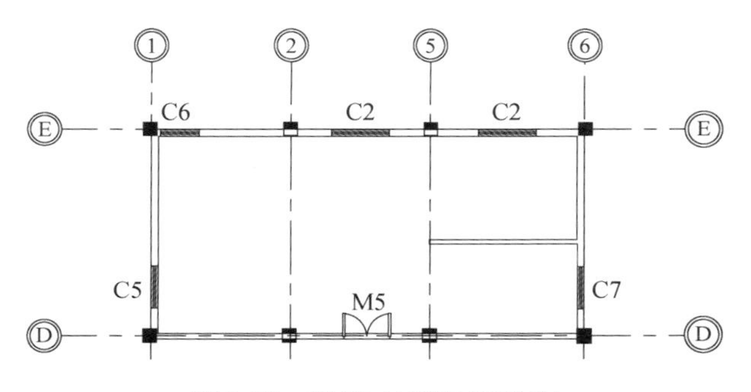

图 6-35　将 F3 的窗复制到 F4

根据图纸，再添加窗“C2”和“C6”，如图 6-36 所示。切换到三维视图进行观察（图 6-37）。

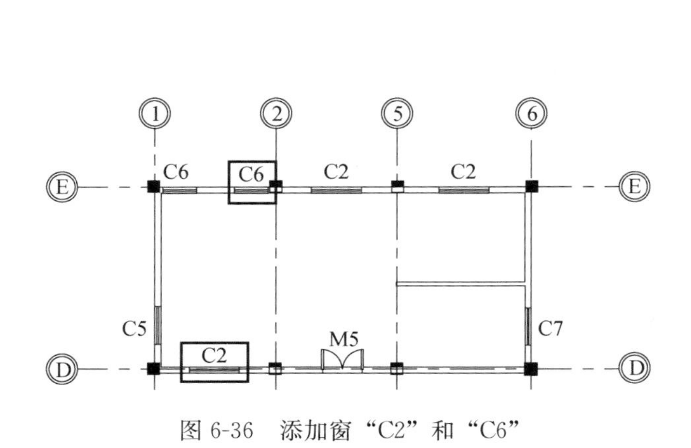

图 6-36　添加窗“C2”和“C6”

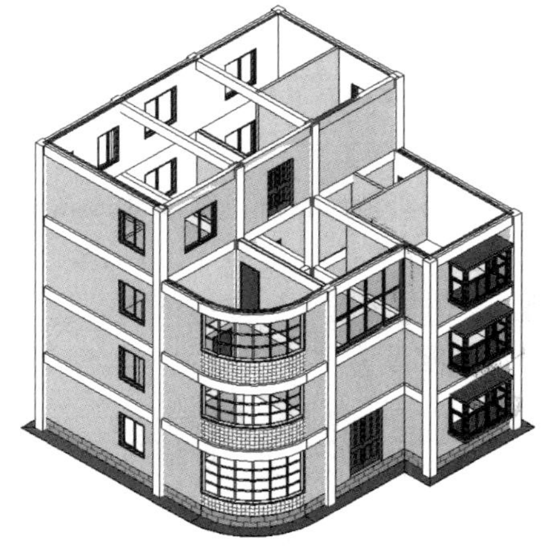

图 6-37　完成别墅门窗的创建

7 楼　　板

楼板是水平方向分隔建筑空间的承重构件，由于人们的日常活动均在楼板上进行，因而楼板既要满足结构安全要求，还要满足室内空间的装饰作用和功能要求（保温、隔声等）。

Revit 提供了较灵活的楼板创建与编辑工具，可以在项目中生成任意形式的楼板。Revit 楼板与墙体十分类似，都属于系统族，需要在类型属性中设置构造层次与相关参数，然后在水平方向沿着一定范围绘制楼板轮廓，另外还可以在垂直方向调整楼板位置（斜楼板）或者调整楼板构造层次的厚度（楼板找坡）等。

本章主要在熟悉别墅楼板构造知识的基础上，学习楼板材质设置、构造设置以及其他参数设置方法，学习使用“楼板边”工具创建装饰带的方法等。

本章学习目的：

（1）熟悉楼板的构造知识；

（2）掌握楼板的创建与编辑方法；

（3）熟悉材质的设置方法；

（4）掌握楼板装饰带的创建方法。

手机扫码
观看教程

7.1　创建 F1 层楼板

F1 层楼板与其他层楼板不同之处是其下方为垫层，在建筑构造中称为地坪层，在 Revit 中使用“建筑地坪”来实现楼板与场地的“过渡”。

打开“吕桥四层别墅-7.rvt”项目文件，切换到 F1 平面视图，单击【建筑】选项卡——【楼板】按钮，系统打开【修改｜创建楼层边界】上下文选项卡，在【属性】面板中默认楼板类型为“常规-150mm”，单击【编辑类型】，打开“类型属性”对话框，单击【复制】，命名为“楼板-120mm”，单击【结构】右侧的【编辑】按钮，打开“编辑部件”对话框。单击【插入】按钮两次，将“结构 [1]”厚度设为“100mm”，插入的上下“面层 1 [4]”厚度设为“10mm”，不修改材质，其他参数按默认值，单击【确定】，如图 7-1 和图 7-2 所示。

单击【修改｜创建楼层边界】——【边界线】中的【拾取线】按钮（图 7-3），将光标置于墙体外侧依次单击，系统会拾取墙体的外部轮廓，如图 7-4 所示。当形成完整封闭的轮廓时，单击【完成边界模式】按钮，创建完成 F1 楼板。

提示：创建楼层边界可以使用绘制线的方式，也可以使用拾取墙的方式。所形成的楼层边界必须是首尾相接的闭合环，当出现边界线的缺口、出头、重叠或交叠等情况时，系统会提示错误。

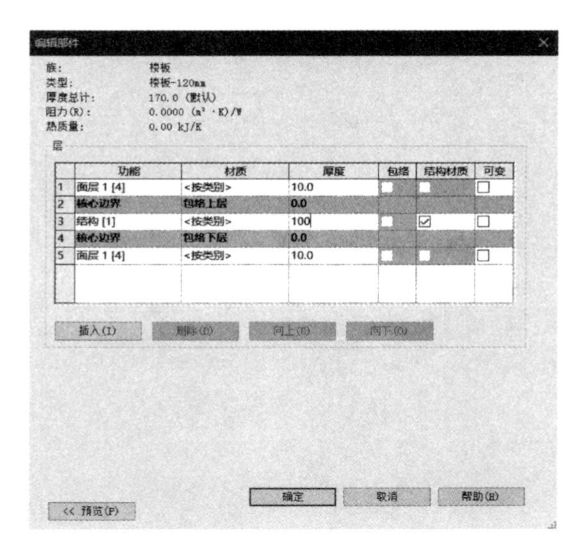

图 7-1　设置楼板的构造层次

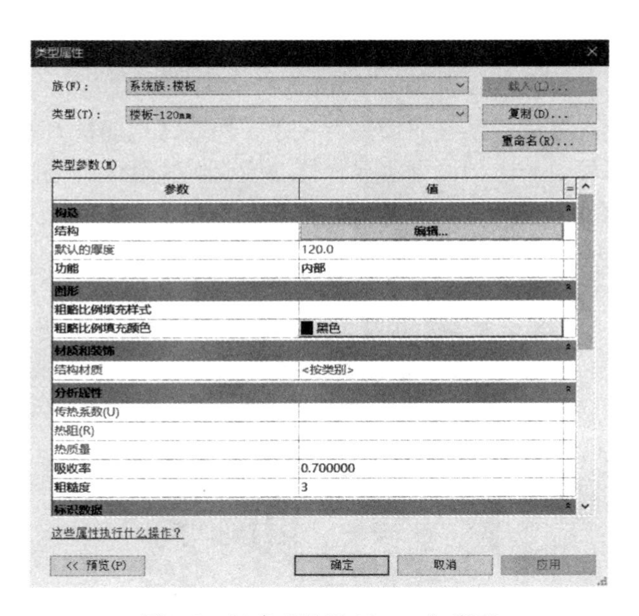

图 7-2　新建“楼板-120mm”类型

图 7-3　“拾取线”工具

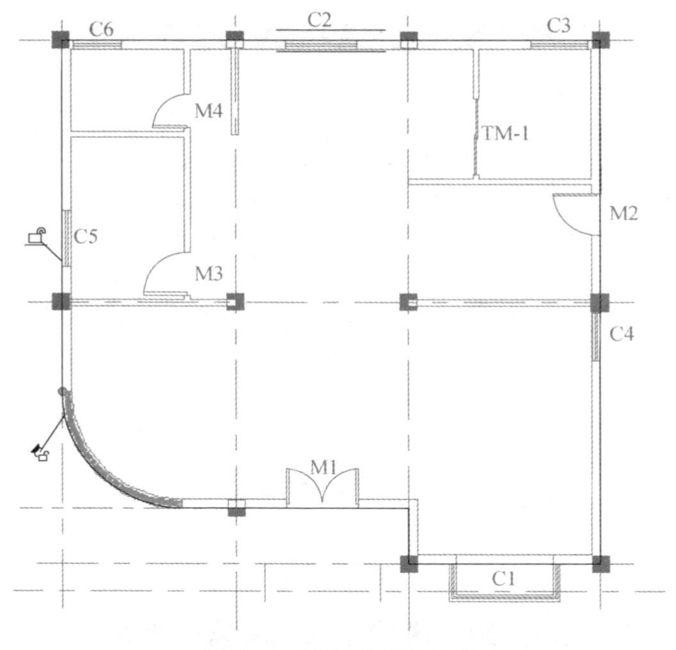

图 7-4 “拾取”楼板边界

切换到三维视图，在三维视图【属性】面板中，勾选【剖面框】，单击【应用】，此时在模型周边出现剖面框区域，单击剖面框边界，拖动箭头调整剖面框范围，可以实现对模型的剖切观察，如图 7-5 所示。

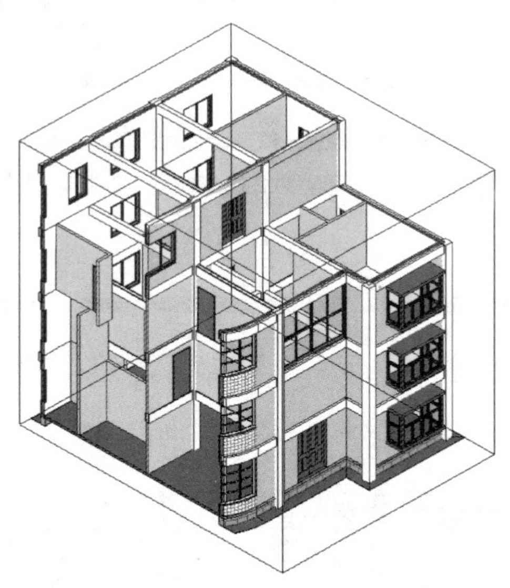

图 7-5 对三维模型进行“剖切”观察

7.2 创建其他层楼板

F2-F4 的楼板与 F1 基本一致，可以先进行“复制—粘贴”操作，再分别进行局部调整。在三维剖切状态下，选择 F1 楼板（图 7-6），单击【修改 | 楼板】选项卡——【复制到剪贴

板】按钮，单击【粘贴】下拉菜单——【与选定的标高对齐】（图 7-7），在弹出的“选择标高”对话框中，按住 Shift 键，选择“F2-F4”标高，单击【确定】（图 7-8），将 F1 楼板复制到 F2-F4 标高位置，如图 7-9 所示。

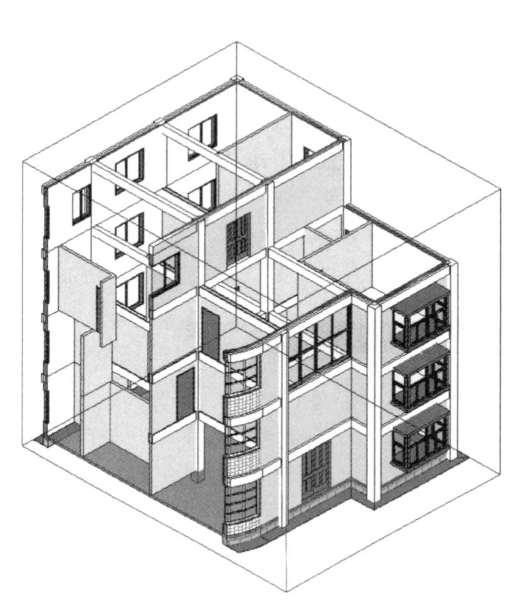

图 7-6 选择 F1 楼板

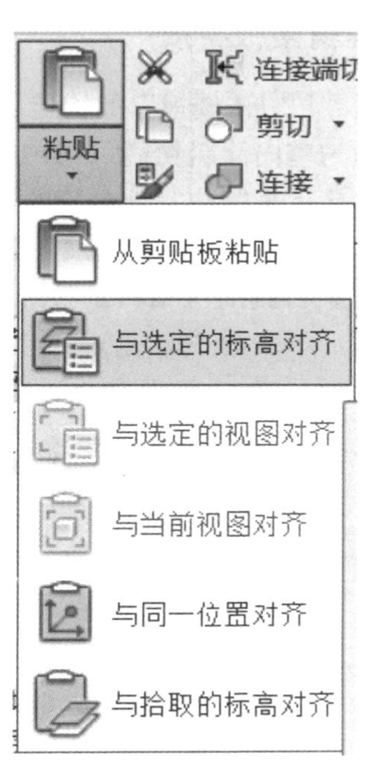

图 7-7 进行“复制—粘贴”操作

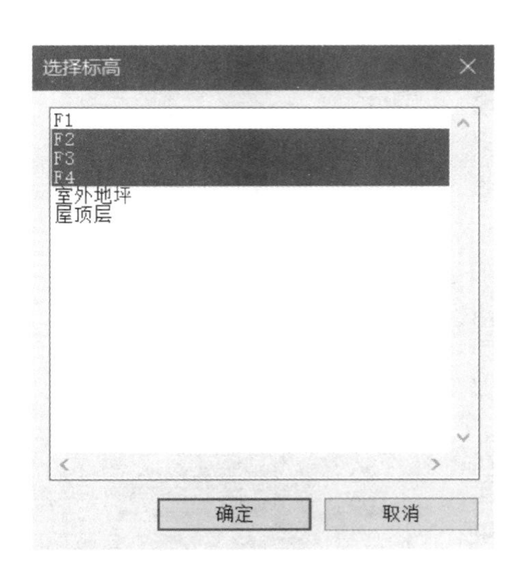

图 7-8 选择“F2”“F3”与“F4”标高

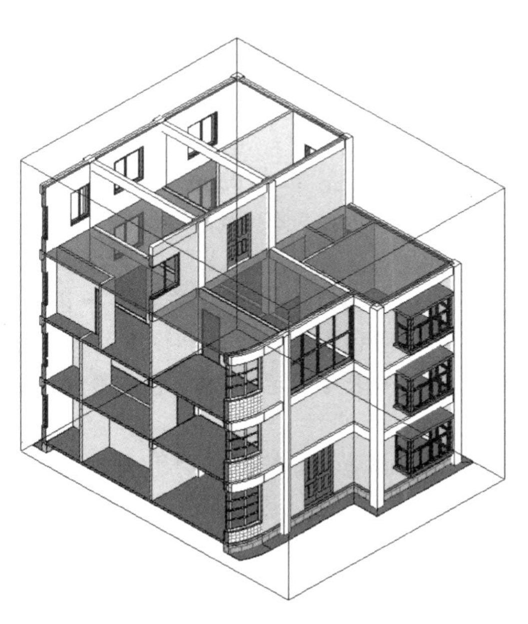

图 7-9 将 F1 楼板复制到“F2”“F3”与“F4”标高位置

7.3 编辑楼板

7.3.1 编辑楼板材质

本项目“F2-F4 楼板”的构造层次为：上表面是瓷砖材质，中间为现浇钢筋混凝土结构层，下表面为室内涂料粉刷（与内墙材质相同）。F1 楼板与地坪层相连，所以不设下表面，同时考虑到接下来制作室外台阶的方便，可以将 F1 楼板总厚度修改为 150mm。

选择“F4 楼板”，在其【属性】面板中，单击【编辑类型】，打开“类型属性”对话框，单击【结构】右侧的【编辑】按钮，打开【编辑部件】对话框。将“结构［1］”材质设为“别墅梁柱”，下表面“面层 1［4］”材质设为“别墅内墙”。单击上表面“面层 1［4］”材质浏览按钮（图 7-10）。打开“材质浏览器”对话框。

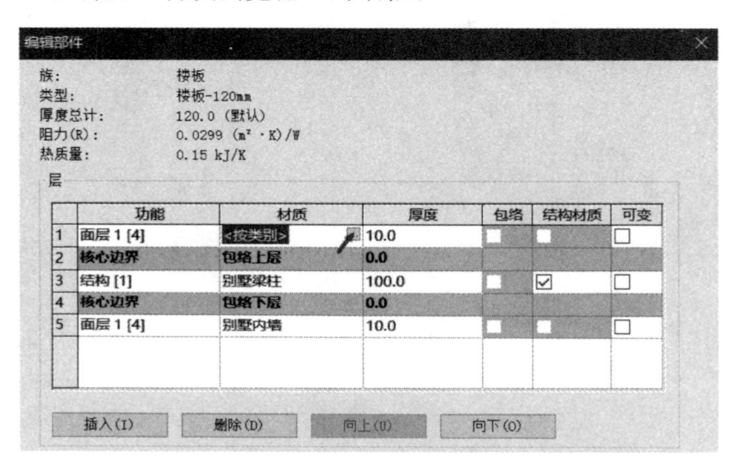

图 7-10 设置楼板构造材质

在图 7-11 左下方的系统材质库中，选择“瓷砖”——“楼板，瓷砖 25×25”，将其加入到项目材质中，并重命名为“别墅地板”（图 7-12）。切换至【图形】选项卡，在【着色】选项组中单击【颜色】色块，在打开的【颜色】对话框中将颜色调成浅色（RGB 230 230 230），单击【确定】按钮完成颜色设置，如图 7-13 所示。

在【表面填充图案】选项组中，单击【前景】——【图案】右侧按钮，打开【填充样式】对话框。单击【填充图案类型】选项组中的【绘图】选项，在下拉列表中选择“交叉线”样式，单击【确定】按钮（图 7-14），单击【颜色】右侧按钮，在打开的【颜色】对话框中选择“黑色”，单击【确定】按钮，完成“表面填充图案”的设置，单击【确定】，完成“楼板-120mm”材质调整（图 7-15 与图 7-16）。

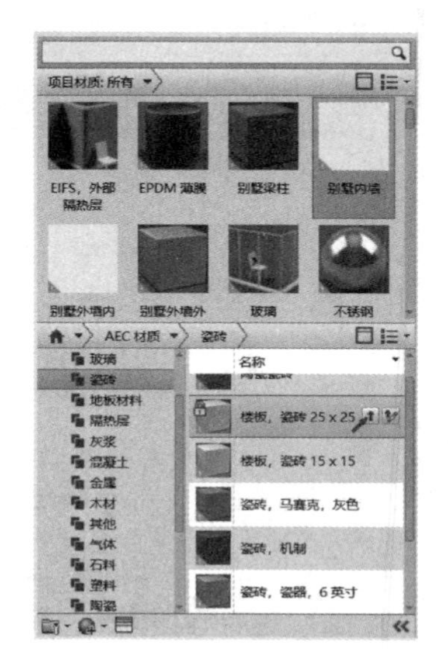

图 7-11 将“楼板，瓷砖 25×25”添加到项目中

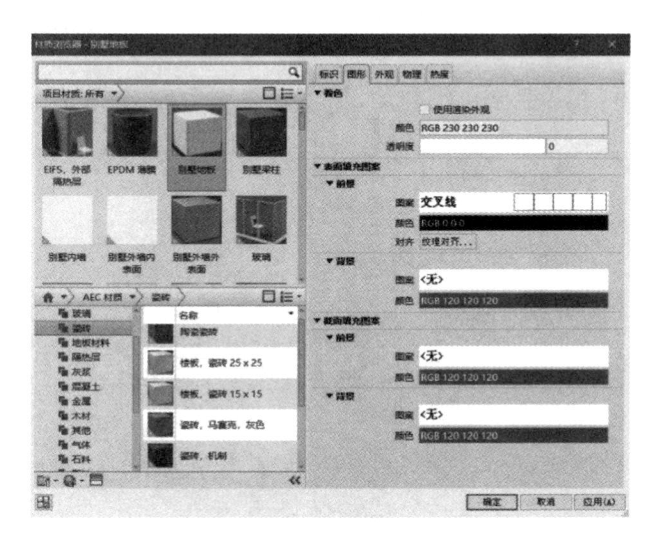

图 7-12　设置“别墅地板”材质

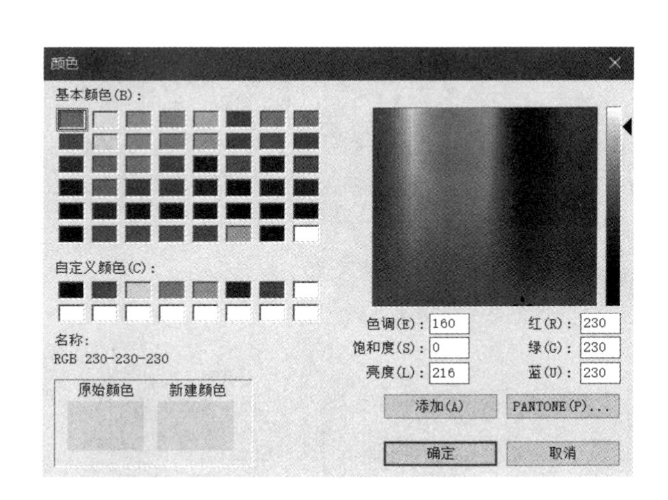

图 7-13　设置“别墅地板”材质的着色

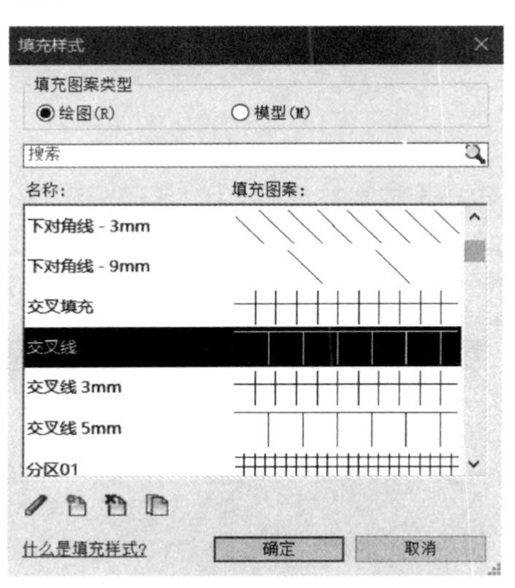

图 7-14　设置“别墅地板”材质的表面填充图案

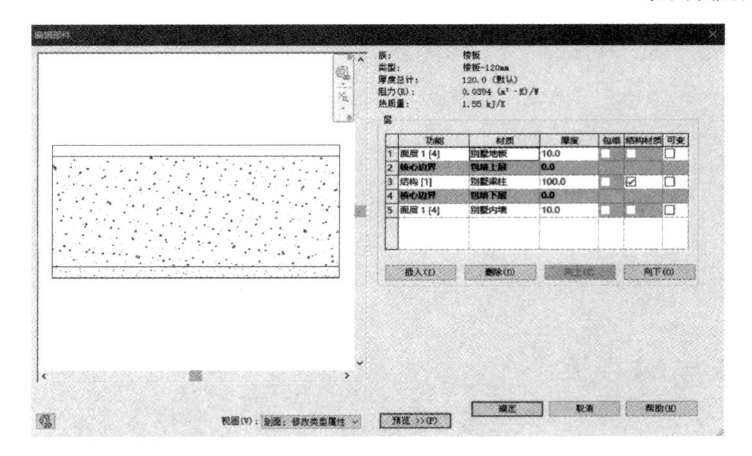

图 7-15　完成楼板的构造设置

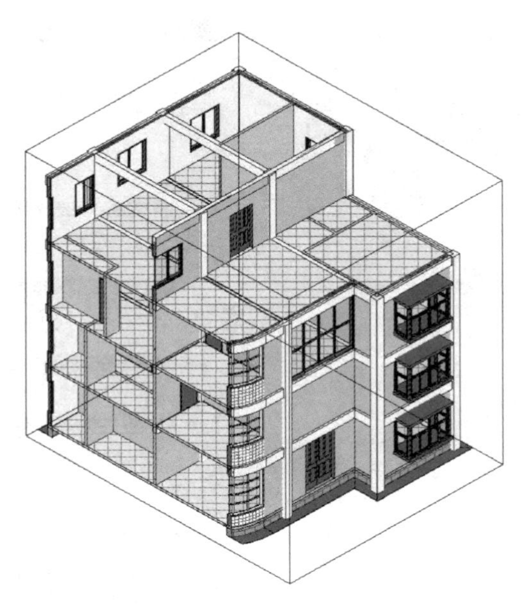

图 7-16　楼板的“着色”视觉样式

选择“F1 楼板”，在其【属性】面板中，单击【编辑类型】，打开“类型属性”对话框，单击【复制】，命名为“F1 楼板-150mm”，单击【结构】右侧的【编辑】按钮，打开“编辑部件”对话框。将“结构［1］”厚度改为“140mm”，并删除下表面“面层 1［4］”，如图 7-17 所示。单击两次【确定】，返回模型进行观察（图 7-18）。

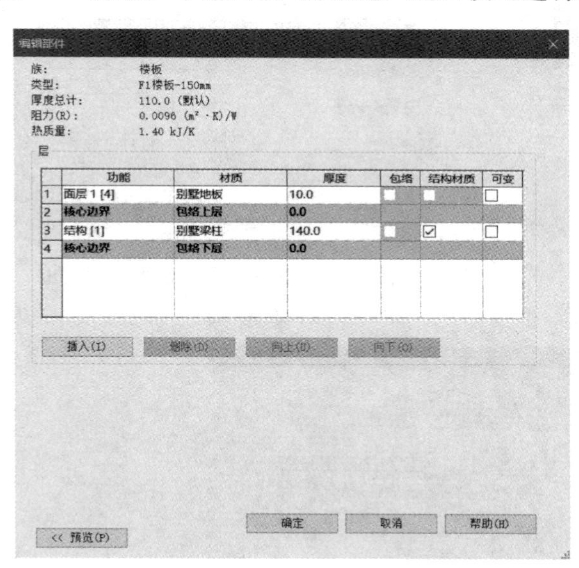

图 7-17　新建“F1 楼板-150mm”类型

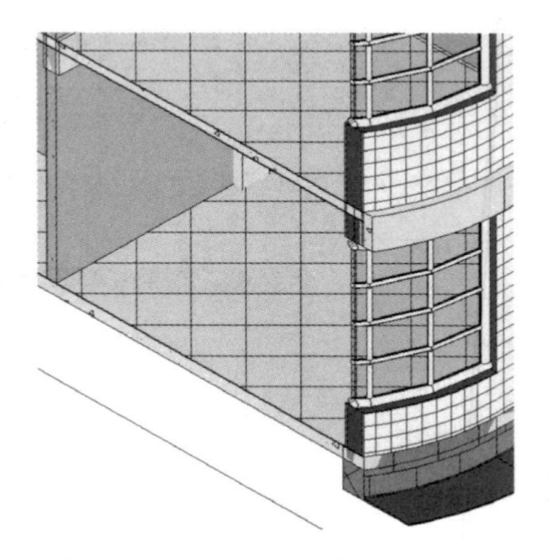

图 7-18　“F1 楼板”与“F2 楼板”

7.3.2　调整 F3 与 F4 楼板

F3 与 F4 楼板有挑出阳台，可以通过楼板编辑或添加新楼板来创建。

由于 F3 阳台板比室内楼板低 50mm，可以新建阳台板。切换到 F3 平面视图，单击【建筑】选项卡——【楼板】按钮，在【属性】面板类型选择器下拉框中，选择“楼板-120mm”类型，修改其实例属性【标高】为“F3”，【自标高的高度偏移】值为“－50mm”，单击【应用】。单击【修改｜创建楼层边界】上下文选项卡——【矩形】工具，分别单击2号轴与C号轴交点、5号轴与B号轴交点，绘制阳台板的矩形轮廓，勾选【完成编辑模式】，如图7-19所示。

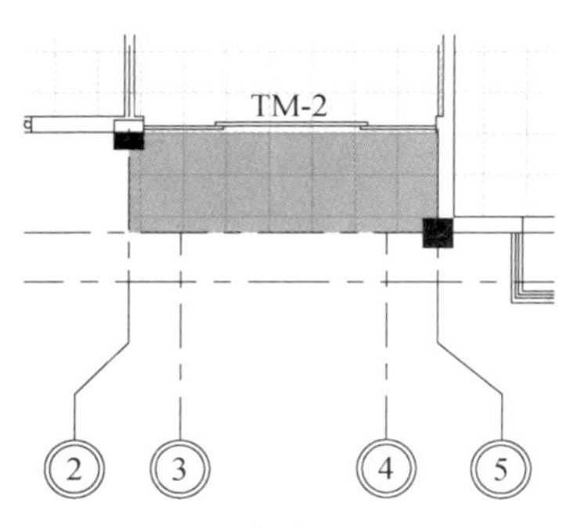

图7-19 创建F3阳台板

提示：完成新建楼板后，系统会弹出“是否希望将高达此楼层标高的墙附着到此楼层的底部?”，一般情况下，单击【否】。

由于F4挑出的阳台板和已建楼板没有高差，它们仍是一个整体，可以通过编辑F4楼板的方法创建挑出阳台。

切换到F4楼层平面，选中楼板，单击【修改｜楼板】上下文选项卡——【编辑边界】按钮，进入楼板草图编辑状态，如图7-20所示。使用【线】工具沿2号轴与C号轴的交点向下绘制到2号轴与B号轴的交点，再使用【修剪】工具，修剪成闭合轮廓，最后删除右侧多余的线，如图7-21所示，勾选【完成编辑模式】，如图7-22所示。切换到三维视图并关闭“剖面框”后进行观察（图7-23）。

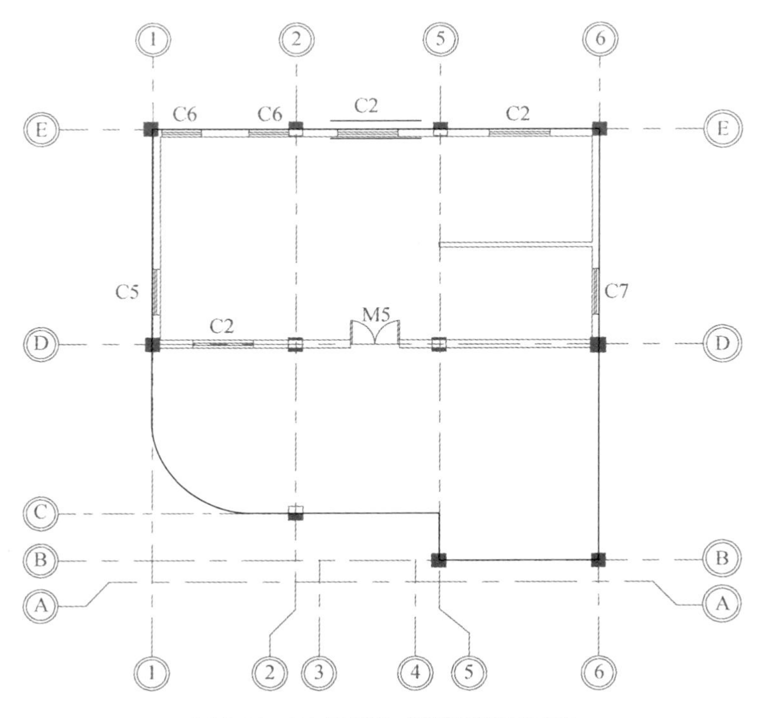

图7-20 F4楼板的“草图编辑状态”

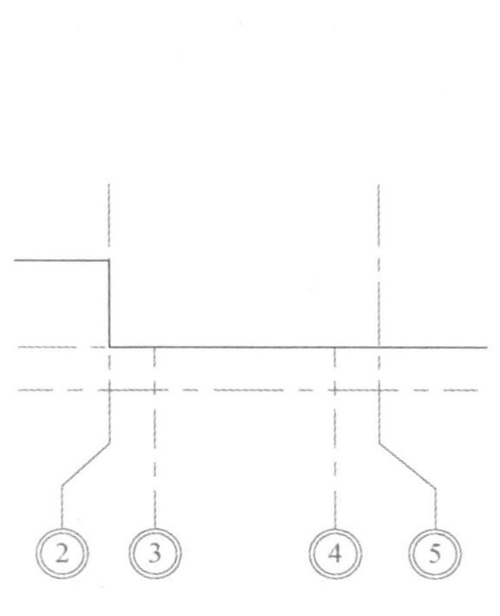

图 7-21　绘制阳台挑出部分

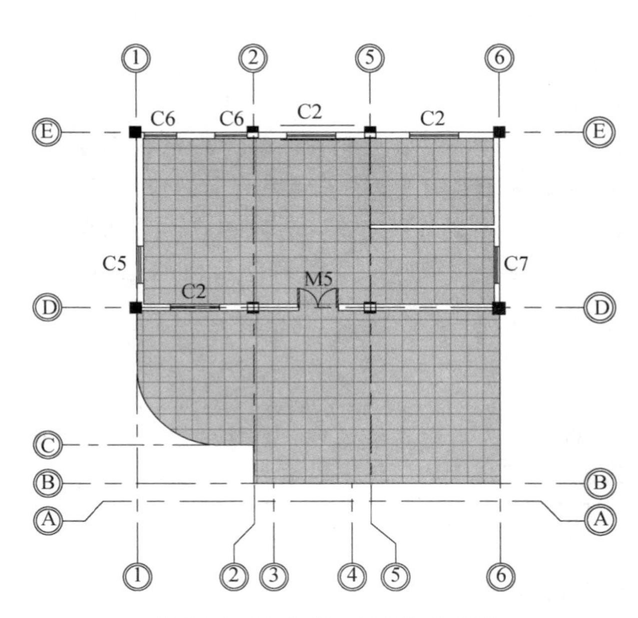

图 7-22　完成“F4 楼板”的编辑

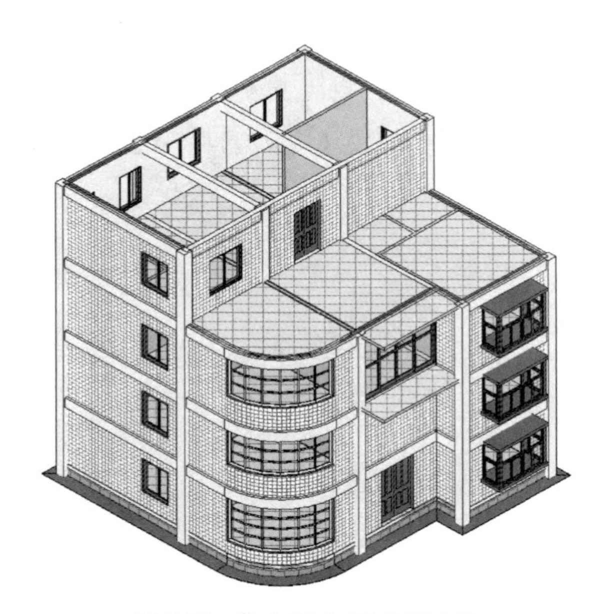

图 7-23　完成 F3 与 F4 的阳台板

7.4　创建主入口平台及台阶

7.4.1　创建主入口平台

切换到 F1 平面视图，单击【建筑】选项卡——【楼板】按钮，在【属性】面板类型选择器下拉框中，选择“F1 楼板-150mm”类型，修改其实例属性【自标高的高度偏移】

值为“－50mm”，单击【应用】。单击【修改｜创建楼层边界】上下文选项卡——【矩形】工具，单击⑤号轴与Ⓒ号轴交点，拖曳矩形的另一个角点到②号轴上单击，选中矩形的下边界，调整其距Ⓒ号轴的临时尺寸为“2200mm”，如图 7-24 所示，完成主入口平台板的矩形轮廓，勾选【完成编辑模式】，如图 7-25 所示。

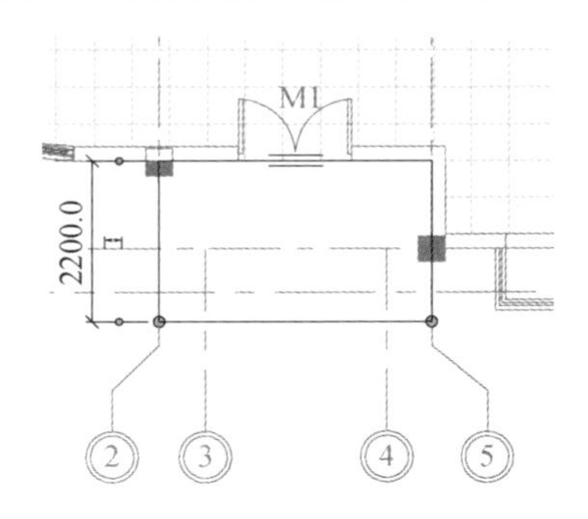

图 7-24 绘制主入口平台板“轮廓”

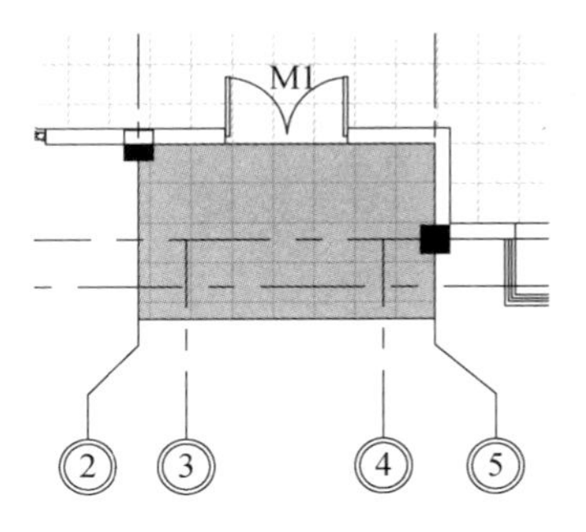

图 7-25 创建主入口平台

7.4.2 创建台阶轮廓

Revti 台阶可以通过【楼板边】工具来创建，该工具可以将轮廓沿楼板边缘进行放样建模。

首先需要创建台阶轮廓族。单击【文件】下拉菜单，选择【新建】——【族】，打开“新族——选择样板文件”对话框。选择“公制轮廓 . rft”族样板文件，单击【打开】按钮，进入族编辑器。单击【创建】选项卡中的【线】按钮，在参照平面交点处单击，向右水平移动绘制 300mm 的直线，垂直向下绘制 150mm 直线，再向右水平绘制 300mm 的直线，垂直向下绘制 150mm 直线，然后向左绘制水平线到参照平面位置，最后向上绘制完成闭合轮廓，如图 7-26 所示。

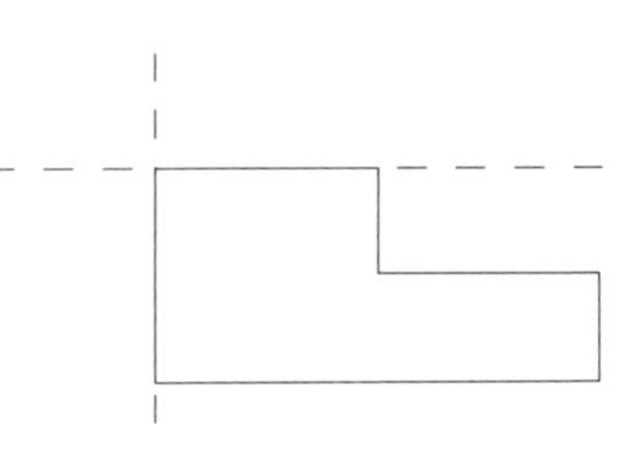
图 7-26 绘制台阶轮廓

单击快速访问工具栏中的【保存】按钮，保存为“台阶轮廓 . rfa”族文件，然后单击【修改】选项卡中的【载入到项目】按钮，将其载入到项目中。

7.4.3 创建主入口台阶

切换到“吕桥四层别墅-7. rvt”项目，并切换到三维视图。单击【建筑】选项卡中的【楼板】下拉框，选择【楼板：楼板边】工具，如图 7-27 所示。系统打开【修改｜放置楼板边缘】上下文选项卡，单击其【属性】面板中的【编辑类型】，打开“类型属性”对话框，此时系统默认的类型为“楼板边缘”，单击【复制】，并命名为“室外台阶”，单击【轮廓】右侧的下拉框，选择“台阶轮廓”，将【材质】设为“别墅梁柱”，单击【确定】（图 7-28）。

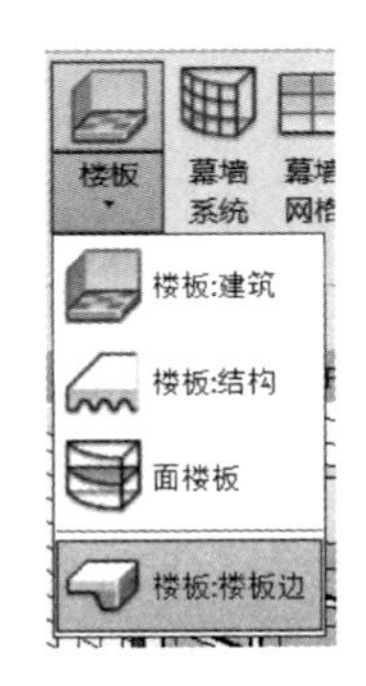

图 7-27 选择【楼板：楼板边】工具

图 7-28　新建“室外台阶”类型

单击主入口平台板的下缘，系统可以创建台阶放样（图 7-29）。由于平台板右侧有一部分在室内，如果直接放样，台阶会进入室内，所以需要将右侧轮廓拆分成两段。选中平台板，在【修改｜楼板】上下文选项卡中，单击【编辑边界】按钮，进入楼板草图编辑，切换到 Viewcube 的“上”视图，单击【拆分图元】按钮，在柱中位置对右侧边线进行拆分，如图 7-30 所示。单击 Viewcube 的角点重新切换到轴侧视角后，添加剩余的一段室外台阶，如图 7-31 所示。

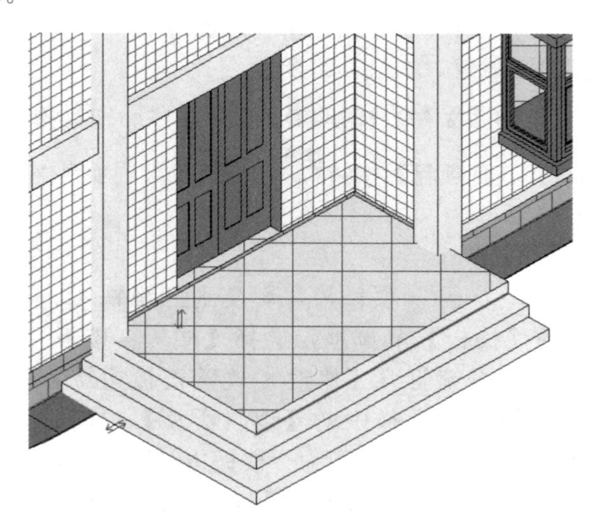

图 7-29　创建两段室外台阶

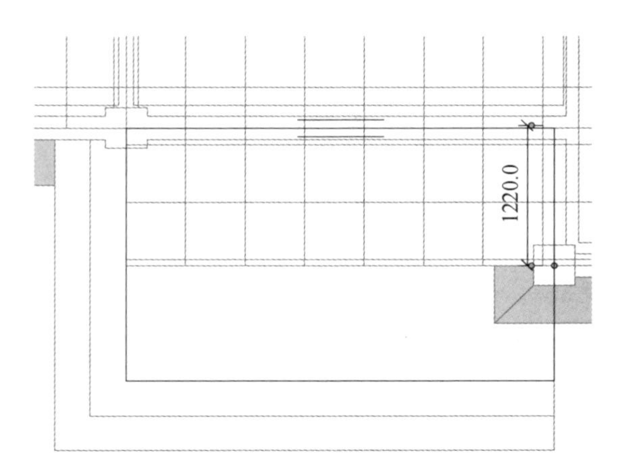

图 7-30　使用【拆分图元】工具打断右侧边线

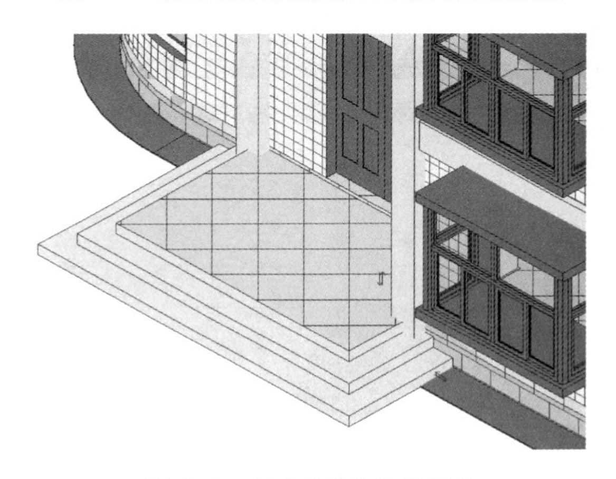

图 7-31　完成室外台阶的创建

7.5　创建装饰带

7.5.1　创建装饰带轮廓

单击【文件】下拉菜单，选择【新建】——【族】，打开“新族——选择样板文件”对话框。选择“公制轮廓 . rft”族样板文件，单击【打开】按钮，进入族编辑器。单击【创建】选项卡中的【线】按钮，在参照平面交点处单击，水平向右绘制 260mm 的直线，垂直向下绘制 120mm 直线，再向左水平绘制 100mm，向下绘制 160mm，向右绘制 100mm，向下绘制 120mm，向左绘制 260mm，向上绘制 400mm，形成闭合轮廓，如图 7-32 所示。

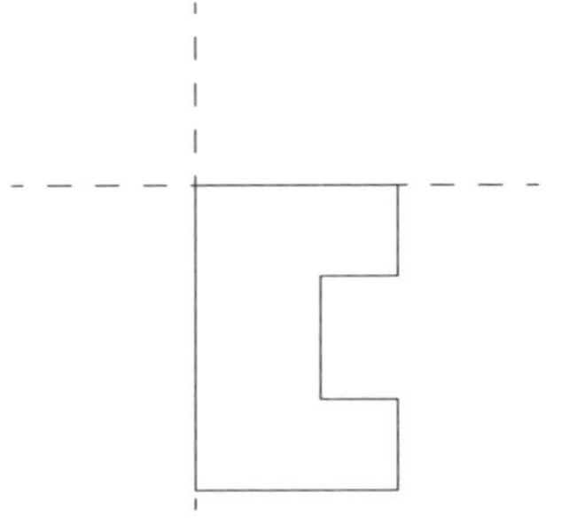

图 7-32　绘制装饰带轮廓

单击快速访问工具栏中的【保存】按钮，保存为“装饰带轮廓 . rfa”族文件，然后单击【修改】选项卡中的【载入到项目中】按钮，将其载入到项目中。

7.5.2 创建 F3 装饰带

切换到“吕桥四层别墅-7.rvt”项目，并切换到三维视图，单击【建筑】选项卡中的【楼板】下拉框，选中【楼板：楼板边】工具。系统打开【修改｜放置楼板边缘】上下文选项卡，单击【属性】面板中的【编辑类型】，打开“类型属性”对话框，单击【复制】，命名为“装饰带”，单击【轮廓】右侧的下拉框，选中“装饰带轮廓”，将【材质】设为“别墅梁柱”，单击【确定】（图 7-33）。

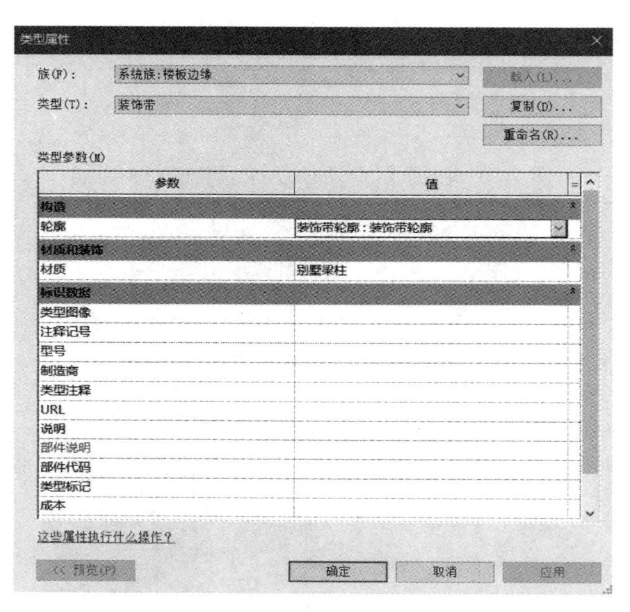

图 7-33　新建“装饰带”类型

在【属性】面板中，设置【水平轮廓偏移】值为“100”，单击【应用】。单击 F3 阳台板的上边缘，生成装饰带放样，如图 7-34 所示。

图 7-34　创建“F3 阳台板”的装饰带

提示： 选中“装饰带”楼板边构件后，可以在其实例属性中，通过设置【垂直轮廓偏移】与【水平轮廓偏移】值，来调整“装饰带”相对于楼板边缘在垂直方向和水平方向的位置。另外【角度】参数可以控制“装饰带”轮廓的旋转角度。

7.5.3 创建 F4 装饰带

在三维视图中，选中 F4 楼板，单击视图控制栏中【临时隐藏/隔离】——【隔离图元】按钮（图 7-35），将 F4 楼板单独显示（图 7-36）。单击【建筑】选项卡中的【楼板】下拉框，选中【楼板：楼板边】工具，系统打开【修改｜放置楼板边缘】上下文选项卡，单击【属性】面板类型选择器下拉框中的“楼板边缘装饰带”，将光标置于 F4 楼板的上边缘，按 Tab 键，可选中整个上边缘轮廓，单击后自动生成装饰带放样，如图 7-37 所示。

图 7-35　选中 F4 楼板后，单击【隔离图元】

提示： 通过点击垂直或水平的“双向箭头”，可以实现装饰带的上下或者内外翻转。

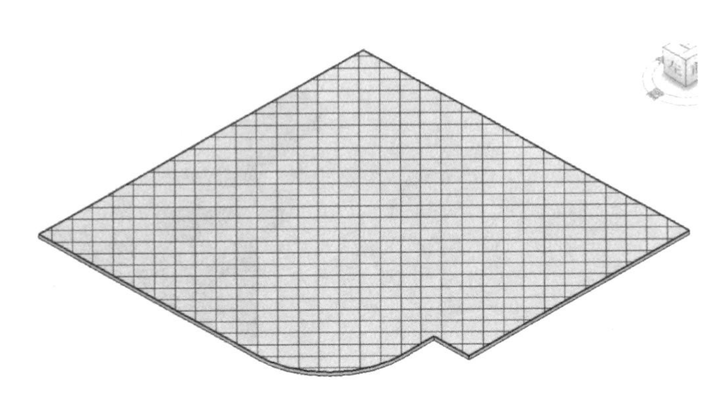

图 7-36　单独显示 F4 楼板

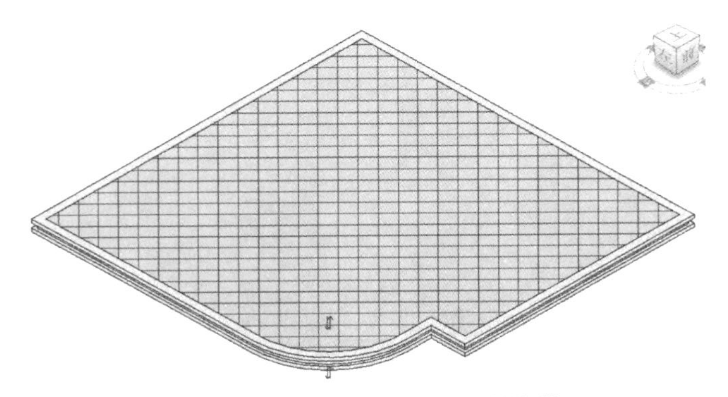

图 7-37　创建“F4 楼板”的装饰带

单击视图控制栏中【临时隐藏/隔离】——【重设临时隐藏/隔离】按钮，将隐藏对象重新显示出来，如图 7-38 所示。

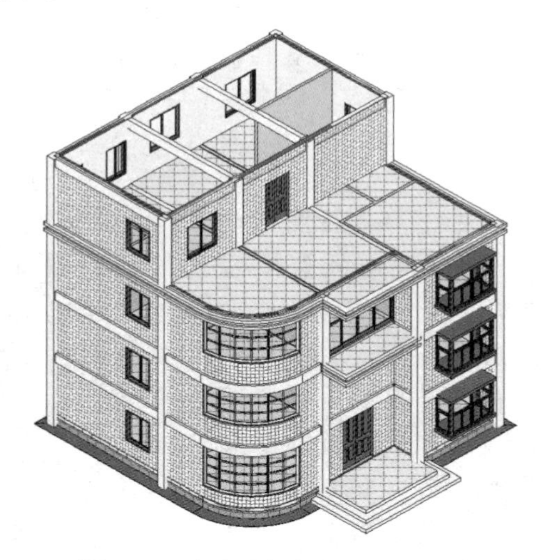

图 7-38 完成楼板与装饰带的创建

提示：在族编辑器中，修改“装饰带轮廓”族，将其重新载入到项目中，“覆盖现有版本”轮廓后，可以实现装饰带样式的修改，如图 7-39 所示。

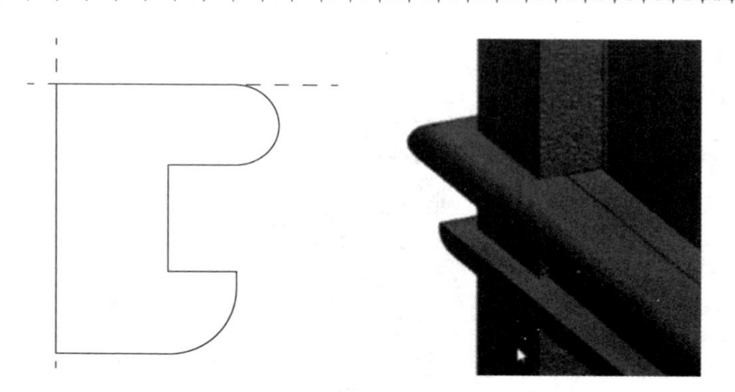

图 7-39 修改“装饰带”样式

8 屋　　顶

屋顶是建筑物重要的组成构件，其对于建筑物的防水、保温、隔热、通风、采光等使用功能有重要的影响。屋顶一般是自承重结构（除上人荷载、雪荷载、风荷载等特殊荷载外）。另外，屋顶通常被称为建筑的“第五立面”，其造型样式、材料、色彩等也是建筑师所重点考虑的内容。

Revit 提供了较灵活的屋顶创建与编辑工具，可以在项目中生成各种形式的屋顶，基本能够满足建筑师对于方案设计的要求。Revit 屋顶包括“迹线屋顶”“拉伸屋顶”和“面屋顶”三种类型。“迹线屋顶”与楼板的创建方法类似，并提供了更灵活的坡度定义方法。“拉伸屋顶”是将屋顶形状线以拉伸放样的方式创建屋顶。“面屋顶”是专门针对体量模型进行屋顶创建的工具。

本章主要在熟悉别墅屋顶构造知识的基础上，学习 Revit 屋顶的参数设置，掌握迹线屋顶与拉伸屋顶的创建方法，了解创建屋顶附属构件的方法。

本章学习目的：

（1）熟悉屋顶的构造知识；

（2）掌握迹线屋顶的创建与编辑方法；

（3）掌握拉伸屋顶的创建与编辑方法；

（4）掌握屋顶附属构件的创建方法。

手机扫码
观看教程

8.1 屋顶概述

8.1.1 迹线屋顶

对屋顶进行定位是创建屋顶的基本前提，屋顶的竖向位置一般由“标高”确定，其水平位置（屋顶的开间与进深）一般由“外墙轮廓”和“轴线”来确定，另外迹线屋顶还需通过设置坡度来确定坡屋顶的造型。

单击【文件】菜单——【新建】——【项目】，选择“建筑样板”，默认样板文件有“标高 1”和“标高 2”两个标高，切换到“标高 2”平面视图，在标高 2 进行屋顶绘制。单击【建筑】选项卡——【屋顶】按钮，其默认绘制方式即为迹线屋顶，系统打开【修改｜创建屋顶迹线】上下文选项卡，如图 8-1 所示。

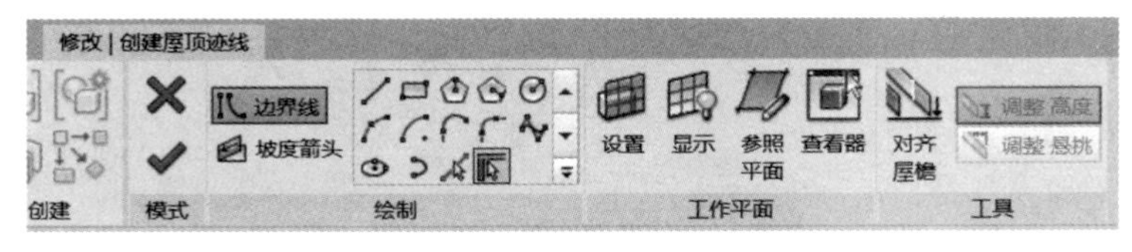

图 8-1　创建“迹线屋顶”的工具

选择【矩形】工具，在选项栏中启用【定义坡度】选项，设置【悬挑】值为“0”。在【属性】面板的类型选择器中，选择下拉列表中的“基本屋顶常规-125mm”类型，其他参数按照默认值。

绘制矩形轮廓，开间为“10m”，进深为“6m”，默认坡度为“30°”，单击【完成编辑模式】按钮（图8-2）。

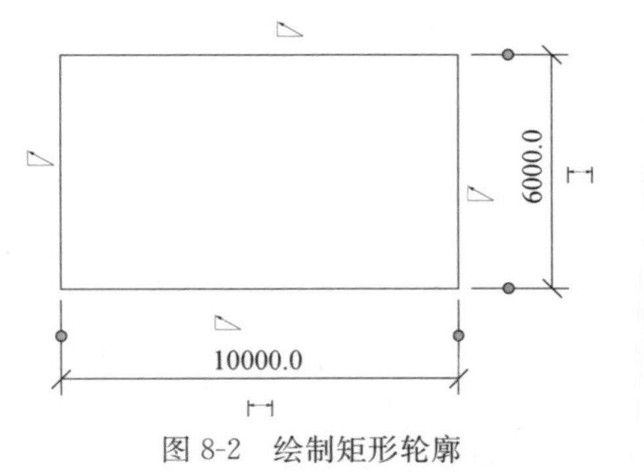

图8-2　绘制矩形轮廓

8.1.2　编辑迹线屋顶

1. 修改迹线长度与坡度

切换到三维视图，并打开【着色】视图样式，选中屋顶，在【属性】面板中，修改其【坡度】值为“40°”，单击【应用】，可以对屋顶的四面坡度进行同时修改。单击【修改｜屋顶】——【编辑迹线】按钮，选中右侧迹线，单击坡度值，将其修改为“30°”，再选中左侧迹线，在选项栏或【属性】面板中，不勾选【定义屋顶坡度】，单击【完成编辑模式】按钮，如图8-3和图8-4所示。

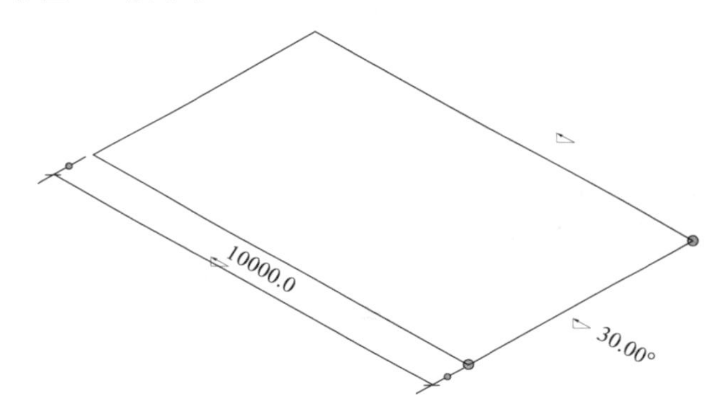

图8-3　修改“迹线”的坡度值

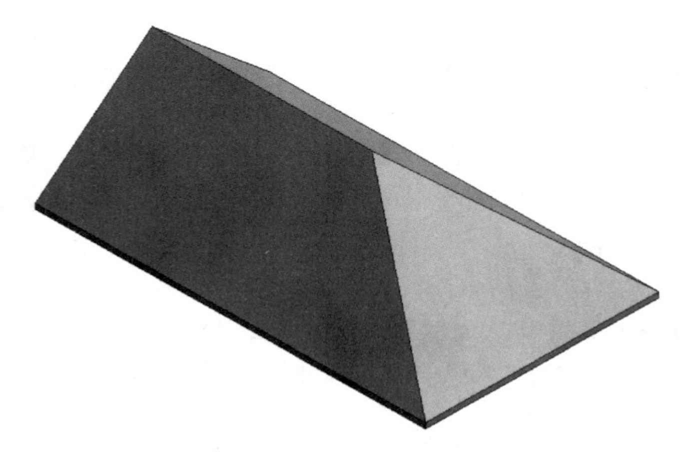

图8-4　坡度修改后的屋顶

切换到“标高 2”平面视图，此时屋顶呈剖切状态，单击空白处，在楼层平面【属性】面板中，单击编辑【视图范围】，打开“视图范围”对话框，将【顶部】和【剖切面】偏移值都设为“3000mm”，单击【确定】(图 8-5)，此时在标高 2 可以看到完整的屋脊线。

选择屋顶，单击【修改 | 屋顶】——【编辑迹线】按钮，将迹线修改为“L 形”，尺寸如图 8-6 所示，除最左侧迹线外，其余迹线的定义坡度均为“30°”，单击【完成编辑模式】(图 8-7)。

再次选中屋顶，单击【编辑迹线】，选中上方迹线，修改临时尺寸为“12m”(图 8-8)。

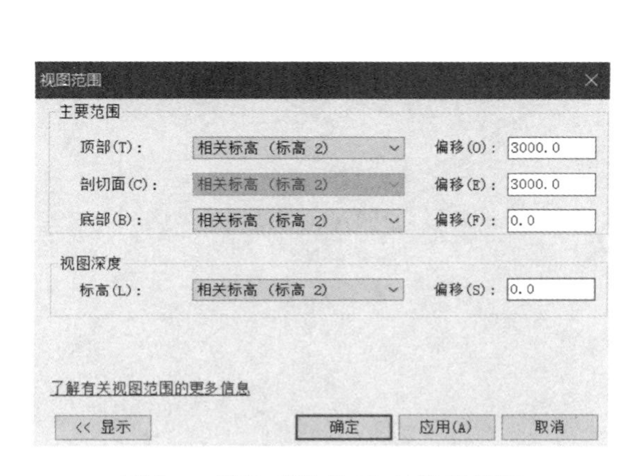

图 8-5 调整“标高 2”的视图范围

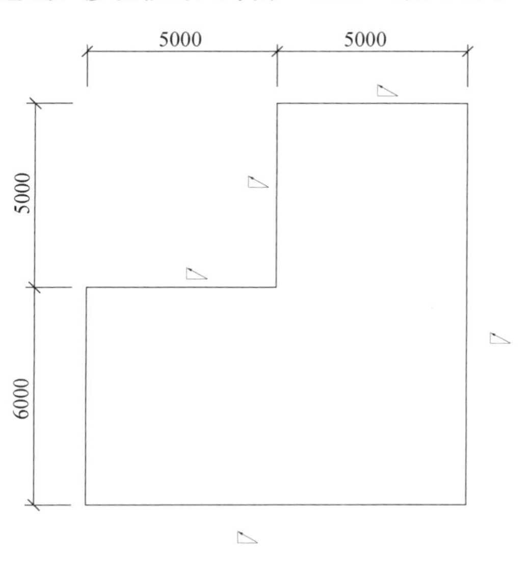

图 8-6 将屋顶迹线修改为“L”形

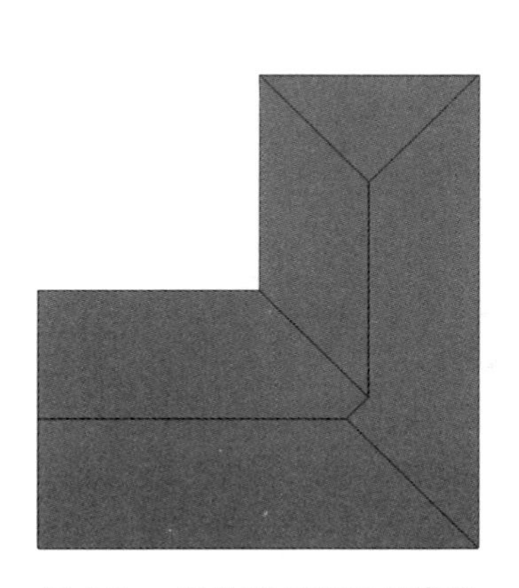

图 8-7 “L”形屋顶的屋脊线

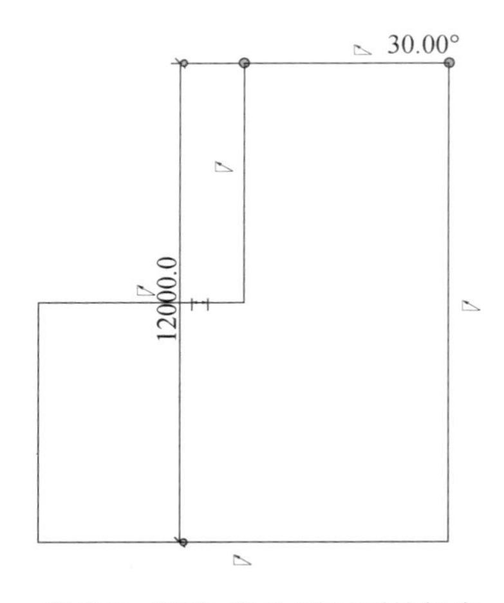

图 8-8 调整“L”形屋顶的长度

2. 修改迹线形成斜坡

一条迹线只能够设置单一坡度，如果需要在一条迹线边上添加斜坡，必须将此迹线分成若干段。选中右侧迹线，将其删除，并重新绘制多段迹线，如图 8-9 所示。然后切换到三维视图，选中下方两段“1500mm”长度的迹线，将选项栏中【定义坡度】勾掉（图 8-10），

单击【修改 | 编辑迹线】上下文选项卡中【坡度箭头】——【线】(图 8-11)，按起点到终点的方式分别沿两段迹线绘制箭头，如图 8-12 所示，然后选中两个箭头，在【属性面板】中【指定】为“尾高”，【头高度偏移】值为“1000mm”，单击【应用】，单击【完成编辑模式】 (图 8-13)。

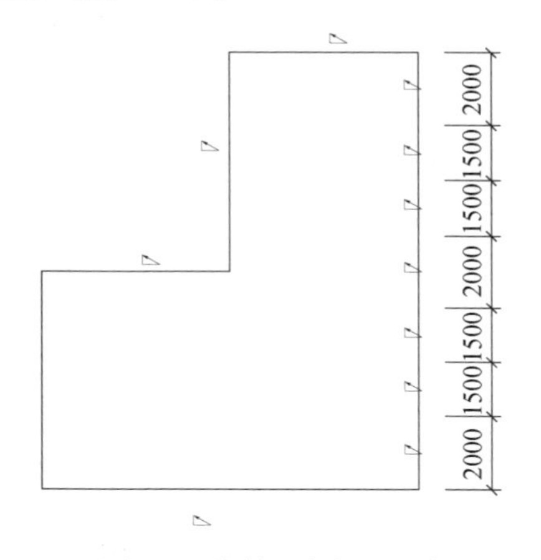

图 8-9 绘制“多段”迹线

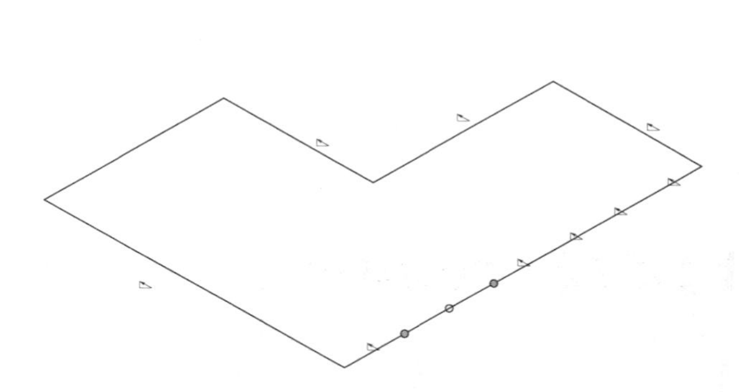

图 8-10 取消两段“1500mm”迹线的坡度

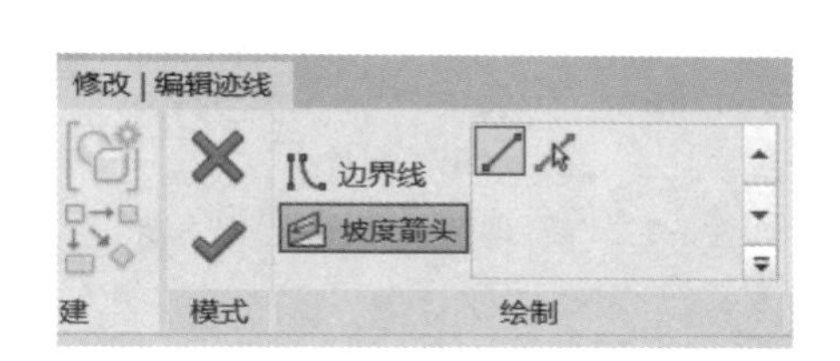

图 8-11 使用【坡度箭头】的【线】工具

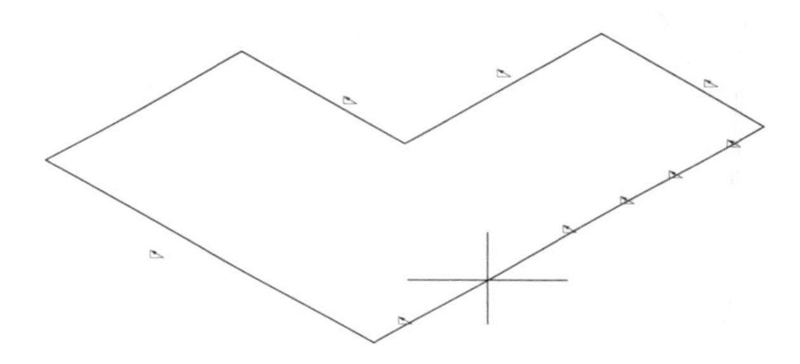

图 8-12 绘制坡度箭头

图 8-13 完成“局部斜坡”

提示：斜坡形状需要按照 Revit 的生成逻辑和计算规则而创建，如果参数设置不当，Revit 就不能生成斜坡形状。

继续选中屋顶，单击【修改 | 屋顶】——【编辑迹线】，选中上方的两段“1500mm”迹线，将其【定义坡度】勾掉（图 8-14），单击【修改 | 编辑迹线】上下文选项卡中【坡度

箭头】——【线】，按起点到终点的方式分别沿两段迹线绘制箭头（图 8-15），然后选中两个箭头，在【属性】面板中【指定】为“坡度”，【坡度】值设为“35°”，单击【应用】，单击【完成编辑模式】按钮（图 8-16）。

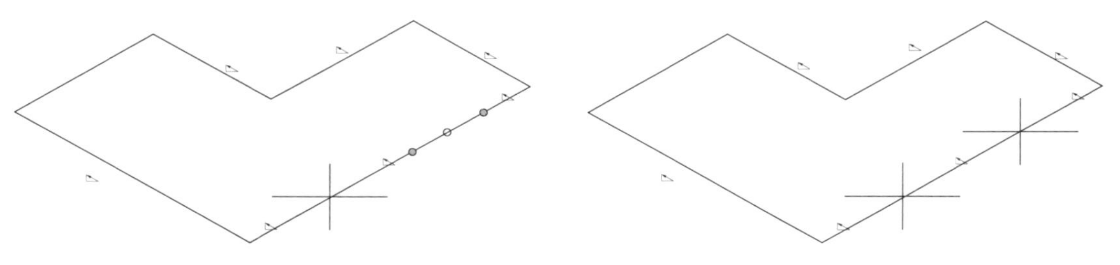

图 8-14　取消另外两段“1500mm”迹线的坡度　　　　图 8-15　绘制坡度箭头

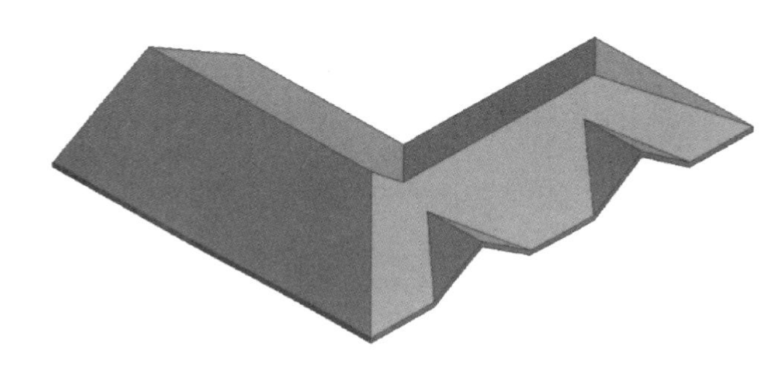

图 8-16　完成另一处“局部斜坡”

3. 迹线屋顶创建老虎窗

切换到南立面视图，单击【视图】选项卡——【平铺视图】按钮，将三维视图、南立面和标高 2 进行平铺显示，调整各视图中的模型到合适大小（图 8-17）。

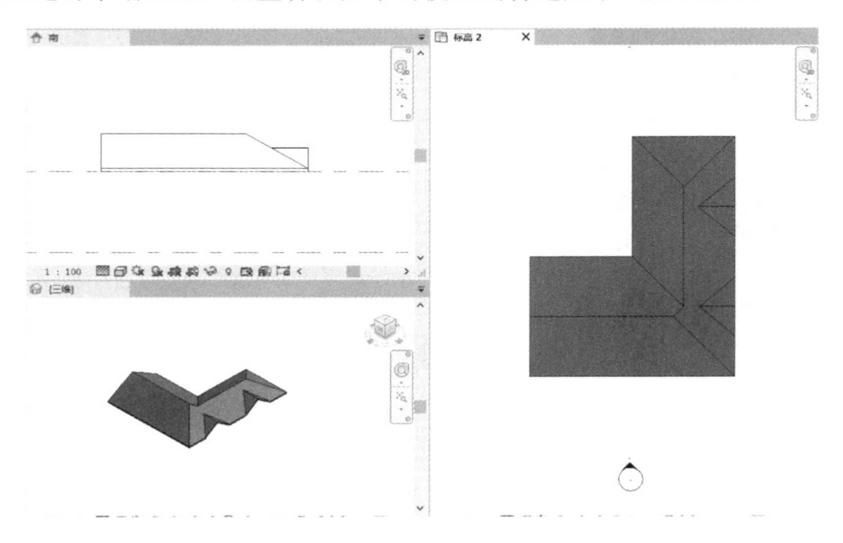

图 8-17　将视图“平铺”显示

激活“标高 2”视口，单击【建筑】选项卡——【屋顶】按钮，使用【矩形】工具，选项栏中勾选【定义坡度】选项，设置【悬挑】值为“0”。在【属性】面板的类型选择器中，选择“基本屋顶常规-125mm”类型。在大屋顶的南部边线附近绘制矩形轮廓，开间尺寸“2m”，进深尺寸“1.5m”，单击【完成编辑模式】按钮✔（图 8-18）。

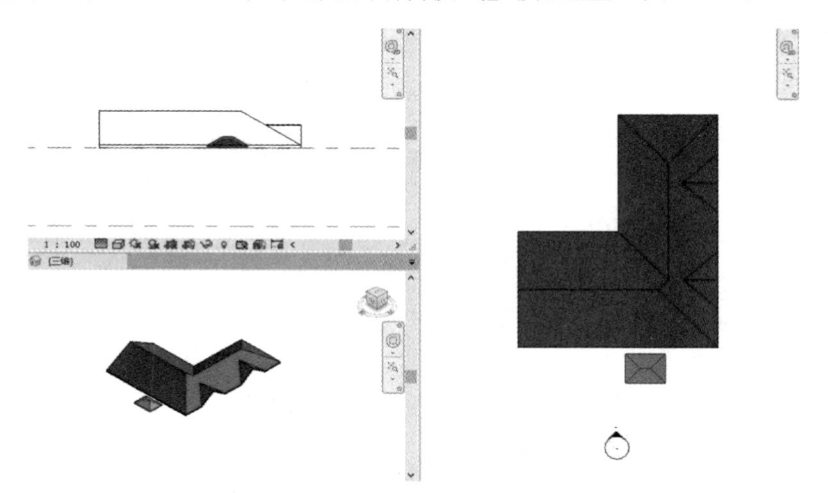

图 8-18　创建“矩形”迹线屋顶作为“老虎窗”

单击【修改】选项卡——【对齐】按钮，先单击大屋顶“L 形”左侧边，再单击小屋顶左侧边，将两者对齐（图 8-19），即在水平方向对小屋顶实现定位，按 Esc 键结束对齐命令。激活南立面视图，单击【修改】选项卡——【移动】按钮，选中小屋顶，按 Enter 键，先单击标高 2 作为基准点，将光标向上移动“900mm”后（图 8-20），再次单击，将小屋顶自标高 2 向上移动“900mm”，即实现对小屋顶在垂直方向的定位（图 8-21）。

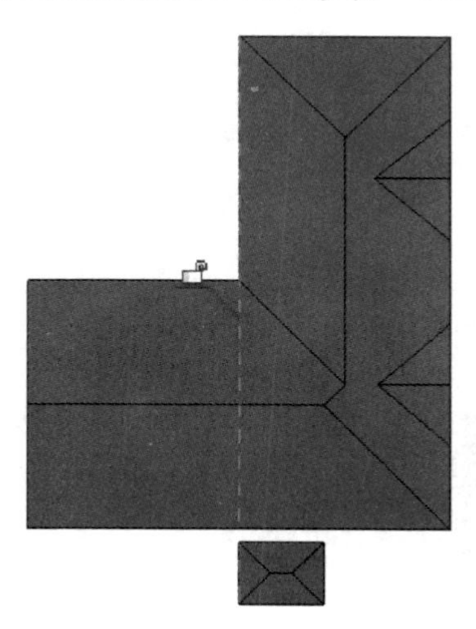

图 8-19　将两个屋顶的“左侧边”对齐

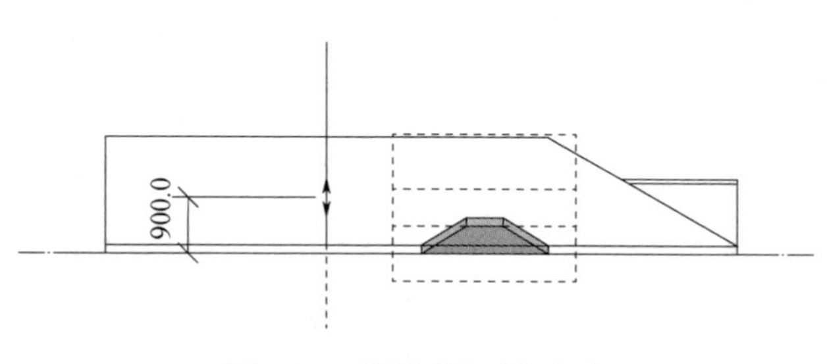

图 8-20　使用“移动”命令

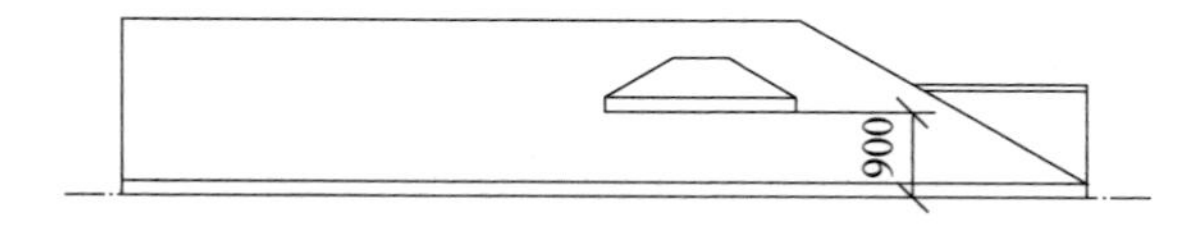

图 8-21　将小屋顶上移“900mm”

激活三维视图，选中小屋顶，单击【修改｜屋顶】——【编辑迹线】，将靠近大屋顶一侧的迹线坡度勾掉（图 8-22），单击【完成编辑模式】按钮 （图 8-23）。

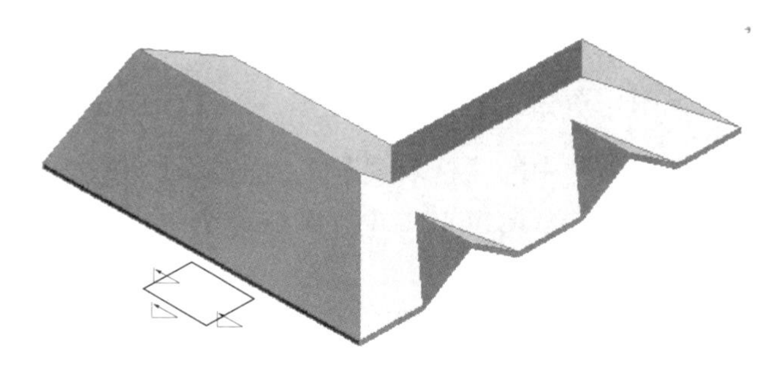

图 8-22　取消小屋顶的“内侧迹线”坡度

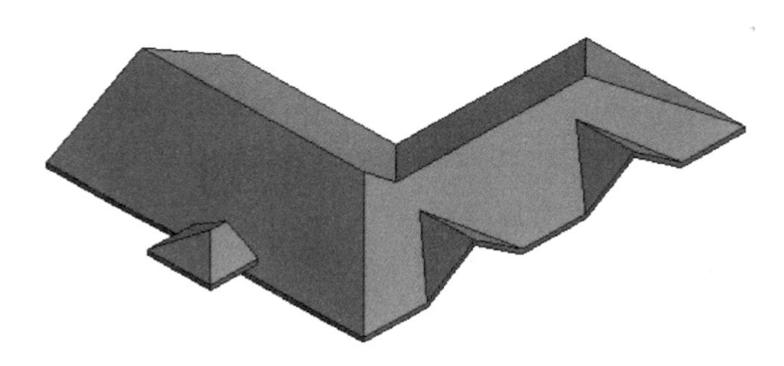

图 8-23　完成小屋顶的修改

单击【修改】选项卡——【几何图形】面板中【连接/取消连接屋顶】按钮 ，将光标置于小屋顶内侧边，当其呈蓝色时单击一下，然后将光标置于大屋顶南侧面边缘上单击一下，此时小屋顶会自动进行延伸，并且与大屋顶相交形成老虎窗（图 8-24）。

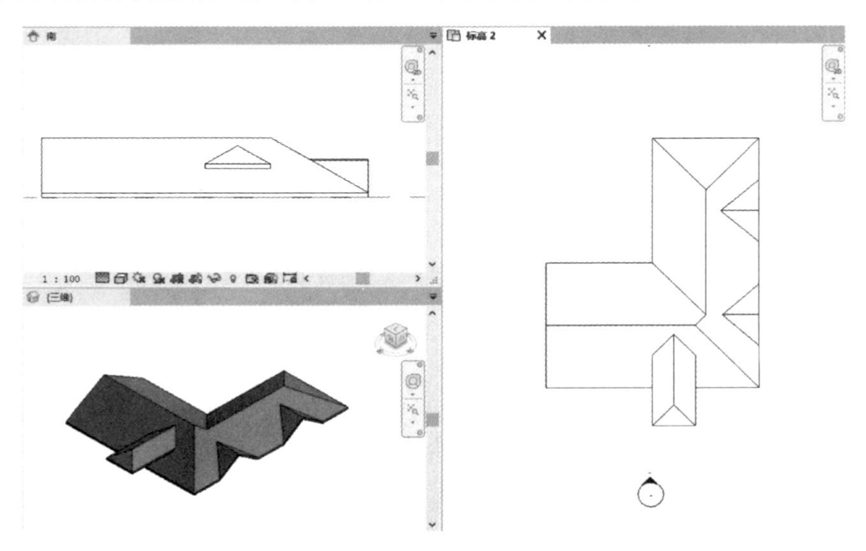

图 8-24　连接屋顶形成“老虎窗”

8.1.3 拉伸屋顶

拉伸屋顶可以将屋顶形状线进行拉伸放样以创建屋顶，其最大的特点是可以创建弧形等特殊形状的屋顶，对形状线进行定位是使用该工具的关键。

首先激活标高 2 平面视图，单击【建筑】选项卡——【参照平面】按钮，单击【修改 | 放置参照平面】上下文选项卡中的【拾取线】工具，拾取上节所绘制小屋顶的下部边界，拖动生成的参照平面夹点到合适位置，并将该参照平面命名为“起始面”，如图 8-25 所示。

使用快捷键“rp”，继续绘制参照平面来定位弧线的左、中、右位置，如图 8-26 所示。

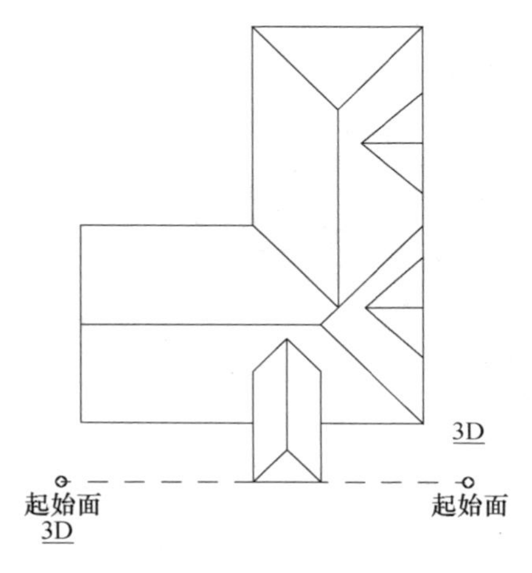

图 8-25 创建“参照平面”并命名

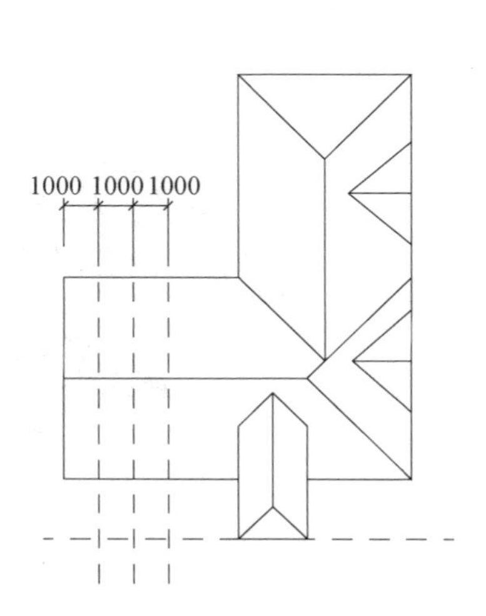

图 8-26 绘制垂直“参照平面”

激活南立面视图，使用快捷键“rp”，绘制参照平面来定位弧线在垂直方向的位置，如图 8-27 所示。

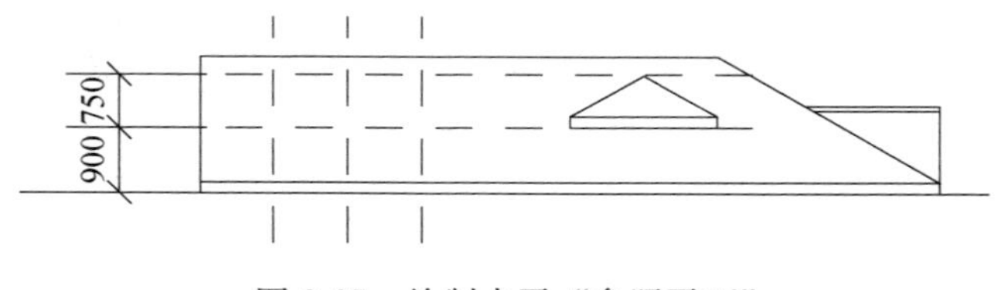

图 8-27 绘制水平“参照平面”

单击【建筑】选项卡——【屋顶】下拉菜单中的【拉伸屋顶】(图 8-28)，弹出“工作平面”对话框，点选【名称】项，在其右侧下拉菜单中选择“参照平面：起始面”作为工作平面（图 8-29)，单击【确定】后，弹出“屋顶参照标高和偏移”，继续单击【确定】(图 8-30)。在南立面视图中，单击【修改 | 创建拉伸屋顶轮廓】上下文选项卡中的【起点—终点—半径弧】工具，捕捉参照平面的交点作为起点、终点、半径弧绘制弧形轮廓，如图 8-31 和图 8-32 所示。在【属性】面板的类型选择器下拉框中，选择“基本屋顶常规-125mm”类型，单击【完成编辑模式】，如图 8-33 所示。

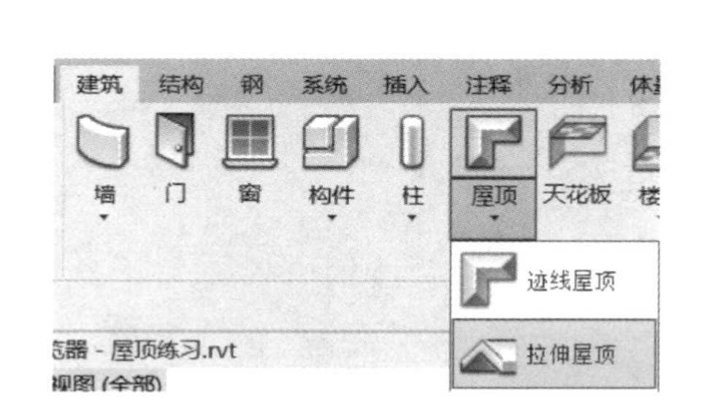

图 8-28　选择【拉伸屋顶】工具

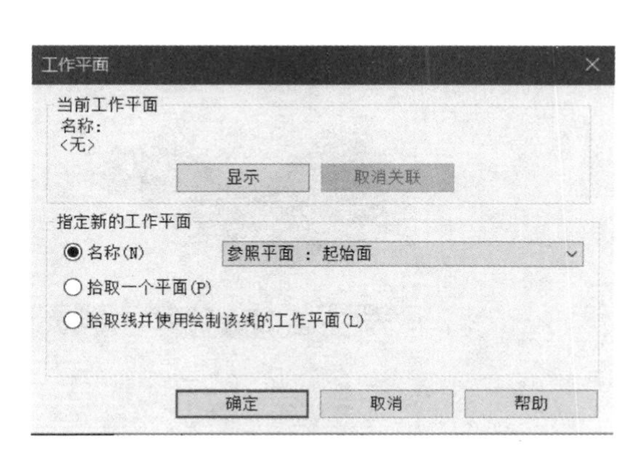

图 8-29　选择“起始面”作为工作平面

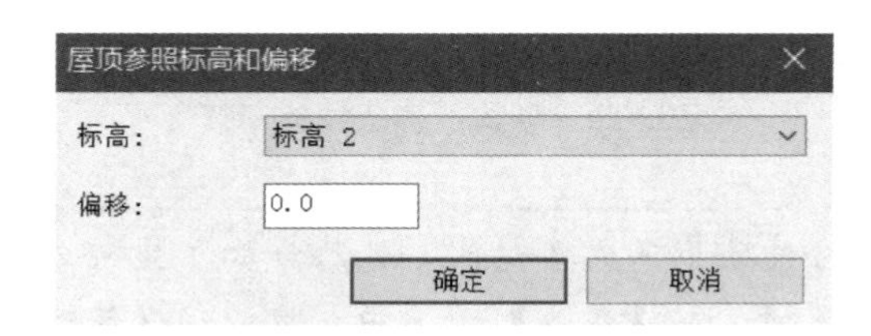

图 8-30　“标高 2”作为屋顶底部

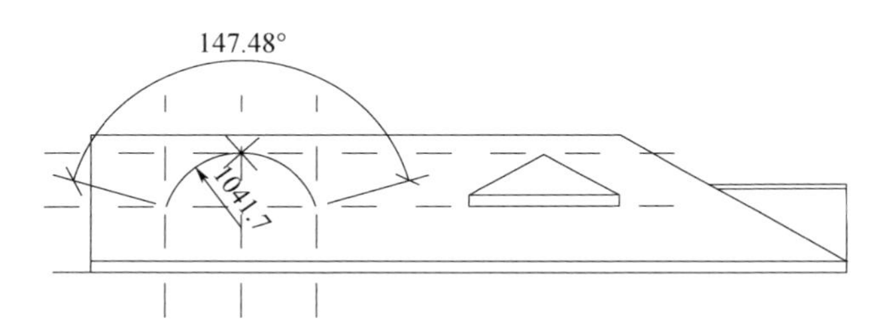

图 8-31　捕捉参照平面交点绘制“弧形轮廓”

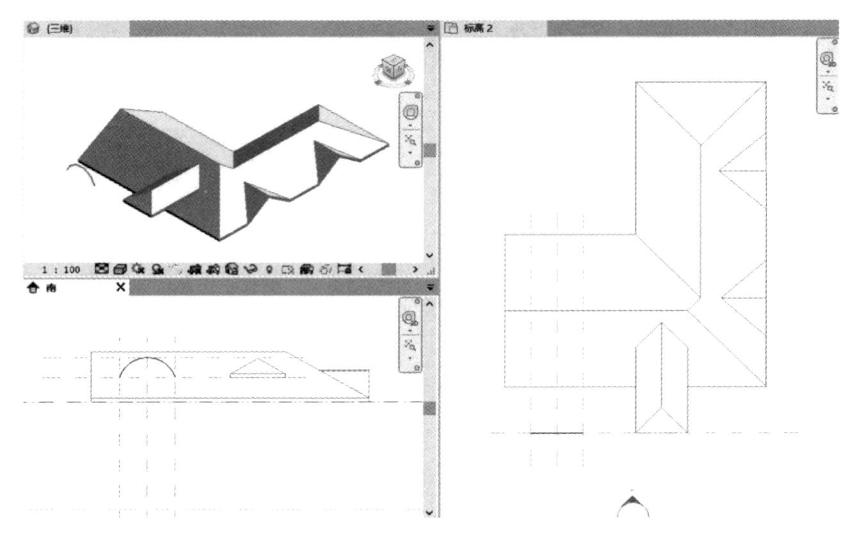

图 8-32　观察“弧形轮廓”的位置

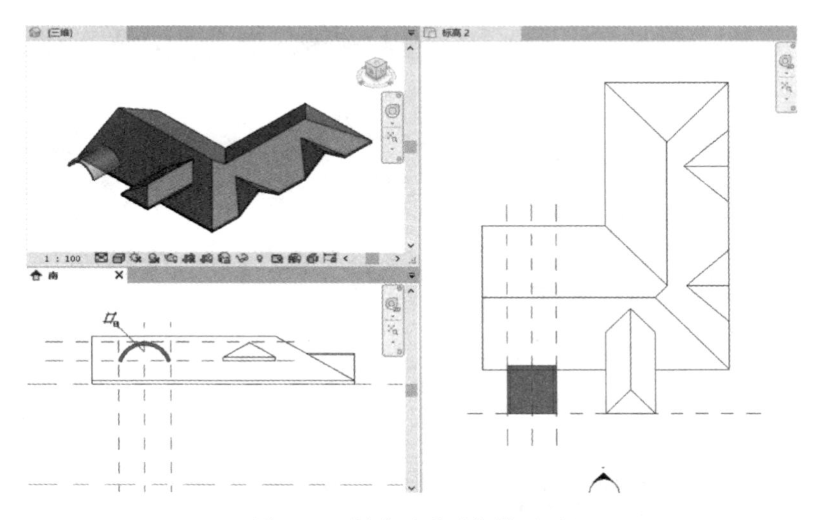

图 8-33 创建弧形“拉伸屋顶”

提示：弧形屋顶的拉伸轮廓不需要封闭，轮廓线向下方可以反映出屋顶类型的构造层次与厚度。选中弧形屋顶，在【属性】面板中，可以通过修改【拉伸起点】和【拉伸终点】值，来调整弧形屋顶的长度。通过修改【椽截面】为“垂直截面”或“垂直双截面”来显示弧形屋顶边缘的形状。

激活三维视图，单击【修改】选项卡——【几何图形】面板中【连接/取消连接屋顶】按钮，将光标置于弧形屋顶内侧边，当其呈蓝色时单击一下，然后将光标置于大屋顶南侧面边缘上单击一下，此时弧形屋顶会自动进行延伸，并且与大屋顶相交形成弧形老虎窗，如图 8-34 所示。

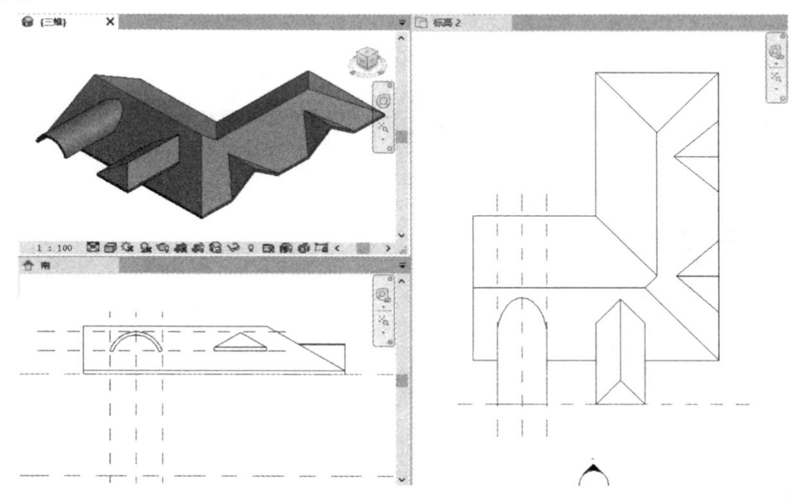

图 8-34 连接屋顶形成“老虎窗”

提示：单击【视图】选项卡——【选项卡视图】按钮，可以切换到单一主视图。

8.1.4 屋顶附属构件

屋顶的附属构件包括底板、封檐板和檐槽，屋顶附属构件与“楼板边”或“墙饰条”工具类似，都是首先载入所需的构件轮廓，然后沿着屋顶边缘进行放样建模。另外屋顶檐槽一般为水平状态，而屋顶封檐板可以为水平或倾斜状态。

在三维视图中，切换到【隐藏线】视觉样式，单击【建筑】选项卡——【屋顶】下拉框——【屋顶：檐槽】，使用【属性】面板中默认的“檐沟”类型，点选屋檐的上边缘，系统可以放样生成屋顶檐沟，如图 8-35 所示。

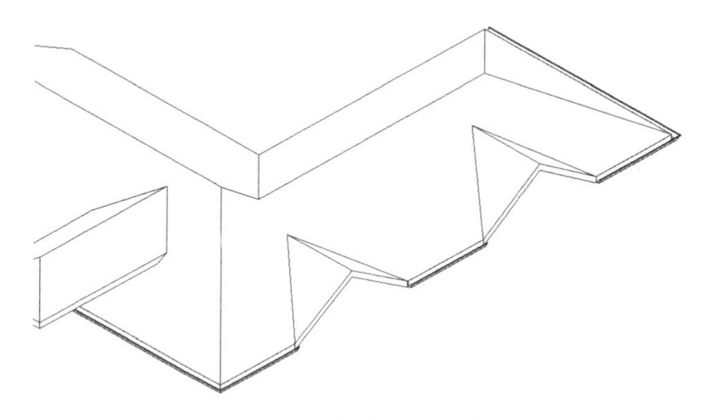

图 8-35 创建屋顶檐沟

单击【建筑】选项卡——【屋顶】下拉框——【屋顶：封檐板】，使用【属性】面板中默认的“封檐板”类型，点选斜坡屋檐的下边缘，系统可以放样生成封檐板，点击上下翻转箭头可将封檐板进行翻转，如图 8-36 所示。

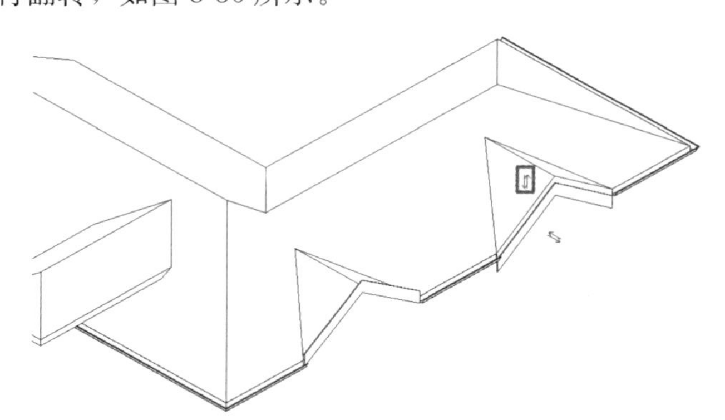

图 8-36 创建斜坡屋檐的“封檐板”

8.1.5 设置屋顶构造与材质

屋顶构造的设置与楼板类似，需按设计要求设定各构造层材质与厚度，屋顶外表面材质需设置合理的外观贴图，以方便后期的渲染处理。

在三维视图中，切换到【一致的颜色】视觉样式，选中大屋顶，单击【属性】面板中的【编辑类型】，打开“类型属性”对话框，将“常规-125mm”类型进行复制，命名为“瓦屋面”（图 8-37）。

图 8-37　新建“瓦屋面”类型

单击【结构】右侧的【编辑】按钮，打开“编辑部件”对话框。单击【插入】按钮两次，插入新的构造层，选择新插入的构造层，单击【向上】按钮将其放置在“核心边界”的上部，设置其【功能】为“面层 1 [4]”，并设置【厚度】为“10mm”，单击【材质】——〈按类别〉后的浏览按钮，打开“材质浏览器”对话框，选中“瓦片—筒瓦”材质(图 8-38)。在【图形】选项卡的【着色】选项组中单击【颜色】色块，在打开的【颜色】对话框中设置颜色为浅蓝色（RGB123，189，255)，单击【确定】按钮完成颜色设置。在【表面填充图案】选项组中，单击【前景】——【图案】右侧按钮，打开“填充样式”对话框（图 8-39)，选择“屋面—筒瓦 01”图案，单击【编辑】按钮，打开“编辑图案特性—模型”对话框（图 8-40)，将“导入比例”设为“0.6”，单击【确定】，完成“表面填充图案”显示大小的设置，再次单击【确定】返回“编辑部件”对话框。

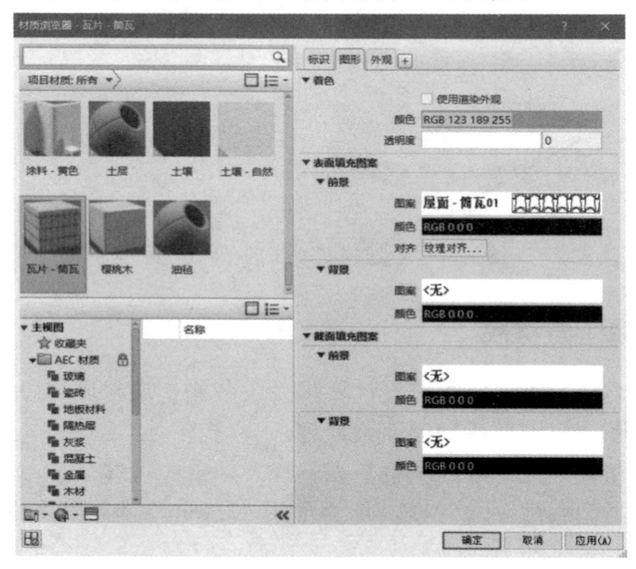

图 8-38　设置“瓦片—筒瓦”材质

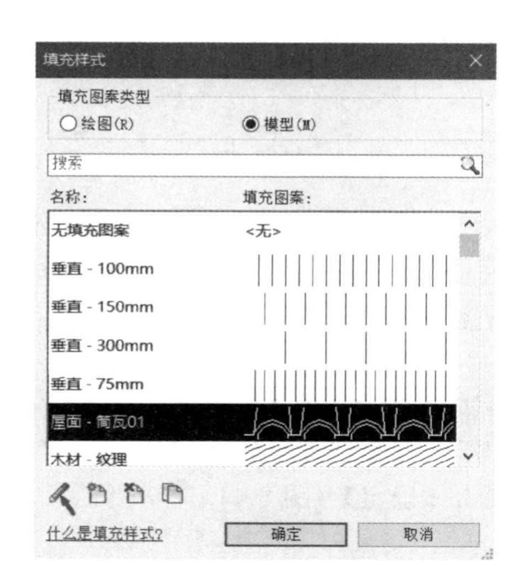

图 8-39　编辑“屋面—筒瓦 01”填充图案

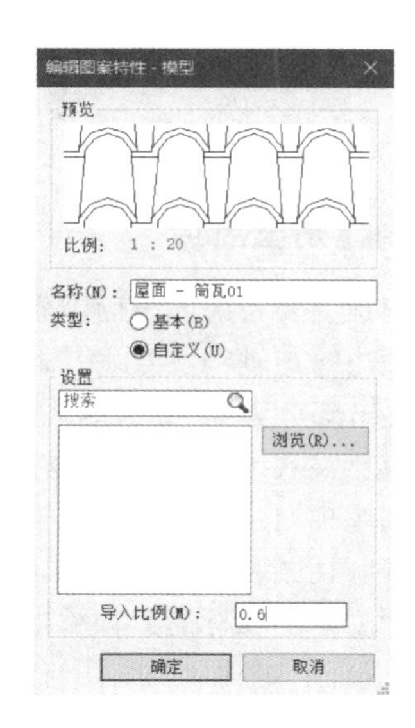

图 8-40　设置“导入比例”

设置“结构［1］”厚度为“100mm”，材质为“按类别”。将另一新插入的构造层移动到“核心边界”下部，设置其【功能】为“面层 1［4］”，厚度为 10mm，材质为“按类别”（图 8-41），单击【确定】两次。选取两个老虎窗，将其材质也改为“瓦屋面”（图 8-42）。

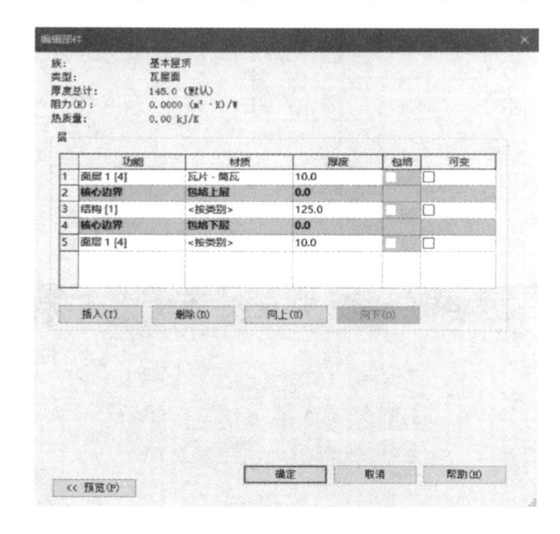

图 8-41　完成“瓦屋面”的构造设置

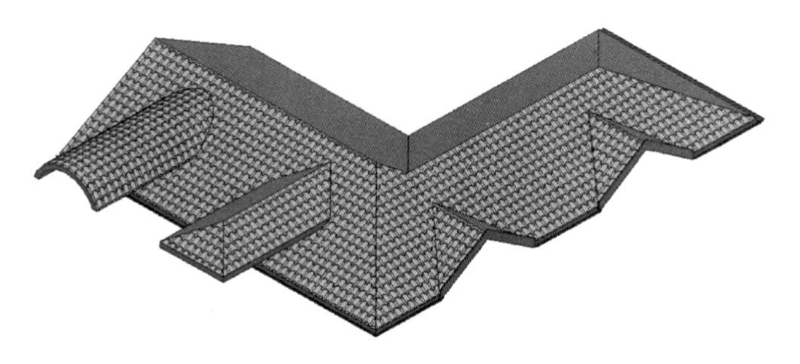

图 8-42　“瓦屋面”类型的屋顶

8.2　创建别墅屋顶

8.2.1　创建别墅屋顶

创建屋顶主要考虑四方面因素：定位、基本尺寸、坡度和构造。根据图纸所示，吕桥四层别墅屋顶边缘与轴线一致，其西边与1号轴对齐，北边与E号轴对齐，东边与6号轴对齐，L型挑出部分为3.5m（图8-43），屋顶的坡度为进深与高度之比，可以在Revit屋顶坡度参数中直接输入屋顶高度“1870mm”与进深“2800mm”之比来表示。

切换到屋顶层平面视图，在楼层平面【属性】面板中，单击【视图范围】右侧【编辑】按钮，打开“视图范围”对话框，将【主要范围】的【剖切面】偏移值设为“2200mm”，将【视图深度】的【标高】偏移值设为“0”，单击【确定】（图8-44）。

1
2
5
6
E
E
D
D
C
B
B
A
A
1
2
3
4
5
6

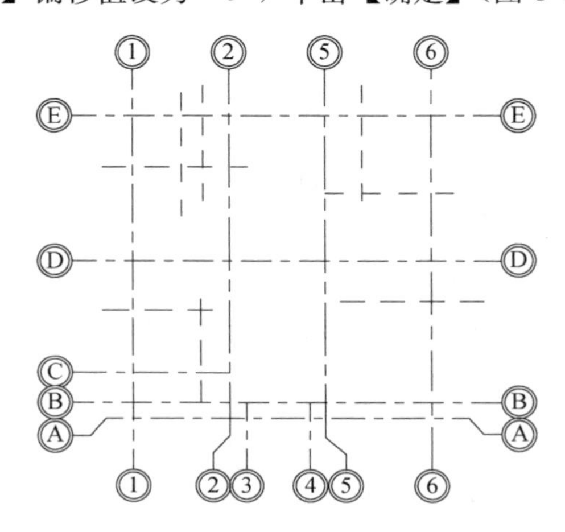

图8-43　屋顶与轴线的位置关系

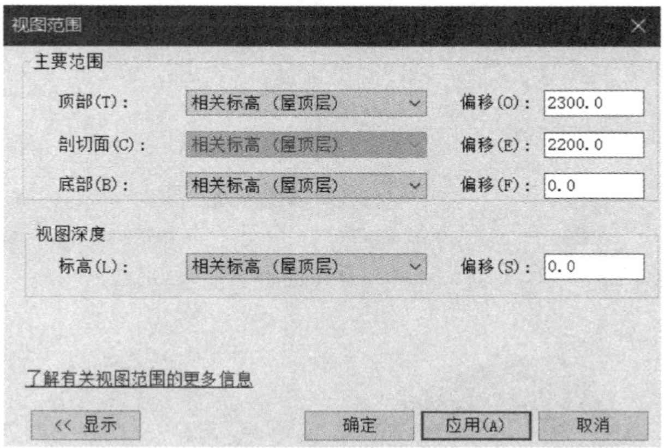

视图范围
主要范围
顶部(T)：
相关标高（屋顶层）
偏移(O)：
2300.0
剖切面(C)：
相关标高（屋顶层）
偏移(E)：
2200.0
底部(B)：
相关标高（屋顶层）
偏移(F)：
0.0
视图深度
标高(L)：
相关标高（屋顶层）
偏移(S)：
0.0
了解有关视图范围的更多信息
<< 显示
确定
应用(A)
取消

图8-44　设置屋顶层的“视图范围”

1. 绘制别墅屋顶迹线

单击【建筑】选项卡——【屋顶】按钮，在【属性】面板的类型选择器中，选择“基本屋顶常规-125mm”类型，单击【编辑类型】，打开“类型属性”对话框，将“常规-125mm”类型进行复制，命名为“别墅屋顶-120mm”（图 8-45），单击【结构】右侧的【编辑】按钮，打开“编辑部件”对话框。单击【插入】按钮两次，插入新的构造层，选择新插入的构造层，单击【向上】按钮将其放置在“核心边界”的上部，设置其【功能】为“面层 1［4］”，【厚度】为“10mm”，其【材质】设置与上节“瓦屋面”类型相同。

设置“结构［1］”厚度为“100mm”，材质为“别墅梁柱”。将另一新插入的构造层移动到“核心边界”下部，设置其【功能】为“面层 1［4］”，厚度为“10mm”，材质为“别墅内墙”，单击【确定】（图 8-46）。

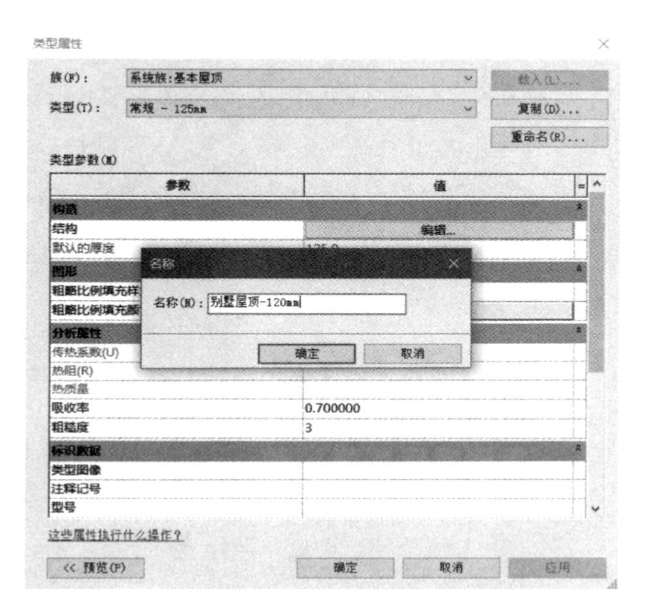

图 8-45 新建“别墅屋顶-120mm”类型

编辑部件

族：基本屋顶
类型：别墅屋顶-120mm
厚度总计：120.0（默认）
阻力(R)：0.0299 (m²·K)/W
热质量：0.15 kJ/K

层

	功能	材质	厚度	包络	可变
1	面层 1 [4]	瓦片 - 筒瓦	10.0	☐	☐
2	核心边界	包络上层	0.0		
3	结构 [1]	别墅梁柱	100.0	☐	☐
4	核心边界	包络下层	0.0		
5	面层 1 [4]	别墅内墙	10.0	☐	☐

插入(I)　删除(D)　向上(U)　向下(O)

图 8-46 设置“别墅屋顶-120mm”的构造与材质

在【修改｜创建屋顶迹线】上下文选项卡中使用【线】工具，在选项栏中启用【定义坡度】选项，设置【悬挑】值为“0”。沿轴线绘制“L 型”屋顶迹线，“L 型”挑出距离“3500mm”，默认坡度值为“30°”，如图 8-47 所示，单击【完成编辑模式】，并切换到三维视图进行观察（图 8-48）。

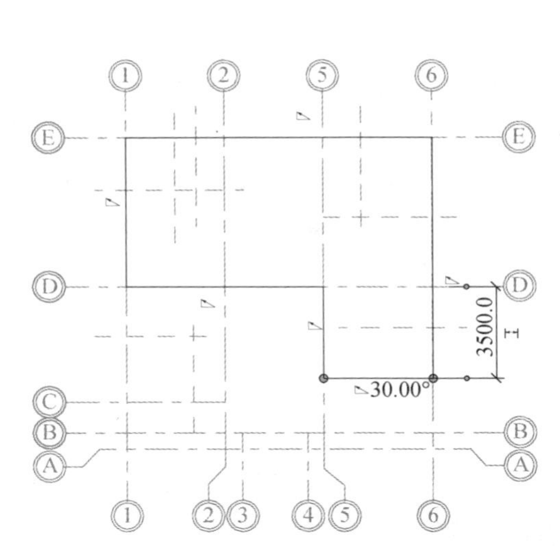

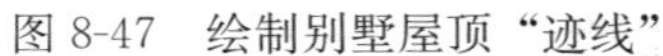
图 8-47　绘制别墅屋顶"迹线"

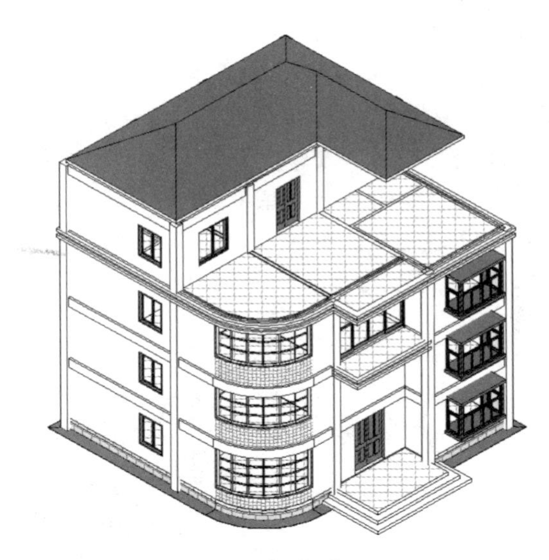
图 8-48　创建别墅屋顶

2. 调整屋顶迹线坡度

选中坡屋顶，单击【修改 | 屋顶】——【编辑迹线】按钮，选中一根迹线，在【属性】面板中，将【坡度】值修改为"＝1870/2800"，单击【应用】，Revit 自动计算得到坡度值"33.74°"，再选中其余迹线，将【坡度】都改为"33.74°"，单击【应用】，如图 8-49 所示，单击【完成编辑模式】。

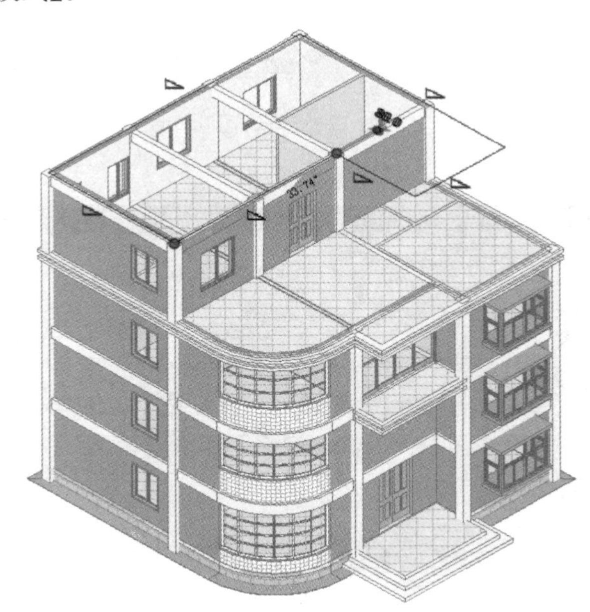

图 8-49　设置屋顶迹线坡度为"33.74°"

3. 调整屋顶底部标高

切换到南立面视图，单击"快速访问工具栏"中的"对齐尺寸标注"按钮，进行标注，如图 8-50 所示，屋顶厚度为"144mm"，此时需要将屋顶向下移动"144mm"，这样屋脊到屋顶层的净高才为 1870mm。选中屋顶，在其【属性】面板中，将【自标高的底部偏移】值设为“－144mm”，将【椽截面】改为“垂直双截面”，单击【应用】（图 8-51），切换到三维视图进行观察（图 8-52）。

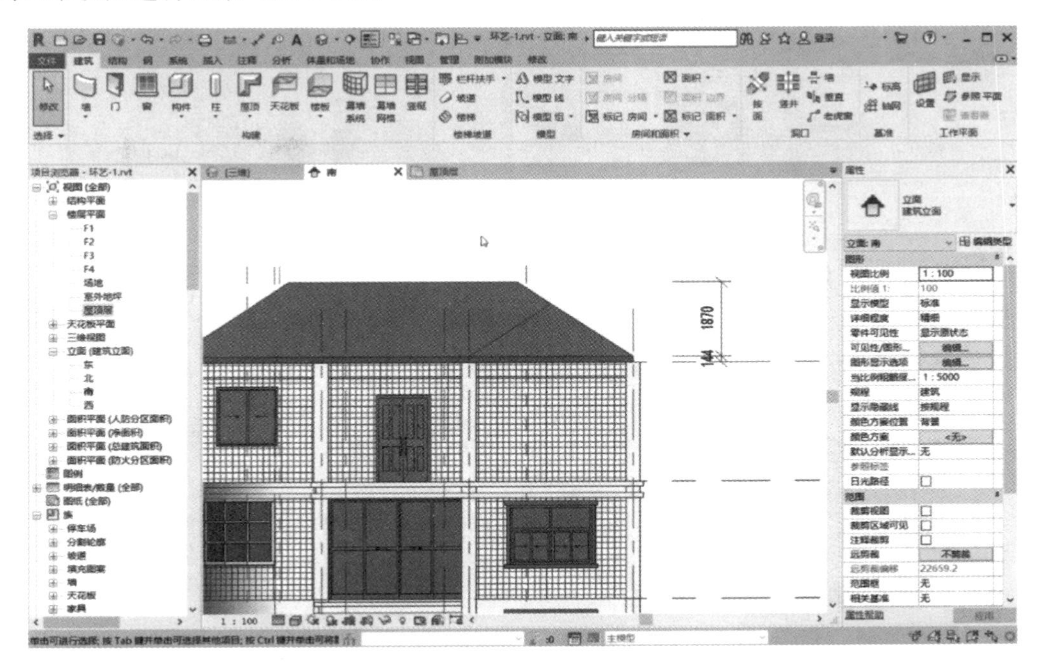

图 8-50 标注屋顶尺寸

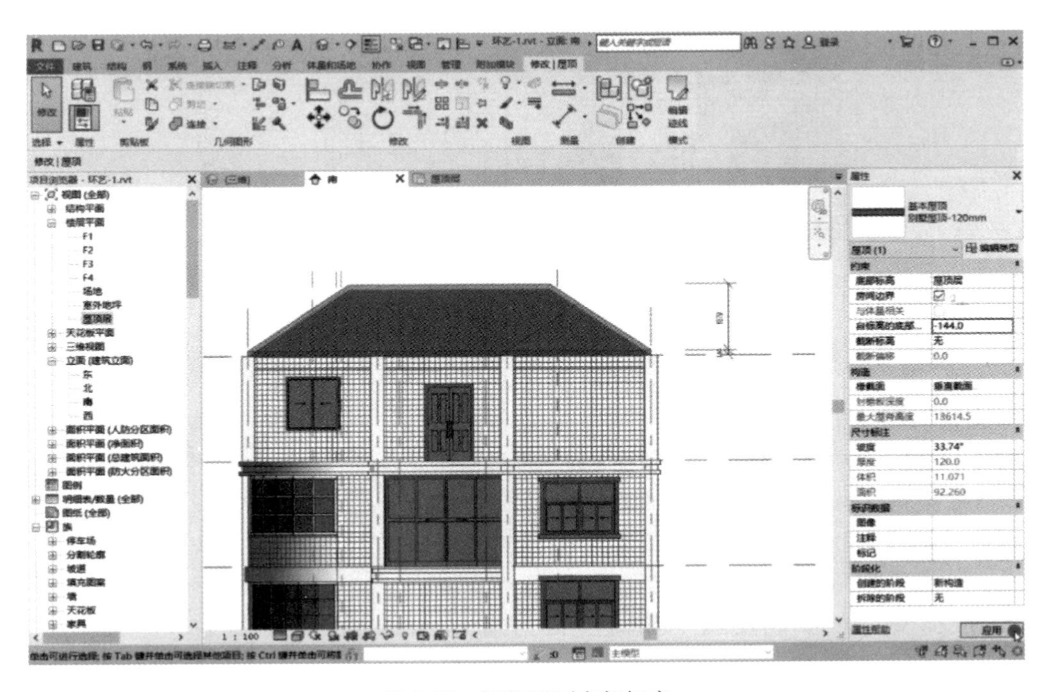

图 8-51 调整屋顶底部标高

图 8-52　完成屋顶底部调整

提示：【椽截面】样式“垂直截面”（图 8-53）与“垂直双截面”（图 8-54）。

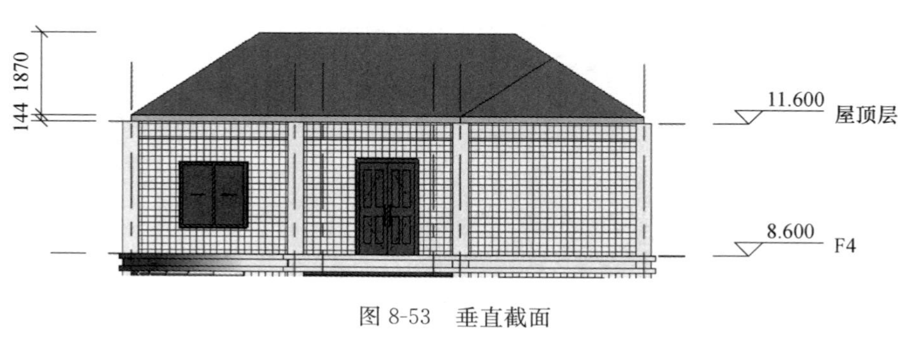

图 8-53　垂直截面

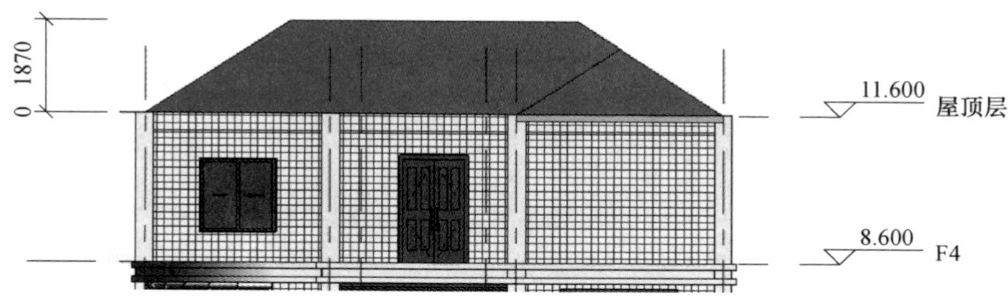

图 8-54　垂直双截面

8.2.2　创建屋顶檐沟

1. 创建檐沟轮廓族

Revti 屋顶檐沟可以通过【屋顶檐槽】工具来创建，其可以将檐沟轮廓沿屋顶边缘进行放样建模。

单击【文件】下拉菜单，选择【新建】—【族】，打开“新族——选择样板文件”对话框，选择“公制轮廓 .rft”族类型，单击【打开】按钮，进入族编辑器。单击【创建】选项卡中的【线】按钮，绘制如图 8-55 所示檐沟轮廓，将其保存为“屋顶檐沟 .rfa”后，单击【创建】选项卡中的【载入到项目】按钮，

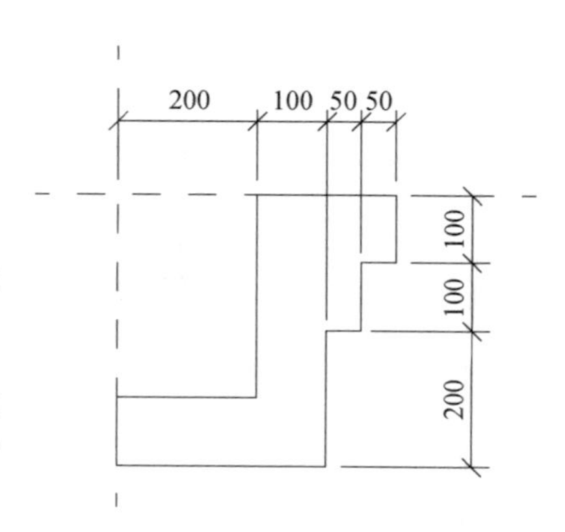

图 8-55　绘制檐沟轮廓

直接载入到项目中。

2. **创建屋顶檐沟**

切换到“吕桥四层别墅-8.rvt”项目，并切换到三维视图，单击【建筑】选项卡中的【屋顶】下拉框，选中【屋顶：檐槽】工具，单击【属性】面板中的【编辑类型】，打开“类型属性”对话框，此时系统默认的类型为“檐沟”，单击【复制】，命名为“屋顶檐沟”，单击【轮廓】右侧的下拉框，选中“屋顶檐沟”，将【材质】设为“别墅梁柱”，单击【确定】(图 8-56)。

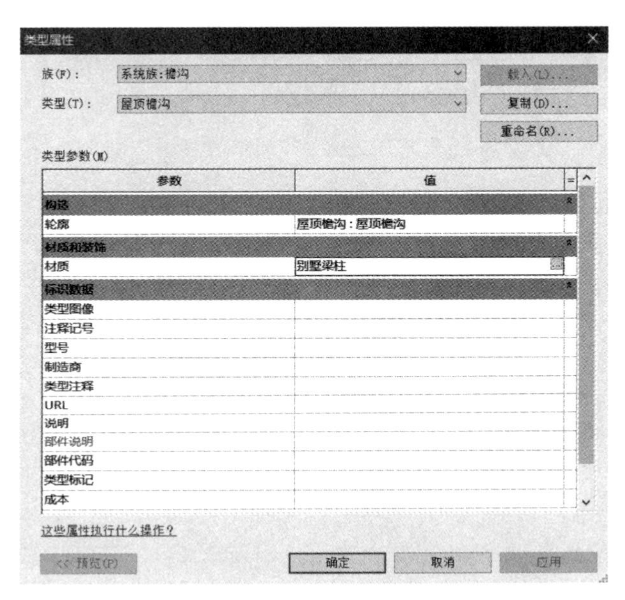

图 8-56 新建“屋顶檐沟”类型

将光标置于屋顶边缘线上，按 Tab 键，选中所有屋顶边缘线，单击鼠标，生成檐沟放样，再单击水平翻转箭头，调整檐沟的方向，如图 8-57 所示。

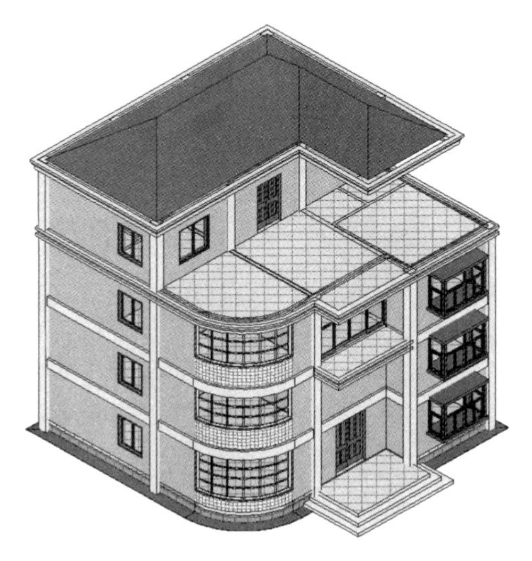

图 8-57 完成屋顶“檐沟”的创建

8.2.3 调整屋顶细部

在三维视图中打开剖面框，对屋顶的“悬挑”部分进行显示，并切换到“前”视图（图 8-58），可以发现“L 型”屋顶缺少楼板，其“悬挑”部分缺少结构梁，并且檐沟排水部位与柱重叠，需要对这些构造的细节问题进行调整。

图 8-58 屋顶存在的细节问题

1. 调整檐沟水平位置

选中檐沟，在其【属性】面板中，将【水平轮廓偏移】值设为“100mm”，单击【应用】，如图 8-59 所示。

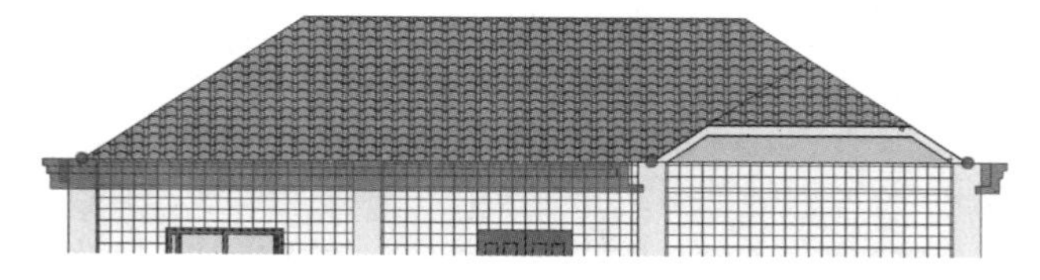

图 8-59 将檐沟在水平方向偏移“100mm”

2. 创建屋顶层楼板

切换到“屋顶层”平面视图，击【建筑】选项卡——【楼板】按钮，在【属性】面板中，选择下拉框中的“楼板-120mm”类型，【自标高的高度偏移】值设为“0”，单击【修改 | 创建楼层边界】——【边界线】中的【线】按钮，沿屋顶边缘顺时针绘制楼板边界（图 8-60），单击【完成边界模式】按钮，创建屋顶层楼板。切换到三维视图并调整剖面框进行观察，如图 8-61 所示。

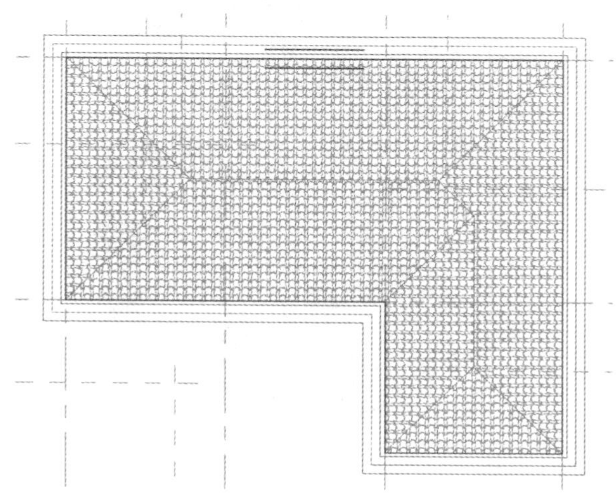

图 8-60 绘制屋顶层的楼板“边界线”

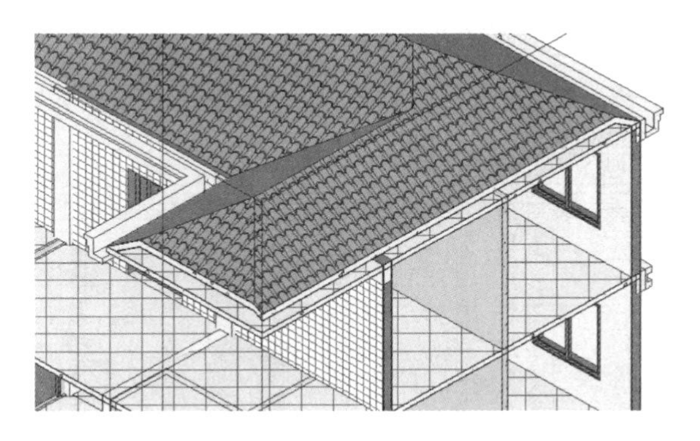

图 8-61　完成屋顶层“楼板”创建

提示： 当弹出“是否希望将高达此楼层标高的墙附着到此楼层的底部”对话框时，单击【否】。

3. 调整屋顶结构梁

切换到“屋顶层”平面视图，选中屋顶，单击右键，在弹出的快捷菜单中，选择【在视图中隐藏】——【图元】，将屋顶隐藏（图 8-62），使用相同的操作将楼板也进行隐藏。在楼层平面【属性】面板中，单击【视图范围】右侧的【编辑】按钮，打开“视图范围”对话框，将【视图深度】的【标高】偏移值设为“－100”，单击【确定】（图 8-63）。

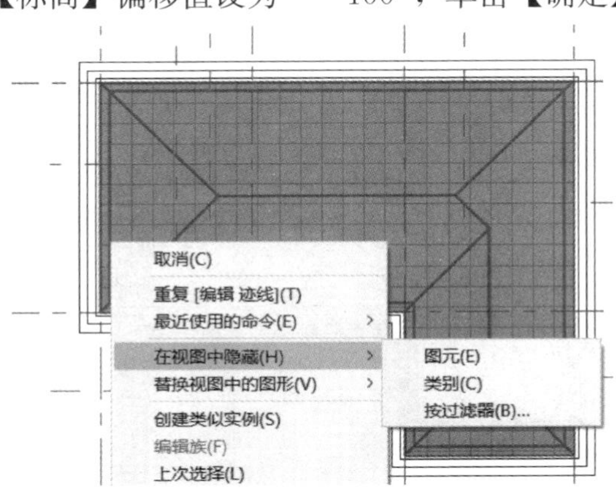

图 8-62　将“屋顶”隐藏

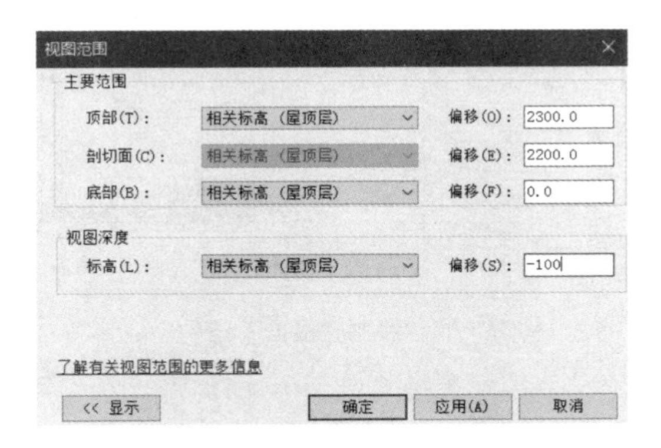

图 8-63　调整屋顶层的“视图深度”

此时可以看到 F4 标高的结构梁，分别选中需出挑的两根结构梁，拖曳其夹点延长到下部檐沟，如图 8-64 所示。

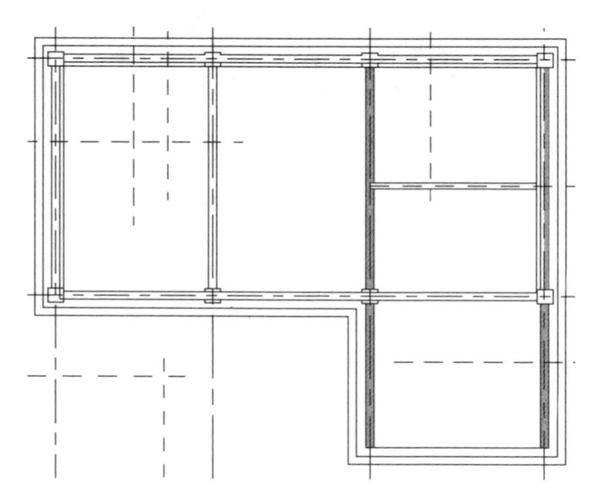

图 8-64 延长“结构梁”

单击【结构】选项卡中的【梁】按钮，在【属性】面板的类型下拉框中，选择“混凝土—矩形梁 200×400mm”类型，【结构材质】设为“别墅梁柱”，沿下部檐沟绘制一段“横向”结构梁，如图 8-65 所示。切换到三维视图，调整剖面框位置后，单击 Viewcube 的“右”视图，如图 8-66 所示，单击【修改】选项卡——【对齐】按钮，单击檐沟内侧边，再单击横向梁的左侧边，使两者对齐，如图 8-67 所示，完成屋顶细部调整，如图 8-68 所示。

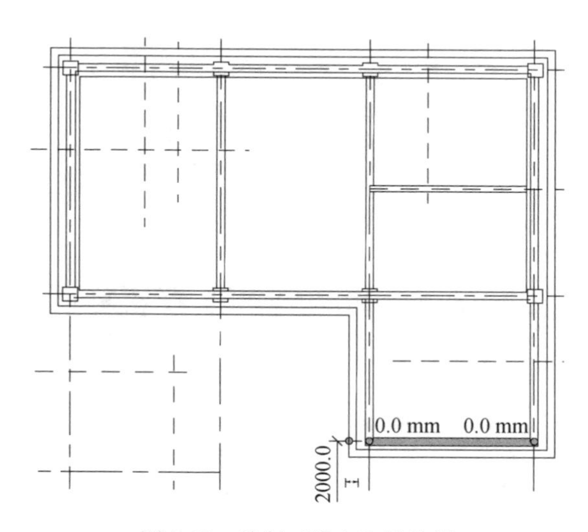

图 8-65 绘制“横向”结构梁

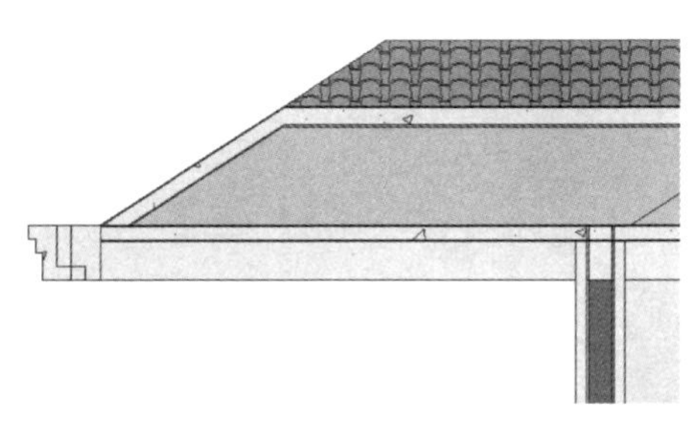

图 8-66　“横向梁”与檐沟的位置关系

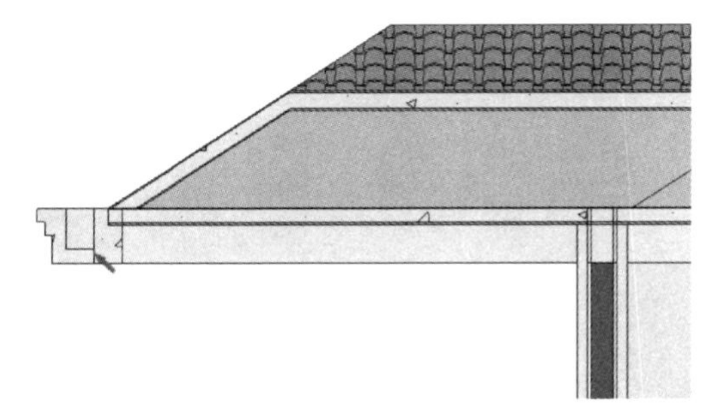

图 8-67　将横向梁“左侧”与檐沟“内侧”对齐

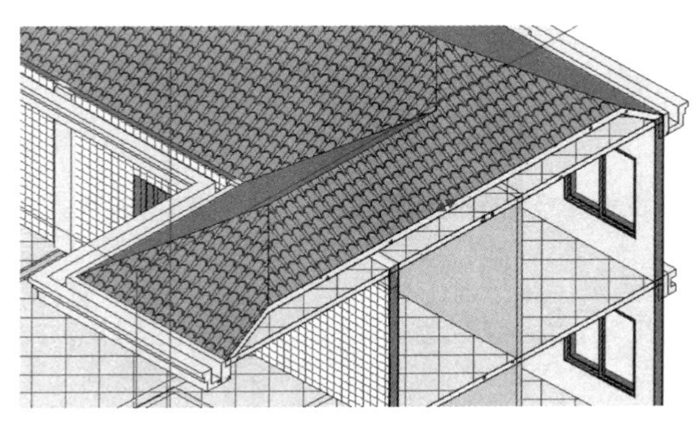

图 8-68　完成屋顶细部调整

8.2.4　插入屋顶立柱

切换到 F4 平面视图，在视图控制栏中，单击【显示隐藏的图元】按钮，所有隐藏图元以暗红色显示出来，右键单击任一参照平面，在弹出的快捷菜单中，选择【取消在视图中隐藏】——【类别】(图 8-69)，将参照平面重新显示，单击【建筑】选项卡中的【切换显示隐藏图元模式】按钮。单击【建筑】选项卡——【参照平面】按钮，在距离 D 号轴“3500mm”处绘制参照平面，为悬挑屋顶的立柱定位（图 8-72）。

单击【建筑】选项卡中【柱】下拉框——【柱：建筑】柱:建筑，在【修改 | 放置柱】上下文选项卡中，单击【载入族】按钮，在“China \ 建筑 \ 柱”文件夹中，选择“柱 3. rfa”族文件（图 8-70），单击【打开】按钮，将其载入项目文件中。

单击【属性】面板中的【编辑类型】按钮，打开“类型属性”对话框，单击【复制】按钮，命名为“屋顶柱-150mm”，设置【材质】为“别墅梁柱”，设置【尺寸标注】中【半径】为“150mm”，其他按默认值，单击【确定】（图 8-71）。在选项栏中设置【高度】为“屋顶层”，在“3500mm”参照平面与 5 号轴、6 号轴的交点处，依次单击插入建筑柱（图 8-72）。

提示：如果不能准确捕捉到交点，可以使用对齐命令，将柱的中心线与参照平面和轴线对齐。

切换到三维视图，并关闭剖面框，可以发现屋顶立柱深入檐沟（图 8-73），需进行调整。按住 Ctrl 键，选中两根屋顶立柱，在其【属性】面板中，将【顶部偏移】值设为“－400mm”，单击【应用】，如图 8-74 所示。

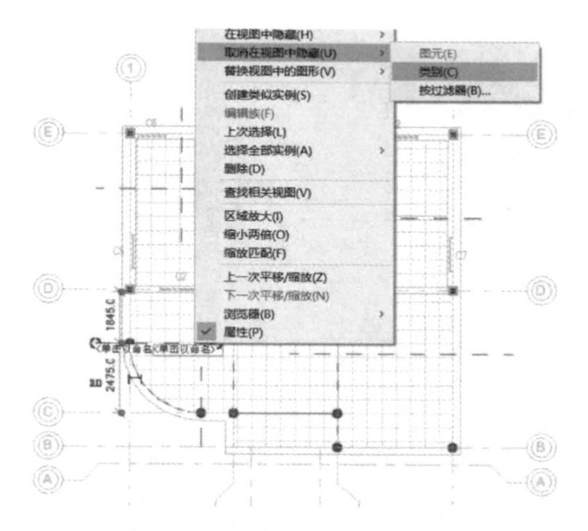

图 8-69　显示“F4 视图”中的参照平面

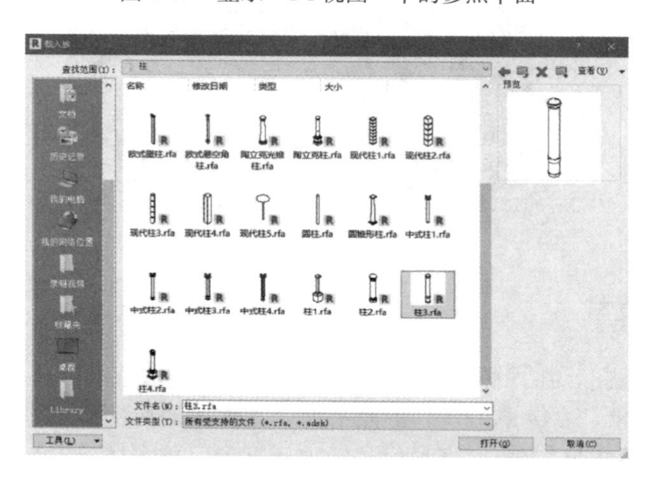

图 8-70　载入“柱 3. rfa”族文件

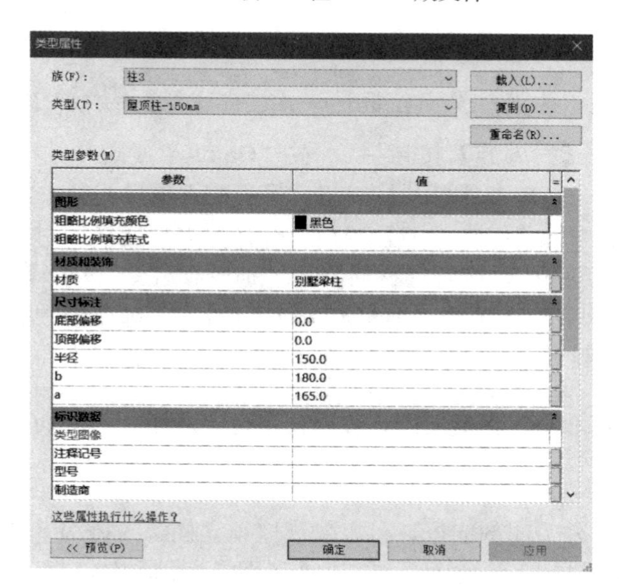

图 8-71　新建“屋顶柱-150mm”类型

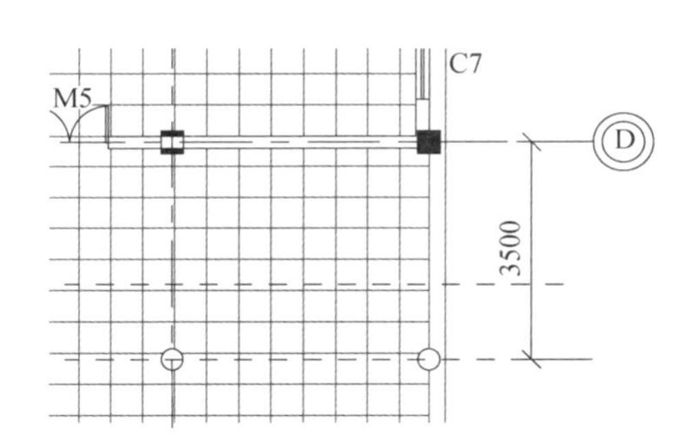

图 8-72 插入两个屋顶立柱

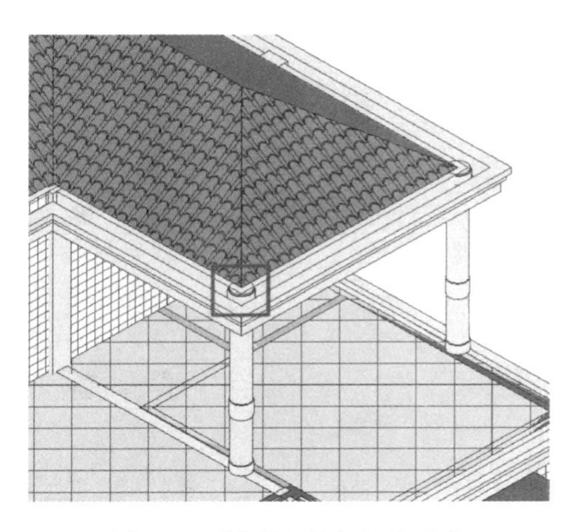

图 8-73 屋顶立柱与檐沟冲突

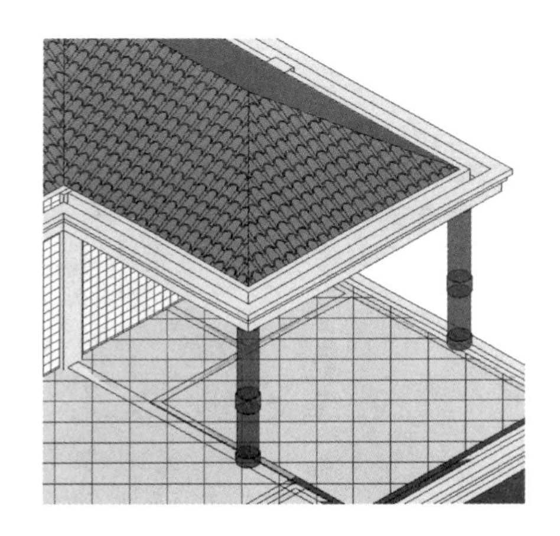

图 8-74 调整屋顶立柱的高度

8.3 创建主入口门廊

8.3.1 创建门廊顶

使用【拉伸屋顶】创建主入口门廊，需要首先对门廊进行定位。

切换到 F1 平面视图，将隐藏的参照平面重新显示出来。单击【建筑】选项卡——【参照平面】按钮，在距 C 号轴“2000mm”位置绘制水平参照平面，将其命名为“门廊起始面”，另外沿门中心线绘制垂直参照平面，如图 8-75 所示。

切换到南立面视图，将视觉样式设为【隐藏线】模式，此时墙体表面填充图案可能影响绘制，需进行隐藏。单击【视图】选项卡——【可见性图形】按钮（快捷键 vv），打开“可见性/图形替换”对话框（图 8-76），在【模型类别】中，单击墙的“投影/表面”“填充图案”按钮，打开“填充样式图形”对话框（图 8-77），不勾选【前景】“可见”，单击【确定】，如图 8-78 所示。

单击【建筑】选项卡——【参照平面】按钮，在 F2 标高之上“400mm”与“1300mm”位置分别绘制水平参照平面，定位门廊高度。

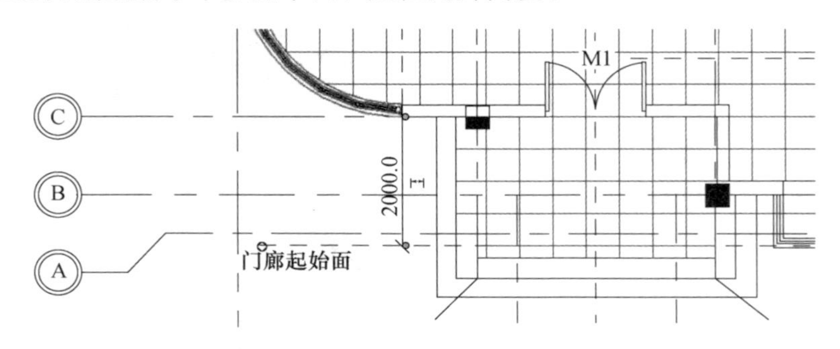

图 8-75　绘制参照平面

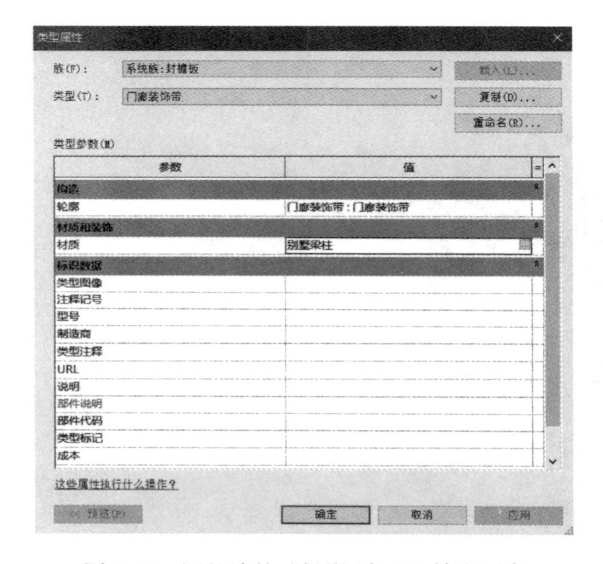

图 8-76　调整墙的“投影/表面”填充图案

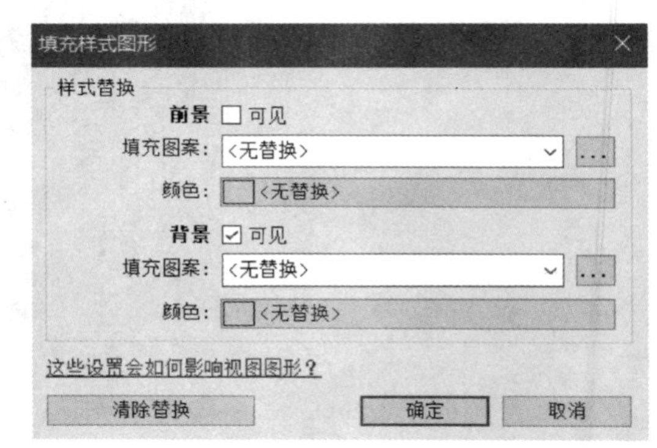

图 8-77　不勾选【前景】“可见”

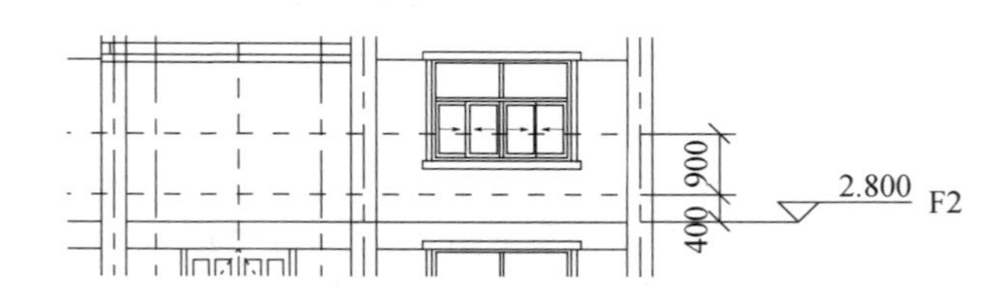

图 8-78　不显示墙体的“表面填充图案”

单击【建筑】选项卡——【屋顶】下拉菜单中的【拉伸屋顶】，弹出“工作平面”对话框，点选【名称】项，在其右侧下拉菜单中选择“参照平面：门廊起始面”作为工作平面（图 8-79），单击【确定】后，弹出“屋顶参照标高和偏移”，继续单击【确定】。在南立面视图中，单击【修改｜创建拉伸屋顶轮廓】上下文选项卡中的【线】工具，捕捉参照平面与轴线的交点绘制门廊轮廓（图 8-80）。单击【属性】面板中【编辑类型】，打开“类型属性”对话框，将“别墅屋顶-120mm”类型进行复制，命名为“门廊屋顶-150mm”

(图 8-81)，点击【结构】右侧的【编辑】按钮，打开“编辑部件”对话框，将“结构［1］”厚度设置为“130mm”，其他参数不变（图 8-82)，单击【确定】，单击【完成编辑模式】，如图 8-83 所示。

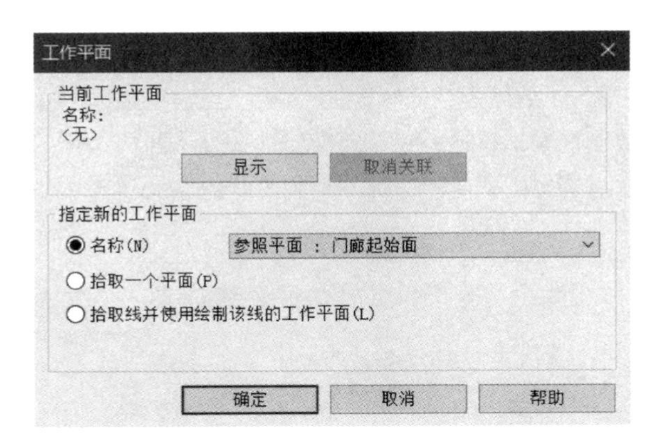

图 8-79　选择“门廊起始面”作为工作平面

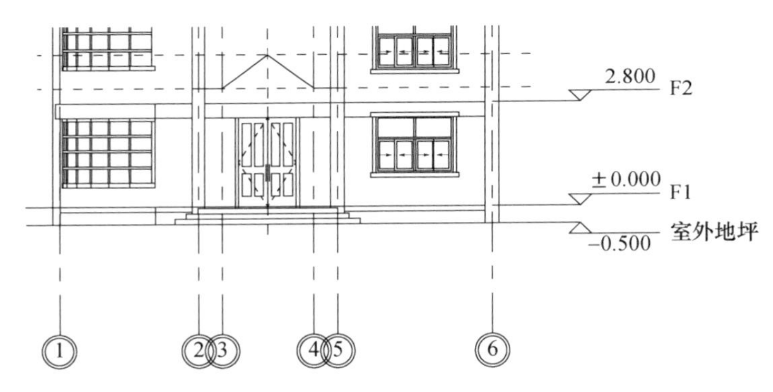

图 8-80　绘制门廊轮廓

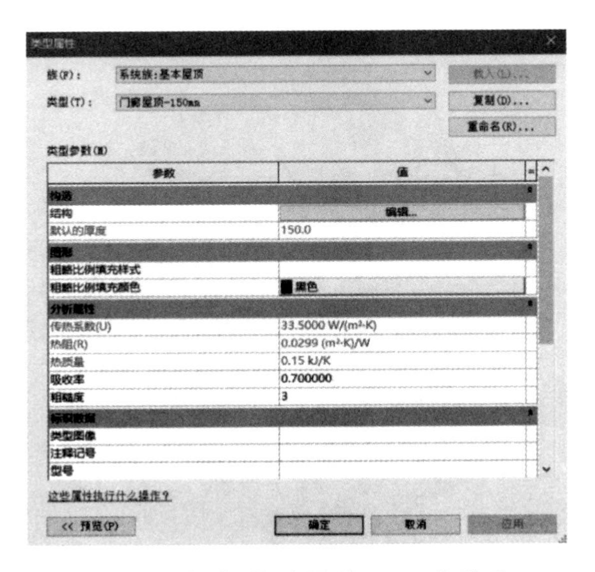

图 8-81　新建“门廊屋顶-150mm”类型

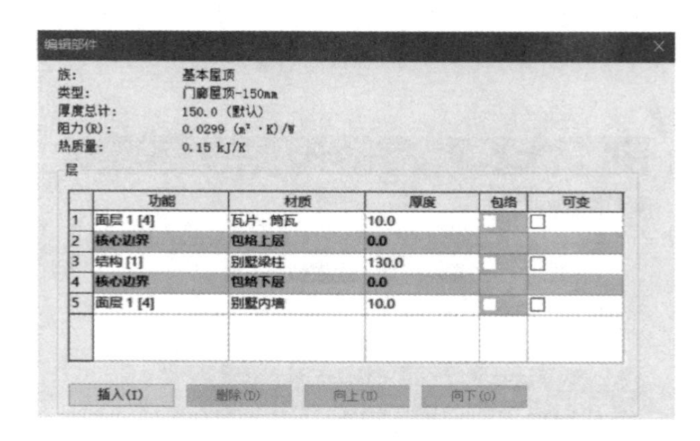

	功能	材质	厚度	包络	可变
1	面层 1 [4]	瓦片 - 筒瓦	10.0	☐	☐
2	核心边界	包络上层	0.0		
3	结构 [1]	别墅梁柱	130.0	☐	☐
4	核心边界	包络下层	0.0		
5	面层 1 [4]	别墅内墙	10.0	☐	☐

图 8-82　修改“结构［1］”厚度

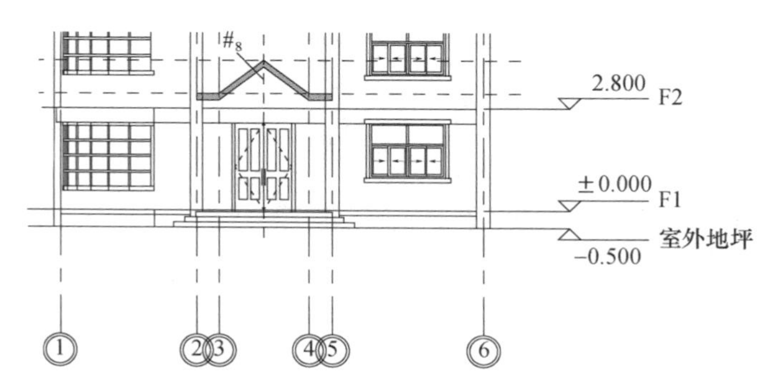

图 8-83　拉伸创建门廊顶

切换到三维视图，选中门廊顶，在【属性】面板中，将【拉伸终点】值设为“2000mm”，单击【应用】，完成门廊顶的创建（图 8-84）。

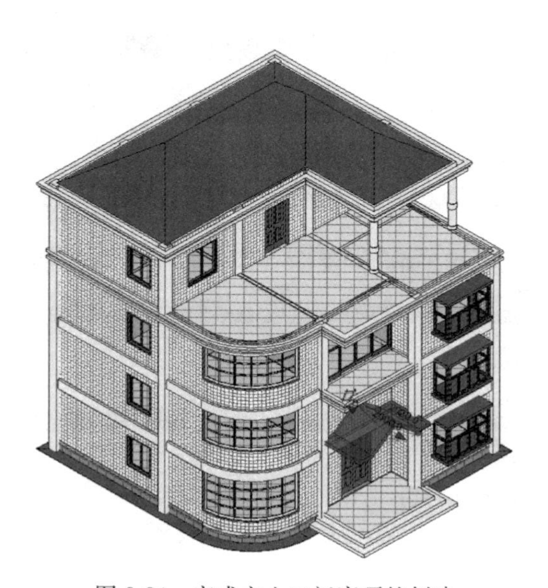

图 8-84　完成主入口门廊顶的创建

8.3.2 创建门廊装饰带

门廊装饰带可以使用【封檐板】工具创建，首先需要绘制装饰带轮廓族。

单击【文件】下拉菜单，选择【新建】——【族】，打开“新族——选择样板文件”对话框，选择“公制轮廓.rft”族样板，单击【打开】按钮，进入族编辑器。单击【创建】选项卡中的【线】按钮，绘制如图 8-85 所示的门廊装饰带轮廓，保存为“门廊装饰带.rfa”，单击【创建】选项卡中的【载入到项目并关闭】按钮，直接载入到项目中。

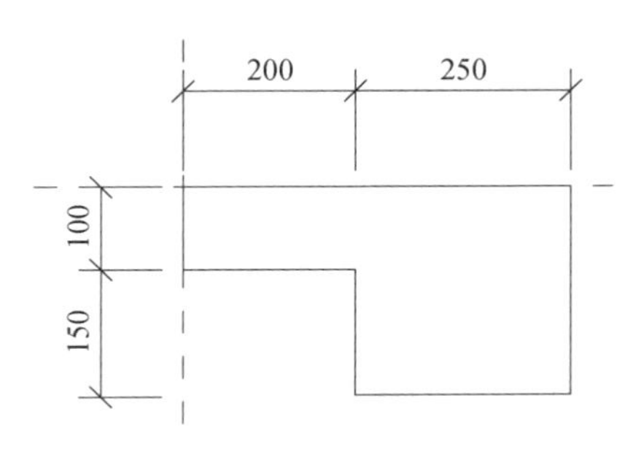

图 8-85　绘制“门廊装饰带”轮廓

切换到三维视图，单击【建筑】选项卡中的【屋顶】下拉框，选择【屋顶：封檐板】工具。单击【属性】面板中的【编辑类型】，打开“类型属性”对话框，此时系统默认的类型为“封檐板”，单击【复制】，命名为“门廊装饰带”，单击【轮廓】右侧的下拉框，选中“门廊装饰带”，将【材质】设为“别墅梁柱”，单击【确定】（图 8-86）。

类型属性

族(F)：系统族：封檐板　　载入(L)...

类型(T)：门廊装饰带　　复制(D)...

重命名(R)...

类型参数(M)

参数	值
构造	
轮廓	门廊装饰带：门廊装饰带
材质和装饰	
材质	别墅梁柱
标识数据	
类型图像	
注释记号	
型号	
制造商	
类型注释	
URL	
说明	
部件说明	
部件代码	
类型标记	
成本	

这些属性执行什么操作？

<< 预览(P)　确定　取消　应用

图 8-86　新建“门廊装饰带”类型

依次单击门廊顶的下边缘，生成装饰带放样后（图 8-87），再单击内外翻转箭头，如图 8-88 所示。选择生成的门廊装饰带，在【属性】面板中将【水平轮廓偏移】值设为“100mm”，装饰带会整体向内收进“100mm”的距离，如图 8-89 所示。

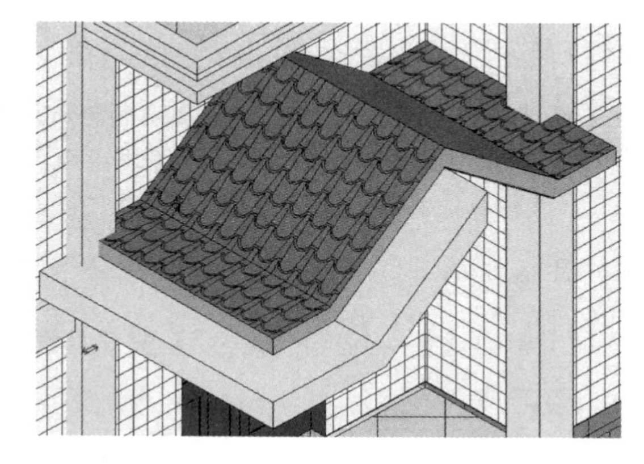

图 8-87　单击门廊顶的下边缘，生成装饰带

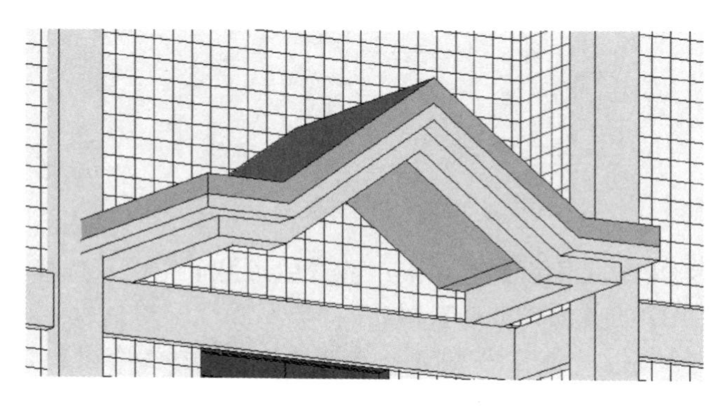

图 8-88　单击内外翻转箭头

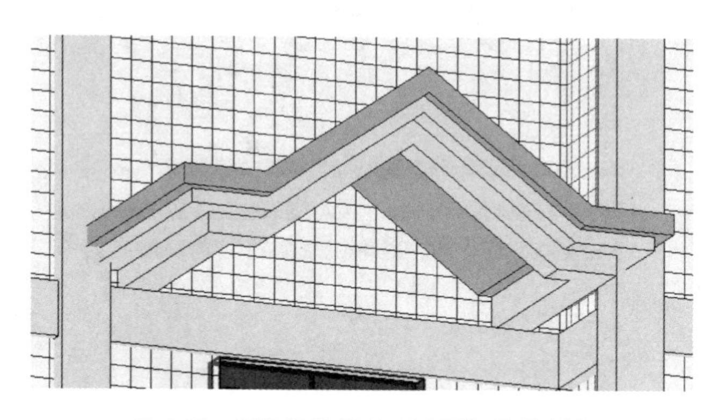

图 8-89　调整装饰带的“水平”偏移距离

8.3.3　插入门廊立柱

切换到 F1 平面视图，单击【建筑】选项卡中【柱】下拉框——【柱：建筑】，单击【属性】面板中的【编辑类型】按钮，弹出“类型属性”对话框，单击【复制】按钮，命名为“门廊柱-150mm”，设置【材质】为“别墅梁柱”，设置【尺寸标注】中【半径】为“150mm”，其他按默认值，单击【确定】（图 8-90）。在选项栏中设置【高度】为“F2”，在 3、4 号轴与 A 号轴的交点处，依次单击插入门廊柱，如图 8-91 所示。

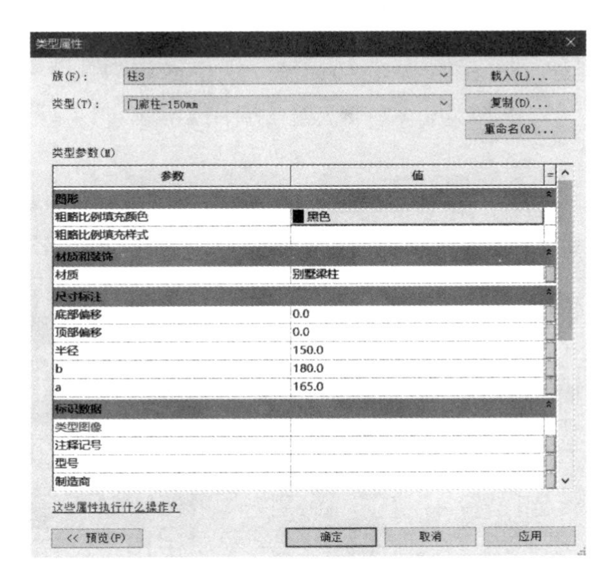

图 8-90　新建“门廊柱-150mm”类型

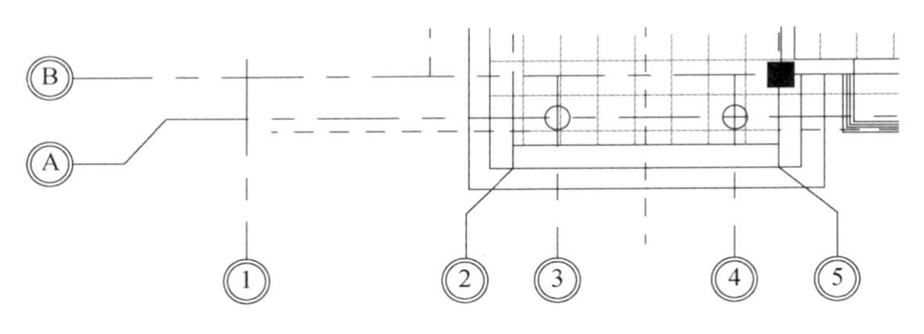

图 8-91　插入门廊柱

切换到三维视图，如图 8-92 所示，可以发现门廊柱与门廊顶的交接关系不准确，另外门廊柱与室外平台有 50mm 的间隙，需要进行调整。

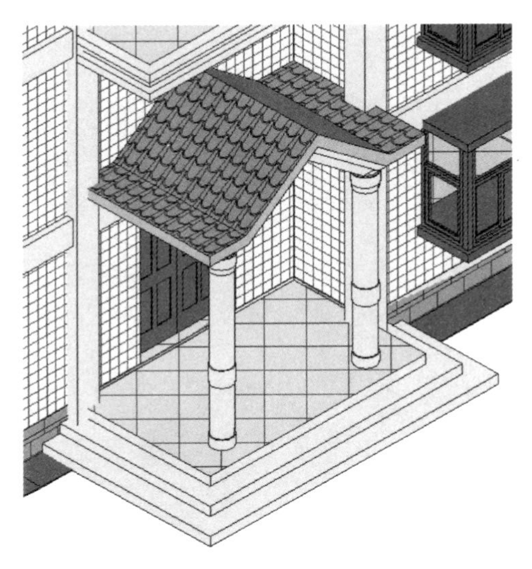

图 8-92　门廊柱存在交接问题

选中门廊顶，在其【属性】面板中，将【拉伸起点】值设为“－200mm”，单击【应用】，此时门廊顶向外延伸 200mm。按住 Ctrl 键，选中两根门廊立柱，在其【属性】面板中，将【底部偏移】值设为“－50mm”，单击【应用】，此时门廊柱向下延长 50mm，如图 8-93所示。

图 8-93　完成主入口门廊的创建

9　洞口与老虎窗

建筑洞口一般包括门窗洞、楼梯间、电梯间和管道井等开洞区域，在 Revit 中可以通过编辑墙体、楼板和屋顶轮廓的方法来实现，还可以通过专门的洞口命令来创建面洞口、竖井洞口、墙洞口、垂直洞口和老虎窗洞口等。这些洞口都属于 Revit 的构件图元，可以使用参数化进行设计。

本章首先讲解编辑轮廓的开洞方法，其次讲解 Revit 洞口工具的使用方法与参数设置，最后针对别墅项目的老虎窗创建讲解定位、墙体与屋顶关系、老虎窗开洞等内容。

本章学习目的：

（1）掌握各种洞口的创建方法；

（2）掌握老虎窗的定位方法；

（3）掌握墙体与屋顶的附着关系；

（4）掌握老虎窗开洞的方法。

手机扫码
观看教程

9.1　创建各类洞口

9.1.1　制作简单模型

单击【文件】菜单——【新建】——【项目】，选择“建筑样板”。切换到南立面视图，选中“标高 2”，输入快捷键“CO”，将其向上复制“3000mm”（图 9-1）。单击【视图】选项卡——【平面视图】——【楼层平面】，创建“标高 3”平面视图。

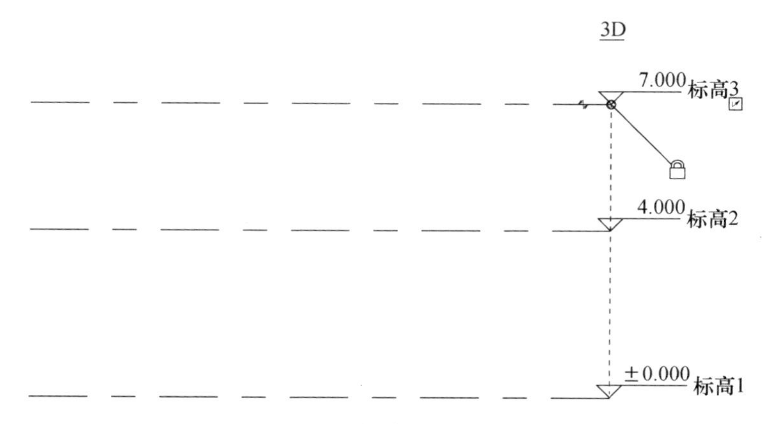

图 9-1　创建“标高 3”

切换到“标高 1”平面视图，在【建筑】选项卡中，单击【墙】工具，在【属性】面板的类型选择器中，选择“常规-90mm 砖”类型，在【修改｜放置墙】上下文选项卡中单击【矩形】按钮，并且在选项栏中设置【高度】为“标高 3”，【定位线】为“墙中心线”，绘制矩形尺寸开间“8000mm”，进深“6000mm”（图 9-2）。

单击【建筑】选项卡——【楼板】按钮，使用【属性】面板中默认的楼板类型“常规-150mm”，在【修改｜创建楼层边界】上下文选项卡中单击【拾取墙】按钮，将光标置于任一墙段，按 Tab 键，选中所有墙体后单击鼠标，拾取墙的外部边界，单击【完成编辑模式】，如图 9-3 所示。选中楼板后，使用“Ctrl+C”将楼板复制到剪贴板，单击【修改｜楼板】——【粘贴】下拉框中【与选定的标高对齐】，将楼板复制到“标高 2”与“标高 3”。切换到三维视图，并打开“剖面框”进行观察（图 9-4）。

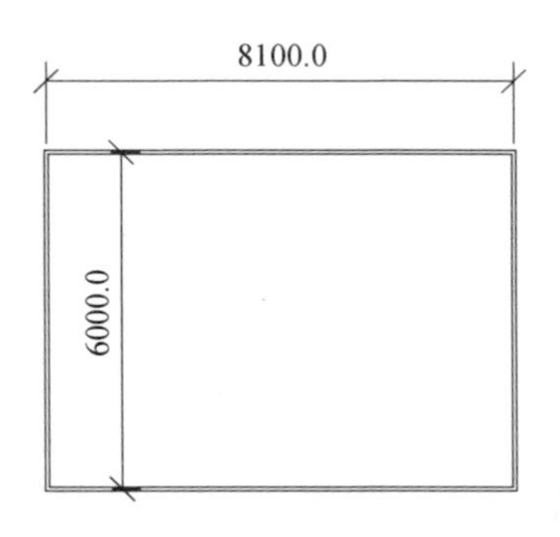

图 9-2　绘制矩形墙体

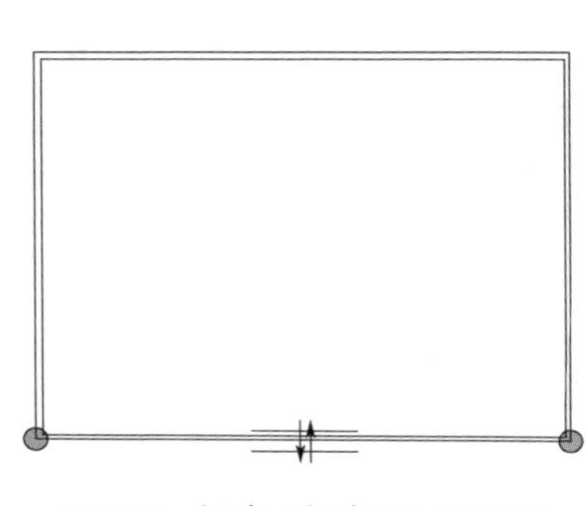
图 9-3　创建“标高 1”的楼板

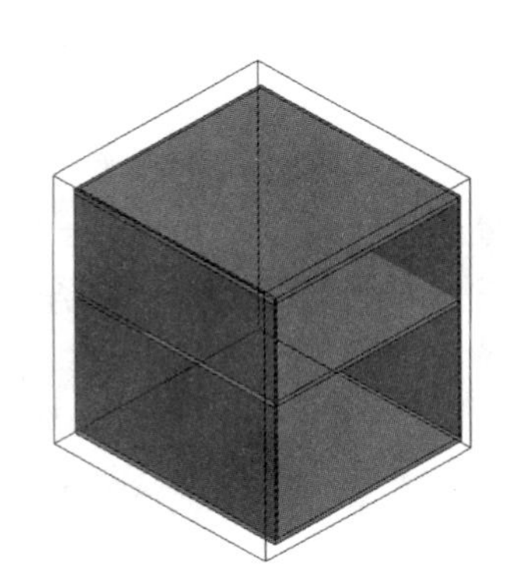
图 9-4　复制楼板

切换到“标高 3”平面视图，在【建筑】选项卡中，单击【屋顶】按钮，在【属性】面板的类型选择器中，选择“基本屋顶常规-125mm”类型，在【修改｜创建屋顶迹线】上下文选项卡中，单击【拾取线】按钮，在选项栏中启用【定义坡度】选项，设置【悬挑】值为“500mm”，拾取楼板外边缘（图 9-5），单击【完成编辑模式】按钮。切换到三维视图并调整剖面框范围，如图 9-6 所示。

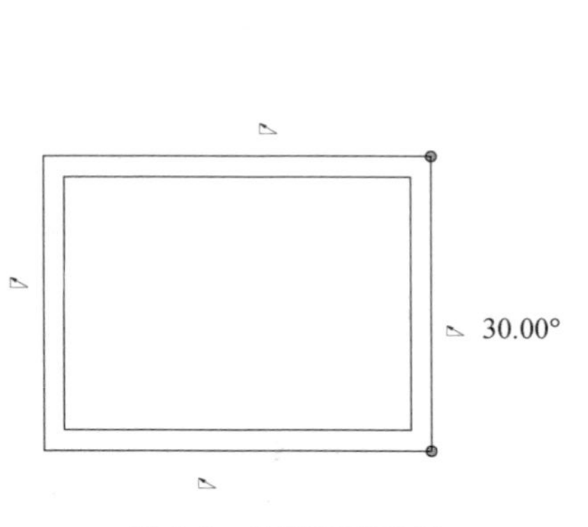

图 9-5　绘制屋顶迹线

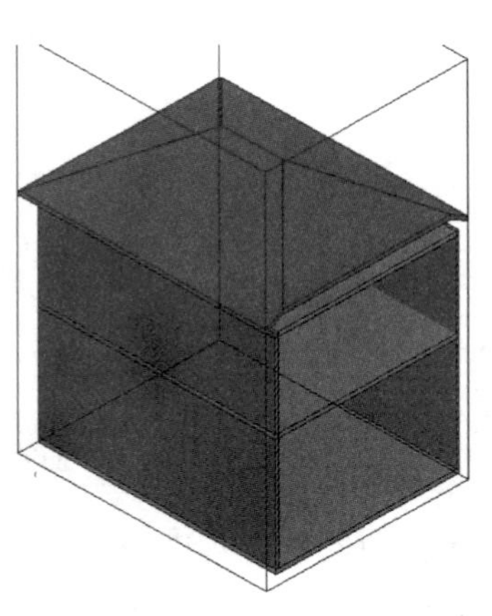
图 9-6　完成模型创建

9.1.2　创建洞口

1. 墙体开洞

切换到南立面视图，选中墙体，单击【修改｜墙】选项卡——【编辑轮廓】按钮，在红色区域内，使用绘制工具创建闭合轮廓（图 9-7），单击【完成编辑模式】，实现墙体开洞。

提示： 洞口位置及尺寸需要进行明确定位，如果门洞口轮廓线与墙体外边缘线重合，要进行打断、修剪等操作，保持墙体外边缘线的连续闭合性，才能够生成门洞口。

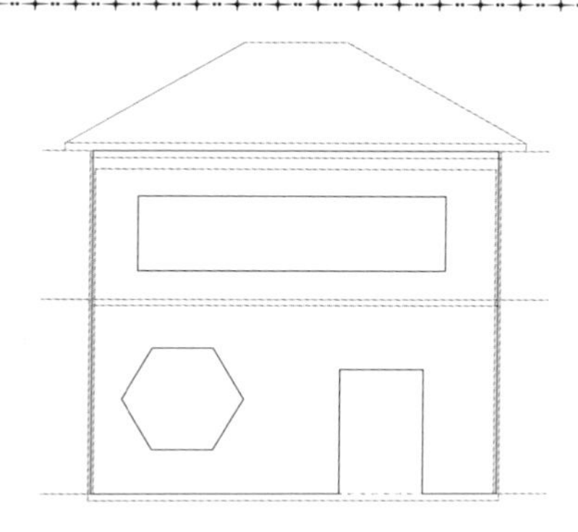

图 9-7　创建墙体洞口

提示： 单击【建筑】选项卡——【洞口】——【墙】按钮，可以在直墙或弧形墙上开矩形洞口。

2. 楼板开洞

楼板开洞与墙体类似，可以把楼板视为水平放置的墙体，通过编辑轮廓的方式创建洞口。

切换到标高 2 平面视图，按 Tab 键，选中二层楼板，单击【修改｜楼板】——【编辑边界】，使用绘图工具可以在红色区域内绘制闭合轮廓（图 9-8），单击【完成编辑模式】，实现楼板开洞（图 9-9）。

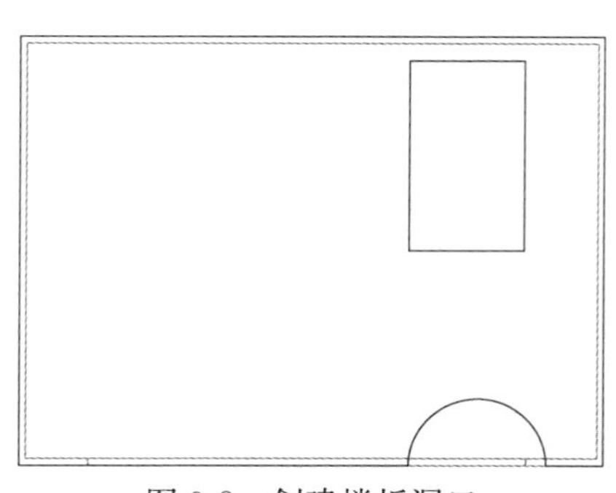

图 9-8　创建楼板洞口

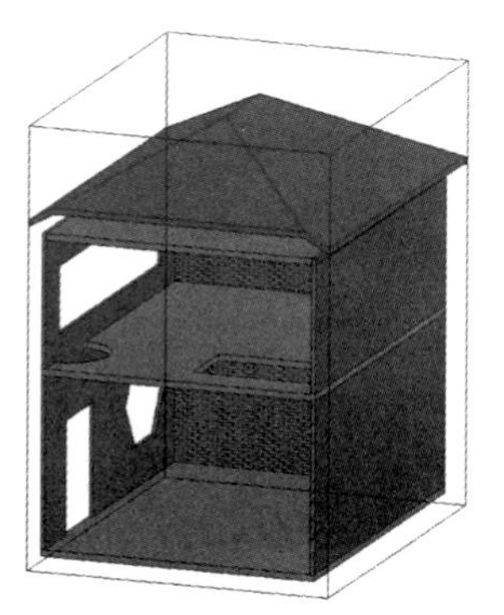

图 9-9　墙体与楼板的开洞

提示： 如果洞口与楼板边缘重合，需要进行打断、修剪操作，始终保持外部边界呈连续闭合的状态。

切换到标高 1 平面视图，单击【建筑】选项卡中【竖井】按钮，在【属性】面板中，将【底部约束】设为“标高 1”，【底部偏移】值为“－150mm”，【顶部约束】设为“标高 3”，【顶部偏移】值为“0mm”，单击【应用】。在【修改｜创建竖井洞口草图】上下文选项卡中，单击【边界线】中的【圆形】按钮，绘制半径为 1000mm 的圆形竖井边界（图 9-10），单击【完成编辑模式】，切换到三维视图，调整剖面框位置进行观察（图 9-11）。

> **提示：**选中竖井，可以拖动其上下夹点来调整竖井高度，当其高度超过屋顶时，可以在屋顶创建洞口。

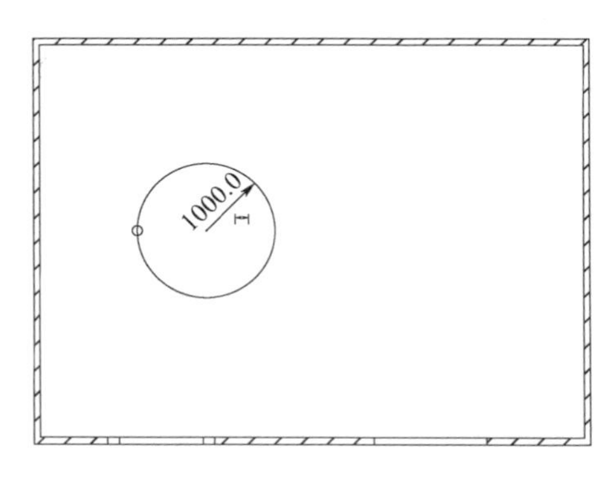

图 9-10　绘制“圆形”竖井边界

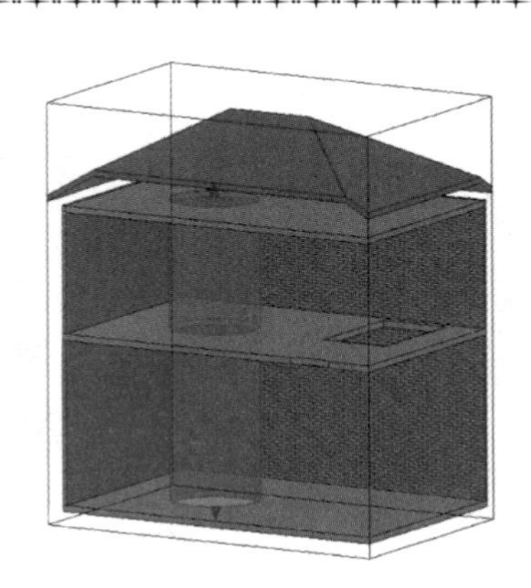

图 9-11　完成【竖井】洞口

3. **屋顶开洞**

在三维视图中，单击【建筑】选项卡——【按面】开洞按钮，选中要开洞的屋顶面，进入编辑边界状态，此时切换到 Viewcube 的“上”视图，进行准确定位后，绘制矩形轮廓（图 9-12），单击【完成编辑模式】，生成屋顶洞口（图 9-13）。

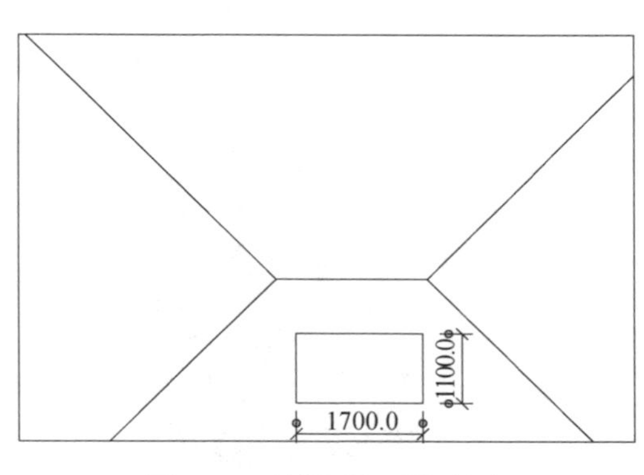

图 9-12　绘制“矩形”轮廓

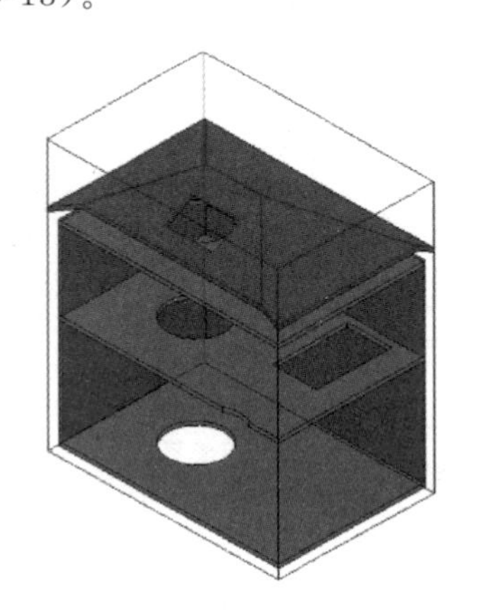

图 9-13　完成【按面】开洞

与【按面】开洞相类似，在三维视图中，单击【建筑】选项卡——【垂直】开洞按钮，选中要开洞的屋顶面，进入编辑边界状态，此时切换到 Viewcube 的“上”视图，进行准确定位后，绘制椭圆形轮廓（图 9-14），单击【完成编辑模式】（图 9-15）。

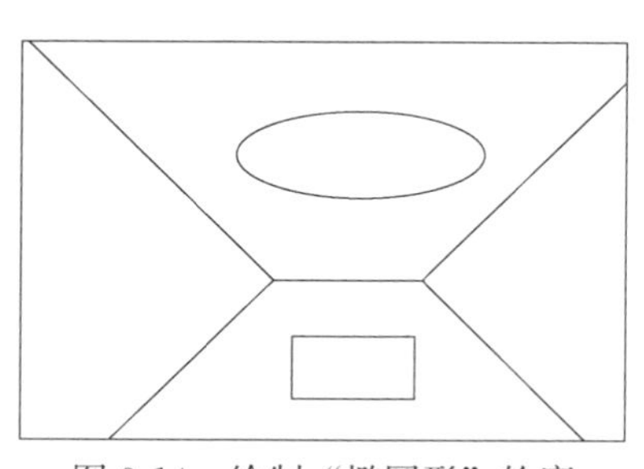

图 9-14 绘制“椭圆形”轮廓

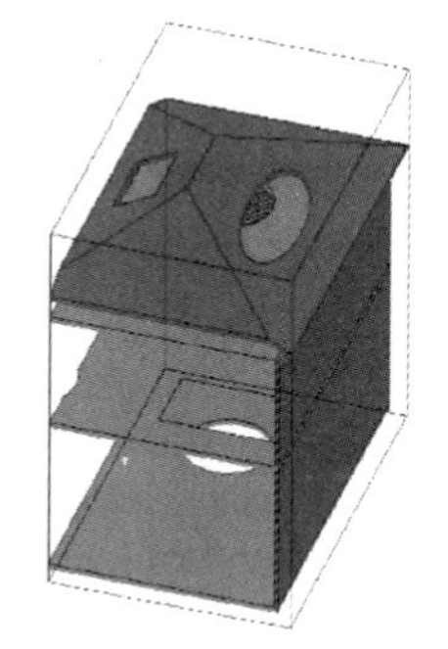

图 9-15 完成【垂直】开洞

> **提示：**【按面】开洞的洞口与屋顶面相垂直，而【垂直】开洞的洞口始终与水平面相垂直。

9.2 创建别墅老虎窗

9.2.1 老虎窗屋顶

1. 设置屋顶显示样式

打开“吕桥四层别墅-9.rvt”项目文件，切换到“屋顶层”平面视图，此时屋顶呈隐藏状态，单击视图控制栏中的【显示隐藏的图元】按钮，选中屋顶，单击【修改｜屋顶】上下文选项卡中的【取消隐藏图元】按钮，再单击【切换显示隐藏图元模式】按钮，显示完整的屋顶。

单击【视图】选项卡——【可见性图形】按钮（快捷键 vv），打开“可见性/图形替换”对话框（图 9-16），在【模型类别】中，单击屋顶的【投影/表面】【填充图案】——【替换】按钮，打开“填充样式图形”对话框，不勾选【前景】“可见”（图 9-17），单击【确定】两次，如图 9-18 所示。

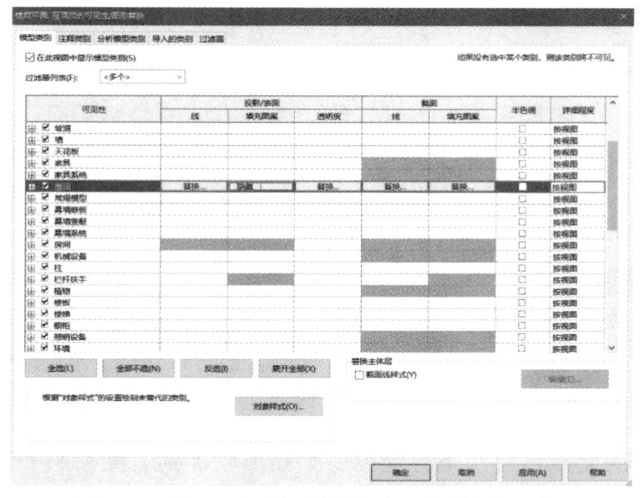

图 9-16 设置屋顶的【投影/表面】【填充图案】

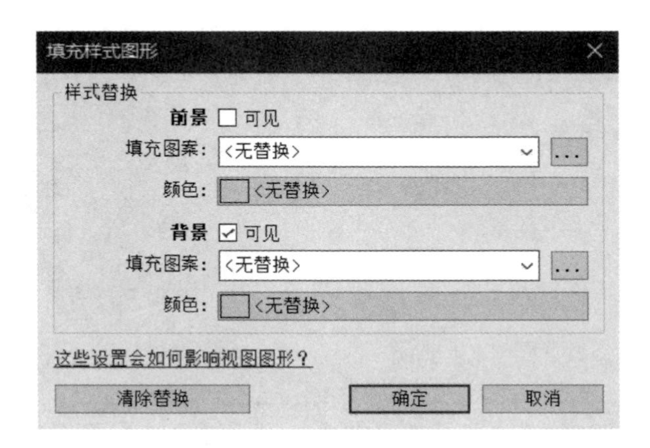

图 9-17　不勾选【前景】“可见”

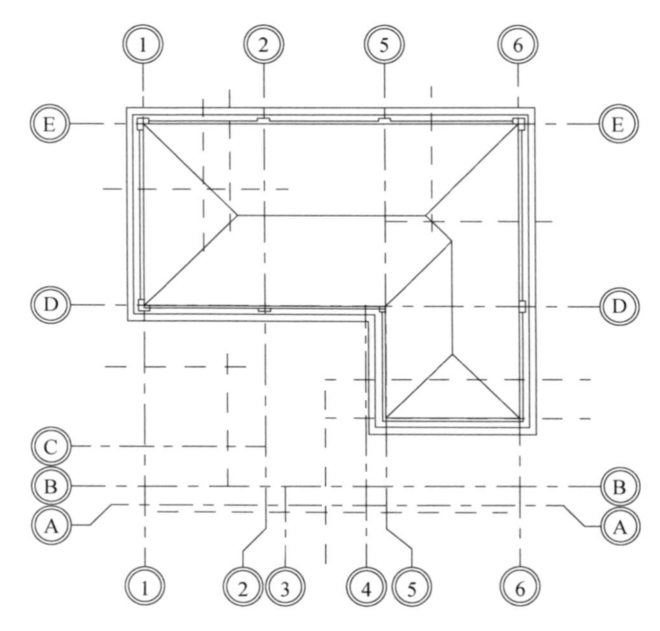

图 9-18　不显示屋顶的“表面填充图案”

2. 绘制参照平面

单击【建筑】——【参照平面】工具，绘制垂直方向的参照平面，其与 2 号轴的距离为“1200mm”（图 9-19），使用【复制】命令将此参照平面向左右分别复制“600mm”（图 9-20），完成老虎窗开间方向的 3 个参照平面；使用快捷键“rp”继续绘制距离 D 号轴“350mm”的水平参照平面来定位老虎窗进深的起始位置，如图 9-21 所示。

3. 创建老虎窗屋顶

单击【建筑】选项卡——【屋顶】下拉框——【迹线屋顶】，在【属性】面板类型选择器下拉框中，选择“别墅屋顶-120mm”类型，设置【底部标高】为“屋顶层”，【自标高的底部偏移】值为“1000mm”，其他参数按默认设置，单击【应用】。使用【矩形】绘制工具，捕捉参照平面的交点，自左下方拖曳一个矩形轮廓到右侧参照平面（图 9-22）。

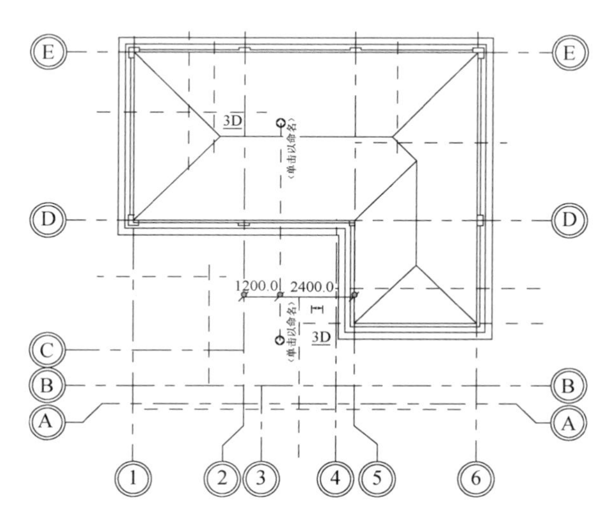

图 9-19　绘制参照平面距 2 号轴“1200mm”

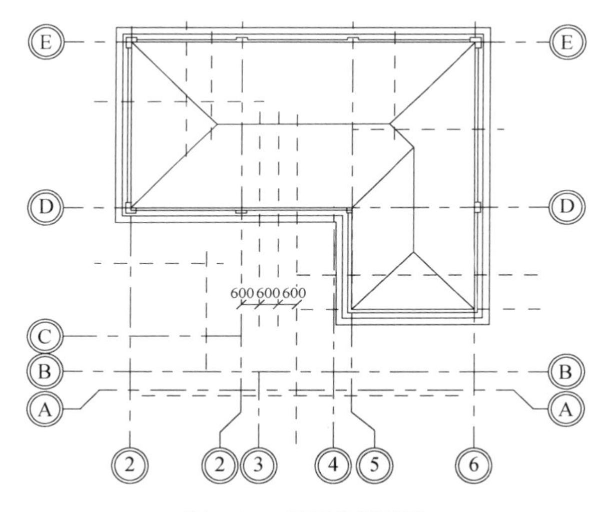

图 9-20　复制参照平面

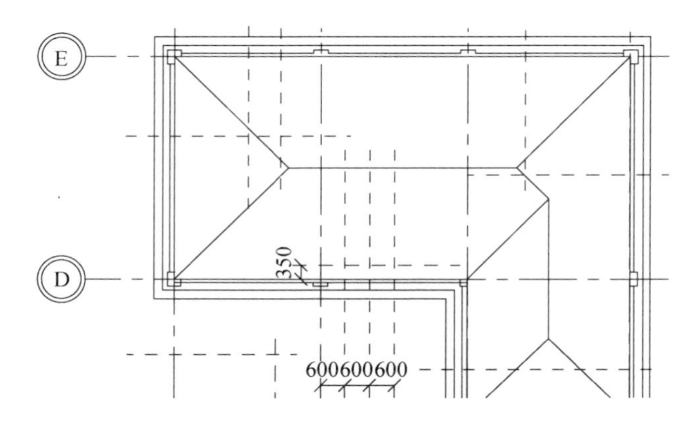

图 9-21　绘制参照平面距 D 号轴“350mm”

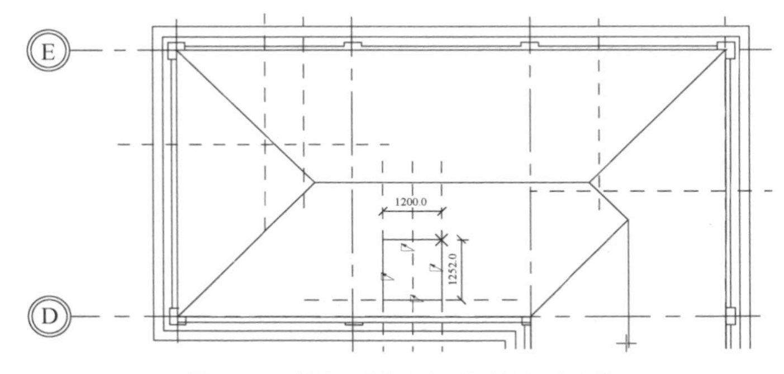

图 9-22　捕捉“交点”绘制屋顶迹线

选中上下迹线，在其【属性】面板中，不勾选“定义屋顶坡度”；再选中左右迹线，在其【属性】面板中，将【坡度】设为“39°”（图 9-23），单击【完成编辑模式】，切换到三维视图进行观察（图 9-24）。

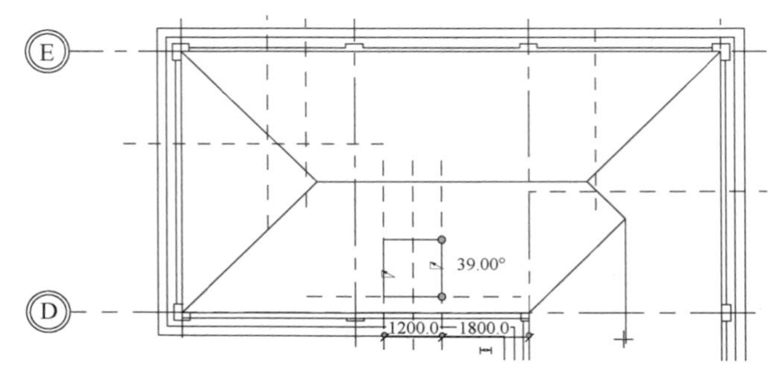

图 9-23　设置屋顶迹线“坡度”

图 9-24　创建老虎窗屋顶

在三维视图中，使用“vv”快捷键，关闭屋顶的表面填充图案。单击【修改】选项卡——【连接/取消连接屋顶】按钮，单击老虎窗屋顶的内侧边，然后单击主屋顶边缘，将两者连接，如图 9-25 所示。

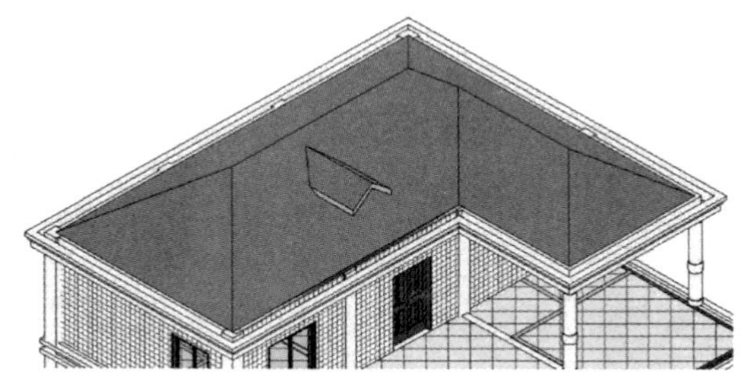

图 9-25　连接老虎窗屋顶与主屋顶

9.2.2 老虎窗侧墙

切换到“屋顶层”平面视图，在【建筑】选项卡中，单击【墙】按钮，在【属性】面板类型选择器下拉框中，选择“基本墙别墅外墙-200mm”类型，单击【编辑类型】按钮，打开“类型属性”对话框，单击【复制】按钮，并命名为“别墅外墙-100mm”，单击【结构】右侧的【编辑】按钮，打开“编辑部件”对话框，将上下“面层”厚度改为“10mm”，“结构［1］”厚度改为“80mm”（图 9-26），单击【确定】。

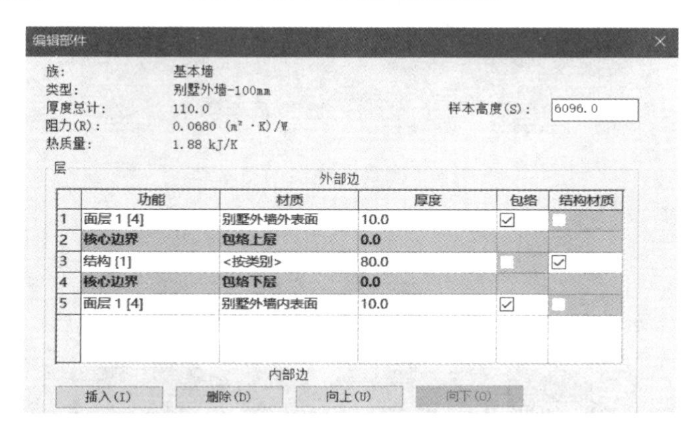

图 9-26 设置老虎窗“侧墙”构造

在【修改｜放置墙】上下文选项卡中单击【直线】按钮，并且在选项栏中设置【高度】为“未连接”，值为“2000mm”，【定位线】为“面层面：外部”，【偏移】值为“-50mm”，首先由下向上绘制左侧墙体，按一次 Esc 键，再由上向下绘制右侧墙体，按两次 Esc 键退出绘制（图 9-27）。

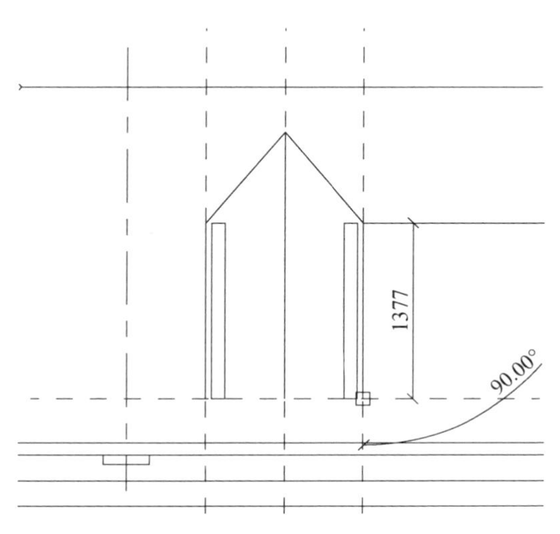

图 9-27 绘制老虎窗“侧墙”

切换到三维视图，选中老虎窗两侧墙体（图 9-28），单击【修改｜墙】上下文选项卡——【附着顶部/底部】按钮，此时选项栏中【附着墙】默认为“顶部”，单击老虎窗屋顶（图 9-29），继续单击【附着顶部/底部】按钮，修改选项栏中【附着墙】为“底部”，单击大屋顶，如图 9-30 所示。

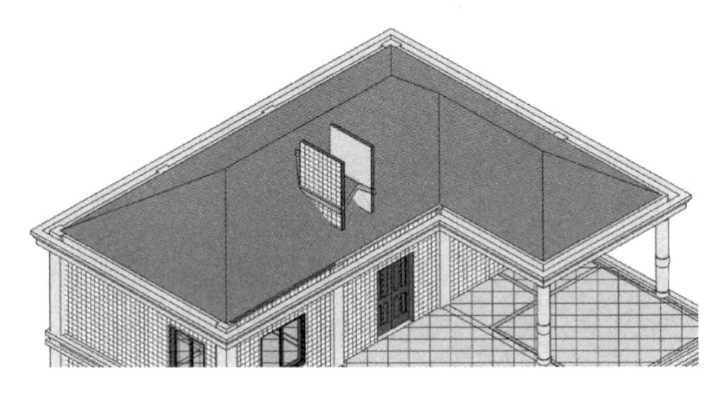

图 9-28　选中老虎窗两侧墙体

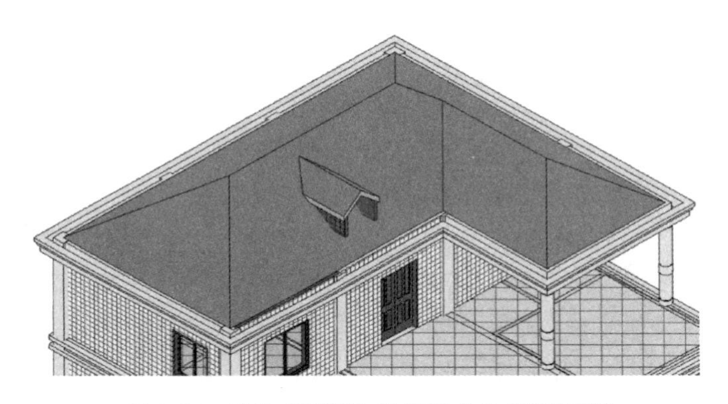

图 9-29　墙体“顶部”附着到“老虎窗屋顶”

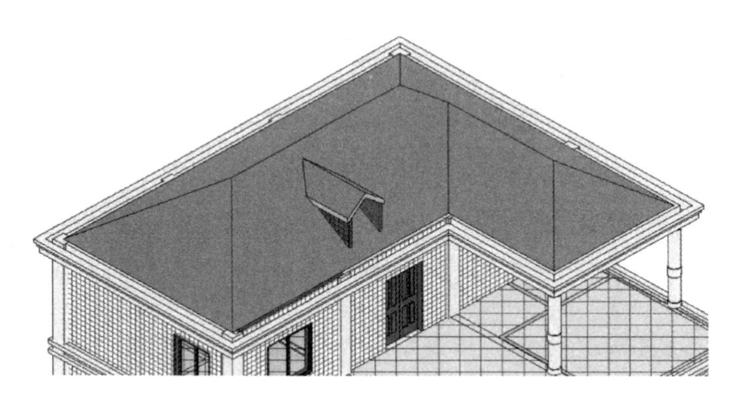

图 9-30　墙体“底部”附着到“大屋顶”

9.2.3　老虎窗窗口

老虎窗窗口可以采用插入窗族的方式创建，也可以采用绘制幕墙的方式创建。

切换到“屋顶层”平面视图，单击【建筑】选项卡——【墙】，在【属性】面板的类型选择器中选择“幕墙”，选项栏中【偏移】值设为“100mm”，捕捉“侧墙”的内侧，沿老虎窗下边缘绘制一段幕墙（图 9-31）。

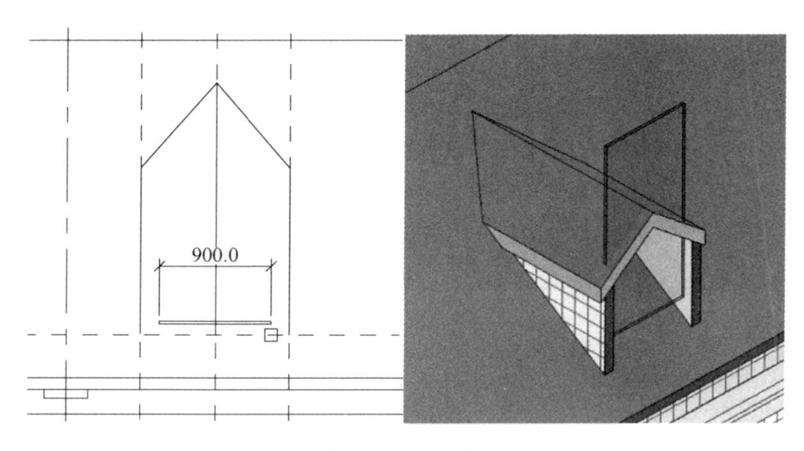

图 9-31　绘制幕墙

在“屋顶层”平面视图，单击【建筑】选项卡——【墙】，在【属性】面板的类型选择器中选择“基本墙别墅外墙-100mm”类型，选项栏中【定位线】设为“墙中心线”，【偏移】值为“0”，捕捉到幕墙的两端从右往左绘制窗台墙，可以切换到三维视图进行观察，此时窗台墙与幕墙重合（图 9-32）。按 Tab 键选中窗台墙，在其【属性】面板中将【底部偏移】值改为“0”，【顶部约束】为“未连接”，将【无连接高度】值改为“500mm”，单击【修改 | 墙】——【附着顶部/底部】，将其底部附着到大屋顶。然后选中幕墙，在其【属性】面板中将【底部偏移】值改为“500mm”，单击【修改 | 墙】——【附着顶部/底部】，将玻璃幕墙顶部附着到老虎窗屋顶（图 9-33）。

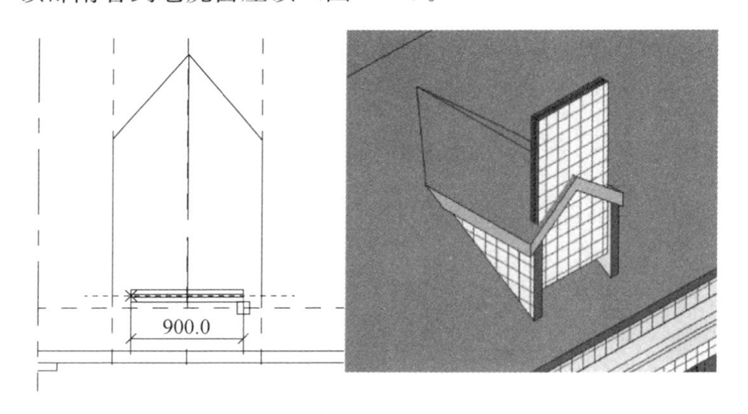

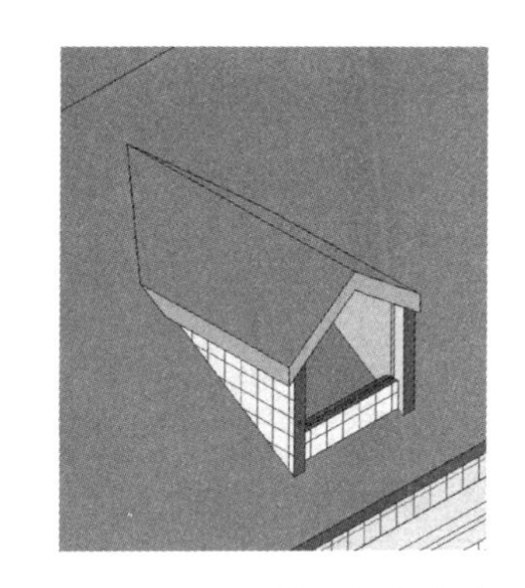

图 9-32　绘制窗台墙　　　　图 9-33　调整幕墙与窗台墙

切换到 Viewcube 的“前”视图，单击【建筑】选项卡——【幕墙网格】按钮，对幕墙进行网格划分，绘制水平网格距离窗台上缘 500mm，绘制一段垂直网格位于窗正中，按两次 Esc 键退出命令，如图 9-34 所示。网格划分好后，单击【建筑】选项卡——【竖梃】按钮，在【属性】面板类型选择器下拉框中，选择“矩形竖梃 30mm 正方形”类型，依次放置竖梃，如图 9-35 所示。

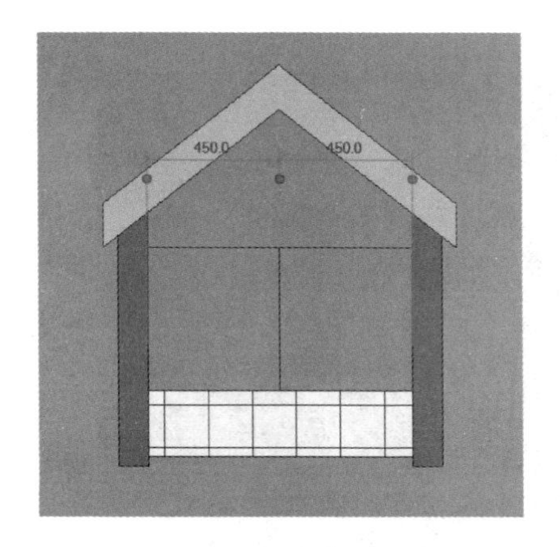

图 9-34　划分幕墙网格

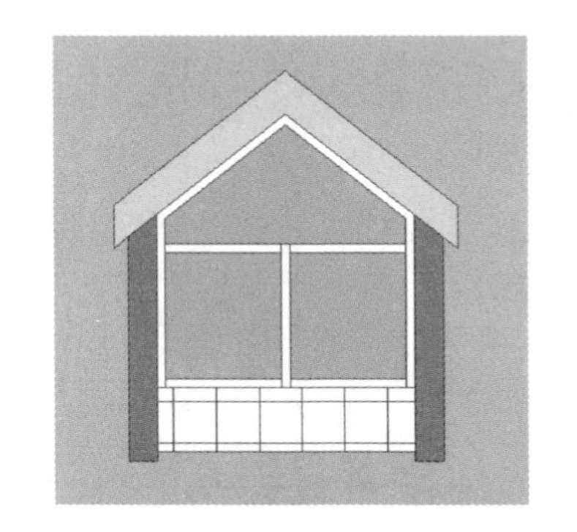

图 9-35　添加竖梃

9.2.4　老虎窗洞口

单击【建筑】选项卡——【老虎窗】按钮，单击大屋顶，进入编辑状态，在视图控制栏中将视觉样式改为【线框】模式，依次单击屋顶和墙体的内边缘，生成红色的洞口边缘线，然后使用修剪命令将洞口边缘线修剪为首尾相接的闭合区域（图 9-36），然后勾选【完成编辑模式】，系统在大屋顶上创建老虎窗洞口。将视觉样式改为【着色】模式，打开剖面框，观察老虎窗与屋顶的剖切构造关系（图 9-37）。

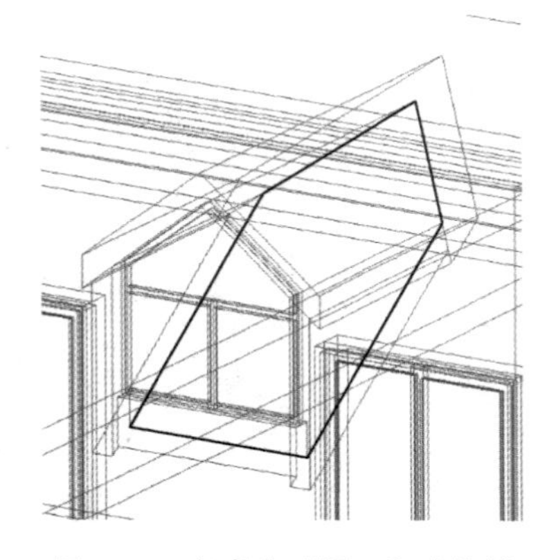

图 9-36　老虎窗“洞口”边缘线

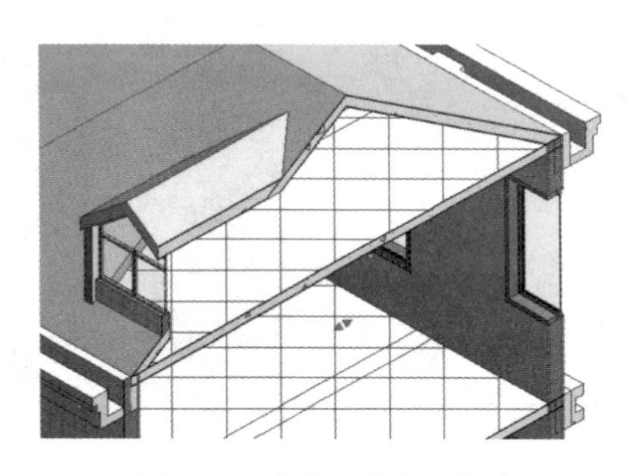

图 9-37　完成老虎窗的创建

10 楼　　梯

楼梯是组织建筑空间竖向交通联系的主要构件，其一般位于较明显的位置便于引导人流。楼梯设计首先要充分考虑到人员疏散的顺畅性与安全性，其次要考虑到结构与防火等功能要求，第三楼梯作为重要的室内造型构件，要考虑到其美观性与装饰性，第四楼梯设计还应满足施工、材料和经济等方面的要求。由于楼梯设计的复杂性与综合性，楼梯详图成为了建筑施工图设计必不可少的组成部分。

Revit 通过“构件”和“草图”两种方式进行楼梯创建，“构件”方式可以快速创建直梯、螺旋楼梯、转角楼梯等常见楼梯形式，“草图”方式可以通过绘制楼梯边界线和踢面线来创建特殊形式的楼梯。Revit 楼梯是一种组合构件，一般由梯段、平台和扶手等构件组成，这些构件的形式、尺寸和材料等都是通过参数设置生成的。

本章主要介绍楼梯的创建与编辑方法以及楼梯与建筑层高、楼板、扶手、细部构件等的协调关系。

本章学习目的：

（1）熟悉楼梯的构造知识；

（2）掌握楼梯的创建与编辑方法；

（3）使用“草图”方式创建特殊楼梯；

（4）掌握楼梯与其他构件协调的方法。

手机扫码
观看教程

10.1　楼梯概述

楼梯主要由梯段、平台、栏杆扶手 3 部分组成，梯段是联系 2 个标高平台的倾斜构件，由踏步组成，梯段踏步数一般不宜超过 18 级，不宜少于 3 级。踏步的高度一般在 150mm 左右，不应高于 175mm，踏步的宽度一般在 300mm 左右，不应窄于 260mm。平台分为中间平台和楼层平台，平台设计应注意与层高的协调关系，其构造与楼板类似，中间平台宽度不应小于梯段宽度，且不应小于 1200mm。栏杆扶手是设在梯段及平台边缘的安全保护构件，一般不应低于 900mm。

楼梯按形式分为：直跑楼梯、双跑楼梯、多跑楼梯、剪刀楼梯、螺旋楼梯和弧形楼梯等。建筑设计时楼梯形式的选择需综合考虑楼梯位置、楼梯间的形状与尺寸、楼层数与层高、人流数量与疏散要求、室内装饰等因素。

10.1.1　直跑楼梯

单击【文件】菜单——【新建】——【项目】，选择“建筑样板”，单击【确定】。切换到南立面视图，将标高 2 的高度值由“4.0m”改为“3.9m”（图 10-1）。下一步绘制标高 1 到标高 2 的直跑楼梯，踏步高为 150mm，宽为 300mm，所需踏步数为 26 个。

切换到“标高 1”平面视图，单击【建筑】选项卡——【楼梯】按钮，在其【属性】

面板类型选择器下拉框中，选择“现场浇注楼梯整体浇筑楼梯”类型，修改实例属性中【所需踢面数】为“26”，【实际踏板深度】为“300mm”，单击【应用】。在【修改丨创建楼梯】上下文选项卡中，单击【梯段】的绘制方式为【直梯】，在选项栏中，设置【定位线】为“梯段：中心”，【实际梯段宽度】为“1200mm”，其他参数按默认值。

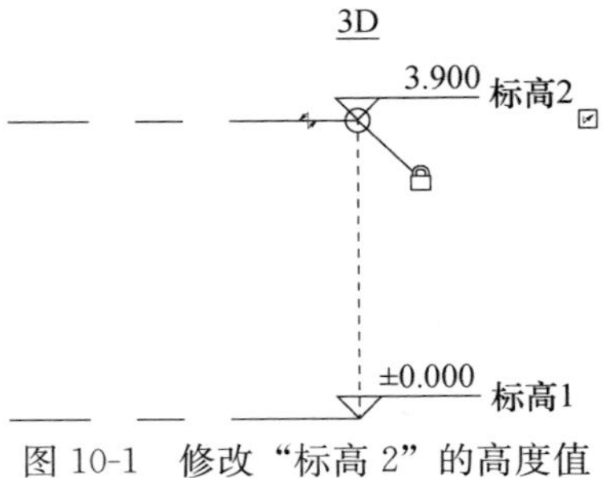

图 10-1　修改“标高 2”的高度值

提示：梯段定位线与墙体的绘制类似，一般以梯段中心线进行定位绘制，也可以梯段的左边或右边进行定位绘制。

绘制直跑楼梯，单击适当位置，垂直向上移动光标，梯段会以淡显的方式随光标生成，当创建踢面数为 13 个时，单击鼠标生成第一个梯段（图 10-2），继续垂直向上移动光标，当延伸距离为“1200mm”时，单击鼠标生成中间平台（图 10-3），继续垂直向上移动光标直到生成所有踢面后（图 10-4），单击鼠标完成第二个梯段（图 10-5），单击【完成编辑模式】（图 10-6），切换到三维视图，在【着色】视觉样式下进行观察，如图 10-7 所示。

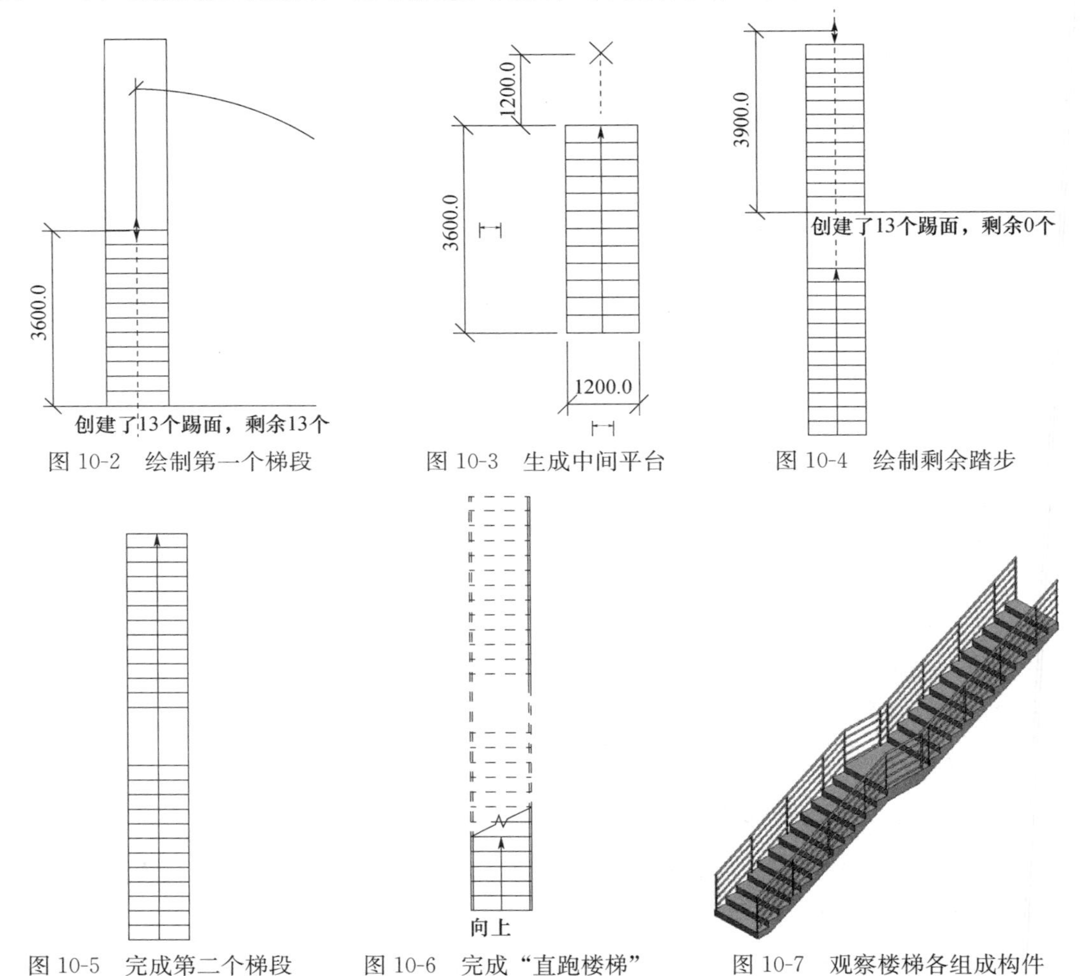

图 10-2　绘制第一个梯段　图 10-3　生成中间平台　图 10-4　绘制剩余踏步

图 10-5　完成第二个梯段　图 10-6　完成“直跑楼梯”　图 10-7　观察楼梯各组成构件

提示：切换到东立面视图，如图 10-8 所示，可以发现第二个梯段的终止位置到“标高 2”有“150mm”的间隙距离，该间隙一般需要通过楼板或梯段梁进行衔接过渡。

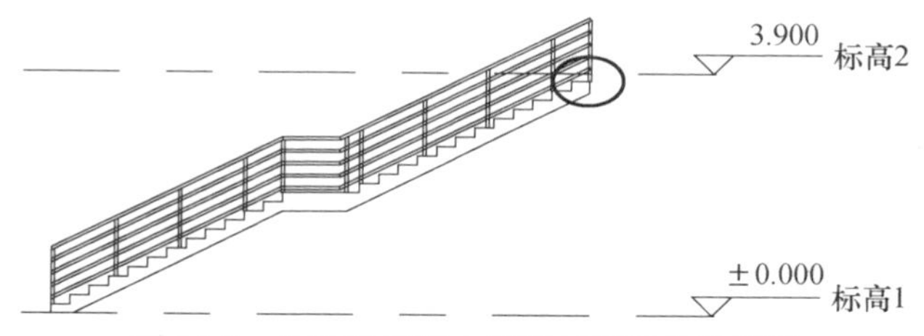

图 10-8　检查楼梯终止位置与标高是否等高

10.1.2　两跑楼梯

切换到标高 1 平面视图，单击【建筑】选项卡——【楼梯】，将【属性】面板中【所需踢面数】设为“26”，【实际踏板深度】为“300mm”，单击【应用】。单击【修改 | 创建楼梯】上下文选项卡——【栏杆扶手】按钮，弹出“栏杆扶手”对话框，在下拉框中选择“1100mm”类型，单击【确定】。

绘制两跑楼梯，单击适当位置，垂直向上移动光标，当创建踢面数为 13 个时，单击鼠标生成第一个梯段（图 10-9），水平向右移动光标，当延伸距离为“2000mm”时，单击鼠标生成中间平台（图 10-10），再垂直向下移动光标直到生成所有踢面后（图 10-11），单击鼠标完成第二个梯段（图 10-12），单击【完成编辑模式】（图 10-13），切换到三维视图进行观察，如图 10-14 所示。

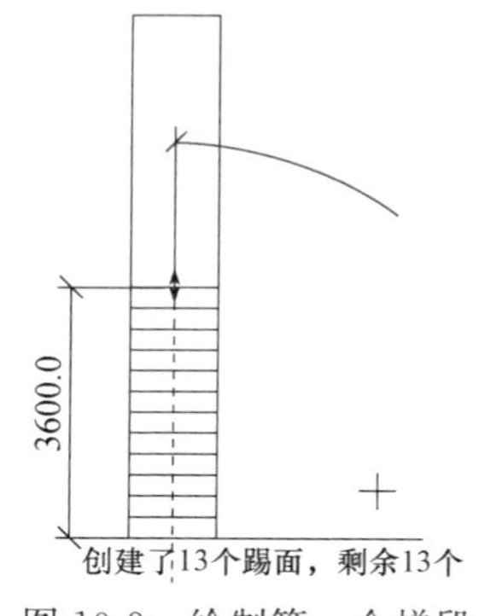

图 10-9　绘制第一个梯段

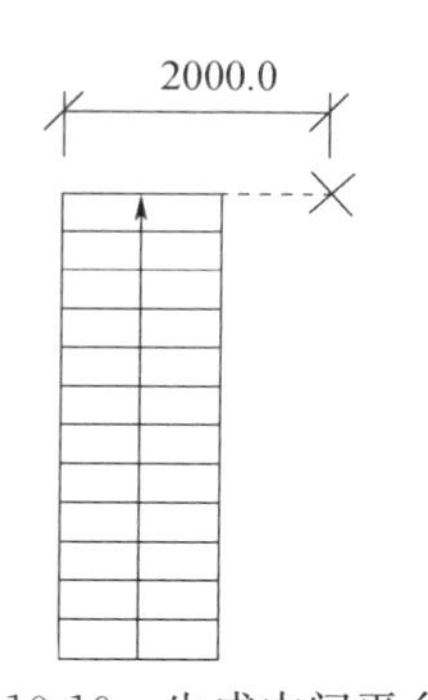

图 10-10　生成中间平台

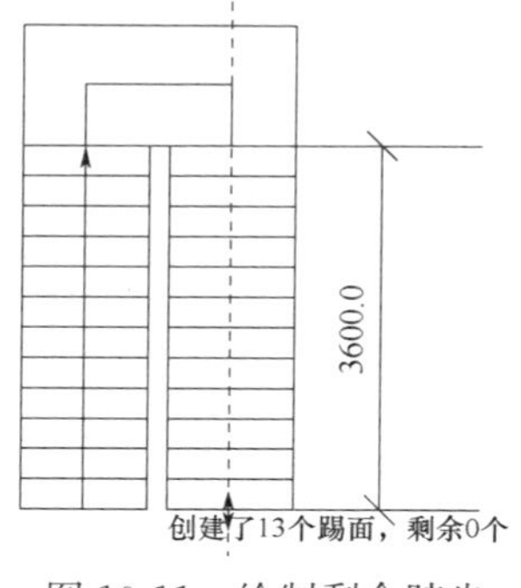

图 10-11　绘制剩余踏步

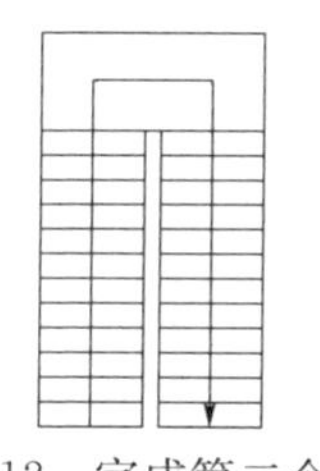

图 10-12　完成第二个梯段

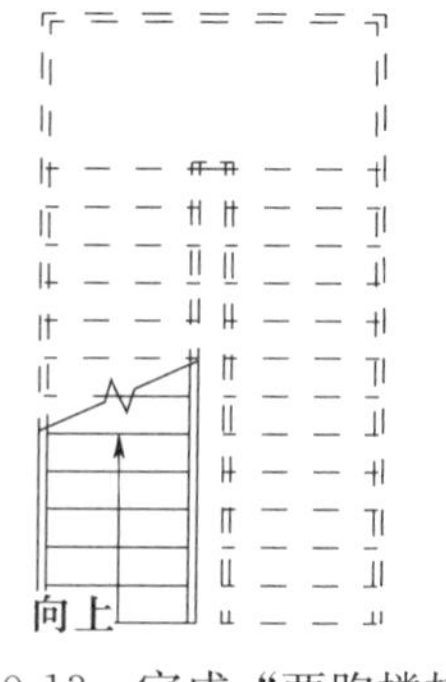

图 10-13　完成“两跑楼梯”

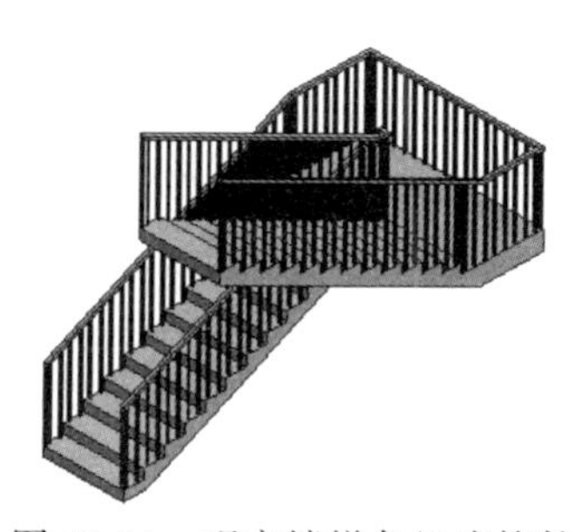

图 10-14　观察楼梯各组成构件

提示： 在实际项目中创建楼梯时，需要首先添加参照平面作为辅助线，对楼梯进行准确定位后再进行绘制。

10.1.3 螺旋楼梯和弧形楼梯

切换到标高1平面视图，单击【建筑】选项卡——【楼梯】，将【属性】面板中【所需踢面数】设为“26”，【实际踏板深度】为“300mm”，单击【应用】。在【修改｜创建楼梯】上下文选项卡中，单击【梯段】的绘制方式为【全踏步螺旋】，其他参数按照默认设置。

绘制螺旋楼梯，单击合适位置作为圆心，水平移动光标，当半径为“1000mm”时，单击鼠标作为起始位置（图10-15），Revit按照默认参数生成螺旋楼梯（图10-16），单击【完成编辑模式】（图10-17），切换到三维视图进行观察，如图10-18所示。

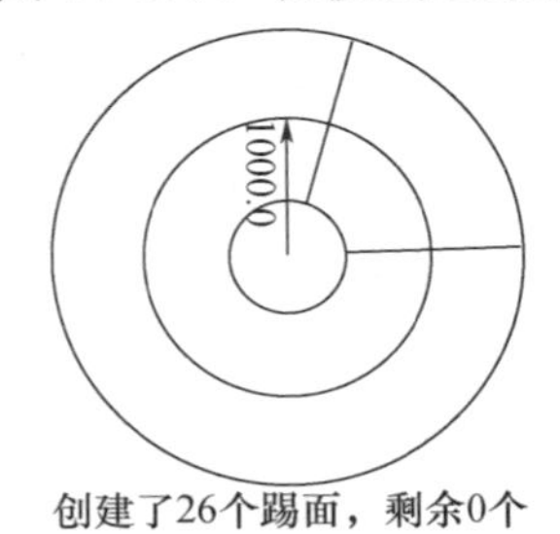

图10-15 确定“螺旋楼梯”的起始位置

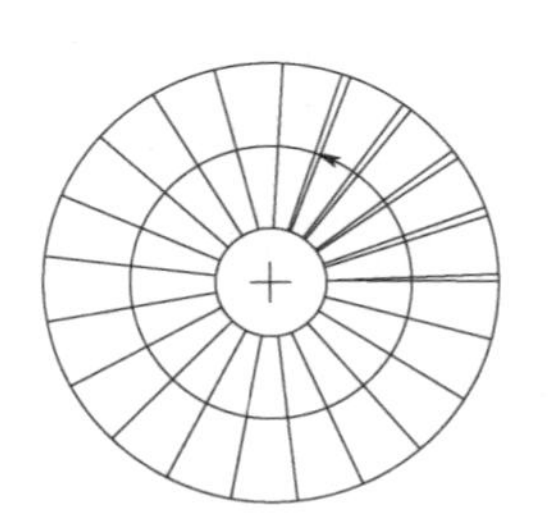

图10-16 生成螺旋楼梯

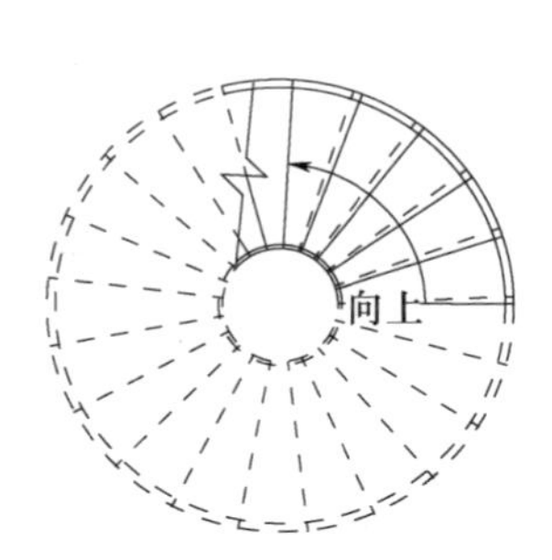

图10-17 “螺旋楼梯”的平面显示

图10-18 观察楼梯各组成构件

切换到标高1平面视图，单击【建筑】选项卡——【楼梯】，将【属性】面板中【所需踢面数】设为“26”，【实际踏板深度】为“300mm”，单击【应用】。在【修改｜创建楼梯】上下文选项卡中，单击【梯段】的绘制方式为【同心—端点螺旋】，在选项栏中勾选【改变半径时保持同心】，其他参数按照默认设置。

绘制弧形楼梯，单击适当位置，水平移动光标，当半径为“1500mm”时，单击鼠标作为起始位置，当创建踢面数为13个时，单击鼠标生成一个梯段，此时捕捉到弧形圆心，沿弧形移动光标到合适距离，单击鼠标生成中间平台，继续沿弧形移动光标直到生成所有踢面后，单击鼠标完成第二个梯段（图10-19），单击【完成编辑模式】，切换到三维视图进行观察，如图10-20所示。

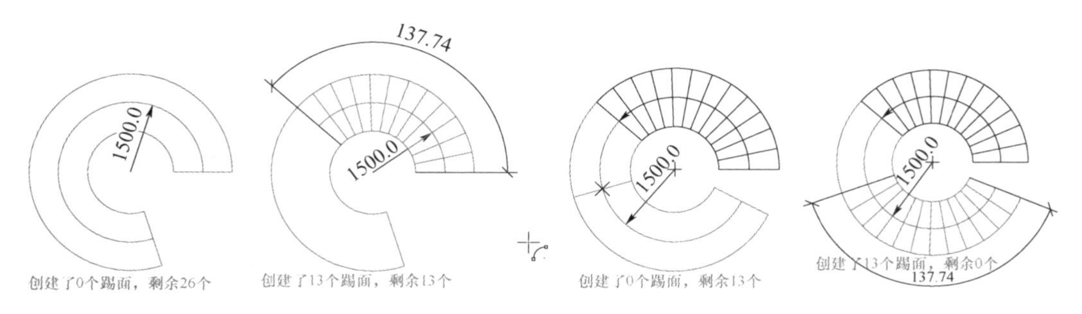

图 10-19 绘制“弧形楼梯”

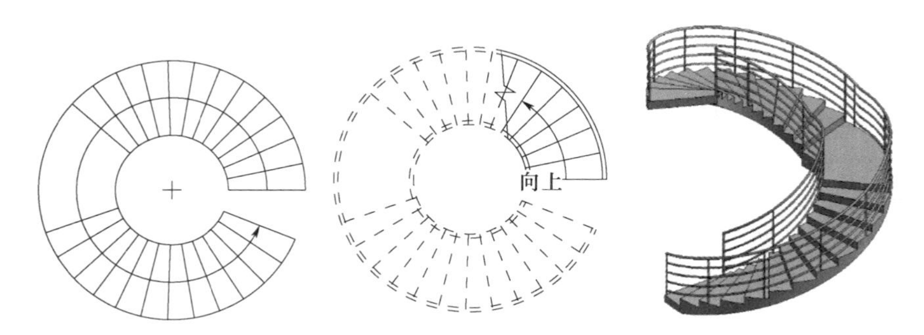

图 10-20 完成“弧形楼梯”

提示： 实际项目中，绘制弧形楼梯需要借助参照平面，对圆心、起始位置、踏面数、平台位置等进行计算与定位。

10.1.4 编辑楼梯

楼梯的梯段、平台和栏杆扶手都是图元构件，可以用参数化进行设计与编辑。楼梯的梯段形状和平台形状可以使用草图模式进行编辑。

1. 修改楼梯平台

在三维视图中，选中两跑楼梯，单击【修改 | 楼梯】上下文选项卡——【编辑楼梯】，进入楼梯编辑状态，将两个梯段与中间平台分别进行单独编辑。切换到标高 1 平面视图，选中平台后可以拖动平台边缘箭头，修改平台尺寸，将平台宽度由“1200mm”改为“1500mm”，单击【完成编辑模式】，如图 10-21 所示。

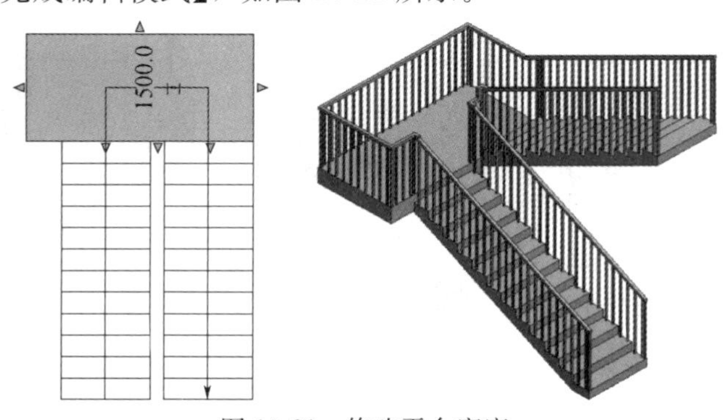

图 10-21 修改平台宽度

切换到标高 1 平面视图，选中两跑楼梯，单击【修改｜楼梯】上下文选项卡——【编辑楼梯】，选中平台，单击【修改｜创建楼梯】——【转换为基于草图】按钮，会弹出提示“转换为草图后就不可逆为构件”，单击【编辑草图】，进入草图编辑模式，将矩形平台改为弧形平台（图 10-22 左图），点击【完成编辑模式】。继续选中楼梯的梯段，将其转换为草图，单击【编辑草图】，删除左侧绿色边界线，重新绘制弧形边界线（图 10-22 右图），点击【完成编辑模式】，如图 10-23 所示。

提示： 平台的草图轮廓必须为连续闭合的形状，而梯段的边界线与踢面线可以不必相交，也不必进行修剪（图 10-22 右图）。另外，特殊形状的草图必须符合 Revit 的计算规则或生成逻辑，否则会提示错误，无法生成。

在三维视图中，选中外侧栏杆，在【属性】面板的类型选择器下拉框中，选择“玻璃嵌板—底部填充”类型，单击【应用】，如图 10-24 所示。

提示： 如果玻璃嵌板的尺寸过大而无法进行圆弧形的平滑过渡，系统会提示错误，此情况下需要调整为其他类型的栏杆扶手。

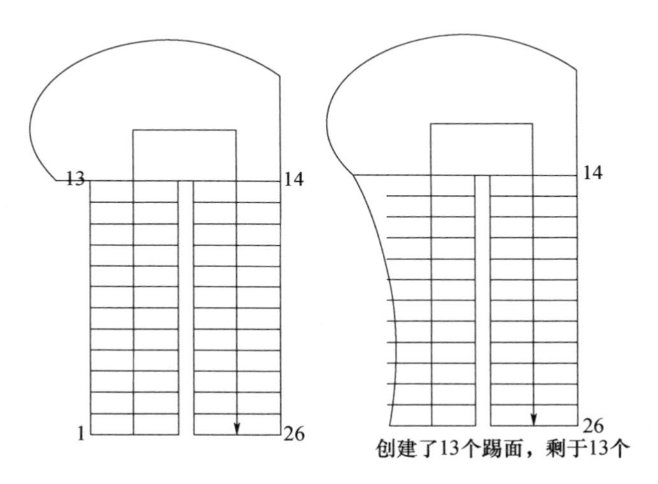

图 10-22　修改“平台”与“梯段”的形状

图 10-23　使用【编辑草图】创建特殊形状楼梯

图 10-24　修改栏杆样式

2. 修改楼梯细部

楼梯平台和梯段是独立的图元构件，可以分别单独编辑它们的构造细节。选中两跑楼梯，单击【属性】面板中的【编辑类型】，打开“类型属性”对话框，单击【复制】，命名为“整体浇筑楼梯一两跑”（图 10-25）（表 10-1）。单击【梯段类型】右侧的编辑按钮[...]，打开梯段的“类型属性”对话框，单击【类型】下拉框，选择“170mm 结构深度”类型，【踏板材质】设为“樱桃木”，勾选【踏板】（图 10-26），单击【确定】。

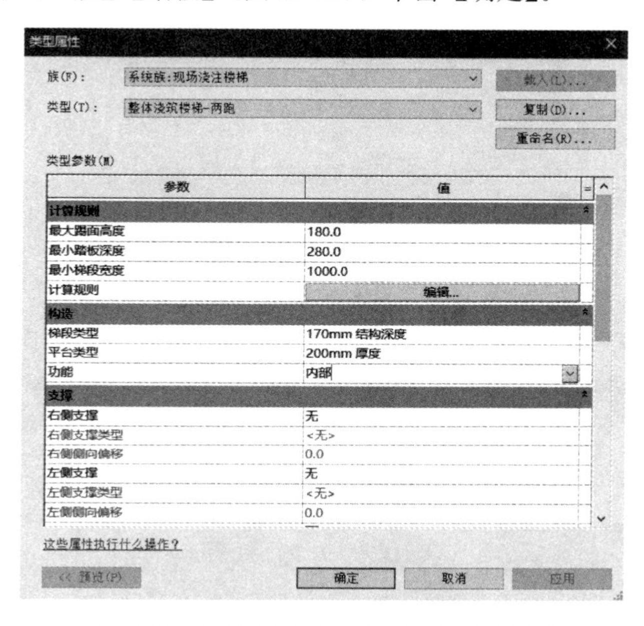

图 10-25　新建“整体浇筑楼梯一两跑”类型

表 10-1　楼梯“类型属性”对话框中各参数的含义

参　　数	含　　义
最大踢面高度	实例属性中“实际踢面高度”的默认初始值，大于此值时 Revit 会提出警告
最小踏板深度	实例属性中“实际踏板深度”的默认初始值，小于此值时 Revit 会提出警告
最小梯段宽度	选项栏中“实际梯段宽度”的默认初始值，小于此值时 Revit 会提出警告
计算规则	单击【编辑】按钮，可以按规范设置楼梯的计算规则
梯段类型	打开梯段的“类型属性”对话框，设置梯段参数
平台类型	打开平台的“类型属性”对话框，设置平台参数
功能	内部或外部楼梯，可用于过滤器或导出模型时对模型进行简化
右/左侧支撑	包括“无”“梯边梁”“踏步梁”3 类
右/左侧支撑类型	打开楼梯梁的“类型属性”对话框，设置梁参数
右/左侧侧向偏移	设置“踏步梁”位置偏移值
中部支撑	是否添加中部的楼梯梁
中部支撑类型	打开楼梯梁的“类型属性”对话框，设置梁参数
中部支撑数量	设置中部的楼梯梁的个数

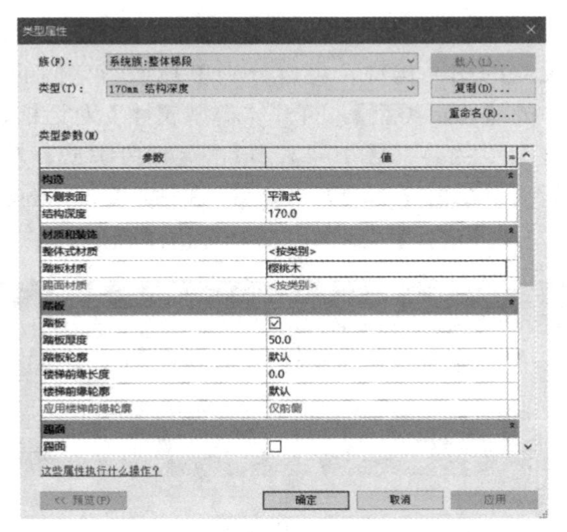

图 10-26　设置梯段的“类型属性”

此时，返回到楼梯的“类型属性”对话框，单击【平台类型】右侧的编辑按钮...，打开平台的“类型属性”对话框，单击【类型】下拉框，选择“200mm 厚度”类型（图 10-27），单击【确定】两次。观察对比梯段和平台在修改前后的样式变化，如图 10-28 所示。

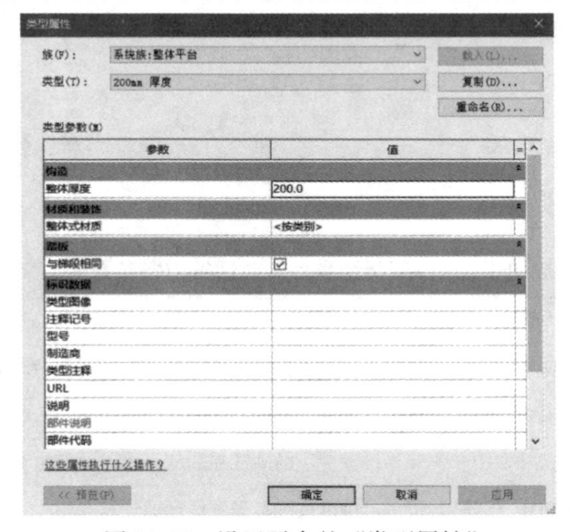

图 10-27　设置平台的“类型属性”

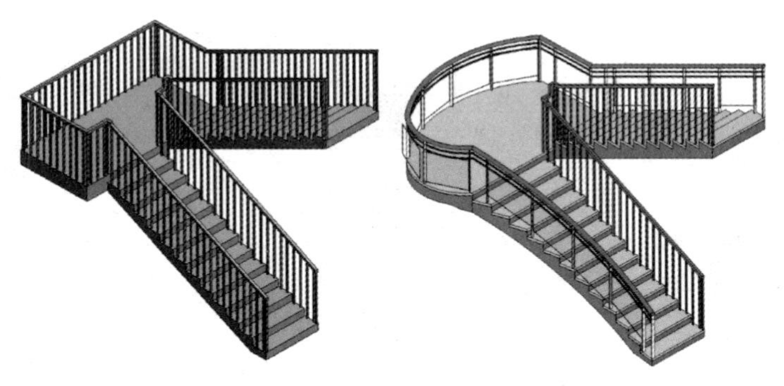

图 10-28　“修改前后”楼梯的样式变化

> **提示**：修改楼梯类型后，其实例属性的踏步数量可能会发生变化，出现楼梯超出标高的情况，此时需要在楼梯的【属性】面板中，将【所需踢面数】重新设为“26”，单击【应用】。

10.2　别墅 F1 弧形楼梯

10.2.1　创建 F2 楼板洞口

切换到 F2 楼层平面视图，单击【视图】选项卡——【可见性图形】按钮 （快捷键 vv），打开“可见性/图形替换”对话框（图 10-29），在【模型类别】中，单击楼板的【投影/表面】——【填充图案】——【替换】按钮，打开“填充样式图形”对话框（图 10-30），不勾选【前景】“可见”，单击【确定】两次，将 F2 平面的楼板表面填充进行隐藏。

由于别墅门厅为两层“通高”，所以需在 F2 楼板上开洞口作为 F1 门厅的上空。将光标置于 F2 外墙处，按 Tab 键，切换选择对象，选中 F2 楼板，单击【修改｜楼板】上下文选项卡——【编辑边界】按钮 ，使用【线】工具 ，沿墙体内表面和柱的内侧绘制闭合轮廓，如图 10-31 所示，勾选【完成编辑模式】。切换到三维视图，并打开剖面框进行观察。如图 10-32 所示，可以发现门厅上空有多余的一段梁，该段梁需要结合弧形楼梯平台进行调整。

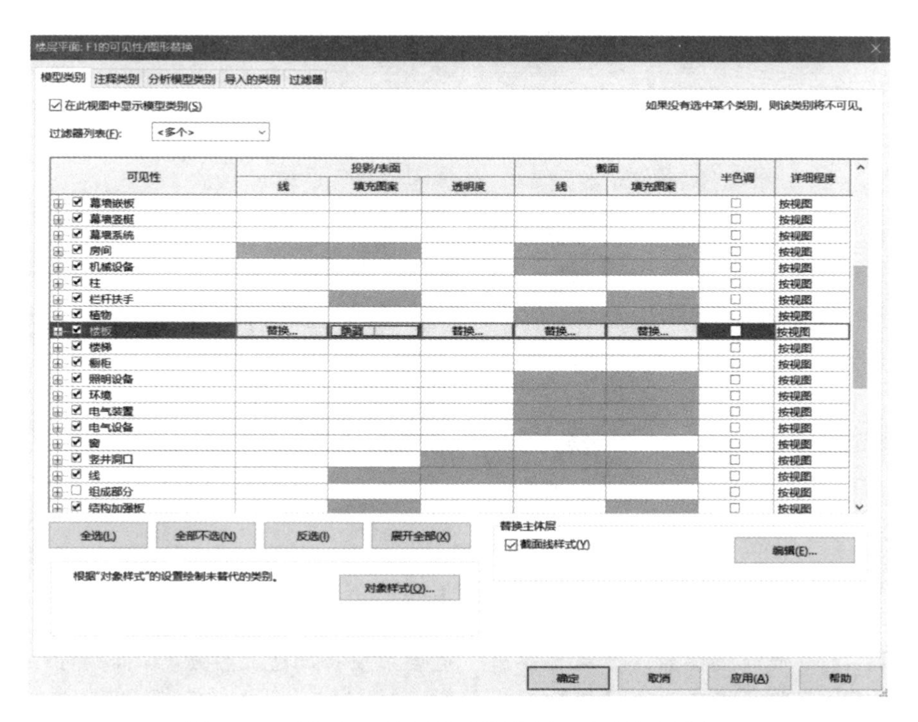

图 10-29　设置 F2 楼板的“投影/表面”“填充图案”

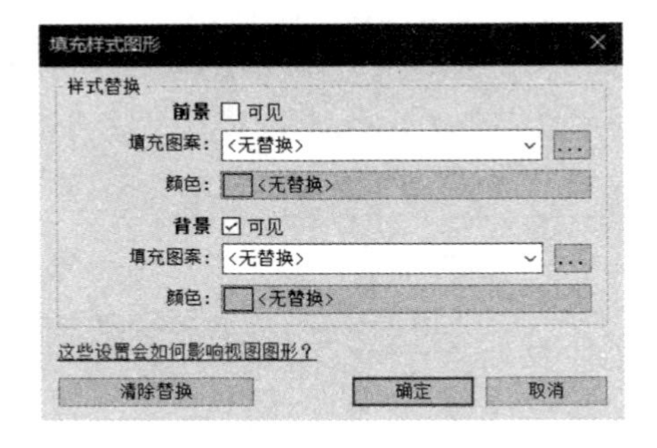

图 10-30　不勾选【前景】“可见”

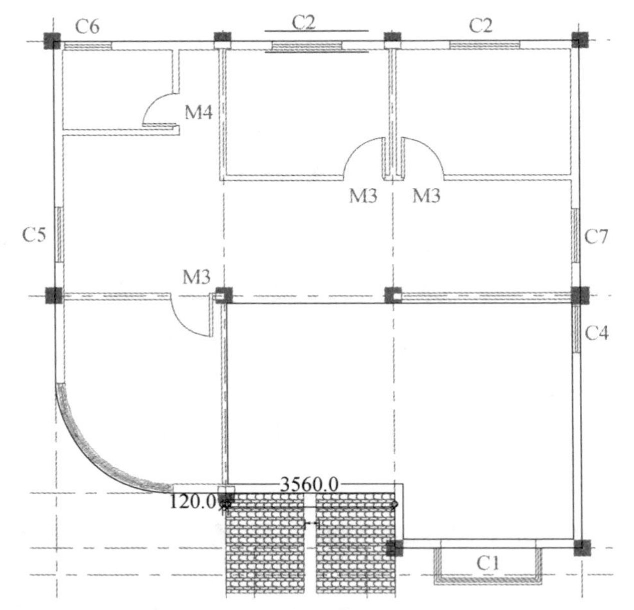

图 10-31　绘制闭合轮廓形成“门厅上空”

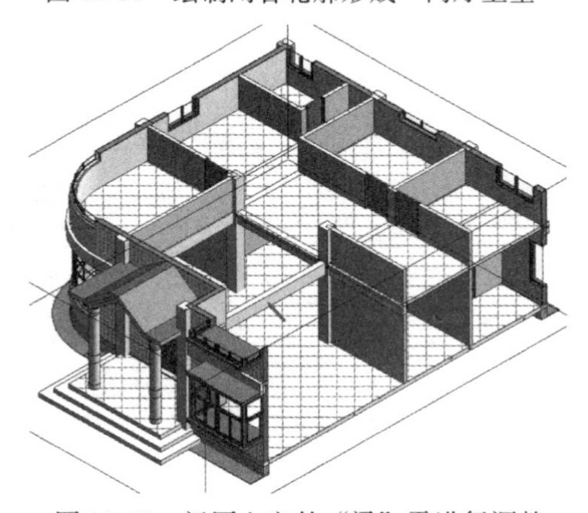

图 10-32　门厅上空的“梁”需进行调整

提示： 完成楼板编辑后，系统会弹出“是否希望将高达此楼层标高的墙附着到此楼层的底部?”，一般情况下单击【否】。

10.2.2 绘制参照平面

切换到 F1 楼层平面视图，将楼板表面填充进行隐藏，将门厅区域已有的参照平面进行隐藏（图 10-33），再绘制参照平面对弧形楼梯进行定位。

单击【建筑】选项卡——【参照平面】按钮，使用【线】工具，在选项栏中设置【偏移】值为“1300mm”，沿右侧墙内表面绘制垂直线，再捕捉上方柱内侧绘制水平线，生成两条偏移“1300mm”的参照平面，如图 10-34 所示，使用【拾取线】工具，设置【偏移】值为“1000mm”，分别拾取上两条参照平面，生成两条偏移“1000mm”的参照平面，如图 10-35与图 10-36 所示，按两次 Esc 键退出命令，完成弧形楼梯圆心定位和梯段宽度定位。

提示： 在创建参照平面过程中，偏移的方向相反时，可以按空格键进行翻转。

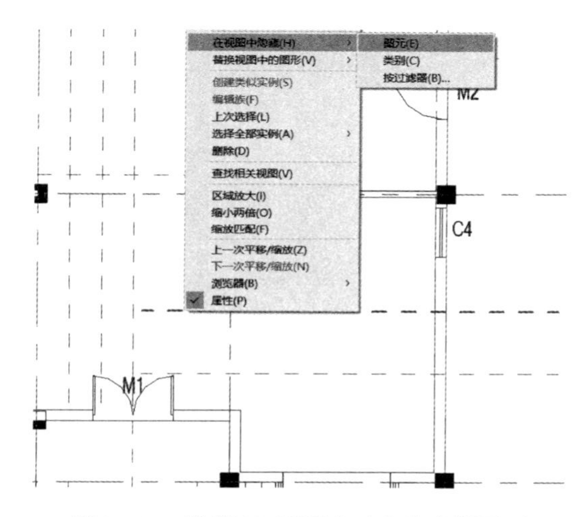

图 10-33　隐藏 F1 视图中已有的参照平面

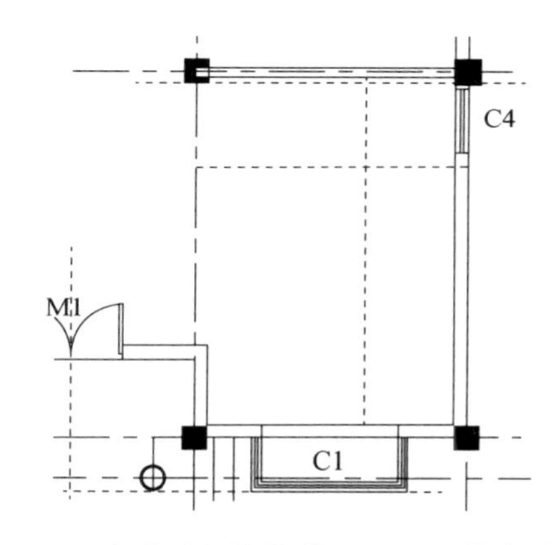

图 10-34　生成两条偏移“1300mm”的参照平面

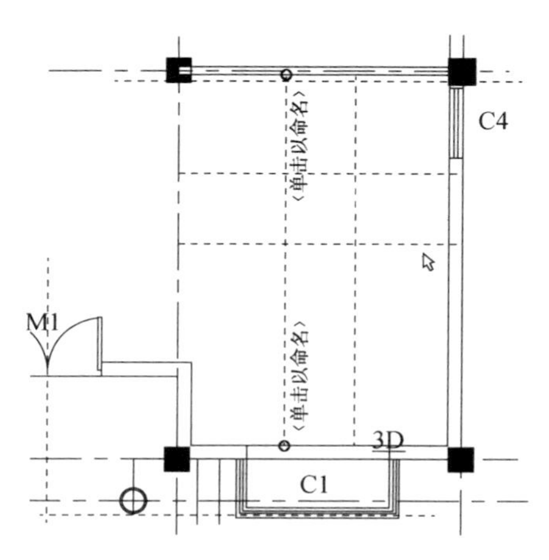

图 10-35　生成两条偏移“1000mm”的参照平面

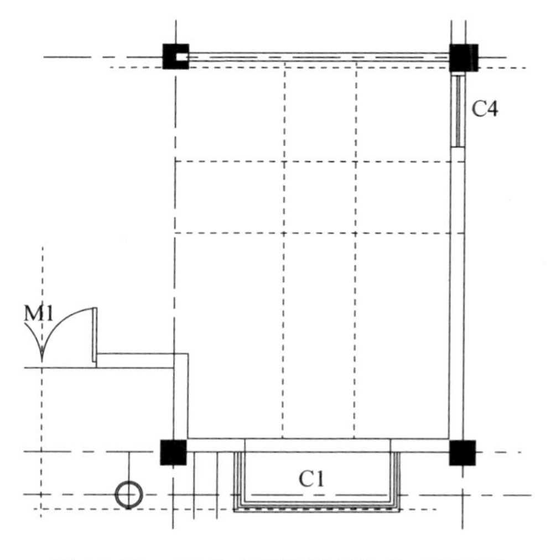

图 10-36　完成“弧形楼梯”的“圆心”和“梯段宽度”定位

使用“草图”方式创建弧形楼梯，需对踢面进行定位。点选左侧垂直参照平面图，单击【修改 | 参照平面】上下文选项卡——【阵列】按钮，在选项栏中单击【半径】方式，不勾选【成组并关联】，【项目数】设为“12”，【移动到】“第二个”，单击【旋转中心】“地点”（图 10-37），捕捉到参照平面的交点作为弧形楼梯的圆心，在垂直参照平面上点击作为起始位置（图 10-38），顺时针旋转 9°后（图 10-39），单击鼠标，生成参照平面的阵列（图 10-40），完成楼梯弧形段踏步的定位。

图 10-37 设置选项栏

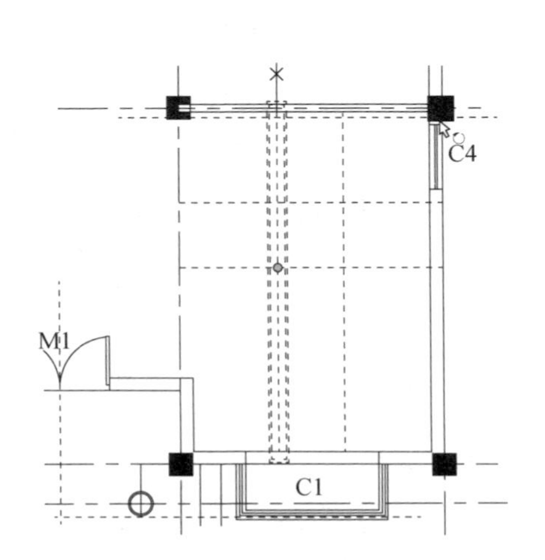

图 10-38 捕捉“中心”与“起始位置”

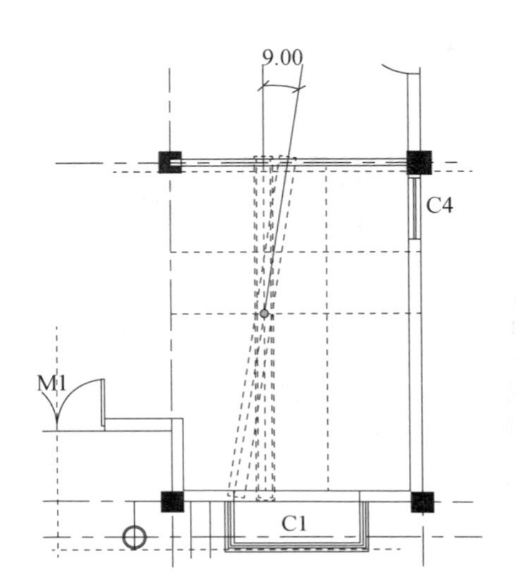

图 10-39 顺时针旋转“9°”后单击鼠标

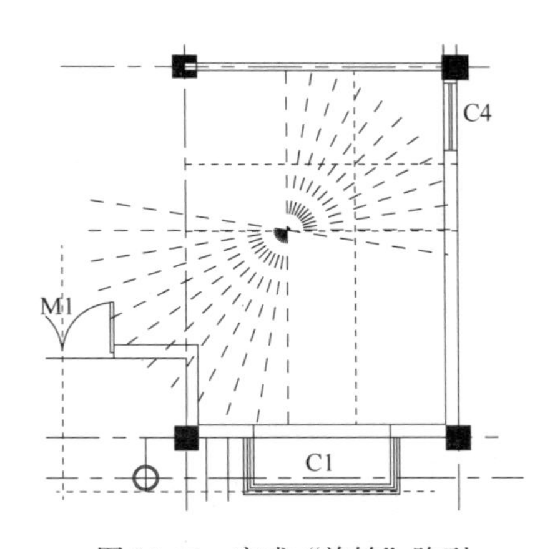

图 10-40 完成“旋转”阵列

继续点选左侧垂直参照平面，单击【修改 | 参照平面】上下文选项卡——【阵列】按钮，在选项栏中，单击【线性】方式，不勾选【成组并关联】，【项目数】设为“6”，【移动到】“第二个”（图 10-41），在垂直参照平面上点击作为起始位置（图 10-42），然后向左移动“280mm”（图 10-43），进行线性阵列，完成楼梯直段踏面的定位（图 10-44）。

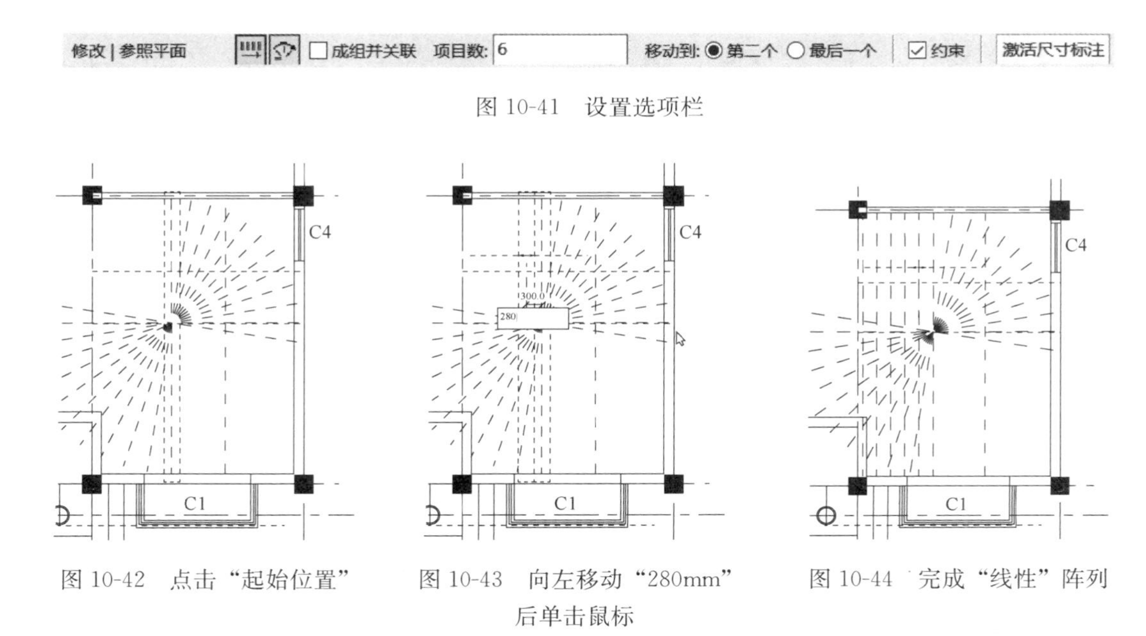

图 10-41　设置选项栏

图 10-42　点击“起始位置”

图 10-43　向左移动“280mm”后单击鼠标

图 10-44　完成“线性”阵列

10.2.3　创建弧形楼梯

单击【建筑】选项卡——【楼梯】按钮，在【修改｜创建楼梯】上下文选项卡中，单击【梯段】——【创建草图】按钮，打开【修改｜创建楼梯>绘制梯段】上下文选项卡，其包括 3 项控制参数：边界、踢面与楼梯路径。

首先绘制草图边界，使用【圆心—端点弧】方式，捕捉圆心，沿水平位置分别捕捉“1000mm 半径”（图 10-45）和“2300mm 半径”（图 10-46），逆时针绘制 1/4 圆弧，再使用【修剪/延伸多个图元】工具，将 2 条圆弧延长到“最下方”参照平面，如图 10-47 所示。使用【线】方式继续绘制 2 条水平段边界，如图 10-48 所示。

> **提示：**边界为绿色线，不需要闭合，但边界位置需准确捕捉到位，否则有可能无法生成楼梯。

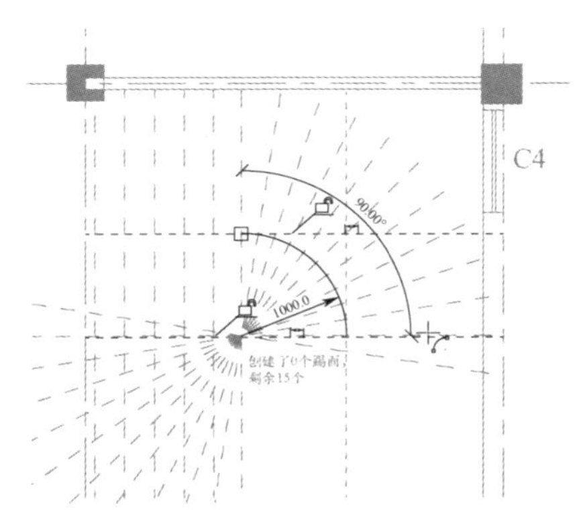

图 10-45　捕捉圆心绘制“1000mm 半径”的“1/4 圆弧”

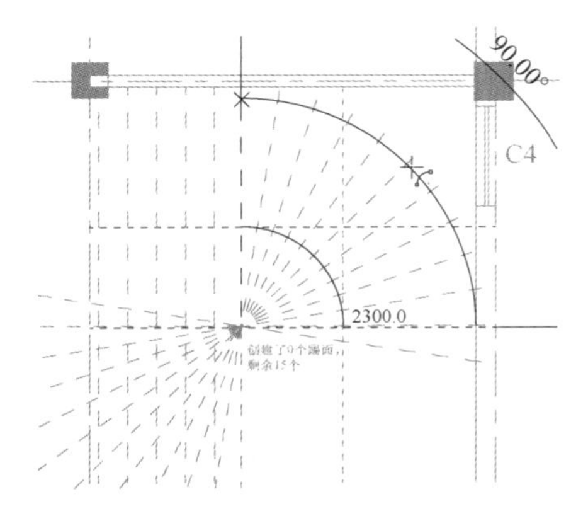

图 10-46　捕捉圆心绘制“2300mm 半径”的“1/4 圆弧”

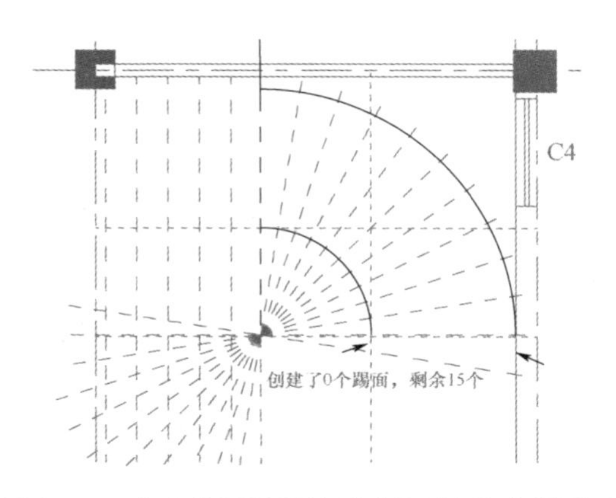

图 10-47　将 2 条圆弧延长到“最下方”参照平面

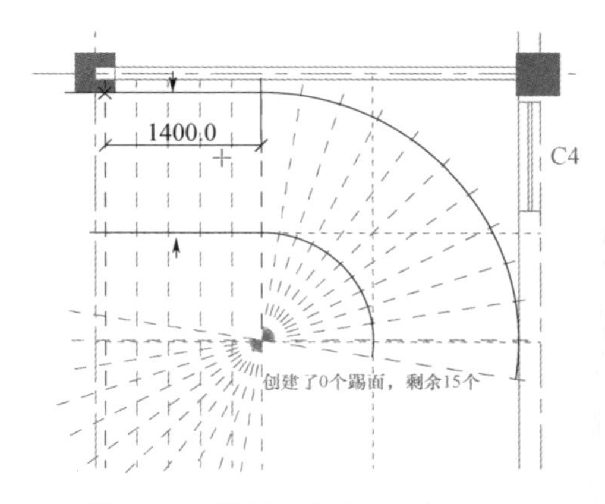

图 10-48　绘制 2 条“水平段”边界

其次，绘制踢面，单击【踢面】——【拾取线】工具，拾取踢面的参照线位置，由于拾取了整个参照平面，产生交叉（图 10-49），Revit 可能会识别错误，需要再使用【修剪/延伸多个图元】工具进行修剪，只保留中间一段踢面线，如图 10-50 所示。

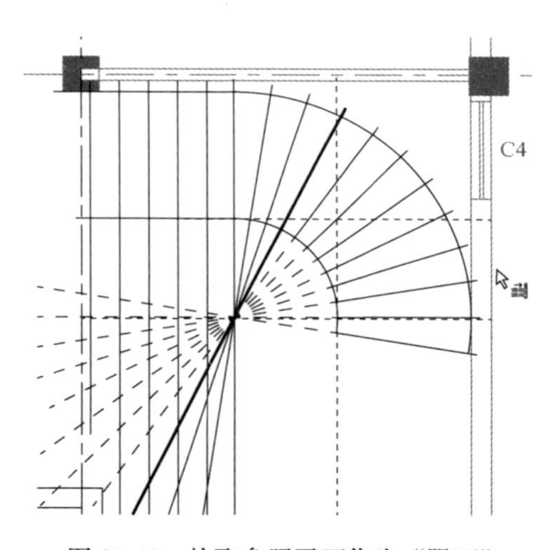

图 10-49　拾取参照平面作为“踢面”

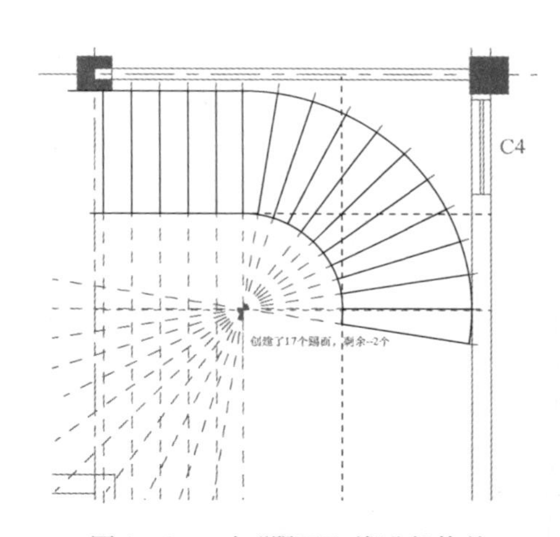

图 10-50　对“踢面”线进行修剪

第三，绘制楼梯路径，设置梯段的起始面和终止面。单击【楼梯路径】——【拾取线】工具，在选项栏中设置【偏移】值为“650mm”，分别拾取内侧水平段和弧线段的边界线，生成“楼梯路径”，如图 10-51 与图 10-52 所示。

点击【完成编辑模式】两次，生成弧形楼梯（图 10-53），切换到三维视图进行观察，如图 10-54 所示。

在三维视图中选择“弧形楼梯”，在其【属性】面板的类型选择器下拉框中，选择“现场浇注楼梯整体浇筑楼梯”类型，如图 10-55 所示，此时楼梯的“弧形梯段”与“直梯段”有一个缝隙（图 10-56），原因是梯段的厚度不够，另外两者没有形成平滑过渡，后期可以通过内建模型的方法进行补充。

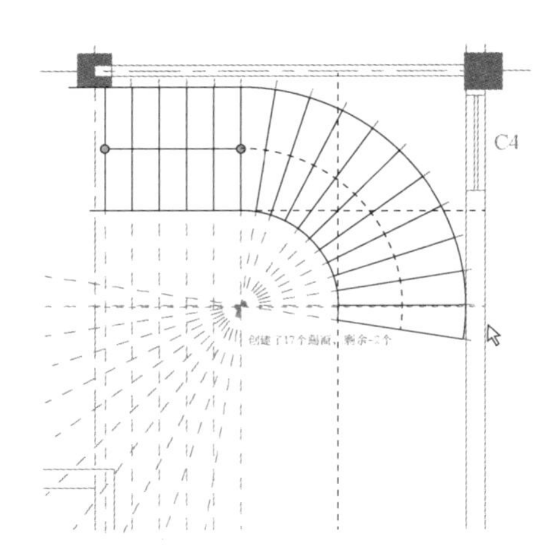

图 10-51　拾取内侧“水平”段的边界线

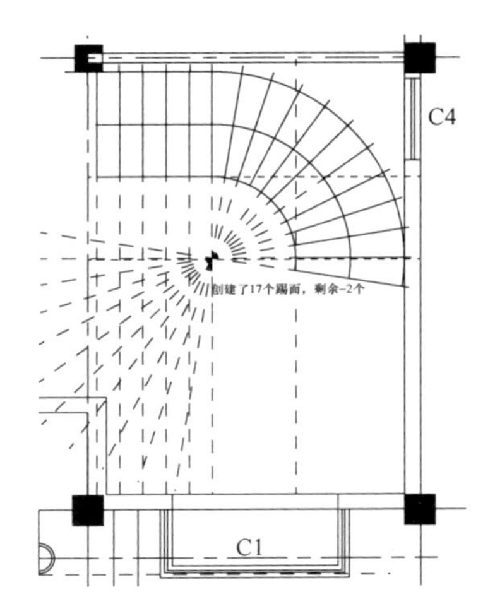

图 10-52　拾取内侧“弧线”段的边界线

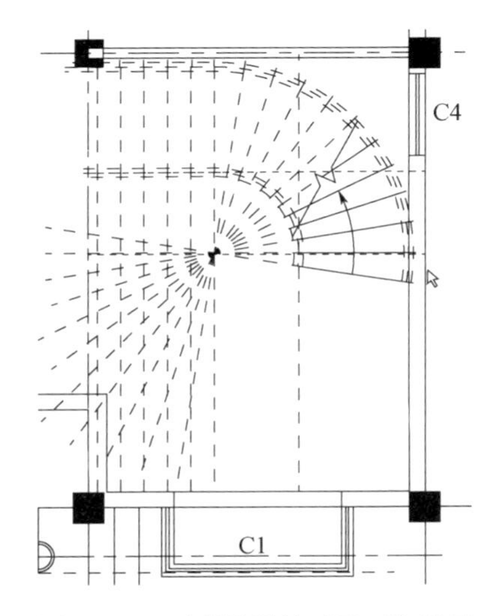

图 10-53　弧形楼梯的“平面”显示

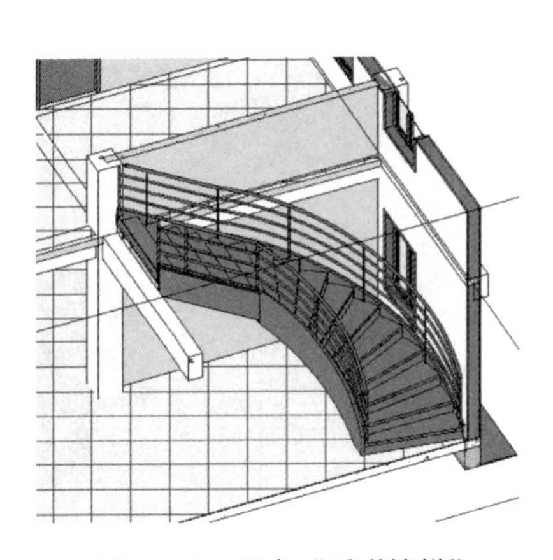

图 10-54　观察“弧形楼梯”

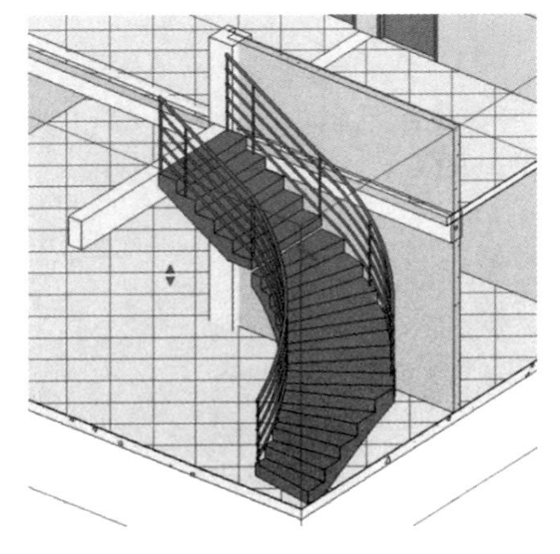

图 10-55　将“弧形楼梯”设为“整体浇筑楼梯”类型

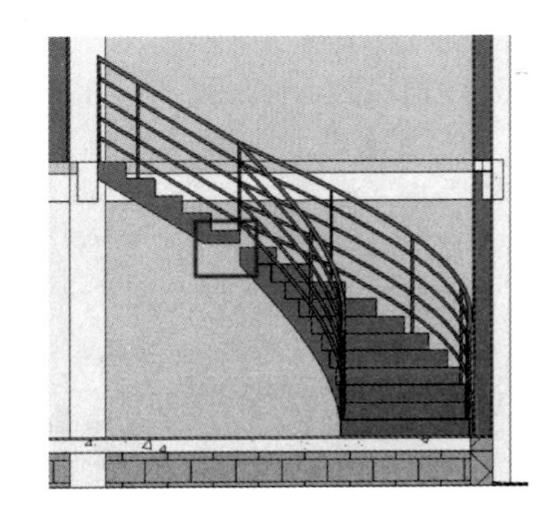

图 10-56　“弧形梯段”与“直梯段”存在缝隙

10.2.4 编辑弧形楼梯

1. 调整第一个踏步形状

切换到 F1 平面视图，选中楼梯，单击【修改 | 楼梯】上下文选项卡——【编辑楼梯】按钮，继续选中梯段，单击【修改 | 创建楼梯】上下文选项卡——【编辑草图】按钮，将第一个踏面的边界线由弧形改为直线，以消除缝隙，如图 10-57 与图 10-58 所示。另外将第一个踢面由直线改为弧线，同时将“楼梯路径”的起点延伸到弧形踢面，如图 10-59 与图 10-60 所示。点击【完成编辑模式】两次，切换到三维视图进行观察，如图 10-61 与图 10-62所示。

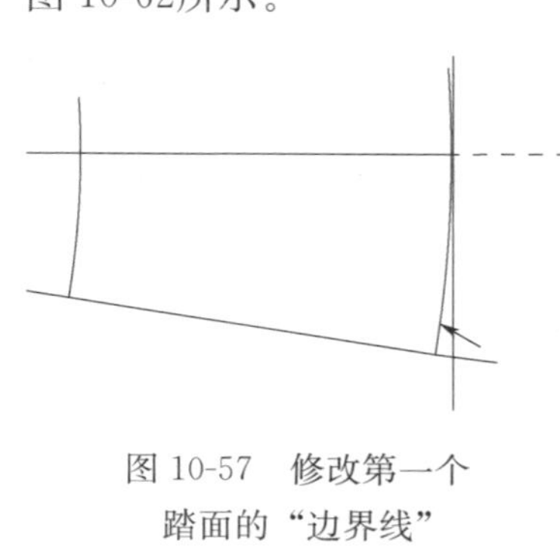

图 10-57 修改第一个踏面的“边界线”

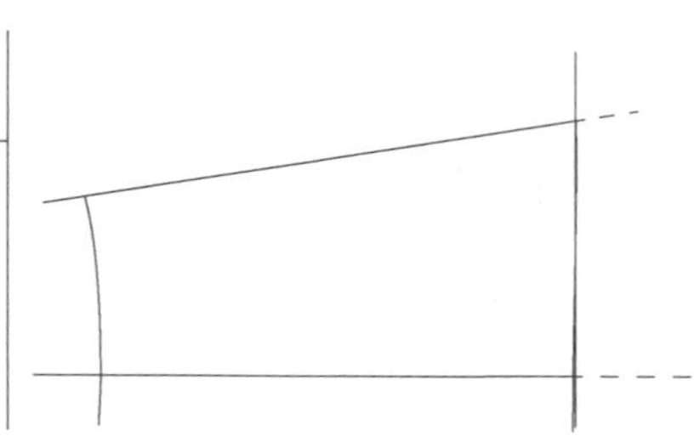

图 10-58 将第一个踏面的“边界线”改为直线

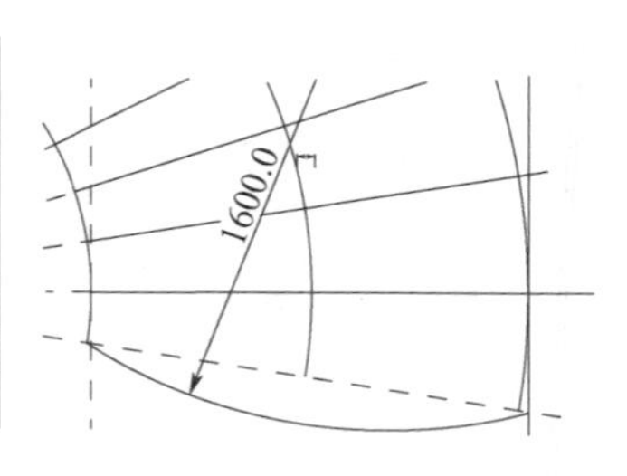

图 10-59 将第一个“踢面”线改为弧线

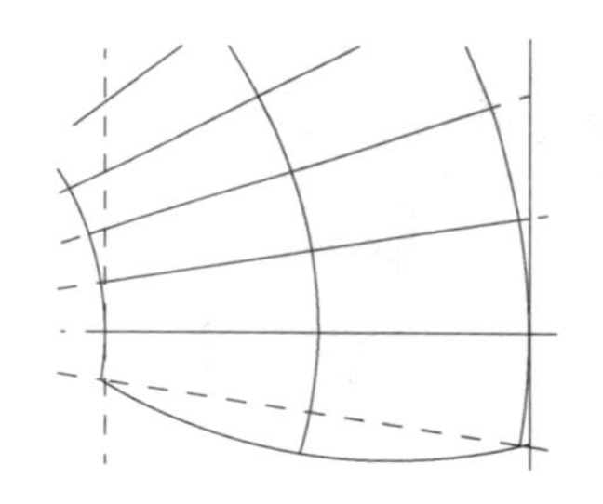

图 10-60 将“楼梯路径”的起点延伸到“弧形”踢面

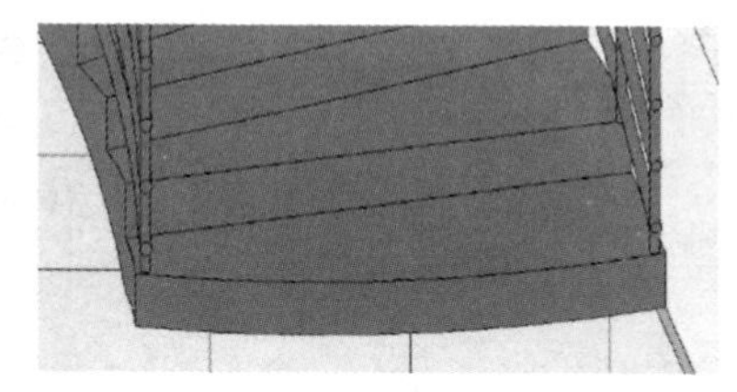

图 10-61 完成踏步的形状修改

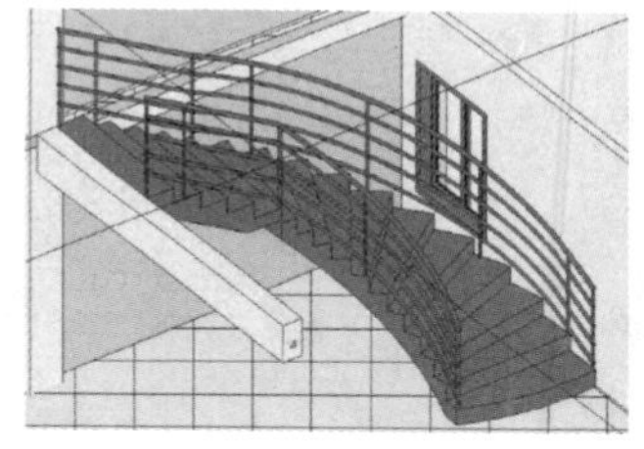

图 10-62 门厅上空的“梁”需进行调整

2. 调整门厅上空“梁”

切换到 F2 楼层平面视图，单击楼层平面【属性】面板中【视图范围】右侧【编辑】按钮，弹出“视图范围”对话框，将【视图深度】偏移值设为“－100”，单击【确定】，此时可以看到下部的梁。选中梁，单击【修改 | 结构框架】上下文选项卡——【拆分】按钮，将梁拆分为两段（图 10-63），拖动上面一段的夹点或者使用【对齐】工具到楼梯踏步位置，并删除下面一段梁（图 10-64），切换到三维视图进行观察（图 10-65）。

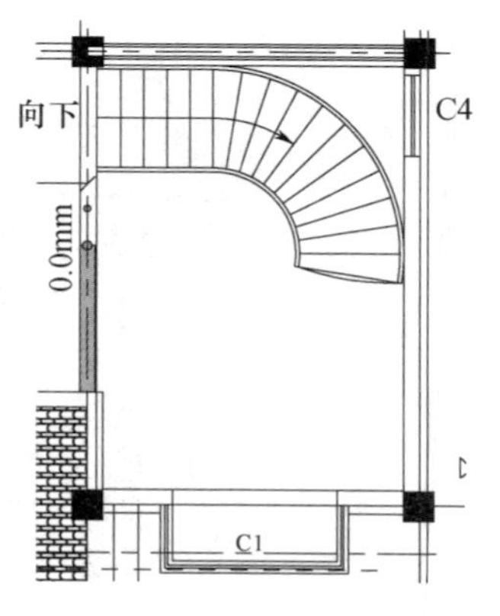

图 10-63 将“梁”拆分为两段

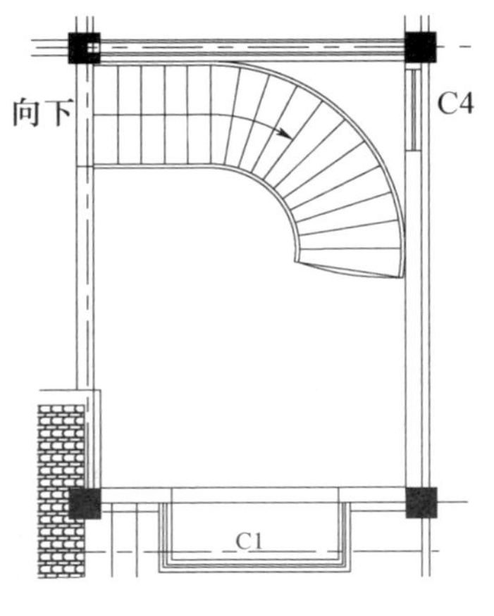

图 10-64 调整“梁”

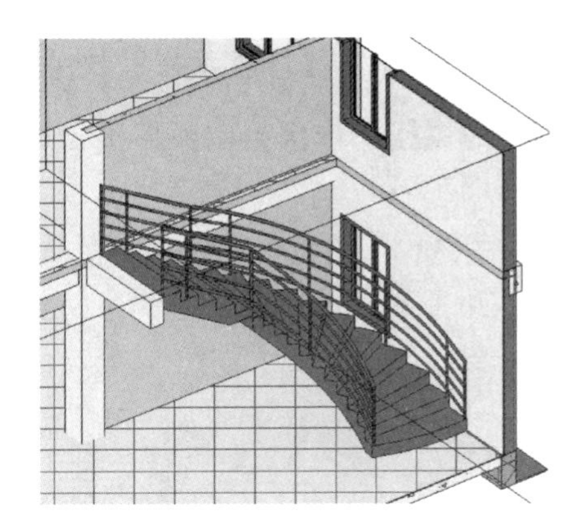

图 10-65 调整后的门厅上空“梁”

3. 添加弧形楼梯平台

切换到 F2 楼层平面视图，单击楼层平面【属性】面板中【视图范围】右侧【编辑】按钮，弹出“视图范围”对话框，将【视图深度】偏移值设为“0”，单击【确定】后将梁隐藏。

选中 F2 楼板，单击【修改｜楼板】上下文选项卡——【编辑边界】按钮，使用【圆心—端点弧】工具，捕捉梯段内侧边端点作为圆心，顺时针绘制半径“1300mm”的 1/4 弧线，如图 10-66 所示，对轮廓进行打断和修剪操作，使楼板形成闭合轮廓，如图 10-67 所示，单击【完成编辑模式】（图 10-68），切换到三维视图进行观察（图 10-69）。

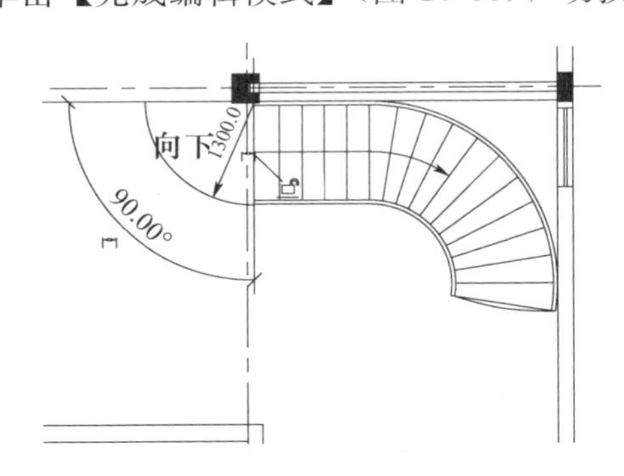

图 10-66 绘制“1/4 弧线”作为楼梯平台

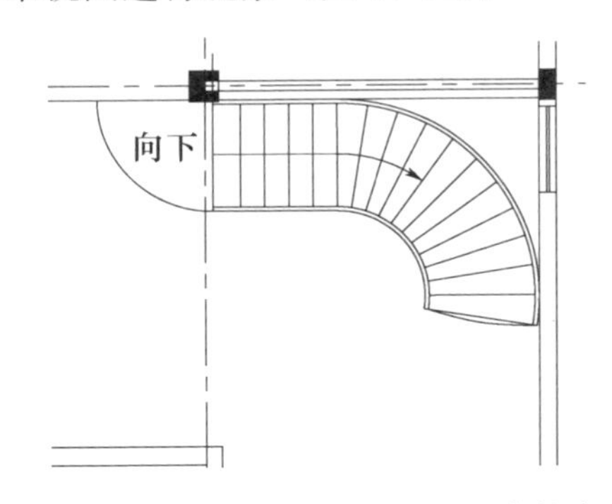

图 10-67 进行“修剪”形成闭合轮廓

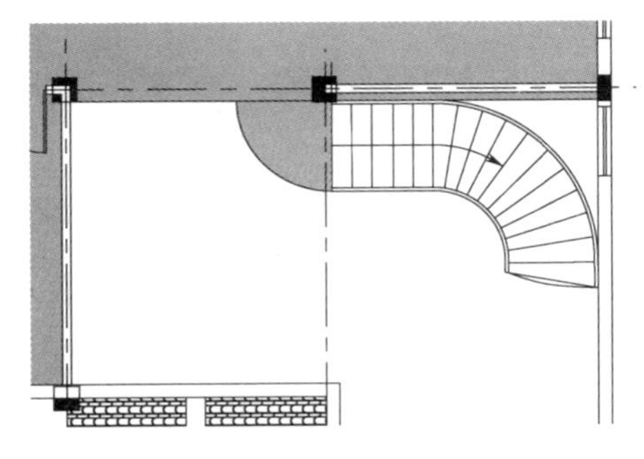

图 10-68 完成“F2 楼板”编辑

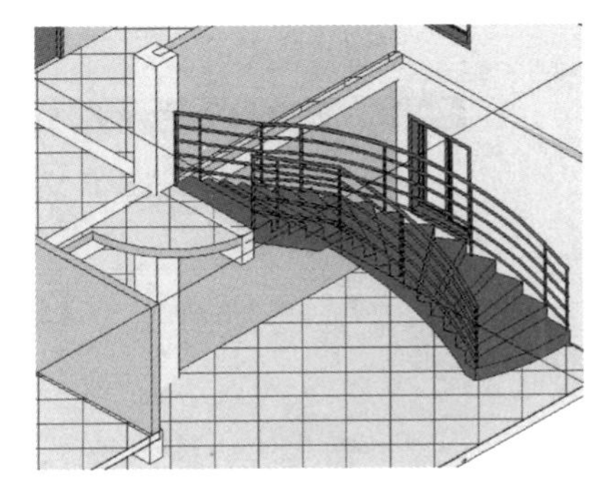

图 10-69 “弧形楼梯”的平台

4. 为弧形平台添加栏杆

选中左侧栏杆，单击【修改｜栏杆扶手】上下文选项卡——【编辑路径】按钮，使用【拾取线】工具，依次拾取弧形平台边缘和临空处边缘，如图 10-70 所示，单击【完成编辑模式】（图 10-71）。

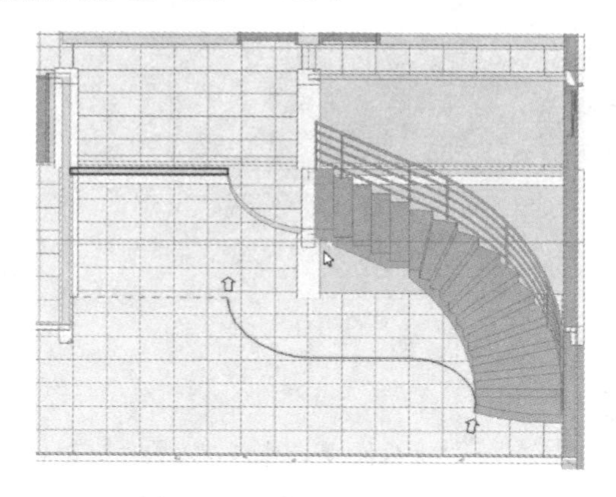

图 10-70　拾取“栏杆路径”

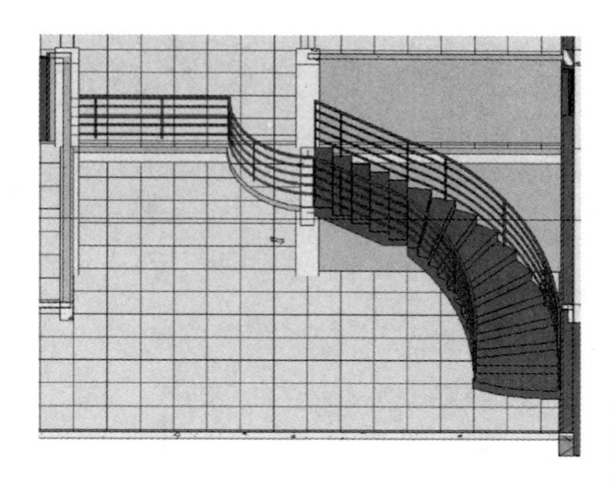

图 10-71　弧形平台“栏杆”

单击 Viewcube 的“前”视图，如图 10-72 所示，可以发现平台栏杆扶手与平台之间有空隙，原因是该栏杆扶手的主体是螺旋楼梯，需要调整栏杆扶手与主体的距离。选中该栏杆扶手，单击其【属性】面板中的【编辑类型】按钮，打开“类型属性”对话框，单击【栏杆位置】右侧的【编辑】按钮，打开“编辑栏杆位置”对话框，将“常规栏杆”的【底部偏移】值改为“－175mm”（图 10-73），单击【确定】两次，如图 10-74 所示。

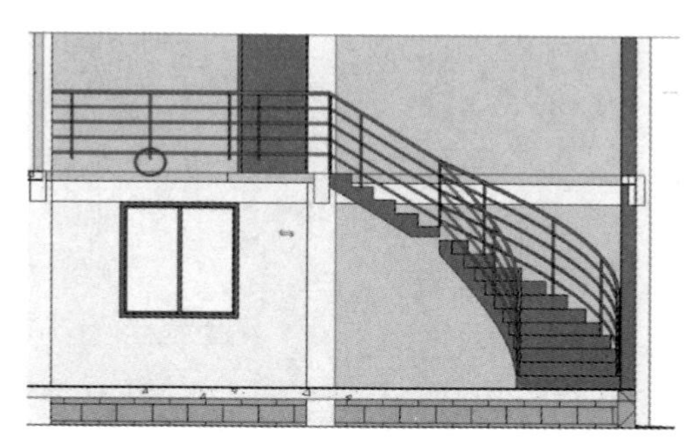

图 10-72　栏杆扶手与平台之间存在空隙

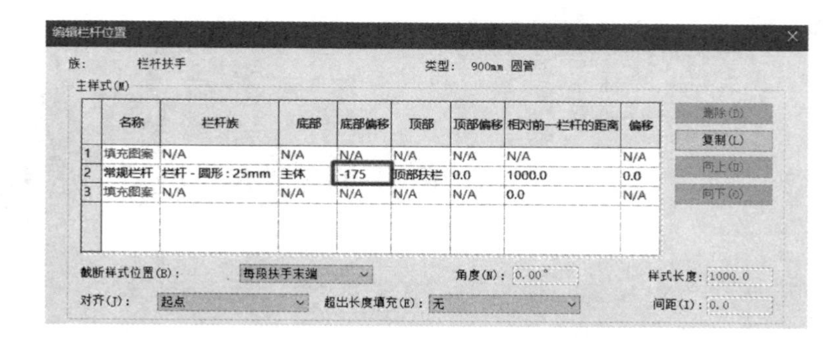

图 10-73　修改扶手的【底部偏移】值

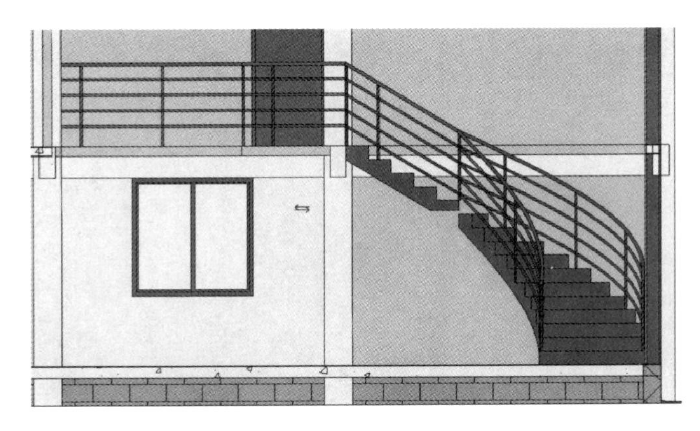

图 10-74　完成“扶手”调整

5. 设置楼梯的平面显示

切换到 F1 楼层平面视图，首先选中任意参照平面，单击右键，在快捷菜单中选择“在视图中隐藏”——“类别”，将参照平面进行隐藏（图 10-75）。单击【视图】选项卡——【可见性图形】按钮 （快捷键 vv），打开“可见性/图形替换”对话框，在【模型类别】中，分别单击“栏杆扶手”和“楼梯”前的“+”，展开它们的子选项，不勾选包含“〈高于〉”关键字的子选项，单击【确定】，如图 10-76 所示。单击“向上”文字（图 10-77），在其【属性】面板中，修改【文字（向上）】为“上 17 步”，按“回车键”后单击【应用】（图 10-78）。使用相同的操作，修改 F2 平面的楼梯显示样式（图 10-79）。

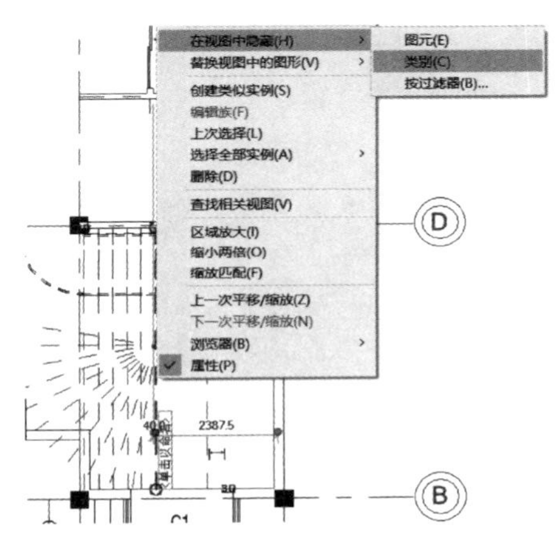

图 10-75　隐藏参照平面

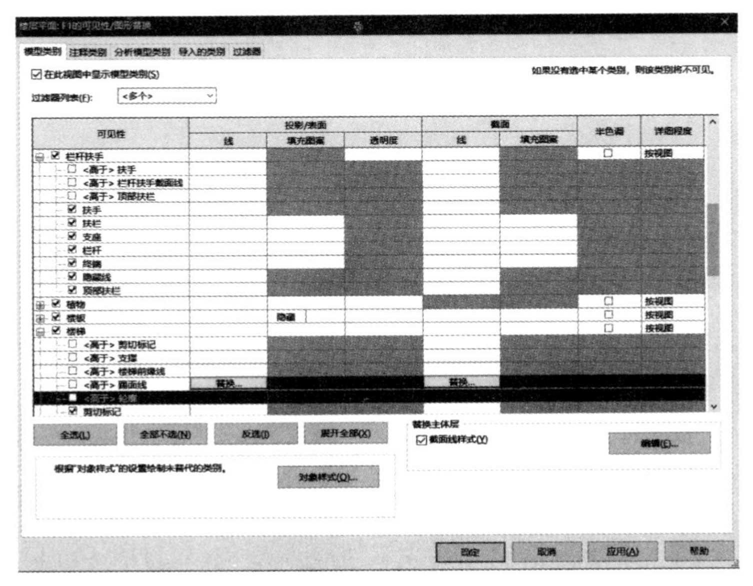

图 10-76　不勾选包含“〈高于〉”关键字的子选项

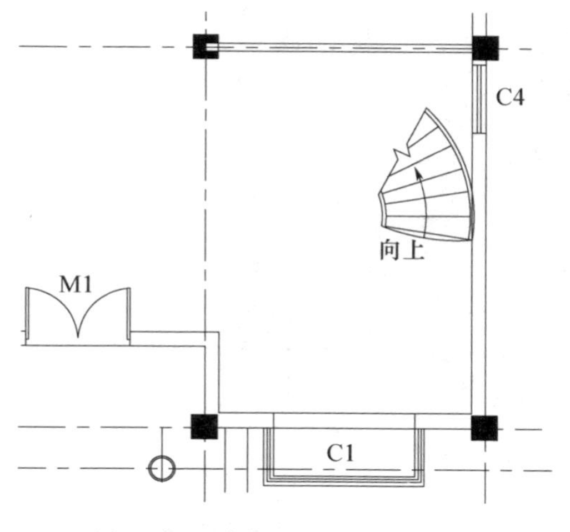

图 10-77 单击选择“向上”文字

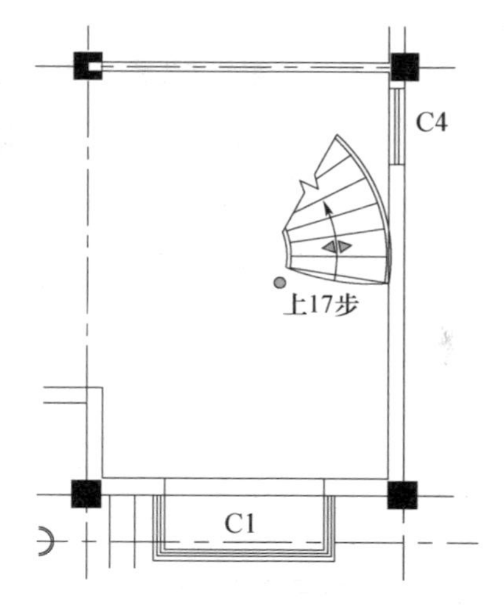

图 10-78 将“向上”修改为“上 17 步”

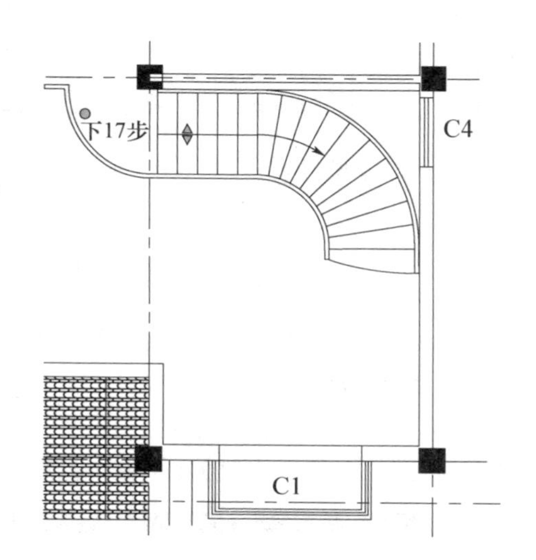

图 10-79 将“向下”修改为“下 17 步”

10.3 别墅两跑楼梯

10.3.1 F2 层楼梯

切换到 F2 楼层平面视图，首先要绘制参照平面作为创建楼梯的定位线，单击【视图】选项卡——【可见性图形】按钮 （快捷键 vv），打开“可见性/图形替换”对话框，在【注释类别】中，勾选“参照平面”（图 10-80），单击【确定】，将 F2 中隐藏的参照平面显示出来。

单击【建筑】选项卡——【参照平面】按钮 ，在选项栏中设置【偏移】值为“100mm”，使用【线】工具 ，沿 5 号轴绘制梯段的起始位置（图 10-81），将【偏移】值改为“1150mm”，沿内墙面绘制梯段的终止位置（图 10-81）。将【偏移】值改为

“575mm”，分别沿柱的上边缘和上部墙体内边缘绘制水平参照线，作为梯段的中心定位线，如图 10-82 所示。

单击【建筑】选项卡——【楼梯】按钮，使用【属性】面板中默认的“现场浇注楼梯整体浇筑楼梯”类型，修改实例属性中【所需踢面数】为“17”，【实际踏板深度】为“275mm”，单击【应用】。选项栏中设置【定位线】为“梯段：中心”，【实际梯段宽度】为“1150mm”，捕捉左下方参照平面交点作为梯段起点，从左往右绘制 11 个踢面（图 10-83），再捕捉右上方参照平面交点，从右往左绘制 6 个踢面（图 10-84），单击【完成编辑模式】（图 10-85），切换到三维视图进行观察（图 10-86）。选中“外侧”栏杆扶手，将其删除（图 10-87）。

楼层平面: F2的可见性/图形替换

模型类别 注释类别 分析模型类别 导入的类别 过滤器

☑在此视图中显示注释类别(S)

过滤器列表(F): <多个>

可见性	投影/表面 线	半色调
☑ 分析节点标记		☐
☑ 分析链接标记		☐
☑ 剖面		☐
☑ 剖面框		☐
☑ 剪力钉标记		☐
☑ 卫浴装置标记		☐
☑ 参照平面		☐
☑ 参照点		☐
☑ 参照线		☐
☑ 图框		☐
☑ 场地标记		☐
☑ 基础跨方向符号		☐

图 10-80 在 F2 平面视图中显示“参照平面”

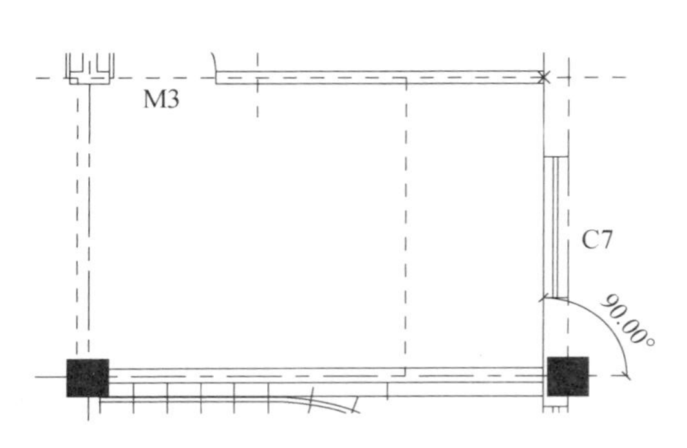

图 10-81 定位梯段的“起始”与“终止”位置

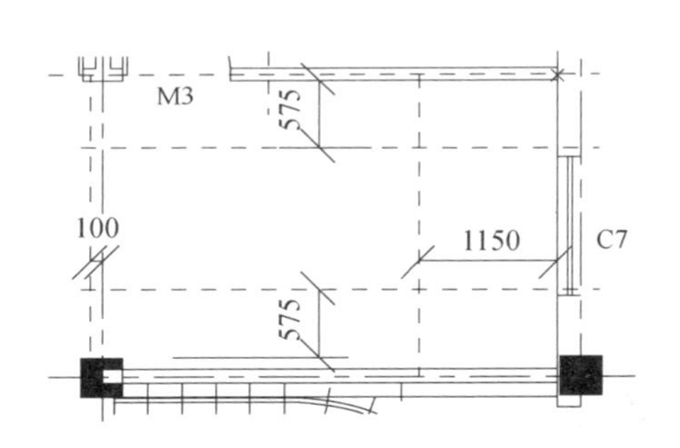

图 10-82 定位梯段的 2 个“中心”位置

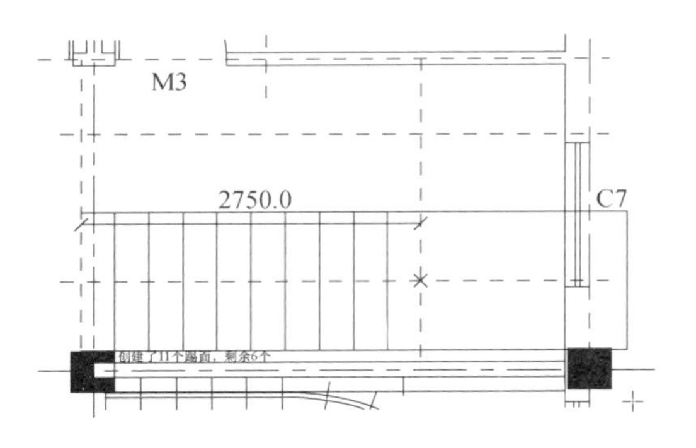

图 10-83 绘制第一个梯段

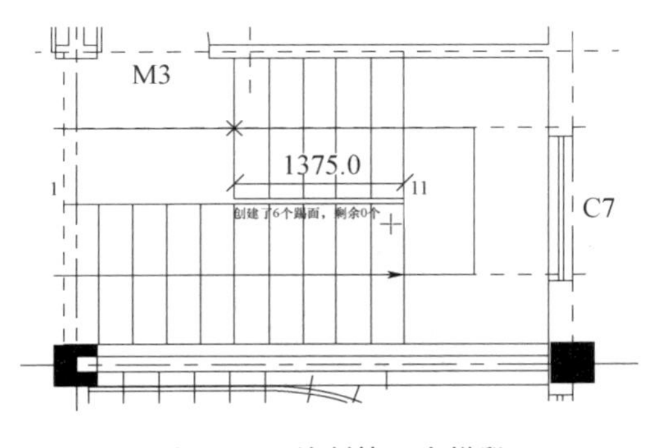

图 10-84 绘制第二个梯段

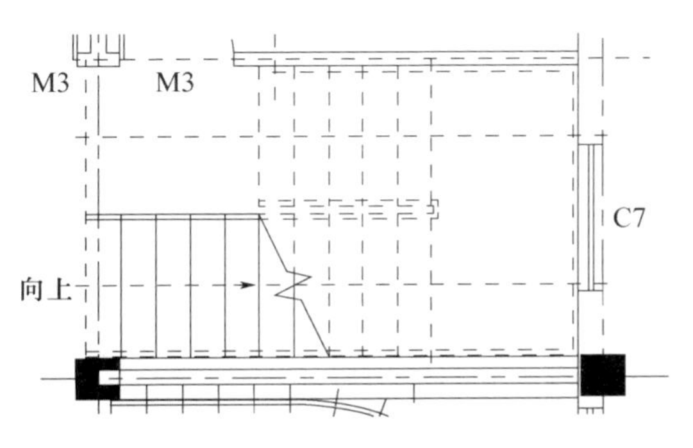

图 10-85 F2 层楼梯的“平面”显示

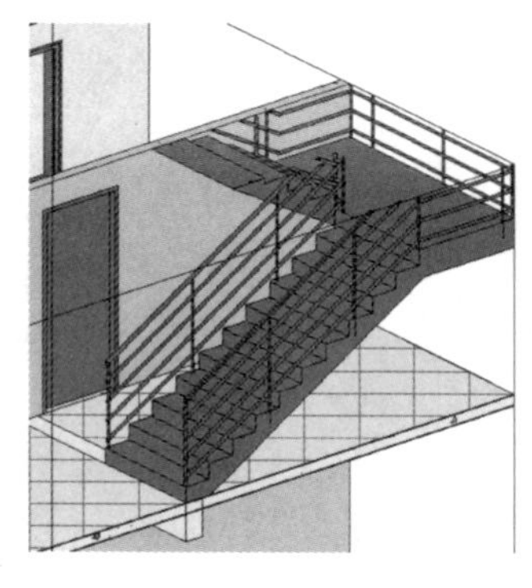

图 10-86　观察 F2 层楼梯

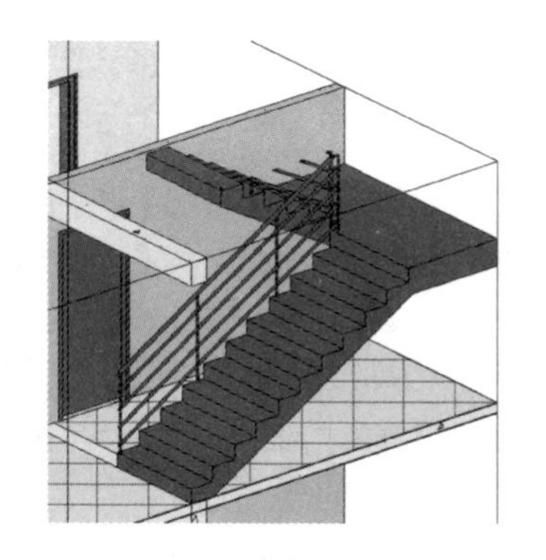

图 10-87　删除楼梯的“外侧”栏杆

10.3.2　F3 层楼梯

切换到 F3 楼层平面视图，首先单击【视图】选项卡——【可见性图形】按钮（快捷键 vv），打开“可见性/图形替换”对话框，将楼板表面填充进行隐藏，将参照平面进行显示。F3 楼梯的定位线与 F2 相同，只是层高不同，踢面数多 1 个。

单击【建筑】选项卡——【楼梯】按钮，修改实例属性中【所需踢面数】为“18”，【实际踏板深度】为“275mm”，单击【应用】。选项栏中设置【定位线】为“梯段：中心”，【实际梯段宽度】为“1150mm”，捕捉左下方参照平面交点作为梯段起点，从左往右绘制 11 个踢面（图 10-88），再捕捉右上方参照平面交点，从右往左绘制 7 个踢面（图 10-89），点击【完成编辑模式】（图 10-90），切换到三维视图进行观察，并删除“外侧”栏杆（图 10-91）。

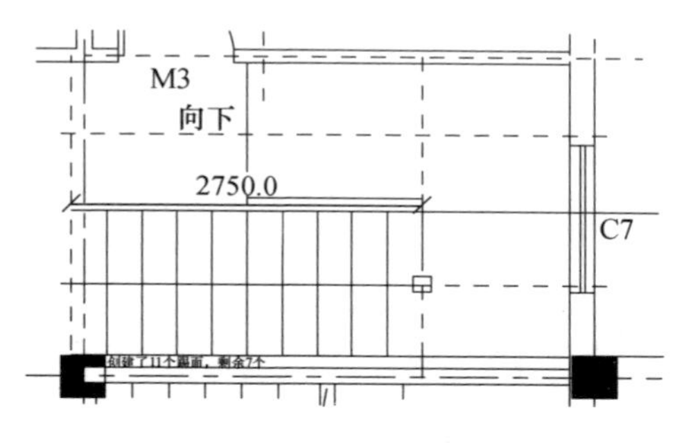

图 10-88　绘制第一个梯段

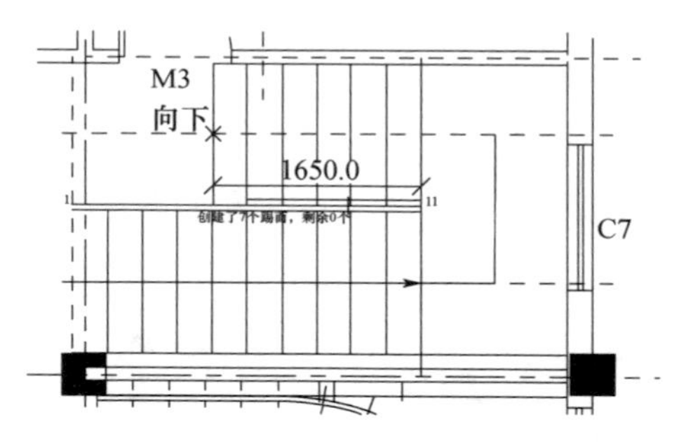

图 10-89　绘制第二个梯段

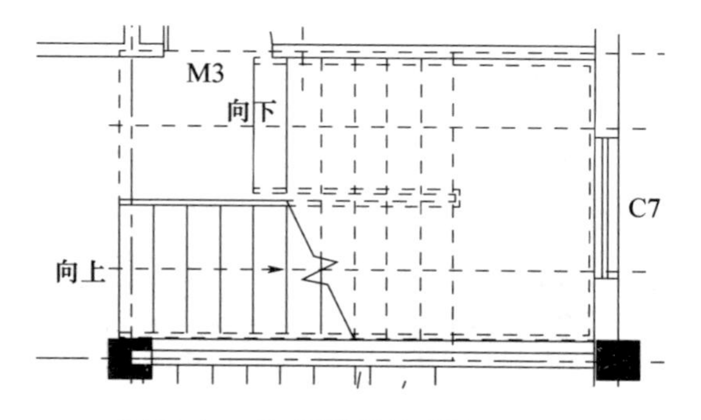

图 10-90　F3 层楼梯的“平面”显示

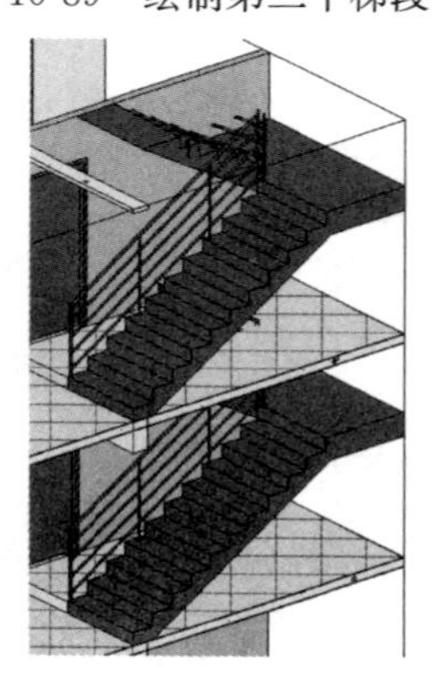

图 10-91　观察“F2”和“F3”楼梯

10.3.3 F4 层楼梯

切换到 F4 楼层平面视图，单击【视图】选项卡——【可见性图形】按钮（快捷键 vv），打开“可见性/图形替换”对话框，将楼板表面填充进行隐藏，单击【建筑】选项卡——【参照平面】按钮，在选项栏中设置【偏移】值为“550mm”，使用【拾取线】工具，拾取左侧参照平面，如图 10-92 所示，其他位置的参照平面与 F2 相同，F4 楼梯为 2 个等跑梯段。

单击【建筑】选项卡——【楼梯】按钮，修改实例属性中【所需踢面数】为“18”，【实际踏板深度】为“275mm”，单击【应用】。选项栏中设置【定位线】为“梯段：中心”，【实际梯段宽度】为“1150mm”，捕捉左下方梯段起点，从左往右绘制 9 个踢面（图 10-93），再捕捉右上方参照平面交点，从右往左绘制 9 个踢面（图 10-94），单击【完成编辑模式】（图 10-95），切换到三维视图进行观察，并删除“外侧”栏杆（图 10-96）。

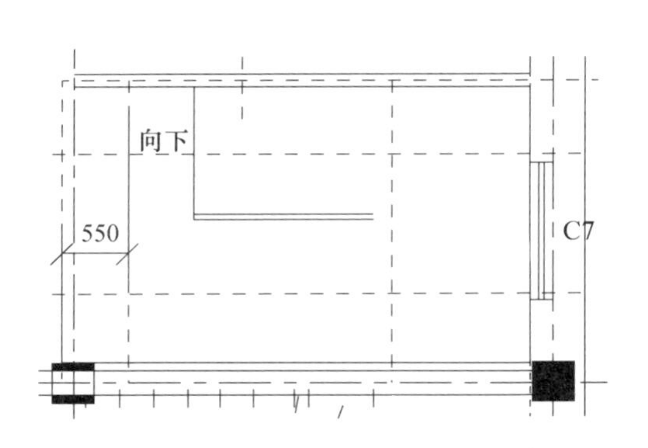

图 10-92 定位 F4 梯段的“起始”位置

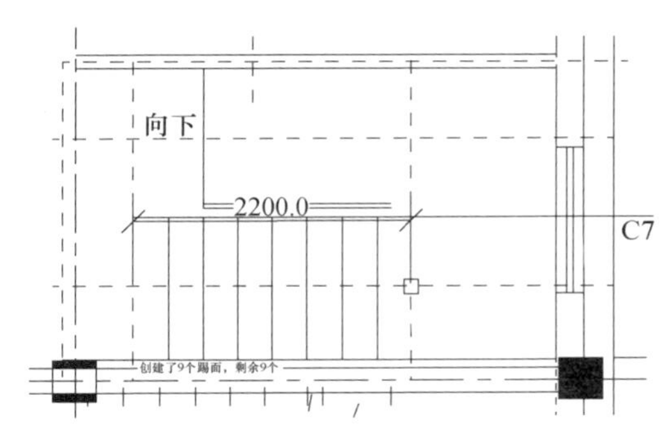

图 10-93 绘制第一个梯段

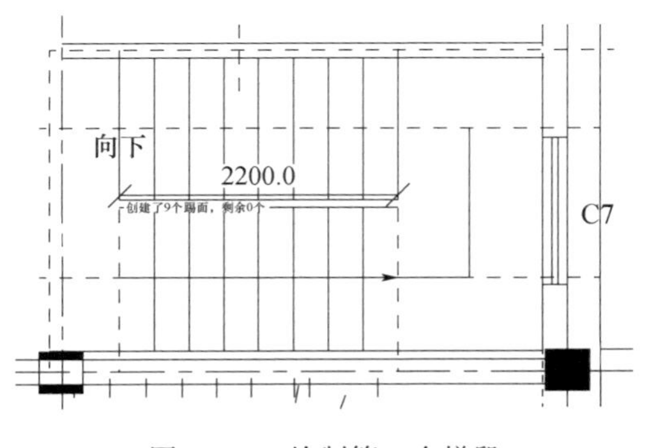

图 10-94 绘制第二个梯段

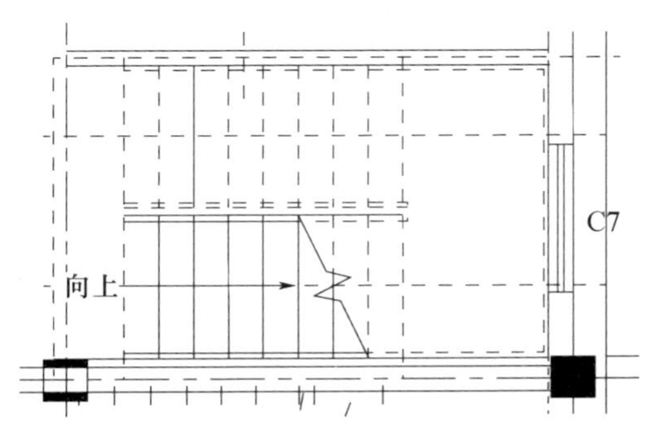

图 10-95 F4 层楼梯的“平面”显示

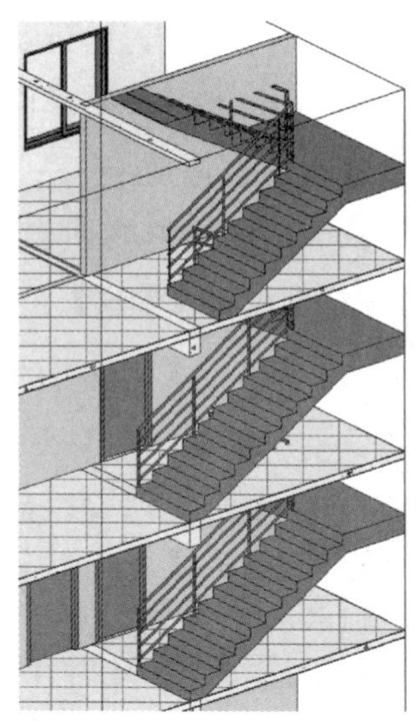

图 10-96 观察“F2”“F3”和“F4”楼梯

10.3.4 创建各层楼板洞口

1. F3 楼板开洞

切换到 F3 楼层平面视图，将光标置于外墙处，按 Tab 键，选中楼板，单击【修改 | 楼板】上下文选项卡——【编辑边界】按钮，使用【拾取线】工具，沿楼梯拾取边界线，并进行修剪，使其形成闭合的轮廓，如图 10-97 所示，点击【完成编辑模式】(图 10-98)。切换到三维视图进行观察（图 10-99 与图 10-100），可以发现梯段与楼板间有缝隙，需要后期通过【内建模型】创建平台梁进行过渡。

2. F4 楼板开洞

切换到 F4 楼层平面视图，将光标置于外墙处，按 Tab 键，选中楼板，单击【修改 | 楼板】上下文选项卡——【编辑边界】按钮，使用【拾取线】工具，沿楼梯拾取边界线，并进行修剪，使其形成闭合的轮廓，如图 10-101 所示，点击【完成编辑模式】(图 10-102)。切换到三维视图进行观察，可以发现梯段与楼板间也有缝隙，需要后期通过【内建模型】创建平台梁进行过渡（图 10-103）。

> **提示：** 如果下层楼梯无法观察，则可将视觉样式切换为【线框】模式。

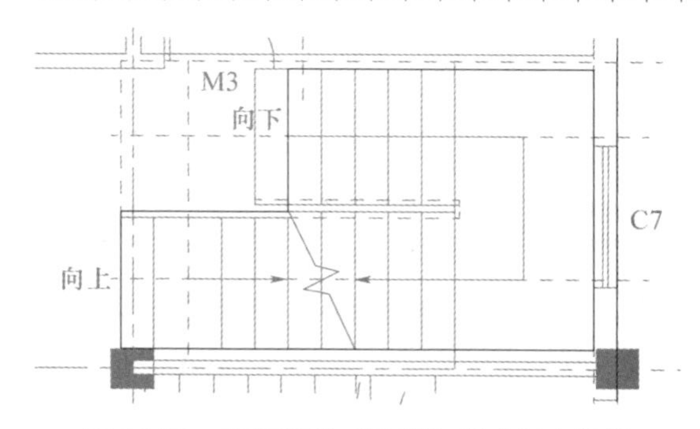

图 10-97 拾取楼梯“边界”形成闭合轮廓

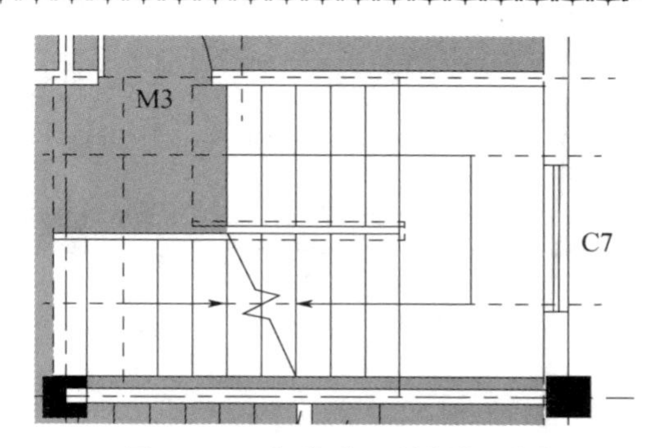

图 10-98 完成“F3 楼板”开洞

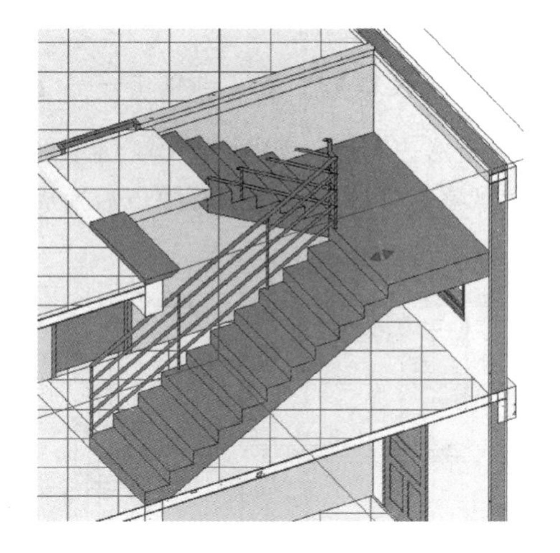

图 10-99　观察楼梯与洞口

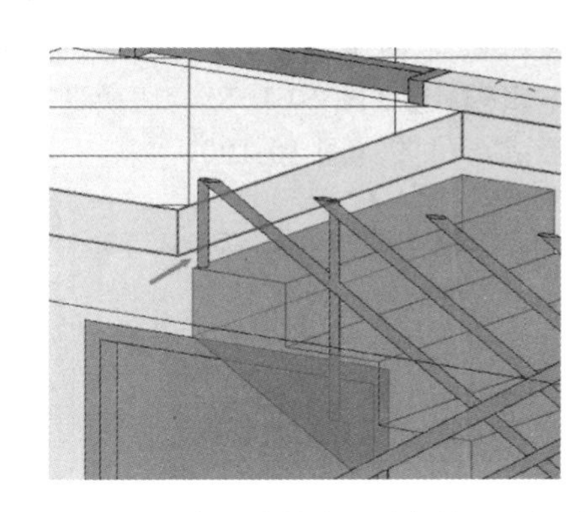

图 10-100　缝隙处需创建“平台梁”进行过渡

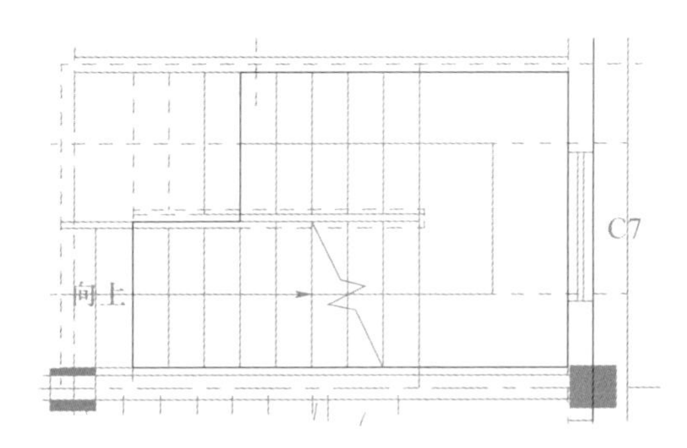

图 10-101　拾取楼梯“边界”形成闭合轮廓

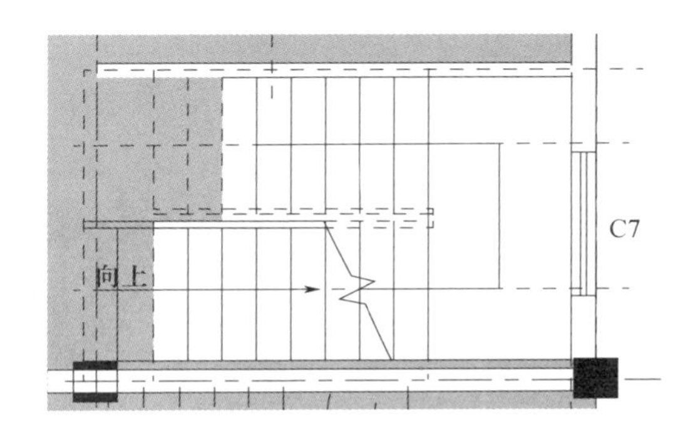

图 10-102　完成“F4 楼板”开洞

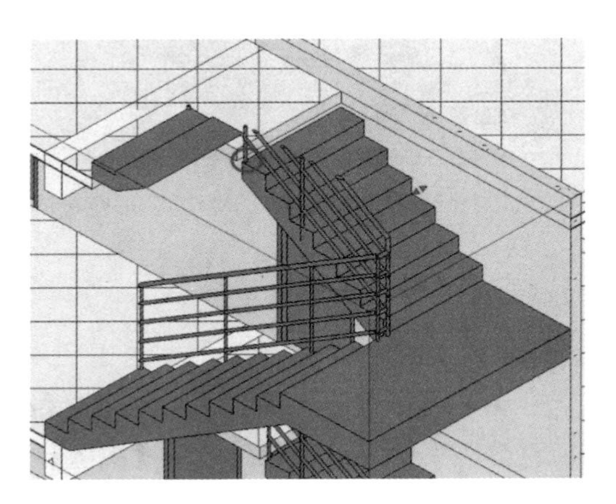

图 10-103　缝隙处需创建“平台梁”进行过渡

3. 屋顶层楼板开洞

切换到“屋顶层”平面视图，选中屋顶，单击右键，在快捷菜单中选择“在视图中隐藏”——“类别”，将屋顶进行隐藏。如果屋顶层楼板处于隐藏状态，则单击视图控制栏中的【显示隐藏图元】按钮，选中楼板后，单击【修改｜楼板】上下文选项卡——【取消隐藏图元】按钮，显示楼板。

将光标置于外墙处，按Tab键选中楼板，单击【修改|楼板】上下文选项卡——【编辑边界】按钮，使用【矩形】工具，沿楼梯绘制矩形边界线，如图10-104所示，点击【完成编辑模式】(图10-105)。切换到三维视图进行观察，梯段与楼板的缝隙也需要后期创建平台梁进行过渡（图10-106）。

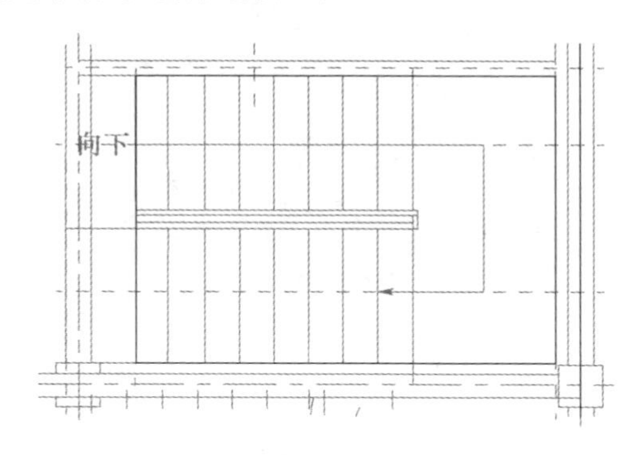

图10-104　绘制“矩形”轮廓

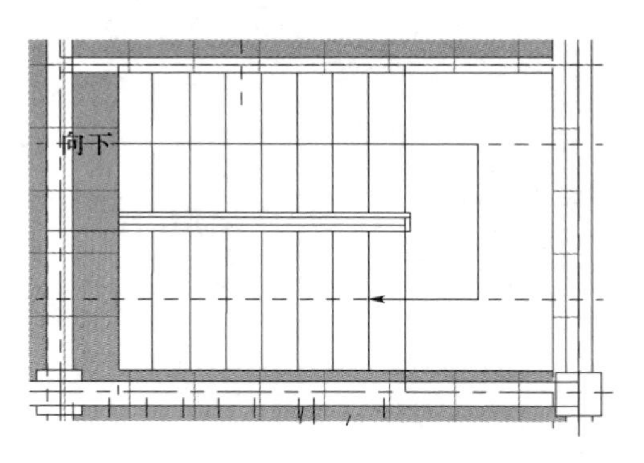

图10-105　完成“屋顶层楼板”开洞

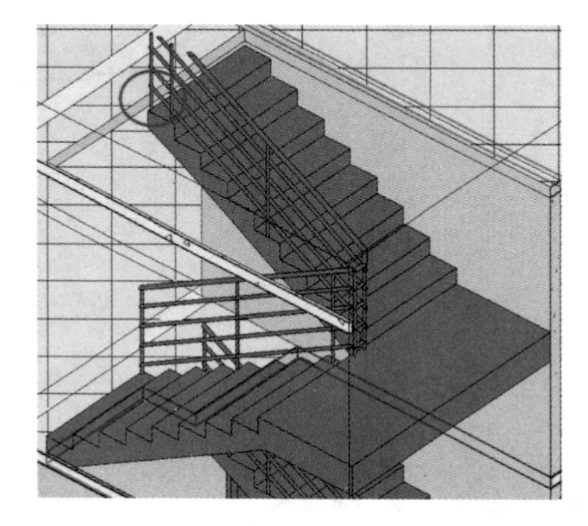

图10-106　缝隙处需创建“平台梁”进行过渡

10.3.5　设置楼梯的平面显示

1. 设置F2楼梯的平面显示

切换到F2楼层平面视图，首先选中任意参照平面，单击右键，在快捷菜单中选择“在视图中隐藏”——“类别”，将参照平面进行隐藏。单击【视图】选项卡——【可见性图形】按钮（快捷键vv），打开“可见性/图形替换”对话框，在【模型类别】中，分别单击“栏杆扶手”和“楼梯”前的“+”，展开它们的子选项，不勾选包含“〈高于〉”关键字的子选项，单击【确定】(图10-107)。单击“向上”文字，在【属性】面板中，修改【文字（向上)】为“上17步”，按“回车键”后单击【应用】(图10-108)。

2. 设置F3与F4楼梯的平面显示

切换到F3楼层平面视图，隐藏参照平面并设置“栏杆扶手”和“楼梯”的剖切显示，将文字“向上”改为“上 18 步”，“向下”改为“下 17 步”（图 10-109）。

图 10-107　不勾选包含“〈高于〉”关键字的子选项

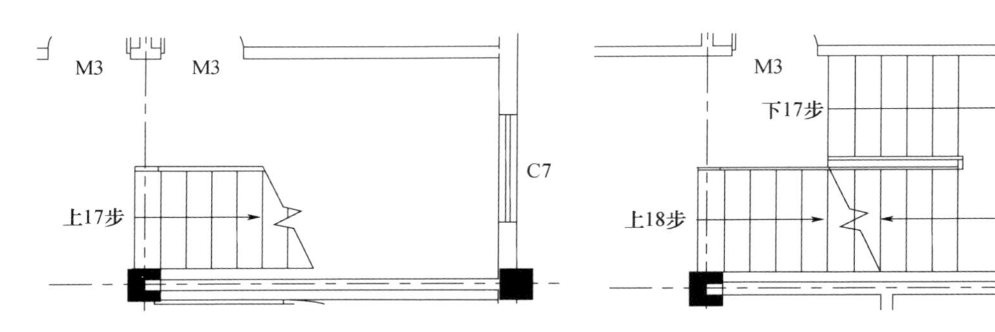

图 10-108　将“向上”修改为“上 17 步”

图 10-109　设置“F3 楼梯”的平面显示

切换到 F4 楼层平面视图，隐藏参照平面并设置“栏杆扶手”和“楼梯”的剖切显示，将文字“向上”改为“上 18 步”，“向下”改为“下 18 步”（图 10-110）。

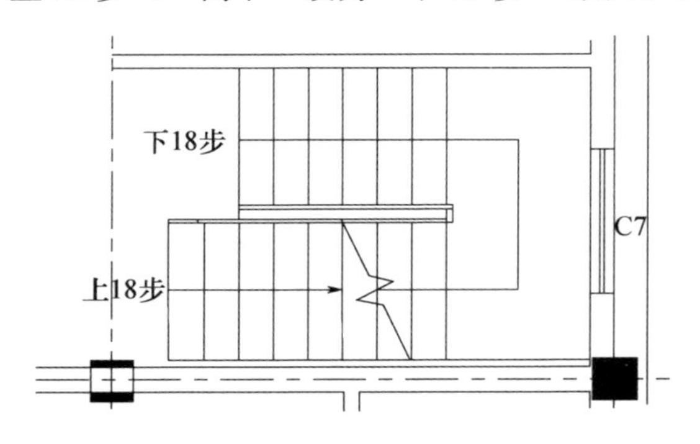

图 10-110　设置“F4 楼梯”的平面显示

3. 设置屋顶层楼梯的平面显示

切换到“屋顶层”平面视图，隐藏参照平面，并将楼板表面填充进行隐藏，单击楼层平面【属性】面板中【视图范围】右侧【编辑】按钮，弹出“视图范围”对话框，将【视图深度】偏移值设为“0”，单击【确定】，不显示结构梁。

选中栏杆扶手，单击【修改｜栏杆扶手】上下文选项卡——【编辑路径】按钮，使用【线】工具，绘制临空处栏杆（图 10-111），单击【完成编辑模式】如图 10-112 与图 10-113 所示。

在“屋顶层”平面视图中，将文字“向下”改为“下 18 步”（图 10-114）。

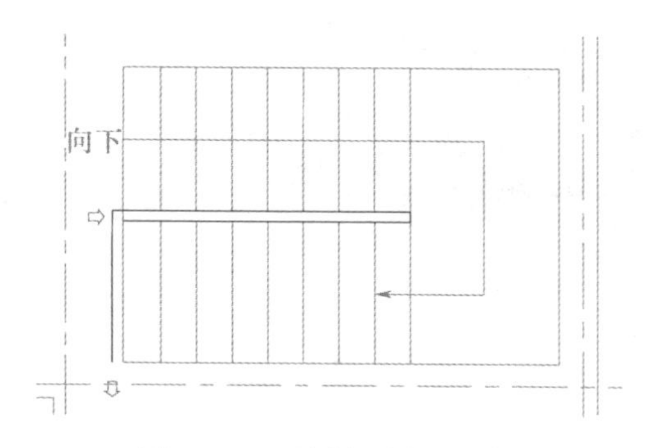

图 10-111 绘制“栏杆路径”

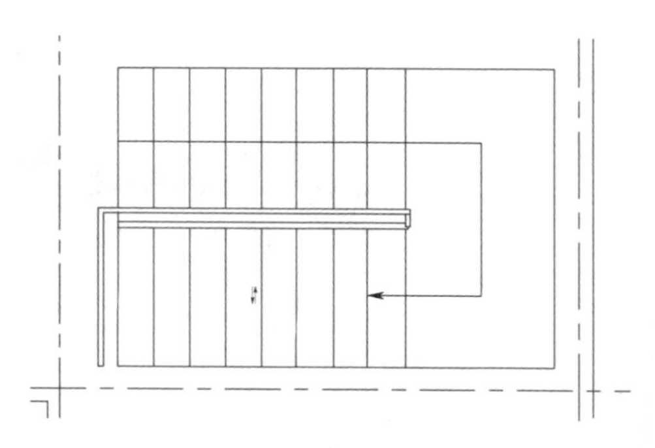

图 10-112 添加临空处的栏杆

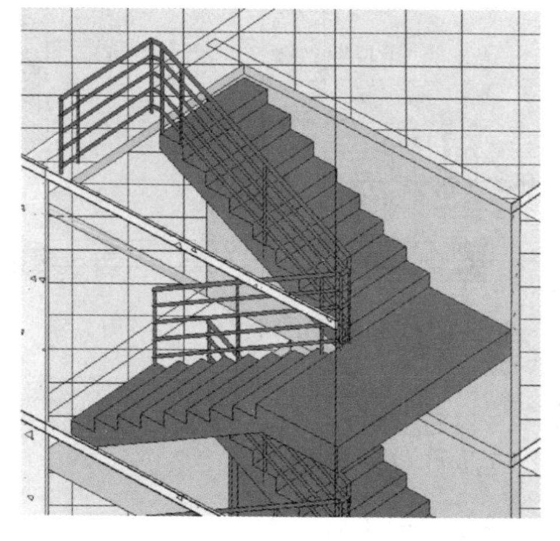

图 10-113 屋顶层的楼梯栏杆

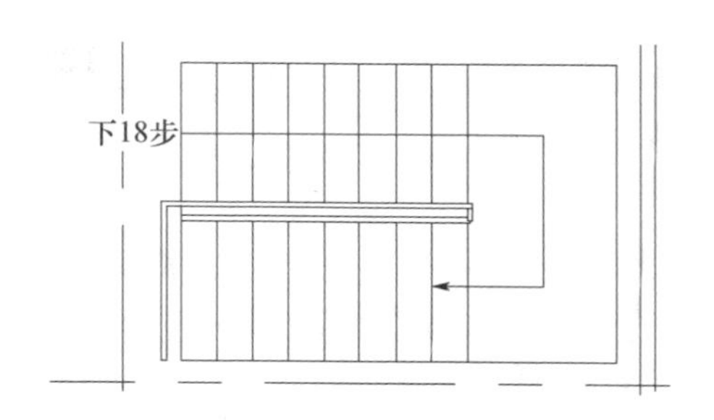

图 10-114 将“向下”修改为“下 18 步”

如果屋顶处于隐藏状态，单击视图控制栏中的【显示隐藏图元】按钮，选中屋顶后，单击【修改｜屋顶】上下文选项卡——【取消隐藏图元】按钮，显示屋顶。单击楼层平面【属性】面板中【视图范围】右侧【编辑】按钮，弹出“视图范围”对话框，将【剖切面】偏移值设为“300mm”（图 10-115），单击【确定】，如图 10-116 所示。

切换到三维视图，关闭“剖面框”并将屋顶显示出来，可以发现屋顶楼梯的栏杆伸出了屋面（图 10-117），此时应选中栏杆，单击右键，在快捷菜单中选择“在视图中隐藏”——“图元”，将该栏杆在三维视图中进行隐藏（图 10-118）。

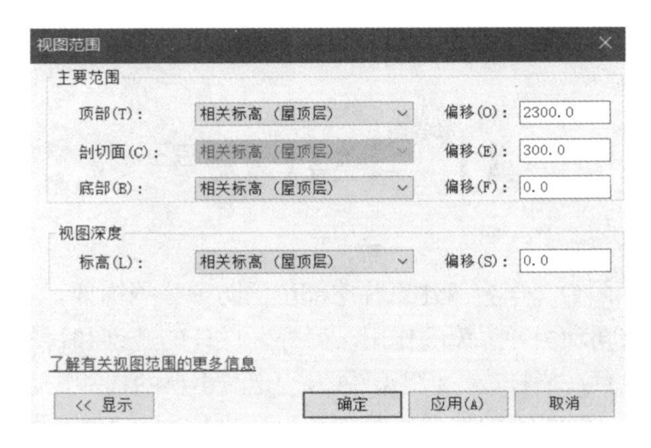

图 10-115　设置屋顶层视图的“剖切面”位置

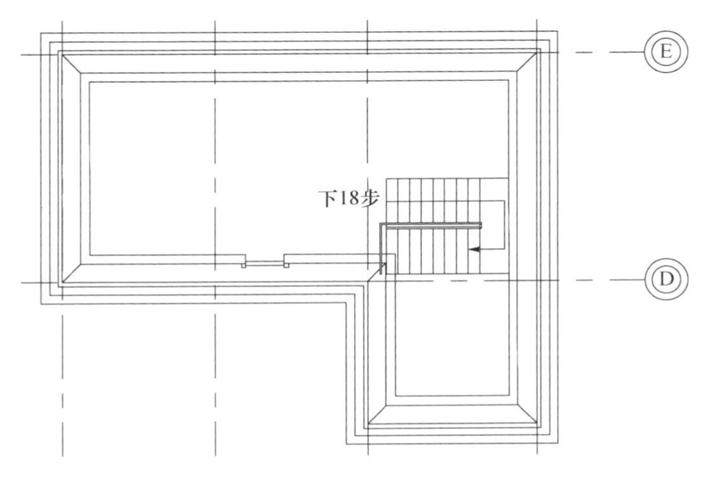

图 10-116　屋顶层“平面”视图

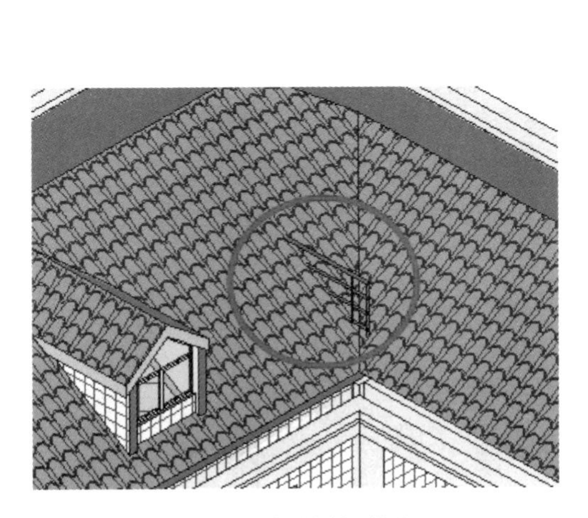

图 10-117　楼梯栏杆伸出屋面

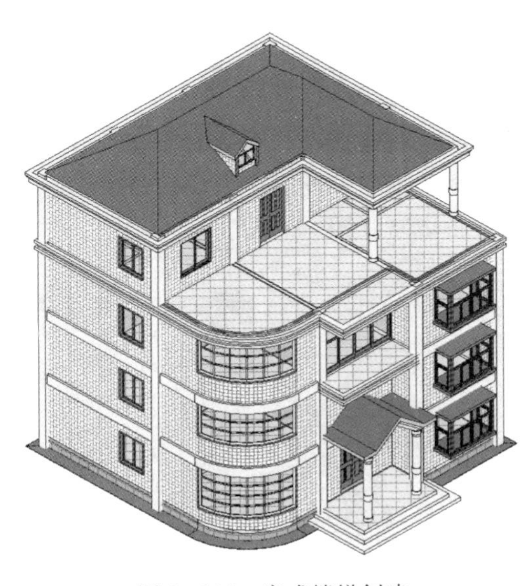

图 10-118　完成楼梯创建

11 栏杆扶手

栏杆是设置在楼梯、阳台、平台等建筑临空部位的防护分隔构件，一方面起到安全围护的作用，另一方面起到分隔空间和引导人流的作用。另外，栏杆的造型和材质对于室内外环境还有重要的装饰作用。扶手是设置在栏杆或栏板上沿供人行走时手扶的构件，通常也兼具装饰作用。

Revit 的栏杆扶手是一种图元构件，通过参数设置来控制其形式、材质与位置等。Revit 的栏杆扶手包括扶栏、栏杆、顶部扶栏、扶手 1 和扶手 2 等组成部分。在 Revit 中可以通过“扶手 1 或扶手 2”的设置来添加独立的栏杆扶手或附加到楼梯、坡道和其他主体的栏杆扶手。

本章主要讲解栏杆扶手的创建与编辑方法，栏杆扶手的参数设置以及栏杆扶手之间的协调关系等。

本章学习目的：

（1）熟悉栏杆扶手的构造知识；

（2）掌握栏杆扶手的创建与编辑方法；

（3）掌握栏杆扶手造型设计的方法；

（4）理解栏杆扶手与其他构件的协调方法。

手机扫码
观看教程

11.1 栏杆编辑与创建

11.1.1 创建栏杆

打开“吕桥四层别墅-11. rvt”项目文件，切换到 F4 楼层平面视图。单击【建筑】选项卡——【栏杆扶手】按钮，使用【属性】面板中默认的“栏杆扶手 900mm 圆管”类型，在【修改｜创建栏杆扶手路径】上下文选项卡中，单击【拾取线】工具，依次拾取 F4 露台楼板的临空处外缘作为栏杆路径，如图 11-1 所示。单击【完成编辑模式】，切换到三维视图进行观察（图 11-2）。

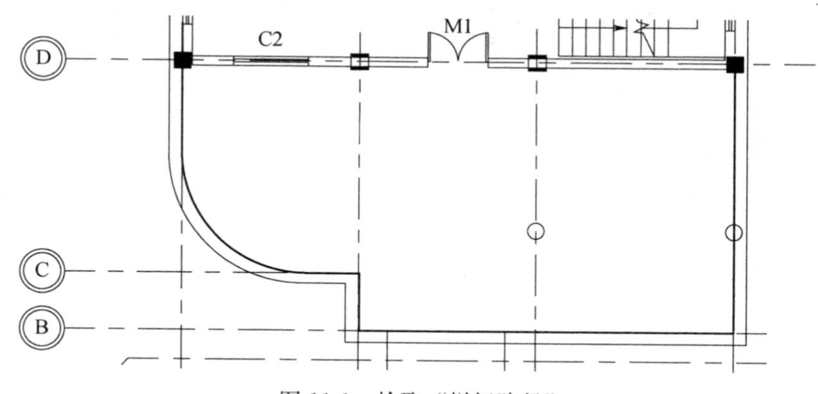

图 11-1　拾取“栏杆路径”

提示：如果拾取的路径过长，可以通过拖曳夹点的方法进行调整。栏杆路径必须连续且不能出现重合部分。

在三维视图中，进行框选并通过【过滤器】工具，选中F4楼层的栏杆扶手（含顶部扶栏）、楼板和楼板边缘3个构件，单击视图控制栏中的【临时隐藏/隔离】——【隔离图元】（快捷键为hi），将3个构件隔离显示。另外，使用快捷键“vv”，打开“填充样式图形”对话框，将F4楼板表面填充进行隐藏，便于观察栏杆的编辑，如图11-3所示。

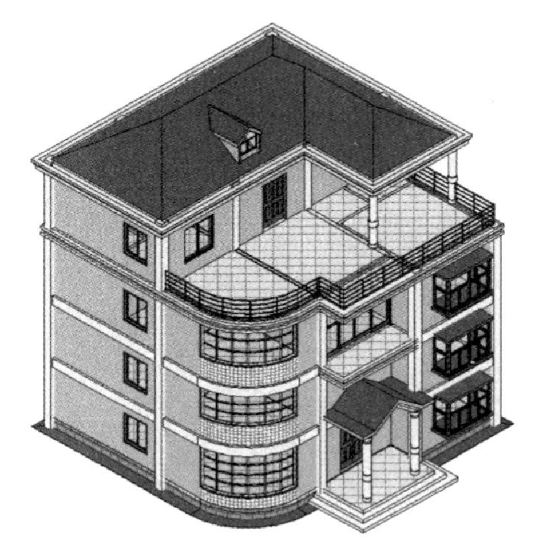

图11-2　创建F4平台栏杆

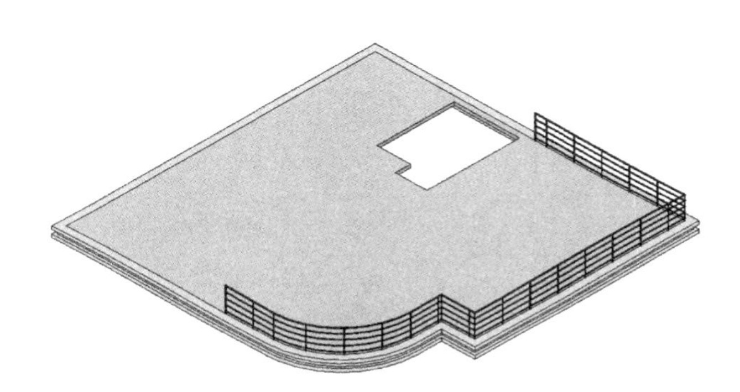

图11-3　将“栏杆扶手、楼板和楼板边缘”隔离显示

选中栏杆，单击【属性】面板中的【编辑类型】按钮，打开栏杆扶手的“类型属性”对话框（表11-1），单击【复制】，命名为“别墅栏杆-900mm圆管”，单击【预览】按钮，如图11-4所示。

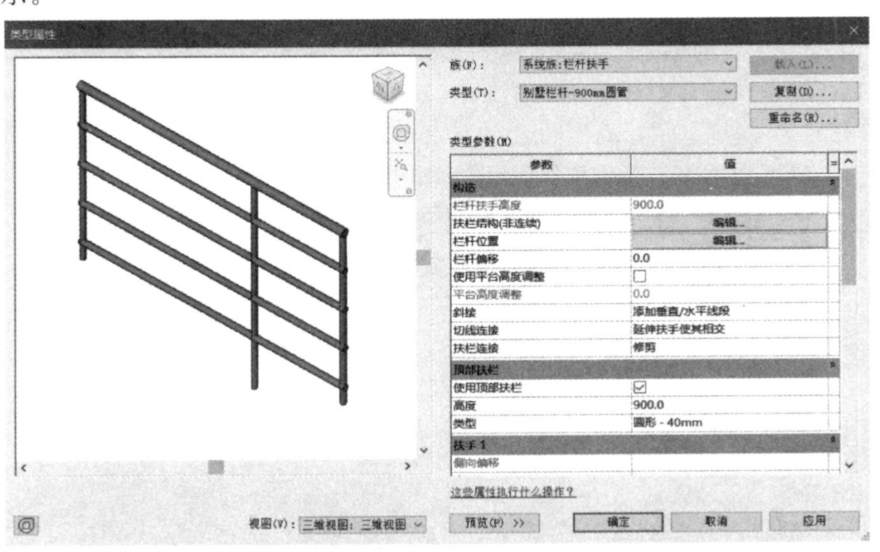

图11-4　新建“别墅栏杆-900mm圆管”类型

表 11-1　栏杆扶手“类型属性”对话框中各参数的含义

参数	含　　义
栏杆扶手高度	栏杆扶手中顶部扶栏的高度
扶栏结构（非连续）	打开“编辑扶手”对话框，可设置扶栏的编号、高度、偏移、材质和轮廓族
栏杆位置	打开“编辑栏杆位置”对话框，可设置栏杆样式
栏杆偏移	栏杆距其路径线的偏移距离，可以创建扶栏的不同组合形式
使用平台高度调整	勾选“是”，栏杆扶手高度会根据“平台高度调整”设置值进行向上或向下调整
斜接	根据平台的栏杆扶手高度值，提高或降低梯段栏杆扶手的高度。当两段栏杆扶手相交成一定角度，而没有垂直连接时，则可以选择“添加垂直/水平线段”为其创建连接，而“无连接件”选项，则会留下间隙
切线连接	当两段栏杆扶手共线或相切，而没有垂直连接时，则可以选择“添加垂直/水平线段”为其创建连接，“无连接件”选项，则会留下间隙，“延伸扶手使其相交”选项可以创建平滑连接
扶栏连接	如果栏杆扶手段之间不能斜接时，可以选择“修剪”使用垂直平面剪切分段，或者选择“接合”尽可能按斜接的方式连接
顶部扶栏 高度 类型	 设置栏杆扶手中顶部扶栏的高度 设置顶部扶栏的类型
扶手 1 或扶手 2 侧向偏移 高度 位置 类型	通常是栏杆或墙面设置扶手 相对于栏杆路径的偏移值 设置扶手高度 指定与栏杆的相对位置 在新对话框中指定扶手类型

11.1.2　设置扶栏

在栏杆扶手的“类型属性”对话框中，单击【扶栏结构（非连续）】右侧的【编辑】按钮，打开“编辑扶手”对话框。将扶栏 4 高度改为“200mm”，扶栏 3 高度改为“400mm”，单击【应用】，可以在预览中观察其位置变化，如图 11-5 所示。单击【插入】按钮，创建新扶栏，将其命名为“扶栏 5”，高度设为“100mm”，轮廓设为“圆形扶手：30mm”，单击【向下】移动到最下方，单击【应用】，如图 11-6 所示。

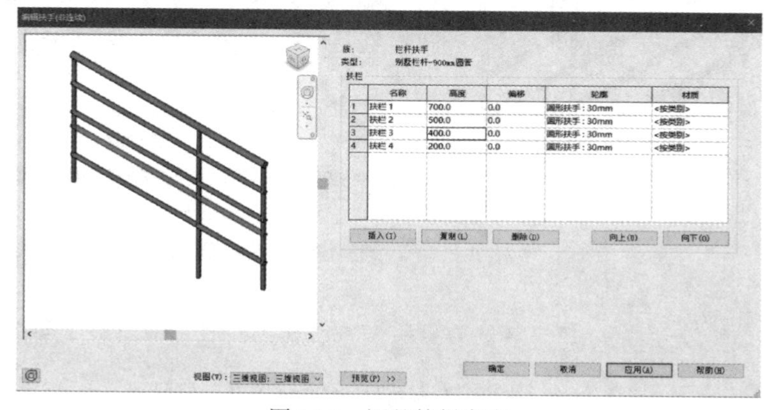

图 11-5　调整扶栏高度

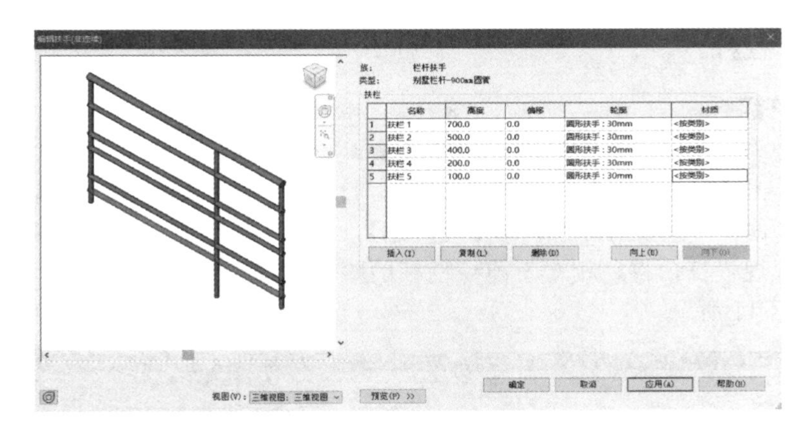

图 11-6　添加“扶栏 5”

将扶栏 1 轮廓改为“矩形扶手 50×50mm”，材质设置为“樱桃木”，单击【应用】，如图 11-7 所示。

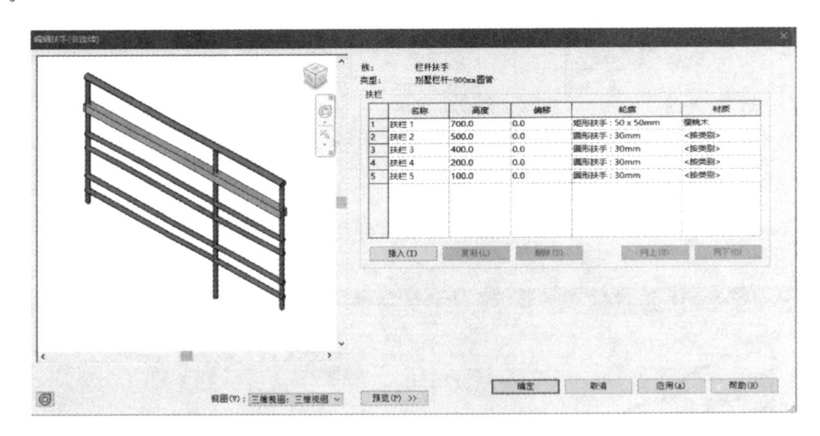

图 11-7　修改“扶栏 1”的轮廓与材质

提示：特殊的扶栏轮廓可以通过绘制轮廓族，将其载入到项目中使用。

单击【确定】，返回栏杆扶手“类型属性”对话框，单击【顶部扶栏】项中的【类型】，打开顶部扶栏“类型属性”对话框，单击【类型】下拉框，选择“椭圆形 40×30mm”，【材质】设置为“樱桃木”，单击【确定】，返回栏杆扶手“类型属性”对话框，单击【确定】，如图 11-8 所示。

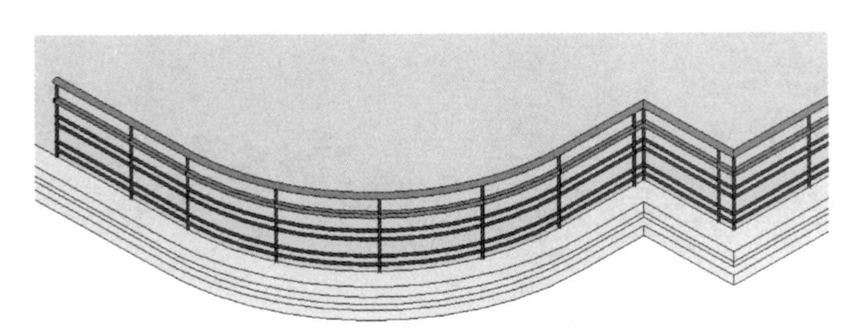

图 11-8　修改“顶部扶栏”的类型与材质

11.1.3 设置栏杆

1. 简单栏杆组合

选中栏杆扶手，单击【属性】面板中的【编辑类型】按钮，打开栏杆扶手的“类型属性”对话框，单击【栏杆位置】右侧的【编辑】，打开“编辑栏杆位置”对话框，将“常规栏杆”的“底部偏移”值设为“0”，单击【应用】，如图11-9所示。单击右侧的【复制】按钮，添加一根常规栏杆，将“相对于前一栏杆的距离”设为“500mm”，单击【应用】，如图11-10与图11-11所示。

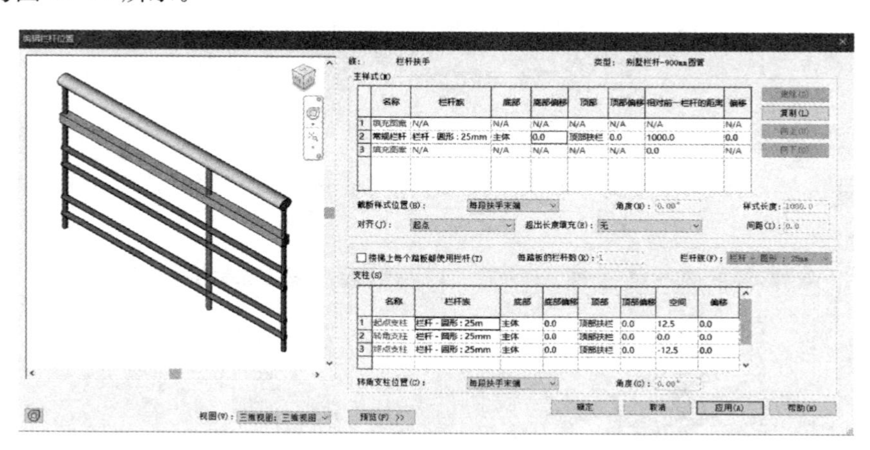

图11-9 打开“编辑栏杆位置”对话框

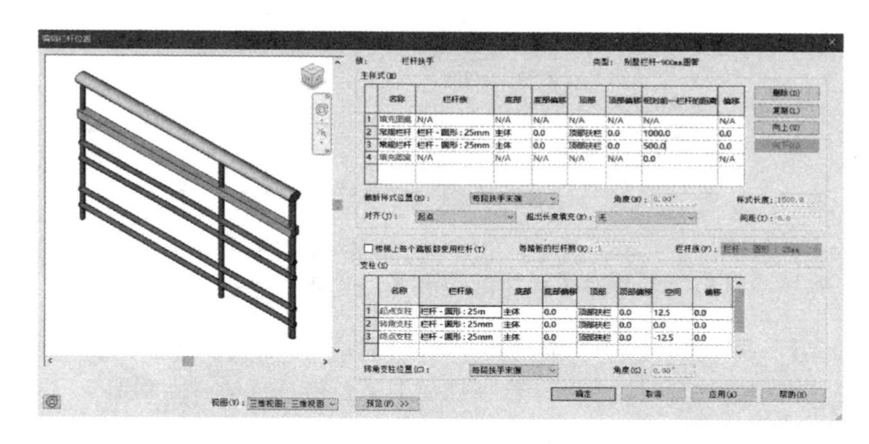

图11-10 新建第二根“常规栏杆”

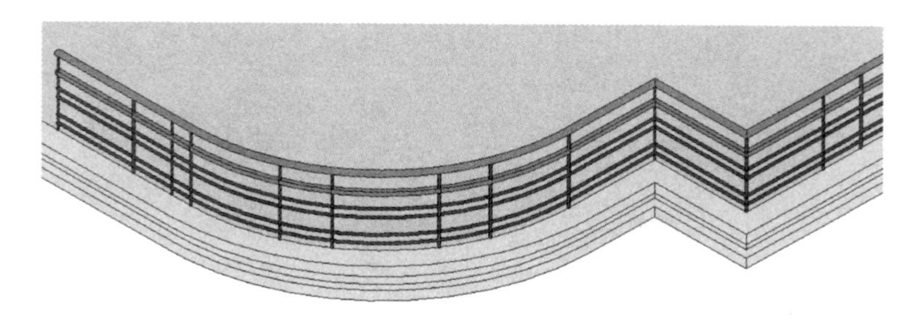

图11-11 “常规栏杆”的间距为“1000mm”和“500mm”

在“编辑栏杆位置”对话框中，将第一根常规栏杆“相对于前一栏杆的距离”由“1000mm”改为“300mm”，单击【应用】，如图 11-12 所示。

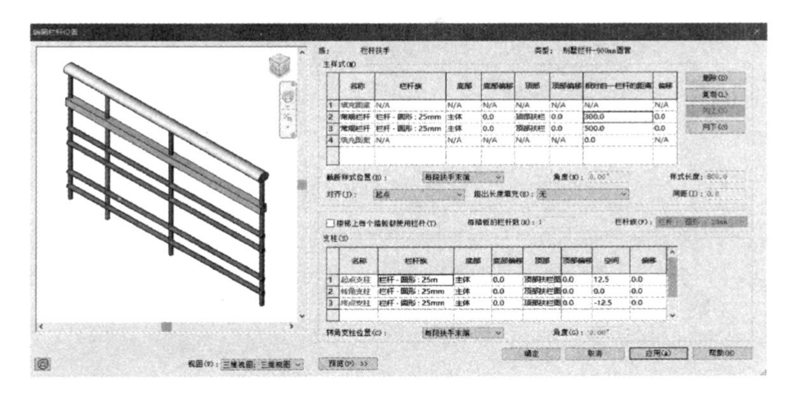

图 11-12 修改第一根“常规栏杆”的间距

单击第二根常规栏杆的“底部”下拉框，选择“扶栏 5”，单击其“顶部”下拉框，选择“扶栏 1”，单击【应用】，如图 11-13 所示。选中第一根常规栏杆，单击右侧【复制】，将新建的常规栏杆向下移动，并将其“相对于前一栏杆的距离”由“300mm”改为“500mm”，单击【应用】，如图 11-14 所示。单击【确定】两次，如图 11-15 所示。

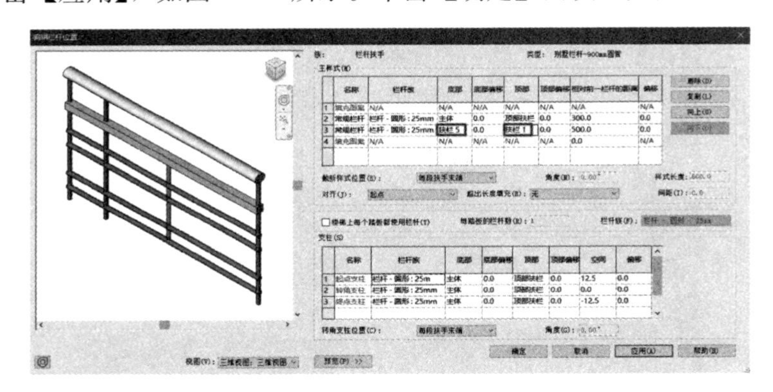

图 11-13 修改第二根“常规栏杆”的高度

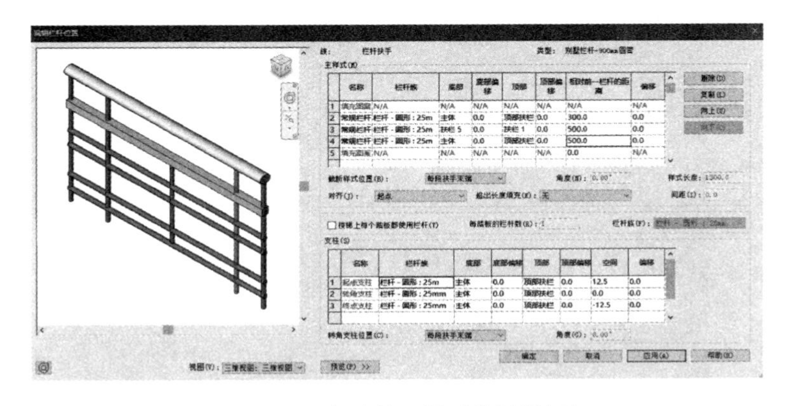

图 11-14 新建第三根“常规栏杆”

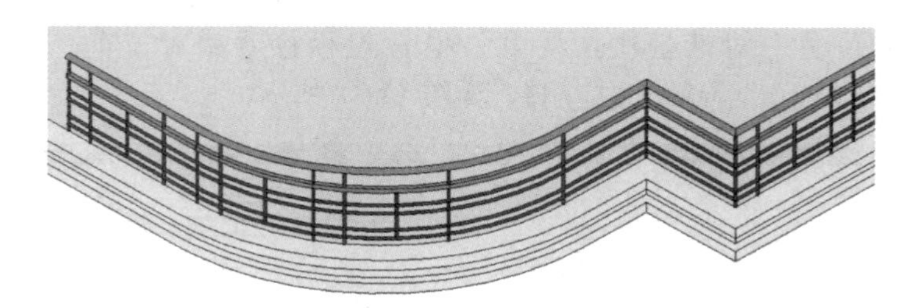

图 11-15　调整栏杆的“组合样式”

提示： 载入栏杆族，可以修改栏杆和立柱的样式，另外栏杆也可以替换为嵌板。

2. 载入栏杆族

单击【插入】选项卡——【载入族】按钮，弹出“载入族”对话框，选择“China \ 建筑 \ 栏杆扶手 \ 栏杆 \ 常规栏杆 \ 普通栏杆”文件夹中的“立筋龙骨 1. rfa”族文件（图 11-16），单击【打开】。同样的操作，载入“China \ 建筑 \ 栏杆扶手 \ 栏杆 \ 铁栏杆”文件夹中的“铁艺嵌板 1. rfa”族文件（图 11-17）。

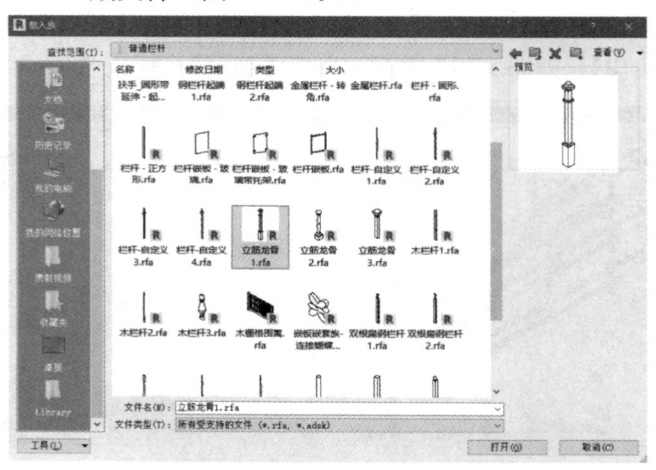

图 11-16　载入“立筋龙骨 1. rfa”族文件

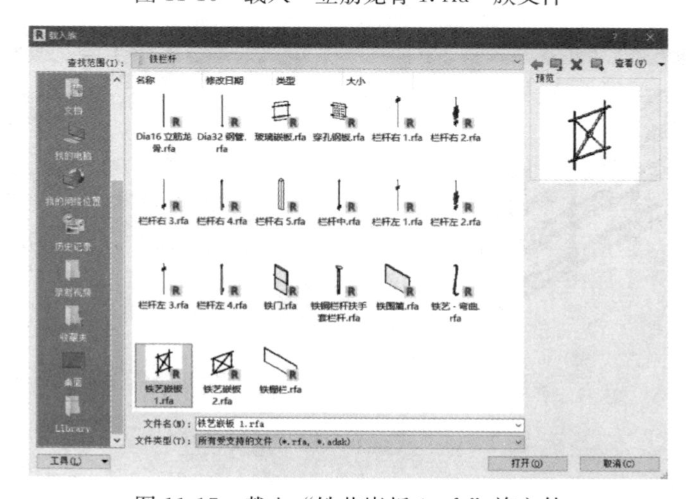

图 11-17　载入“铁艺嵌板 1. rfa”族文件

3. 复杂栏杆组合

选中栏杆，单击【属性】面板中的【编辑类型】按钮，打开栏杆扶手的“类型属性”对话框，单击【栏杆位置】右侧的【编辑】，打开“编辑栏杆位置”对话框，将第二根常规栏杆样式改为“铁艺嵌板”，单击【应用】，如图 11-18 所示。

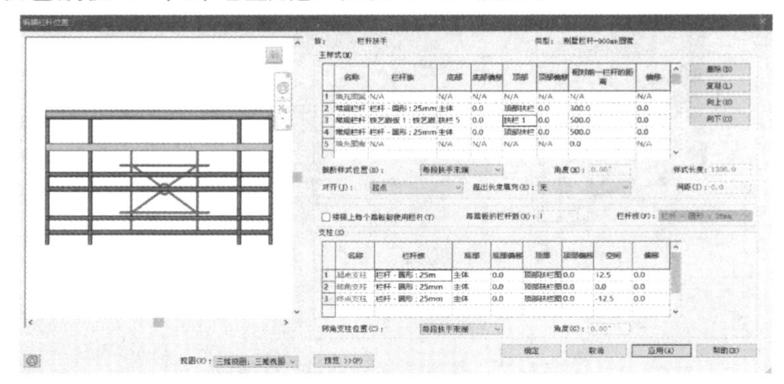

图 11-18　修改第二根“常规栏杆”的样式

> **提示：**如果嵌板的样式及尺寸与扶栏不能衔接，需要编辑该嵌板族或者调整扶栏的高度位置。

返回栏杆扶手的“类型属性”对话框中，单击【扶栏结构（非连续）】右侧的【编辑】按钮，打开“编辑扶手”对话框，将“扶栏 3”删除，分别调整“扶栏 2”的高度为“565mm”，“扶栏 4”的高度为“235mm”，单击【应用】，如图 11-19 所示，再单击【确定】（图 11-20）。

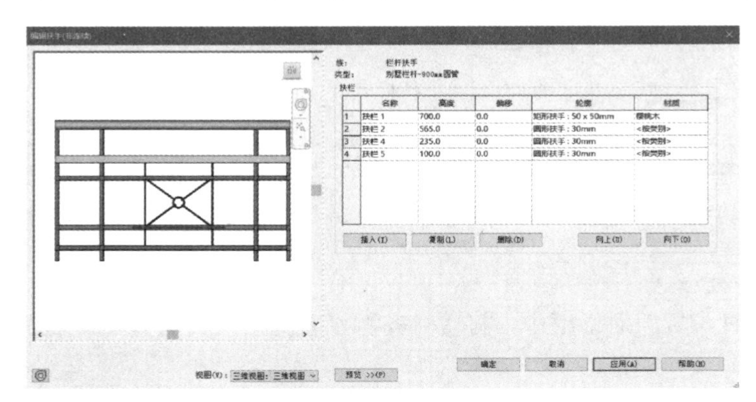

图 11-19　调整扶栏“组合”

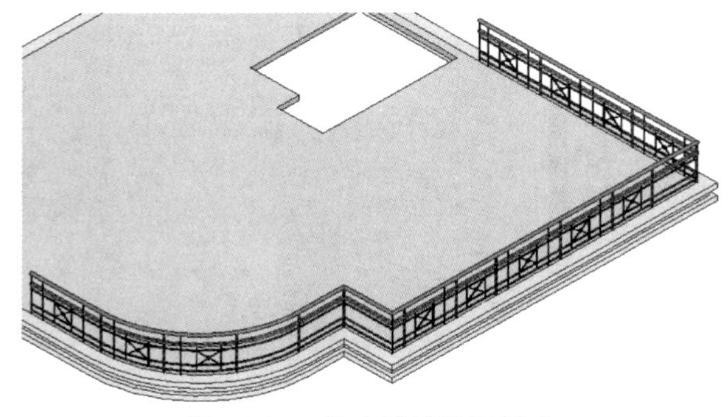

图 11-20　修改后的栏杆样式

返回栏杆扶手的“类型属性”对话框，单击【栏杆位置】右侧的【编辑】，打开“编辑栏杆位置”对话框，将“起点支柱”“转角支柱”与“终点支柱”的样式都设为“立筋龙骨1：标准”，【空间】值设为“0”，单击【应用】，如图 11-21 所示。

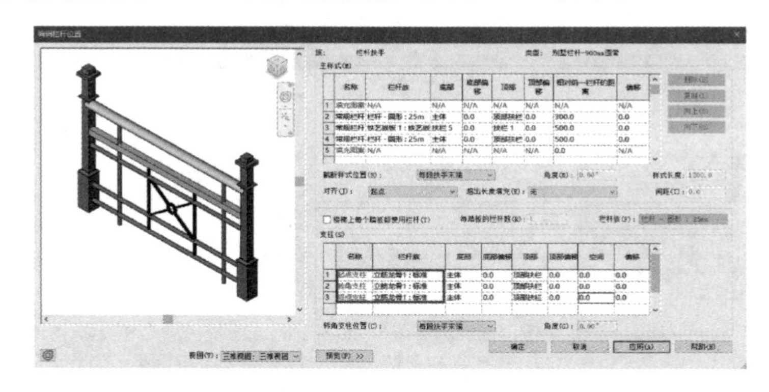

图 11-21　修改“栏杆支柱”的样式

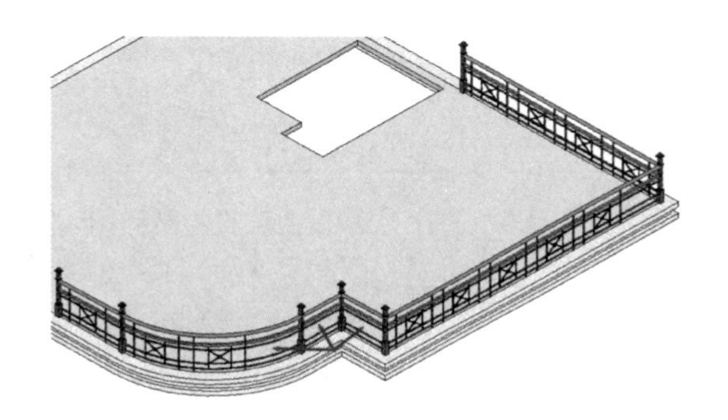

图 11-22　栏杆样式“空白”区域

提示：如图 11-22 所示，由于栏杆间距与路径长度不能匹配，会出现“空白”的情况，此时需要调整栏杆的对齐方式或者分段绘制栏杆路径，再将栏杆路径选择不同的栏杆类型。

在“编辑栏杆位置”对话框中，将【对齐】设置为“展开样式以匹配”，单击【应用】，如图 11-23 与图 11-24 所示。

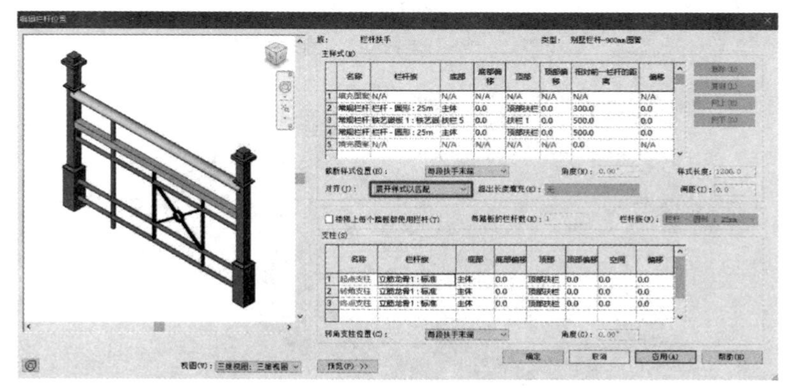

图 11-23　调整“栏杆”与“路径”的对齐方式

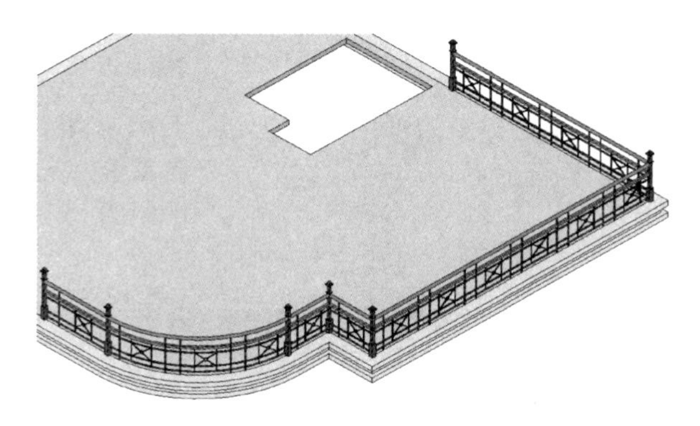

图 11-24　栏杆样式与“路径”相匹配

11.2　创建别墅平台栏杆

选中栏杆，在【属性】面板的类型选择器下拉框中，选择“栏杆扶手 1100mm”类型，在此类型基础上创建别墅的平台栏杆（图 11-25）。单击【编辑类型】按钮，打开栏杆扶手的“类型属性”对话框，单击【复制】，并命名为“别墅栏杆”。

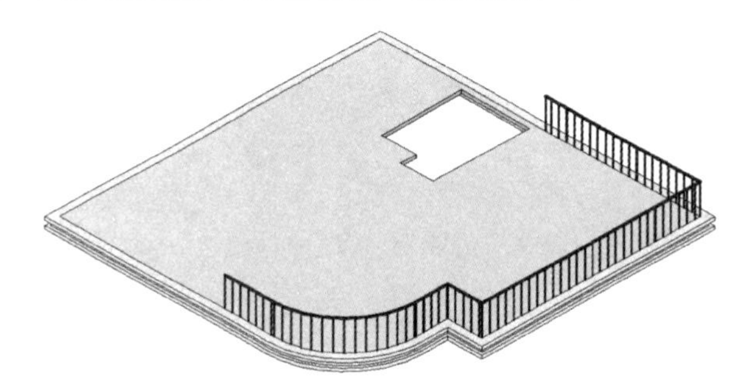

图 11-25　新建“别墅栏杆”类型

11.2.1　设置栏杆间距

单击【栏杆位置】右侧的【编辑】，打开“编辑栏杆位置”对话框，将“常规栏杆”的“相对于前一栏杆的距离”设为“2000mm”，如图 11-26 所示，单击【确定】。

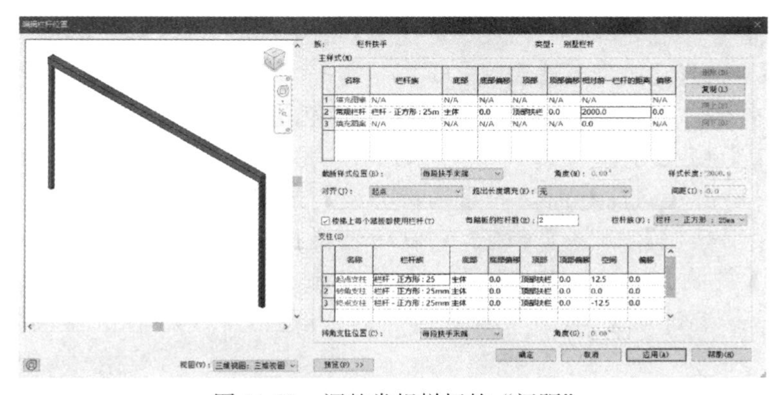

图 11-26　调整常规栏杆的“间距”

11.2.2 添加水平扶栏

单击【扶栏结构（非连续）】右侧的【编辑】按钮，打开“编辑扶手”对话框，单击【插入】按钮，创建新扶栏，将其命名为“扶栏 300”，高度设为“300mm”，轮廓设为“圆形扶手：30mm”，材质设置为“金属—不锈钢，抛光”。用相同的方法在 500mm 和 700mm 的位置添加扶栏，如图 11-27 所示，单击【确定】（图 11-28）。

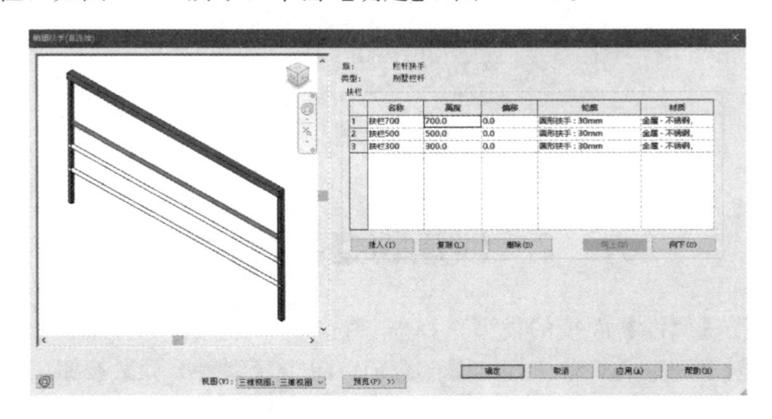

图 11-27　添加水平扶栏

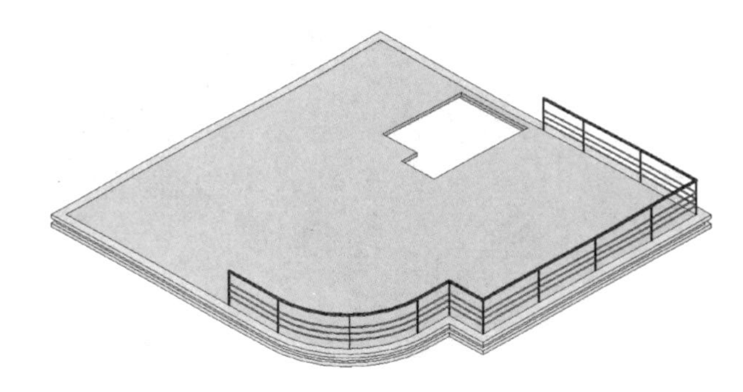

图 11-28　修改后的栏杆与扶栏“样式”

11.2.3 修改顶部扶栏样式

顶部扶栏是由其轮廓沿栏杆路径放样生成，需要先设置其轮廓样式与尺寸。在【项目浏览器】——【族】——【轮廓】——【矩形扶手】选中“50×50mm”类型，单击右键，在弹出的快捷菜单中选择【类型属性】（图 11-29），弹出矩形扶手的“类型属性”对话框，单击【复制】，命名为“200×80mm”，将【高度】值设为“80mm”，【宽度】值设为“200mm”，单击【确定】（图 11-30），完成顶部扶栏轮廓创建。

选中栏杆，单击【属性】面板的【编辑类型】按钮，打开栏杆扶手“类型属性”对话框，单击【顶部扶栏】——【类型】右侧的选择按钮...，打开顶部扶栏“类型属性”对话框，单击【复制】，命名为“矩形-200×80mm”，将【轮廓】改为“矩形扶手：200×80mm”，将【材质】设为“别墅梁柱”（图 11-31），单击【确定】两次，如图 11-32所示。

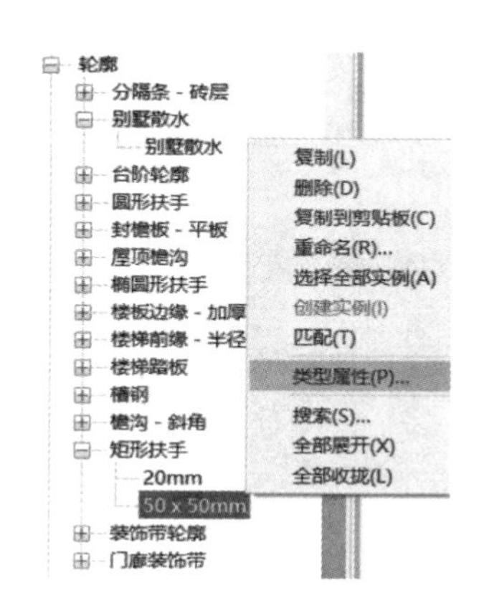

图 11-29　编辑“矩形扶手”族类型

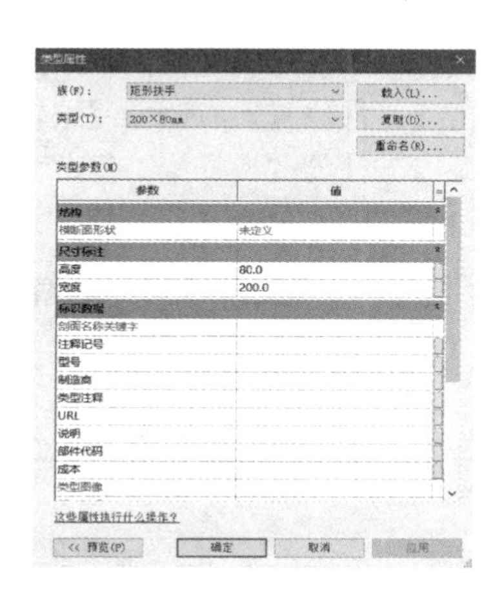

图 11-30　新建“200×80mm”类型

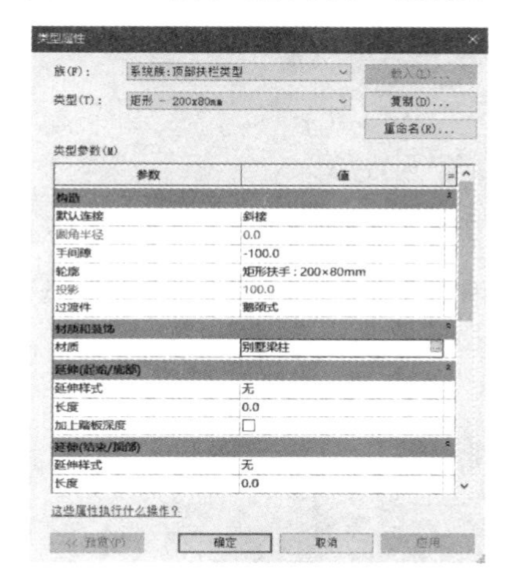

图 11-31　新建“矩形-200mm×80mm”类型

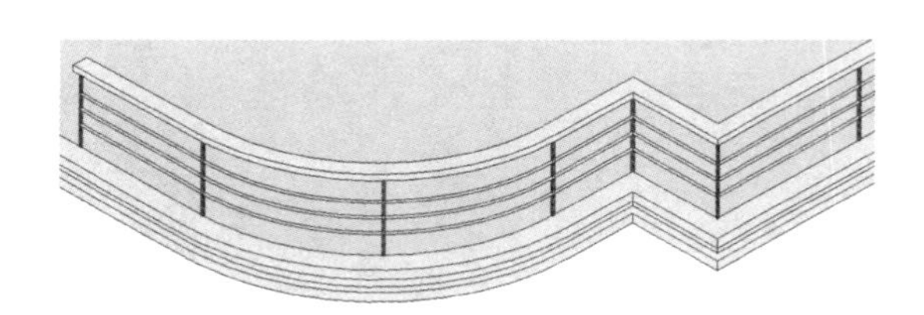

图 11-32　修改“顶部扶栏”样式

11.2.4　修改栏杆支柱样式

单击【插入】选项卡——【载入族】按钮，弹出“载入族”对话框。选择“China\建筑\栏杆扶手\栏杆\常规栏杆\欧式栏杆”文件夹中的“欧式扶栏墩 FDD 20×20×H113. rfa”族文件（图 11-33），单击【打开】。

图 11-33　载入“欧式扶栏墩 FDD 20×20×H113. rfa”族文件

选中栏杆，单击【属性】面板中的【编辑类型】按钮，打开栏杆扶手的“类型属性”对话框，单击【栏杆位置】右侧的【编辑】，打开“编辑栏杆位置”对话框，将起点支柱、转角支柱和终点支柱的“栏杆族”都改为“欧式扶栏墩 FDD 20×20×H113”（图 11-34），【空间】值都设为“0”，单击【确定】（图 11-35）。

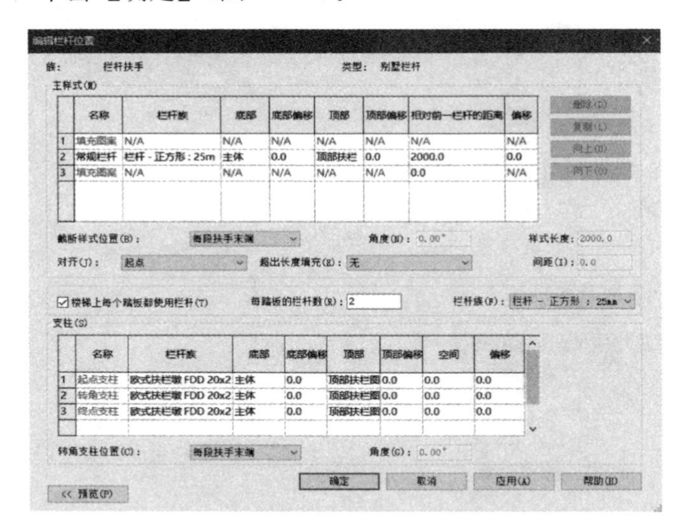

图 11-34　修改支柱的“栏杆族”

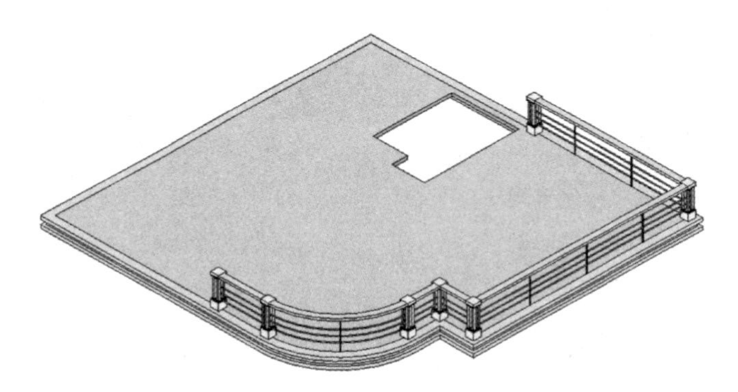

图 11-35　修改后的栏杆“支柱”样式

11.2.5　创建栏杆嵌板

单击【插入】选项卡——【载入族】按钮，弹出“载入族”对话框。选择“China\建筑\栏杆扶手\栏杆\常规栏杆\欧式栏杆”文件夹中的“欧式嵌板.rfa”族文件（图 11-36），单击【打开】。

选中栏杆，单击【属性】面板中的【编辑类型】按钮，打开栏杆扶手的“类型属性”对话框，单击【栏杆位置】右侧的【编辑】，打开“编辑栏杆位置”对话框，将常规栏杆样式改为“欧式嵌板”（图 11-37），单击【确定】（图 11-38）。

该嵌板的宽度与材质需要进一步调整，可以通过修改“欧式嵌板”族类型来实现。在【项目浏览器】——【族】——【栏杆扶手】——【欧式嵌板】选中“欧式嵌板”类型，单击右键，在弹出的快捷菜单中选择【类型属性】，弹出欧式嵌板的“类型属性”对话框，单击【复制】，命名为“欧式嵌板 1200mm”，将【宽度】值设为“1200mm”，【材质】设为“别墅梁柱”（图 11-39），单击【确定】。

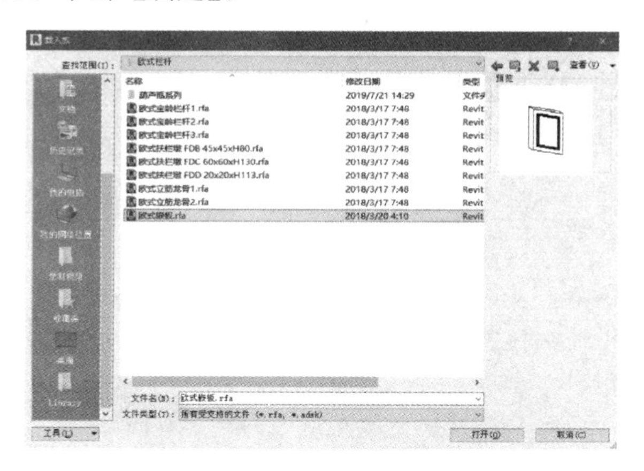

图 11-36 载入“欧式嵌板 . rfa”族文件

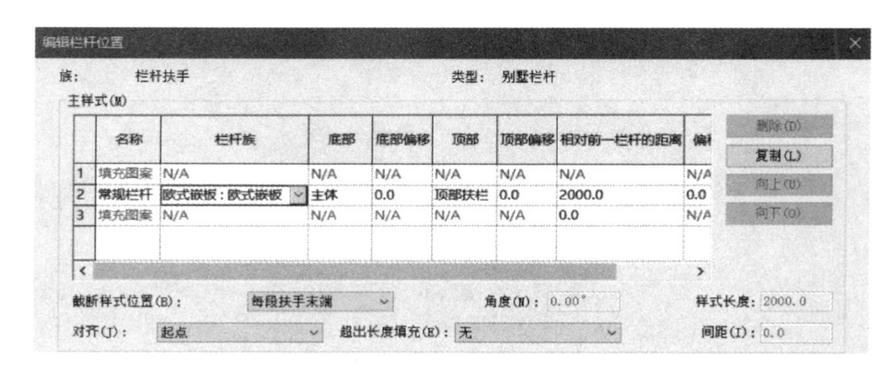

图 11-37 修改常规栏杆的“栏杆族”

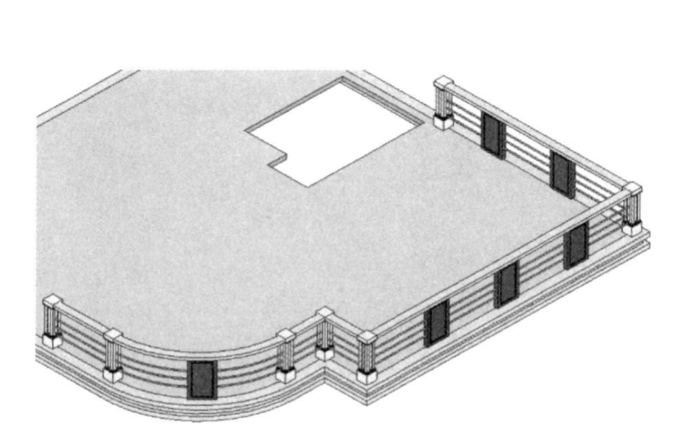

图 11-38 修改后的栏杆样式

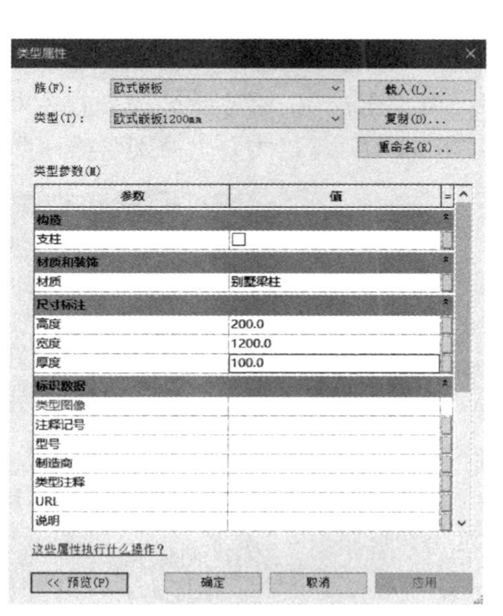

图 11-39 新建“欧式嵌板 1200mm”类型

选中栏杆，单击【属性】面板中的【编辑类型】按钮，打开栏杆扶手的“类型属性”对话框，单击【栏杆位置】右侧的【编辑】，打开“编辑栏杆位置”对话框，将常规栏杆样式改为“欧式嵌板 1200mm”（图 11-40），单击【确定】，如图 11-41 所示。

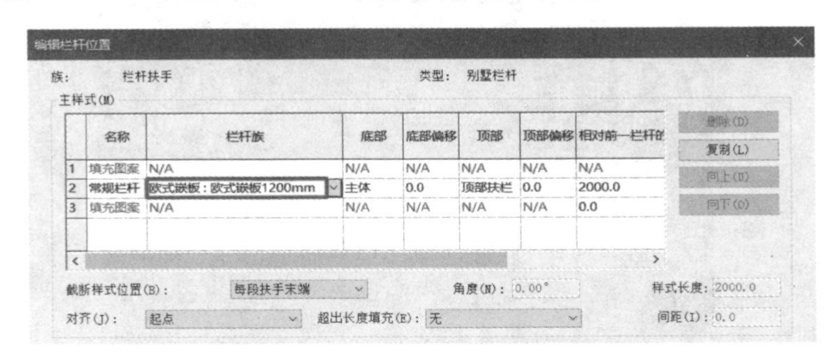

图 11-40　修改常规栏杆的“栏杆族”

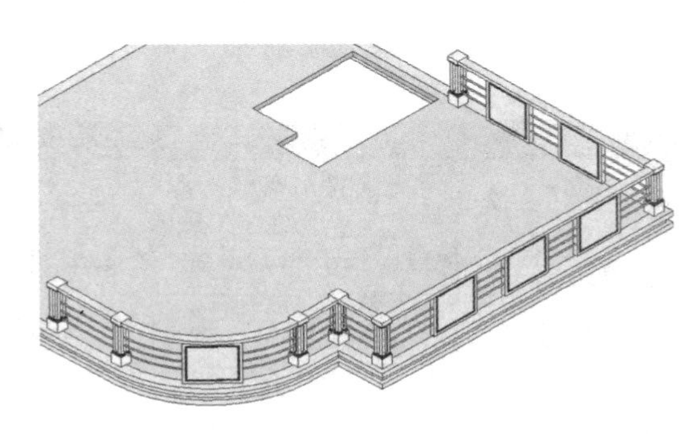

图 11-41　修改后的栏杆“嵌板”

11.2.6　添加挡水构件

选中栏杆，单击【属性】面板中的【编辑类型】按钮，打开栏杆扶手的“类型属性”对话框，单击【扶栏结构（非连续）】右侧的【编辑】按钮，打开“编辑扶手”对话框，单击【插入】，创建新扶栏，命名为“挡水构件”，【高度】为“80”，【轮廓】为“矩形扶手：200×80mm”，【材质】为“别墅梁柱”（图 11-42），单击【确定】。

编辑扶手(非连续)

族：栏杆扶手
类型：别墅栏杆
扶栏

	名称	高度	偏移	轮廓	材质
1	扶栏700	700.0	0.0	圆形扶手：30mm	金属 - 不锈钢，抛
2	扶栏500	500.0	0.0	圆形扶手：30mm	金属 - 不锈钢，抛
3	扶栏300	300.0	0.0	圆形扶手：30mm	金属 - 不锈钢，抛
4	挡水构件	80.0	0.0	矩形扶手：200×80mm	别墅梁柱

插入(I)　复制(L)　删除(D)　向上(U)　向下(O)

<< 预览(P)　确定　取消　应用(A)　帮助(H)

图 11-42　新建扶栏作为“挡水构件”

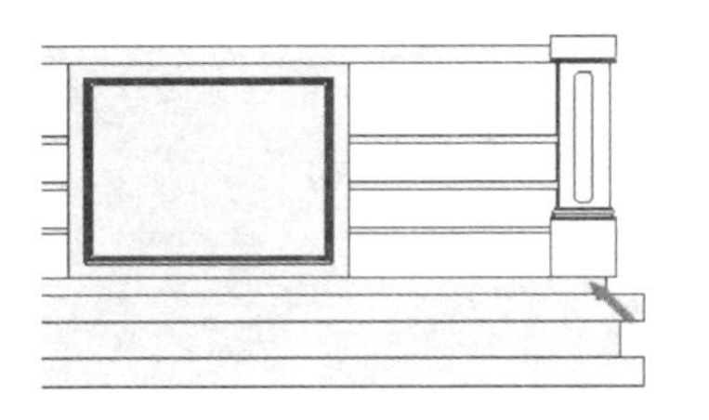

图 11-43　“挡水构件”与“支柱”的位置关系

如图 11-43 所示，如果发现支柱底部也向上偏移 80mm，则需调整支柱参数。选中栏杆，单击【属性】面板中的【编辑类型】按钮，打开栏杆扶手的“类型属性”对话框，单击【栏杆位置】右侧的【编辑】，打开“编辑栏杆位置”对话框，将常规栏杆【底部】改为“挡水构件”，将起点支柱、转角支柱和终点支柱的【底部偏移】值设为“－80mm”(图 11-44)，单击【确定】，如图 11-45 所示。

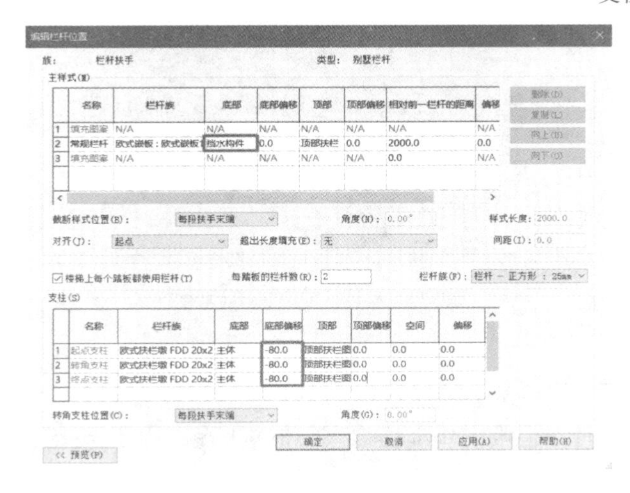

图 11-44　调整“栏杆”与“支柱”的底部位置

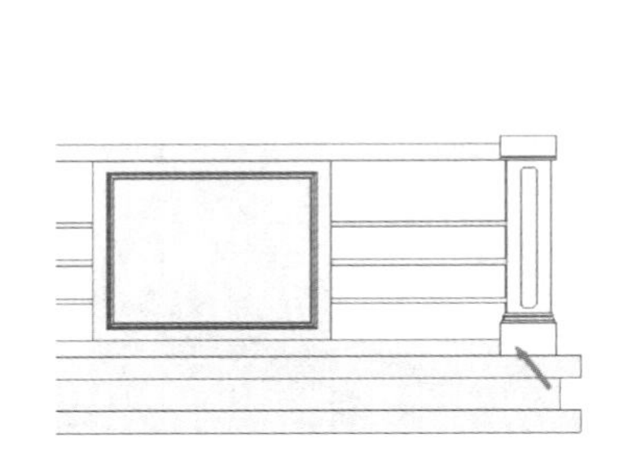

图 11-45　调整后的“挡水构件”与“支柱”的位置关系

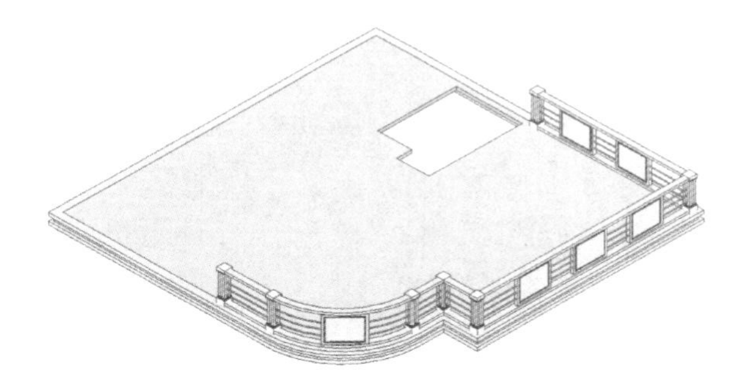

图 11-46　完成平台栏杆创建

单击视图控制栏中的【临时隐藏/隔离】——【重设临时隐藏/隔离】按钮（图 11-47），显示整个模型，如图 11-48 所示，可以发现嵌板的位置需要进行调整。

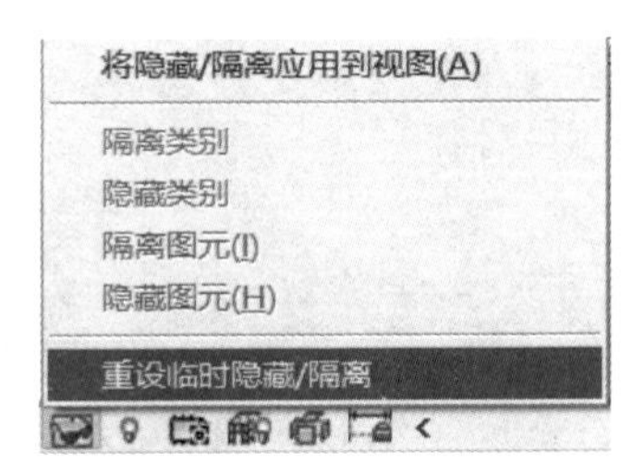

图 11-47　单击【重设临时隐藏/隔离】

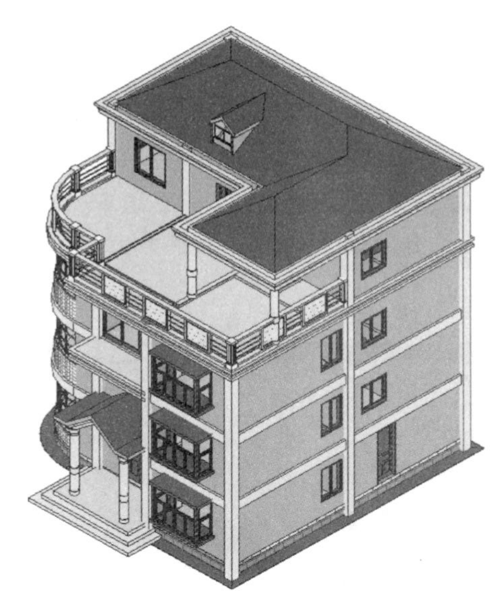

图 11-48　嵌板位置不协调

11.2.7　调整嵌板位置

当栏杆路径较复杂时，很难统一准确地调整嵌板间距，可以将栏杆进行分段绘制并进行调整。

切换到 F4 楼层平面视图，选中栏杆，单击【修改 | 栏杆扶手】——【编辑路径】按钮，删除右边 2 条直线路径（图 11-49），单击【完成编辑模式】，如图 11-50 所示。

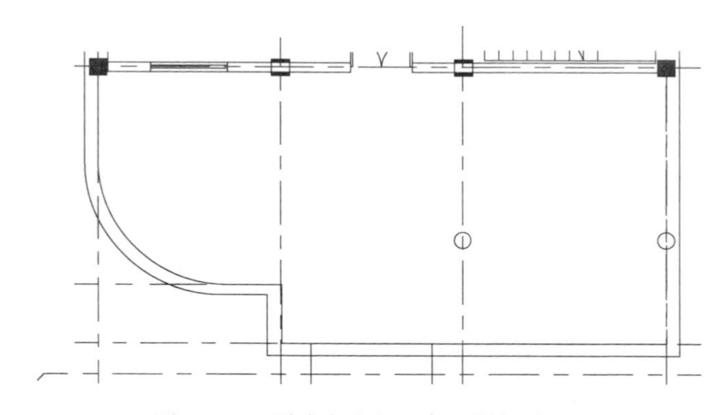

图 11-49　删除右边的 2 条“栏杆路径”

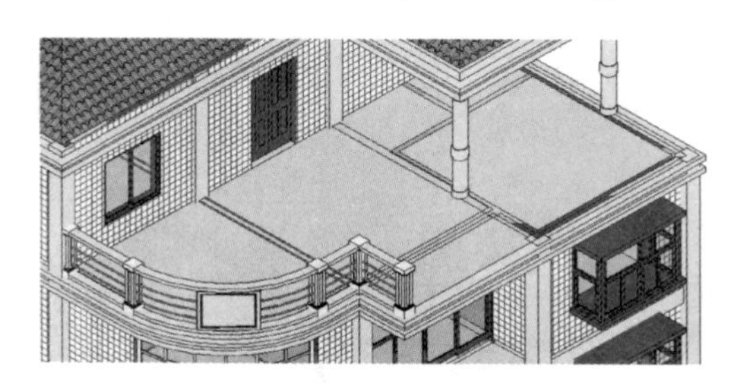

图 11-50　无需调整“位置”的栏杆

在 F4 楼层平面视图，使用【建筑】选项卡——【栏杆扶手】工具，选择“别墅栏杆”类型，分别绘制 3 段独立的“栏杆路径”，如图 11-51～图 11-53 所示。

选择“第一段栏杆”（图 11-54），单击【属性】面板中的【编辑类型】按钮，打开栏杆扶手的“类型属性”对话框，单击【复制】，命名为“别墅栏杆 2”，单击【栏杆位置】右侧的【编辑】，打开“编辑栏杆位置”对话框，将起点支柱的【栏杆族】设为“无”，单击【确定】，如图 11-55 所示。选择“第二段栏杆”，在【属性】面板的类型选择器中，将其类型改为“别墅栏杆 2”（图 11-56）。

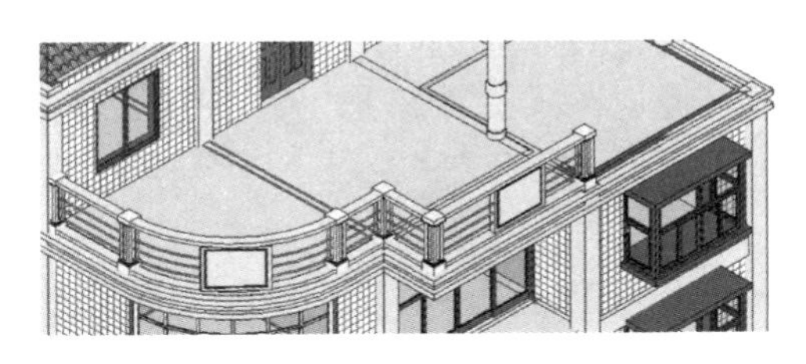

图 11-51 创建第一段栏杆

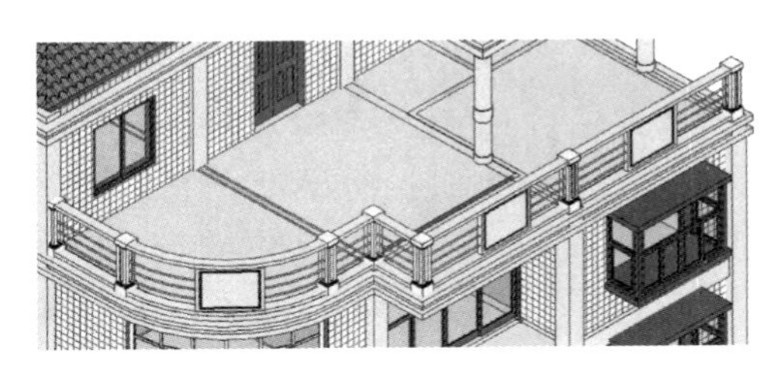

图 11-52 创建第二段栏杆

图 11-53 创建第三段栏杆

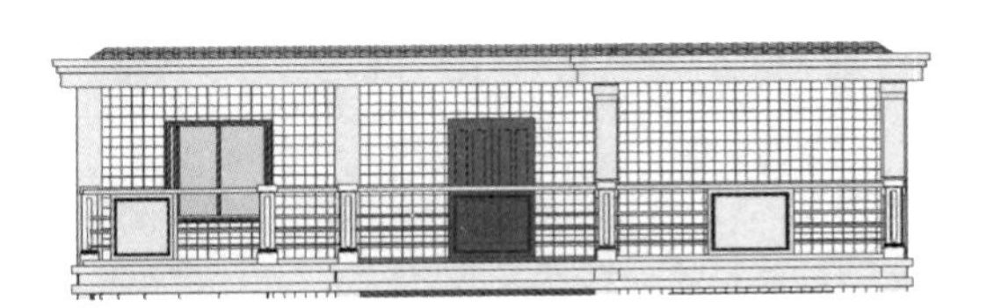

图 11-54 选择“第一段栏杆”

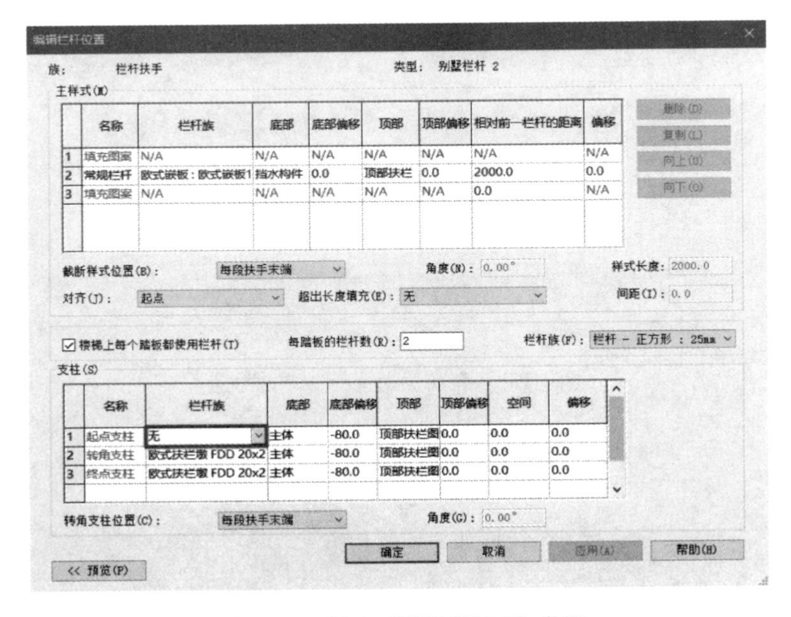

图 11-55 新建“别墅栏杆 2”类型

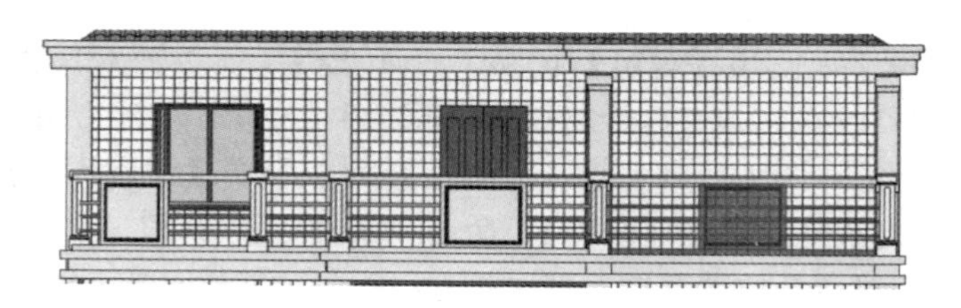

图 11-56　将“第二段栏杆”类型改为“别墅栏杆 2”

继续选择“第三段栏杆”（图 11-57），单击【属性】面板中的【编辑类型】按钮，打开栏杆扶手的“类型属性”对话框，单击【复制】，命名为“别墅栏杆 3”，单击【栏杆位置】右侧的【编辑】，打开“编辑栏杆位置”对话框，在【主样式】中添加一个嵌板，将嵌板“相对前一栏杆的距离”分别设为 1000mm 和 2700mm，将起点支柱的【栏杆族】设为“无”（图 11-58），单击【确定】，如图 11-59 所示。

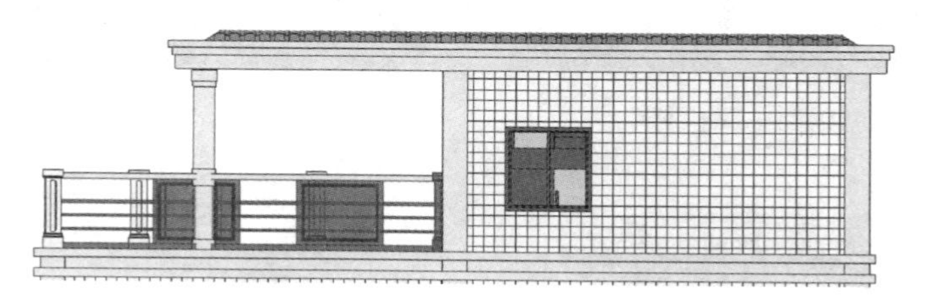

图 11-57　选择“第三段栏杆”

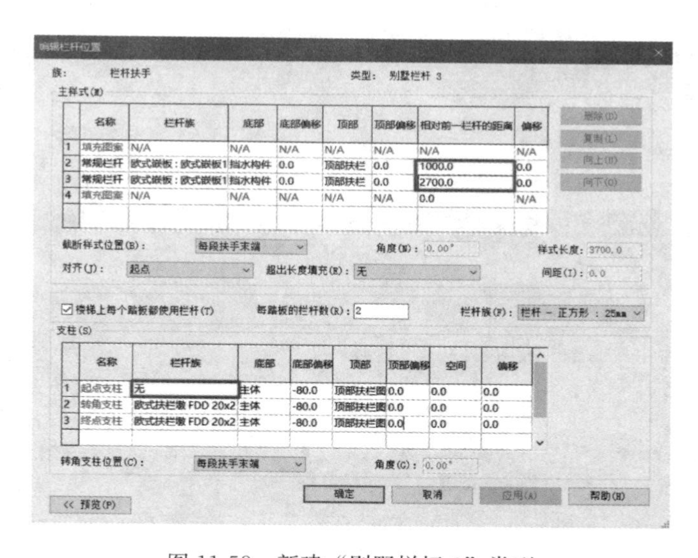

图 11-58　新建“别墅栏杆 3”类型

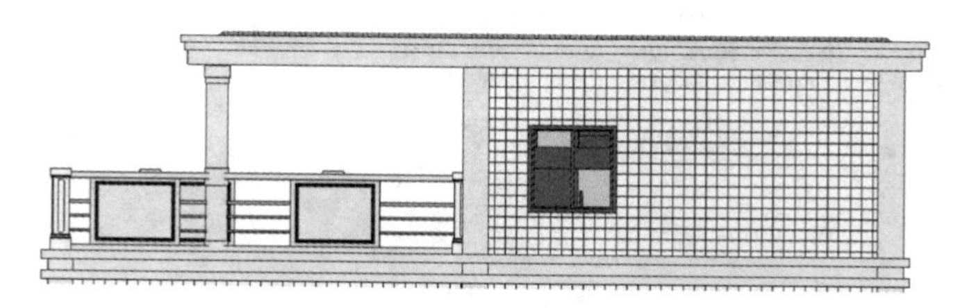

图 11-59　嵌板位置与其他“构件”相协调

11.2.8 创建 F3 阳台栏杆

切换到 F3 楼层平面视图，单击【建筑】选项卡——【栏杆扶手】工具，选择“别墅栏杆”类型，单击【属性】面板中的【编辑类型】按钮，打开栏杆扶手的“类型属性”对话框，单击【复制】，命名为“别墅栏杆 4”，单击【栏杆位置】右侧的【编辑】，打开“编辑栏杆位置”对话框，将起点支柱与终点支柱的【栏杆族】设为“无”，单击【确定】，如图 11-60 所示。

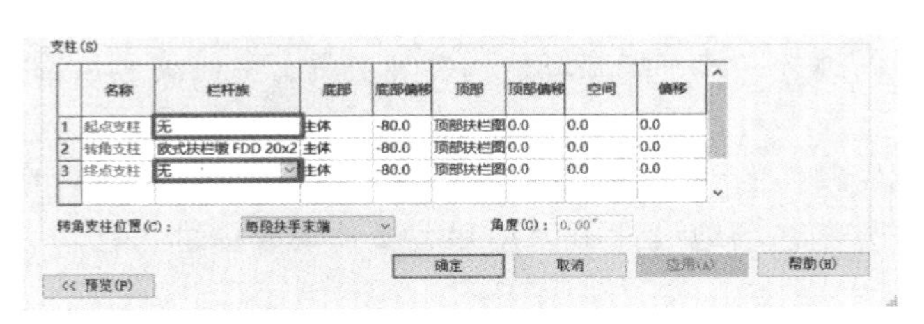

图 11-60 新建“别墅栏杆 4”类型

沿 F3 阳台板外缘绘制 L 型的“栏杆路径”，如图 11-61 所示，点击【完成编辑模式】，切换到三维视图进行观察（图 11-62）。

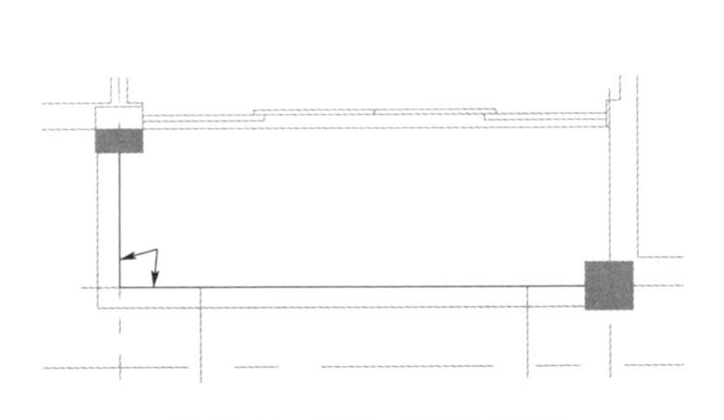

图 11-61 绘制“栏杆路径”

图 11-62 创建 F3 阳台栏杆

12 构件与场地

Revit 的建筑构件和场地构件类似于 AutoCAD 的图块，可以将它们载入到项目中进行放置。各类构件都属于“族”的一种，可以通过类型参数进行设计驱动。Revit 的场地功能提供了地形表面、建筑地坪、停车场和场地构件等工具，可以满足建筑师对场地设计和总图布置的使用要求。

本章通过完善别墅模型的细节问题，讲解了内建模型的使用方法和建模技巧，介绍了建筑构件的载入和使用方法，场地设计中创建和编辑地形表面的方法以及创建建筑地坪的方法等。

本章学习目的：

（1）掌握创建内建模型的方法；

（2）掌握建筑和场地构件的载入与放置方法；

（3）掌握地形表面的创建和编辑方法；

（4）掌握建筑地坪的创建和编辑方法。

手机扫码
观看教程

12.1 内建模型

Revit 的基本工具不能够完全满足建模的细节要求，需要使用【构件】—【内建模型】工具进行完善补充，“内建模型”类似于 Sketchup 软件的建模操作，其基本思路为“进行准确定位后选用合理的建模方式完成模型”。使用“内建模型”工具创建构件时，可以对构件的类型进行定义，体现了 Revit 图元分类管理的基本思想。

12.1.1 创建主入口门廊山花

使用【内建模型】工具创建主入口门廊山花，首先需设置工作平面进行空间定位，然后使用“拉伸”的方式完成模型。

打开“吕桥四层别墅-12. rvt”项目文件，切换到三维视图。单击【建筑】选项卡——【构件】——【内建模型】按钮，弹出“族类别和族参数”对话框，选择“常规模型”（图 12-1），单击【确定】，命名为“三角形山花”，单击【确定】，进入模型创建。

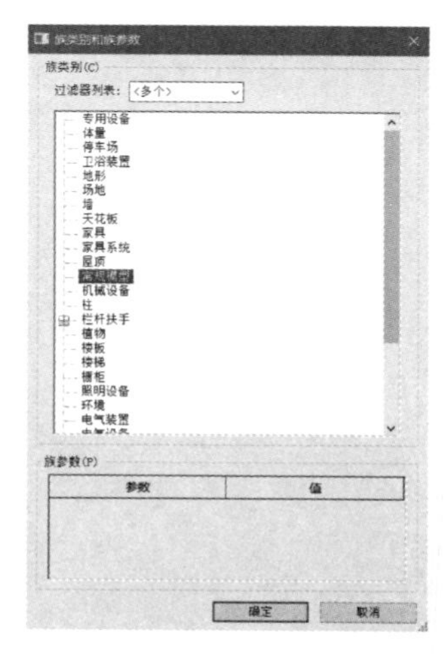

图 12-1 设置“内建模型”的族类别

调整三维模型的观察角度，单击【创建】——【设置】按钮，弹出“工作平面”对话框，点选“拾取一个平面”（图 12-2），单击【确定】。拾取门廊封檐板外表面作为山花的起始面，如图 12-3 所示。单击【拉伸】按钮，使用【拾取线】和【线】工具，捕捉绘制三角形山花的轮廓（图 12-4），在【属性】面板中，设置【拉伸终点】值为“－250mm”，【拉伸起点】值为“0”，【材质】设为“别墅梁柱”，单击【完成编辑模式】，完成“拉伸”操作（图 12-5），再单击【完成模型】。单击【修改】——【连接】工具按钮，将三角形山花与封檐板连接成为整体（图 12-6）。

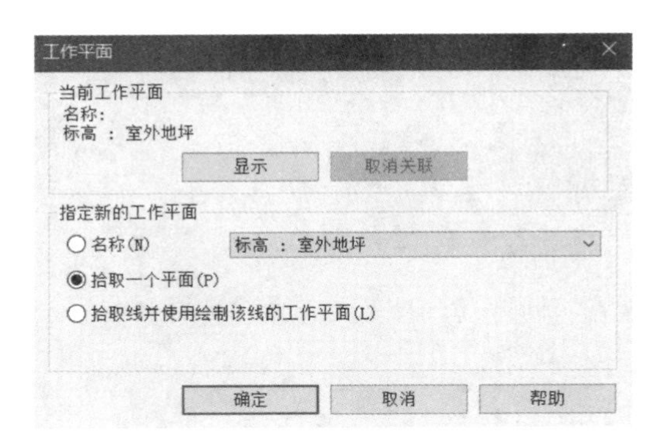

图 12-2　“拾取一个平面”作为“工作平面”

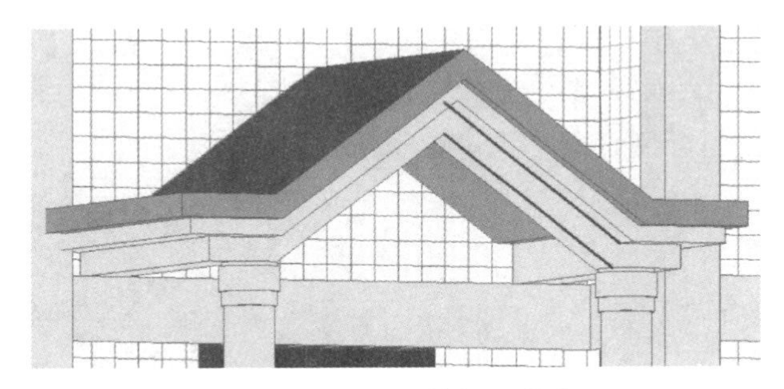

图 12-3　拾取“封檐板”外表面

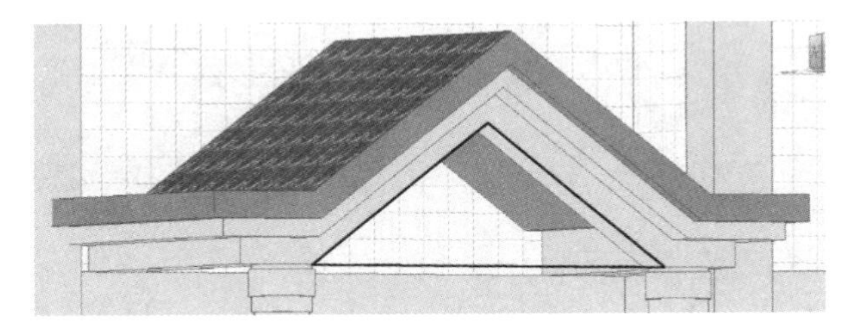

图 12-4　绘制三角形山花“轮廓”

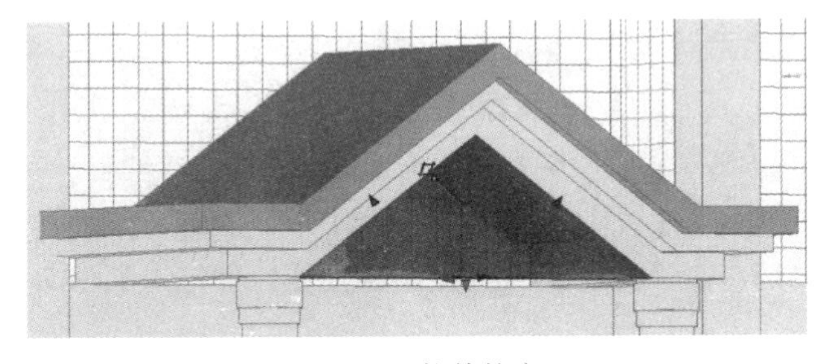

图 12-5　拉伸轮廓

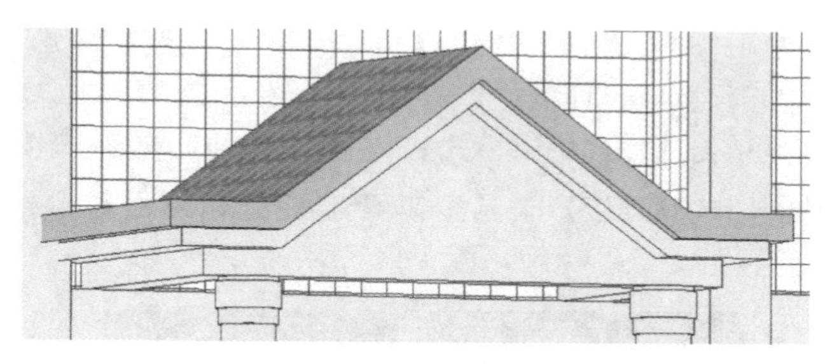

图 12-6　连接“三角形山花”与“封檐板”

12.1.2　创建 F1 弧形楼梯构件

1. 完善踏步细节

切换到 F1 楼层平面视图，使用【内建模型】工具，创建弧形楼梯第一个踏步的细节造型。单击【建筑】选项卡——【构件】——【内建模型】按钮，弹出“族类别和族参数”对话框，选择“常规模型”，单击【确定】，命名为“弧形踏步”，单击【确定】，进入模型创建。单击【拉伸】按钮，使用【起点—终点—半径弧】工具，捕捉绘制弧形闭合轮廓（图 12-7），在【属性】面板中，设置【拉伸终点】值为“175mm”，【拉伸起点】值为“0”，【材质】设为“别墅梁柱”，单击【完成编辑模式】，完成“拉伸”操作，再单击【完成模型】。切换到三维视图并打开【剖面框】进行观察（图 12-8）。

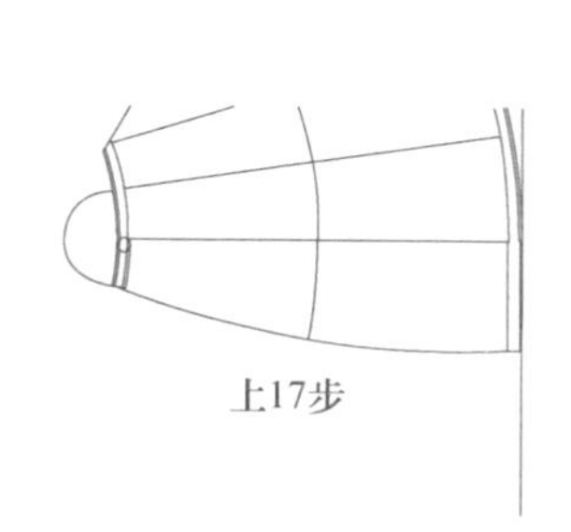

图 12-7　绘制弧形闭合轮廓

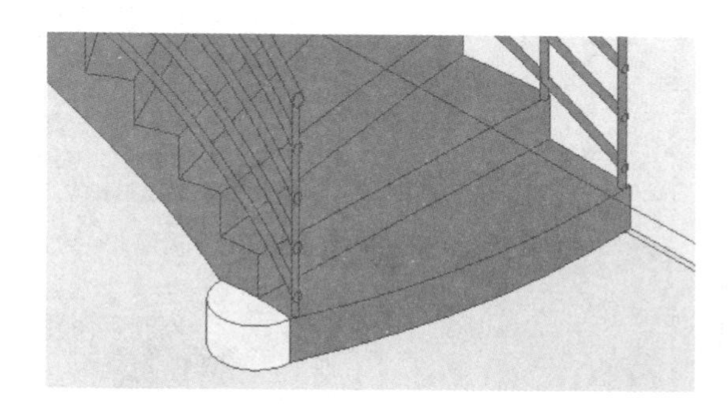

图 12-8　拉伸完成踏步细节

2. 弧形段与直跑段的过渡梁

单击【建筑】选项卡——【构件】——【内建模型】按钮，弹出“族类别和族参数”对话框，选择“结构框架”（图 12-9），单击【确定】，命名为“结构框架 1”，单击【确定】，进入模型创建。

调整三维视角，单击【创建】——【设置】按钮，弹出“工作平面”对话框，点选“拾取一个平面”，单击【确定】。拾取梯段外侧面作为梁的起始面，如图 12-10 所示。单击【拉伸】按钮，使用【矩形】工具，捕捉右上角绘制矩形轮廓，宽度值“200mm”，高度值“300mm”（图 12-11），在【属性】面板中，设置【拉伸终点】值为“－1300mm”，【拉伸起点】值为“0”，【材质】设为“别墅梁柱”，单击【完成编辑模式】，完成“拉伸”操作，再单击【完成模型】（图 12-12）。

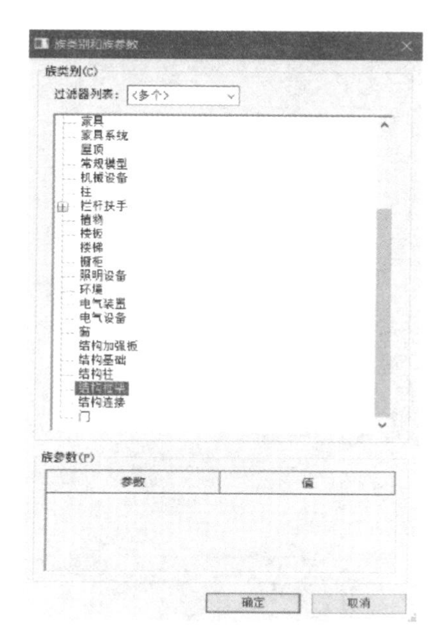

图 12-9　设置“过渡梁”的族类别为“结构框架”

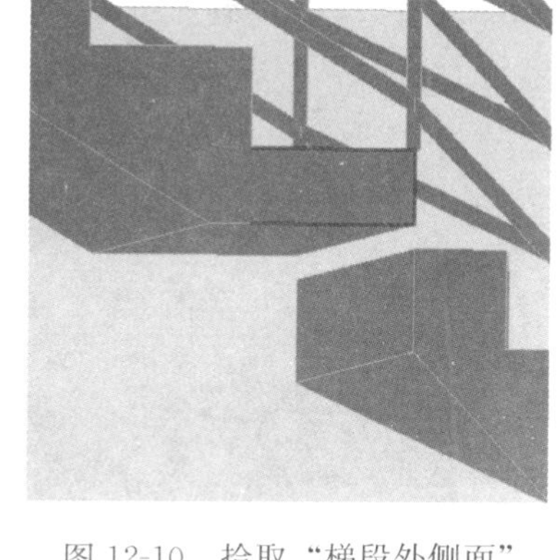

图 12-10　拾取“梯段外侧面”作为“工作平面”

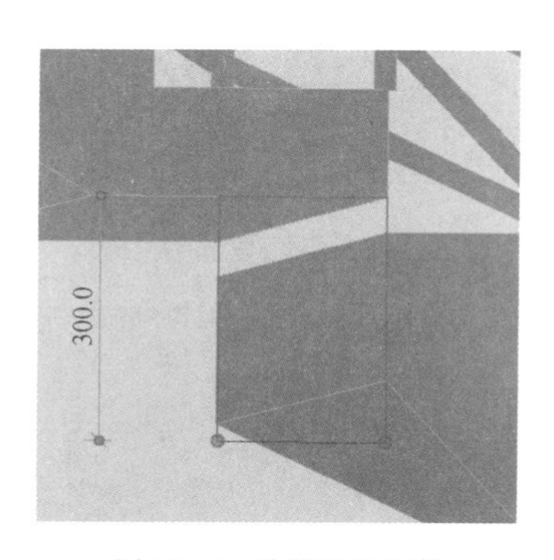

图 12-11　绘制矩形轮廓

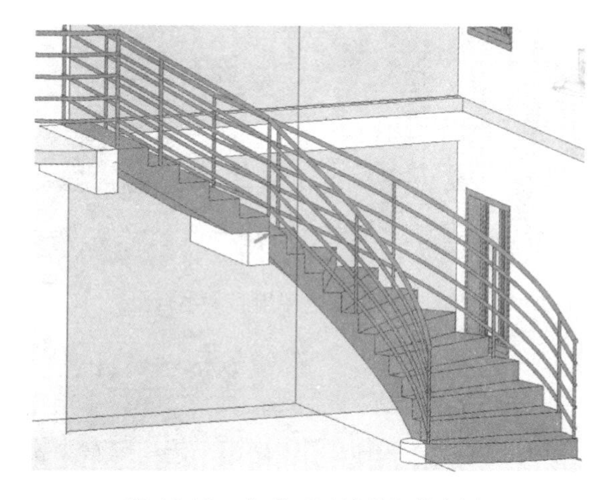

图 12-12　完成“过渡梁”的创建

12.1.3　创建其他楼梯梁

调整剖面框位置，切换到 Viewcube 的“前”视图，使用相同的方法，可以创建屋顶层的平台梁。该平台梁的类型为“结构框架”，矩形轮廓为高“300mm”，宽“200mm”，起始面为梯段的内表面（图 12-13），设置【拉伸终点】值为“－1150mm”，【拉伸起点】值为“0”，【材质】设为“别墅梁柱”，如图 12-14 所示。

选择该平台梁，单击【修改｜结构框架】——【复制】按钮，点选踏步终点作为基准点（图 12-15），在选项栏中勾选【多个】，将平台梁复制到“F3”与“F4”楼梯的对应位置，如图 12-16 所示。

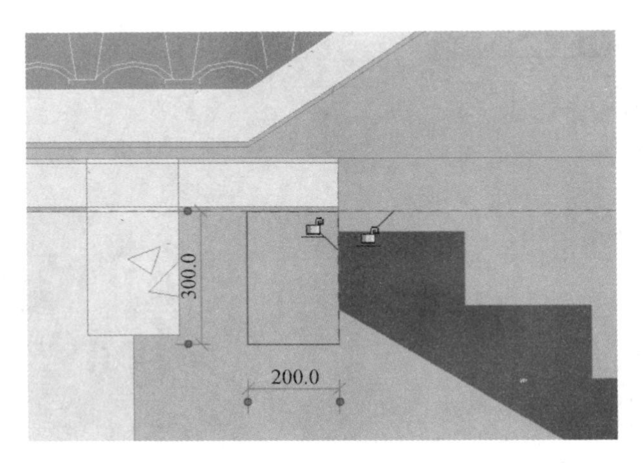

图 12-13　绘制“平台梁”的矩形轮廓

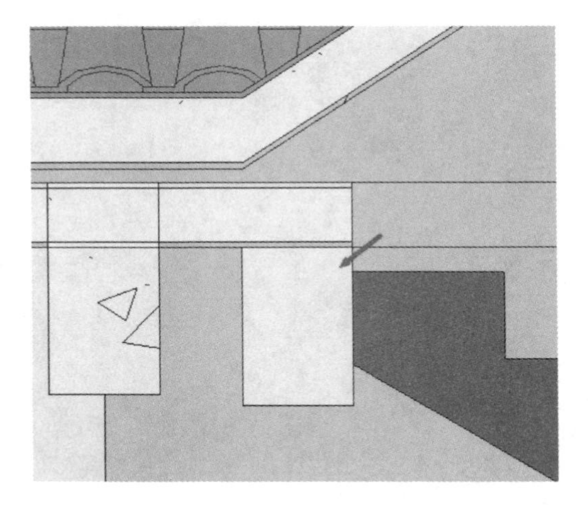

图 12-14　创建屋顶层“平台梁”

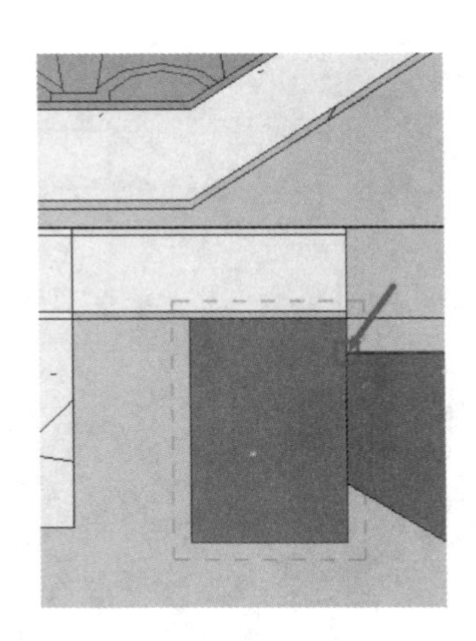

图 12-15　选择“基准点”

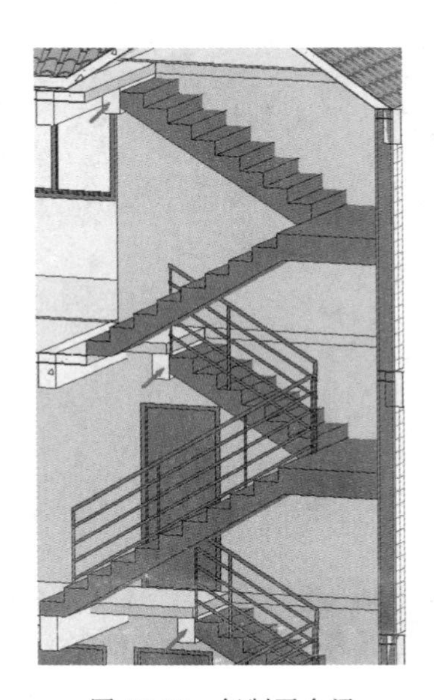

图 12-16　复制平台梁

继续绘制F4楼梯另外一侧的平台梁，如图12-17～图12-19所示。

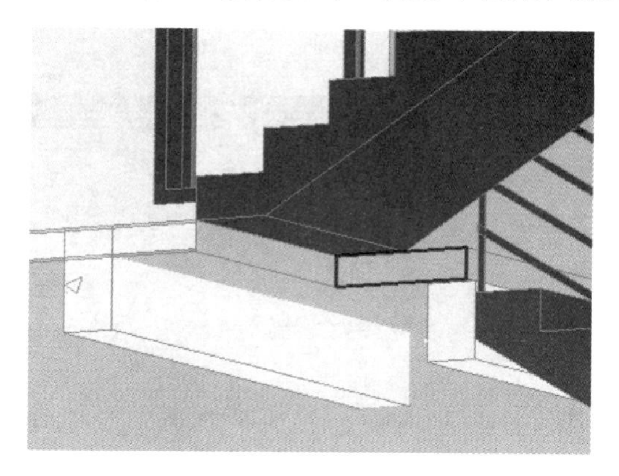

图12-17 设置“工作平面”

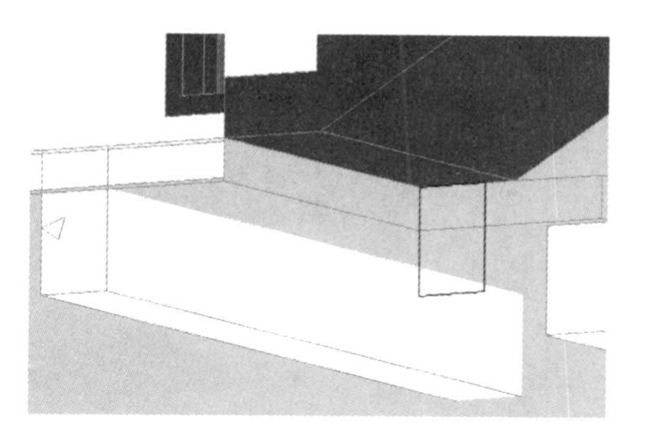

图12-18 绘制“平台梁”的矩形轮廓

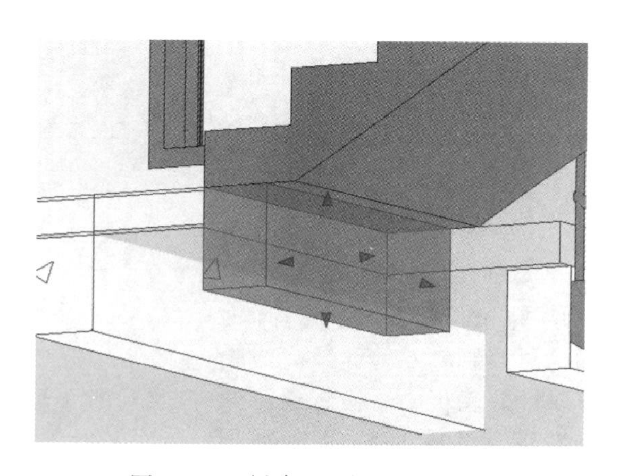

图12-19 创建F4楼梯的平台梁

12.1.4 创建次入口台阶

切换到F1楼层平面视图，单击【建筑】选项卡——【构件】——【内建模型】按钮，弹出“族类别和族参数”对话框，选择“常规模型”，单击【确定】，命名为“次入口平台”，单击【确定】，进入模型创建。单击【拉伸】按钮，使用【矩形】工具，绘制1200mm×1200mm的平台轮廓，并将轮廓中线与门M2中线位置对齐（图12-20），在【属性】面板中，设置【拉伸终点】值为“－200mm”，【拉伸起点】值为“－50mm”，【材质】设为“别墅梁柱”，单击【完成编辑模式】，完成“拉伸”操作，再单击【完成模型】。切换到三维视图进行观察（图12-21）。

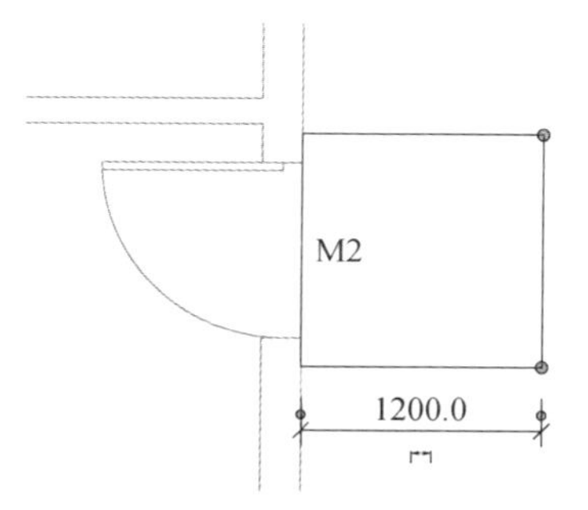

图12-20 绘制次入口平台“轮廓”

切换到F1楼层平面视图，单击视图【属性】面板中【视图范围】右侧的“编辑”按钮，打开“视图范围”对话框，将【视图深度】偏移值改为“－500mm”，单击【确定】（图12-22），可以看到次入口平台。

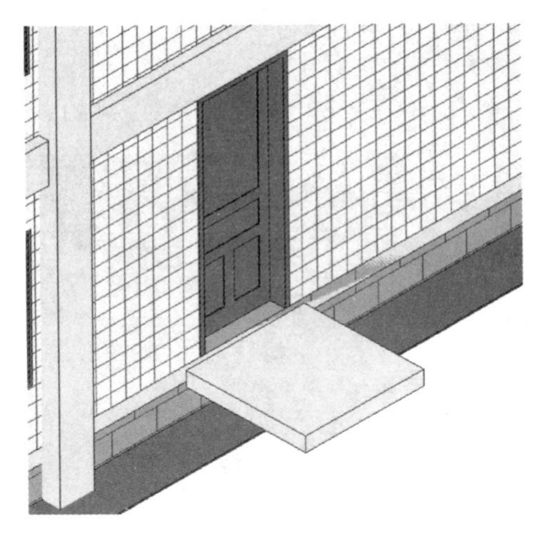

图 12-21　创建次入口平台

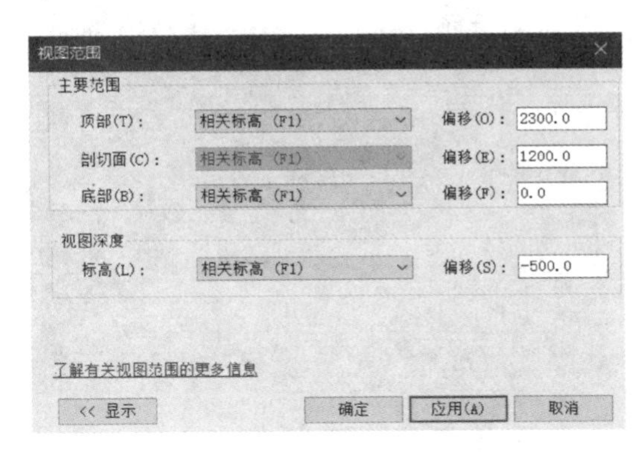

图 12-22　调整 F1 平面的“视图深度”

继续使用【内建模型】工具创建台阶，单击【建筑】选项卡——【构件】——【内建模型】按钮，弹出“族类别和族参数”对话框，选择“常规模型”，单击【确定】，命名为“次入口台阶 1”，单击【确定】，进入模型创建。单击【拉伸】按钮，使用【拾取线】工具，在选项栏中设置【偏移】值为“300mm”，拾取平台轮廓，再绘制“左侧线”完成闭合轮廓（图 12-23），在【属性】面板中，设置【拉伸终点】值为“－350mm”，【拉伸起点】值为“－200mm”，【材质】设为“别墅梁柱”，单击【完成编辑模式】，完成“拉伸”操作，再单击【完成模型】。切换到三维视图进行观察（图 12-24）。

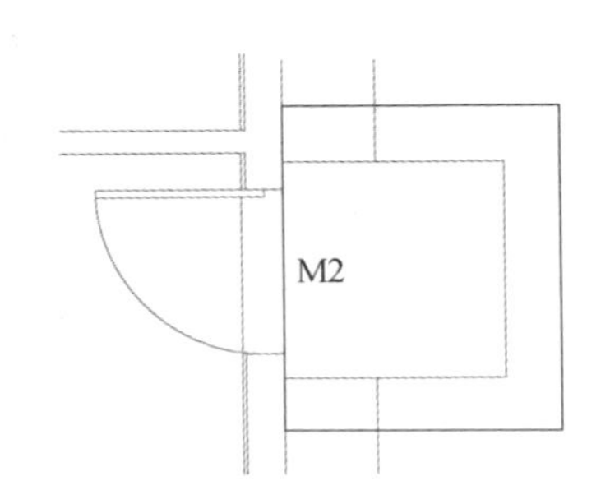

图 12-23　绘制第二块平台板“轮廓”

使用相同的操作完成第三步台阶，其【拉伸终点】值为“－500mm”，【拉伸起点】值为“－350mm”，【材质】设为“别墅梁柱”，如图 12-25 所示。

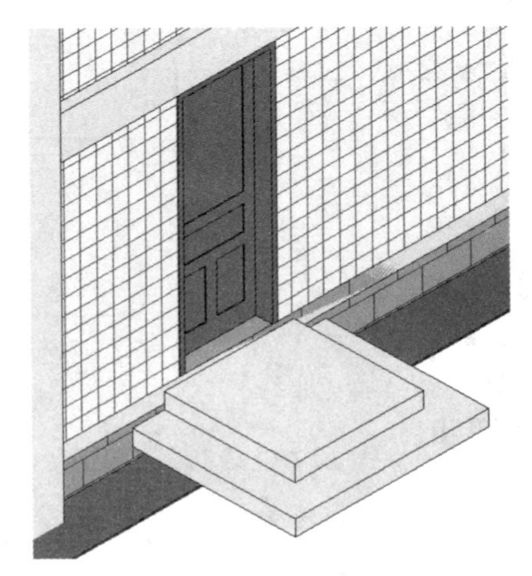

图 12-24　创建第二块平台板

图 12-25　创建第三块平台板

12.2 放置建筑构件

放置次入口雨篷。单击【插入】选项卡——【载入族】按钮，在“China\建筑\场地\附属设施\天棚”文件夹中，载入“玻璃雨棚.rfa”族文件。

在三维视图中，单击【建筑】选项卡——【构件】按钮，在【属性】面板中，单击【编辑类型】，打开“类型属性”对话框，单击【复制】，命名为“次入口雨篷”，【护顶宽度】设为“2000mm”，【护顶悬挑长度】设为“1500mm”，单击【确定】。在【属性】面板中设置【标高】为“F2”，【放置高度】为“0”，单击【应用】，然后将玻璃雨篷放置在任意位置(图12-26)。单击【修改】选项卡——【对齐】按钮，单击梁的外表面后，再单击雨篷预埋件的表面，使两者对齐，如图12-27所示。

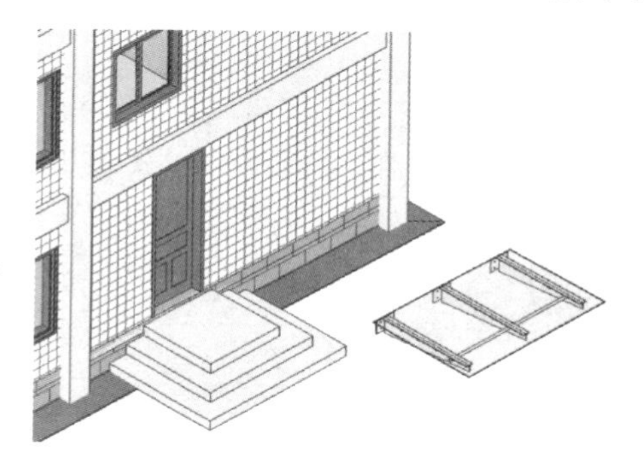

图12-26 放置雨篷

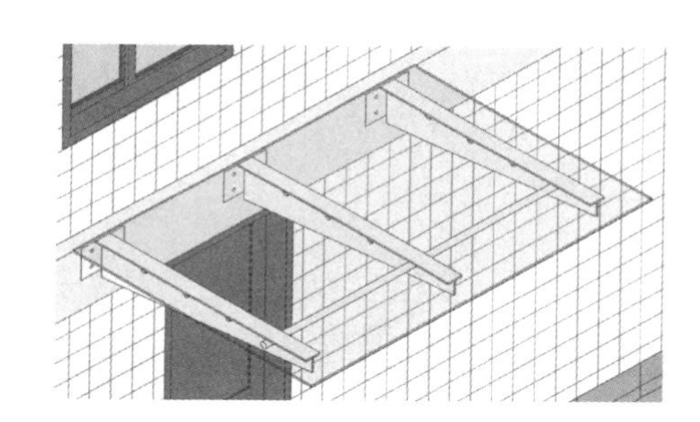

图12-27 将雨篷与梁表面对齐

切换到Viewcube的“上”视图，单击【修改】选项卡——【对齐】按钮，单击台阶外轮廓后，再单击雨篷外边缘，使两者对齐，如图12-28所示，完成次入口雨篷的放置，如图12-29所示。

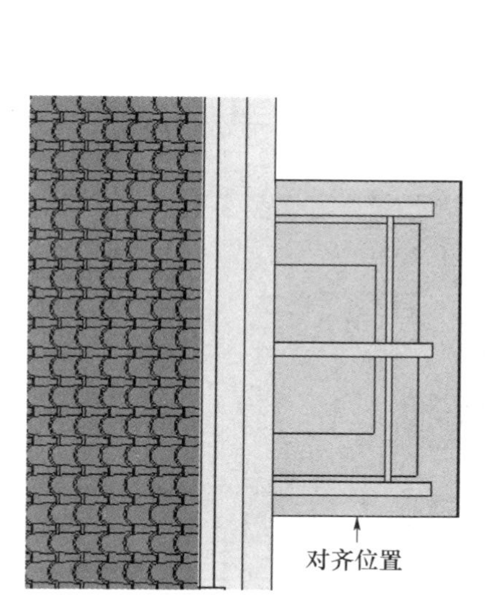

图12-28 将雨篷边缘与台阶外侧对齐

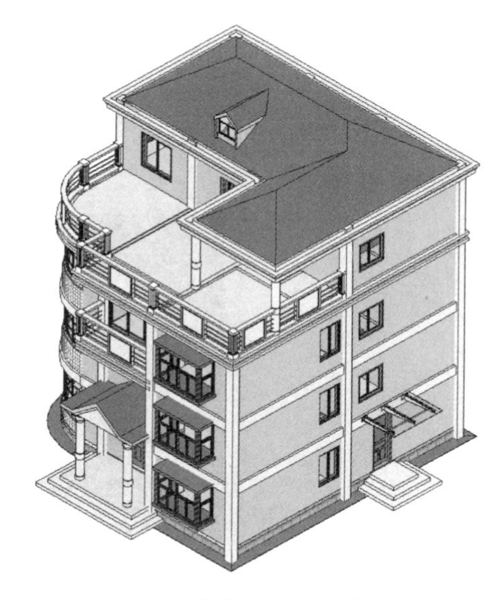

图12-29 完成次入口雨篷的放置

12.3　创建场地

12.3.1　创建地形表面

切换到“场地”平面视图，分别选择任一“轴网”和“参照平面”，单击右键，在弹出的快捷菜单中，选择【在视图中隐藏】——【类别】，将两者进行隐藏，并切换到【着色】视觉样式。单击【属性】面板的【视图范围】按钮，打开“视图范围”对话框，将【视图深度】的“偏移”值设为“－600mm”，单击【确定】，如图12-30所示。

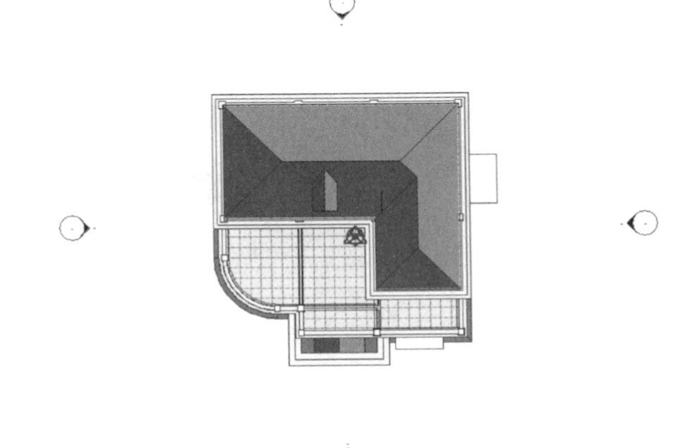

图12-30　设置“场地”平面视图的显示样式

单击【体量和场地】选项卡——【地形表面】按钮，在打开的【修改｜编辑表面】上下文选项卡中，使用默认的【放置点】工具，在选项栏中设置【高程】值为“－500mm”，下拉列表中选择“绝对高程”选项。在别墅周边适当位置连续单击，放置4个高程点(图12-31)，按2次Esc键退出命令。单击【属性】面板中【材质】选项右侧的【浏览】按钮，打开“材质浏览器”对话框，在搜索栏中输入关键字“草”，将其添加到项目中(图12-32)，重命名为“别墅草地”，修改其【着色】——【颜色】为“草绿色”，单击【确定】，如图12-33所示。

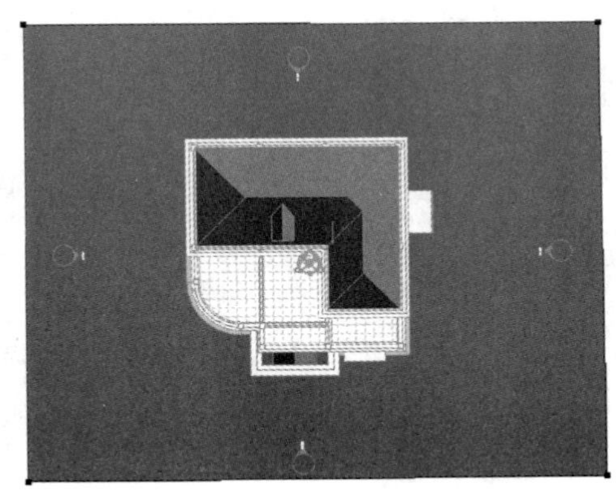

图12-31　放置“地形表面”的4个“高程点”

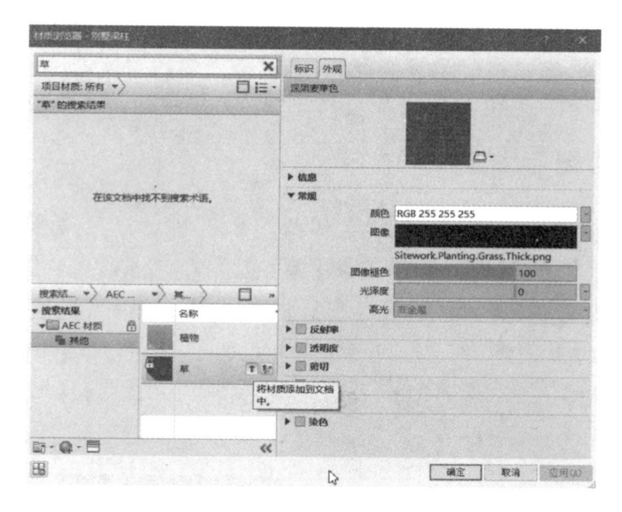

图 12-32 将材质库中的“草”添加到项目中

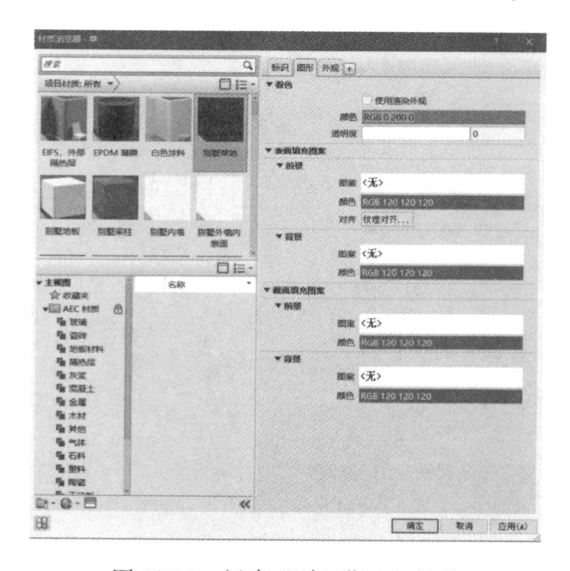

图 12-33 新建“别墅草地”材质

单击【完成表面】，完成地形表面的创建（图 12-34）。切换至三维视图进行观察，如图 12-35所示。

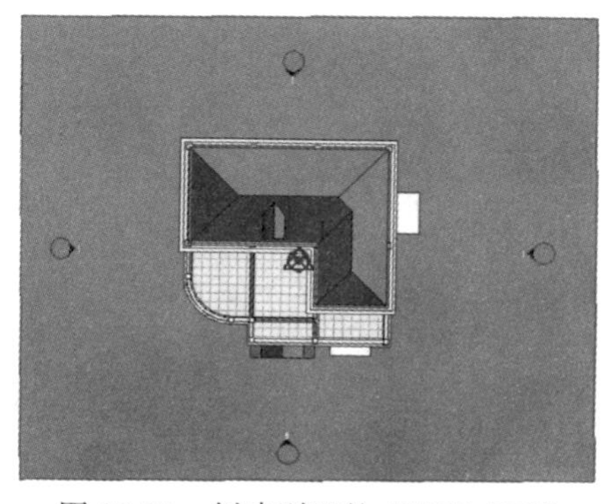

图 12-34 创建别墅的“地形表面”

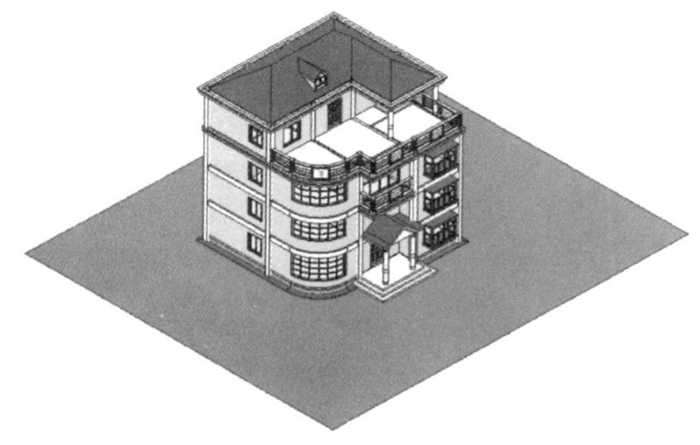

图 12-35 三维视图中的“地形表面”

提示：地形表面就是别墅“室外地坪”的位置，即绝对高程“—500mm”的位置。

12.3.2 创建硬质铺地与小路

切换到“场地”平面视图，单击【体量和场地】选项卡——【子面域】按钮，使用【线】和【拾取线】工具，绘制主入口前的硬质铺地范围，形成闭合区域（图 12-36），单击【属性】面板中【材质】选项右侧的【浏览】按钮，打开“材质浏览器”对话框，将“AEC 材质 \ 砖石”文件夹中的“砖，铺设材料”添加到项目中（图 12-37），重命名为“别墅铺地”，修改其【着色】——【颜色】为“土黄色”（图 12-38），勾选【完成编辑模式】，如图 12-39 所示。

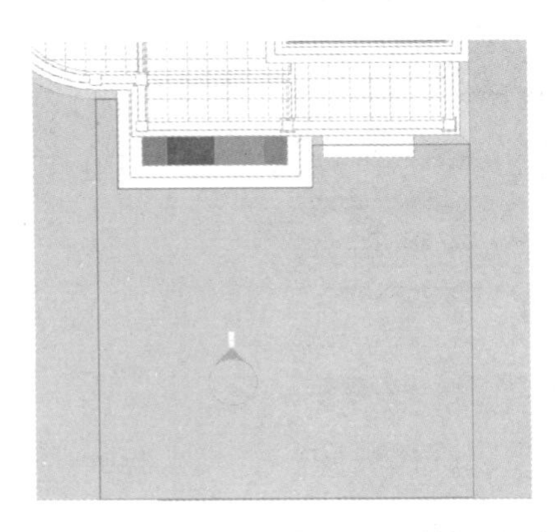

图 12-36 绘制主入口前的“硬质铺地”边界

图 12-37 将材质库中的“砖，铺设材料”添加到项目中

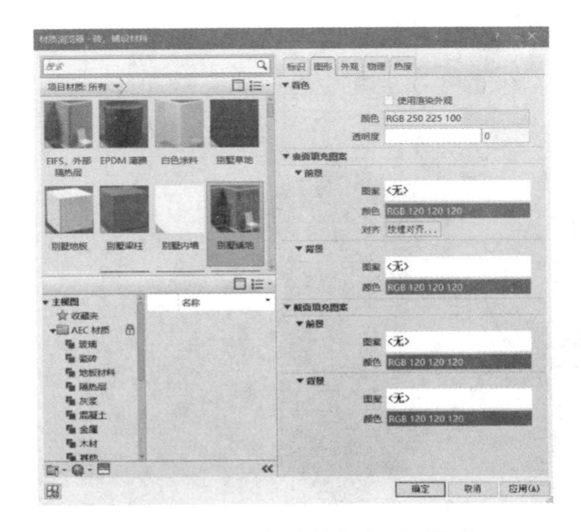

图 12-38 新建“别墅铺地”材质

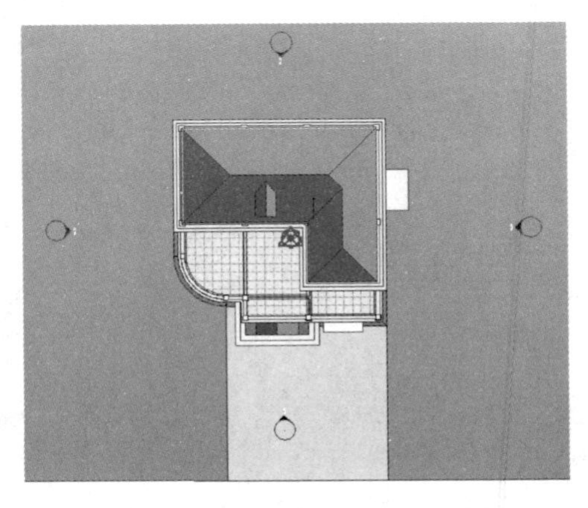

图 12-39 完成“硬质铺地”的创建

选择铺地，单击【修改｜地形】选项卡——【编辑边界】按钮，进入编辑状态，使用【线】和【拾取线】工具，绘制小路和次入口铺地，并与原主入口铺地形成闭合区域（图 12-40），勾选【完成编辑模式】，如图 12-41 所示。

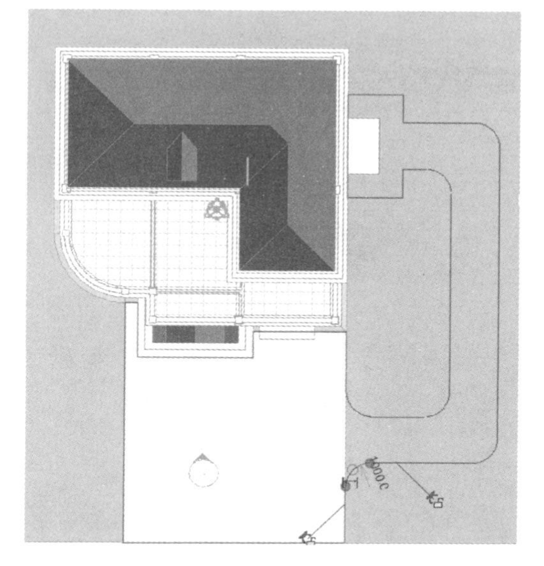

图 12-40　编辑边界并绘制小路

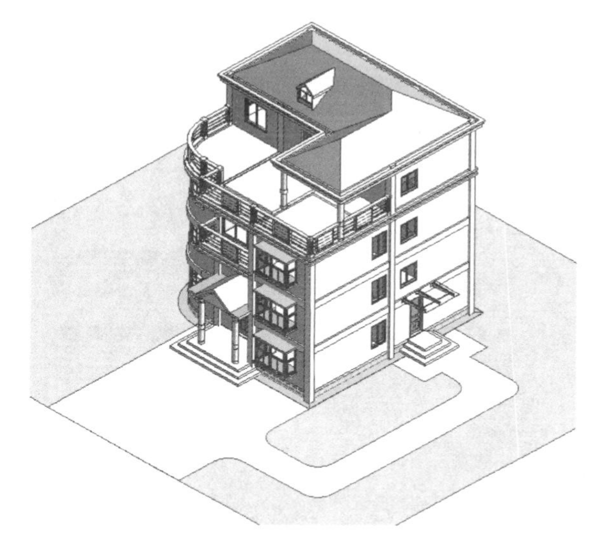

图 12-41　完成“硬质铺地”与“小路”的创建

12.4 创建建筑地坪

在三维视图中打开“剖面框”，并调整到合适位置，可以观察到建筑楼板与地形之间有一架空区域（图 12-42），在建筑构造上称该区域为垫层，可以使用“碎石”或“三合土”等材料进行填充，在 Revit 中称该区域为建筑地坪，其与楼板相类似，但对于地形有“剪切”作用。

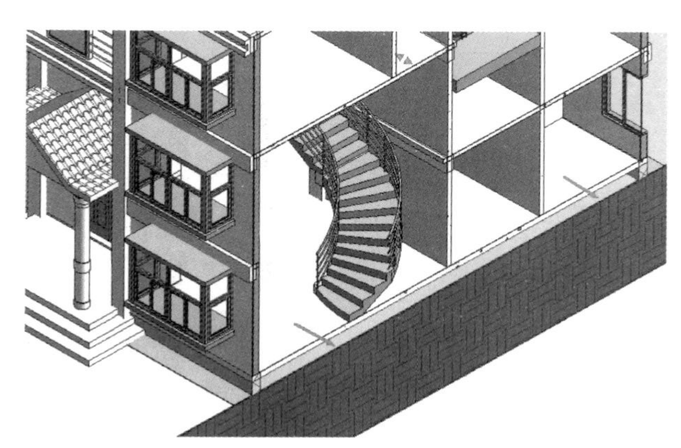

图 12-42　“建筑地坪”的位置

切换到 F1 楼层平面视图，单击【体量和场地】选项卡——【建筑地坪】按钮，单击【属性】面板中的【编辑类型】，打开“类型属性”对话框，单击【复制】，命名为“别墅地坪”，单击【结构】右侧的【编辑】按钮，打开“编辑部件”对话框，单击结构［1］的【材质】——【浏览】按钮[...]，打开【材质浏览器】对话框，选择“场地—碎石”材质，并重命名为“别墅垫层” （图 12-43），单击【确定】。将“结构［1］”的厚度设为“350mm”（图 12-44），单击【确定】2 次。

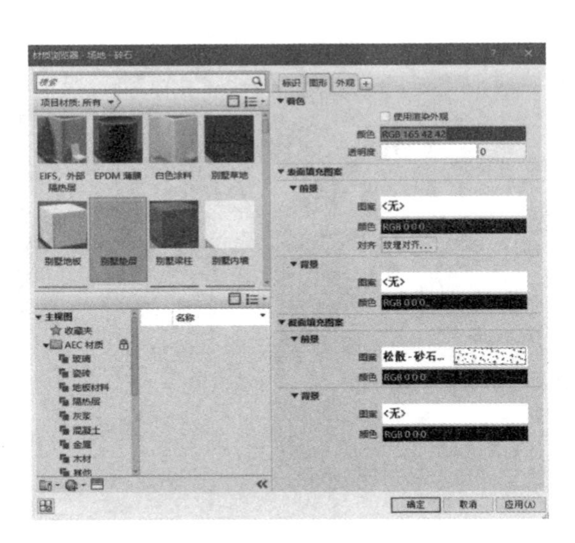

图 12-43　新建“别墅垫层”材质

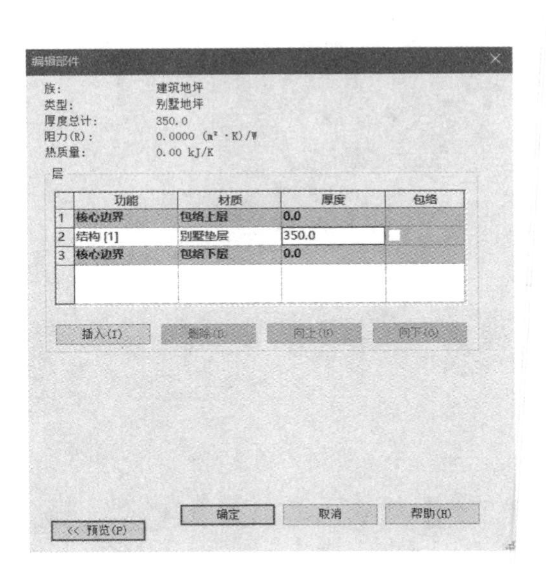

图 12-44　设置“别墅地坪”构造

使用【拾取线】工具，拾取 F1 外墙的内侧，绘制建筑地坪闭合轮廓（图 12-45），在其【属性】面板中，将【自标高的高度偏移】值设为“－150mm”，单击【完成编辑模式】，切换到三维视图进行观察（图 12-46）。

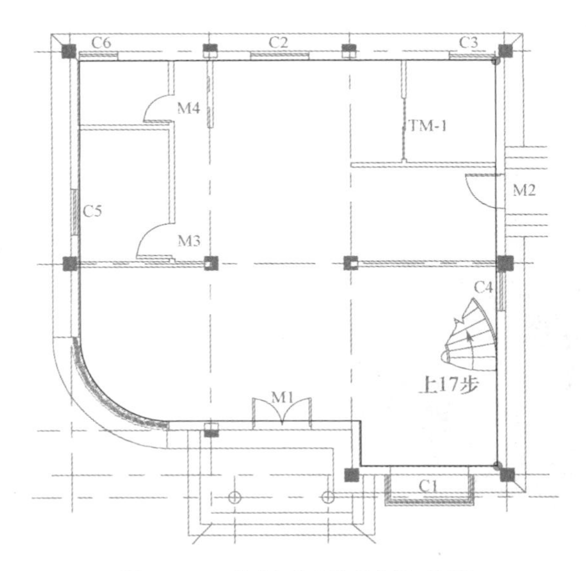

图 12-45　绘制“建筑地坪”轮廓

图 12-46　完成“建筑地坪”的创建

12.5 布置场地构件

切换到“场地”平面视图，单击【插入】选项卡——【载入族】按钮，在“China\建筑\场地\停车场”文件夹中，选择“停车位—有车辆数据.rfa”族文件（图12-47），单击【打开】，弹出“指定类型”对话框，选择“2-小型车”（图12-48），单击【确定】。

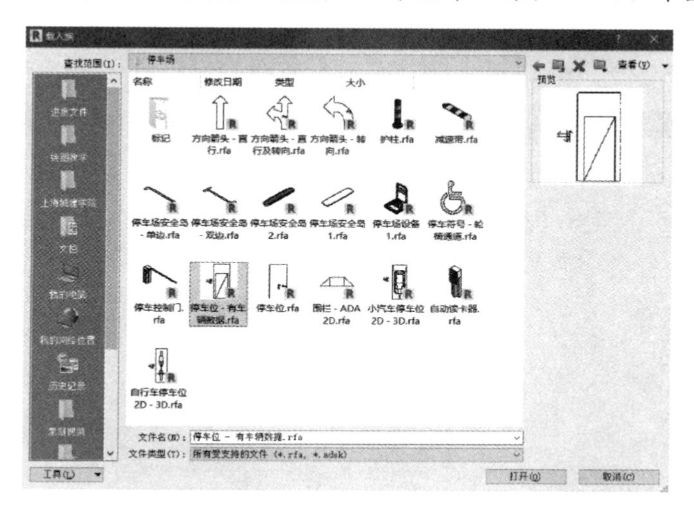

图12-47　载入“停车位—有车辆数据.rfa”族文件

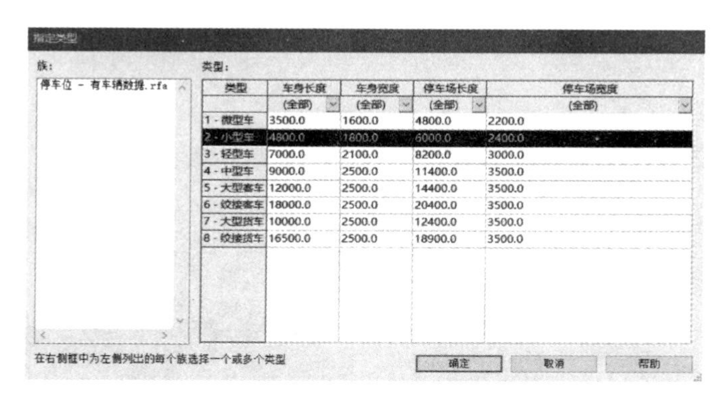
指定类型

族：停车位 - 有车辆数据.rfa

类型：

类型	车身长度	车身宽度	停车场长度	停车场宽度
	(全部)	(全部)	(全部)	(全部)
1 - 微型车	3500.0	1600.0	4800.0	2200.0
2 - 小型车	4800.0	1800.0	6000.0	2400.0
3 - 轻型车	7000.0	2100.0	8200.0	3000.0
4 - 中型车	9000.0	2500.0	11400.0	3500.0
5 - 大型客车	12000.0	2500.0	14400.0	3500.0
6 - 铰接客车	18000.0	2500.0	20400.0	3500.0
7 - 大型货车	10000.0	2500.0	12400.0	3500.0
8 - 铰接货车	16500.0	2500.0	18900.0	3500.0

在右侧框中为左侧列出的每个族选择一个或多个类型　确定　取消　帮助

图12-48　选择“2-小型车”族类型

单击【体量和场地】选项卡——【停车场构件】按钮，在【属性】面板类型选择器下拉框中，选择“2-小型车”类型，【标高】设为“室外地坪”，按空格键旋转停车位，使其呈水平状态，并放置于左侧草地，如图12-49所示。

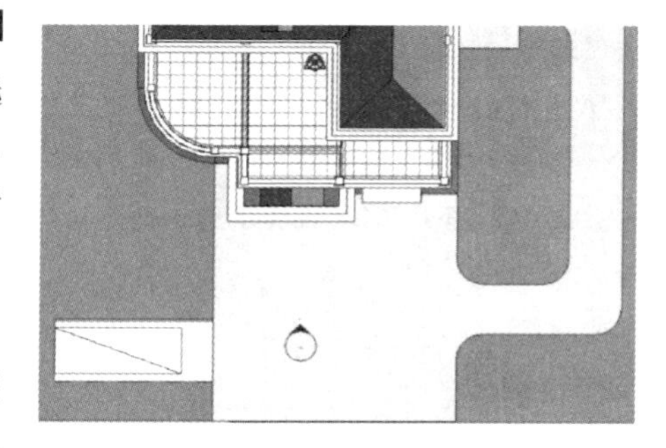

图12-49　放置停车位

继续载入车辆、人、植物和路灯族并进行放置。单击【插入】选项卡——【载入族】按钮，在“China\建筑\配景”文件夹中，选择“RPC甲虫

.rfa”“RPC 男性.rfa”“RPC 女性.rfa”文件，单击【打开】，如图 12-50 所示。使用相同的操作，在“China\建筑\植物\RPC”文件夹中载入“RPC 灌木.rfa”文件，在“China\建筑\照明设备\室外照明”文件夹中载入“街灯 1.rfa”文件。单击【建筑】选项卡——【构件】按钮或者单击【体量和场地】选项卡——【场地构件】按钮，将载入的“车辆”“人”“植物”和“路灯”放置到合适位置，如图 12-51 和图 12-52 所示。

提示：由于“街灯 1.rfa”文件不属于场地构件，只能使用【构件】工具进行放置。放置对象时按空格键可以实现方向旋转。

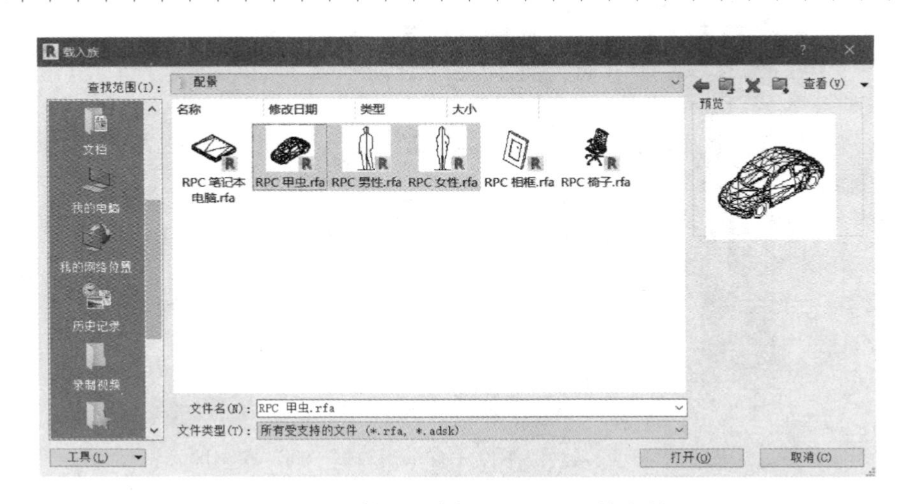

图 12-50 载入“车辆”和“人”族文件

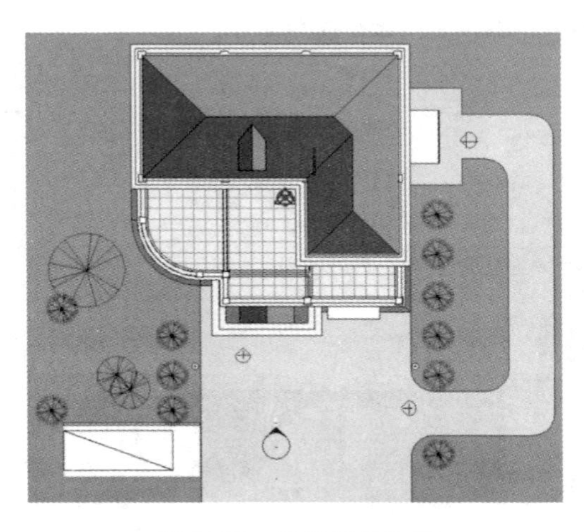

图 12-51 放置场地构件

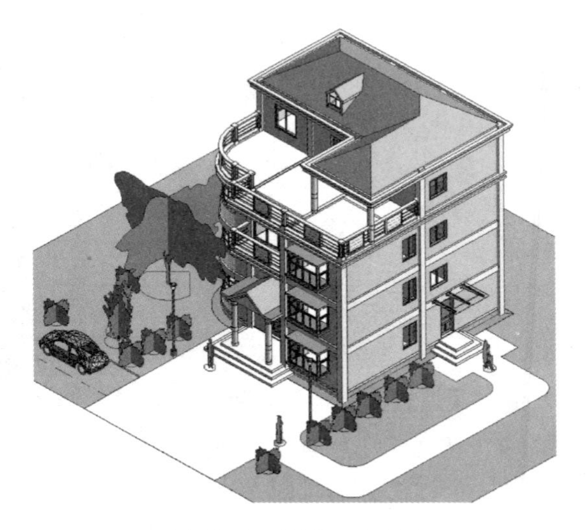

图 12-52 完成场地布置

13 渲染与漫游

Revit 渲染是对建筑三维场景的模拟表现。该操作通过模拟真实场景中的光源、材质和环境等视觉要素，来表现建筑物的明暗、色彩、光照、材质、外观和环境氛围等，以烘托建筑场景的艺术效果和真实感。Revit 漫游是指沿着定义路径和视角来移动相机进行的连续观察。路径由帧和关键帧所组成，每个关键帧都可以对相机的视角和位置进行调整，创建一系列透视图，以达到连续视觉表达的艺术效果。

本章主要介绍与渲染相关的日照、相机和材质的设置方法，渲染设置与图片导出、漫游创建与动画导出等内容。

本章学习目的：

（1）掌握日光设置方法；

（2）掌握相机的创建与设置方法；

（3）掌握材质的管理与设置方法；

（4）掌握渲染设置与图片导出；

（5）掌握漫游创建与动画导出。

手机扫码

观看教程

13.1 日光设置

打开“吕桥四层别墅-13.rvt”项目文件，切换到三维视图，单击视图控制栏中的【打开日光路径】按钮，弹出“日光路径”对话框（图 13-1），双击选择“改用指定的项目位置、日期和时间”项，可以直接拖动太阳，调整太阳的高度角和方位角。单击【日光设置】，打开“日光设置”对话框（图 13-2），可以对不同地点、不同日期和时间下的日照情况进行模拟，其中地点和日期决定了太阳的高度角，时间决定了太阳的方位角，选择“静止”项中的“预设”——“冬至”，将【时间】设为“14：00”，单击【确定】。单击视图控制栏中的【显示阴影】，可以打开建筑阴影（图 13-3）。

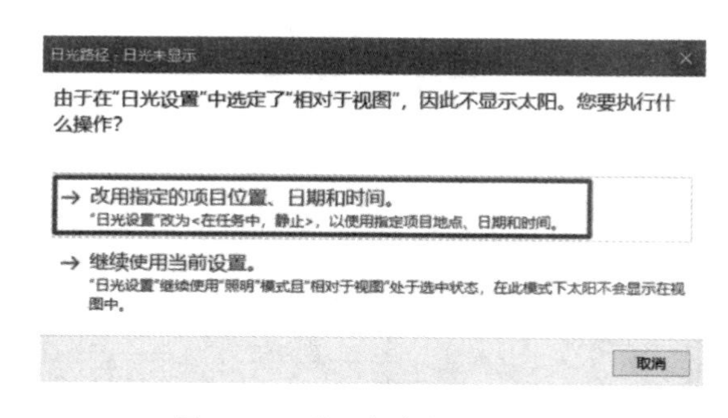

图 13-1 “日光路径”对话框

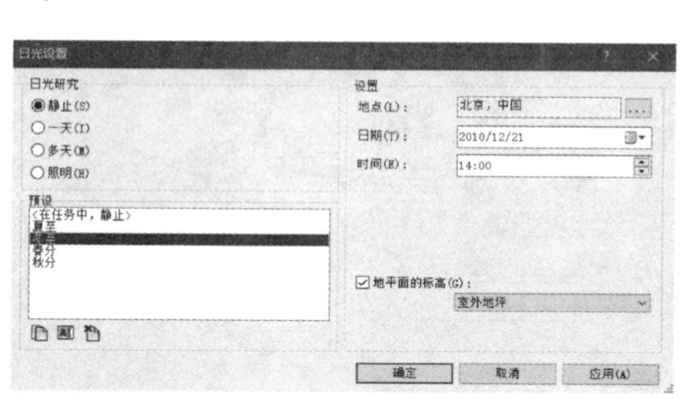

图 13-2 “日光设置”对话框

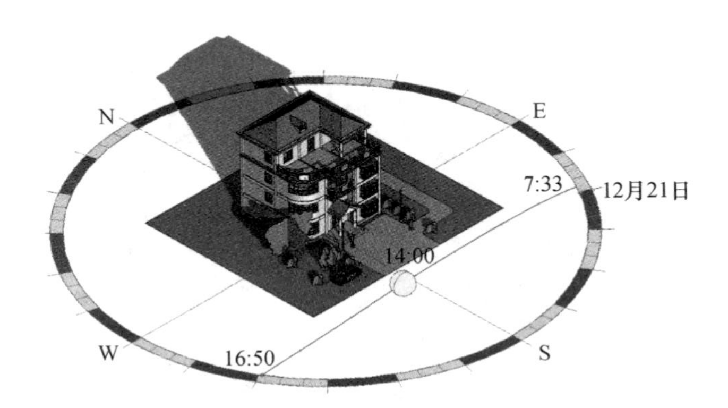

图 13-3　在三维视图中打开“日光路径”与“阴影”

13.2　相机设置

切换到F1楼层平面视图，单击【视图】选项卡——【三维视图】——【相机】按钮 ，设置选项栏中【自】“室外地坪”，【偏移】值为“1750mm”，点击左下角作为“视点”，向建筑拖动相机至合适位置单击作为“目标点”（图13-4），可生成“透视图”，单击夹点并拖动，调整观察范围，如图13-5所示。选中视图边框，在其【属性】面板中，将【视点高度】设为“1750mm”，【目标高度】设为“3500mm”，单击【应用】。再切换到F1楼层平面视图，调整相机的“视点”位置和“目标点”位置，直到满足三维透视的要求。打开视图控制栏中的【打开日光路径】 、【显示阴影】 ，并切换到“真实”视觉样式（图13-6）。

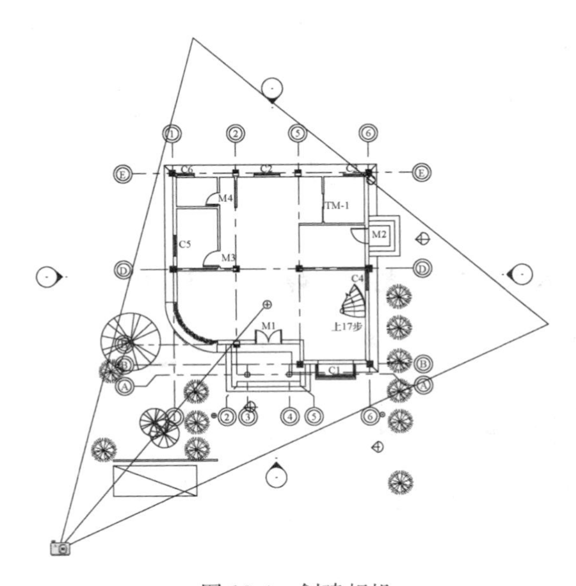

图 13-4　创建相机

图 13-5　生成“透视图”

图 13-6　调整相机并切换到“真实”视觉样式

13.3　材质管理与设置

单击【管理】选项卡——【材质】按钮，打开“材质浏览器”对话框，选择“别墅梁柱”材质，打开其“外观”选项卡（图 13-7），单击“替换此资源”按钮或左下角的“打开/关闭资源浏览器”按钮，打开“资源浏览器”对话框，选择“外观库\墙漆”文件夹中的“白色—墙漆：粗面”，单击右侧“替换”按钮（图 13-8），单击【应用】。

选择“别墅外墙外表面”材质，在其“外观”选项卡中，设置【颜色】为“米黄色”（RGB 240，230，130），勾选【饰面凹凸】，【数量】值为“0.20”（图 13-9），单击【应用】。

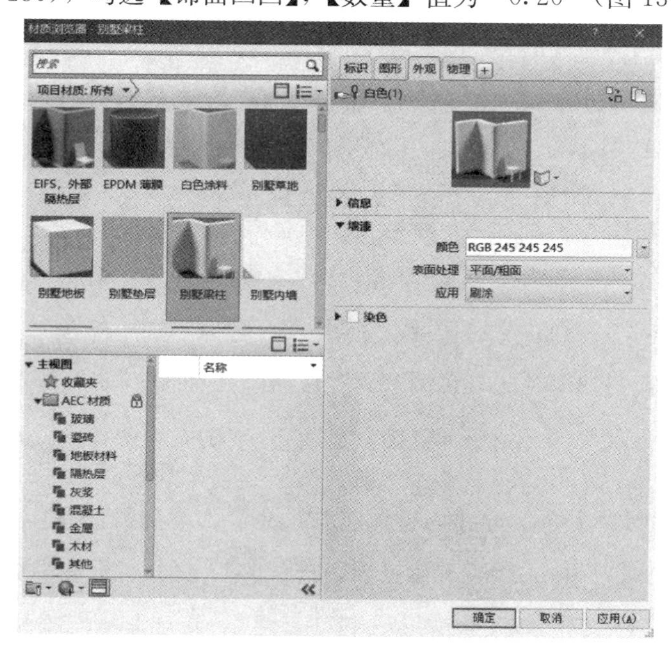

图 13-7　修改“别墅梁柱”的外观样式

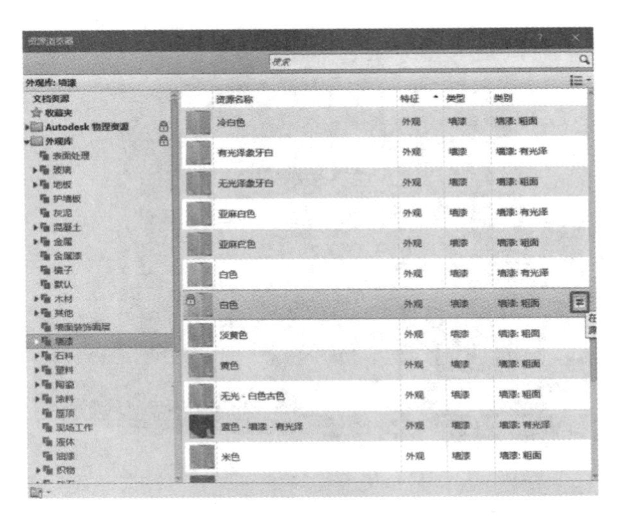

图 13-8　选择外观库的“白色—墙漆：粗面”样式

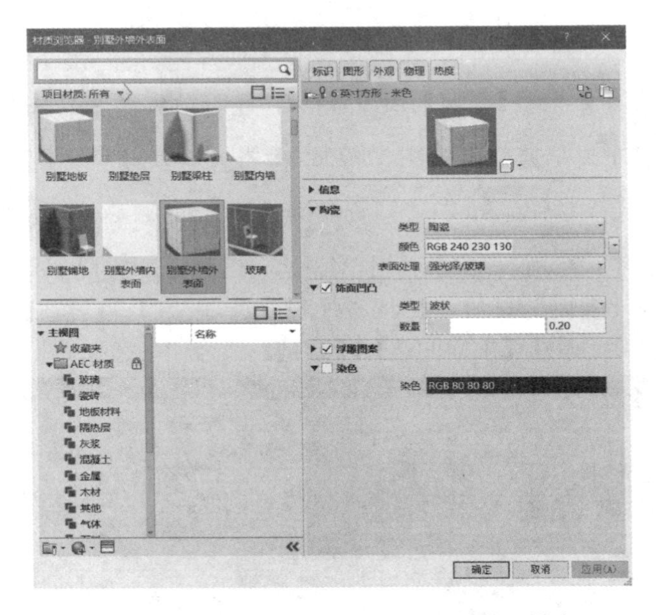

图 13-9　修改“别墅外墙外表面”的外观样式

选择“瓦片—筒瓦”材质，单击右键，将其重命名为“别墅屋顶”（图 13-10），在“外观”选项卡中，单击“打开/关闭资源浏览器”按钮，打开“资源浏览器”对话框，选择“外观库＼屋顶”文件夹中的“西班牙瓷砖—蓝色”，单击右侧“替换”按钮（图 13-11），单击【应用】。

选择“混凝土砌块”材质，单击右键，将其重命名为“别墅勒脚”（图 13-12），在“外观”选项卡中，单击“打开/关闭资源浏览器”按钮，打开“资源浏览器”对话框，选择“外观库＼石料”文件夹中的“小矩形石料—灰色”，单击右侧“替换”按钮，单击【应用】。

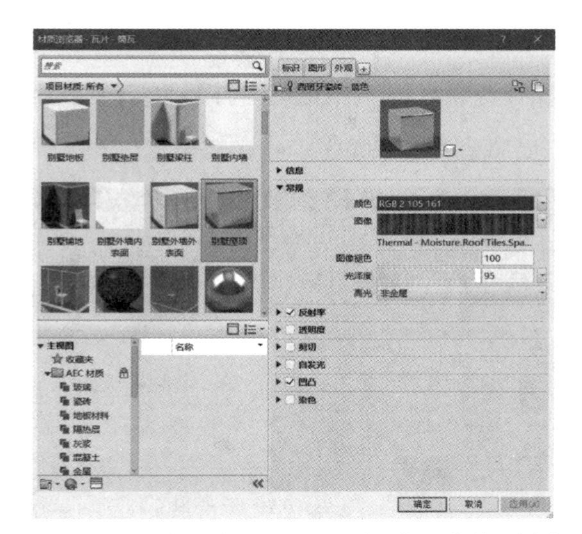

图 13-10　新建“别墅屋顶”材质并修改其外观样式

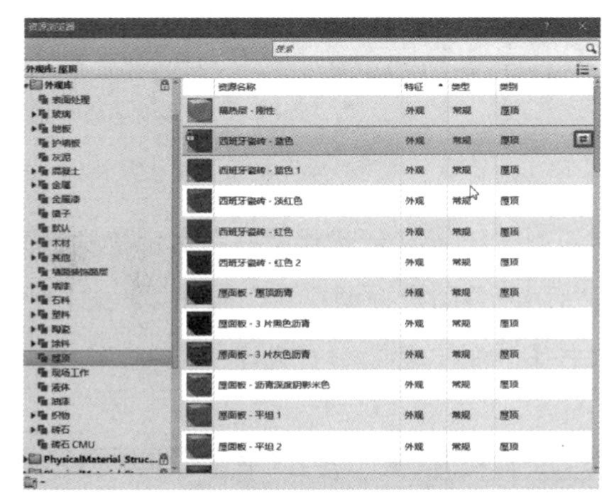

图 13-11　选择外观库的“西班牙瓷砖—蓝色”样式

图 13-12　新建“别墅勒脚”材质并修改其外观样式

选择“玻璃”材质，单击右键，将其重命名为“别墅玻璃”（图 13-13），在“外观”选项卡中，单击“打开/关闭资源浏览器”按钮，打开“资源浏览器”对话框，选择“外观库\玻璃”文件夹中的“玻璃一浅色（蓝色）”，单击右侧“替换”按钮，单击【应用】。

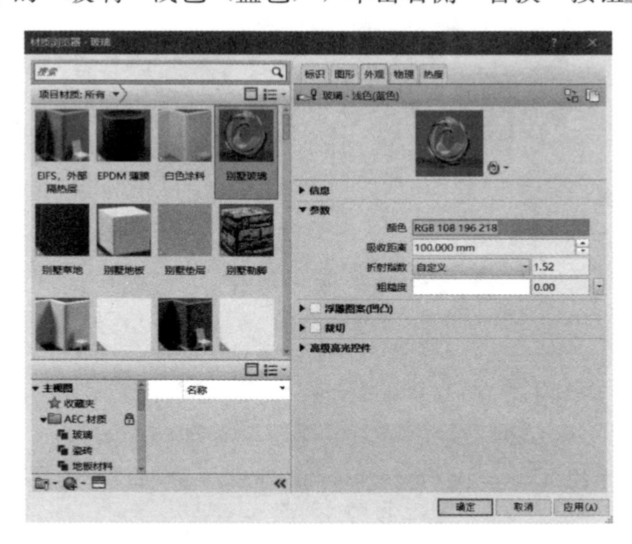

图 13-13　新建“别墅玻璃”材质并修改其外观样式

单击【创建并复制材质】按钮，新建材质并命名为“别墅窗框架”（图 13-14），在“外观”选项卡中，单击“打开/关闭资源浏览器”按钮，打开“资源浏览器”对话框，选择“外观库\塑料”文件夹中的“塑料—有光泽（白色）”，单击右侧“替换”按钮，单击【确定】。

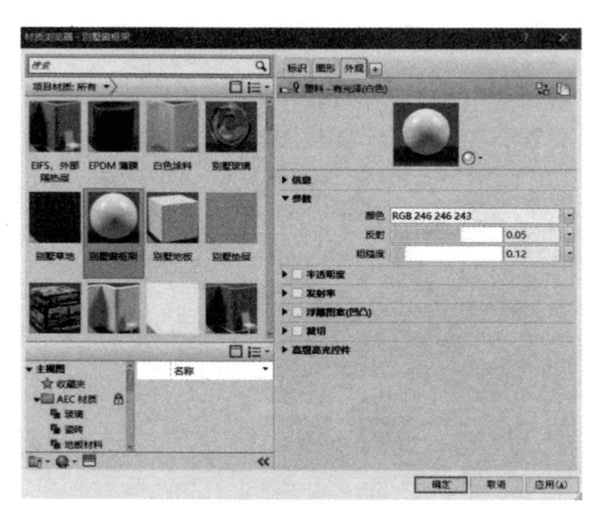

图 13-14　新建“别墅窗框架”材质并修改其外观样式

返回三维视图，选择凸窗“C1-2015”，单击其【属性】面板中的【编辑类型】，打开“类型属性”对话框，将【窗板材质】设为“别墅梁柱”，【玻璃】设为“别墅玻璃”，【框架材质】设为“别墅窗框架”（图 13-15），单击【确定】。

在三维视图中，选择主入口门“M1-1524”，单击其【属性】面板中的【编辑类型】，打开“类型属性”对话框，将【门板材质】设为“不锈钢—仿木纹”（复制“樱桃木”材质），【把手材质】设为“铜”，【贴面材质】设为“樱桃木”（图 13-16），单击【确定】。

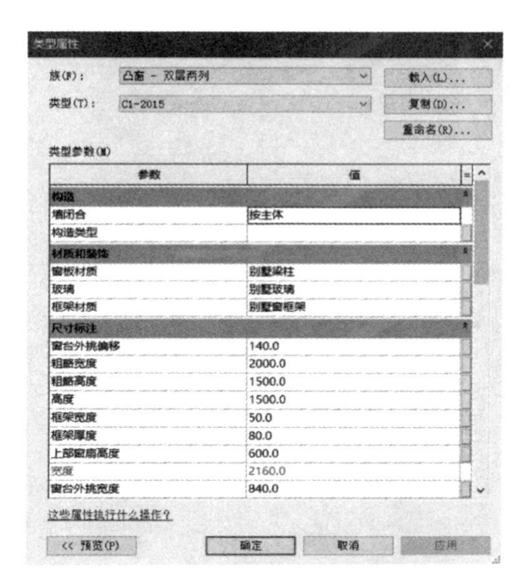

图 13-15　设置凸窗“C1-2015”的材质

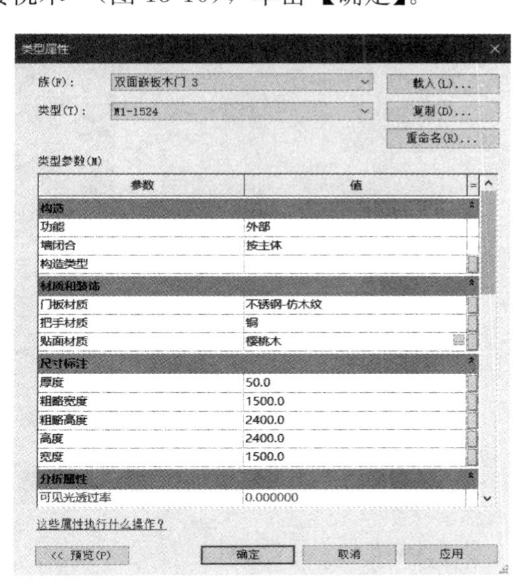

图 13-16　设置门“M1-1524”的材质

切换到【真实】视觉样式，如图 13-17 所示。

图 13-17　修改材质外观后的透视图

13.4　渲染设置

在项目浏览器中，右键单击“三维视图 1”，重命名为“透视图”。单击【视图】选项卡——【渲染】按钮，或者单击视图控制栏中的“显示渲染对话框”，打开“渲染”对话框，将渲染【质量】设置为“高”，【背景】样式为“天空：多云”，其他按默认值，单击【渲染】按钮（图 13-18）。渲染完成后（图 13-19），单击“渲染”对话框中【保存到项目中】，命名为“透视—渲染”，可将渲染图保存在“项目浏览器”中。另外，单击【导出】，可以将渲染图保存到计算机指定的文件夹中。

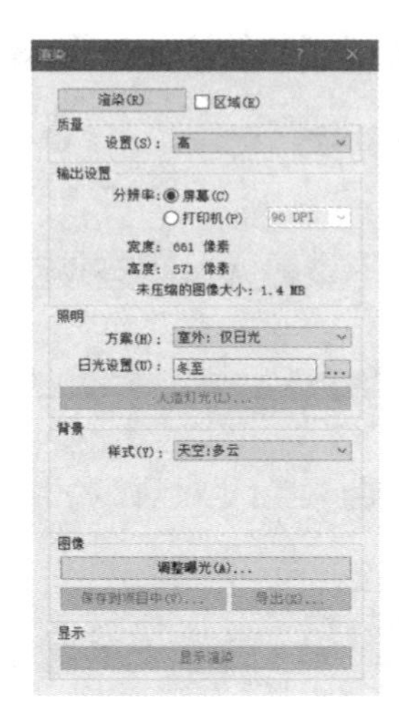

图 13-18　渲染设置

图 13-19　效果图

在三维视图中，调整鸟瞰角度，适当调整“别墅草地”和“别墅铺地”材质外观，将日光设置为“秋分”日的上午“10：00”，进行渲染（图 13-20）。

图 13-20　鸟瞰效果图

13.5　创建漫游

切换到 F1 楼层平面视图，在“项目浏览器”中，右键单击“F1 楼层平面”视图，在弹出的快捷菜单中选择【复制视图】——【带细节复制】，将复制的视图命名为“F1-漫游”。单击【视图】选项卡——【三维视图】——【漫游】按钮，在选项栏中勾选【透视图】，【偏移】值设为“1750mm”，【自】“室外地坪”，沿着建筑物依次单击放置关键帧

（图 13-21），按 Esc 键完成绘制漫游路径，单击【完成漫游】。

在项目浏览器中，双击“漫游 1”，进入漫游视图，选中视图，单击【修改｜相机】——【编辑漫游】按钮，连续单击【上一关键帧】按钮，观察视图的变化，单击【播放】按钮，可以观看漫游动画。拖曳视图夹点，可以修改观察范围。单击视图空白处，弹出“退出漫游”对话框，单击【是】，退出编辑。

切换到“F1-漫游”平面视图，选中漫游路径后，单击【修改｜相机】——【编辑漫游】按钮，在选项栏中，设置【帧】值为“1”，按“回车键”，可调整相机到第一关键帧（图 13-22），分别选择选项栏中的【控制】“活动相机”和“路径”，可以调整此位置相机的观察角度和位置，然后单击【下一关键帧】按钮，调整下一个关键帧相机的观察角度和位置，依次类推可以对各关键帧的相机进行调整（图 13-23）。

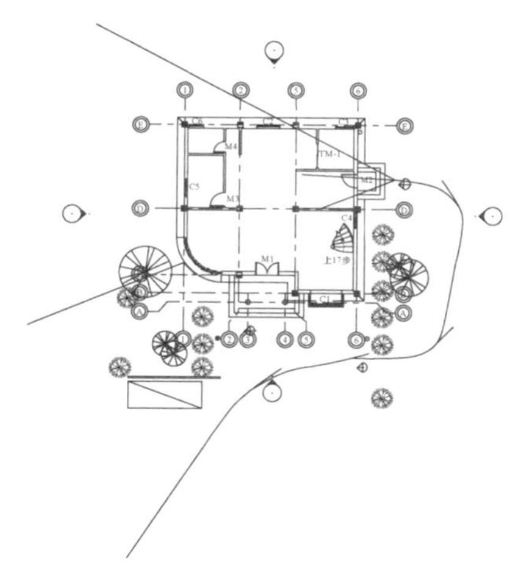

图 13-21　放置关键帧

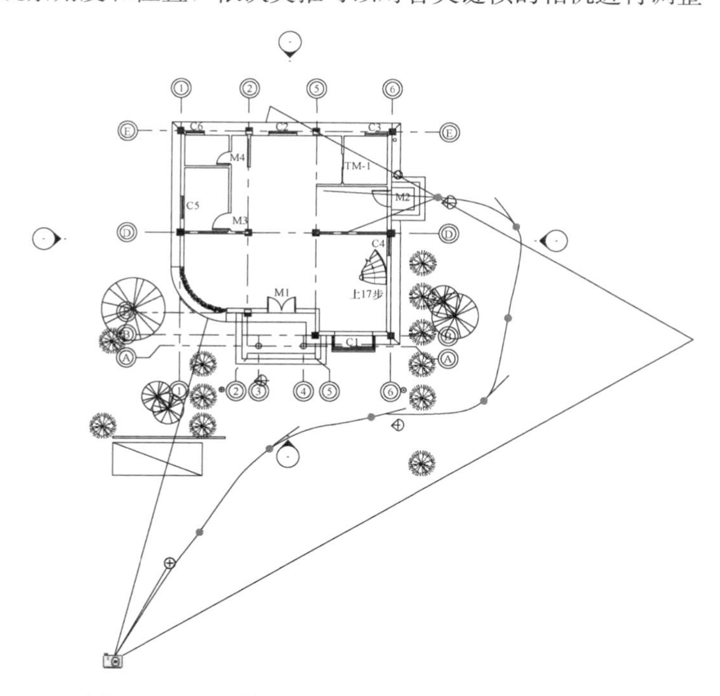

图 13-22　调整第一关键帧的相机“角度”和“位置”

提示：切换到南立面视图（图 13-24），单击【编辑漫游】，在选项栏中，选择【控制】“路径”，可以修改漫游“路径”的高度。

切换到“漫游 1”视图，单击【修改｜相机】——【编辑漫游】按钮，继续调整各关键帧的视图范围，并进行动画预览（图 13-25）。

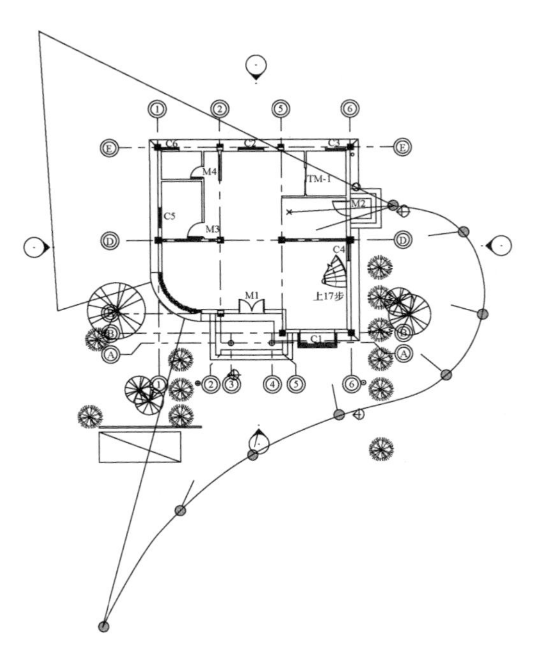

图 13-23 调整最后关键帧的相机“角度”和“位置”

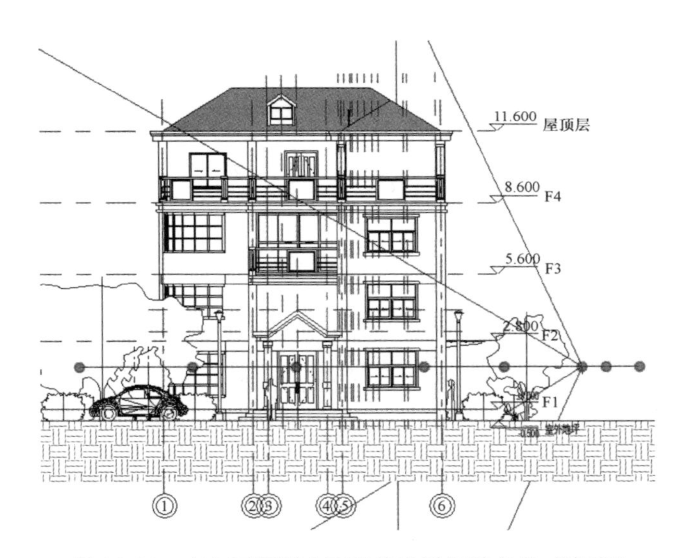

图 13-24 南立面视图中可以修改漫游路径的“高度”

图 13-25 动画预览

13.6 导出动画

在“漫游 1”视图中，单击【文件】——【导出】——【图像和动画】——【漫游】(图 13-26)，打开“长度/格式”对话框，设置“15”帧/秒，【视觉样式】为“真实”(图 13-27)，单击【确定】，将【文件名】设为“漫游 .avi”，【文件类型】设为“.avi”，设置文件保存路径后单击【保存】，在弹出的“视频压缩”对话框中将【压缩程序】设为“全帧（非压缩的)”，单击【确定】。

提示： 每秒帧数越多，动画越流畅。

图 13-26 导出漫游

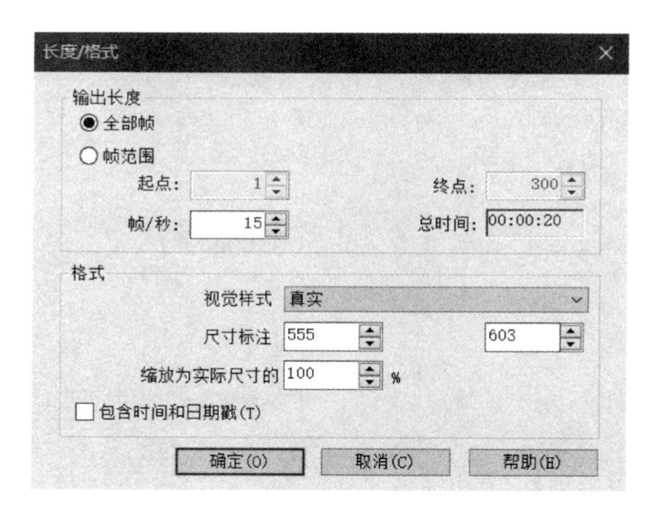

图 13-27 设置“长度/格式”对话框

14　标注与注释

Revit 标注工具与 AutoCAD 基本类似，主要包括尺寸标注、标高标注、坡度标注和坐标标注等，这些 Revit 标注都属于基准图元，需要依附于主体图元，可以通过参数设置来控制其样式。Revit 标注是建筑构件真实信息的反映，其数值是根据模型信息自动生成的，一般不需要进行手动输入。Revit 注释包括文字、材质标记、房间标记、类别标记和符号等，标记是针对不同图元构件进行名称的注明。

房间是 Revit 中的特殊图元，它可以描述墙体等围护构件所围合的空间特性，包括名称、面积、高度、使用功能、填色以及导出文件的性能分析等。另外，图纸表达中的特殊符号可以通过 Revit 符号族或者详图线的方式进行创建。

本章主要介绍房间的创建与布置、尺寸标注、标高标注，立面和剖面的标注与注释，门窗明细表的创建与编辑等。

本章学习目的：

（1）掌握房间的创建与布置；

（2）熟悉 Revit 平面的标注与注释；

（3）熟悉立面和剖面的标注与注释；

（4）掌握明细表的创建与编辑。

手机扫码
观看教程

14.1　F1 平面布置

14.1.1　创建房间

打开“吕桥四层别墅-14. rvt”项目文件，切换到 F1 楼层平面视图，使用快捷键“vv”，打开“F1 的可见性/图形替换”对话框，在“模型类别”选项卡中将【停车场】【植物】【照明设备】和【环境】关闭，单击【确定】。

单击【建筑】选项卡——【房间】按钮，选择【修改 | 放置房间】上下文选项卡中的【在放置时进行标记】，在其【属性】面板的类型选择器下拉框中，选择“有面积—施工—仿宋 _ 3mm-0-67”标记类型，将【高度偏移】值设为“2800mm”，单击【应用】，将光标置于各房间内时，系统会识别墙体、门窗等作为房间边界，单击鼠标放置“房间”，系统自动统计房间面积，如图 14-1 所示。

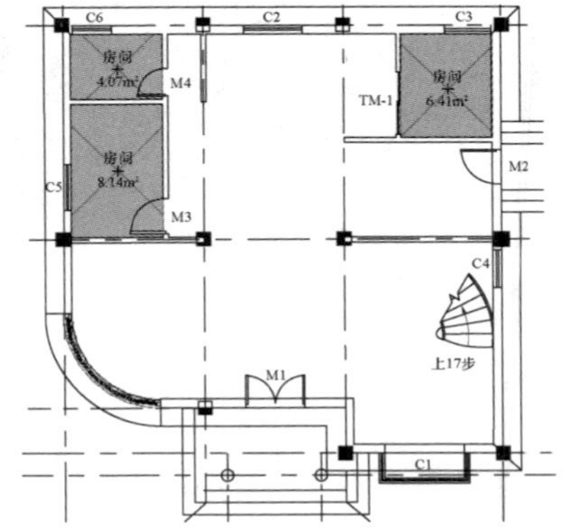

图 14-1　在 F1 平面视图中创建“房间”

提示：如果没有明确的划分界限，需要使用【房间分隔】工具来设置房间边界，单击【建筑】选项卡——【房间分隔】按钮，根据设计需要划分房间，放置F1的所有“房间”，如图14-2、图14-3所示。

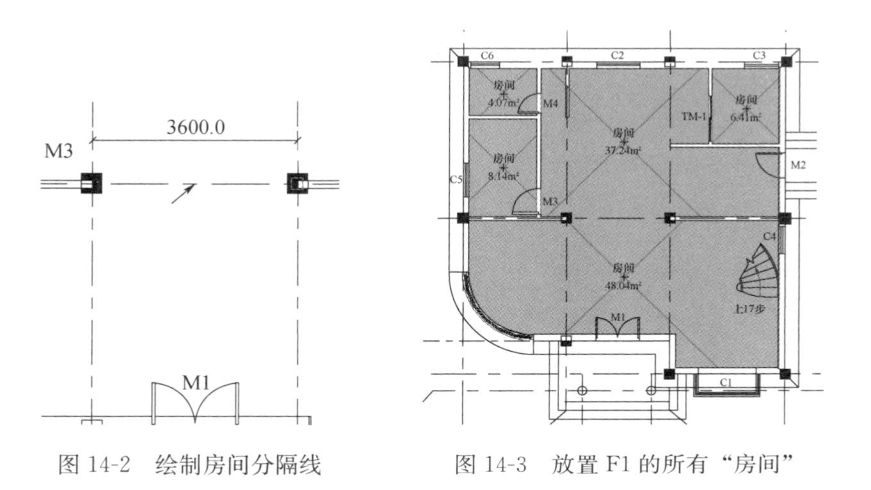

图14-2 绘制房间分隔线　　　　图14-3 放置F1的所有“房间”

选中“房间”名称并单击，可以修改房间名称，如图14-4所示。

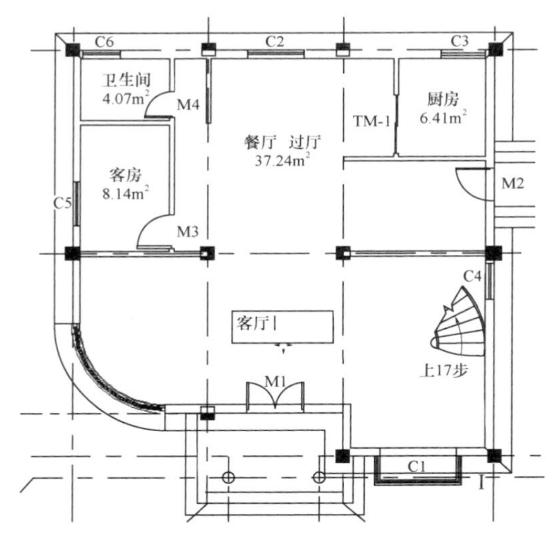

图14-4 修改房间名称

14.1.2 布置家具

单击【插入】选项卡——【载入】族按钮，在“China\建筑\卫生器具\3D\常规卫浴\浴盆”文件夹中，打开“浴盆1 3D.rfa”族文件（图14-5）。单击【建筑】选项卡——【构件】按钮，在卫生间中放置浴盆，可以使用空格键调整浴盆方向，使用【对齐】或【移动】工具调整浴盆位置，如图14-6所示。

继续载入其他家具或设备族后进行放置，如图14-7所示。

提示： 如果家具或设备族是基于墙体制作的，则放置时必须捕捉到墙体。

图 14-5　载入“浴盆 1 3D. rfa”族文件

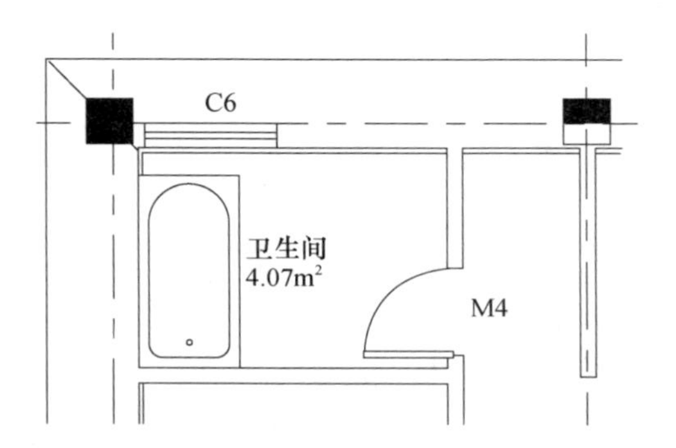

图 14-6　放置“浴盆”构件

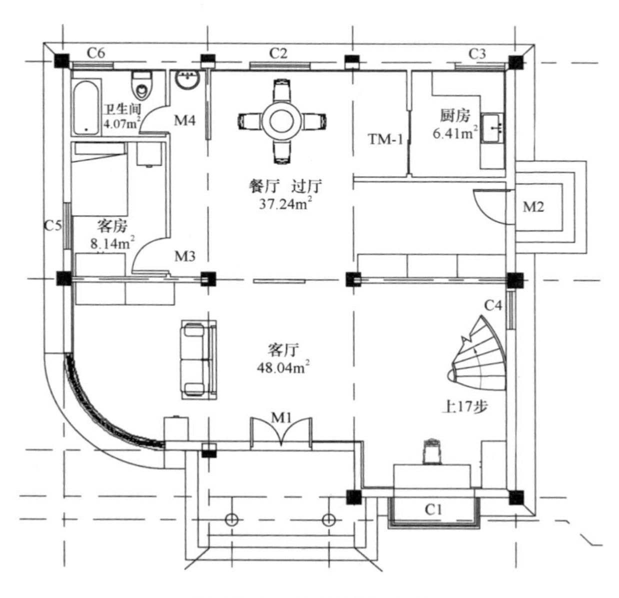

图 14-7　布置房间家具

14.2 F1平面标注

14.2.1 尺寸标注

单击【注释】选项卡——【对齐】按钮，在【属性】面板类型选择器下拉框中，选择“对角线-3mm RomanD”类型，单击【编辑类型】，打开“类型属性”对话框，其参数含义与AutoCAD类似（表14-1）。将光标置于1号轴柱附近，使用Tab键切换选择柱外侧边单击，然后再将光标置于6号轴柱附近，使用Tab键切换选择柱外侧边单击，将生成的总尺寸“11550mm”放到合适位置，如图14-8所示。当尺寸线与轴网标头距离过近时，可以拖动轴网标头的夹点进行调整。继续标注第二道轴网尺寸线，如图14-9所示。

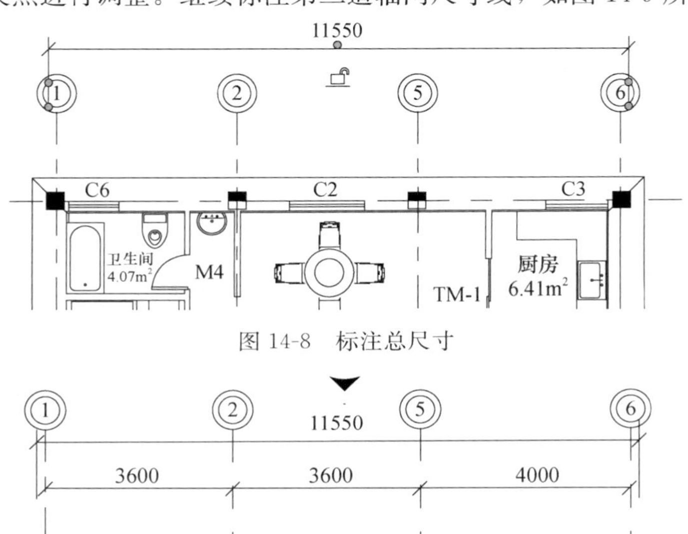

图14-8　标注总尺寸

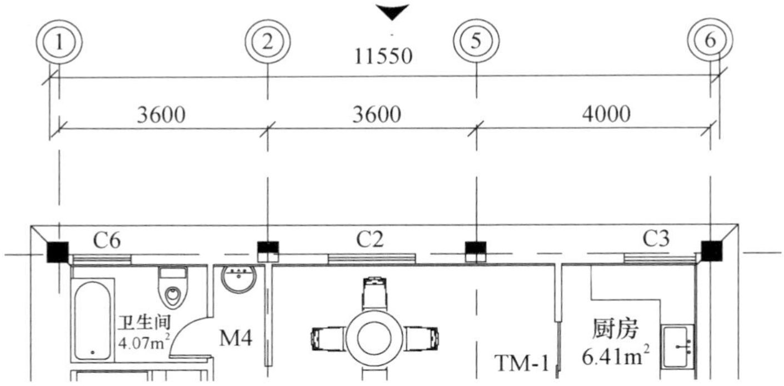

图14-9　标注轴网尺寸

继续绘制第三道尺寸线，在选项栏中设置【修改｜放置尺寸标注】为“参照墙面”，【拾取】为“整个墙”，单击【选项】，打开“自动尺寸标注选项”对话框，设置如图14-10所示。将光标置于墙体，按Tab键选中整个墙时，单击鼠标生成整体标注，放置到合适位置后，按Esc键退出命令，如图14-11所示。

提示： 当整体标注不满足要求时，可以选中标注，单击【修改｜尺寸标注】上下文选项卡——【编辑尺寸界线】按钮，单击需要添加尺寸的位置，可以添加尺寸，单击已有的尺寸位置，可以删除尺寸，单击“空白处”完成编辑，按Esc键退出命令，如图14-12所示。当尺寸值重叠时，可以拖动夹点进行移动，并在其实例属性中将“引线”勾掉。

表 14-1　尺寸标注“类型属性”对话框中各参数的含义

参数	含　义
标注字符串类型	默认类型为“连续”；“基线”类型为相对于起点的多次标注；“纵坐标”类型可标注起点和其他点的刻度值
引线类型	引出线的样式包括“弧线”或“直线”
引线记号	引出线起点位置的记号
记号	尺寸边界记号样式，一般为“对角线”（45°短斜线）
线宽	尺寸标注线与尺寸界线的宽度
记号线宽	尺寸边界记号线宽度
尺寸标注线延长	尺寸标注线超出尺寸界线的长度
尺寸界线控制点	“固定尺寸标注线”类型的长度不变；“图元间隙”类型是尺寸界线与图元保持固定距离
尺寸界线延伸	尺寸界线延伸出尺寸标注线的长度
尺寸界线的记号	尺寸界线起始点的记号样式
颜色	尺寸线与字体颜色
尺寸标注线捕捉距离	两道尺寸标注线间默认的距离

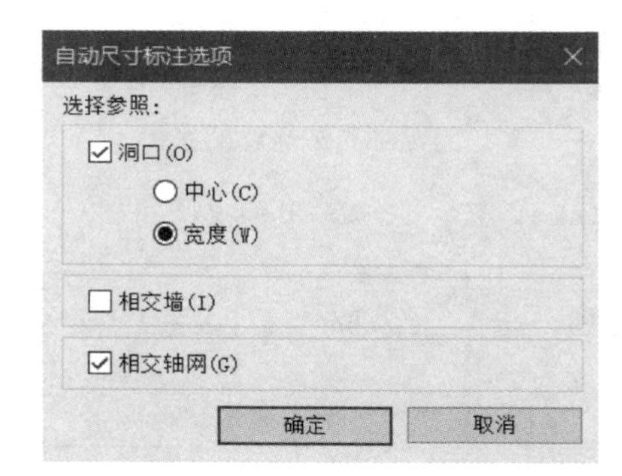

图 14-10　设置“自动尺寸标注选项”对话框

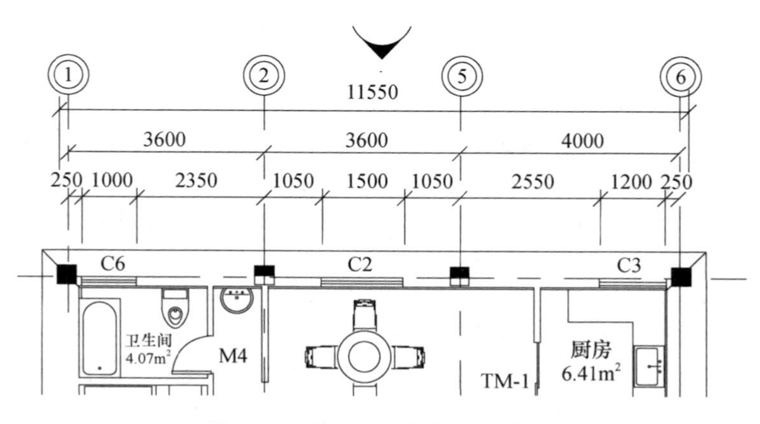

图 14-11　拾取“整个墙”进行标注

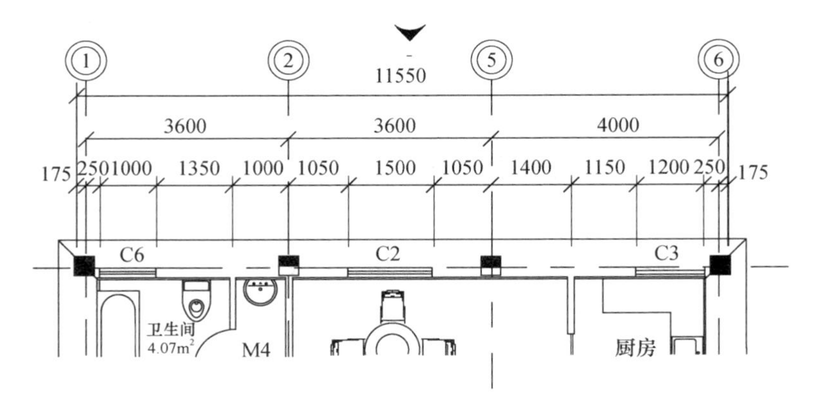

图 14-12 编辑尺寸界线

继续标注另外三面尺寸，并对轴网标头和立面符号的位置进行调整，如图 14-13 所示。

提示： 尺寸标注与标注对象有依附关系，当删除或隐藏标注对象时，其尺寸标注会发生相同的修改。

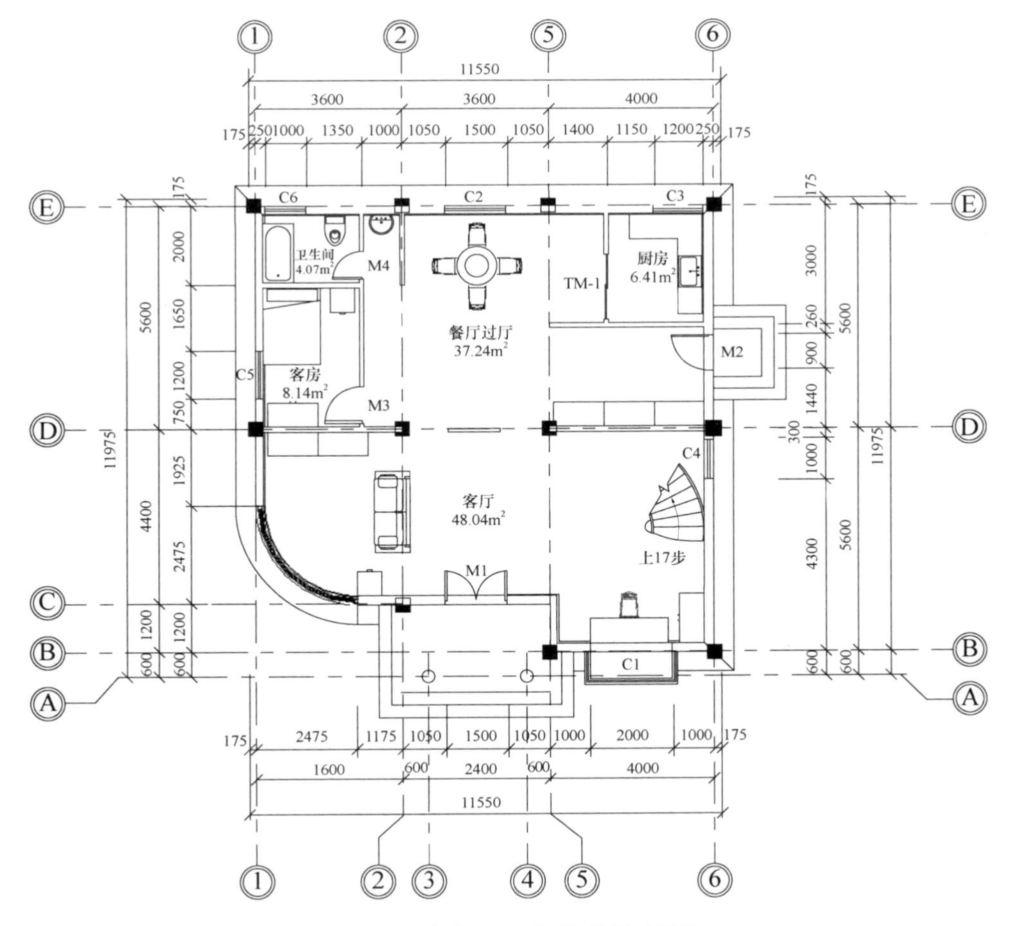

图 14-13 完成“F1 平面”的尺寸标注

14.2.2 标高标注

单击【注释】选项卡——【高程点】按钮，在【属性】面板类型选择器下拉框中，选择“正负零高程点（项目）”类型，不勾选【引线】，在室内合适位置放置“±0.000”标高。将标高类型改为“三角形（项目）”，不勾选【引线】，在主次入口室外平台位置放置“－0.050”标高，按Esc键退出命令。室外地坪无法放置标高标注，可单击【注释】选项卡——【符号】按钮，在【属性】面板类型选择器下拉框中，选择“标高—卫生间”类型，放置标高符号，并输入“－0.500”标高值，如图14-14所示。

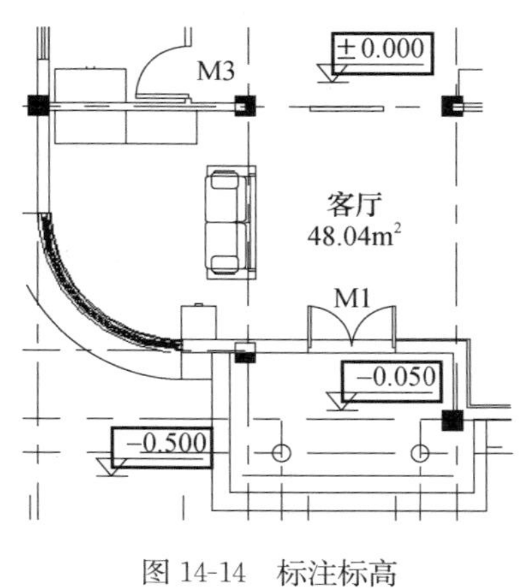

图14-14 标注标高

14.2.3 其他标注

单击【注释】选项卡——【半径】按钮，在【属性】面板类型选择器下拉框中，选择“实心箭头-3mm RomanD”类型，将光标置于弧形窗上，按Tab键，选中弧形窗中心线单击进行标注。单击【注释】选项卡——【文字】按钮A，在【属性】面板类型选择器下拉框中，选择“仿宋_3.5mm”类型，单击【编辑类型】，打开其“类型属性”对话框，单击【复制】，命名为“仿宋_3mm”，修改【文字大小】值为“3mm”，单击【确定】，在弧型窗附近单击，输入“C8”，然后单击空白处，完成文字标注（图14-15），“F1平面”标注就完成了（图14-16）。

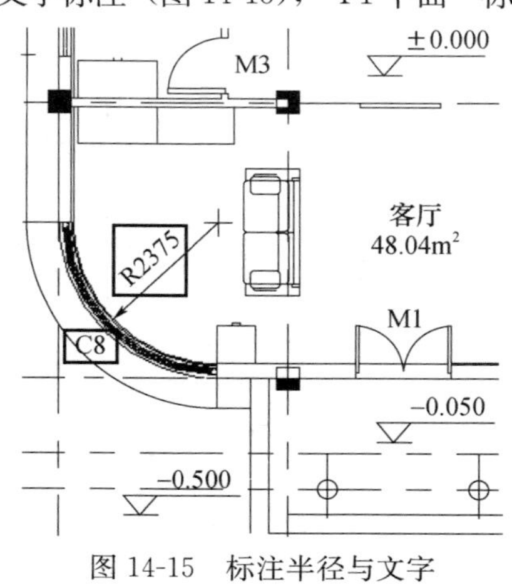

图14-15 标注半径与文字

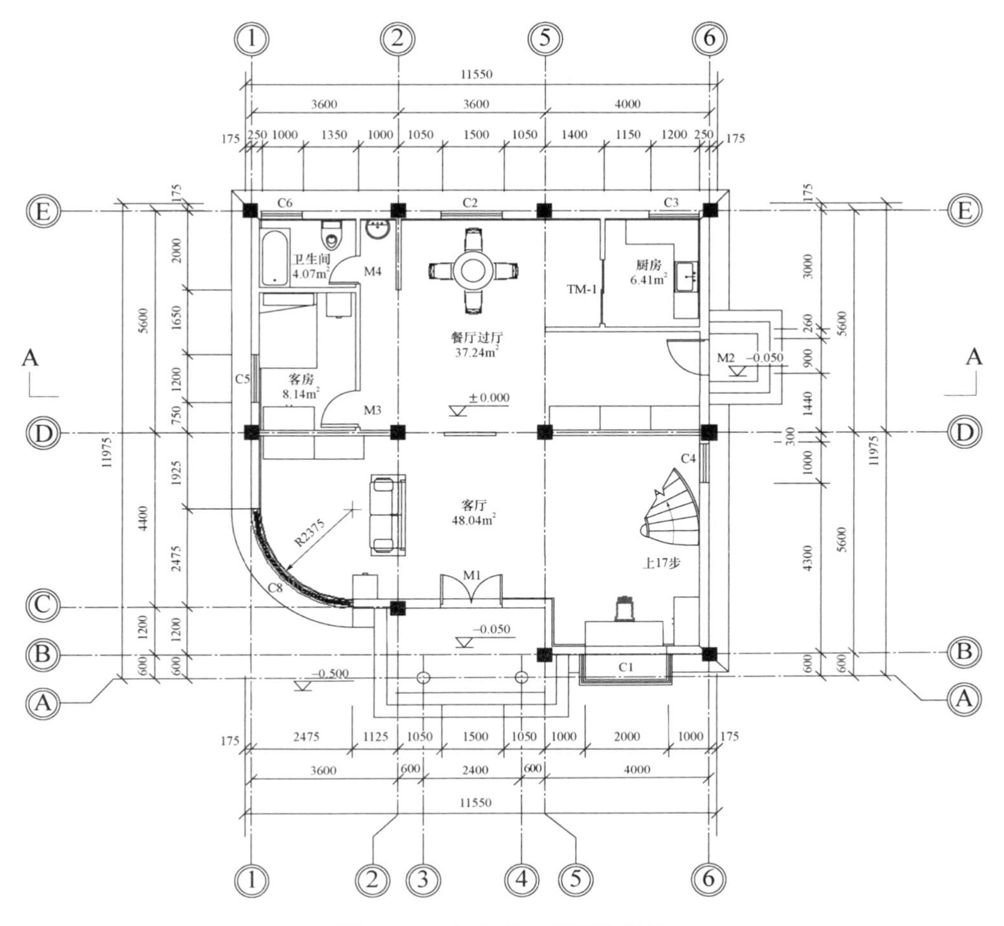

图 14-16 完成“F1 平面”标注

14.3 各层平面标注

14.3.1 F2 平面标注

切换到 F2 楼层平面视图，使用快捷键“vv”，打开“F2 的可见性/图形替换”对话框，在“模型类别”选项卡中将【植物】和【照明设备】关闭，单击【确定】。右键单击 A 号轴、3 号轴和 4 号轴，在快捷菜单中选择“在视图中隐藏”——“图元”，然后按上节步骤进行房间创建、家具布置与平面标注（图 14-17）。

> **提示：** 使用【房间分隔】工具将过厅与客厅上空划分为两个区域。

14.3.2 客厅标注

为客厅上空区域添加文字和符号，单击【注释】选项卡——【详图线】按钮，使用【线】工具绘制上空符号，按 Esc 键两次退出命令。然后单击【注释】选项卡——【文字】

按钮 A，在【属性】面板类型选择器下拉框中，选择“仿宋 _ 3mm”类型，在合适位置输入文字为“客厅上空”，单击空白处，按 Esc 键两次退出命令，如图 14-18 所示。

单击【注释】选项卡——【半径】按钮，在【属性】面板类型选择器下拉框中，选择“实心箭头-3mm RomanD”类型，使用 Tab 键，分别选中弧形楼梯的梯段和平台单击进行半径标注，如图 14-19 所示。

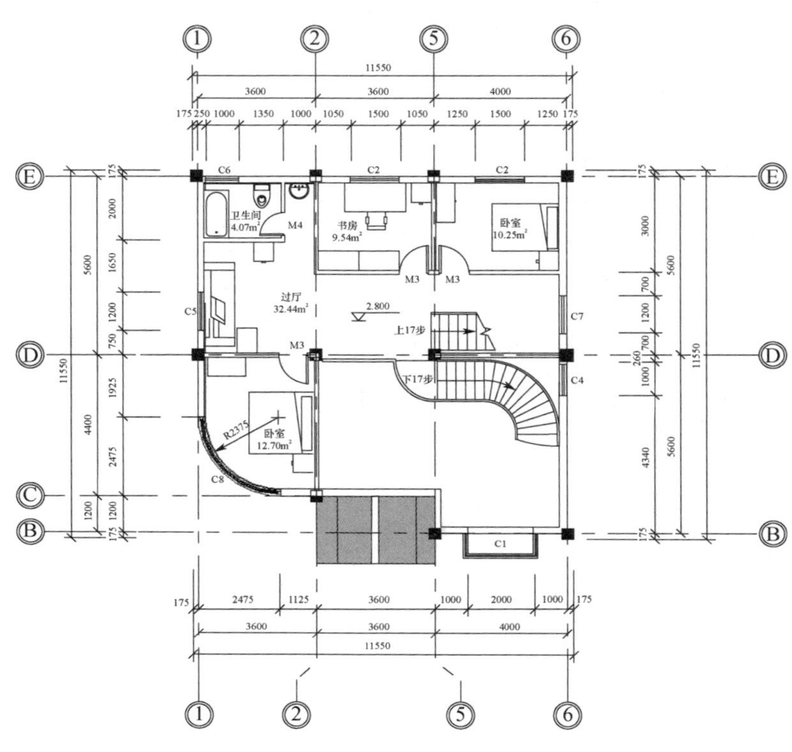

图 14-17 “F2 平面”标注

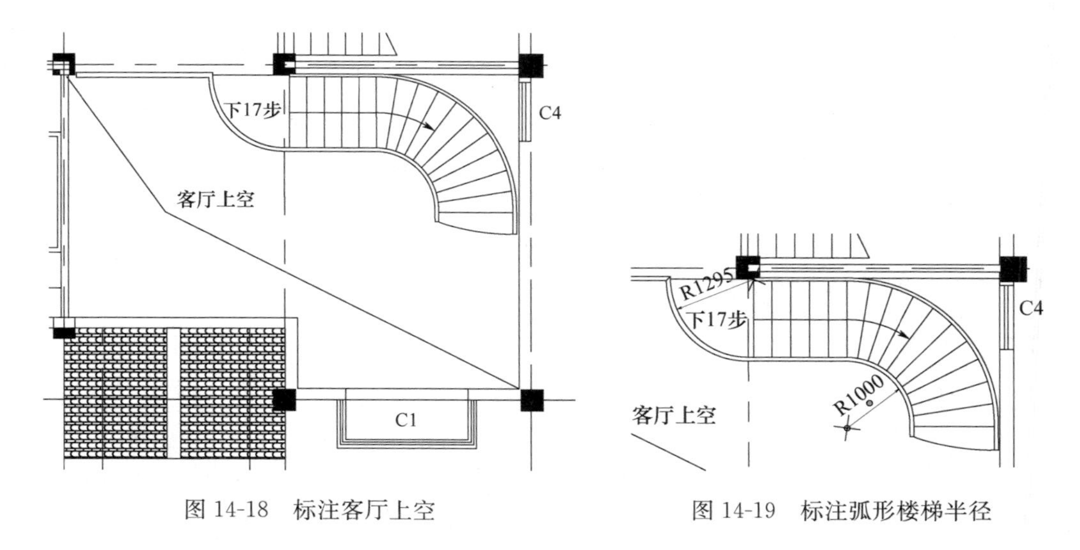

图 14-18 标注客厅上空

图 14-19 标注弧形楼梯半径

14.3.3　“主入口门廊与次入口雨篷”标高

单击【视图】选项卡——【平面视图】——【平面区域】按钮，在【修改｜创建平面区域】上下文选项卡中，使用【矩形】工具，分别在主入口门廊与次入口雨篷处绘制矩形区域（图14-20），单击【属性】面板中【视图范围】右侧的【编辑】按钮，打开“视图范围”对话框，将【剖切面】偏移值设为“1500mm”，【视图深度】——【标高】偏移值设为“－200mm”，单击【确定】，单击【完成编辑模式】。右键单击“平面区域”虚线框，在快捷菜单中选择“在视图中隐藏”——“图元”。另外，使用快捷键“vv”，打开“F2的可见性/图形替换”对话框，将屋顶的表面填充图案进行隐藏。对主入口门廊与次入口雨篷进行标高标注，如图14-21所示。

提示：次入口雨篷无法直接标注标高，可以标注墙边位置或者使用【符号】工具进行标注。

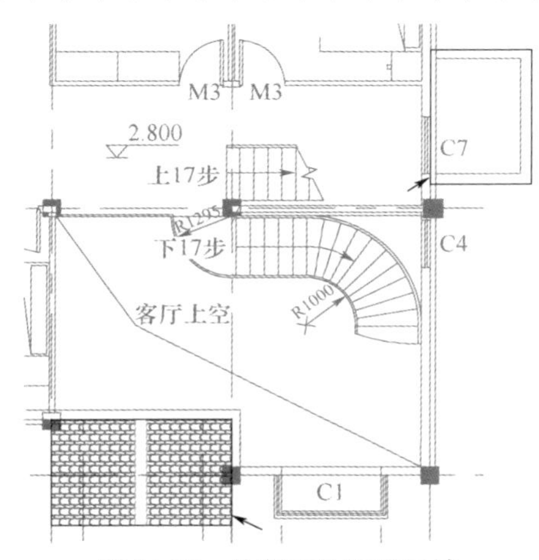

图14-20　绘制两处矩形区域

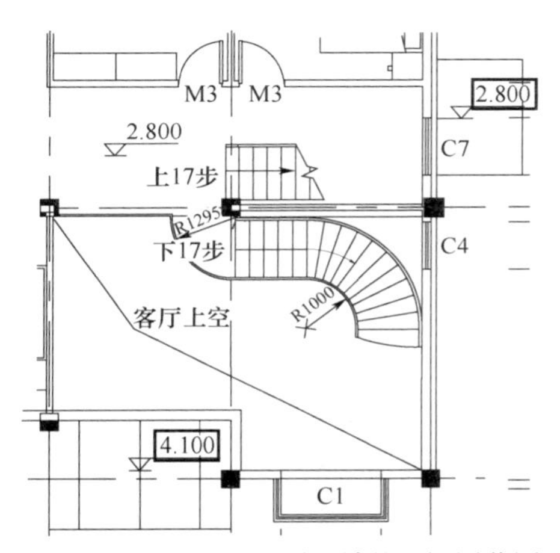

图14-21　调整两处矩形区域的“视图范围”并标注标高

提示：使用相同的操作，在弧形楼梯的第一个踏步周边绘制“平面区域”，在其“视图范围”对话框中，设置【视图深度】——【标高】为“F1”，单击【确定】，单击【完成编辑模式】，如图14-22所示，“F2平面”标注就完成了（图14-23）。

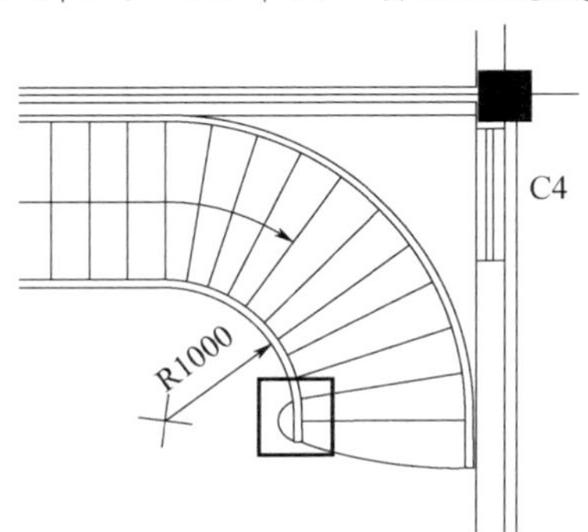

图14-22　调整弧形楼梯第一个踏步端头的“视图深度”

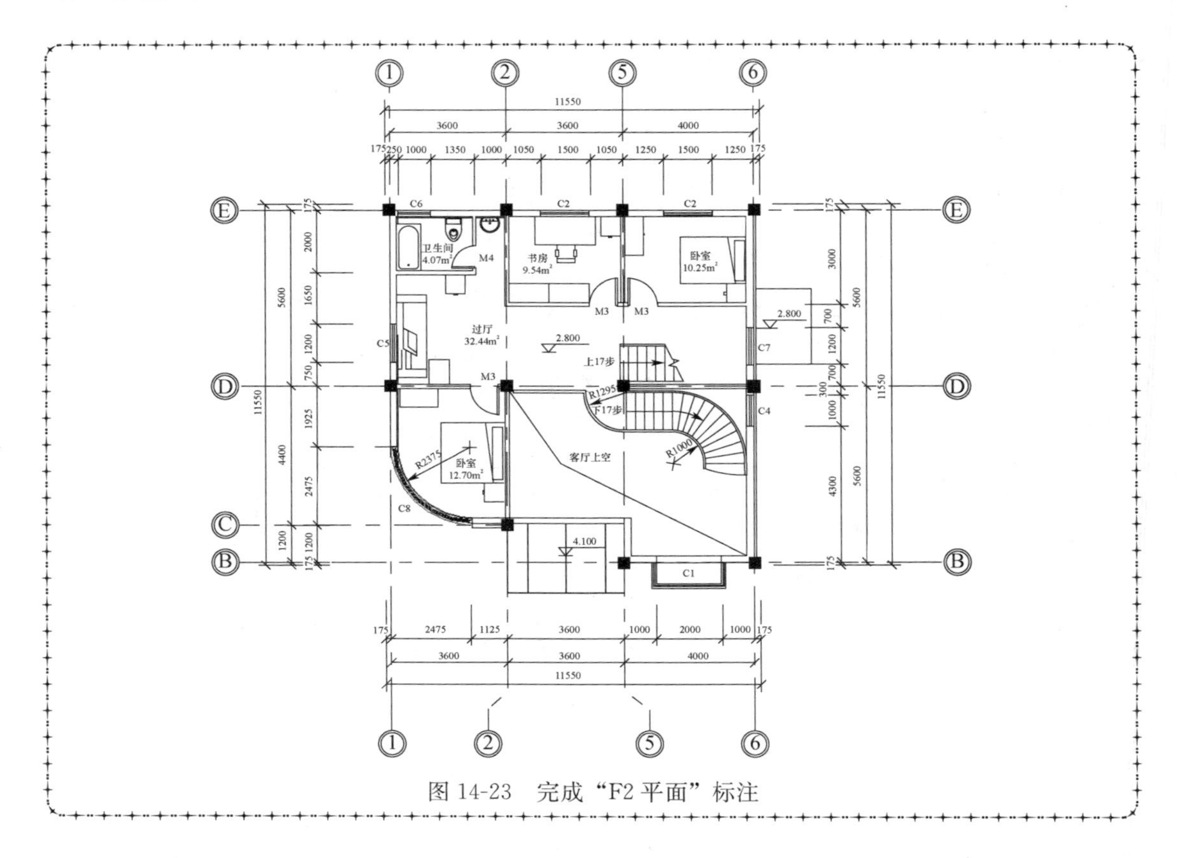

图 14-23 完成“F2 平面”标注

14.3.4 复制“屋顶层”视图

在项目浏览器中，右键单击“屋顶层”，选择快捷菜单中的【复制视图】——【带细节复制】，重命名为“屋顶平面”。双击进入“屋顶平面”视图，单击【属性】面板中【视图范围】右侧的【编辑】按钮，打开“视图范围”对话框，将【剖切面】的偏移值设为“2000mm”，单击【确定】，并将屋顶层楼梯栏杆进行隐藏，如图 14-24 所示。

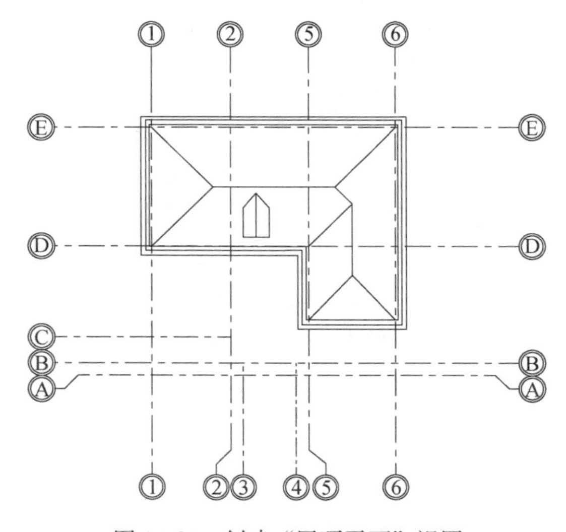

图 14-24 创建“屋顶平面”视图

14.3.5 标注其他平面

分别对 F3、F4、屋顶层和屋顶平面进行标注与注释（图 14-25～图 14-28）。

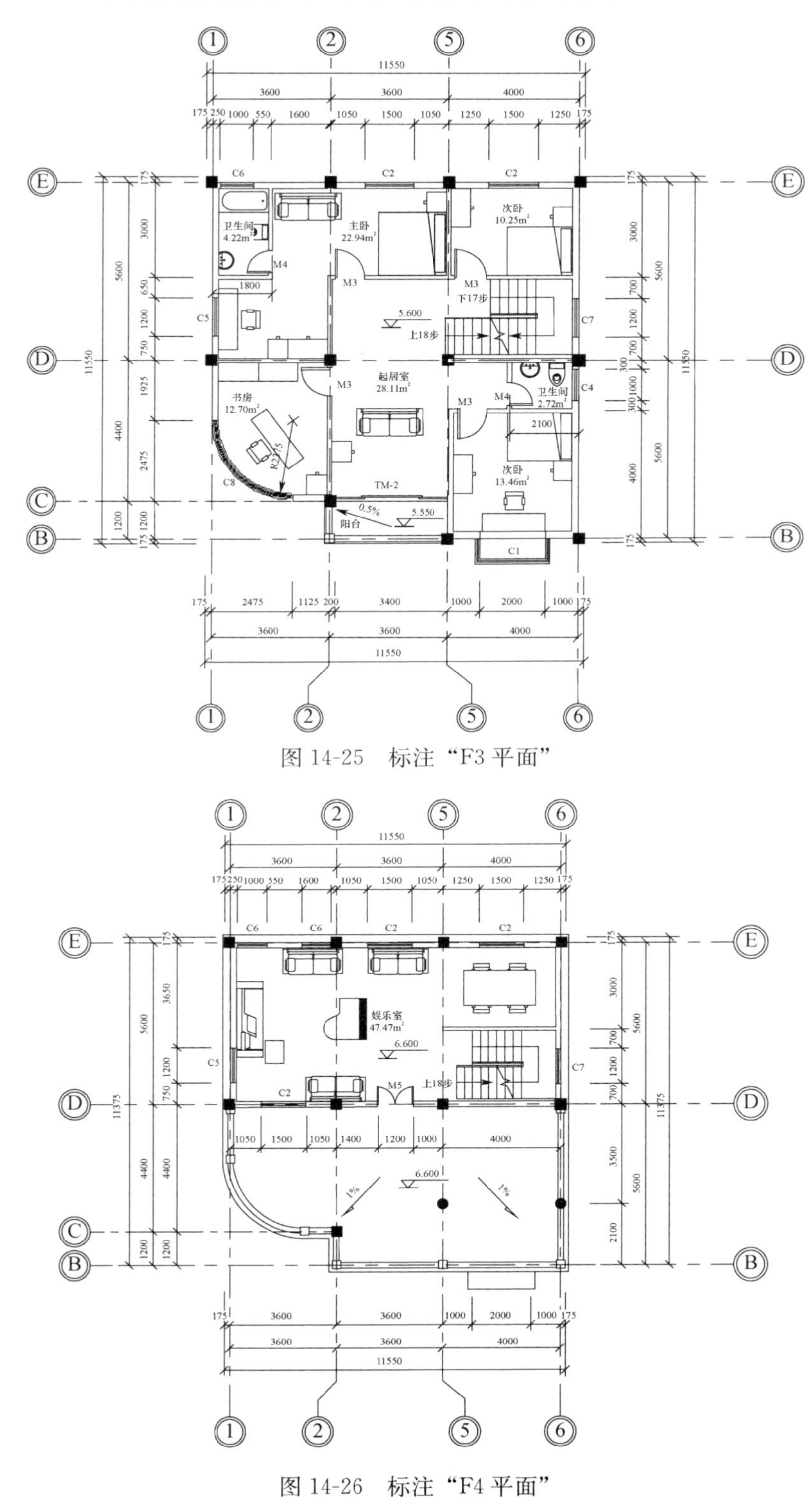

图 14-25 标注“F3 平面”

图 14-26 标注“F4 平面”

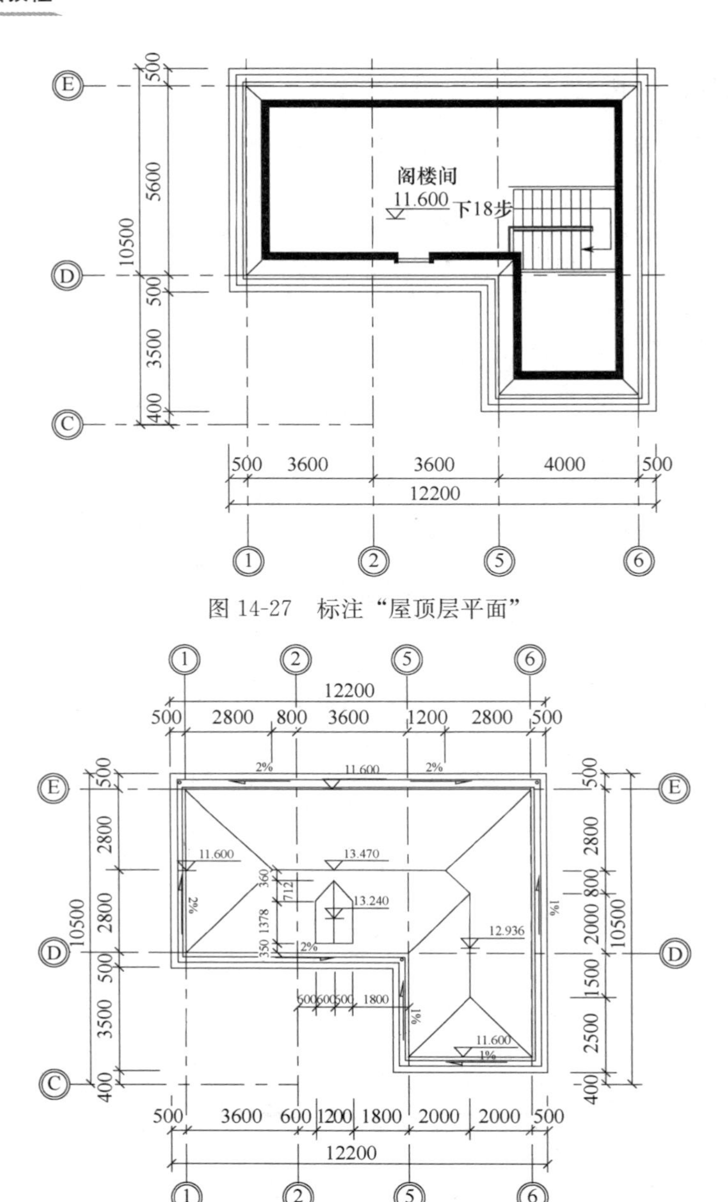

图 14-27　标注“屋顶层平面”

图 14-28　标注“屋顶平面”

提示： 排水坡度可以使用【符号】工具的“排水箭头”族类型。另外屋顶层的临空处需要添加楼梯栏杆。

14.4　立面标注

14.4.1　南立面标注

切换到南立面视图，使用快捷键“vv”，打开“南立面的可见性/图形替换”对话框，在

“模型类别”选项卡中将【停车场】【地形】【植物】【照明设备】和【环境】关闭，在“注释类别”选项卡中将【参照平面】关闭，单击【确定】。右键单击 2 号轴、3 号轴、4 号轴和 5 号轴，在快捷菜单中选择“在视图中隐藏”——“图元”。适当调整轴网标头和标高标头的位置，并将屋顶层楼梯栏杆和屋顶的表面填充图案进行隐藏，如图 14-29 所示。

图 14-29　调整“南立面视图”的显示样式

单击【注释】选项卡——【对齐】按钮，在【属性】面板类型选择器下拉框中，选择“对角线-3mm RomanD”类型，在立面两侧分别标注两道尺寸线，如图 14-30 所示。

图 14-30　标注“南立面”尺寸

单击【注释】选项卡——【高程点】按钮，在【属性】面板类型选择器下拉框中，选择“三角形（项目）”类型，不勾选【引线】，对关键构件的标高进行标注，如图 14-31 所示。

单击【注释】选项卡——【文字】按钮，在【属性】面板类型选择器下拉框中，选择“仿宋 _ 3mm”类型，单击【编辑类型】，打开“类型属性”对话框，单击【复制】，命名为“仿宋 _ 3mm-立面”，将【引线箭头】设为“无”，单击【确定】。在【修改｜放置文字】上下文选项卡中，选择“两段”引线方式，对屋顶材质进行标注“天蓝色琉璃瓦”，按 Esc 键两次退出命令，如图 14-32 所示。

单击【注释】——【区域】——【填充区域】按钮，在【属性】面板类型选择器下拉框中，选择“实体填充—黑色”类型，使用【圆形】工具，在“天蓝色琉璃瓦”引线端点处，绘制半径为“60mm”的圆形“指示点”，勾选【完成编辑模式】，如图 14-33 所示。

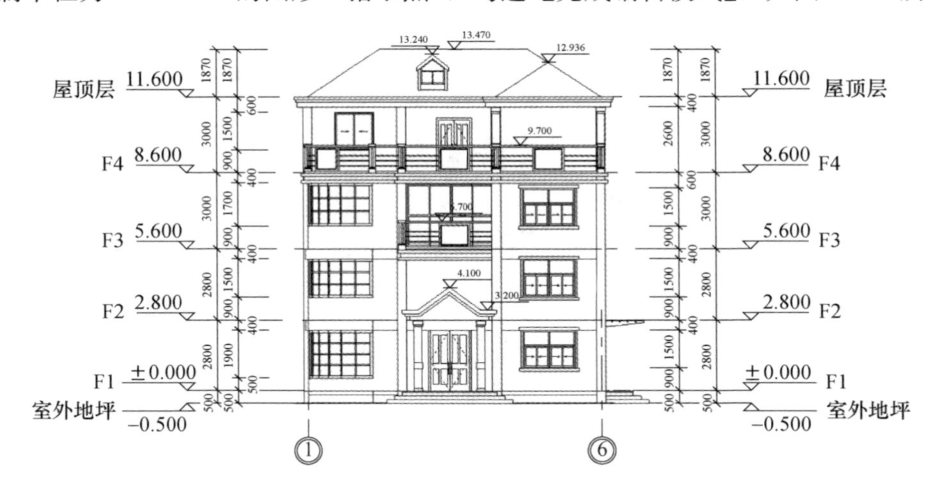

图 14-31 标注“南立面”标高

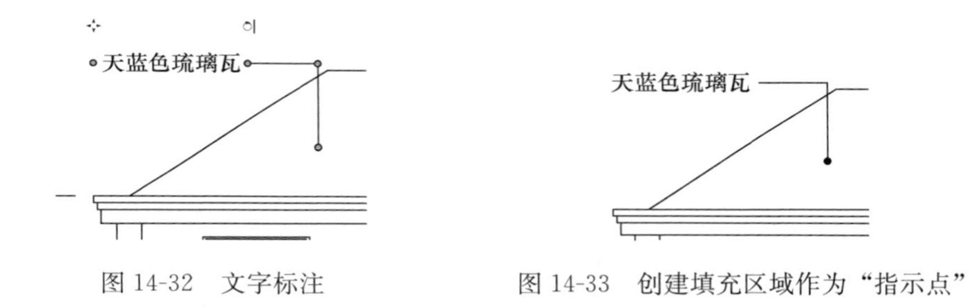

图 14-32 文字标注

图 14-33 创建填充区域作为“指示点”

使用带引线的【文字】工具，分别标注墙体外表面材质为“米黄色瓷砖”、檐口线脚和梁外表面材质为“白色防水涂料”、勒脚外表面材质为“浅棕色毛石”，并复制“圆形指示点”到相关位置，如图 14-34 所示。

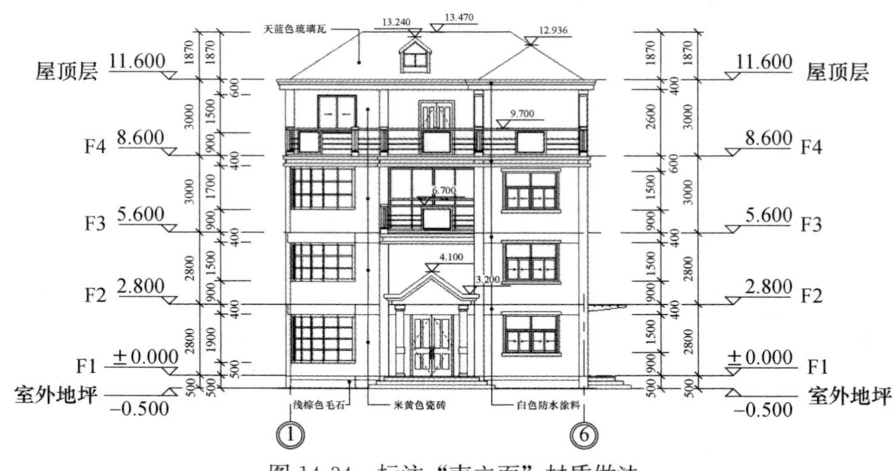

图 14-34 标注“南立面”材质做法

单击【注释】——【区域】——【填充区域】按钮，在【属性】面板类型选择器下拉框中，选择“实体填充—黑色”类型，使用【矩形】工具，在室外地坪线下方处，绘制厚度为“100mm”的“立面基线”，勾选【完成编辑模式】，如图 14-35 所示。

南立面标注完成效果如图 14-36 所示。

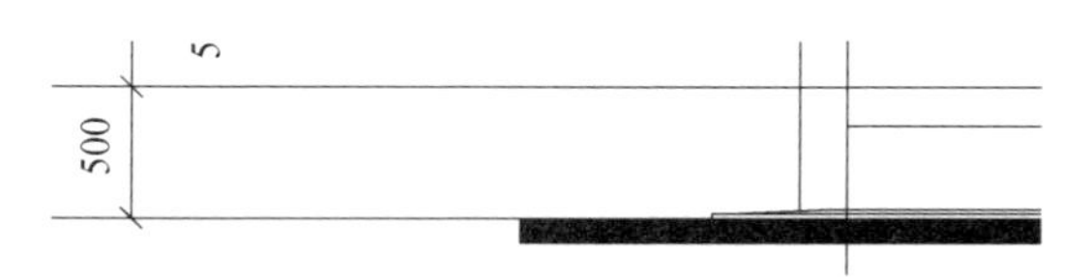

图 14-35　创建填充区域作为“立面基线”

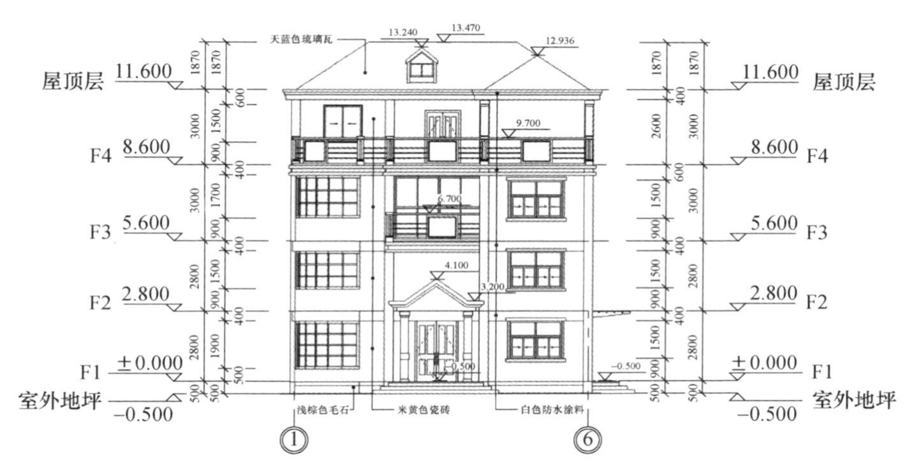

图 14-36　完成“南立面”标注

14.4.2　标注其他立面

使用相同的操作，分别对北立面、东立面与西立面进行标注与注释（图 14-37～图 14-39）。

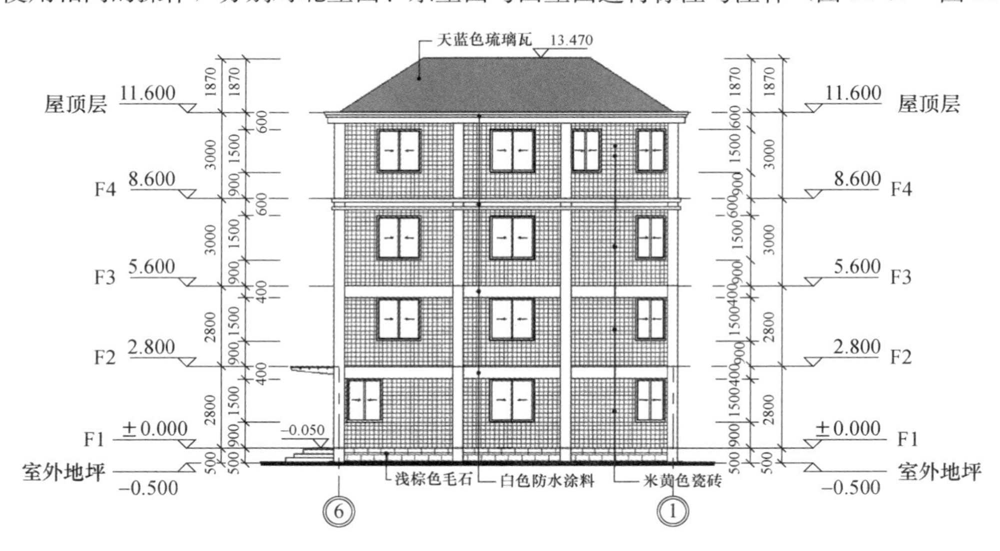

图 14-37　标注“北立面”

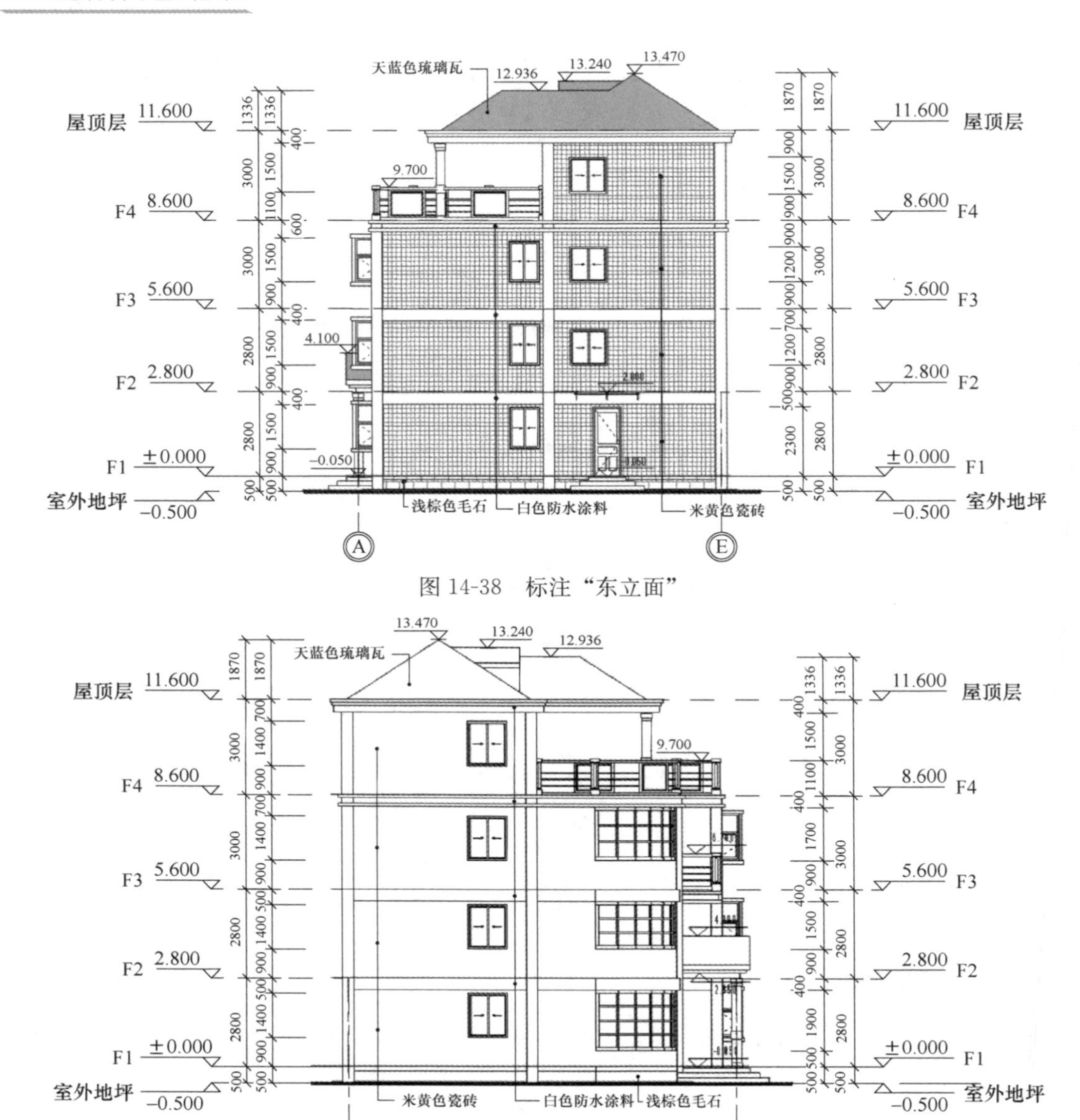

图 14-38　标注“东立面”

图 14-39　标注“西立面”

14.5　剖面标注

14.5.1　创建剖面

切换到 F1 楼层平面视图，单击【视图】选项卡——【剖面】按钮，绘制水平方向的剖切符号，剖切线经过两跑楼梯，由南向北观察，如图 14-40 所示。

> **提示：** 剖切符号的虚线范围框表示剖切可以看到的深度，绘制剖切号后系统可以自动生成剖面视图。

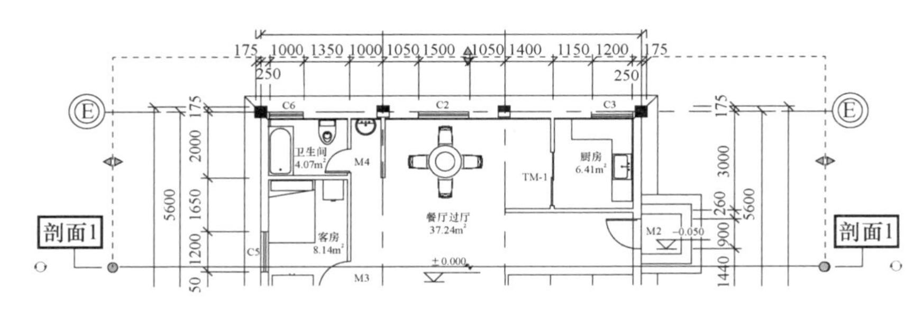

图 14-40 绘制剖面符号

在“项目浏览器”中，右键单击“剖面 1”，重命名为“A”，并双击切换到 A 剖面视图，单击视图控制栏中的【隐藏裁剪区域】按钮，将裁剪框隐藏。使用快捷键“vv”，打开“剖面 A 的可见性/图形替换”对话框，在【模型类别】选项卡中将【地形】和【环境】关闭，在【注释类别】选项卡中将【参照平面】关闭，单击【确定】。适当调整轴网标头和标高标头的位置，将屋顶的表面填充图案进行隐藏，如图 14-41 所示。

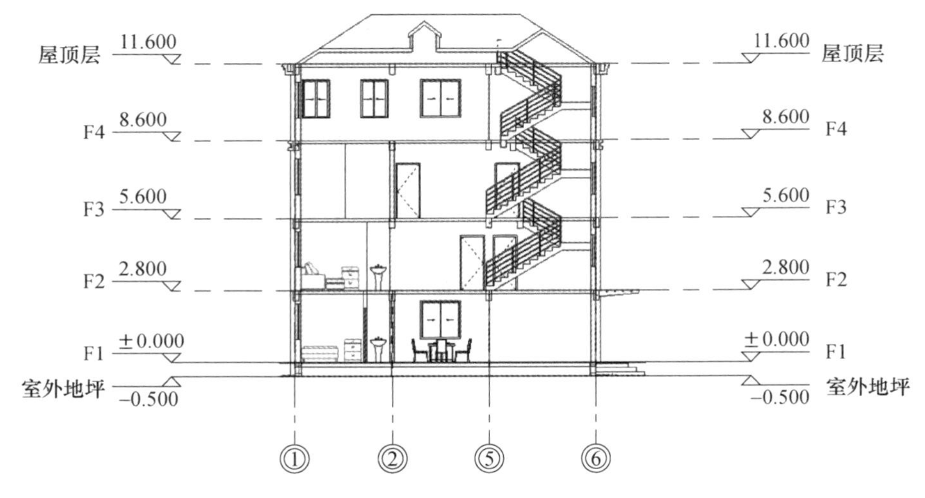

图 14-41 调整“剖面视图”的显示样式

14.5.2 剖切显示

使用快捷键“vv”，打开“剖面 A 的可见性/图形替换”对话框，在【模型类别】选项卡中，单击“墙”【截面】——【填充图案】——【替换】按钮，打开“填充样式图形”对话框，将【填充图案】设为“黑色”“实体填充”（图 14-42），单击【确定】（图 14-43）。

相同的操作，将“场地—建筑地坪”“屋顶”“屋顶—檐沟”“常规模型”“楼板”“楼板边缘”“楼梯”和“结构框架”的【截面】——【填充图案】改为“黑色”“实体填充”（图 14-44），单击【确定】（图 14-45）。

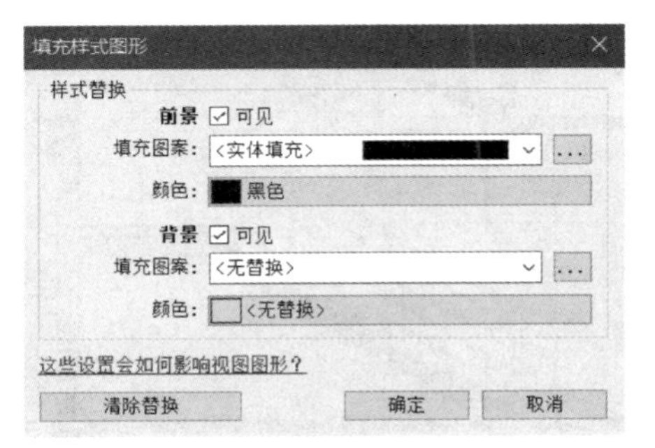

图 14-42 设置“墙截面”的填充样式

图 14-43 调整墙体“剖切部位”的显示样式

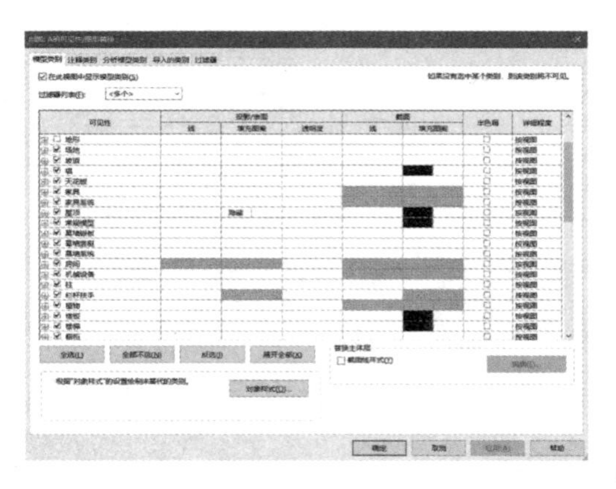

图 14-44 设置其他构件“截面”的填充样式

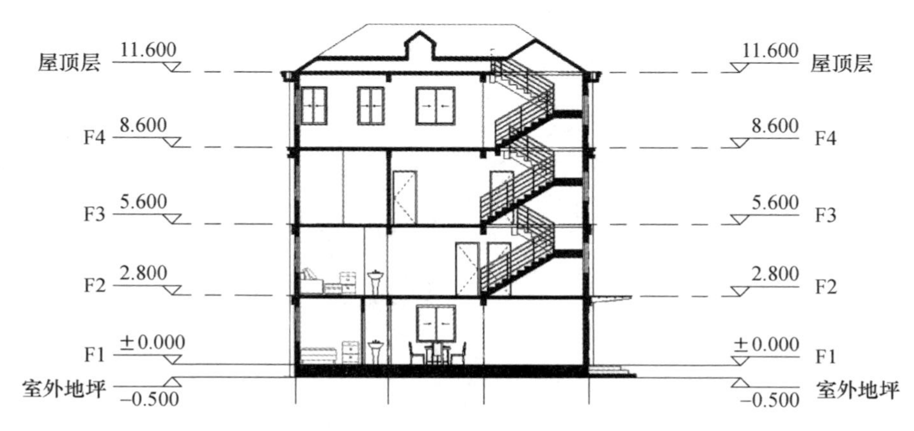

图 14-45 调整所有“剖切部位”的显示样式

14.5.3 剖面标注

使用【对齐尺寸标注】和【高程点】工具，对剖面进行标注。选中楼梯的尺寸标注（图 14-46），单击尺寸值“1812”，打开“尺寸标注文字”对话框，选择“以文字替换”，输入“165×11=1815”（图 14-47），单击【确定】（图 14-48）。将楼梯的尺寸标注全部改为“踏步高×踏步数=梯段高”（取整数值）的样式，如图 14-49 所示。

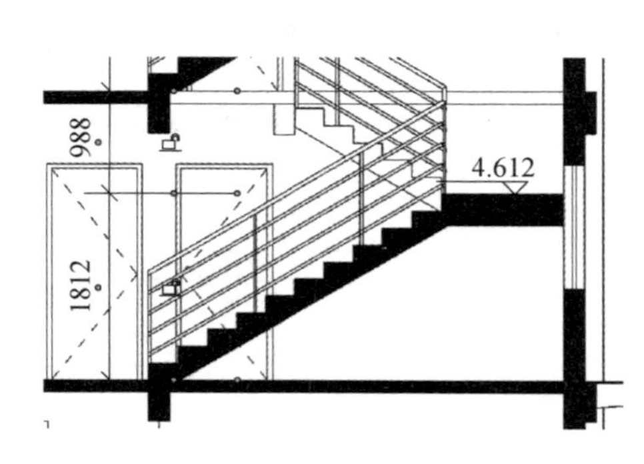

图 14-46 选择梯段“尺寸标注值”

图 14-47 “以文字替换”方式修改“尺寸标注值”

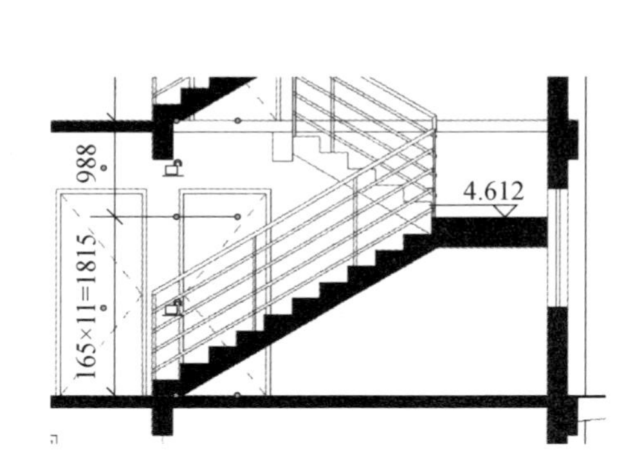

图 14-48 修改后的梯段“尺寸标注值”

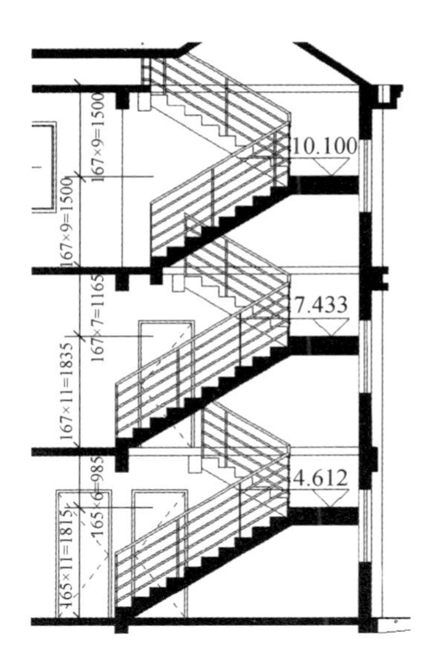

图 14-49 完成全部梯段的“尺寸标注”

单击【注释】——【区域】——【填充区域】按钮，在【属性】面板类型选择器下拉框中，选择“实体填充—黑色”类型，使用【矩形】工具，在室外地坪线下方处，绘制厚度为“100mm”的“剖面基线”，勾选【完成编辑模式】，如图 14-50 所示。

图 14-50 完成“剖面”标注

14.6 门窗明细表

单击【视图】选项卡——【明细表】——【明细表/数量】按钮，在弹出的“新建明细表”对话框中（图 14-51），选择“门”类别，单击【确定】后弹出“明细表属性”对话框（图 14-52），在“可用的字段”中选择“合计、型号、宽度、高度、类型标记、注释”，单击

【添加参数】按钮，加入到“明细表字段”，并调整字段的前后位置，单击【确定】后系统自动切换到门明细表视图（图 14-53）。

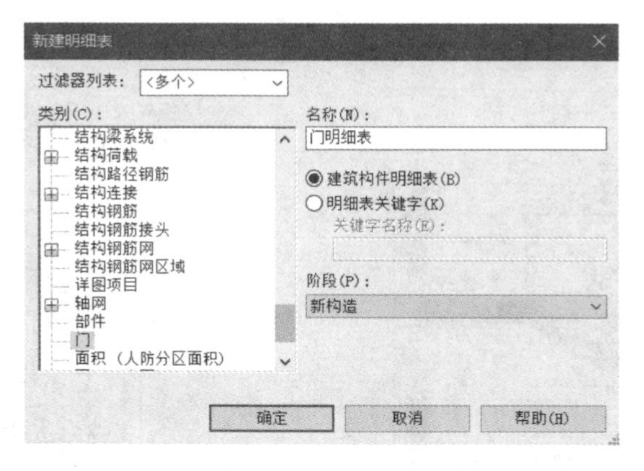

图 14-51 “新建明细表”对话框

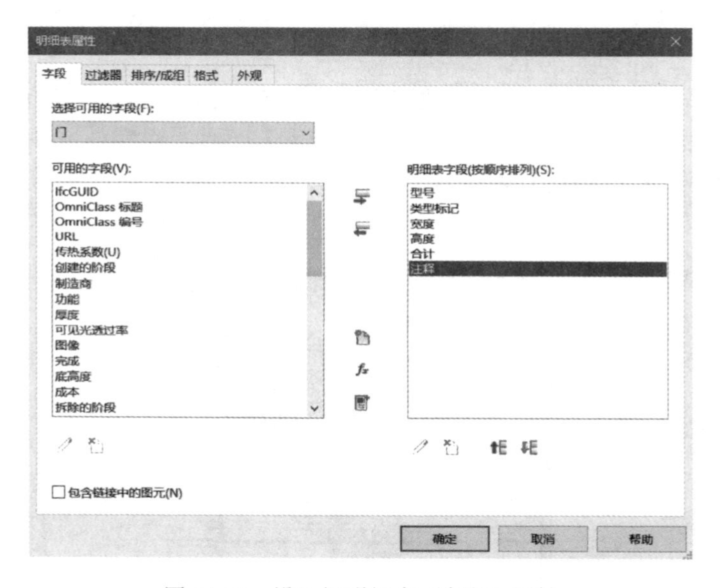

图 14-52 设置门明细表“字段”属性

<门明细表>					
A	B	C	D	E	F
型号	类型标记	宽度	高度	合计	注释
	M1	1500	2400	1	
	M2	900	2300	1	
	M4	700	2100	1	
	M3	900	2100	1	
	TM-1	1600	2400	1	
	M3	900	2100	1	
	M3	900	2100	1	
	M3	900	2100	1	
	M4	700	2100	1	
	M3	900	2100	1	
	M3	900	2100	1	
	M3	900	2100	1	
	M3	900	2100	1	
	M4	700	2100	1	
	M4	700	2100	1	
	TM-2	3400	2600	1	
	M5	1200	2100	1	

图 14-53 门明细表

在门明细表视图中，将“型号”改名为“类别”，将“类型标记”改名为“设计编号”，将“注释”改名为“备注”。选择“宽度”与“高度”字段后，单击【修改明细表/数量】上下文选项卡——【成组】按钮，成组命名为“门洞口”，如图 14-54 所示。

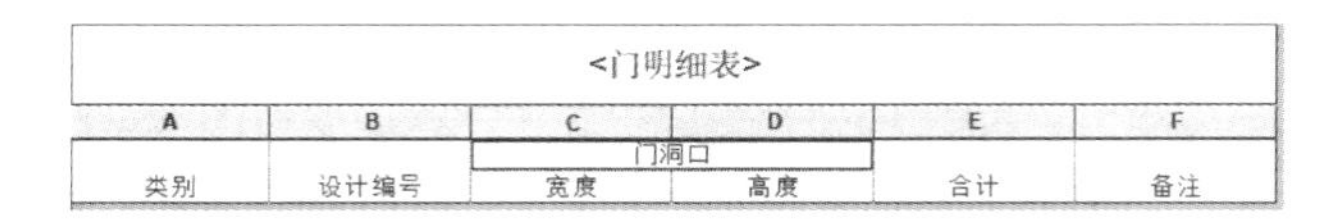

<门明细表>					
A	B	C	D	E	F
		门洞口			
类别	设计编号	宽度	高度	合计	备注

图 14-54 修改门明细表的“字段”名称

在【属性】面板中，单击【排序/成组】右侧的“编辑”按钮，打开“明细表属性”对话框，设置【排序方式】为“类型标记”，不勾选“逐项列举每个实例”（图 14-55），单击【确定】（图 14-56）。

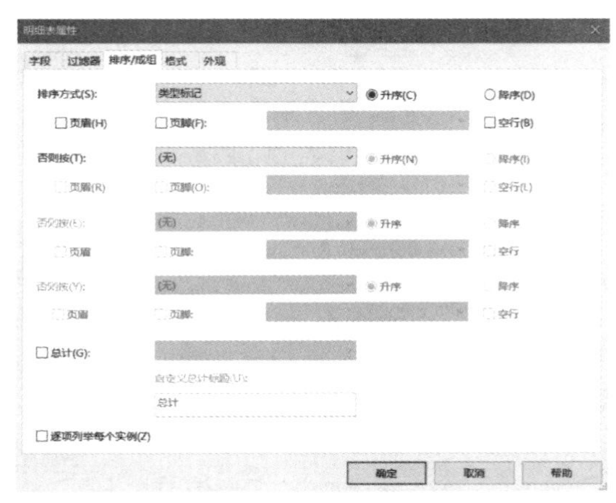

图 14-55 设置门明细表“排序/成组”属性

<门明细表>					
A	B	C	D	E	F
		门洞口			
类别	设计编号	宽度	高度	合计	备注
	M1	1500	2400	1	
	M2	900	2300	1	
	M3	900	2100	8	
	M4	700	2100	4	
	M5	1200	2100	1	
	TM-1	1600	2400	1	
	TM-2	3400	2600	1	

图 14-56 按“设计编号”统计门明细

根据图纸内容，修改门的“类别”和“备注”内容，如图 14-57 所示。

<门明细表>					
A	B	C	D	E	F
		门洞口			
类别	设计编号	宽度	高度	合计	备注
不锈钢防盗门	M1	1500	2400	1	成品
不锈钢防盗门	M2	900	2300	1	成品
胶合板门	M3	900	2100	8	详浙86SJ-0921
胶合板门	M4	700	2100	4	详浙86SJ-0921
不锈钢防盗门	M5	1200	2100	1	成品
塑钢推拉门	TM-1	1600	2400	1	甲方订制
塑钢推拉门	TM-2	3400	2600	1	甲方订制

图 14-57 完成“门明细表”的创建

使用相同的操作，可以创建窗明细表，如图 14-58 所示。

<窗明细表>					
A	B	C	D	E	F
		窗洞口			
类别	设计编号	宽度	高度	合计	备注
塑钢推拉窗	C1	2160	1500	3	窗台高度900mm
塑钢推拉窗	C2	1500	1500	8	窗台高度900mm
塑钢推拉窗	C3	1200	1500	1	窗台高度900mm
塑钢推拉窗	C4	1000	1400	3	窗台高度900mm
塑钢推拉窗	C5	1200	1400	4	窗台高度900mm
塑钢推拉窗	C6	1000	1500	5	窗台高度900mm
塑钢推拉窗	C7	1200	1200	3	窗台高度900m

图 14-58　窗明细表

提示：C8 窗是通过幕墙创建，所以窗明细表无法统计，需要另外处理。

15　详图设计

详图是对建筑局部的详细表达，由于一般建筑平、立、剖面图的比例尺不能够清楚准确地表示建筑物细部构造，必须绘制较大比例尺的细部详图作为建筑平立剖面图的补充。建筑详图通常包括：（1）表示局部构造的详图，如墙身大样和楼梯详图等；（2）表示房屋设备的详图，如卫生间和厨房的布置及构造等；（3）表示房屋特殊装修部位的详图，如吊顶详图和铺地详图等。

由 Revit 创建的 BIM 模型是一个整体，其平、立、剖面图和详图是此模型的“衍生物”和“副产品”。如果 BIM 模型信息足够详实就可以将其理解为真实建筑物的反映，使用详图工具可以对 BIM 模型的构件或局部进行观察与表达，并按照制图规范的要求完善绘制细节，进行详图设计以满足施工图设计的要求。

本章通过创建别墅项目的楼梯详图、门廊详图与老虎窗详图，主要介绍详图设计的基本流程与详图工具的使用方法。

手机扫码
观看教程

本章学习目的：

（1）熟悉建筑详图的制图规范；

（2）掌握详图索引的创建与编辑方法；

（3）理解详图索引视图与主视图的关系；

（4）掌握详图视图的绘制与编辑方法。

15.1　F2 楼梯详图

15.1.1　创建详图

打开“吕桥四层别墅-15.rvt”项目文件，切换到 F2 楼层平面视图，单击【视图】选项卡——【详图索引】下拉列表中的【矩形】按钮，在【属性】面板的类型选择器下拉框中，选择“详图视图详图”类型（图 15-1）。在 F2 楼梯位置由左上角向右下角拖曳光标，绘制矩形索引框，此时在项目浏览器中生成“详图视图—详图 0”（图 15-2），调整详图索引标头的位置并双击（图 15-3），打开“详图 0”视图（图 15-4）。

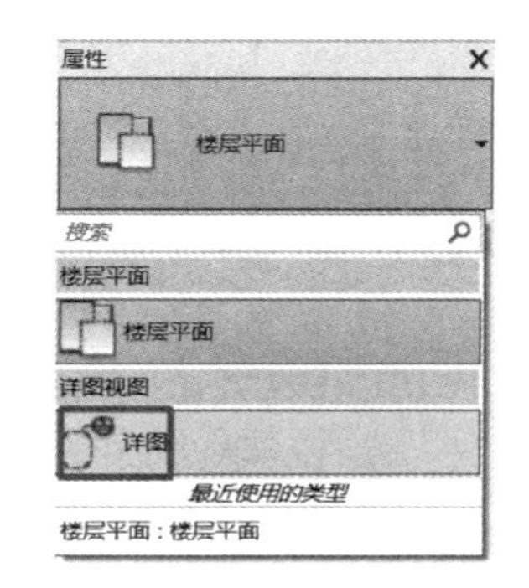

图 15-1　使用“详图索引”工具，选择“详图”类型

在项目浏览器中，单击右键将“详图 0”重命名为“二层楼梯大样”。将视图中的剖切符号和结构梁隐藏，并关闭一侧轴网标头，如图 15-5 所示。在视图控制栏中，设置【视图比例】为“1：50”，【详细程度】为“精细”，并单击【隐藏裁剪区域】按钮。

> **提示**：在【显示裁剪区域】状态下，单击裁剪框可以编辑裁剪范围和尺寸标注的显示范围。

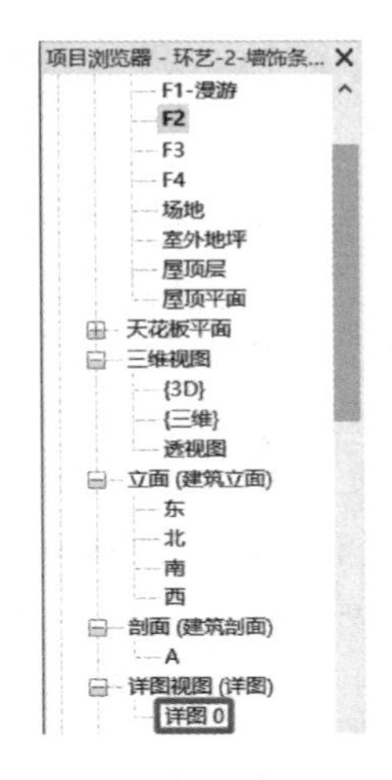

图 15-2　生成“详图 0”视图

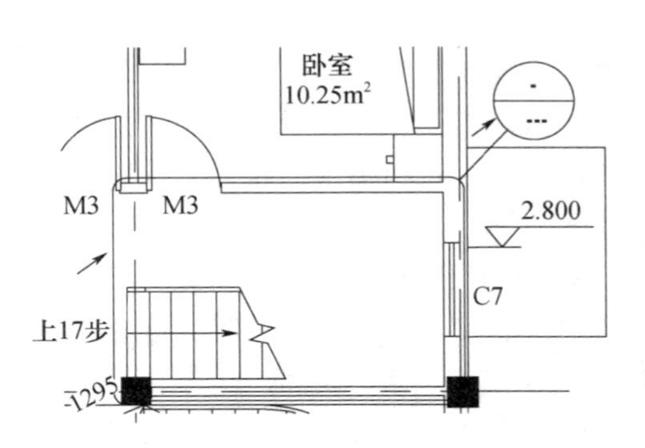

图 15-3　双击“详图索引”的标头

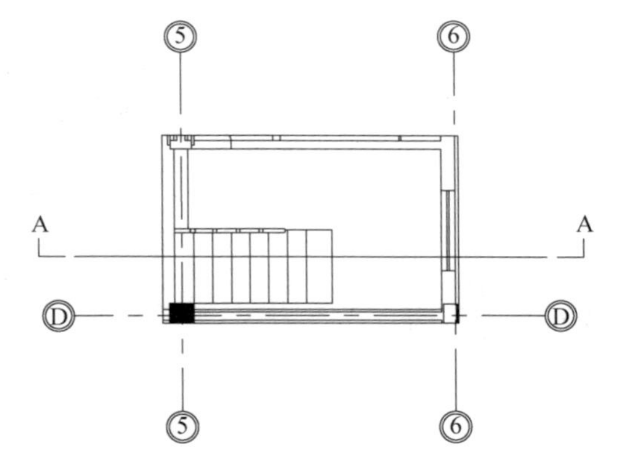

图 15-4　打开“详图 0”视图

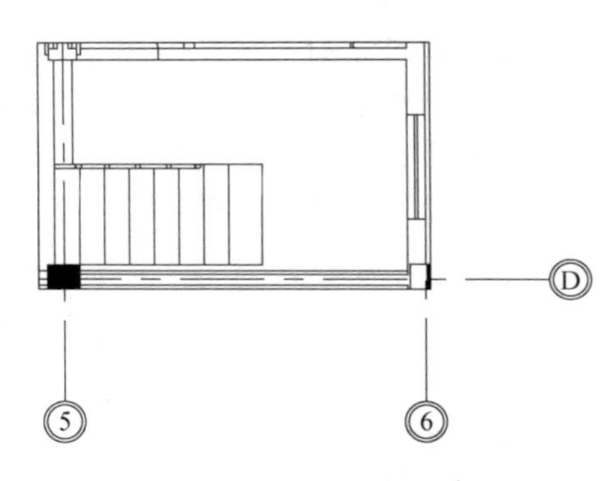

图 15-5　调整“F2 楼梯”详图显示

使用快捷键“vv”，打开“二层楼梯大样的可见性/图形替换”对话框，单击“墙”的【截面】——【填充图案】——【替换】按钮，打开“填充样式图形”对话框，将【前景】的【填充图案】设为“上对角线”，【颜色】设为“黑色”（图 15-6），单击【确定】（图 15-7）。

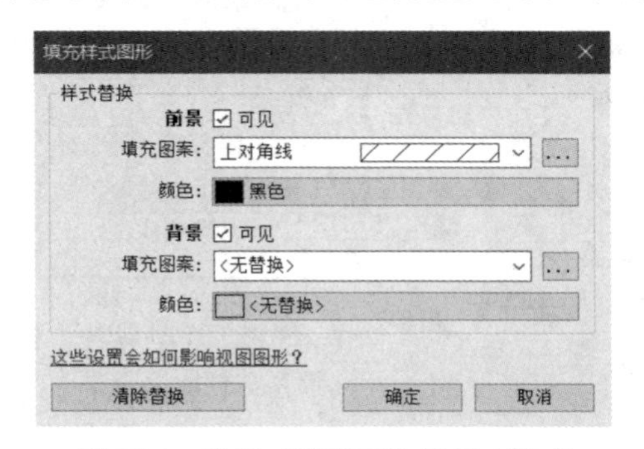

图 15-6　设置“墙截面”的填充样式

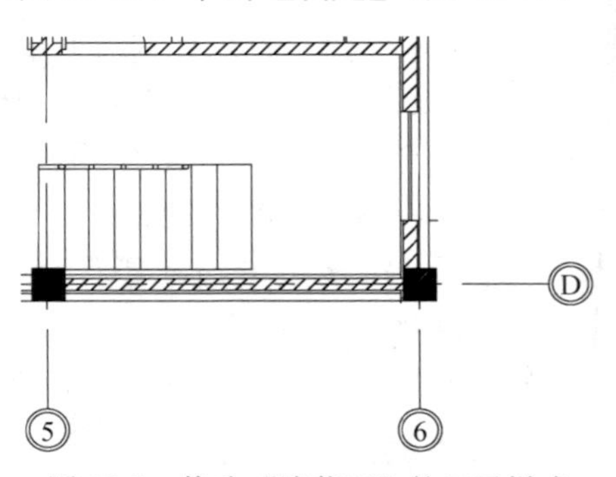

图 15-7　修改“墙截面”的显示样式

提示：如果墙体对结构柱有遮挡，可以单击【修改】选项卡——【连接】按钮，将结构柱与墙体连接。

15.1.2 注释符号

单击【注释】选项卡——【符号】按钮，在【属性】面板类型选择器下拉框中，选择“符号剖断线”，在楼梯的剖断位置进行放置，使用空格键和【移动】【复制】工具可以精确调整剖断符号的位置，选中两条水平方向的“符号剖断线”，在其【属性】面板中，调整【虚线长度】值为“50mm”（图 15-8）。

在梯段处添加“符号剖断线”，其【虚线长度】值为“20mm”，使用“旋转”工具将其旋转 45°，单击【注释】选项卡——【区域】下拉列表中的【遮罩区域】按钮，在【修改｜创建遮罩区域边界】上下文选项卡中，设置【线样式】为“不可见线”，使用【线】工具，绘制闭合的遮罩区域将梯段右侧遮蔽（图 15-9），单击【完成编辑模式】（图 15-10）。同时可以使用【遮罩区域】工具，将右侧的次入口雨棚进行遮蔽。

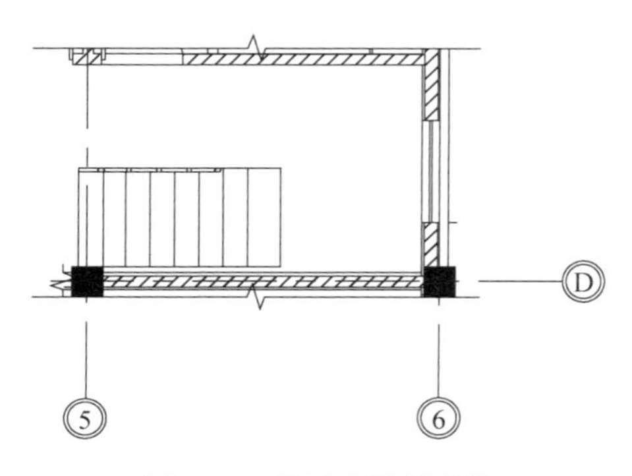

图 15-8　放置水平剖断线

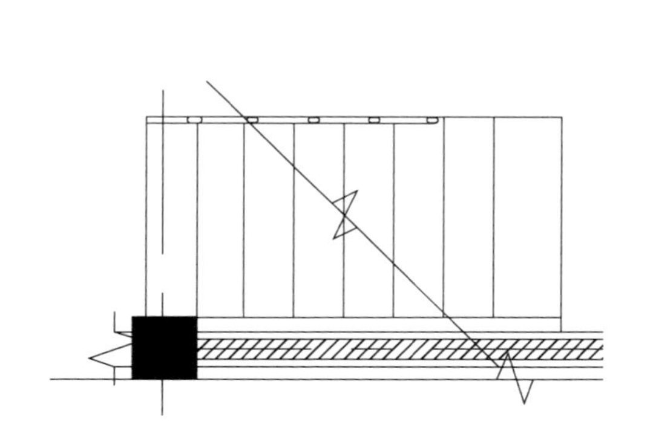
图 15-9　绘制“遮罩区域”的边界线

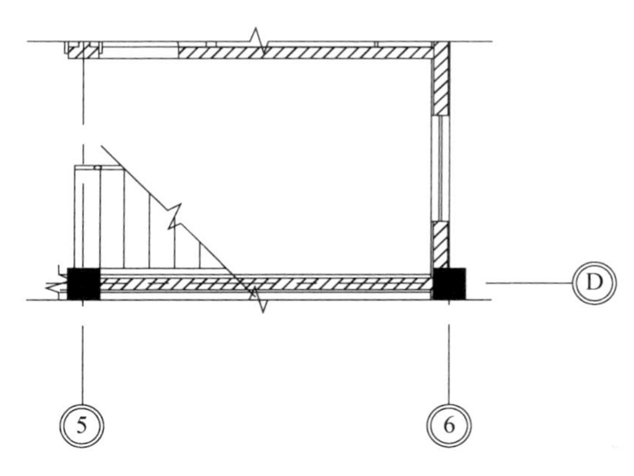

图 15-10　设置“F2 楼梯”的剖切显示

15.1.3 标注尺寸与标高

由于已将参照平面隐藏，其平台位置需要绘制一小段详图线作为位置的标记，单击【注释】选项卡——【详图线】按钮，使用【线】工具在距离柱内侧 1175mm 位置一小段详图线，如图 15-11 所示。相同的方法在楼梯井处绘制一小段详图线距梯段 65mm。单击【注释】选项卡——【对齐】按钮，对梯段进行尺寸标注。然后双击梯段“2750mm”的尺寸值，打开“尺寸标注文字”对话框，选择“以文字替换”为“275×10＝2750”（图 15-12），单击【确定】，如图 15-13 所示。

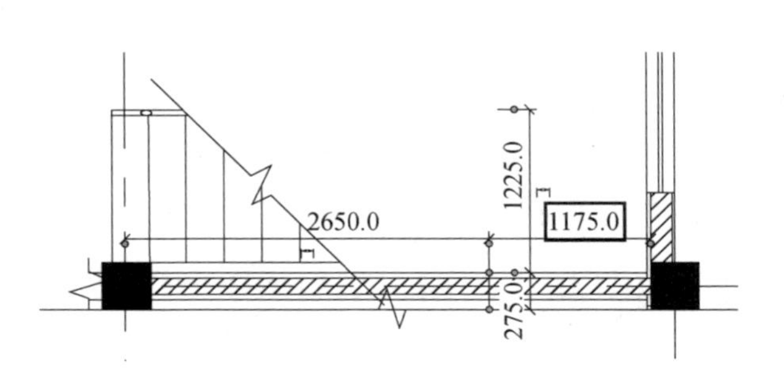

图 15-11　绘制一小段详图线作为尺寸标注的主体

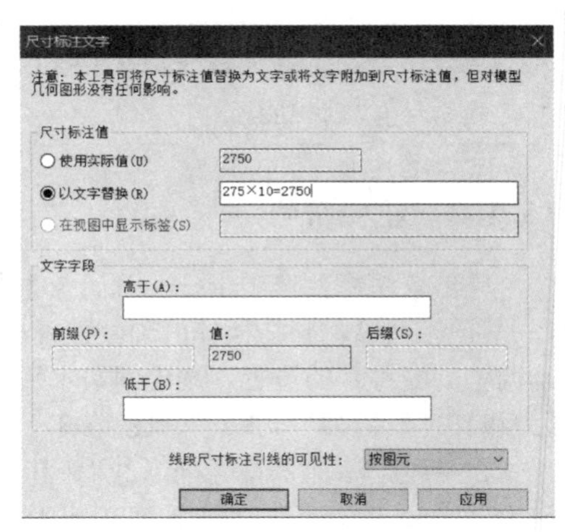

图 15-12　“以文字替换”梯段尺寸值

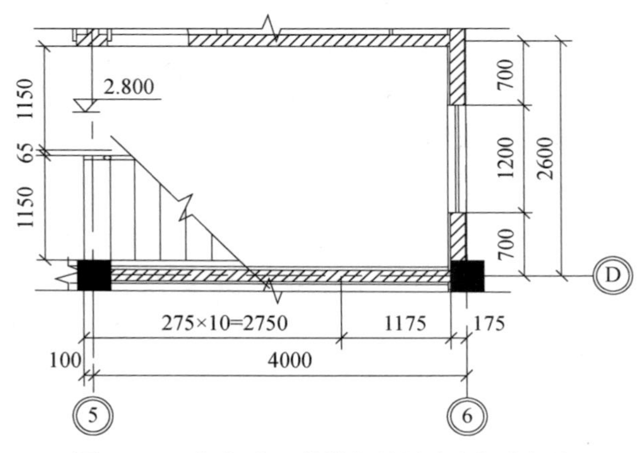

图 15-13　完成“F2 楼梯”的尺寸和标高标注

提示： 当尺寸标注不能显示时，可以单击视图控制栏中的【显示裁剪区域】工具，调整裁剪框的外围虚线位置，将尺寸标注完全显示。

15.1.4　文字标注

单击【注释】选项卡——【符号】按钮，在其【属性】面板类型选择器下拉框中，选择“箭头无坡度”类型，按空格键旋转后放置在梯段适当位置，按两次 Esc 键退出命令。单击【注释】选项卡——【文字】按钮，在其【属性】面板类型选择器下拉框中，选择“仿宋_3mm”类型，标注文字为“上 17 步”，如图 15-14 所示。

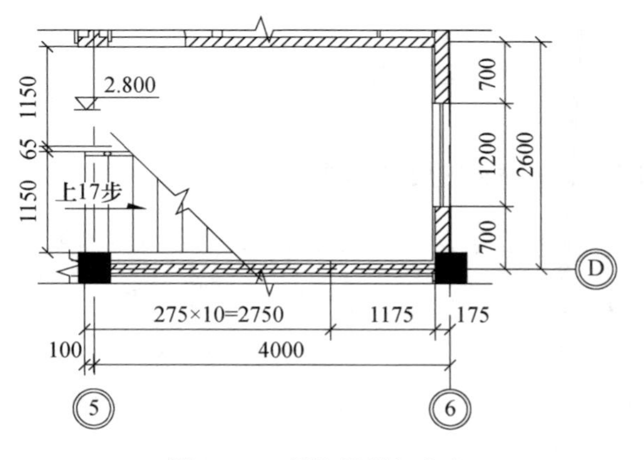

图 15-14　标注符号与文字

15.1.5　创建视图样板

单击【视图】选项卡——【视图样板】下拉列表中的【从当前视图创建样板】（图 15-15），命名为“两跑楼梯大样”，打开“视图样板”对话框（图 15-16），单击【确定】。将二层楼梯大样的视图显示方式存储为样板，作为接下来绘制的三、四层楼梯大样详图的显示样板。

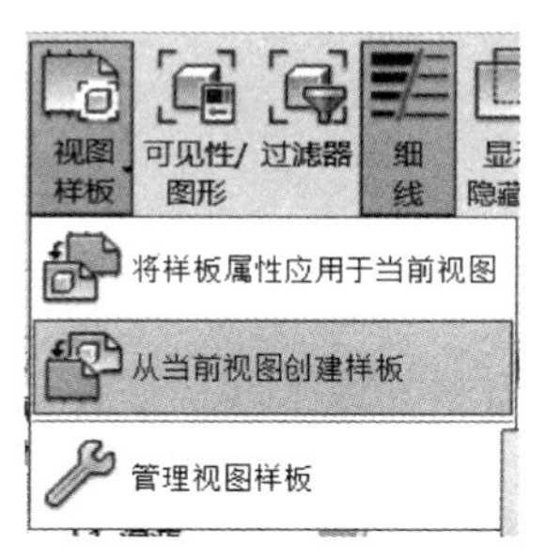

图 15-15　使用“从当前视图创建样板”工具

图 15-16　创建“两跑楼梯大样”视图样板

15.2　F3 楼梯详图

15.2.1　创建详图

切换到 F3 楼层平面视图，单击【视图】选项卡——【详图索引】下拉列表中的【矩形】按钮，在【属性】面板的类型选择器下拉框中，选择“楼层平面”类型。在 F3 楼梯位置由左上角向右下角拖曳光标，绘制矩形索引框，此时在项目浏览器中生成“楼层平面”——“F3-详图索引 1”（图 15-17），调整详图索引标头的位置并双击（图 15-18），打开“F3 -详图索引 1”视图（图 15-19）。

> **提示：** 创建“F3-详图索引 1”后，可以将 F3 视图中的详图索引框隐藏，方便后期布图。

在项目浏览器中，单击右键将“F3-详图索引 1”重命名为“三层楼梯大样”。将视图中的剖切符号隐藏，将“卫浴装置”和“家具”等隐藏，并关闭一侧轴网标头，单击【隐藏裁剪区域】按钮，如图 15-20 所示。

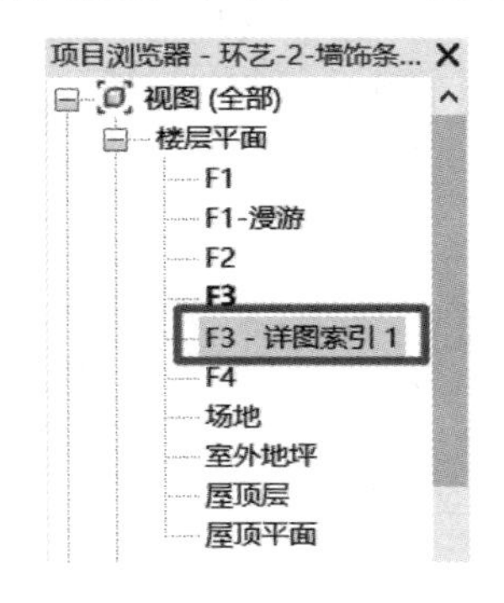

图 15-17　生成“F3-详图索引 1”视图

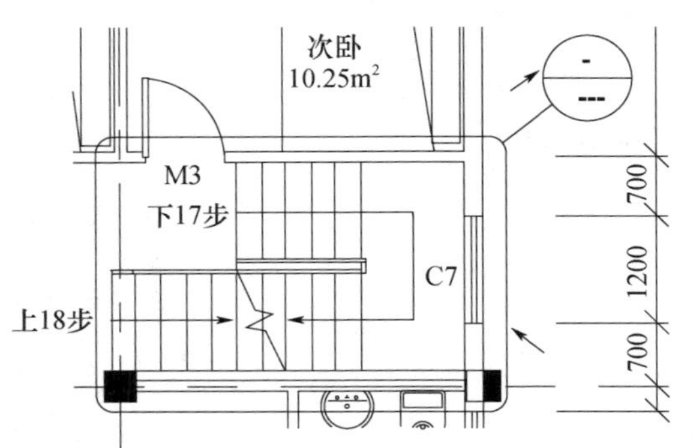

图 15-18　双击“详图索引”的标头

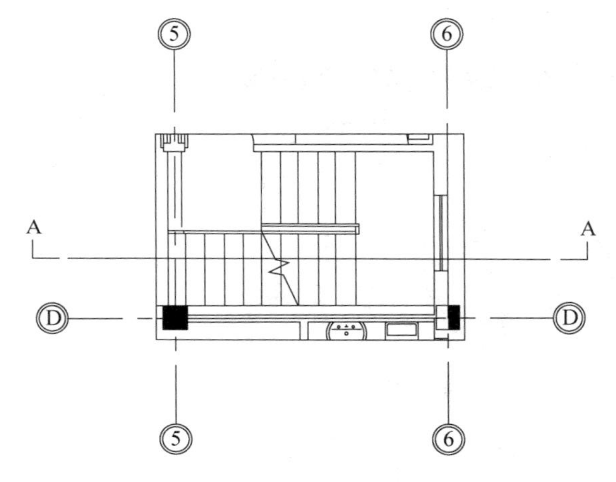

图 15-19　打开“F3-详图索引 1”视图

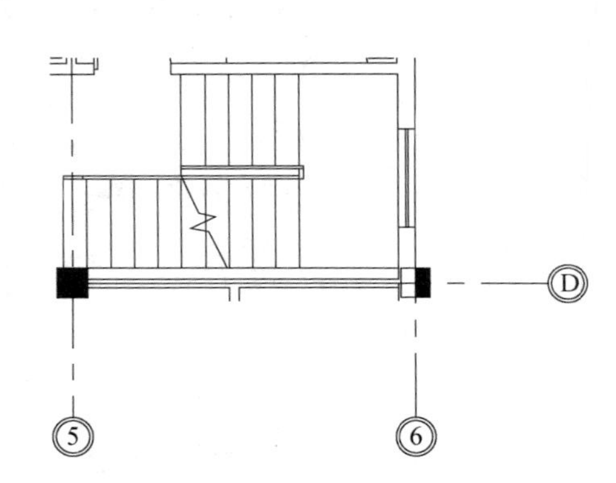

图 15-20　调整“F3 楼梯”详图显示

单击【视图】选项卡——【视图样板】下拉列表中的【将样板属性应用于当前视图】，打开“应用视图样板”对话框，在“视图类型过滤器”中选择“立面、剖面、详图视图”，选择“两跑楼梯大样”，单击【确定】(图 15-21)，将该视图样板应用到“三层楼梯大样”(图 15-22)。

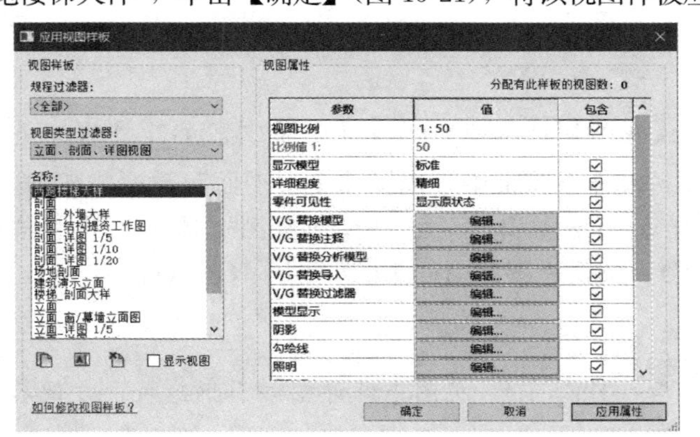

图 15-21　将“两跑楼梯大样”视图样板应用到“三层楼梯大样”

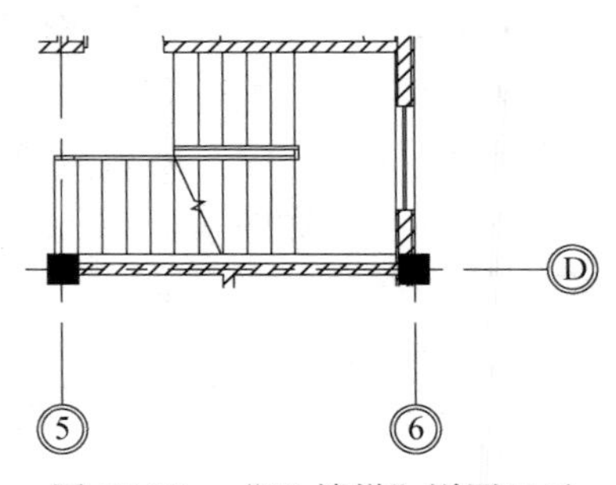

图 15-22　“F3 楼梯”详图显示

15.2.2 注释与标注

添加剖断符号，如图 15-23 所示。

标注尺寸和标高，将踏步梯段的尺寸值替换为文字“275×10=2750”与“275×5=1375”，如图 15-24 所示。

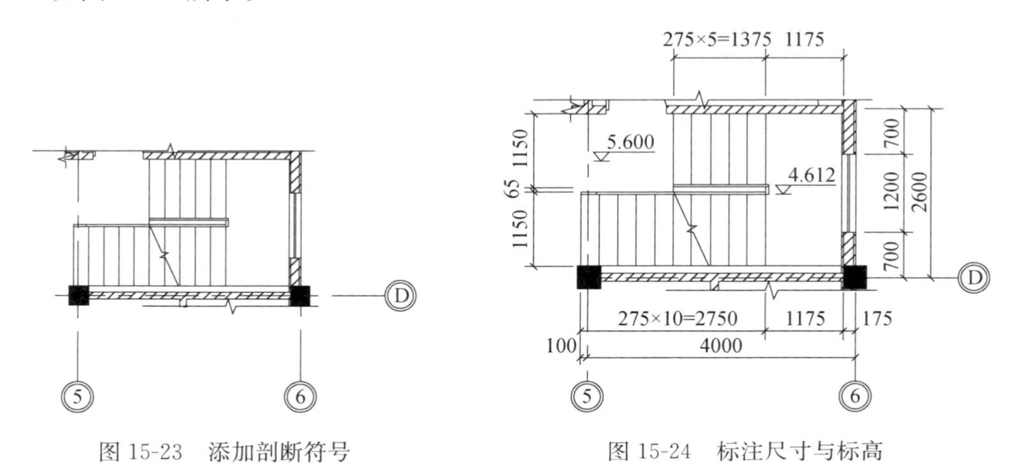

图 15-23 添加剖断符号　　图 15-24 标注尺寸与标高

单击【注释】选项卡——【楼梯路径】按钮 ，分别选择向上梯段与向下梯段，系统可以自动添加向上箭头和向下箭头，在箭头的【属性】面板中分别将文字改为“上 18 步”和“下 17 步”，如图 15-25 所示。

> **提示：** 如果文字不能完全显示，可以单击视图控制栏中的【显示裁剪区域】工具 ，调整裁剪框的范围。

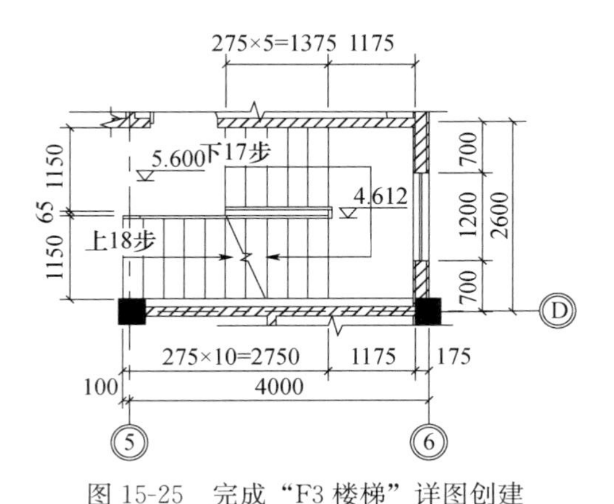

图 15-25 完成“F3 楼梯”详图创建

15.3 F4 楼梯详图

切换到 F4 楼层平面视图，在项目浏览器中对 F4 视图单击右键，在弹出的快捷菜单中选择【复制视图】——【带细节复制】，将复制的“F4 副本 1”视图重命名为“四层楼梯大样”。单击视图控制栏中【显示裁剪区域】工具，打开裁剪框，裁剪到楼梯的合适位置，如图 15-26 所示。

单击【视图】选项卡——【视图样板】下拉列表中的【将样板属性应用于当前视图】，打开“应用视图样板”对话框，在“视图类型过滤器”中选择“立面、剖面、详图视图”，选择“两跑楼梯大样”，单击【确定】，将该视图样板应用到“四层楼梯大样”。将视图中多余的图元进行隐藏，关闭一侧轴网标头，移动相关标高与尺寸标注等，单击【隐藏裁剪区域】按钮，如图 15-27 所示。

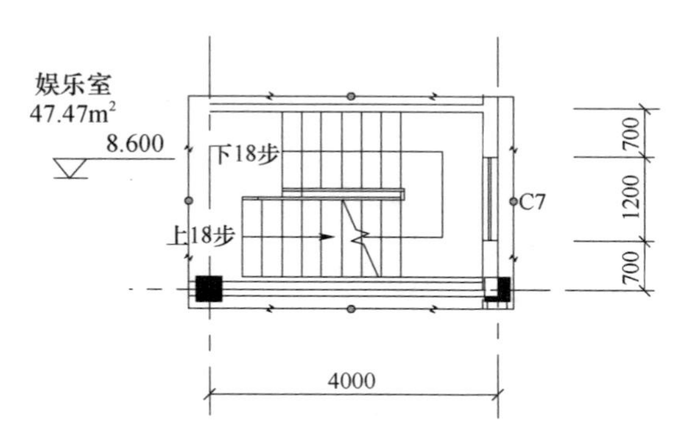

图 15-26　裁剪“F4 楼梯”的显示范围

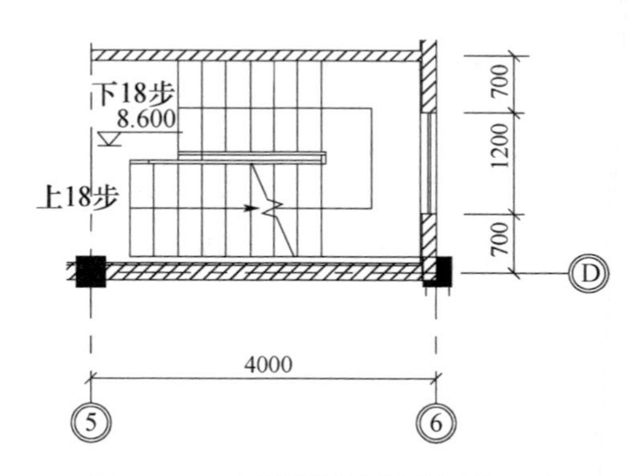

图 15-27　应用视图样板并调整显示

添加剖断符号，标注尺寸和标高，将踏步梯段的尺寸替换为文字“275×8＝2200”与“275×6＝1650”。使用【填充区域】工具，为向下的指示线绘制黑色箭头，如图 15-28 所示。

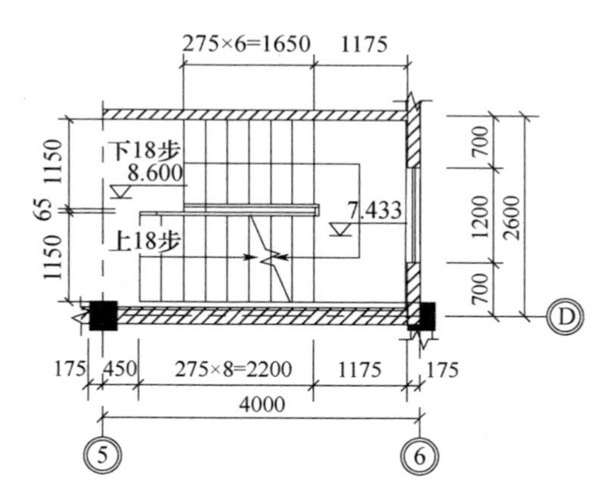

图 15-28　完成“F4 楼梯”详图创建

15.4　屋顶层楼梯详图

切换到屋顶层平面视图，将其进行“带细节复制”，并重命名为“屋顶层楼梯大样”。打开“视图范围”对话框，将“剖切面”偏移值设为“20mm”（图 15-29），显示完整的屋顶层楼梯（图 15-30）。

在视图控制栏中单击【显示裁剪区域】，打开裁剪框，裁剪到楼梯的合适位置，如图 15-31 所示。将“两跑楼梯大样”视图样板应用到“屋顶层楼梯大样”。将视图中多余的图元进行隐藏，关闭一侧轴网标头，移动相关标高，并使用【详图线】工具补齐栏杆，单击【隐藏裁剪区域】按钮，如图 15-32 所示。

添加剖断符号，标注尺寸和标高，将踏步梯段的尺寸替换为文字“275×8=2200”，如图 15-33 所示。

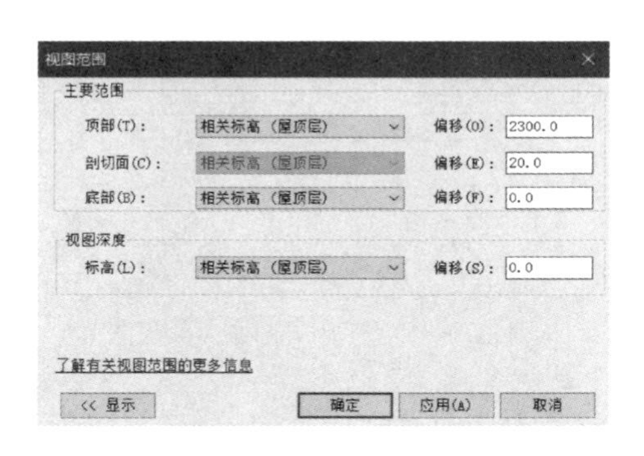

图 15-29 调整屋顶层“视图范围”

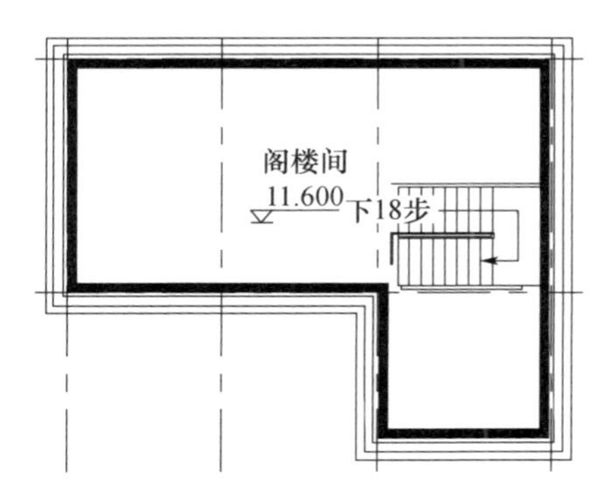

图 15-30 显示屋顶层楼梯

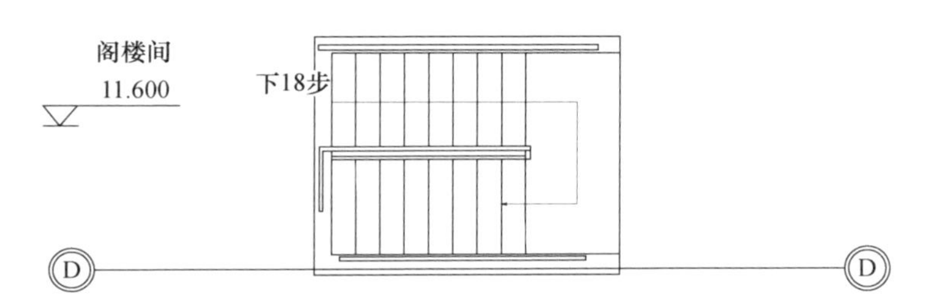

图 15-31 裁剪“屋顶层楼梯”的显示范围

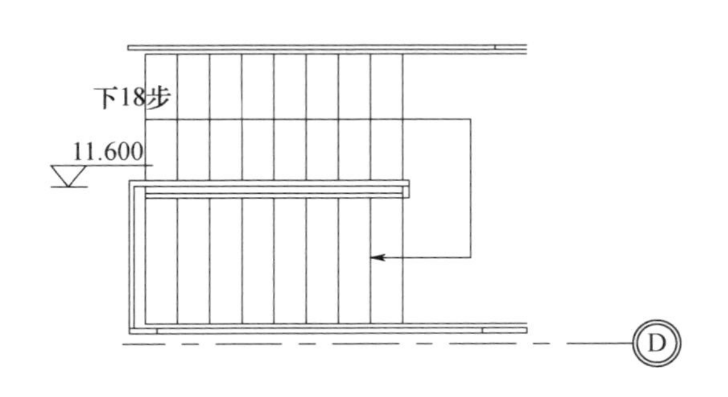

图 15-32 应用视图样板并调整显示

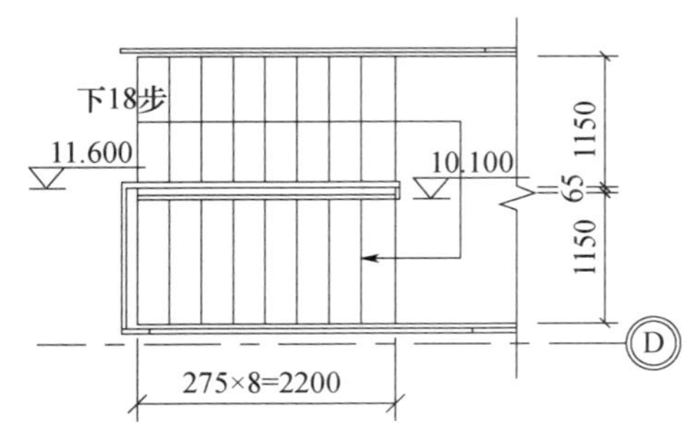

图 15-33 完成“屋顶层楼梯”详图创建

15.5 主入口门廊详图

15.5.1 创建立面详图

切换到南立面视图，在“项目浏览器”中，右键单击“南立面”视图，在弹出的快捷菜单中选择【复制视图】——【带细节复制】，系统可以自动切换到“南副本 1”视图。单击【视图】选项卡——【详图索引】下拉列表中的【矩形】按钮，在【属性】面板的类型选择器下拉框中，选择“详图视图详图”类型，在主入口门廊的三角形山花位置由左上角向右下角拖曳光标，绘制矩形索引框（图 15-34），此时在“项目浏览器”中生成“详图视图—详图 0”，双击详图索引标头，打开“详图 0”视图（图 15-35）。

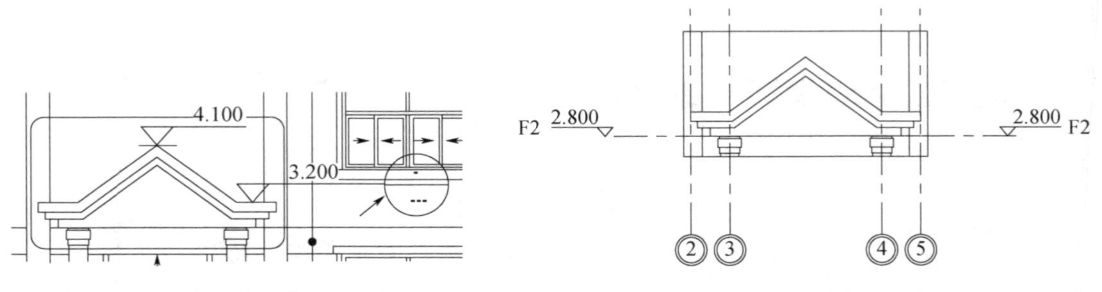

图 15-34　双击“详图索引”的标头　　　　图 15-35　打开“详图 0”视图

在项目浏览器中，单击右键将“详图 0”重命名为“门廊立面大样”，在视图控制栏中，设置【视图比例】为“1∶20”，【详细程度】为“精细”，适当调整轴线和标高线位置，单击【隐藏裁剪区域】按钮（图 15-36）。

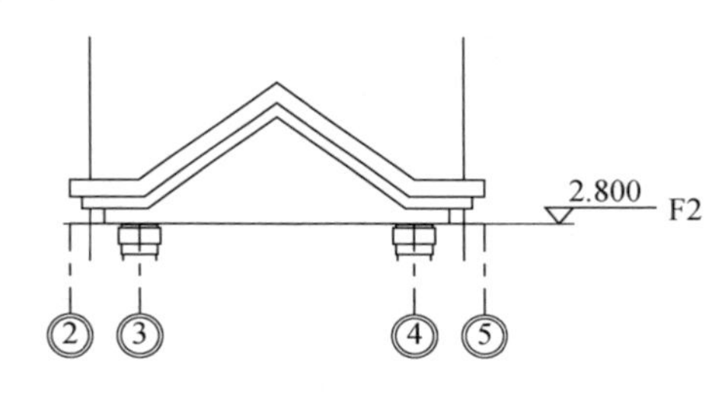

图 15-36　设置“门廊立面大样”显示

15.5.2　注释与标注

单击【修改】选项卡——【线处理】按钮，将【线样式】设为“不可见线”，分别单击门廊左右两侧的柱边线，将其隐藏。添加剖断符号，如图 15-37 所示。

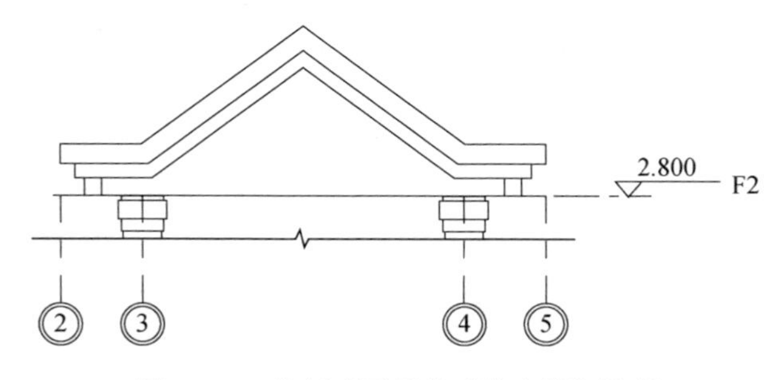

图 15-37　将门廊两侧的“柱边线”隐藏

对门廊详图进行尺寸和标高标注，如图 15-38 所示。

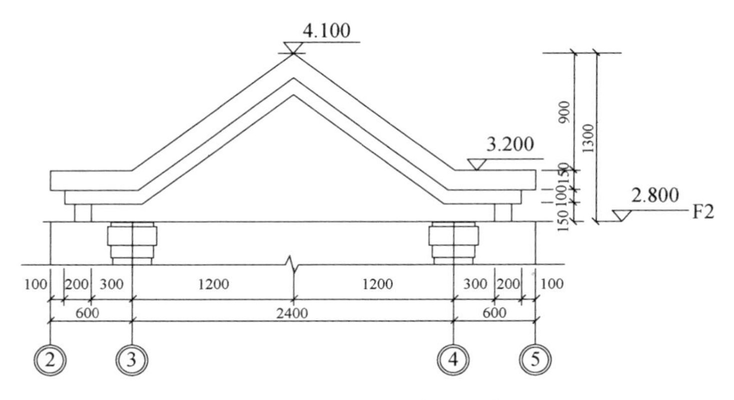

图 15-38 标注尺寸和标高

15.5.3 门廊剖面 B

单击【视图】选项卡——【剖面】按钮，在【属性】面板的类型选择器下拉框中，选择“详图视图详图”类型，在门廊立面大样图中心位置，绘制剖面符号，并调整剖切位置和深度范围（图 15-39），此时系统会重新生成“详图 0”视图，将其重命名为“门廊剖面 B”，并双击切换到“门廊剖面 B”视图，如图 15-40 所示。

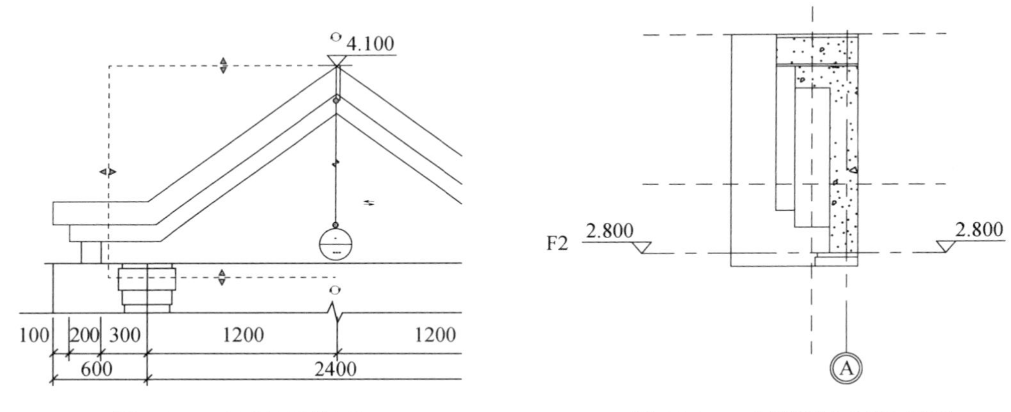

图 15-39 绘制剖面符号

图 15-40 “门廊剖面 B”视图

在视图控制栏中，设置【视图比例】为“1：20”，【详细程度】为“精细”，使用快捷键“vv”，打开“门廊剖面 B 的可见性/图形替换”对话框，单击“屋顶”的【截面】——【填充图案】——【替换】按钮（图 15-41），打开“填充样式图形”对话框，将【背景】的【填充图案】设为“上对角线”，【颜色】设为“黑色”，其与前景填充可以进行叠加，代表钢筋混凝土材质，单击【确定】（图 15-42）。采用相同的操作，修改“屋顶的封檐板”和“常规模型”的截面填充图案的【背景】为“上对角线”，【颜色】为“黑色”。

单击【视图】选项卡——【视图样板】下拉列表中的【从当前视图创建样板】，命名为“门廊剖面大样”，打开“视图样板”对话框，单击【确定】。

将参照平面和轴线隐藏，关闭一侧的标高标头，适当调整裁剪框范围后将其关闭，在剖断位置添加剖断符号，如图 15-43 所示。

可见性	投影/表面			截面		半色调	详细程度
	线	填充图案	透明度	线	填充图案		
☑ 场地						☐	按视图
☑ 坡道						☐	按视图
☑ 墙						☐	按视图
☑ 天花板						☐	按视图
☑ 家具						☐	按视图
☑ 家具系统						☐	按视图
☑ 屋顶						☐	按视图
☑ 公共边							
☑ 内部边缘							
☑ 封檐板							
☑ 屋檐底板							
☑ 檐沟							
☑ 隐藏线							
☑ 常规模型						☐	按视图

图 15-41　修改屋顶等构件的截面填充图案

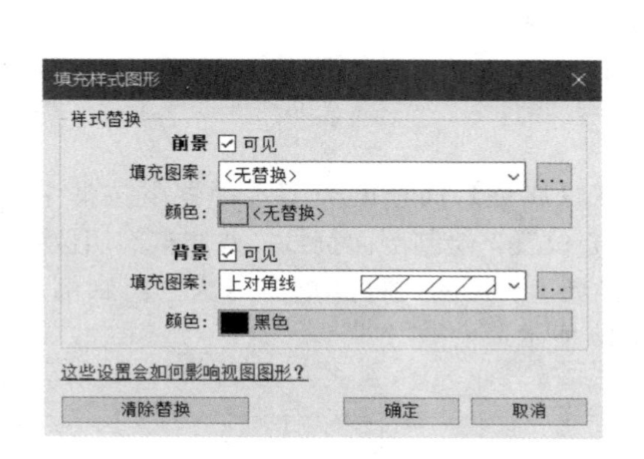

图 15-42　设置屋顶截面的背景填充样式

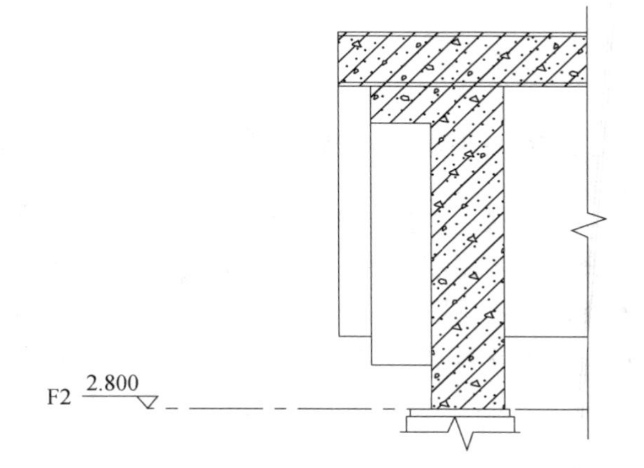

图 15-43　设置“门廊剖面 B”的显示样式

标注尺寸和标高，如图 15-44 所示。

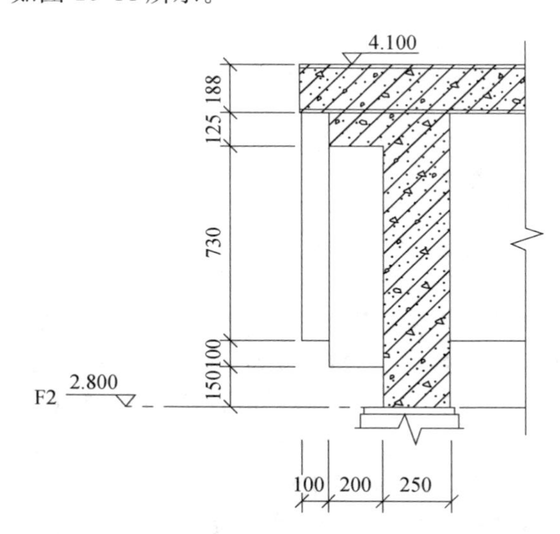

图 15-44　完成“门廊剖面 B”的详图创建

提示： 由于剖切位置不在正中心，可以使用【符号】工具添加标高符号，手动输入标高值“4.100”。

15.5.4　门廊剖面 A

切换到 F2 楼层平面视图，单击【视图】选项卡——【剖面】按钮，在【属性】面板类型选择器下拉框中，选择“详图视图详图”类型，在门廊屋顶处绘制剖面符号，对门廊进行横向剖切（图 15-45）。此时系统又新生成了“详图 0”视图，将其重命名为“门廊剖面A”，并双击切换到该视图（图 15-46）。

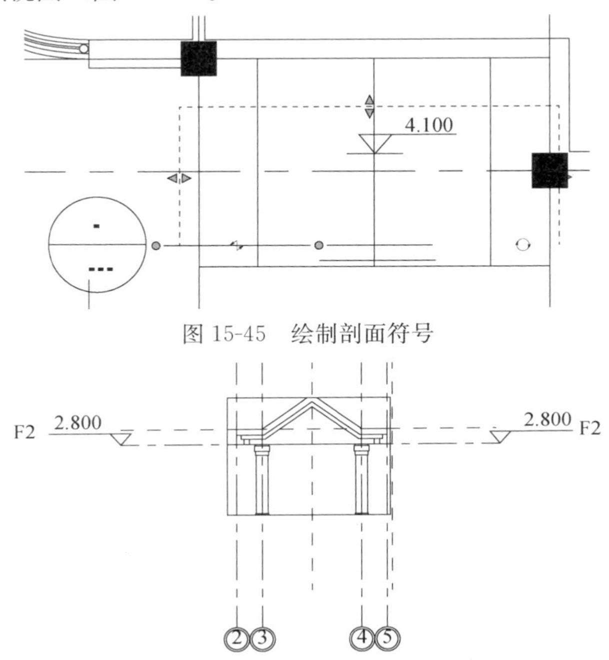

图 15-45　绘制剖面符号

图 15-46　打开“门廊剖面 A”视图

单击【视图】选项卡——【视图样板】下拉列表中的【将样板属性应用于当前视图】，打开“应用视图样板”对话框，在“视图类型过滤器”中选择“立面、剖面、详图视图”，选择“门廊剖面大样”，单击【确定】，将该视图样板应用到“门廊剖面 A”。在视图中隐藏参照平面、剖面符号和柱边线等，调整轴线和标高线位置，调整裁剪框的范围后将其关闭，添加剖断符号，标注尺寸和标高，如图 15-47 所示。

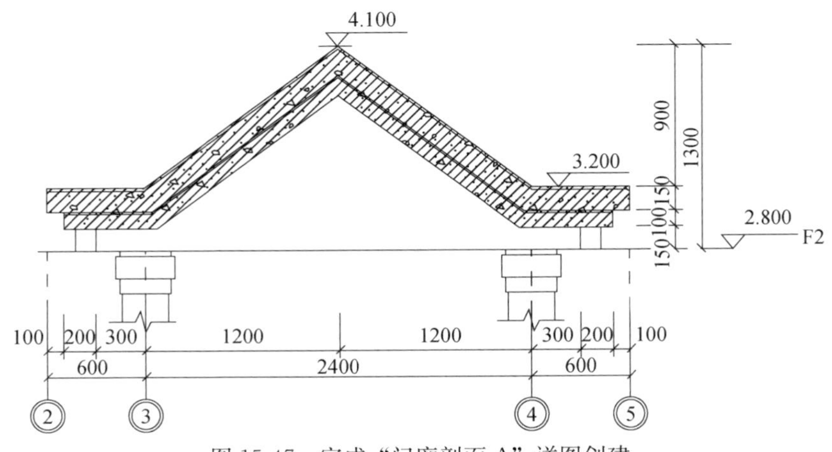

图 15-47　完成“门廊剖面 A”详图创建

> **提示**：对门廊进行横向剖切时，可能会剖切到立柱，此时需要调整剖切符号的位置，使之不对立柱产生剖切。

15.6 老虎窗详图

15.6.1 立面详图

切换到“南副本 1”视图，单击【视图】选项卡——【详图索引】下拉列表中的【矩形】按钮，在【属性】面板的类型选择器下拉框中，选择“立面建筑立面”类型，在老虎窗位置由左上角向右下角拖曳光标，绘制矩形索引框（图 15-48），此时在项目浏览器中生成“立面—南副本 1-详图索引 1”视图，双击详图索引标头，打开“南副本 1-详图索引 1”视图，将其重命名为“老虎窗立面大样”。在视图控制栏中，设置【视图比例】为“1∶20”，【详细程度】为“精细”，将轴线隐藏，单击【隐藏裁剪区域】按钮。（图 15-49）

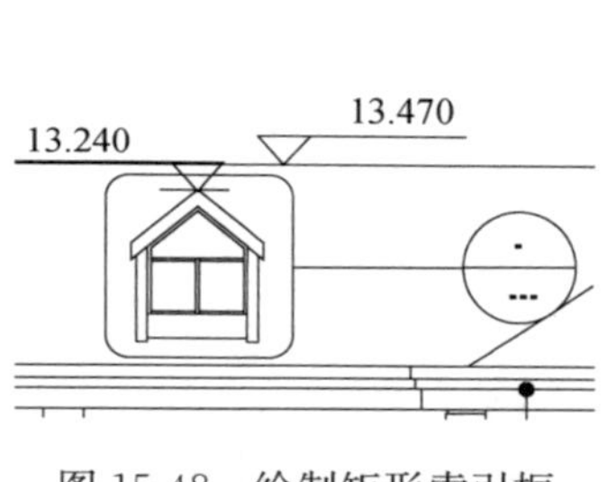

图 15-48　绘制矩形索引框

图 15-49　设置“老虎窗立面”详图显示

对老虎窗立面详图进行标注与注释，如图 15-50 所示。

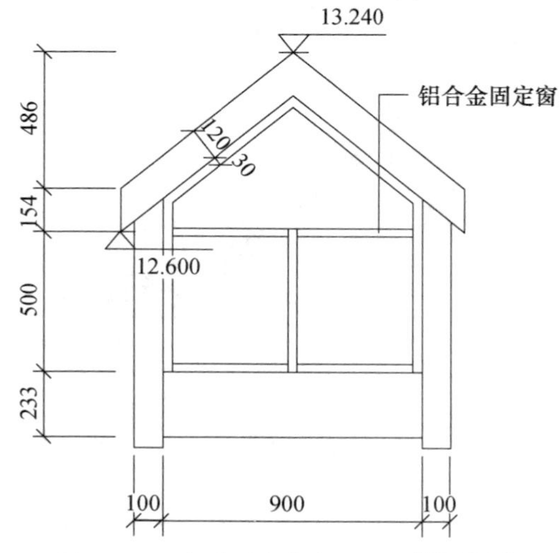

图 15-50　完成“老虎窗立面”详图创建

15.6.2　剖面详图

单击【视图】选项卡——【剖面】按钮，在【属性】面板的类型选择器下拉框中，选择“详图视图详图”类型，在老虎窗立面大样图右侧位置，绘制剖面符号，并调整剖切位置和深度范围（图 15-51），此时系统会新生成“详图 0”视图，将其重命名为“老虎窗剖面”，并双击切换到该视图，如图 15-52 所示。

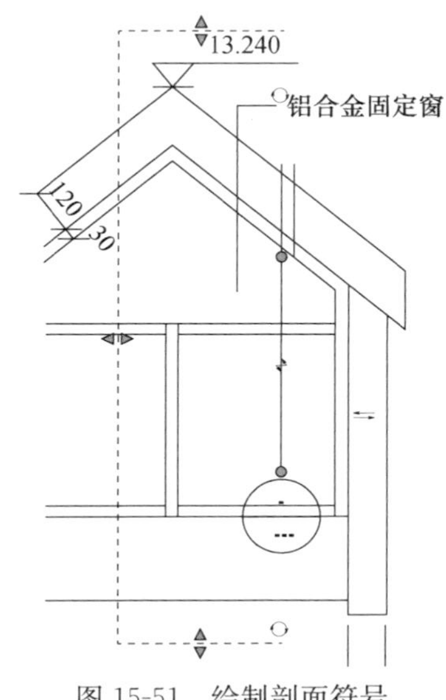

图 15-51　绘制剖面符号

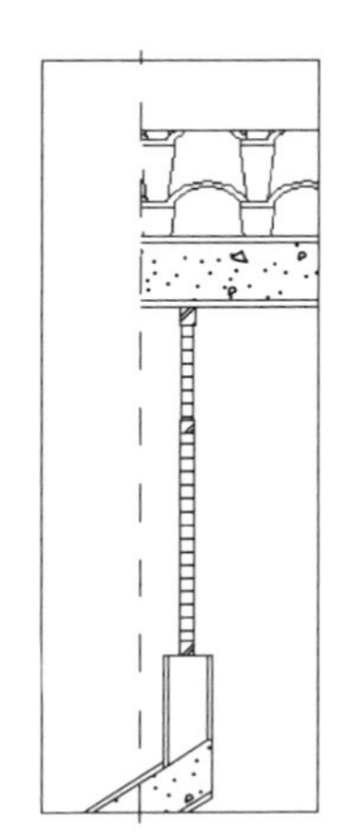
图 15-52　打开“老虎窗剖面”视图

单击【视图】选项卡——【视图样板】下拉列表中的【将样板属性应用于当前视图】，打开“应用视图样板”对话框，在“视图类型过滤器”中选择“立面、剖面、详图视图”，选择“门廊剖面大样”，单击【确定】，将该视图样板应用到“老虎窗剖面”。使用快捷键“vv”，打开“老虎窗剖面的可见性/图形替换”对话框，单击“墙”的【截面】——【填充图案】——【替换】按钮，打开“填充样式图形”对话框，将【前景】的【填充图案】设为“上对角线”，【颜色】设为“黑色”，单击【确定】。

将视图中不需要的图元进行隐藏，调整裁剪框的范围，反映出老虎窗与屋顶的交接构造关系，关闭裁剪框后，添加剖断符号，标注尺寸和标高，如图 15-53 所示。

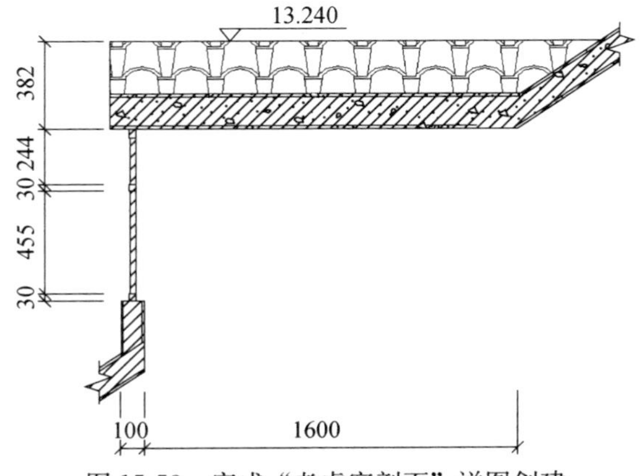

图 15-53　完成“老虎窗剖面”详图创建

15.7 F1楼梯详图

15.7.1 创建详图

切换到F2楼层平面视图，单击【视图】选项卡——【详图索引】下拉列表中的【草图】按钮，在【属性】面板的类型选择器下拉框中，选择“详图视图详图”类型。沿F1客厅上空位置绘制“L”形索引框（图15-54），此时在项目浏览器中生成“详图视图—详图0”，双击“详图索引”标头（图15-55），打开“详图0”视图（图15-56）。

在项目浏览器中，单击右键将“详图0”重命名为“一层楼梯大样”，将剖切符号、结构梁和家具等图元隐藏，关闭一侧轴网标头并适当调整，并单击【隐藏裁剪区域】按钮，如图15-57所示。

单击【视图】选项卡——【视图样板】下拉列表中的【将样板属性应用于当前视图】，打开“应用视图样板”对话框，在“视图类型过滤器”中选择“立面、剖面、详图视图”，选择“两跑楼梯大样”，单击【确定】，将该视图样板应用到“一层楼梯大样”。

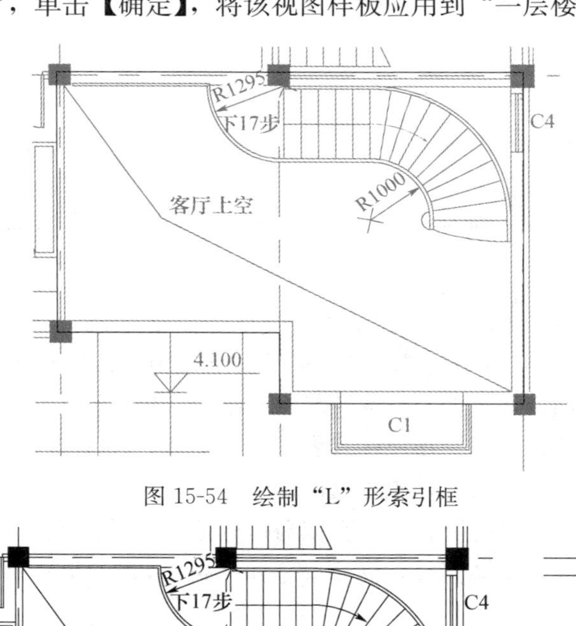

图15-54 绘制“L”形索引框

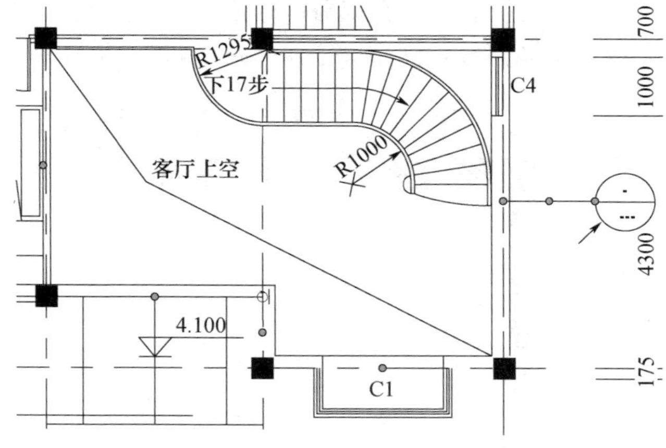

图15-55 双击“详图索引”的标头

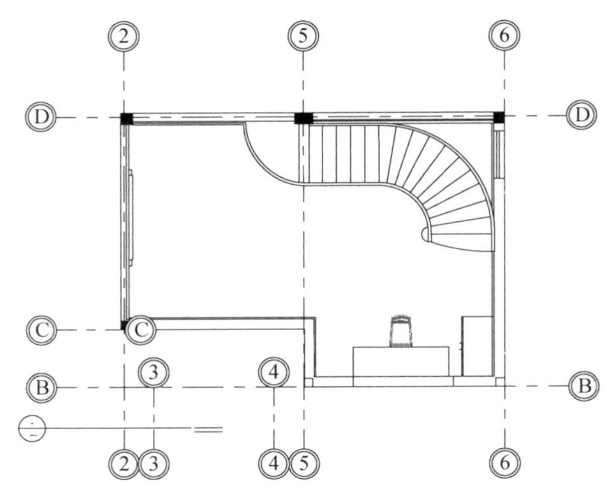

图 15-56 打开“详图 0”视图

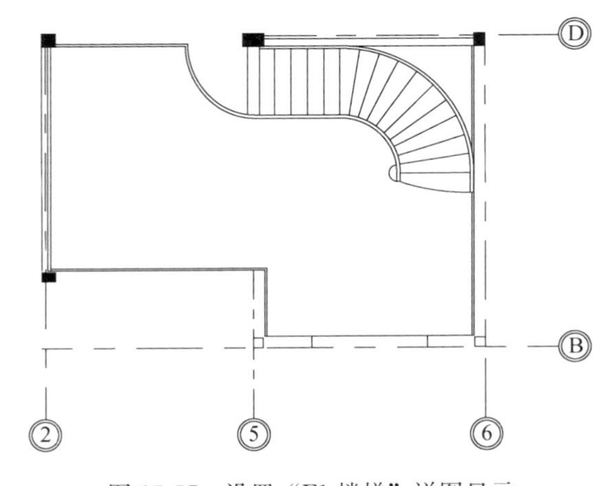

图 15-57 设置“F1 楼梯”详图显示

提示：应用视图样板后，家具会显示出来，此时需要重新将其隐藏。

15.7.2 注释与标注

添加剖断符号，如图 15-58 所示。

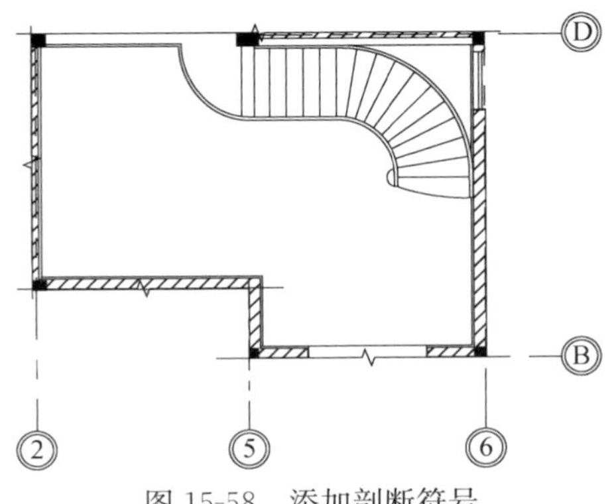

图 15-58 添加剖断符号

标注尺寸和标高，如图 15-59 所示。

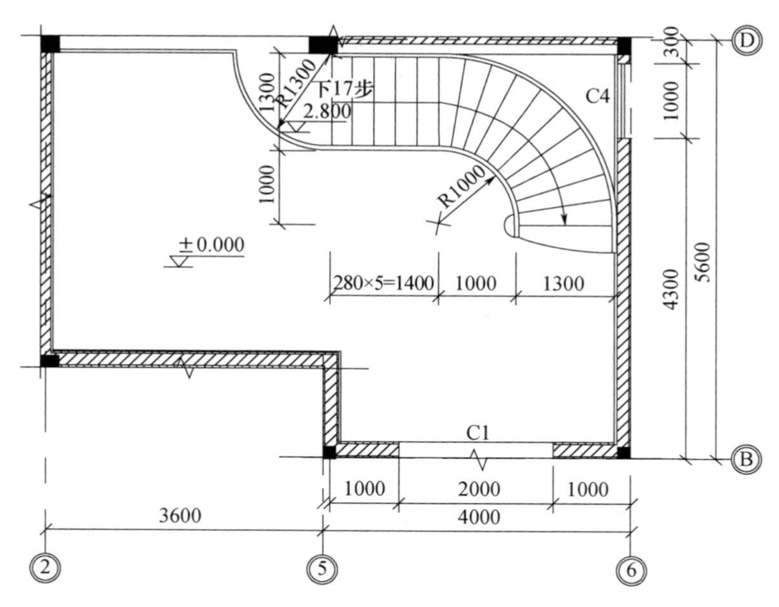

图 15-59　完成“F1 楼梯”详图创建

15.8　阳台栏板详图

15.8.1　立面详图

切换到“南副本 1”视图，单击【视图】选项卡——【详图索引】下拉列表中的【矩形】按钮，在【属性】面板的类型选择器下拉框中，选择“详图视图详图”类型，在 F3 阳台栏板位置由左上角向右下角拖曳光标，绘制矩形索引框（图 15-60），此时在“项目浏览器”中生成“详图 0”视图，双击详图索引标头，打开“详图 0”视图，将其重命名为“阳台栏板大样”。在视图控制栏中，设置【视图比例】为“1：20”，【详细程度】为“精细”，将轴线和标高隐藏，单击【隐藏裁剪区域】按钮，如图 15-61 所示。

对阳台栏板进行标注与注释，如图 15-62 所示。

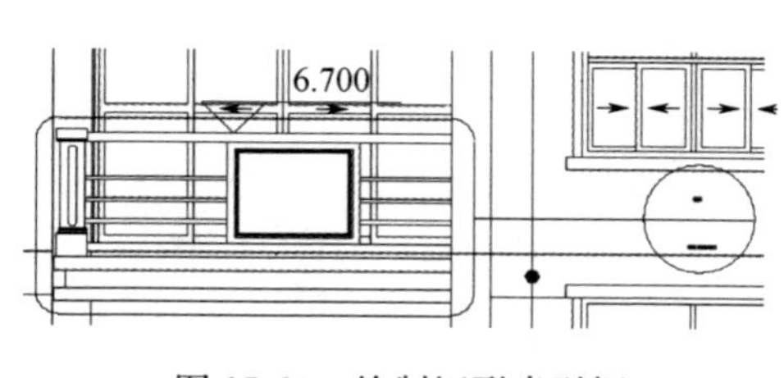

图 15-60　绘制矩形索引框

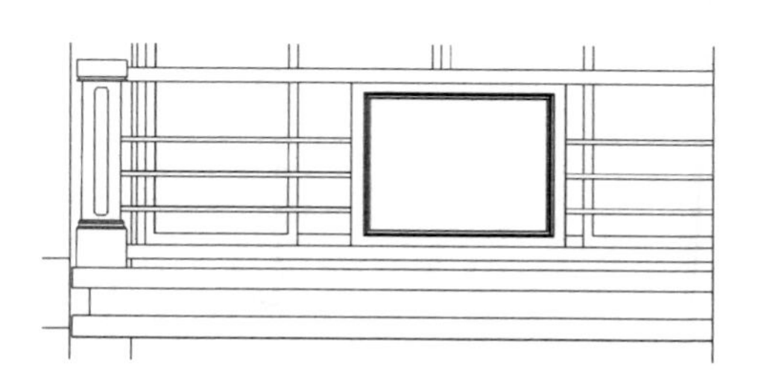

图 15-61　设置“阳台栏板立面”详图显示

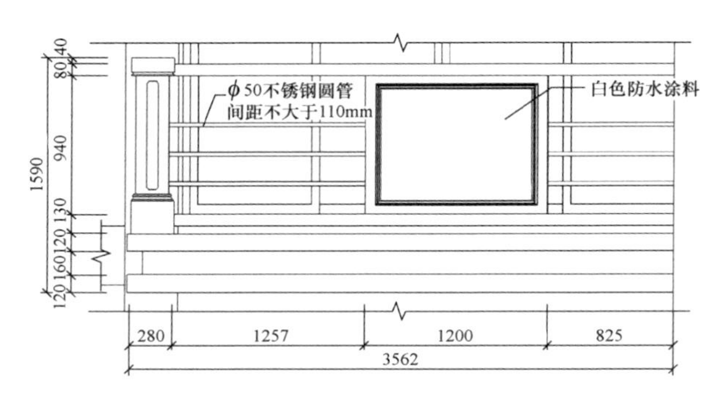

图 15-62 完成“阳台栏板立面”详图创建

15.8.2 剖面详图

单击【视图】选项卡——【剖面】按钮，在【属性】面板的类型选择器下拉框中，选择“详图视图详图”类型，在阳台栏板立面大样图左侧位置，绘制剖面符号，并调整剖切位置和深度范围（图 15-63），此时系统会新生成“详图 0”视图，将其重命名为“阳台栏板剖面”，并双击切换到该视图，在视图控制栏中，设置【视图比例】为“1∶20”，【详细程度】为“精细”，如图 15-64 所示。

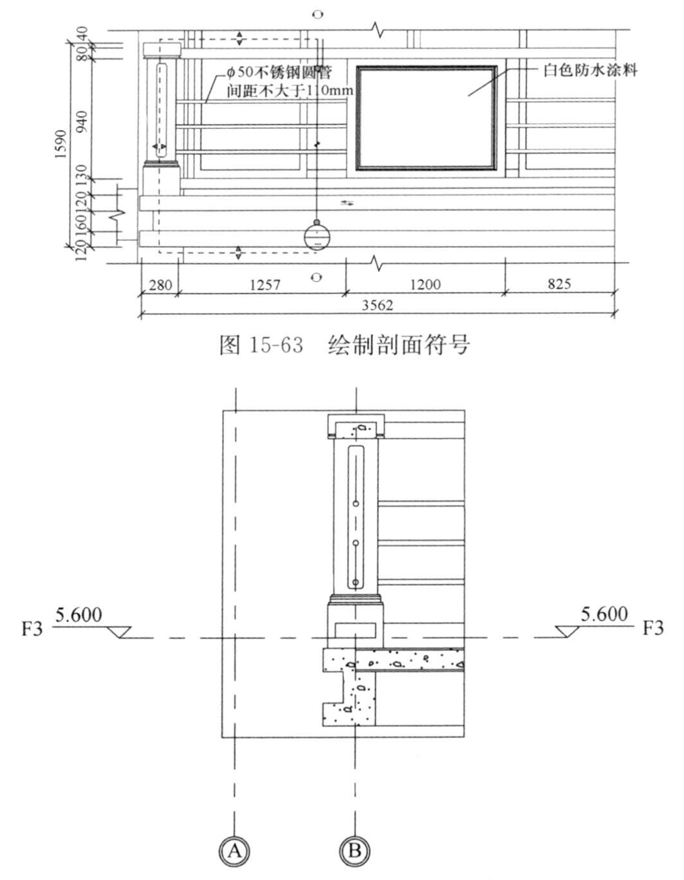

图 15-63 绘制剖面符号

图 15-64 设置“阳台栏板剖面”详图显示

使用快捷键“vv”，打开“阳台栏板剖面的可见性/图形替换”对话框，单击“楼板”的【截面】——【填充图案】——【替换】按钮，打开“填充样式图形”对话框，将【背景】的【填充图案】设为“上对角线”，【颜色】设为“黑色”，其与前景填充可以进行叠加，代表钢筋混凝土材质，单击【确定】。使用相同的操作，修改“楼板边缘”的截面填充图案的【背景】为“上对角线”，【颜色】为“黑色”。隐藏轴线并调整标高线，关闭裁剪框，如图 15-65所示。

进行标注与注释，如图 15-66 所示。

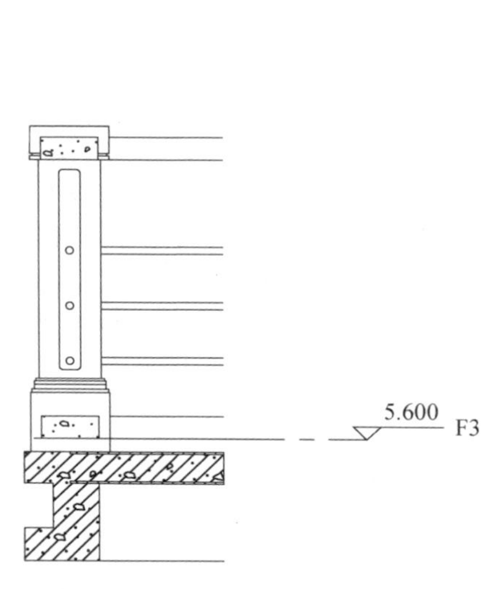

图 15-65　设置剖切部位的填充样式

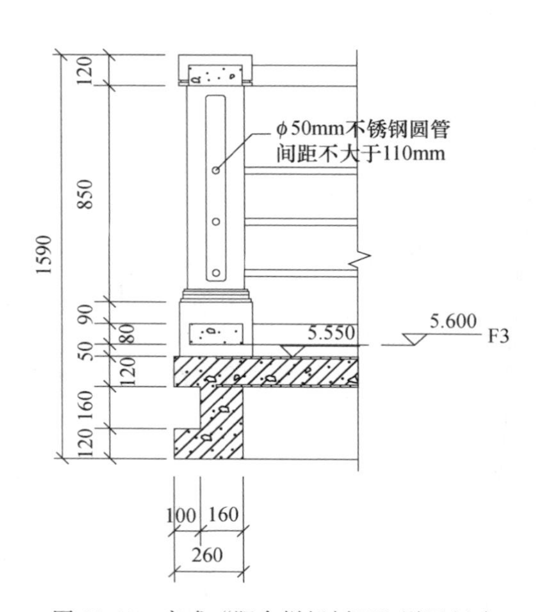

图 15-66　完成“阳台栏板剖面”详图创建

15.9　檐沟剖面详图

切换到“剖面 A”视图，单击【视图】选项卡——【详图索引】下拉列表中的【矩形】按钮，在【属性】面板的类型选择器下拉框中，选择“详图视图详图”类型，在左侧屋顶檐沟位置由左上角向右下角拖曳光标，绘制矩形索引框（图 15-67），此时在项目浏览器中生成“详图 0”视图，双击详图索引标头，打开“详图 0”视图，将其重命名为“檐沟剖面大样”。在视图控制栏中，设置【视图比例】为“1：10”，【详细程度】为“精细”，将轴线和标高隐藏，单击【隐藏裁剪区域】按钮，如图 15-68 所示。

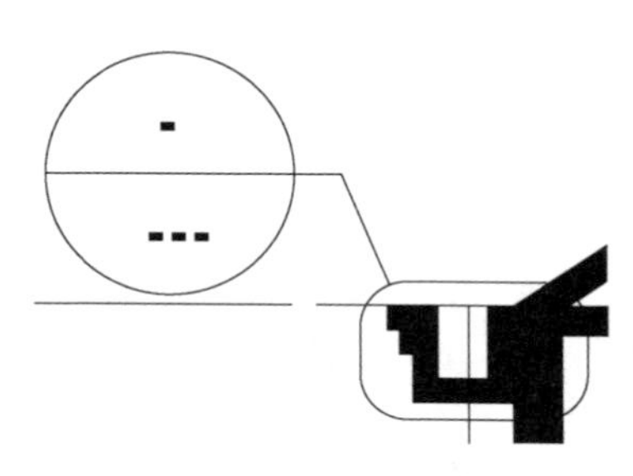

图 15-67　绘制矩形索引框

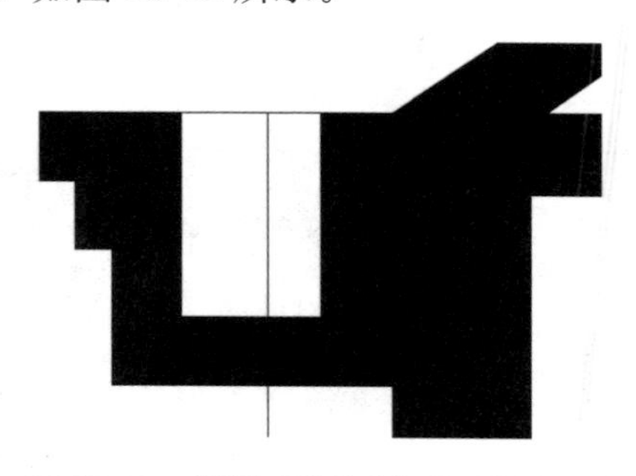

图 15-68　设置“檐沟剖面”详图显示

使用快捷键“vv”，打开“檐沟剖面大样的可见性/图形替换”对话框，单击“屋顶”的【截面】——【填充图案】——【替换】按钮，打开“填充样式图形”对话框，将【前景】的【填充图案】和【颜色】设为“无替换”，将【背景】的【填充图案】设为“上对角线”，【颜色】设为“黑色”，其与前景填充可以进行叠加，代表钢筋混凝土材质，单击【确定】。使用相同的操作，修改“屋顶的檐沟”“楼板”和“结构框架”的截面填充图案的【背景】为“上对角线”，【颜色】为“黑色”。另外将剖切到的墙体和结构柱隐藏，将结构梁与楼板进行连接，如图 15-69 所示。

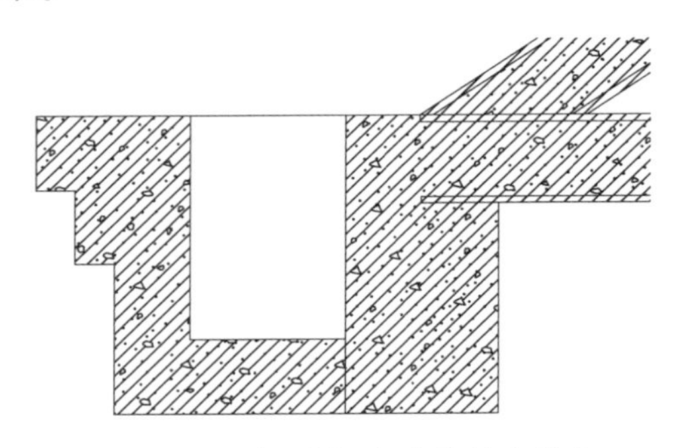

图 15-69　设置剖切部位的填充样式

进行标注与注释，如图 15-70 所示。

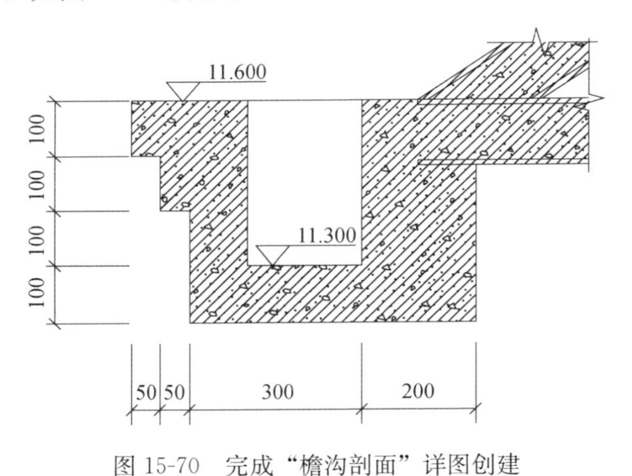

图 15-70　完成“檐沟剖面”详图创建

16　布图与打印

项目的平立剖面图、详图、明细表和效果图等视图的创建完成后，可以将它们以视口的方式布置到图纸中，各视口可以设置显示比例、详细程度、范围以及视图标题等内容。图纸信息可以通过设置项目信息和属性进行调整。创建完成的“图纸集”可以进行直接打印或导出为 CAD 文件。

本章主要介绍图纸的创建与布置，设置项目信息与视口属性，打印为 PDF 文件以及导出为 CAD 文件的方法等。

本章学习目的：

（1）掌握图纸的创建与布置方法；

（2）掌握项目信息的设置；

（3）掌握打印 PDF 文件的方法；

（4）掌握导出 CAD 文件的方法。

手机扫码
观看教程

16.1　图纸图框

16.1.1　新建图纸

打开“吕桥四层别墅-16. rvt”文件，单击【视图】选项卡——【图纸】按钮，弹出【新建图纸】对话框，选择“A2 公制”标题栏（图 16-1），单击【确定】（图 16-2）。项目浏览器中生成“J0-1-未命名”图纸视图，可以将相应的视图拖曳到图纸空间中，进行图纸布置。

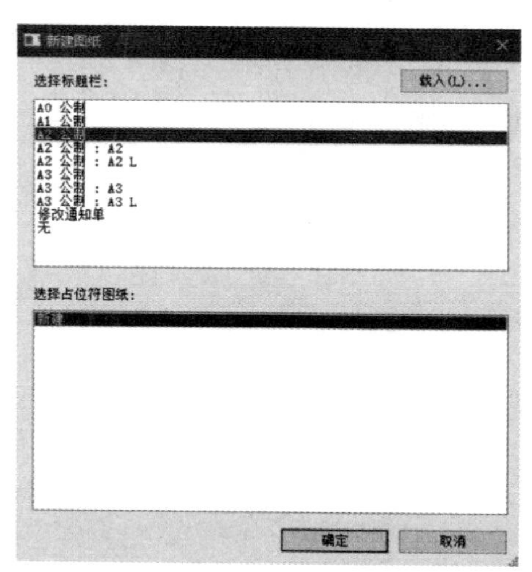

图 16-1　新建图纸

图 16-2　“新建图纸”的标题栏

单击【管理】选项卡——【项目信息】按钮，打开“项目信息”对话框，修改【项目发布日期】为“2021-3-11”，【项目状态】为“新建”，【客户姓名】为“吕桥村”，【项目名称】为“吕桥四层别墅”，【项目编号】为“LQ2021-03”，单击【确定】，如图16-3所示。

在“图纸”视图的【属性】面板中，修改【绘图员】为“张平”，【审图员】为“李飞”，【图纸编号】为“建筑01”，【图纸名称】为“建筑设计说明”（图16-4）。

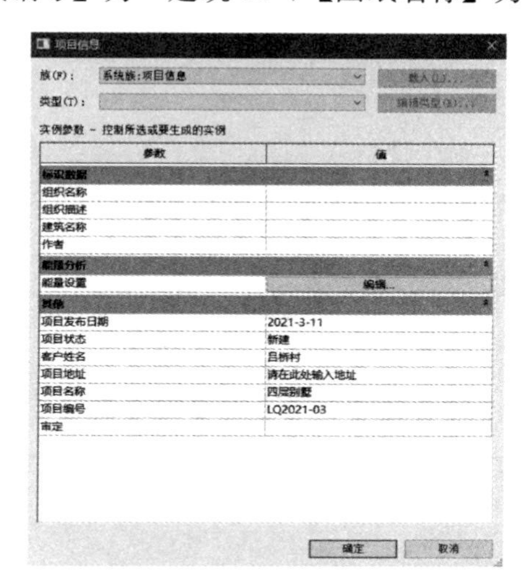

图16-3　设置项目信息

图16-4　修改“项目信息”与“属性”信息后的标题栏

16.1.2　编辑标题栏

标题栏的样式可以通过编辑族进行调整。选中标题栏，在【修改｜图框】上下文选项卡中，单击【编辑族】按钮，进入族编辑器，删除“客户姓名”标签及不需要的文字（图16-5）。选中“项目名称”标签，在其【属性】面板类型选择器下拉框中，将其设为“标签5mm”类型。适当调整“图纸名称”区域的范围，单击【创建】选项卡——【文字】按钮**A**，在其【属性】面板类型选择器下拉框中选择“文字5mm”类型，单击【编辑类型】，在其“类型属性”对话框中，设置【背景】为“透明”，单击【确定】后在左侧位置输入“图纸名称”文字，单击【创建】选项卡——【线】按钮，绘制一段竖线作为“图纸名称”文字与标签的分界。选中“比例”文字，将其修改为“图幅A2”，删除“1∶100”的标签，如图16-6与图16-7所示。

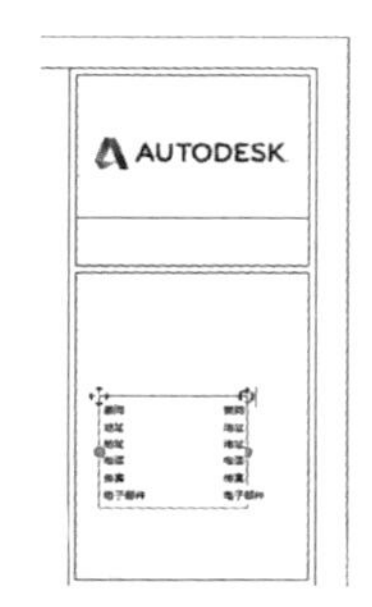

图16-5　删除多余文字与标签

图16-6　调整标题栏的内容与样式

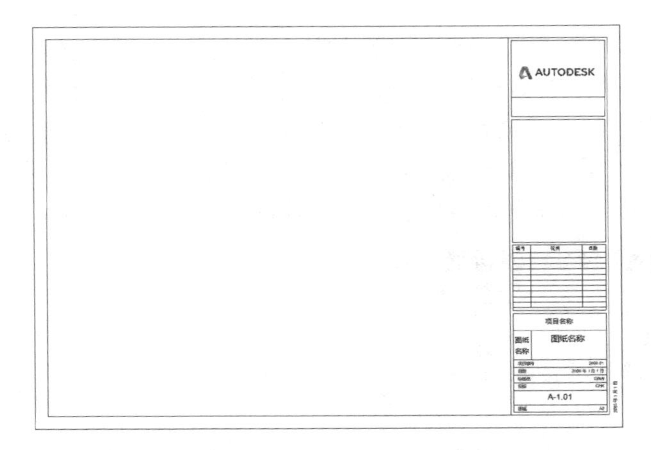

图 16-7　完成“A2 公制”标题栏修改

> **提示：**如果出现文字或标签遮挡的情况，可以在其“类型属性”对话框中，设置【背景】为“透明”。

单击【修改】选项卡——【载入到项目】，选择“覆盖现有版本”，如图 16-8 所示。

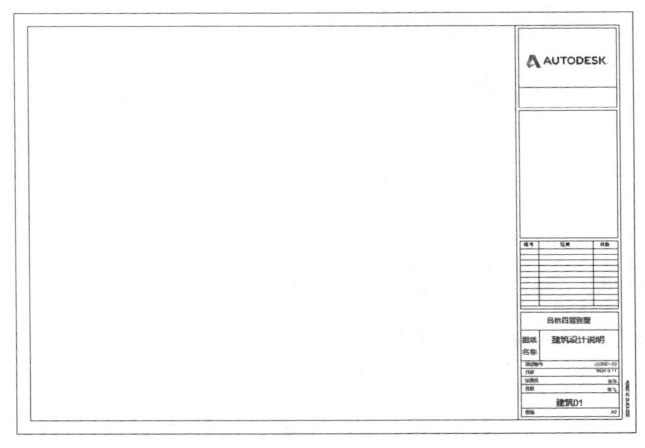

图 16-8　载入到项目中，“图纸”视图的显示样式

16.2　建筑设计说明

单击【视图】选项卡——【绘图视图】按钮，弹出“新绘图视图”对话框，命名为“建筑设计说明”，比例设为“1∶100”，单击【确定】，系统自动切换到“绘图 1”视图，单击【插入】选项卡——【导入 CAD】按钮，打开“导入 CAD 格式”对话框，选择“建筑设计说明 . dwg”文件，【导入单位】设为“毫米”，【颜色】设为“黑白”（图 16-9），单击【打开】，如图 16-10 所示。

切换到图纸视图“建筑 01-建筑设计说明”，将“项目浏览器”中的“绘图 1”视图直接拖进该图纸中，放置到合适位置后单击鼠标，在其【属性】面板类型选择器下拉框中，选择“视口无标题”类型，如图 16-11 所示。然后将门明细表和窗明细表也拖进该图纸，通过夹点调整表的宽度和距离并移动到合适位置。在明细表的【属性】面板中，单击【外观】的编辑按钮，在“明细表属性”对话框的【外观】选项卡中，不勾选“数据前的空行”项，单击【确定】（图 16-12）。

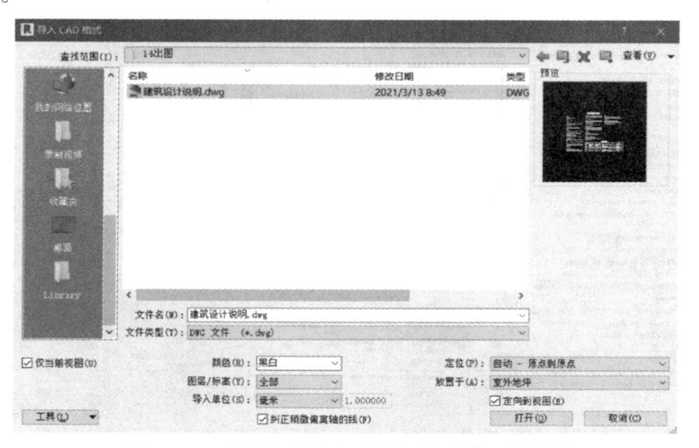

图 16-9　设置“导入 CAD 格式”对话框

建筑设计说明

室内装修表

图 16-10　导入“绘图 1”视图的“建筑设计说明”

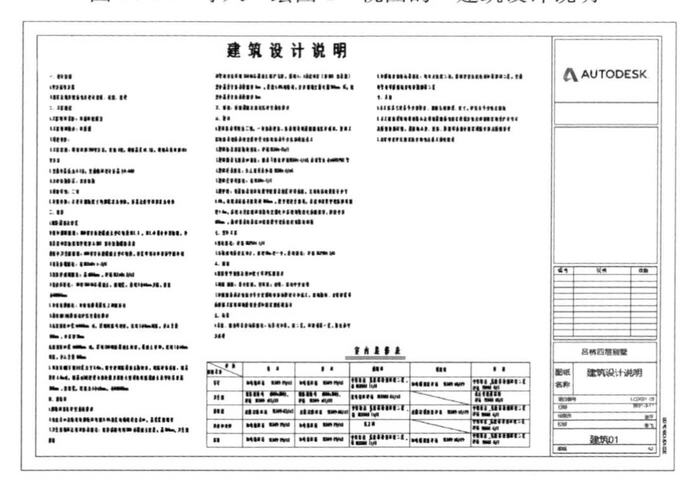

图 16-11　将“绘图 1”视图拖进“建筑 01”图纸视图中

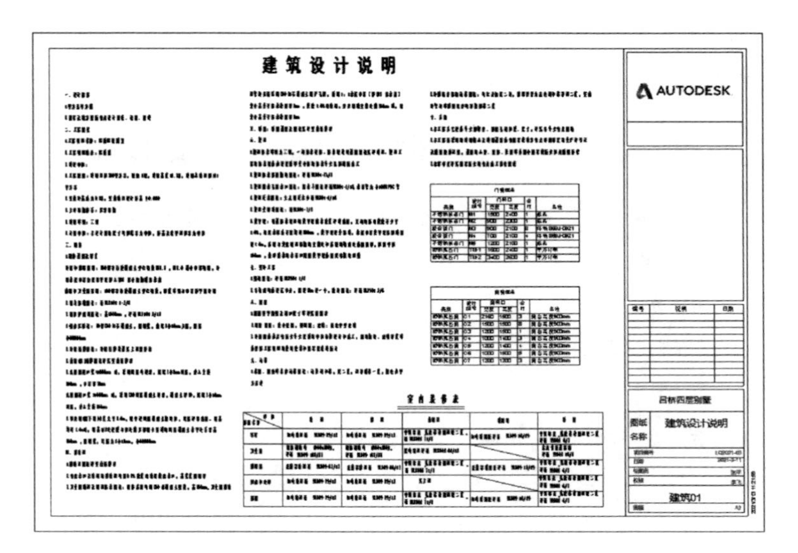
图 16-12　将“门窗明细表”拖进“建筑 01”图纸视图中

16.3　平立剖面布图

16.3.1　图纸“建筑 02”布图

单击【视图】选项卡——【图纸】按钮，弹出【新建图纸】对话框，选择“A2 公制”标题栏，单击【确定】。项目浏览器中生成“建筑 02-未命名”图纸视图，在图纸的【属性】面板中，修改【绘图员】为“张平”，【审图员】为“李飞”，【图纸名称】为“一/二层平面图南/北立面图”（图 16-13）。

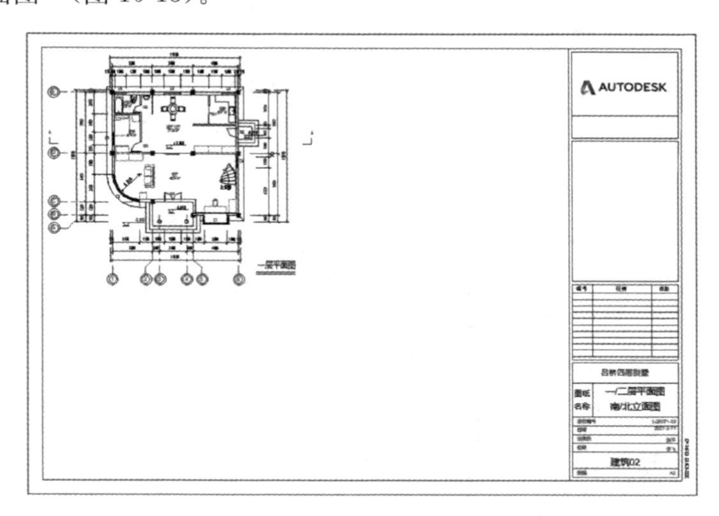
图 16-13　新建图纸并布置“一层平面图”

首先将 F1 楼层平面进行“带细节复制”，命名为“F1 布图”并拖到图纸中，双击该视口后进入编辑状态，在视图控制栏中打开【显示裁剪区域】，对视口进行适当裁剪后隐藏裁剪区域。选择轴线，单击去【属性】面板中的“编辑类型”，在其“类型属性”对话框中将【轴线中段】设为“无，”单击【确定】，并将一侧轴网标头关闭，在“2D”状态下调整该侧轴网的末段长度。双击空白处退出编辑状态。在视口的【属性】面板类型选择器下拉框中，选择“视口没有线条的标题”类型，修改【图纸上的标题】为“一层平面图”，使用【详图线】工具在标题下方分别绘制 2 条粗细线，并将视口移动到合适位置（图 16-13）。

将 F2 楼层平面直接拖进图纸，使用相同的方法设置二层平面图（图 16-14）。

提示：由于 F2 视图有索引符号，应该直接进行布图，而不采用“带细节复制”的方式。

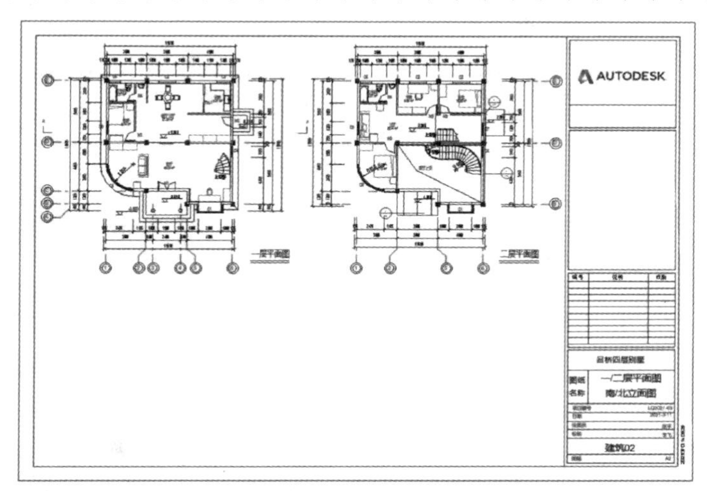

图 16-14 布置“二层平面图”

将“南副本 1”立面视图拖进图纸中，双击该视口后进入编辑状态，关闭一侧标高标头，在“2D”状态下调整该侧标高线长度，修改标头的类型属性，分别将“下标头”与“正负零标高”的【颜色】设为“蓝色”、【线型图案】设为“中心线”。双击空白处退出编辑状态。在视口的【属性】面板类型选择器下拉框中，选择“视口没有线条的标题”类型，修改【图纸上的标题】为“南立面图”，使用【详图线】工具在标题下方分别绘制 2 条粗细线，并将视口移动到合适位置（图 16-15）。

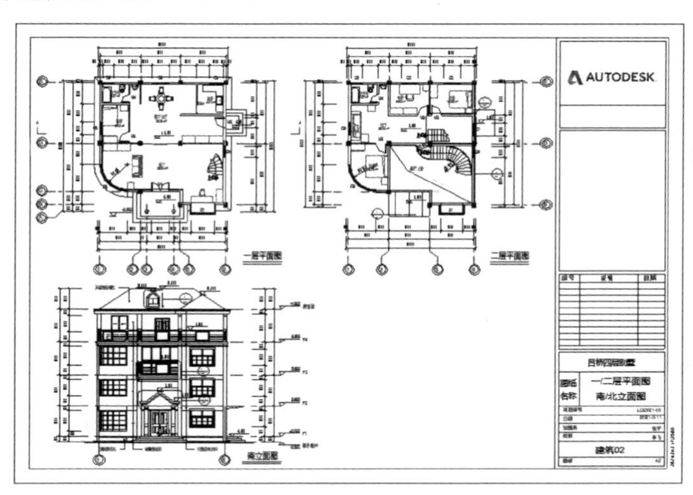

图 16-15 布置“南立面图”

将北立面视图拖进图纸中，进行相同的设置后，将它移动到合适位置（图 16-16）。

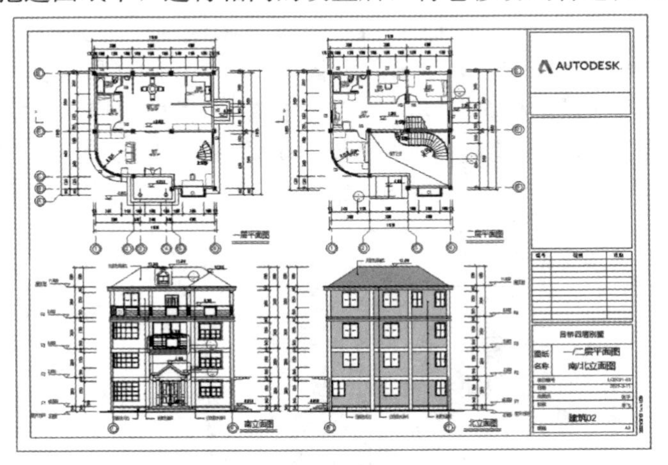

图 16-16　布置“北立面图”

16.3.2　图纸“建筑 03/04”布图

单击【视图】选项卡——【图纸】按钮，弹出【新建图纸】对话框，选择“A2 公制”标题栏，单击【确定】。项目浏览器中生成“建筑 03-未命名”图纸视图，在图纸的【属性】面板中，修改【绘图员】为“张平”，【审图员】为“李飞”，【图纸名称】为“三/四层平面图东/西立面图”。

将“F3/F4 平面视图”与“东/西立面视图”拖进图纸，设置显示方式后置于合适位置，如图 16-17 所示。

提示： 在东/西立面视图中，应将多余图元和门廊的剖切索引符号隐藏。

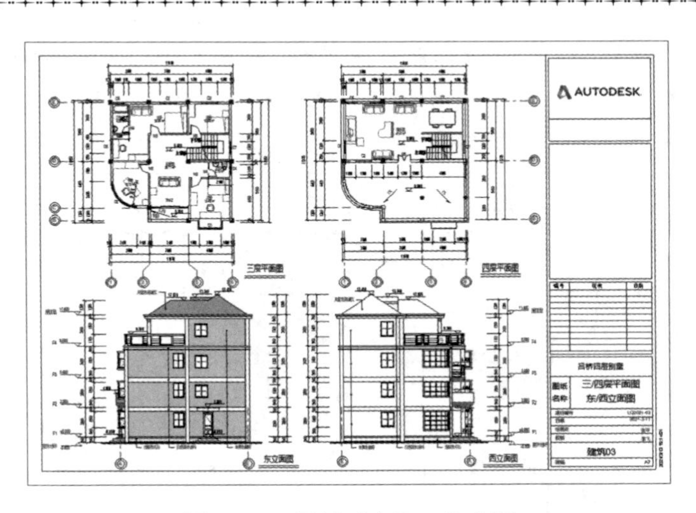

图 16-17　图纸“建筑 03”布图

使用【图纸】工具，生成“建筑 04-未命名”图纸视图，设置【图纸名称】为“屋顶层平面图剖面图”，设置其他参数。将“屋顶层平面图”“屋顶平面”“剖面图”与效果图拖进图纸，设置显示方式后置于合适位置，如图 16-18 所示。

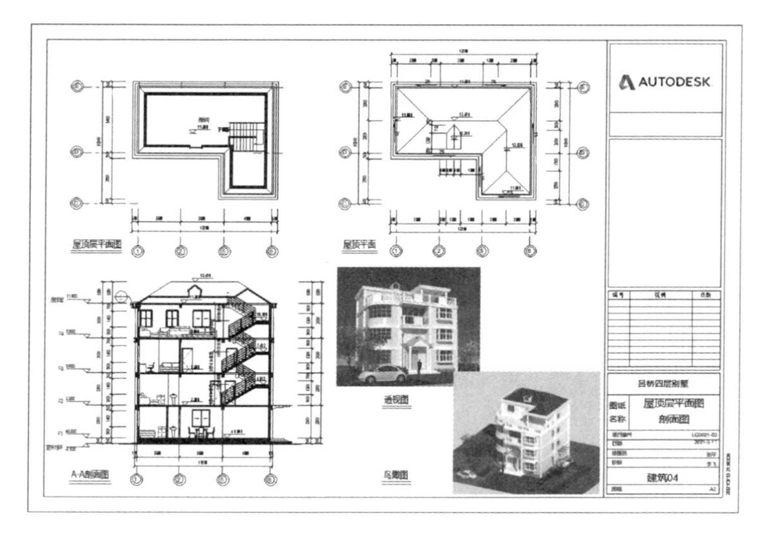

图 16-18　图纸“建筑 04”布图

16.4　详图布图

16.4.1　图纸“大样详图 1”布图

单击【视图】选项卡——【图纸】按钮，弹出【新建图纸】对话框，选择“A2 公制”标题栏，单击【确定】。项目浏览器中生成“建筑 05-未命名”图纸视图，在图纸的【属性】面板中，修改【绘图员】为“张平”，【审图员】为“李飞”，【图纸名称】为“大样详图 1”。

将“二层楼梯大样”详图拖进图纸中，双击该视口后进入编辑状态，适当调整轴线长度，双击空白处退出编辑状态。在其视口的【属性】面板类型选择器下拉框中，选择“视口没有线条的标题”类型，单击【编辑类型】，打开“类型属性”对话框，单击【复制】并命名为“没有线条的标题—详图号”，将【标题】设为“视图标题 _ 详图：填充”类型，单击【确定】。

修改【图纸上的标题】为“二层楼梯大样 1∶50”，此时标题出现分行，需要调整“视图标题 _ 详图”族的标签，选择“项目浏览器”——“族”——“注释符号”——“视图标题 _ 详图”并单击右键，在弹出的快捷菜单中选择“编辑”，打开“视图标题 _ 详图”族，适当延长其标签的长度范围并与详图号对齐，重新载入到项目中（图 16-19）。使用【详图线】工具在标题下方分别绘制 2 条粗细线，并将视口移动到合适位置（图 16-20）。

图 16-19　编辑“视图标题 _ 详图”族

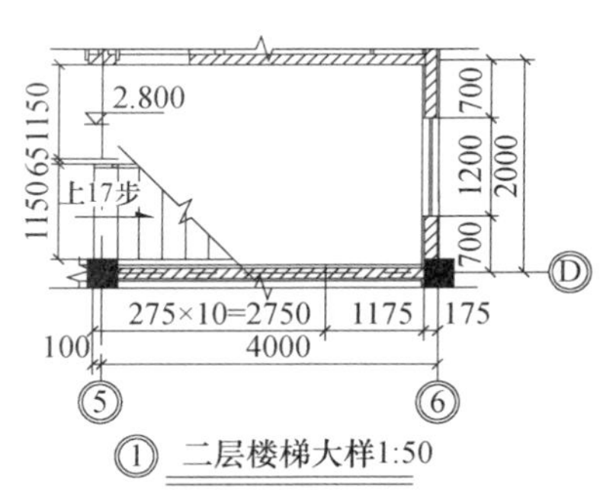

图 16-20　布置“二层楼梯大样”及调整标题

将“三层楼梯大样”详图拖进图纸中，在其视口的【属性】面板类型选择器下拉框中，选择“没有线条的标题—详图号”类型，修改【图纸上的标题】为“三层楼梯大样 1：50”，绘制 2 条粗细线，将视口移动到合适位置（图 16-21）。

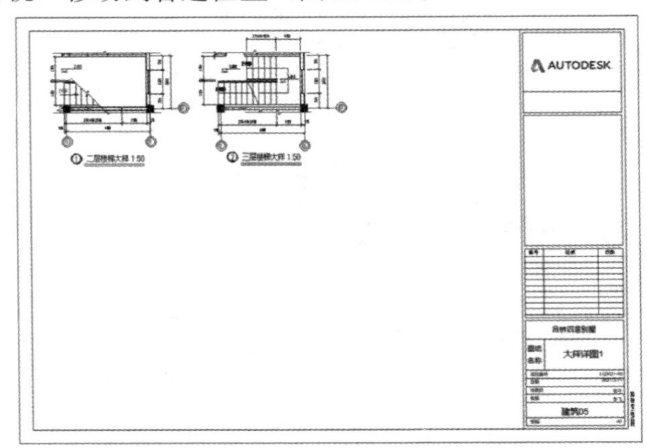

图 16-21　布置“三层楼梯大样”

相同的方法添加四层楼梯大样、屋顶层楼梯大样到图纸中合适位置（图 16-22）。

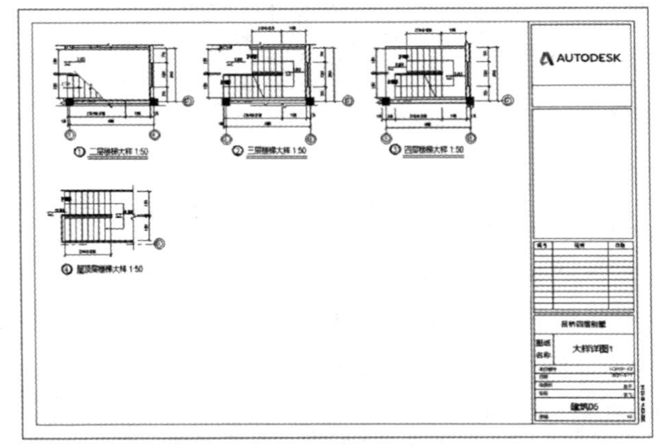

图 16-22　布置“四层楼梯大样”与“屋顶层楼梯大样”

添加檐沟剖面大样、老虎窗立面和剖面大样、一层楼梯大样到图纸的合适位置，如图 16-23所示。

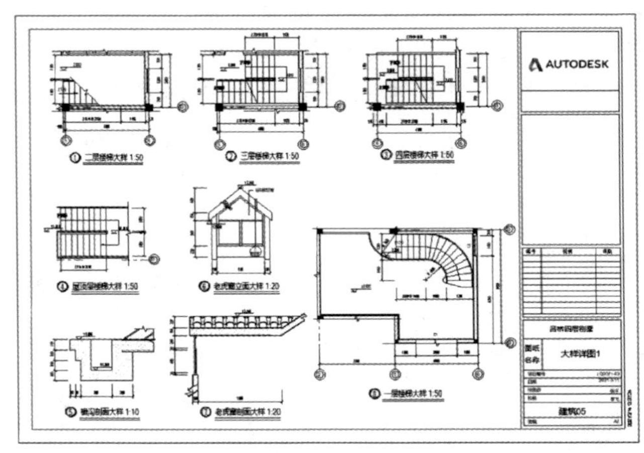

图 16-23　布置其他大样详图

16.4.2　图纸“大样详图 2”布图

单击【视图】选项卡——【图纸】按钮，弹出【新建图纸】对话框，选择“A2 公制”标题栏，单击【确定】。项目浏览器中生成“建筑 06-未命名”图纸视图，在图纸的【属性】面板中，修改【绘图员】为“张平”，【审图员】为“李飞”，【图纸名称】为“大样详图 2”。

将“门廊立面大样、门廊剖面 A、门廊剖面 B、阳台栏板大样和栏板剖面”视图拖进图纸，按上节相同操作进行统一调整，如图 16-24 所示。

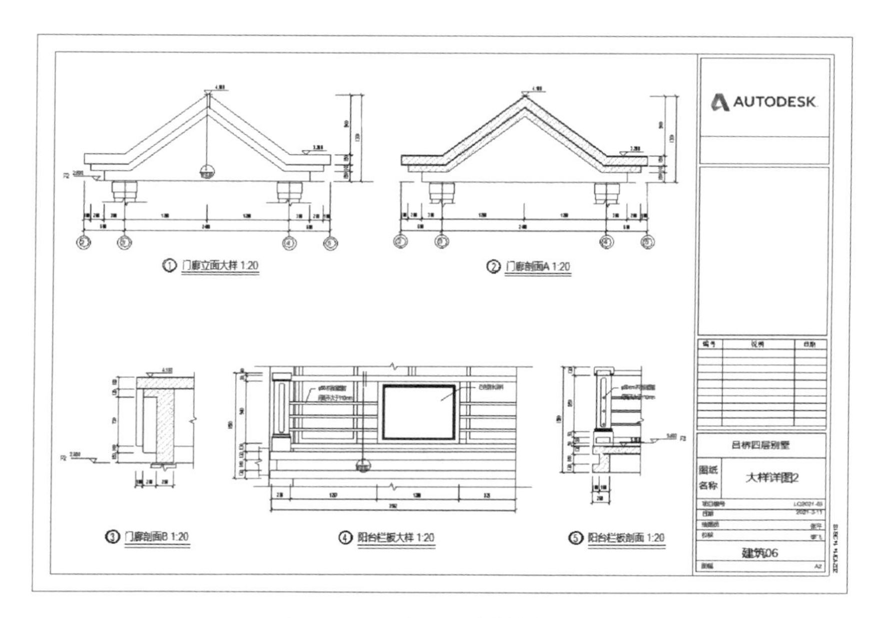

图 16-24　布置“大样详图 2”

16.5　图纸打印与导出

16.5.1　打印为 PDF 文件

检查图纸无误后，将“建筑 01 到建筑 06”图纸打印为 PDF 文件。单击快捷工具栏的【打印】按钮，弹出“打印”对话框，设置打印机【名称】为“Microsoft Print to PDF”，选择【打印范围】为“所选视图/图纸”，单击【选择】，打开“视图/图纸集”对话框，选择“图纸：建筑 01-建筑 06”，单击【确定】（图 16-25）。选择“将多个视图/图纸合并到一个文件”（图 16-26）。单击【设置】，打开“打印设置”对话框（图 16-27），设置【方向】为“横向”，【纸张尺寸】为“A4”，【页面位置】为“中心”，【缩放】为“50%大小”，【光栅质量】为“高”，【颜色】为“黑白线条”，其他按默认值，单击【确定】。继续单击【确定】，保存为“吕桥四层别墅 . pdf”文件。

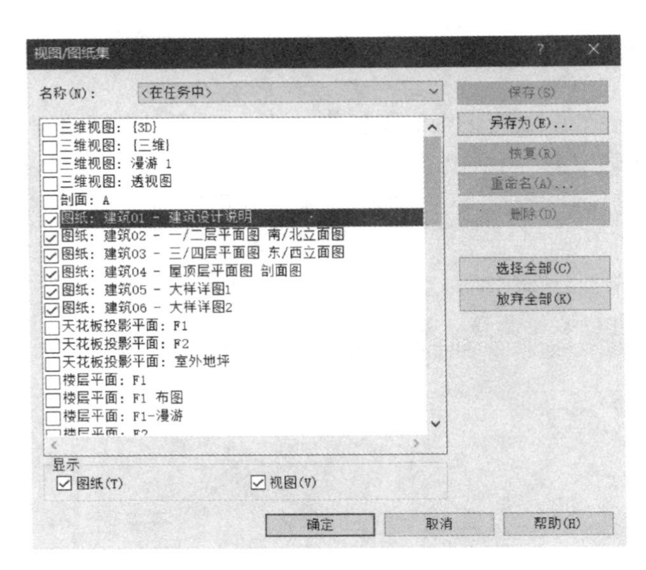

图 16-25 选择“图纸：建筑 01-建筑 06”进行打印

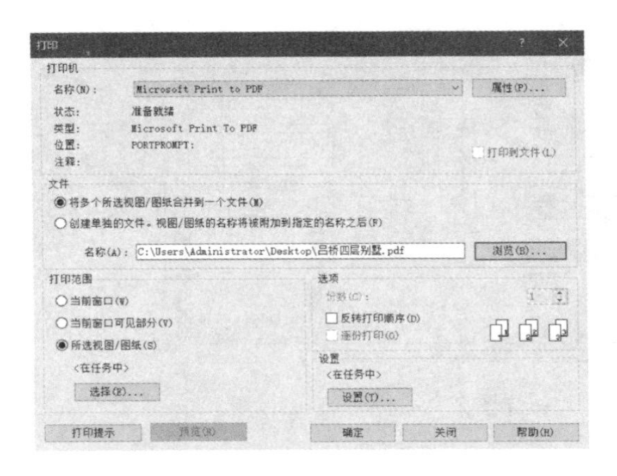

图 16-26 设置“打印”对话框

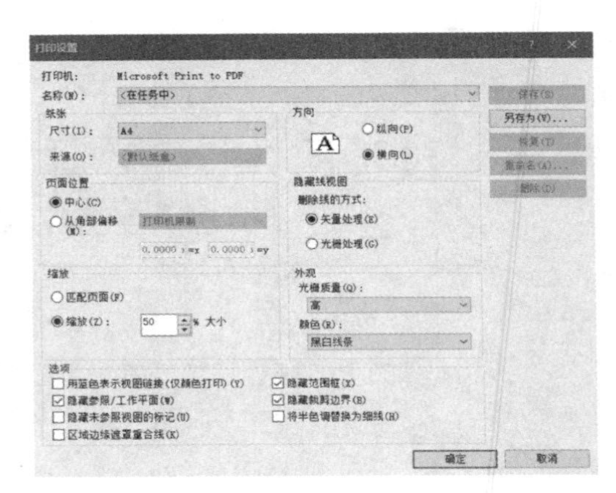

图 16-27 打印设置

16.5.2 导出为 CAD 文件

将“建筑 01 到建筑 06”图纸导出为 CAD 文件。单击【文件】——【导出】——【CAD 格式】——【DWG】，弹出“DWG 导出”对话框（图 16-28），单击“任务中的导出设置”后的选择按钮...，打开“修改 DWG/DXF 导出设置”对话框（图 16-29），在【层】选项卡中，将【根据标准加载图层】设为“新加坡标准 83（CP83）”，单击【确定】。返回“图 16-28”后设置【导出】为“〈任务中的视图/图纸集〉”，【按列表显示】为“模型中的图纸”，选择全部图纸：“建筑 01-建筑 06”，单击【下一步】，将导出的 CAD 文件命名为“吕桥四层别墅.dwg”，导出的【文件类型】设为“AutoCAD 2010 DWG 文件”，不勾选“将图纸上的视图和链接作为外部参照导出”（图 16-30），单击【确定】。

提示： 图纸中的图片会单独导出，作为“dwg 文件”的外部参照。

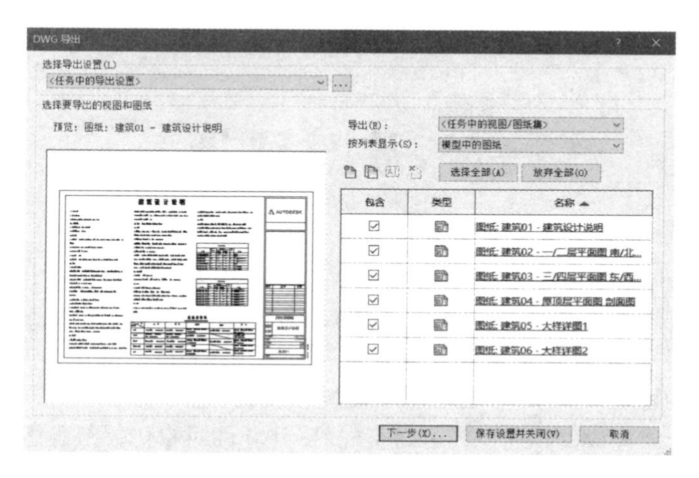

图 16-28　设置“DWG 导出”对话框

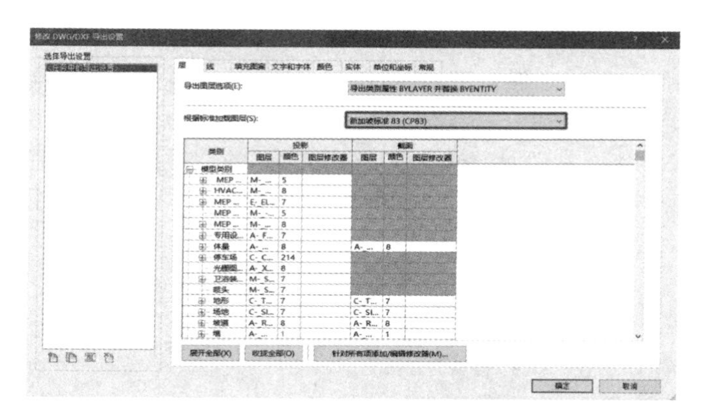

图 16-29　设置导出 CAD 图层的样式

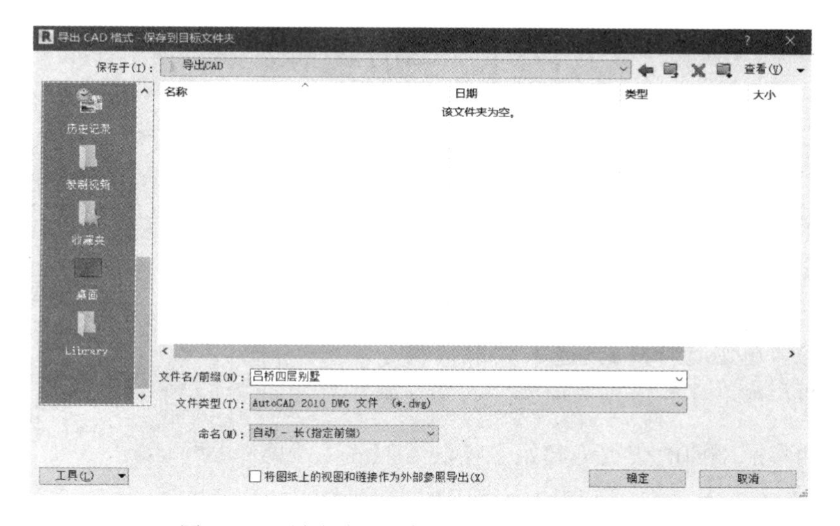

图 16-30　导出为“吕桥四层别墅 .dwg”文件

17　族与体量

族是 Revit 软件的基本概念与组成部分，Revit 的族既包括直观的构件图元（墙、梁、柱、门窗、楼板和屋顶等）和注释图元（标高、轴网、标注和文字等），也包括非直观的视图图元（平立剖面图、详图和明细表等）。Revit 建模可以看成是将构件图元进行“搭积木”式的组合，然后按照视图图元的特定方式来生成各类图纸进行建筑表达的过程。Revit 的所有图元都是以创建族或编辑族的方式完成的，通过族可以实现 Revit 软件对象化、参数化的建模设计过程。

Revit 通过分类的方式对图元对象进行管理与组织，通常按等级由高到低分为类别（category）、族（family）、类型（type）与实例（instance），各等级由不同的参数实现对图元的控制管理。

体量是 Revit 中的一种特殊族类型，除具有一般族的属性外，体量可以直接实现草图体块到方案模型的转换，对体量进行楼层划分后可以添加面楼板，还可以添加面墙体、面幕墙系统和面屋顶等构件，从而实现对 Revit 常规建模方式的“逆操作”过程。

本章通过介绍百叶窗嵌套族与“莫比乌斯环”体量族的创建方法与技巧，使用户对族的概念和应用形成较直观和全面的认知。

本章学习目的：

（1）熟悉族的相关概念；

（2）掌握嵌套族的创建方法与参数控制；

（3）掌握体量的创建方法与参数控制；

（4）掌握族在项目中的应用方法。

手机扫码
观看教程

17.1　百叶窗族

17.1.1　创建百叶片

1. 参照线

单击【文件】——【新建】——【族】（图 17-1），打开“选择样板文件”对话框，选择“公制常规模型 . rft”文件（图 17-2），单击【打开】，进入族编辑状态。切换到“左立面”视图，单击【创建】选项卡——【参照线】按钮，以默认两参照平面的交点为起始点绘制参照线，按两次 Esc 键完成命令（图 17-3）。使用【对齐】工具，选择水平参照平面作为目标位置（图 17-4），按 Tab 键选中新绘制的参照线端点，使两者对齐并进行锁定（图 17-5），然后再选择垂直参照平面作为目标位置，按 Tab 键选中新绘

图 17-1　新建族文件

制的参照线端点，使两者对齐并进行锁定，按两次 Esc 键完成命令。

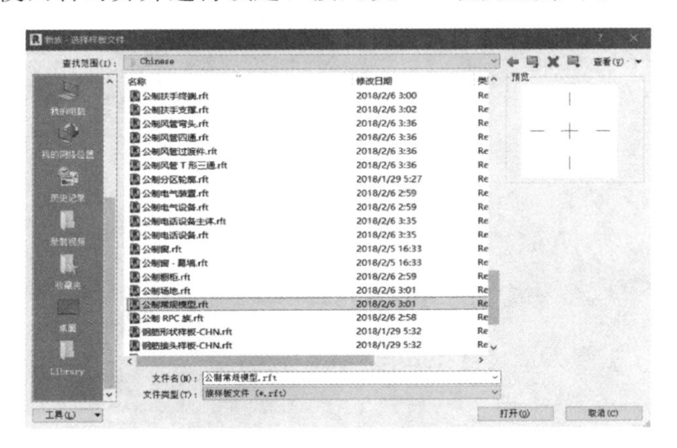

图 17-2 选择“公制常规模型 . rft”样板

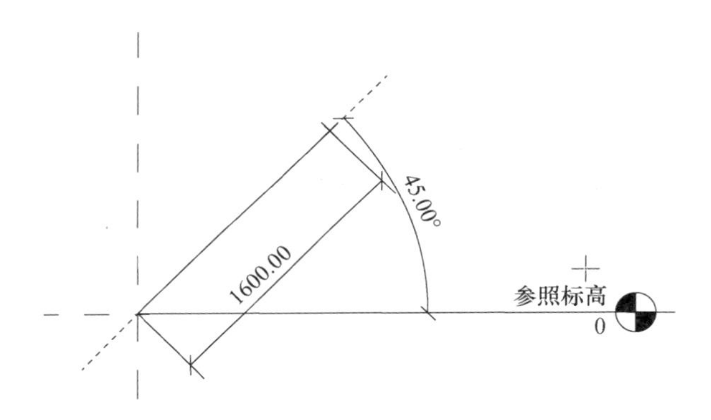

图 17-3 绘制参照线

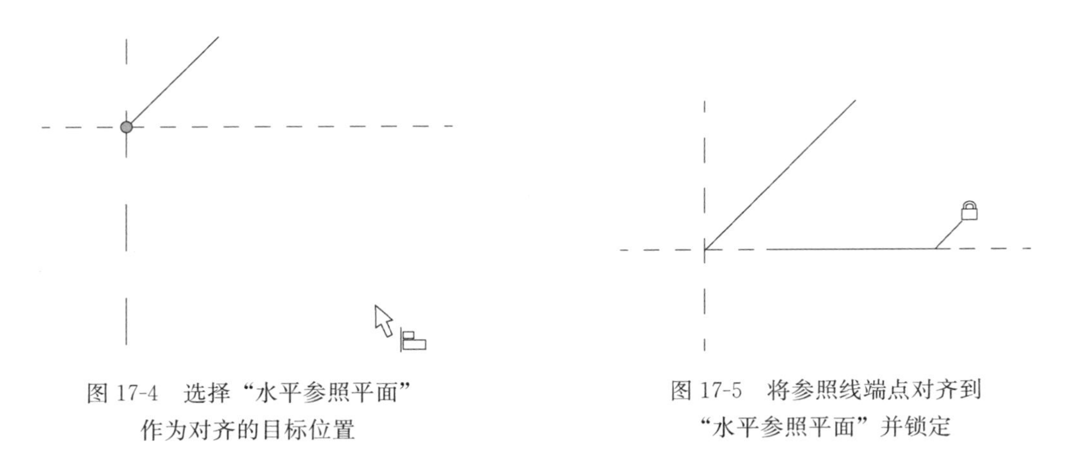

图 17-4 选择“水平参照平面”作为对齐的目标位置

图 17-5 将参照线端点对齐到“水平参照平面”并锁定

单击【注释】选项卡——【角度】按钮，标注参照线与水平参照平面的角度（图 17-6），按两次 Esc 键完成命令。选中该角度标注，在【修改 | 尺寸标注】上下文选项卡中，单击标签的【创建参数】按钮，弹出“参数属性”对话框，将【名称】设为“角度”，其他按默认参数（图 17-7），单击【确定】。单击【修改】选项卡——【族类型】按钮，弹出“族

类型”对话框将，修改角度值（图 17-8），单击【确定】观察参照线角度的变化。

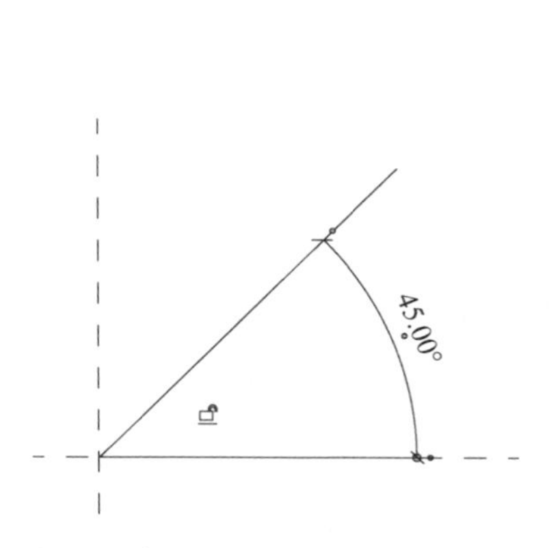

图 17-6　标注“参照线”与“水平参照平面”的角度

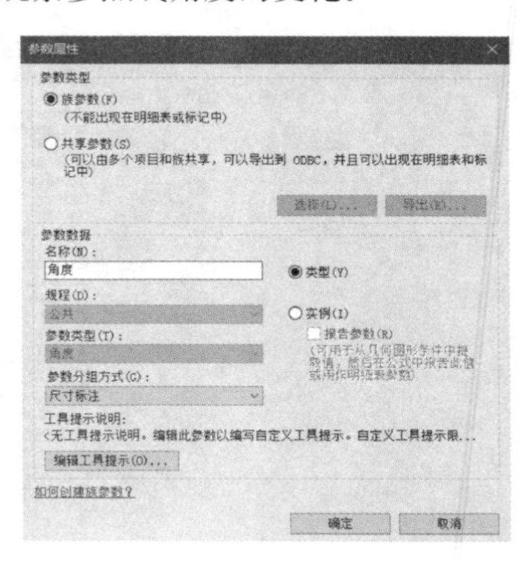

图 17-7　新建“角度”参数

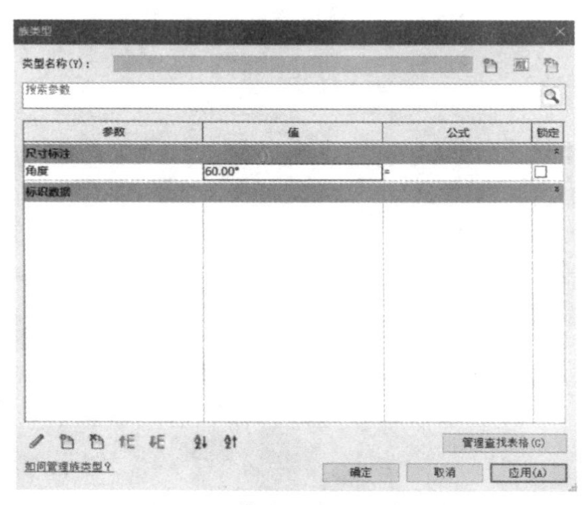

图 17-8　修改“角度”参数值

单击【创建】选项卡——【设置】按钮，弹出“工作平面”对话框，选择“拾取一个平面”项（图 17-9），单击【确定】后选择参照线所在的平面作为工作平面，如图 17-10 所示。将参照线的角度设为“0”，便于下一步百叶片轮廓的创建。

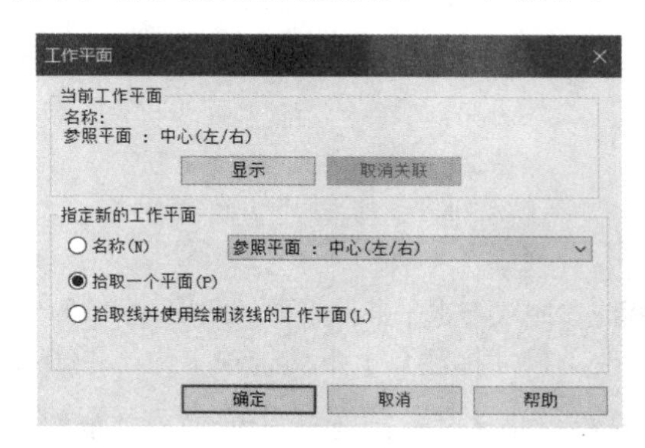

图 17-9　“工作平面”对话框

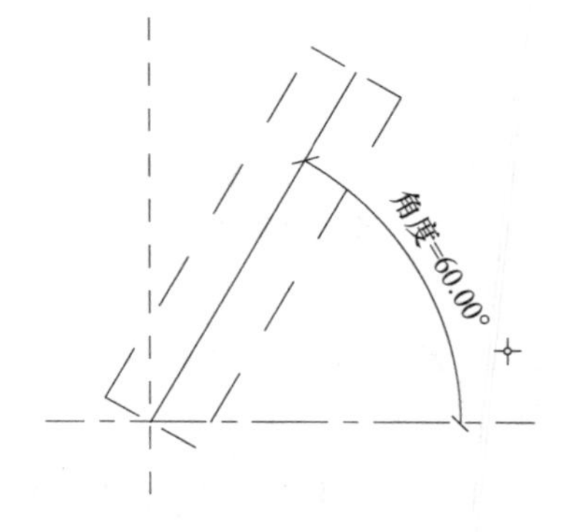

图 17-10　将参照线所在面设为“工作平面”

2. 创建百叶片

单击【创建】选项卡——【拉伸】按钮，使用【矩形】工具，以参照线端点为中心绘制矩形轮廓（图 17-11），使用【对齐尺寸标注】工具，标注左右边线到参照线端点的尺寸，并单击“EQ”进行等分，如图 17-12 所示。标注上下边线到参照线端点的尺寸，并单击“EQ”进行等分，如图 17-13 所示。

> **提示：**参照线端点可以使用 Tab 进行切换选择。

使用【对齐尺寸标注】工具，分别标注矩形轮廓的宽度与厚度尺寸，按两次 Esc 键完成命令。分别选择宽度尺寸与厚度尺寸，在【修改 | 尺寸标注】上下文选项卡中，单击标签的【创建参数】按钮，在弹出“参数属性”对话框中创建“宽度”参数与“厚度”参数（图 17-14）。单击【修改 | 创建拉伸】选项卡——【族类型】按钮，弹出“族类型”对话框将，修改宽度值、厚度值与角度值（图 17-15、图 17-16），单击【确定】观察矩形轮廓的变化。单击【完成编辑模式】按钮。

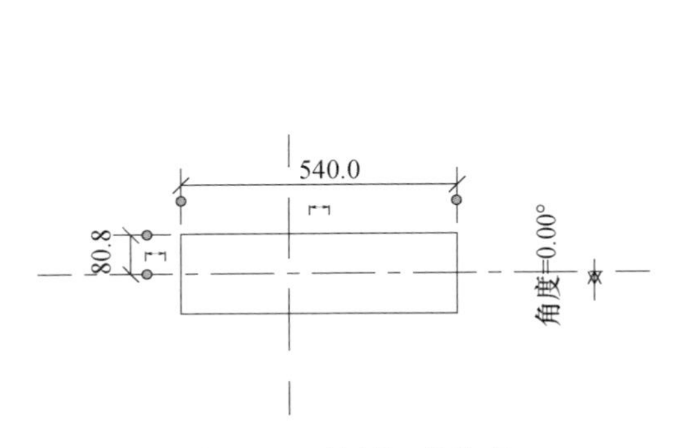

图 17-11　绘制矩形轮廓

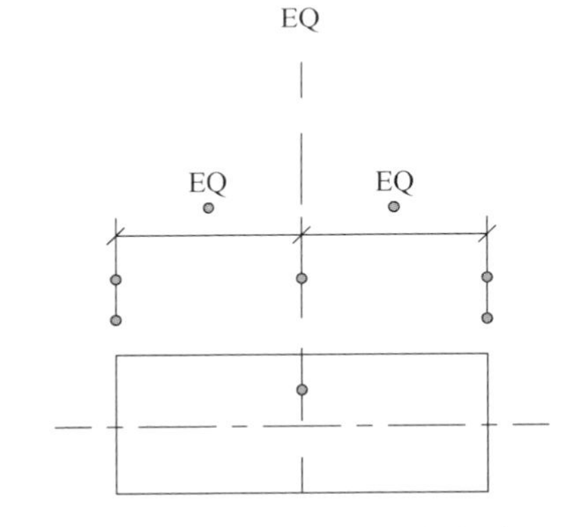

图 17-12　等分矩形左右边到参照线端点的距离

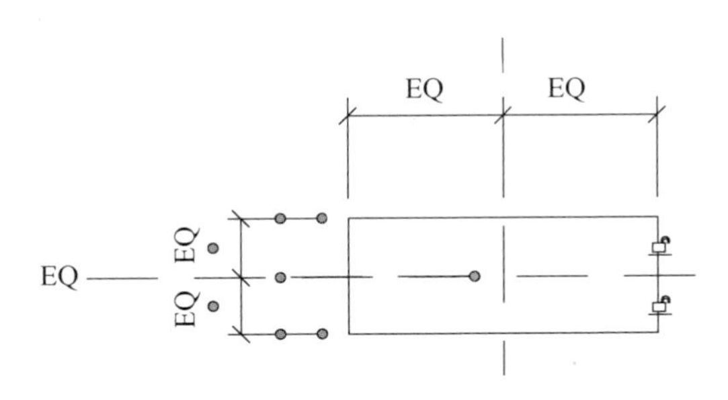

图 17-13　等分矩形上下边到参照线端点的距离

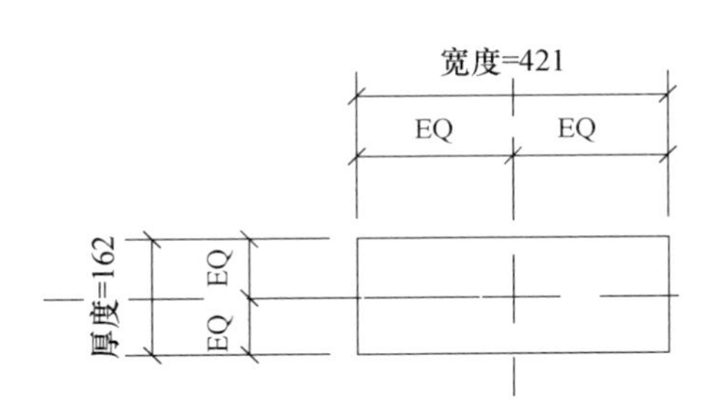

图 17-14　分别新建“宽度”与“厚度”参数

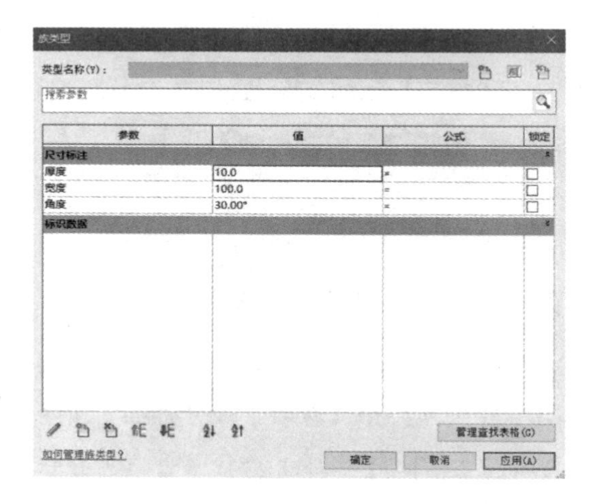

图 17-15　修改“厚度”“宽度”与“角度”值

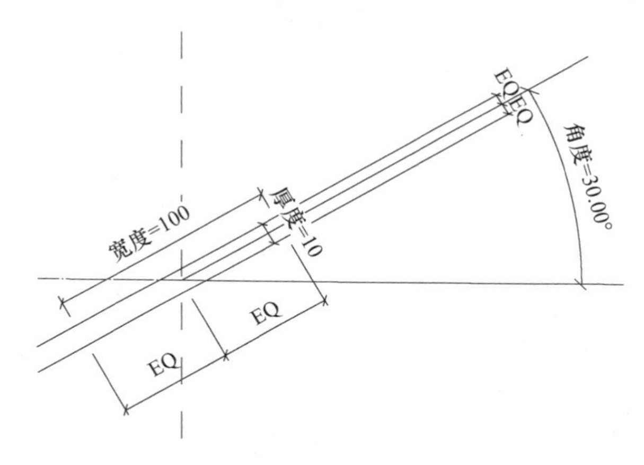

图 17-16　通过参数控制矩形轮廓

切换到“前立面”视图，选中百叶片，将百叶片的左侧夹点向左拖曳一定距离，使用【对齐尺寸标注】工具，标注百叶片左右边线到垂直参照平面的尺寸，并单击“EQ”进行等分，再标注百叶长度，并创建“长度”参数，如图 17-17 所示。

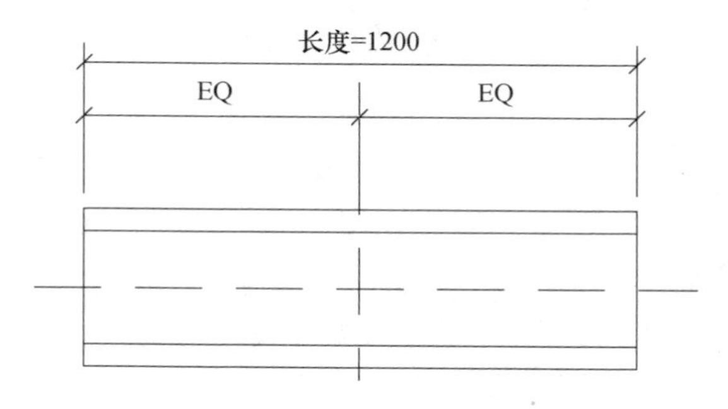

图 17-17　等分百叶片并创建“长度”参数

选中百叶片，在其【属性】面板中，单击【材质】项右侧的“关联族参数”按钮（图 17-18），打开“关联族参数”对话框，单击左下方的“新建参数”按钮，打开“参数属性”对话框，将【名称】设为“材质”，其他参数默认，单击【确定】。选择“材质”参数（图 17-19），单击【确定】。将文件保存为“百叶片 . rfa”。

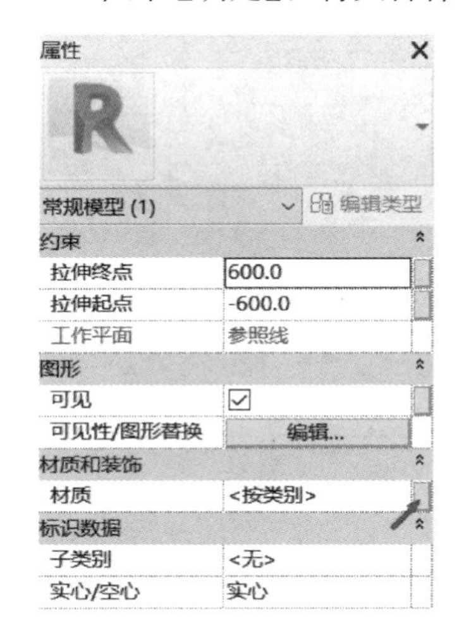

图 17-18 单击“材质”的“关联族参数”

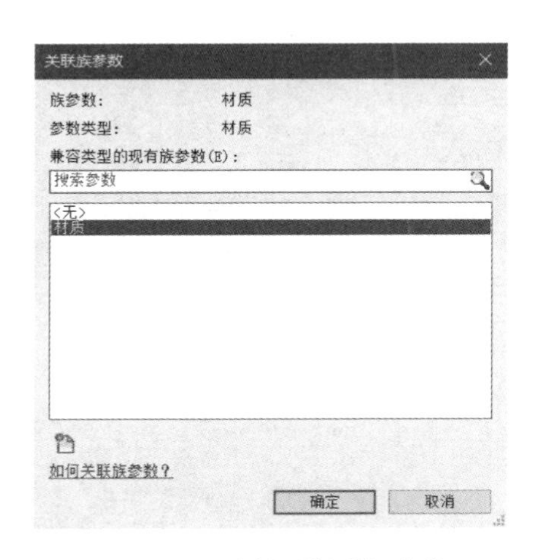

图 17-19 选择“材质”参数

17. 1. 2 创建百叶窗

1. 创建窗框

单击【文件】——【新建】——【族】，打开“选择样板文件”对话框，选择“公制窗 . rft”文件，单击【打开】，进入族编辑器。切换到“内部立面”视图，单击【创建】选项卡——【拉伸】按钮，使用【矩形】工具，沿窗洞对角线拖曳绘制轮廓，并将轮廓的四边与洞口边锁定（图 17-20），将选项栏中的【偏移】值设为“50mm”，继续沿窗洞对角线拖曳绘制内侧轮廓（可按空格键切换内外位置，图 17-21）。使用【对齐尺寸标注】工具，标注四边的窗框厚度，并选中其中 1 个标注，创建“窗框厚度”参数（图 17-22），将参数赋予另外 3 个标注，如图 17-23 所示。单击【完成编辑模式】按钮。

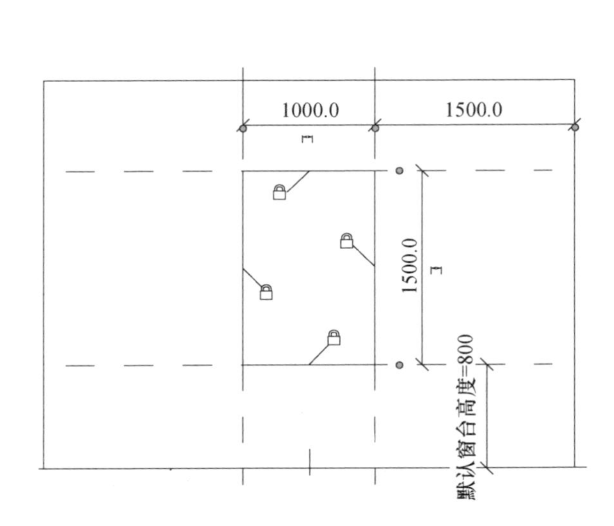

图 17-20 沿窗洞绘制矩形轮廓并锁定

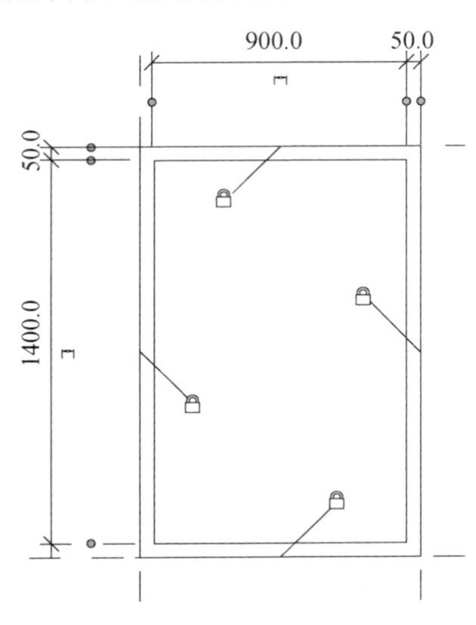

图 17-21 绘制内侧矩形轮廓

图 17-22　新建“窗框厚度”参数

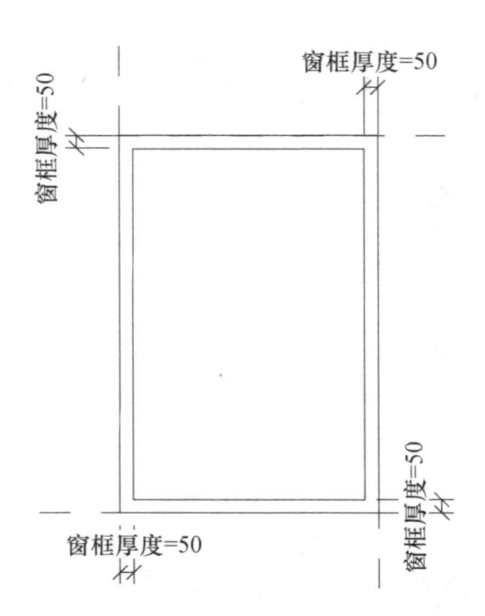

图 17-23　将图示尺寸标注赋予“窗框厚度”参数

切换到“参照标高”楼层平面视图，单击【创建】选项卡——【参照平面】按钮，使用【拾取线】工具，将选项栏中的【偏移】值设为“60mm”，在中心参照平面的上下方分别添加参照平面（图 17-24），使用【对齐尺寸标注】工具，标注内外墙表面到两个新参照平面的尺寸，并单击“EQ”进行等分，如图 17-25 所示。

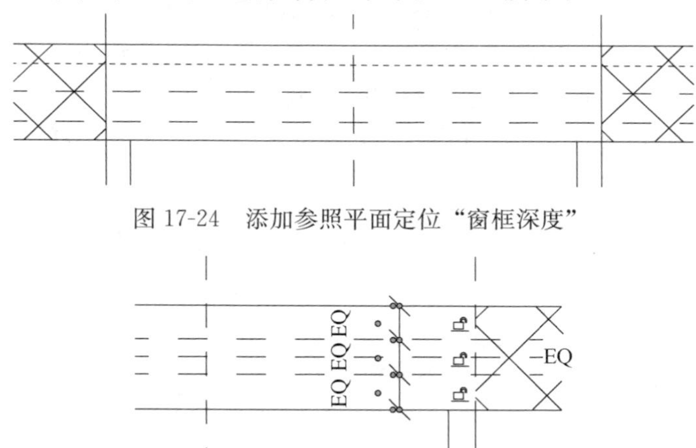

图 17-24　添加参照平面定位“窗框深度”

图 17-25　等分参照平面与墙内外表面的距离

选中窗框，分别拖曳其上下夹点到两个参照平面位置，并进行锁定（图 17-26），使窗框位置始终保持在墙体中间，并保证拉伸距离始终为墙体厚度的 1/3。在其【属性】面板中，单击【材质】项右侧的“关联族参数”按钮，打开“关联族参数”对话框，单击左下方的“新建参数”按钮，打开“参数属性”对话框，将【名称】设为“窗框材质”，其他参数默认，单击【确定】。选择“窗框材质”参数，单击【确定】。

2. **插入百叶片**

单击【插入】选项卡——【载入族】按钮，选择“百叶片 .rfa”文件载入。单击【创建】选项卡——【放置构件】按钮，将百叶片放置到正中位置，如图 17-27 所示。

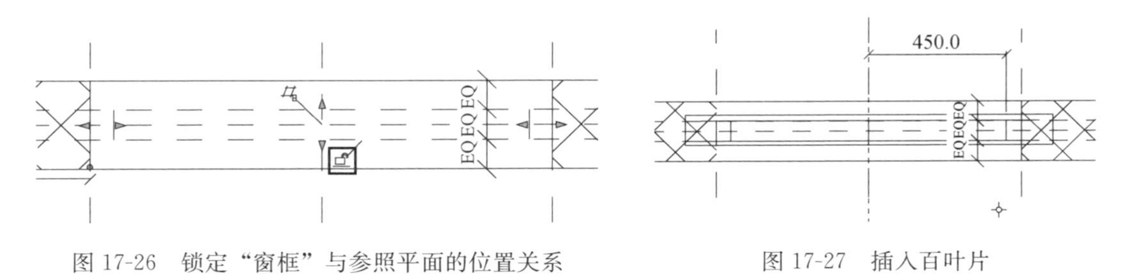

图 17-26　锁定“窗框”与参照平面的位置关系　　　图 17-27　插入百叶片

切换到“内部立面”视图，单击【创建】选项卡——【参照平面】按钮，使用【拾取线】工具，将选项栏中的【偏移】值设为“100mm”，分别拾取上下参照平面，创建两个新参照平面（图 17-28），使用【对齐尺寸标注】工具，分别标注上下参照平面到两个新参照平面的尺寸，并将其创建“百叶位置”参数，如图 17-29 所示。

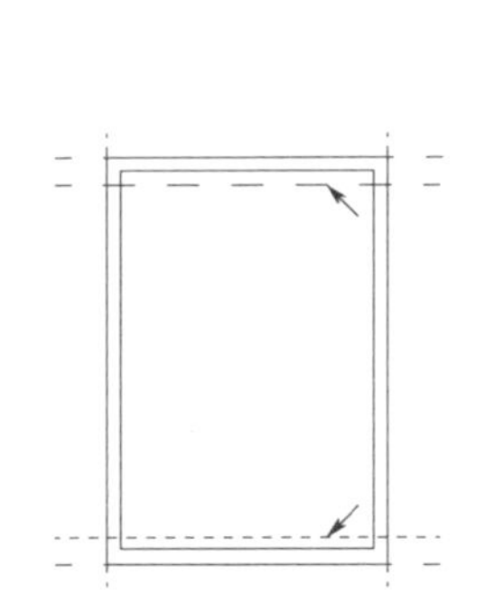

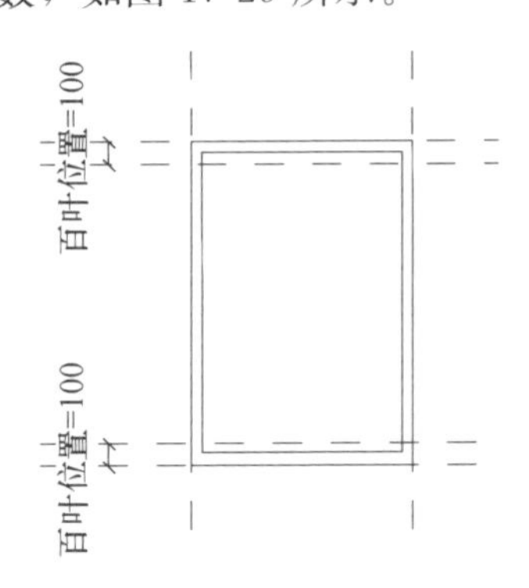

图 17-28　新建参照平面以定位百叶片　　　图 17-29　新建“百叶位置”参数

使用【对齐】工具，将百叶片的“参照线端点”对齐到下部“百叶位置”的参照平面并锁定（图 17-34）。选中百叶片，在其【属性】面板中单击【编辑类型】，打开“类型属性”对话框，单击【长度】项右侧的“关联族参数”按钮，打开“关联族参数”对话框，单击左下方的“新建参数”按钮，打开“参数属性”对话框，将【名称】设为“百叶长度”，其他参数默认（图 17-30），单击【确定】。选择“百叶长度”参数（图 17-31），单击【确定】。

使用相同的操作，将【材质】关联为“百叶材质”，【厚度】关联为“百叶厚度”，【宽度】关联为“百叶宽度”，【角度】关联为“百叶角度”（图 17-32），单击【确定】。单击【创建】选项卡——【族类型】按钮，打开“族类型”对话框，修改百叶的参数（图 17-33），观察变化情况（图 17-34）。将【百叶位置】的“公式”设为“1.5＊窗框厚度”，【百叶厚度】的“公式”设为“0.1＊窗框厚度”，【百叶宽度】的“公式”设为“窗框厚度”，【百叶长度】的“公式”设为“宽度-2＊窗框厚度”，建立窗构件各部分尺寸间的关联关系（图 17-35），单击【确定】。

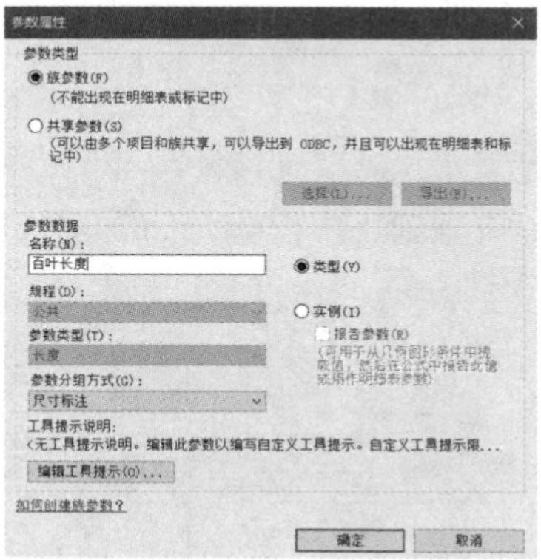

图 17-30　新建“百叶长度”参数

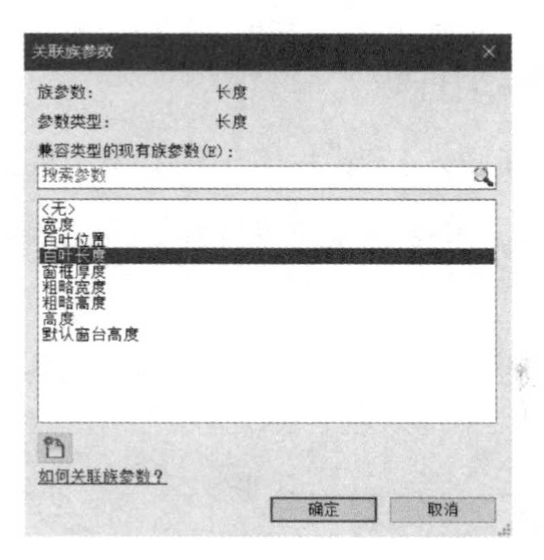

图 17-31　将百叶片的“长度”参数关联到“百叶长度”参数

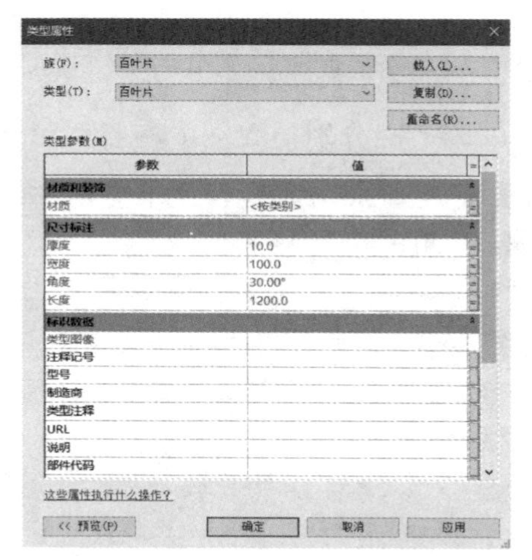

图 17-32　将百叶片的其他参数关联到项目的“族类型”参数

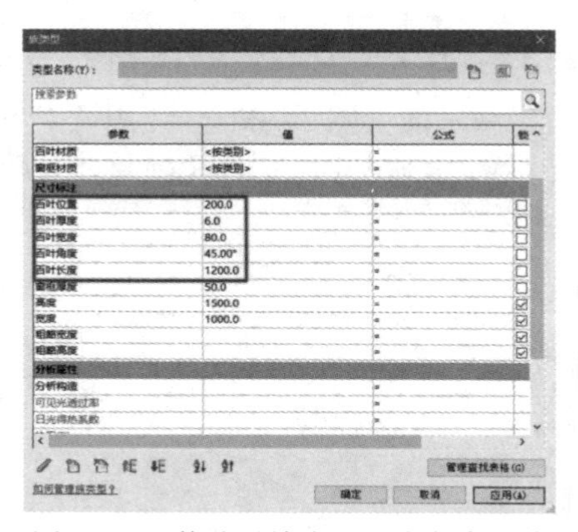

图 17-33　修改“族类型”中各参数值

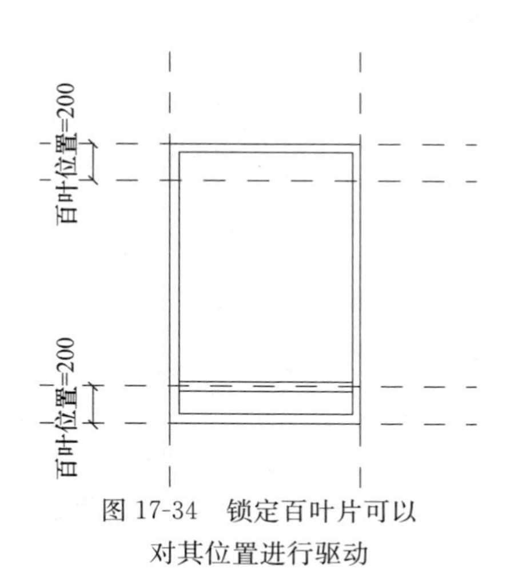

图 17-34　锁定百叶片可以对其位置进行驱动

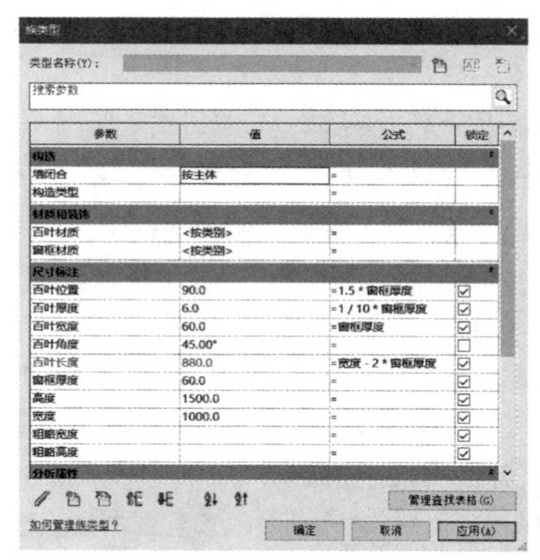

图 17-35　通过设置公式建立窗构件各部位间的尺寸关联

3. 阵列百叶片

切换到“左立面”视图，选中百叶片（图 17-36），单击【修改｜常规模型】上下文选项卡——【阵列】按钮，在选项栏中选择【线性】阵列，勾选【成组并关联】，【项目数】设为“6”，选择【移动到】“最后一个”，单击百叶片“参照线端点”后向上移动到上部“百叶位置”的参照平面，使用【对齐】工具，将最上部百叶片的“参照线端点”与上部“百叶位置”的参照平面对齐并锁定（图 17-37）。选中阵列个数，在选项栏单击“标签”的下拉菜单，选择“添加参数”（图 17-38），打开“参数属性”对话框，将【名称】设为“百叶数量”（图 17-39），单击【确定】（图 17-40）。单击【族类型】工具，打开“族类型”对话框，将【百叶数量】的“公式”设为“（高度-3 * 窗框厚度）/窗框厚度”（图 17-41），单击【确定】，如图 17-42 所示。

切换到三维视图（图 17-43），打开“族类型”对话框，设置参数实现对于百叶窗的控制，将文件保存为“百叶窗 . rfa”。

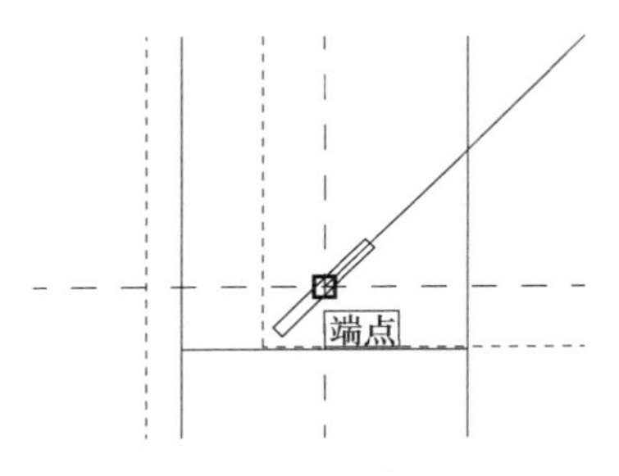

图 17-36 选中百叶片对其进行“阵列”操作

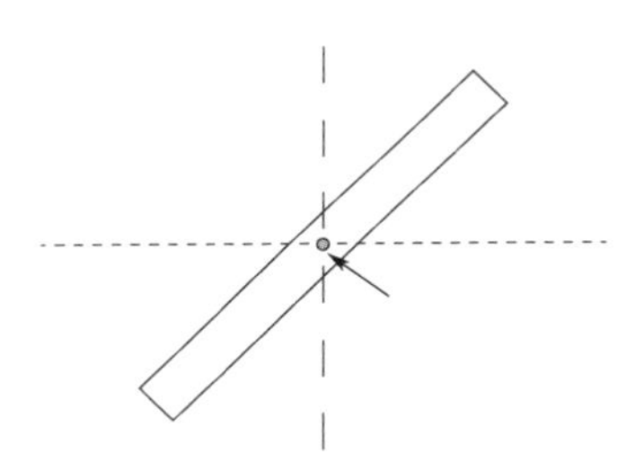

图 17-37 锁定最上部的百叶片

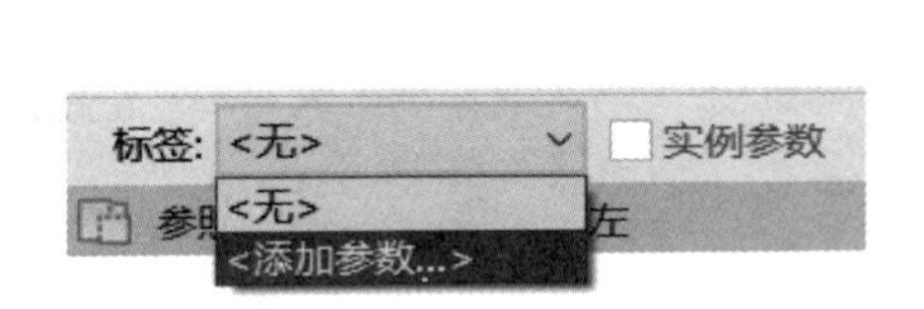

图 17-38 使用标签中“添加参数”工具

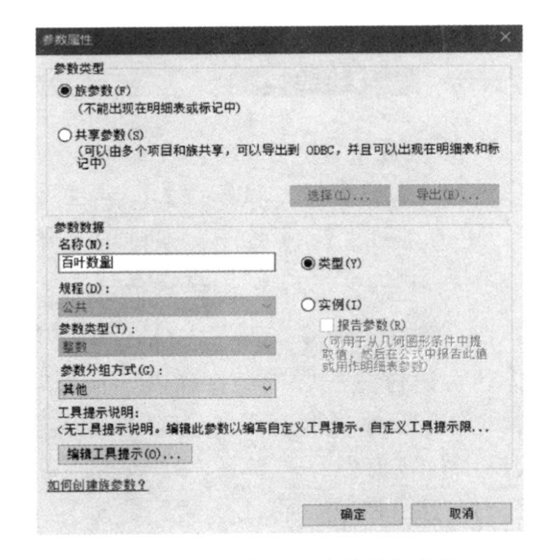

图 17-39 新建“百叶数量”参数

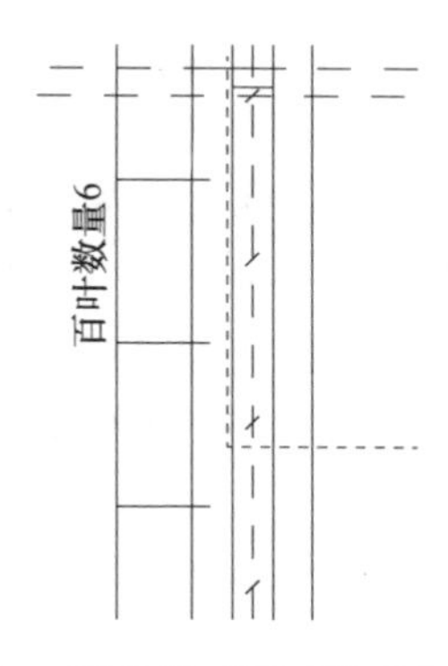

图 17-40　当前的“百叶数量”为“6”

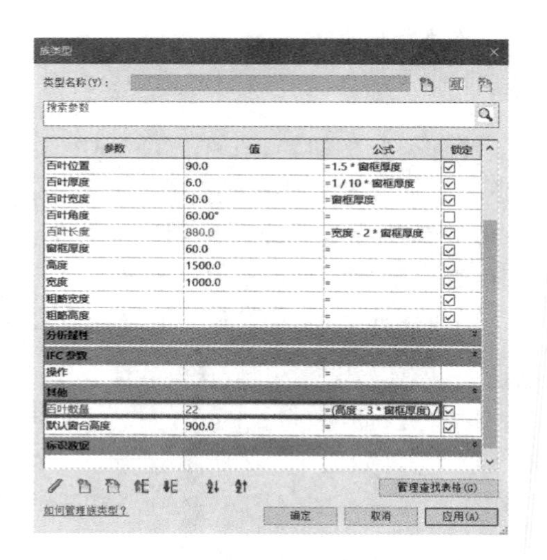

图 17-41　设置“百叶数量”的计算公式

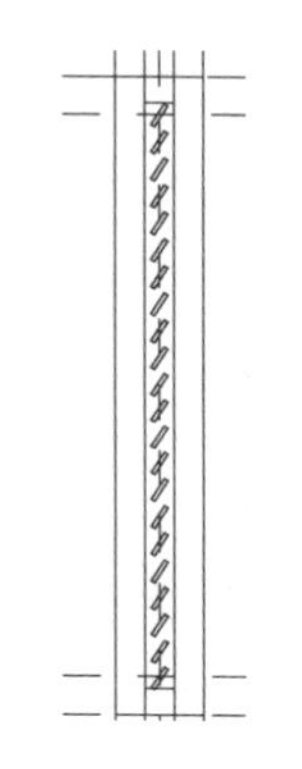

图 17-42　由公式驱动的百叶数量

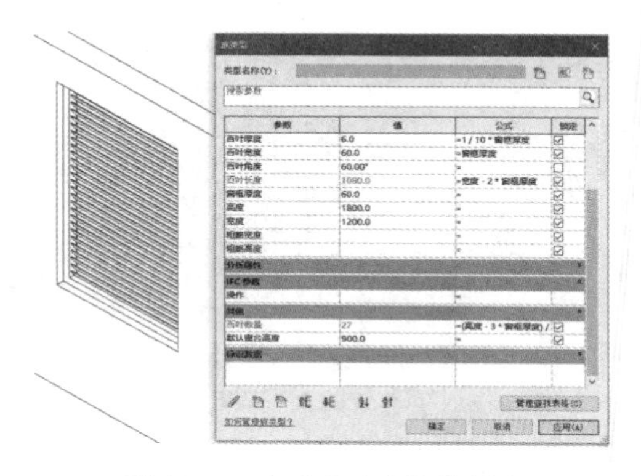

图 17-43　完成百叶窗族的创建

17.1.3　载入到项目

1. 插入百叶窗

单击【文件】——【新建】——【项目】，打开“新建项目”对话框，选择“建筑样板”，单击【确定】，新建一个项目。使用【建筑】选项卡——【墙】工具，选择类型为“基本墙常规-200mm”，绘制一段墙体。

切换到“百叶窗 . rfa”文件，单击【修改】选项卡——【载入到项目】按钮，在墙体的合适位置放置一个百叶窗，在百叶窗的【属性】面板中，单击【编辑类型】，打开“编辑类型”对话框（图 17-44），将其重命名为“百叶窗 1218”，将【百叶材质】设为“樱桃木”，【窗框材质】设为“胶合板，面层”，单击【应用】。然后单击【复制】，命名为“百叶窗 1515”，将【高度】设为“1500mm”，【宽度】设为“1500mm”，【窗框厚度】设为“100mm”，将【百叶材质】设为“玻璃”，【窗框材质】设为“不锈钢”，单击【确定】（图 17-45）。在墙体上放置两种类型的百叶窗，切换到三维视图，在【着色】模式下进行观察比较（图 17-46）。

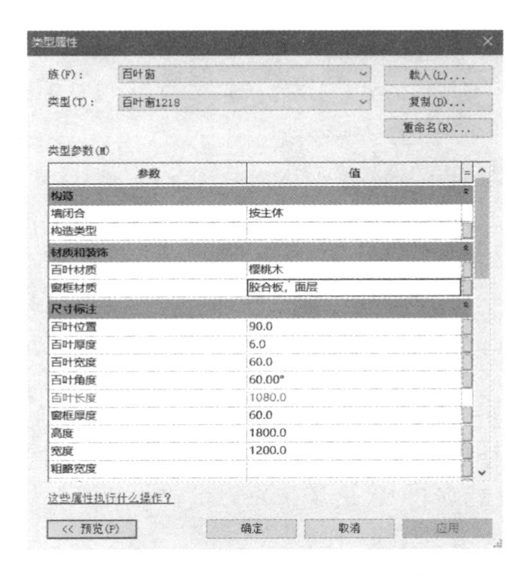

图 17-44　新建“百叶窗 1218”类型

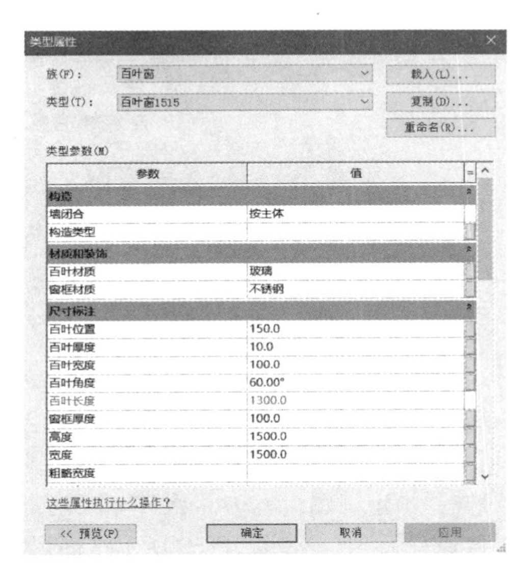

图 17-45　新建“百叶窗 1515”类型

图 17-46　比较两种类型的百叶窗

2. 窗平面样式

如图 17-47 所示，窗的平面显示为剖切状态，而建筑制图中通常使用双线表示平面窗。切换到“百叶窗 . rfa”族文件，选中窗框，在其【属性】面板中，单击【编辑】“可见性/图形替换”，打开“族图元可见性设置”对话框，不勾选“平面/天花板平面视图”和“当在平面/天花板平面视图中被剖切时”（图 17-48），单击【确定】。选中百叶片，单击【修改｜模型组】——【编辑组】按钮，进入组编辑状态，继续选中百叶片，在其【属性】面板中，单击【编辑】“可见性/图形替换”，打开“族图元可见性设置”对话框，不勾选“平面/天花板平面视图”，单击【确定】，单击【完成】，退出组编辑状态。

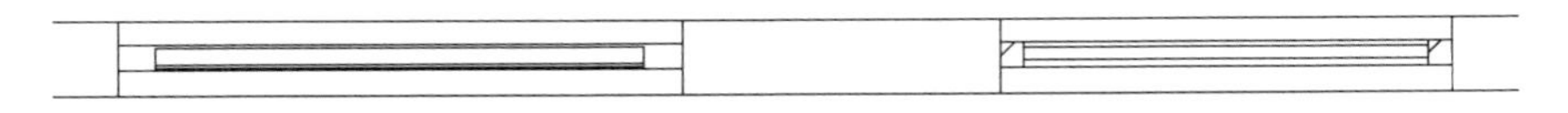

图 17-47　窗的平面显示为剖切状态

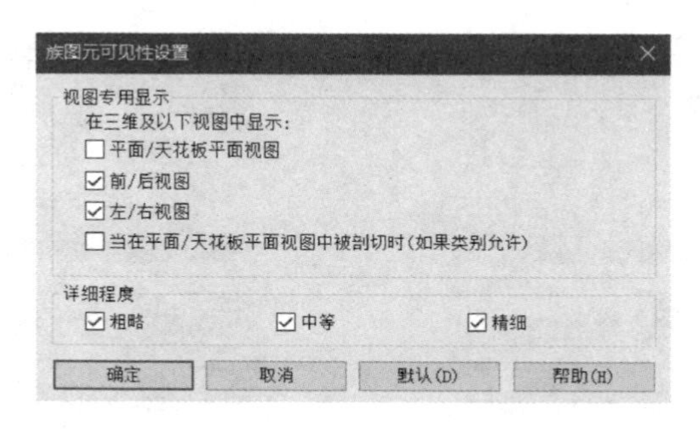

图 17-48 设置“窗框”在各视图中的可见性

切换到百叶窗族的“参照标高”视图，单击【注释】选项卡——【符号线】按钮，使用【线】工具，在窗框的拉伸位置绘制两条线，使用【对齐】工具，将这两条线与参照平面对齐并锁定（图 17-49）。将百叶窗族重新“载入到项目”，系统提示“族已存在”，选择“覆盖现有版本”，如图 17-50 所示平面窗的显示符合制图要求。

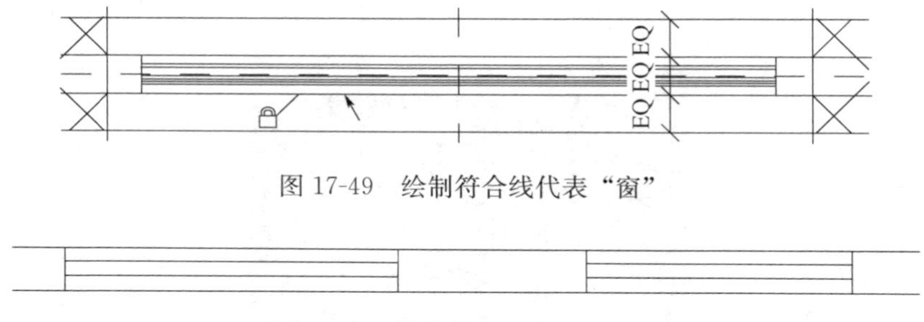

图 17-49 绘制符合线代表“窗”

图 17-50 符合制图要求的窗样式

17.2 体量族

17.2.1 创建自适应轮廓

单击【文件】——【新建】——【族】，打开“选择样板文件”对话框，选择“自适应公制常规模型 . rft”文件，单击【打开】，进入族编辑状态。单击【创建】选项卡——【点图元】工具，在“参照标高”楼层平面上放置该点，如图 17-51 所示。选中该点，在其

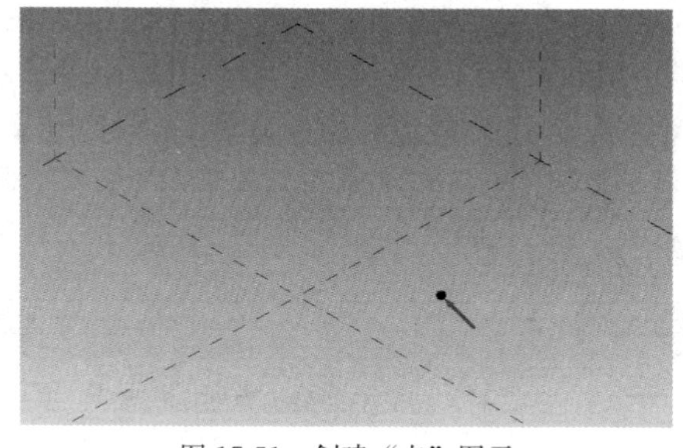

图 17-51 创建“点”图元

【属性】面板中将【显示参照平面】设为“始终”（图 17-52），单击【旋转角度】项右侧的“关联族参数”按钮，打开“关联族参数”对话框，单击左下方的“新建参数”按钮，打开“参数属性”对话框，将【名称】设为“轮廓角度”，选择【实例】属性，其他参数按默认值（图 17-53），单击【确定】。返回“关联族参数”对话框后，选择“轮廓角度”参数，单击【确定】。

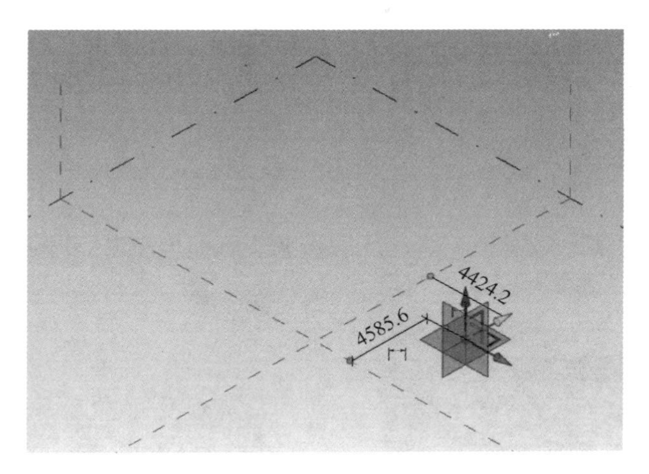

图 17-52　始终显示“点”的“参照平面”

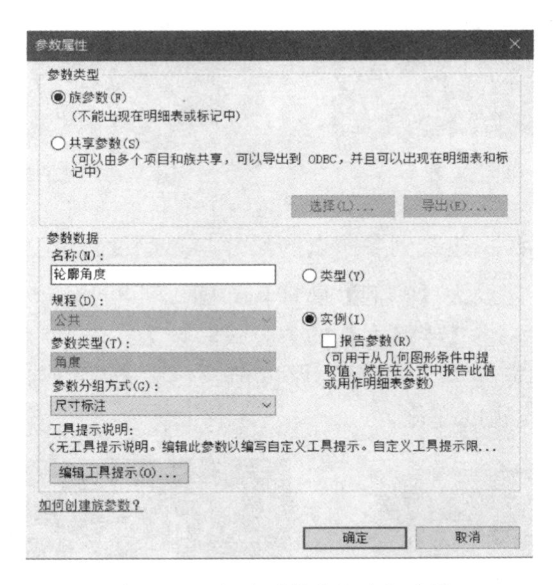

图 17-53　新建“轮廓角度”参数

单击【创建】选项卡——【设置】按钮，选择该参照点的水平面作为工作平面（图 17-54）。单击【创建】选项卡——【矩形】工具，以该点为中心绘制矩形（图 17-55）。使用【对齐尺寸标注】工具，标注左边线到参照点的尺寸与总宽度尺寸，如图 17-56 所示。选择总宽度尺寸，在【修改 | 尺寸标注】上下文选项卡中，单击标签的【创建参数】按钮，在弹出“参数属性”对话框中，将【名称】设为“轮廓宽度”，选择【实例】属性

(图 17-57)，单击【确定】。选择“左边线到参照点的尺寸”，将其创建为“半宽度”参数，并设为【实例】属性（图 17-58）。

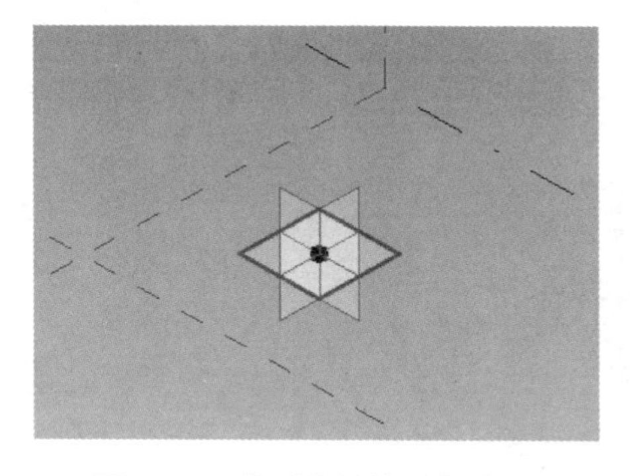

图 17-54　将“点”的“水平面”设为“工作平面”

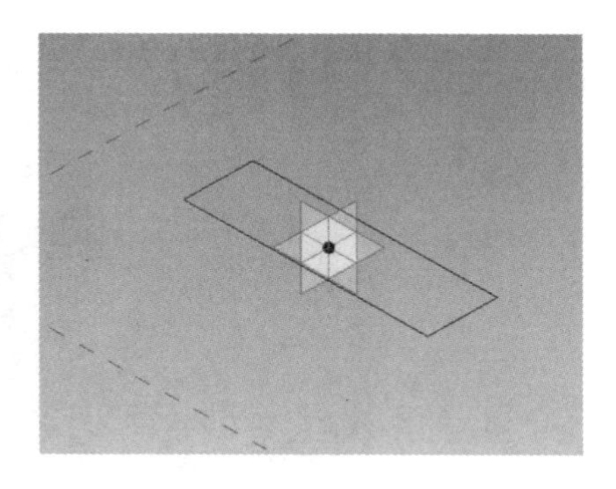

图 17-55　以“点”为中心绘制矩形轮廓

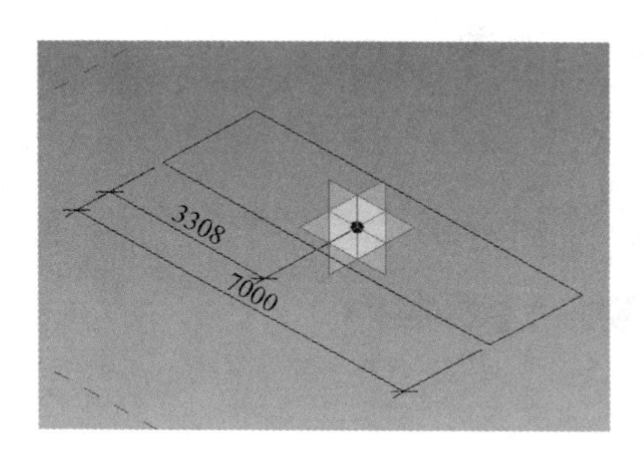

图 17-56　标注两个尺寸

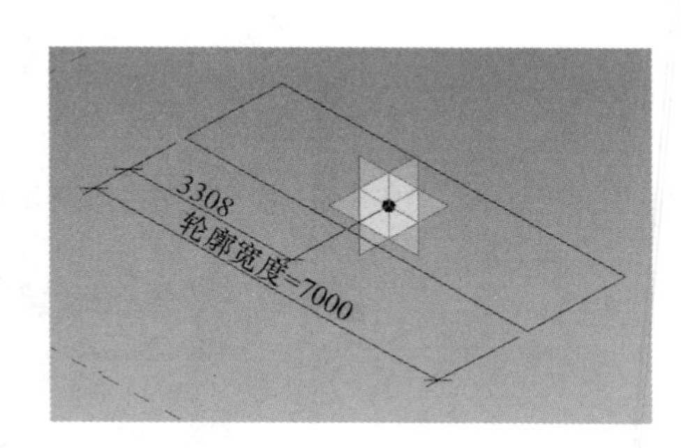

图 17-57　新建“轮廓宽度”参数

使用相同的操作，标注下边线到参照点的尺寸与总厚度尺寸，并分别创建“轮廓厚度”参数与“半厚度”参数，并设为【实例】属性，如图 17-59 所示。单击【族类型】按钮，弹出“族类型”对话框将，将【半厚度】的“公式”设为“0.5＊轮廓厚度”，【半宽度】的“公式”设为“0.5＊轮廓宽度”，修改轮廓厚度值、轮廓宽度值与轮廓角度值（图 17-60），单击【确定】，观察矩形轮廓的变化。

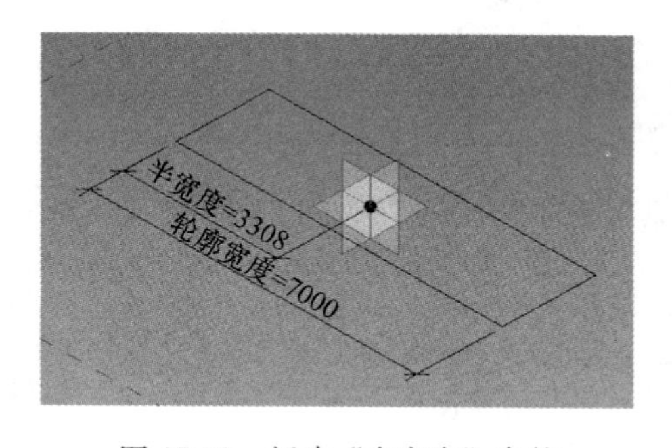

图 17-58　新建“半宽度”参数

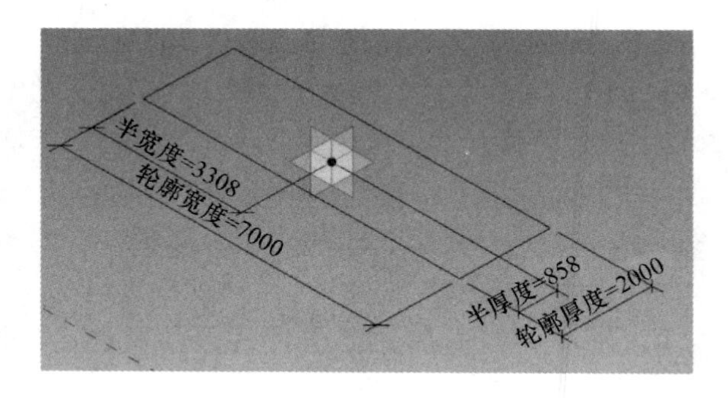

图 17-59　新建“轮廓厚度”与“半厚度”参数

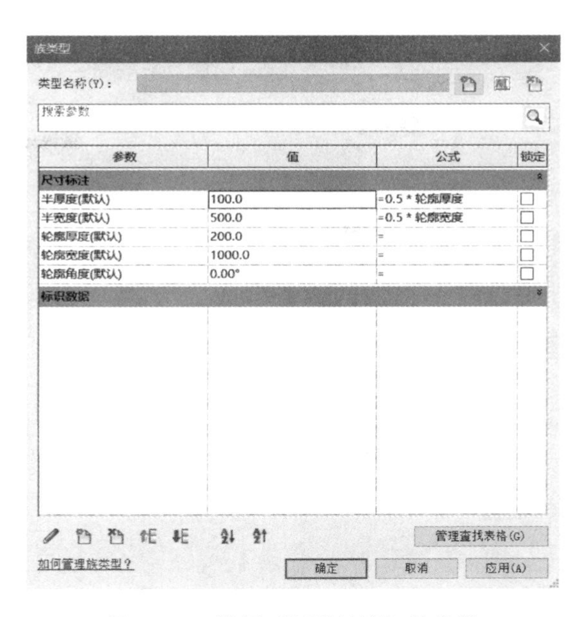

图 17-60　设置“矩形轮廓”的参数

单击【设置】按钮，将“参照标高”楼层平面设为工作平面，单击【创建】选项卡——【点图元】工具，在“参照标高”楼层平面适当位置放置“点”图元，选中该点，单击【修改｜参照点】上下文选项卡——【使自适应】按钮，将该点创建为自适应点（图 17-61）。选择上一步的参照点，单击【修改｜参照点】上下文选项卡——【拾取新主体】按钮，将参照点移动到自适应点上（图 17-62）。将文件保存为“莫比乌斯环—轮廓 .rfa”。

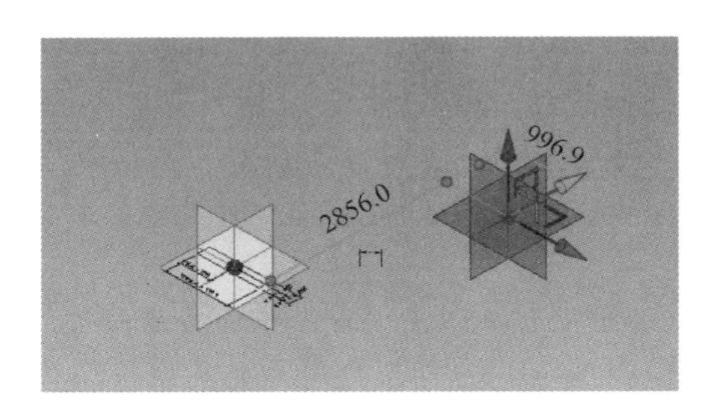

图 17-61　创建“自适应点”

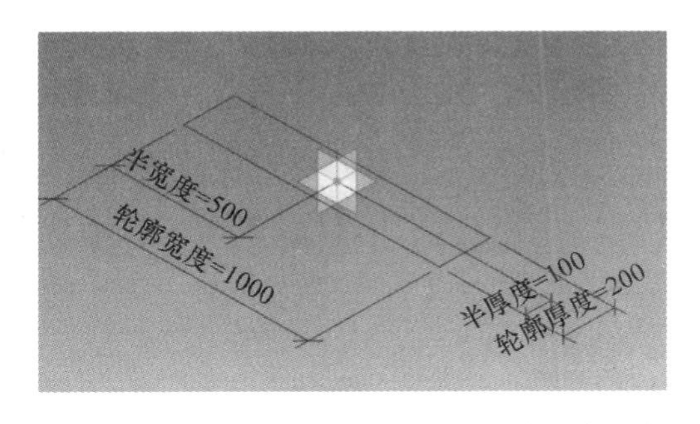

图 17-62　使用“拾取新主体”工具将“参照点”附着到“自适应点”上

17.2.2　创建体量

1. 复制参照平面

单击【文件】——【新建】——【概念体量】，打开“新概念体量—选择样板文件”对话框，选择“公制体量 .rft”文件，单击【打开】，进入族编辑状态。切换到“标高 1”楼层平面视图，选择垂直方向的参照平面，单击【修改｜参照平面】上下文选项卡——【旋转】按钮，在选项栏中勾选【复制】，将【角度】值设为“30°”，按回车键将参照平面旋转复制 30°，重复相同的操作再创建另一条参照平面，如图 17-63 所示。按相同步骤，将【角度】值设为“－30°”，完成参照平面的“旋转”复制，如图 17-64 所示。

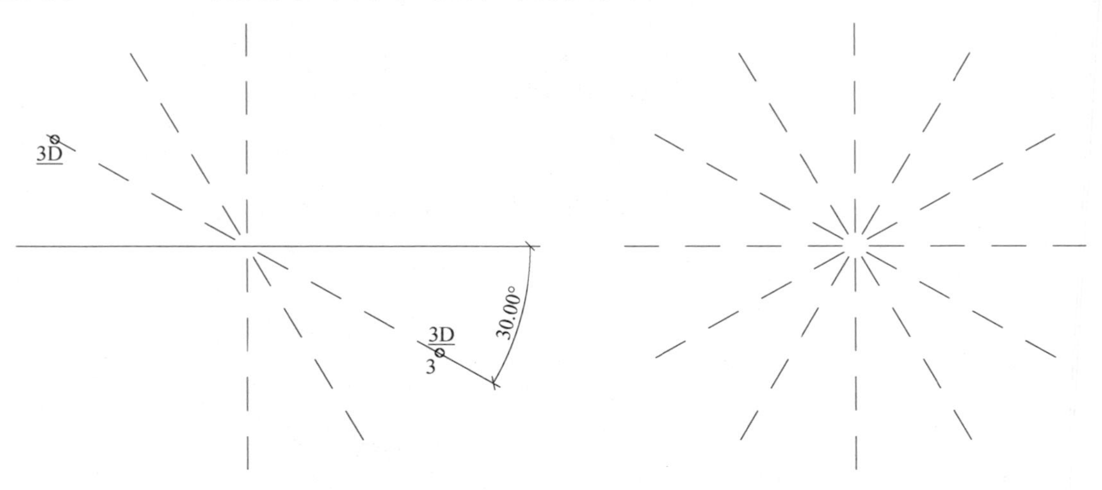

图 17-63 “旋转”复制两个参照平面　　图 17-64 完成参照平面的复制

2. 创建参照点

单击【创建】选项卡——【圆形】工具，以参照平面的交点为中心绘制圆形，并单击临时尺寸标注，使之成为永久尺寸标注，按两次 Esc 键退出，如图 17-65 所示。选中该“半径标注”，在【修改 | 尺寸标注】上下文选项卡中，单击标签的【创建参数】按钮，弹出“参数属性”对话框，将【名称】设为“体量半径”，其他按默认参数，单击【确定】(图 17-66)。

单击【创建】选项卡——【点图元】工具，在圆形线上放置各点，放置点时垂直与水平的参照平面与圆形线的交点（象限点）可以准确捕捉，圆形线与其他参照平面的交点只能以“最近点”的方式进行放置。使用【对齐】工具，将各“最近点”与“参照平面”进行对齐（图 17-67)。单击【修改】选项卡——【族类型】按钮，弹出“族类型”对话框将，修改“体量半径”值，单击【确定】，可以观察各点随圆形大小的同步变化的情况。

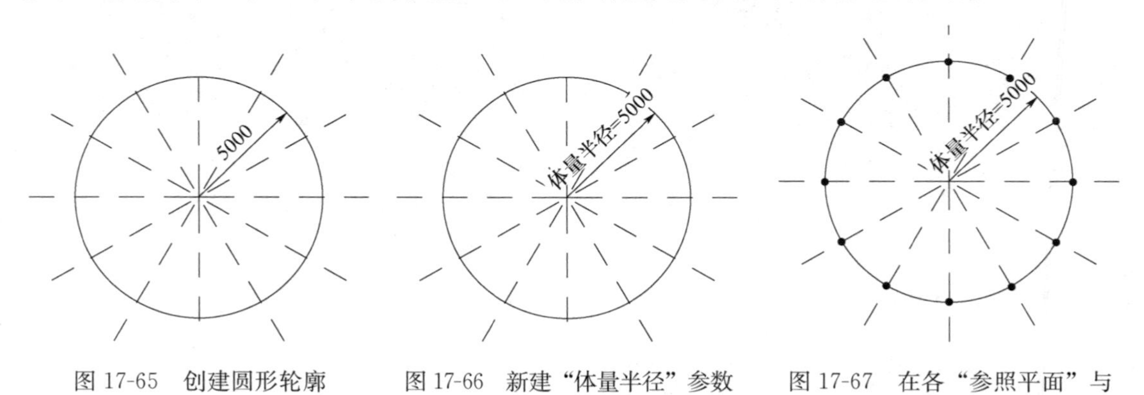

图 17-65 创建圆形轮廓　　图 17-66 新建“体量半径”参数　　图 17-67 在各“参照平面”与“圆”的交点处放置“点”图元

3. 放置轮廓

切换到三维视图，单击【插入】选项卡——【载入族】按钮，选择“莫比乌斯环—

轮廓.rfa”文件载入。单击【创建】选项卡——【放置构件】按钮，将“莫比乌斯环—轮廓”沿圆形放置在各“点”上，如图 17-68 所示。

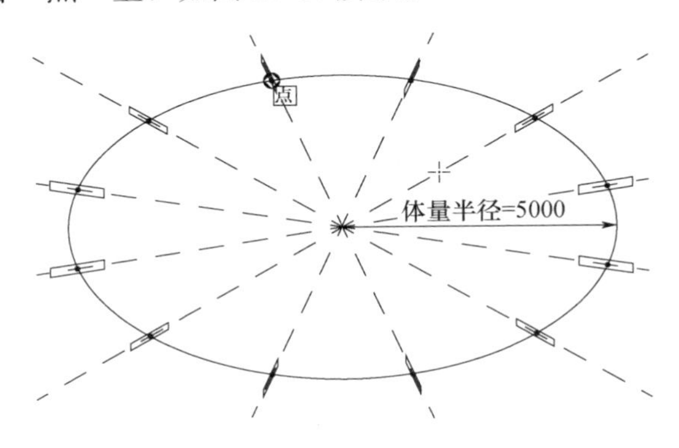

图 17-68　在各“点”上放置“莫比乌斯环—轮廓”

按 Tab 键选择右侧的轮廓，在其【属性】面板中，单击【轮廓厚度】项右侧的“关联族参数”按钮，打开“关联族参数”对话框，单击左下方的“新建参数”按钮，打开“参数属性”对话框，将【名称】设为“体量轮廓厚度”，其他参数默认，单击【确定】。返回“关联族参数”对话框后，选择“体量轮廓厚度”参数，单击【确定】。使用相同的操作，将【轮廓宽度】关联为“体量轮廓宽度”，并将【轮廓角度】设为“30°”，单击【应用】(图 17-69与图 17-70)。

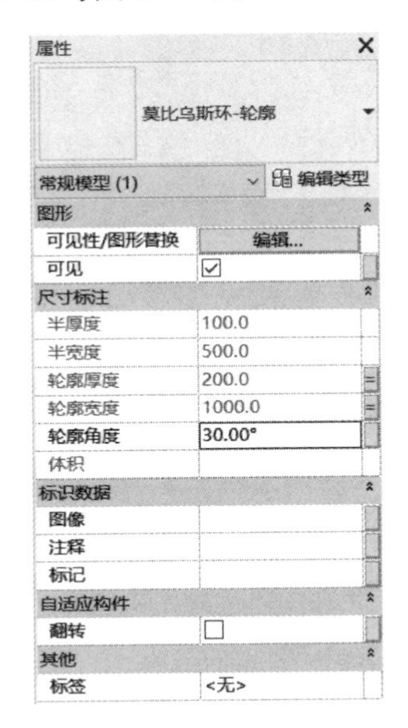

图 17-69　设置“莫比乌斯环—轮廓”类型参数

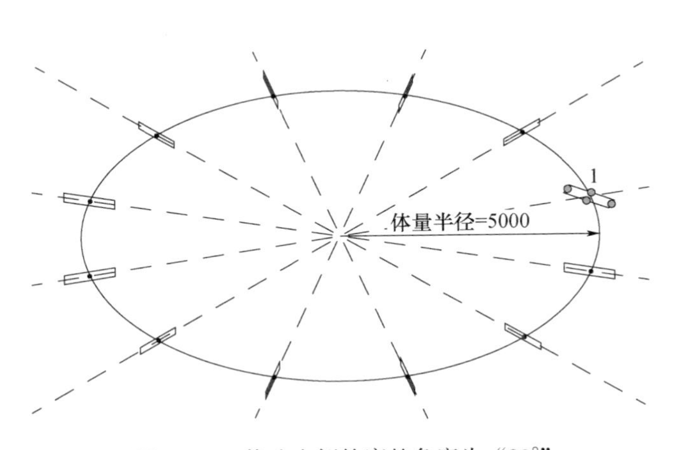

图 17-70　修改右侧轮廓的角度为“30°”

选择与所修改轮廓相邻的下方轮廓，在其【属性】面板中，单击【轮廓厚度】项右侧的“关联族参数”按钮，打开“关联族参数”对话框，选择“体量轮廓厚度”参数，单击【确定】。使用相同的操作，将【轮廓宽度】关联为“体量轮廓宽度”，并将【轮廓角度】设为“60°”，单击【应用】(图 17-71)。将其余轮廓的【轮廓厚度】和【轮廓宽度】参数分别关联为“体量轮廓厚度”和“体量轮廓宽度”，并将【轮廓角度】分别设为“90°”，“120°”，“150°”，“180°”，“210°”，“240°”，“270°”，“300°”，“330°”，如图 17-72 所示。

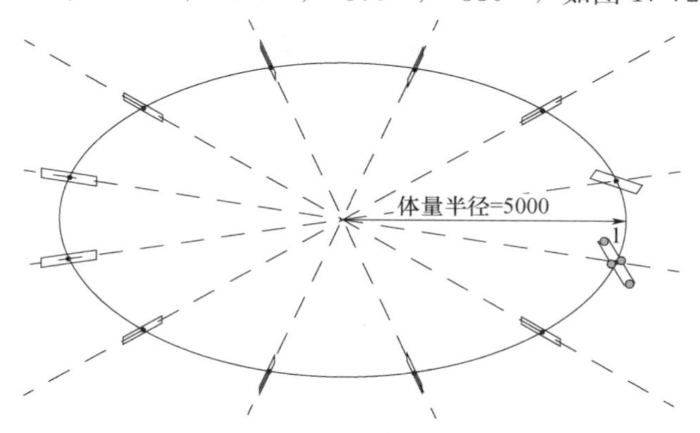

图 17-71　修改右下侧轮廓的角度为“60°”

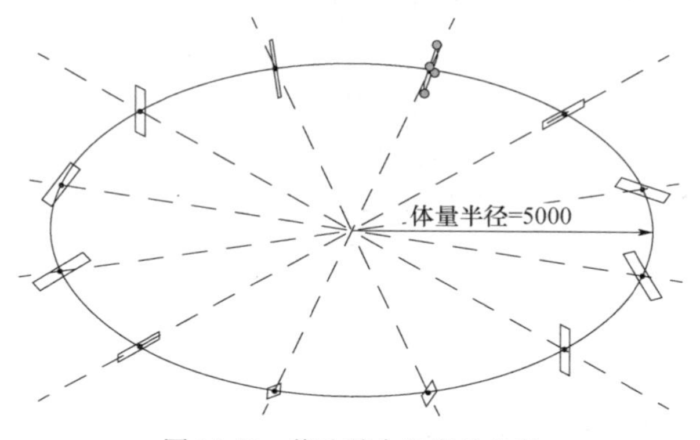

图 17-72　修改其余轮廓的角度

单击【修改】选项卡——【族类型】按钮，弹出“族类型”对话框将，修改各参数值（图 17-73），单击【确定】，可以观察各轮廓大小变化及其位置随圆形大小同步变化的情况（图 17-74）。

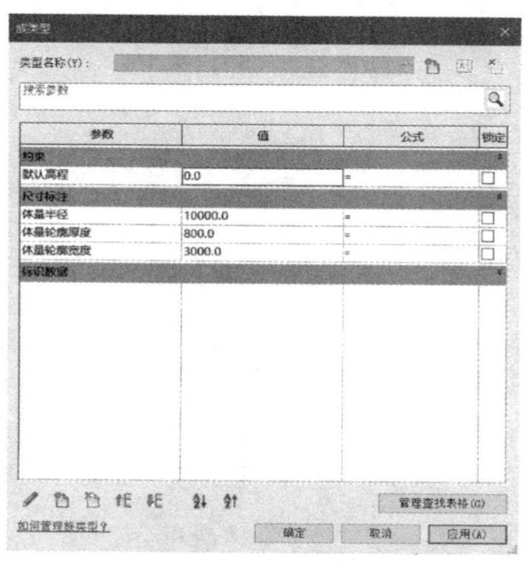

图 17-73　设置参数值可以驱动“轮廓”大小与位置的变化

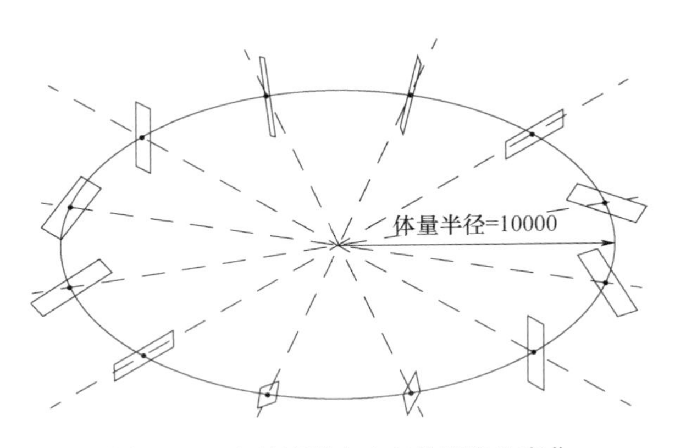

图 17-74 各轮廓的大小与位置发生变化

4. 创建体量

配合使用 Tab 键与 Ctrl 键，选择右侧 4 个轮廓（图 17-75），单击【修改｜常规模型】选项卡——【创建形状】——【实心形状】按钮，创建 1/4 莫比乌斯环，如图 17-76 所示。使用相同的操作，依次创建另外 3 个 1/4 莫比乌斯环（图 17-77 和图 17-78）。

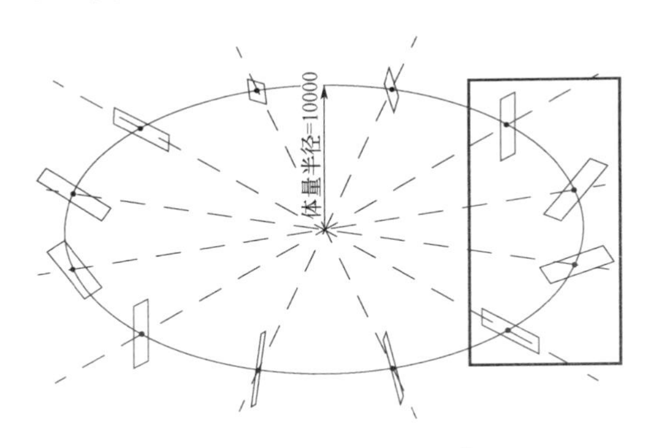

图 17-75 选择 4 个轮廓

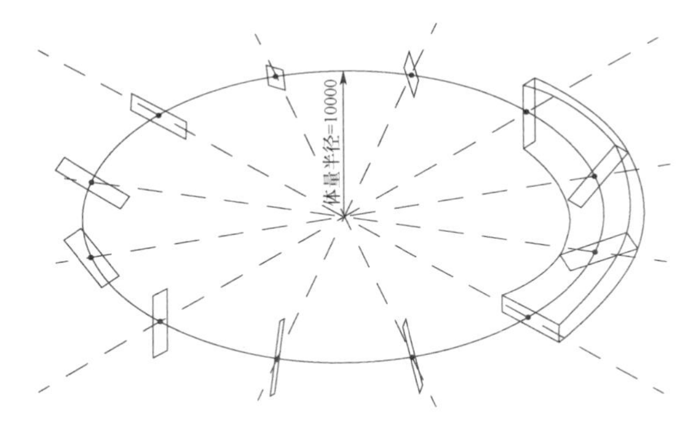

图 17-76 创建“实心形状”

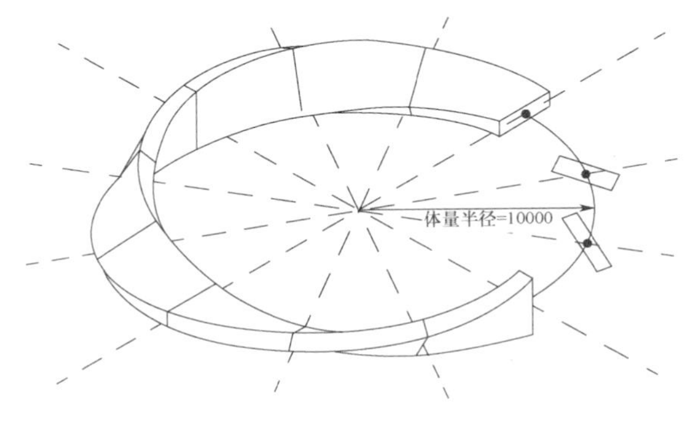

图 17-77 选择剩余的 4 个轮廓

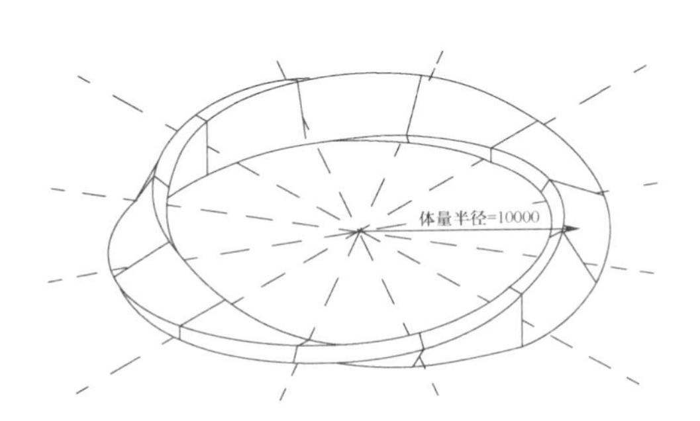

图 17-78 完成“莫比乌斯环体量”的创建

在视图控制栏中，将“视觉样式”设为“真实”，单击【修改】选项卡——【族类型】按钮，弹出“族类型”对话框将，修改各参数值（图 17-79），单击【确定】（图 17-80）。将文件保存为“莫比乌斯环—体量 . rfa”。

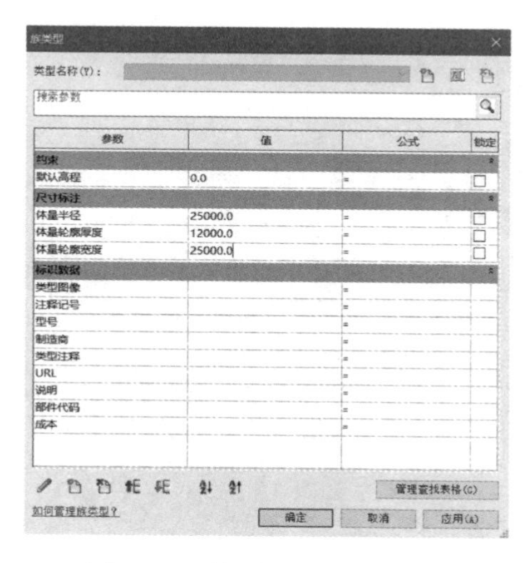

图 17-79　修改“族类型”参数

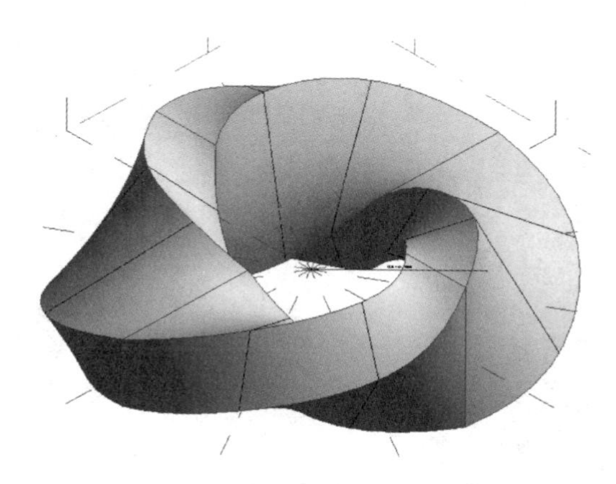

图 17-80　参数驱动“莫比乌斯环体量”

17.2.3　载入到项目

单击【文件】——【新建】——【项目】，打开“新建项目”对话框，选择“建筑样板”，单击【确定】。将项目保存为“莫比乌斯环—项目 . rvt”。切换到“莫比乌斯环—体量 . rfa”文件，单击【创建】选项卡——【载入到项目】按钮，系统切换到新建的项目文件，单击放置“莫比乌斯环—体量”后，按两次 Esc 键退出命令。将立面视图符号移动到适当位置（图 17-81）。

提示：选择体量后，单击其【属性】面板中的【编辑类型】，可以打开“类型编辑”对话框，修改其“体量半径”“体量轮廓厚度”和“体量轮廓宽度”的参数值，控制体量形状（图 17-82）。

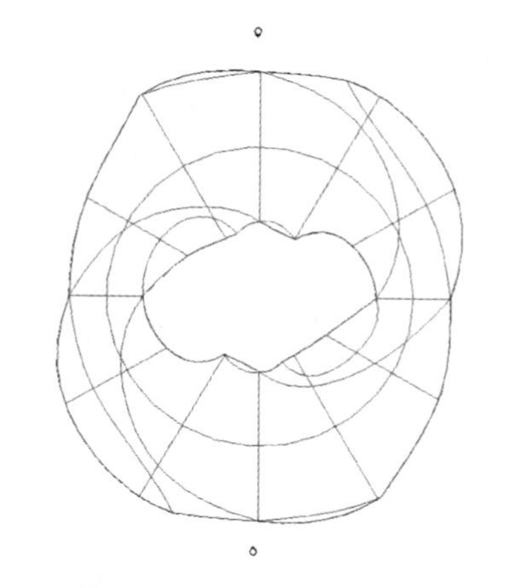

图 17-81　在项目中放置“莫比乌斯环体量”

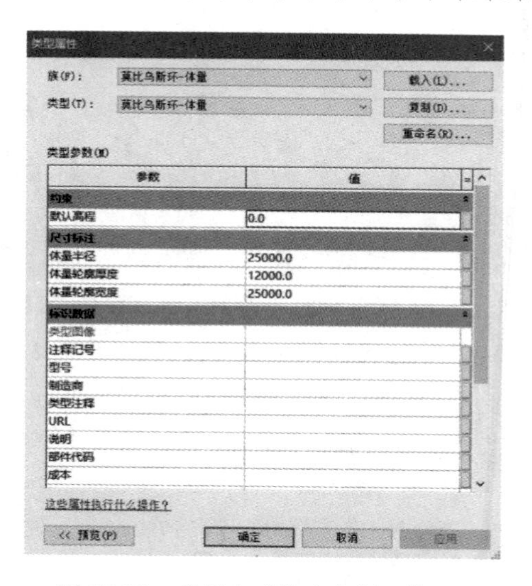

图 17-82　项目中“莫比乌斯环体量”的类型参数

切换到南立面视图，拖曳标高线的夹点到适当位置，将“标高 2”的值设为“6m”，使用【复制】工具将“标高 2”依次向上间隔“5m”复制 3 次，得到“标高 3”至“标高 5”。单击【视图】选项卡——【平面视图】——【楼层平面】按钮，将“标高 3”至“标高 5”的平面视图添加到项目浏览器。选择体量，在其【属性】面板中，将【偏移】值设为“13.5m”，单击【应用】(图 17-83)。

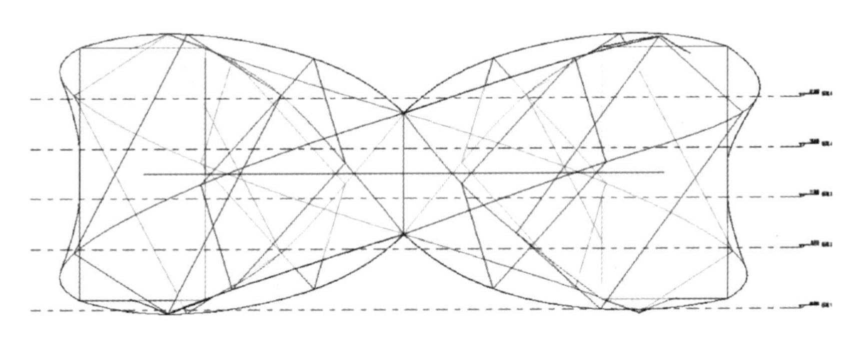

图 17-83　复制“标高”并竖向移动体量

切换到三维视图，选择体量，单击【修改 | 体量】选项卡——【体量楼层】按钮，弹出“体量楼层”对话框，勾选“标高 1”至“标高 5”(图 17-84)，单击【确定】。使用快捷键“hh”，将体量隐藏，观察各楼层，如图 17-85 所示。

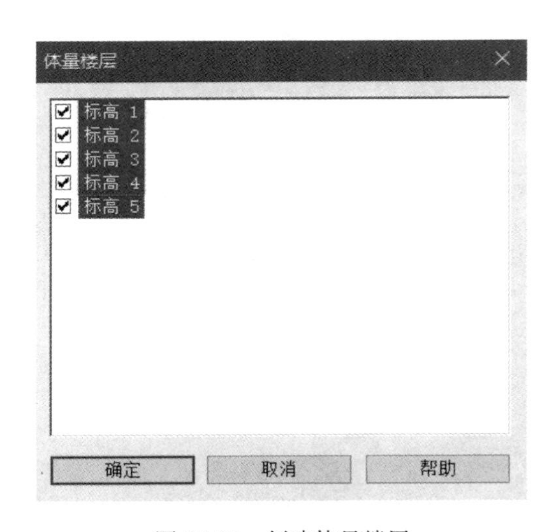

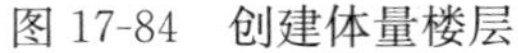

图 17-84　创建体量楼层

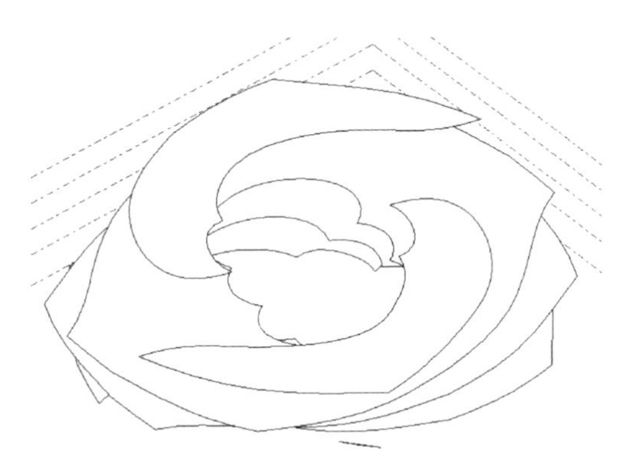

图 17-85　生成的各“体量楼层”

单击【体量和场地】选项卡——【面楼板】按钮，在其【属性】面板类型选择器下拉框中，选择“楼板常规-300mm”类型，使用【修改 | 放置面楼板】上下文选项卡——【选择多个】工具，选取“标高 2”至“标高 5”的体量楼层后（图 17-86)，单击【创建楼板】按钮，生成“标高 2”至“标高 5”的楼板，按 Esc 键退出命令，如图 17-87 所示。使用快捷键“hr”，将体量重新显示，并将【视觉样式】切换为“真实”模式。

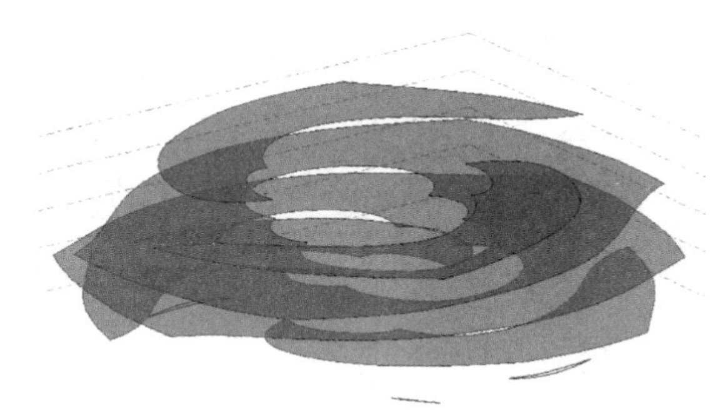

图 17-86　选取“标高 2”至“标高 5”楼层　　图 17-87　生成“标高 2”至“标高 5”楼板

单击【体量和场地】选项卡——【幕墙系统】按钮，在其【属性】面板类型选择器下拉框中，选择“幕墙系统 1500mm×3000mm”类型，使用【修改｜放置面幕墙系统】上下文选项卡——【选择多个】工具，结合 Tab 键选取体量外表面后（图 17-88），单击【创建系统】按钮，生成幕墙，按 Esc 键退出命令，如图 17-89 所示。框选所有物体，单击【过滤器】工具，弹出“过滤器”对话框，选择“体量”与“体量楼层”（图 17-90），单击【确定】选择两者后，单击右键进行隐藏，如图 17-91 所示。

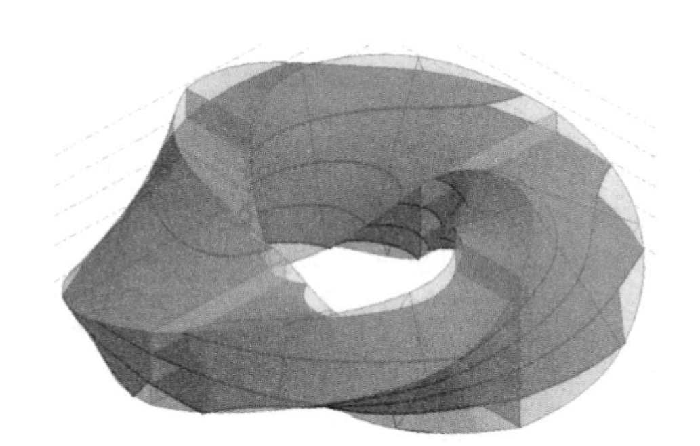

图 17-88　选择体量外表面

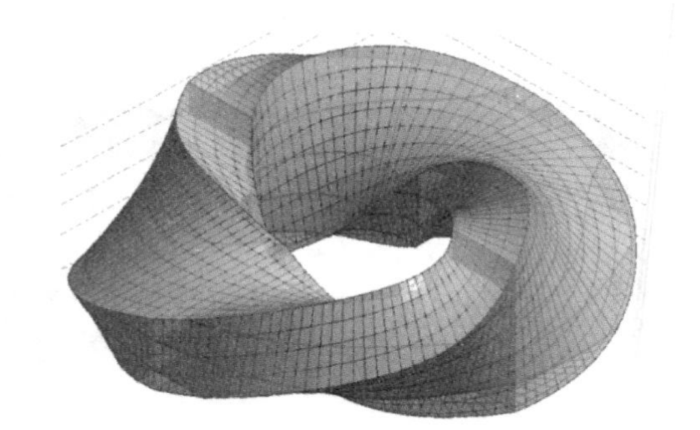

图 17-89　生成幕墙

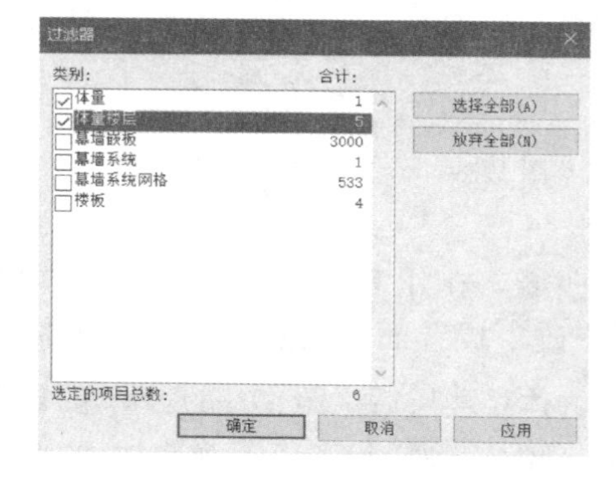

图 17-90　使用“过滤器”选择“体量”与“体量楼层”

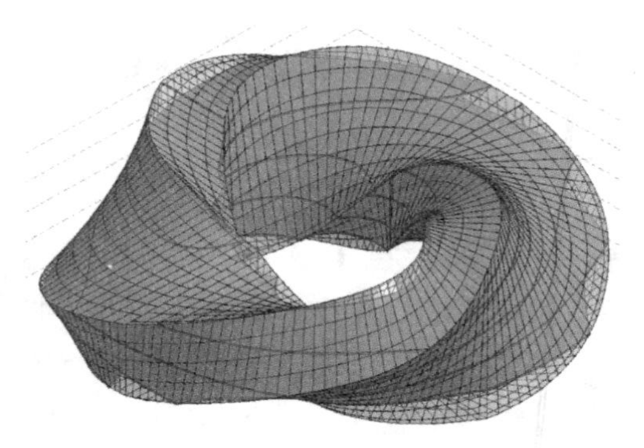

图 17-91　将“体量”与“体量楼层”隐藏

参考文献

[1] 丁士昭. 建设工程信息化导论［M］. 北京：中国建筑工业出版社，2005.
[2] 葛文兰. BIM第二维度——项目不同参与方的BIM应用［M］. 北京：中国建筑工业出版社，2011.
[3] 何关培. BIM总论［M］. 北京：中国建筑工业出版社，2011.
[4] 李建成. 数字化建筑设计概论［M］. 北京：中国建筑工业出版社，2012.
[5] 李恒，孔娟. Revit 2015中文版基础教程［M］. 北京：清华大学出版社，2015.
[6] 王婷. 全国BIM技能培训教程—Revit初级［M］. 北京：中国电力出版社，2015.
[7] 胡煜超. Revit建筑建模与室内设计基础［M］. 北京：机械工业出版社，2017.
[8] 刘云平. 建筑信息模型BIM建模技术［M］. 北京：化学工业出版社，2020.